PROFESSIONAL ENGINEER BUILDING ELECTRICAL FACILITIES

전기기술사 시험 대비

건축전기설비기술

II권

오승용·임근하·김정진·이현우

PROFESSIONAL
ENGINEER

예문사

차 례

CHAPTER 13 전력품질

CHAPTER 14 신재생에너지

CHAPTER 15 | 에너지 절약, 초전도 기술

CHAPTER 16 예비전원설비

차 례

CHAPTER 19 전력전자소자, 통신, 자동제어

차 례

13

전력품질

01 전력 품질 지표 저하 원인 및 대책

1 개요

전력 품질	평가 지표	지표 대상(외란)
정의 : 전력의 질적 상태 규정, 전압, 주파수, 제정파 형과 대칭성 기준 • 공급자 측 : 전력 공급의 신뢰도 • 수용가 측 : 설비에 공급되는 전력의 질적 상태	• 전압 유지율 • 주파수 유지율 • 정전시간	전압 변동(Sag, Swell Interruption), Flicker, Noise, Harmonics Surge, Voltage Unbalance

※ 전원 외란 : 전원이 정상 상태에서 벗어난 현상을 총칭, 외란 초과 시 과도현상

1) 전력 품질 지표 기준

① 전압 유지율

규정 전압 유지율[%]	유지율[%]
$\dfrac{24시간\ 전압공급개소}{총\ 측정개소} \times 100[\%]$	• 우리 나라 : 전등 ±5, 동력 : ±10 • 외국 : ±5~10[%]

전압[V]	유지율[V]	전압[kV]	유지율[kV]
110	±6	22.9	20.8~23.8
220	±13	154	139~169
380	±38	345	328~362

② 주파수 유지율

정상 시	비상 시
60±0.2[Hz](우리 나라 ±0.1[Hz] 유지)	57.5~62.0[Hz]

③ 정전 시간

$$호당\ 정전\ 시간 = \frac{\sum (R_y \cdot N_y)}{N_t}$$

여기서, N_y : 정전 수용가 수, N_t : 총 수용가 수, R_y : 정전 지속 시간(분)

㉠ 순간 정전(0.07~2[sec])

㉡ 단시간 정전(2[sec]~1분)

㉢ 장시간 정전(30분 초과)

❷ 전력 품질 저하 원인(외란)

이상 전압	외란의 증가
• 뇌서지 : 직격뇌, 유도뇌, 역섬락 • 개폐 서지 : 여자, 단락, 충전 전류, 직류 차단, 고속도 재폐로, 3ϕ 동시 투입 실패 • 과도 이상 전압 : 지락 시 과도, 상용 주파 이상, 철심 포화 이상 전압	• 비선형 부하, 전력용 반도체 소자 증가(스위칭) • 단일 대형 부하 등장에 따른 전압 불평형 • 역률 보상용 콘덴서 사용 증가

1) 외란의 종류

구분	명칭	기준	영향
	SAG, Dip	0.1~0.9[PU]	전력 계통 사고(낙뢰, 단락, 지락)
	순시 전압 강하	0.5~30[cycle]	대형 부하 기동(Broun Down)
	Swell	1.1~1.4(1.8)[PU]	대용량 부하 차단, 비접지 계통 1선 지락
	순시 전압 상승	0.5~30[cycle]	(건전상의 전위 상승), TR Tap 조정 불량
	Interruption	0.1[PU] 이하	PF, 차단기 동작, Recloser
	순시 정전	0.5~30[cycle]	발전기, 전동기, 변압기 사고
	Harmonics	0~20[%]	전력용 반도체 소자 스위칭(비선형 부하)
	고조파	120~3,000[Hz]	철공진(회전기, TR), 과도 현상
	Noise	0.1~7[%]	Arc로의 부하 급변
	노이즈	0.01~25[MHz]	무효 전력 급변
	Surge	수십~수백[MHz]	낙뢰에 의한 유도 장애
	서지	3~8[cycle]	개폐 서지 등
	Voltage Unbalance (전압 불평형)	0.5~2[%] 지속	• 단상 대용량의 역률 부하 • 유도 전동기의 과부하, 역상 토크, 역상 전류
	Flicker (플리커)	간헐	전자파 방해 등

2) 주요 영향

① 전압 변동 : 방전등 소등, 전자 접촉기[MC(Magnetic Contactor)] 개방, 인버터 기기 정지 (E/V, E/S), 계전기 오작동, 사무 기기 정지 등

② 고조파, 노이즈, 전자파 장애 : 통신선의 유도 장해, 고조파 공진, 기기 악영향

3) 기기 악영향

구분	영향	대책
콘덴서	고조파 공진, 단자 전압 상승, 전류의 실효치, 실효 용량의 증가, 손실 증가, 과열 소손	직렬 리액터
TR	출력 감소(THDF), 손실 증가(동손, 철손), 권선 온도 상승, 과열, 이상 소음	K − Factor(여유율)
전동기	손실, 소음, 진동 증가, 맥동, 역상 토크 발생, 효율, 수명 저하	인버터 방식 채용
케이블	중성선의 전류 상승(3배), 중성선의 대지 전위 상승, 손실, 과열, 유도 장해, 역률 저하	중성선 굵게
기타	PF 단선, Flicker, 통신선의 유도 장해, 계전기 오작동, 전자 장비 오동작	Custom Power 기기

❸ 전력 품질 저하 방지책

1) 전원 장치의 선정

전원 장치	정전	외란	전압 변동	SAG	Surge
UPS	○	○	○	○	○
AVR	−	○	○	○	○
발전기	○(15초)	○	○	○	○
노이즈절연 TR	−	○	○	−	−
비율차 변압기	−	−	−	○	○

2) Custom Power 기기 적용

Custom Power 기기 사용으로 고품질, 고신뢰의 전력 공급, 제어 관리 기능

구분	적용
능동필터 (A · F)	• Active Filter : 고조파의 흡수, 보상, 억제 • 고품질의 전력 공급 : 저전압, Flicker + 고조파 억제
무효 전력 보상 장치 (SSC)	• Soft Switching Capacitor = Thyristor + Capacitor군 • 무효전력 보상 = 저전압, Flicker + 역률 보상(SVC보다 경제적)
무효 전력 조정 장치 (SVC)	• Static Var Compensator : TCR + TSC + Filter 조합 • 무효전력 + 수용가 전압조정 가능 : 저전압, Flicker, 역률 제어
고속 정지형 절환 S/W SCS(SOS)	• Sub Cycle S/W : 2회선 수전 방식 또는 비상 전원 연결 사용 • 사고 발생 시 고속도 절체를 통한 무정전 전원 공급 시행
정지형 동적 전압 조정 장치(DVR)	Dynamic Voltage Resistor : 수전용 TR에 직렬 연결
다기능 전원 공급 관리 장치(MFPC)	• Multi－Function Power Conditioner : 상위 모든 기능 통합 • 고품질의 전력 공급 + 무정전 전원 공급 + 전력 감시 관리 기능

02 순시 전압 강하[Instant Voltage SAG(=전압 이도 : Dip)]

1 개요

1) 순시 전압 강하(Instant Voltage SAG)의 특징

정의	원인	영향	대책
전압의 실효값이 0.1~0.9[PU] 감소, 0.5~30[cycle]	• 계통, 수용가 사고 • 단락, 지락, 뇌서지	• M · C 개방 • 방전등 소등	• 계통 분리, 전원 분산 배치 • 고저항 접지 방식 채용

LA동작, 차단기 동작
시간 초과 시 과도현상
	• 차단기 Recloser
	• 대용량 전동기 직입
	  기동
		• 인버터 기기 정지
		• 사무용 기기 정지
		• 계전기 오동작
			• UPS, DPI, 콘덴서 설치
			• 별도 전원 사용(열병합,
			  UPS)

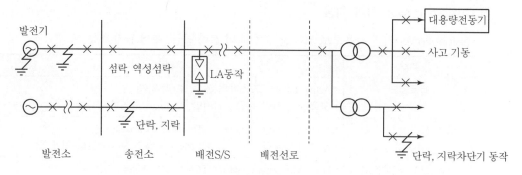

[SAG 발생]

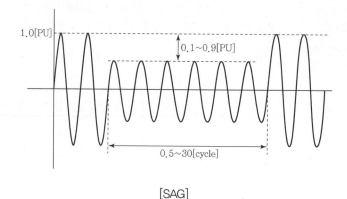

[SAG]

① 검출 기기 : PSDM(Power System Dynamic Monitering system)
② 전력 동요 감시 장치 또는 IED의 PQ(Power Quality)에 의한 검출

2) 순시 전압 강하 정의

① IEEE에서는 전력 계통에서 전압의 실효값이 0.1~0.9[PU] 이내
② 지속 시간 : 0.5~30[cycle]로 규정, 지속 시간은 LA의 동작 또는 차단기 동작 시간으로 고장 구간 분리 복구를 의미

2 원인

구분	전력 계통 측(사고 전류 미발생)	수용가 측(사고 전류 + 차단기 개방)
원인	• 계통 사고(단락, 지락) • Surge(뇌, 개폐 서지) • 역섬락에 의한 Recloser	• 수용가 측 단락 · 지락 사고 • 대용량 전동기 기동(직입) • Surge(뇌, 개폐 서지=LA동작)
특징	• 사고 전류 미동반, 모선, Bank 전체 영향 • 1선 지락 시 수용가는 2상에만 영향($\Delta-Y$ 결선)	• 사고 전류 동반+사고 Bank에만 발생 • 수용가 측에만 영향, 한전 측 영향 미비

❸ 영향

1) 전압 강하와 지속 시간이 클수록 예민한 기기의 정지 현상(오작동 e = 30[%], 한전 계통 15[%])

2) 유도 전동기 기동 시 전압 강하의 허용 한도(발전기 20[%], 한전 계통 15[%])

구분	영향
방전등	저전압 소등, 재점등 시간 필요(10분 이내) 파센의 법칙 영향 $V_S = \dfrac{BP_d}{\log\left(\dfrac{AP_d}{\log\left(1+\dfrac{1}{r}\right)}\right)}$ 여기서, V_s : 방전개시전압, A, B : 기체상수 P_d : 압력[mmHg], r : 전자방출수
전자 접촉기	순간적 전원 상실 M·C 개방(재투입 필요)
인버터	전력 전자 소자 보호를 위한 자동 정지, 자동 절제(E/V, E/S, 승강기)
사무용 기기	메모리 상실, 오동작에 의한 정지
계전기	보호 계전기와 연동 시 관련 차단기 개방(UVR, OCR, OCGR)

❹ 대책

1) 전력계통 측 대책

대책	효과	문제점
가공 선로의 케이블화	전선의 접촉 사고 방지(단락, 지락)	송전 용량의 제한과 비용 증가
계통분리	SAG 범위 축소	신뢰도 저하, 분리점 설정 곤란
전원의 분산 배치	전압 강하폭 감소	현장 입지와 공급 신뢰도 검토 필요
고저항 접지 방식	1선지락 시 전압 강하 감소	기기 절연 비용 증가(단절연 곤란)

2) 수용가 측 대책

대책	효과	비고
UPS 설치	UPS로 SAG 보상	UPS(Dynamic, Fly Wheel 등)
콘덴서 설치 전압 보상	전압 평활화	Capacitor, ESS, DPI(Dip Proofing Inverter)
무효 전력 보상	전력 보상	SVC, AVR, DVR($\Delta V = X \cdot \Delta Q$)
별도의 전원 사용	별도 전원	열병합, 자가 발전, ALTS, Spot Network 방식

3) 기타 방법

① 계통의 %Z 조정 : 고임피던스(전압 강하, 변동률, 손실 증가 및 안정도 저하)

② 제어 회로의 동력 지연 : 계전기(UVR) 동작 시간 지연 설정

③ PF 채용 : 사고 전류를 0.01[sec](0.5[cycle]) 이내로 차단

④ 신속한 TR Tap 조정 : SCR, S−DVR 사용(현실적으로 곤란)

5 맺음말

1) 계통 또는 수용가 사고 시 SAG를 동반한 피해 발생 가능

2) 전력 계통 사고 시 주변 전체에 영향이 파급되며 심야 시간 발생 시 양식장, 수족관 어류 피해 우려

3) 중요 설비는 반드시 UPS 전원을 설치, 자동 제어 회로 Sequence 개선, UVR 동작 시에도 자동 Reset 및 자동 전원 투입, 회로 변경 사용이 필요

4) DPI의 사용(Voltage Dip Proofing Inverter)

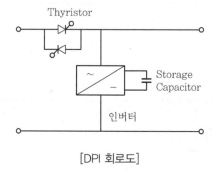

[DPI 회로도]

① 부하와 직렬로 Static S/W

② 병렬로 Inverter 연결

③ 평상시 부하 전력 공급, 콘덴서 충전

④ SAG 발생 시 전원 차단으로 인버터에 의한 전압 보상 600[μs] 이내

⑤ 복전 시 복구 1초 이내 콘덴서 재충전

5) EDLC : Electric Double Layor Capacitor : 전기 이중층 커패시터

① 순간적인 전하의 충·방전 이용

② 순시 전압 강하 대책 응용

　㉠ 저압 회로의(100~200[V]) 순간 방전을 이용한 순시 전압 강하 보상

　㉡ ELDC는 순간적으로 큰 전력 공급 가능(DPI 회로와 동일)

03 고조파(Harmonics)

1 고조파의 특징

고조파	원인	영향	대책
• 주기적인 복합 파형 중 기본파 이외의 파형 • 푸리에 급수로 해석 • 발생차수 $(n = mp \pm 1)$	• 비선형 부하의 전력 변환장치 • 철심 포화 • 과도 현상	• 통신선의 유도 장해(정전, 전자유도) • 고조파 공진 유발 • 기기 악영향	• 계통 분리 및 전원 측 단락, 용량 증대 • Custom power 기기 사용 • PWM 제어 방식 + 전력 변환기 다펄스화 • 필터, 리액터, 직렬 리액터 설치 등

1) 고조파(Harmonics)

① 주기적인 복합 파형 중 기본파 이외의 파형,
기본파의 정수배 파형

$(120 \sim 3,000[\text{Hz}])$

② 크기는 $\dfrac{1}{n}$ 배로 기본파와 벡터적 합성으로

왜형파 생성(Distortion)

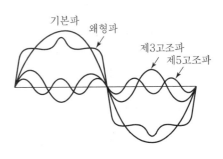

[고조파]

2) 고조파 해석

① 푸리에 급수

$$f(t) = a_0 + \sum_{n=1}^{\infty} a_n \sin n\omega t + \sum_{n=1}^{\infty} b_n \cos n\omega t$$

② 고조파 함유율과 전류 계산

전압 함유율 V_{THD}	전류 함유율 I_{THD}	전류 계산 I_{TDD}
$V_{THD} = \dfrac{\sqrt{\sum V_n^2}}{V_1} \times 100[\%]$	$I_{THD} = \dfrac{\sqrt{\sum I_n^2}}{I_1} \times 100[\%]$	$I_{TDD} = \dfrac{\sqrt{\sum I_n^2}}{I_L} \times 100[\%]$

여기서, V_1, I_1 : 기본파, V_n, I_n : n차 고조파, I_L : 부하 전류

③ 고조파 발생 차수

$$n = mp \pm 1$$

여기서, n : 차수, m : 상수, p : Pulse 수

m	p	n							
1	2	3	5	7	9	11	13	23	25
1	6	·	5	7	·	11	13	23	25
1	12	·	·	·	·	11	13	23	25

다펄스화 시 저차 고조파 미발생 함유율 저감

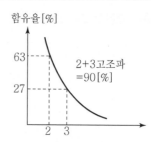

[고조파 발생차수]

2 고조파의 발생 원인

전력 변환 장치의 비선형 부하	철심 포화	과도 현상
인버터, 컨버터, UPS 등	회전기의 철심 포화(전동기)	과도 현상에 의한 경우
아크로, 전기로, 전기철도 형광등(안정기) LED(SMPS)	변압기의 철심 포화 특성이 여자 돌입전류에 의한 경우	사무용, 가정기기

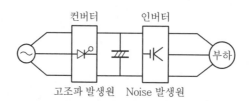

[전력변환기기]

1) 컨버터(Thyristor) : 비선형 부하에 의한 고조파 발생원

2) 인버터(IGBT) : 고속 스위칭에 의한 Noise 발생

3 고조파의 영향

1) 도체의 실효 저항 증가

$$\delta = \sqrt{\frac{1}{\pi f \mu \sigma}}$$

여기서, δ : 침투깊이, σ : 도전률, f : 주파수, μ : 투자율

[표피효과]

2) 도체의 실효전류 증가

① 실효치 전류 : $I = I_1 + I_h$, $I_h = \sqrt{I_2^2 + I_3^3 + I_4^2 + I_5^2 + \cdots\cdots}$

② 동손 : $P_c = I_1^2 R + I_h^2 R$

도체의 실효 저항 증대로 동손이 증가하여 전력 기기의 과열로 인한 용량 감소, 보호 계전기 오동작, 퓨즈의 영단 등 영향

3) 영상분 전류 영향

① 중성선의 과열

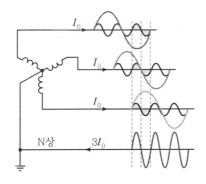

[중성선 고조파 전류]

중성선에 흐르는 영상분 전류는 각상의 영상분 전류의 3배가 흘러 중성선의 과열

② 통신선 유도 장해

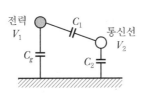

[정전유도]

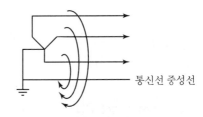

[전자유도]

정전 유도	전자 유도
상호 정전 용량에 의한 정전 유도 $$V_2 = \frac{C_1}{C_1 + C_2} \times V_1$$ (고조파에 의한 전원 전압 V_1 상승)	상호 인덕턴스에 의한 전자 유도 $$V_S = j\omega LM(I_a + I_b + I_c)$$ $$= j\omega LM3I_o$$

③ 지락 보호 계전기 오작동

지락 전류와 함께 중성선 또는 대지 귀로 성분으로 검출되어 계전기 오작동

④ △결선 변압기 용량 감소

△결선 내 영상 전류가 순환하면서 변압기 온도 상승으로 변압기 용량 감소

⑤ 중성선 전위 상승

4) 고조파 공진유발

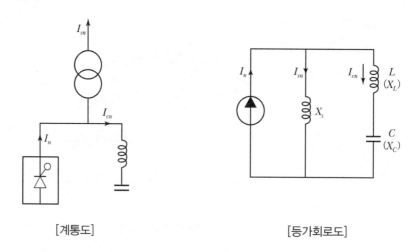

[계통도]　　　　　　　　[등가회로도]

① 전원 측 유입 전류(I_{sn})

$$I_{sn} = \left(\frac{nX_L - \dfrac{X_C}{n}}{nX_S + \left(nX_L - \dfrac{X_C}{n} \right)} \right) \times I_n$$

② 콘덴서 측 유입 전류(I_{cn})

$$I_{cn} = \left(\frac{nX_S}{nX_S + \left(nX_L - \dfrac{X_C}{n} \right)} \right) \times I_n$$

③ 커패시턴스

$X_C = j\omega C = \dfrac{1}{\omega C} = \dfrac{1}{2\pi f C}$ (주파수 상승 시 임피던스 저하로 전류 유입원)

④ 영향 및 대책

회로상태	회로조건	영향	대책
유도성	$nX_L > \dfrac{X_C}{n}$	확대 안 됨(바람직)	• 전원측, 부하측, 회로를 유도성 회로로 유도 • 콘덴서 과보상 금지 • 콘덴서 측 직렬 리액터 설치
직렬 공진	$nX_L = \dfrac{X_C}{n}$	모두 콘덴서로 유입, 소손	
용량성	$nX_L < \dfrac{X_C}{n}$	극단적 확대, 계통 공진	
병렬 공진	$nX_S = \left\lvert \left(nX_L - \dfrac{X_C}{n} \right) \right\rvert$	유발	

5) 철손의 증가 및 소음 증대

6) 부하 역률 감소

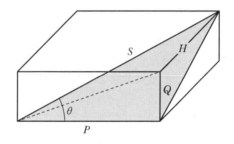

[고조파 함유 시 역률]

① 고조파가 없는 경우 역률

$$PF = \frac{P}{\sqrt{P^2 + Q^2}}$$

② 고조파가 함유된 경우 역률 → 고조파 무효 성분에 의한 역률 저하

$$PF = \frac{P}{\sqrt{P^2 + Q^2 + H^2}}$$

7) 기기 악영향

구분	영향	대책
콘덴서	공진, 단자 전압 상승, 전류의 실효치, 실효 용량의 증가, 손실 증가, 과열 ,소손	직렬 리액터
변압기	출력 감소(THDF), 손실 증가(동손 철손), TR 권선 온도 상승, 과열, 이상 소음	K−Factor(고려)
전동기	손실, 소음, 진동 증가, 맥동, 역상 토크 발생, 효율, 수명 저하	인버터 방식 채용
케이블	중성선의 전류 상승(3배), 중성선의 대지 전위 상승, 손실, 과열, 유도 장해, 역률 저하	중성선 굵게
기타	PF 단선, Flicker, 통신선의 유도 장해, 계전기 오동작, 전자장비 오동작	Custom Power 기기

4 고조파 방지 대책

발생원 측 대책	계통 측 대책	피해기기 측 대책

• Custom Power 기기 채택
• 인버터의 PWM 제어 방식
• 전력 변환기의 다펄스화
• 콘덴서 측 직렬 리액터 삽입
• 리액터 설치(ACL, DCL)
• 필터 설치(수동, 능동, 동조)
	• 계통 분리(고조파 분리)
	• 전원 측 단락용량 증대
	  − 단락 용량 증가 시 역비례 감소
	  − $I_n = \dfrac{V_n}{X_L}$
	  − $n = \sqrt{\dfrac{X_L}{X_C}} = \sqrt{\dfrac{P}{Q}}$
	  $= \sqrt{\dfrac{전원용량}{콘덴서 용량}}$
		• 장애 기기 고조파 내량 증대
		• K−Factor를 고려 여유율 증가
		• 케이블 굵기 증대
		• 비상 발전기 용량증대
		• 2단 강압 방식의 TR 적용
		• TR의 △ 결선, Zig−Zag 결선
		• SR 설치(직렬 리액터)

1) 능동 필터(Active Filter)

① 고조파, 흡수, 억제, 보상

② 고조파 발생원에 사용하여 고품질 전력 확보

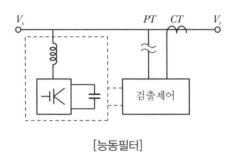

[능동필터]

2) SSC(Soft Switching Capacitor)

① Thyristor＋콘덴서＝무효 전력 보상

② 저전압, Flicker, 역률 개선(SVC보다 경제적)

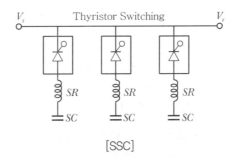

[SSC]

3) SVC(Static Var Compensator, 무효전력 조정)

① TCR＋TSC＋Filter＝무효전력 보상

② 전압 조정, 고품질 전력 공급(저전압, 역률, Flicker)

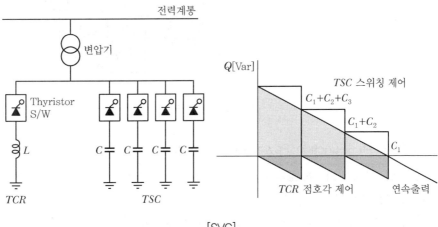

[SVC]

4) SCS(Sub Cycle S/W : 정지형 고속 전환 S/W)

① 2회선 수전 방식 또는 비상용 전원

② 고속 절체를 통한 무정전 전원 공급 시행

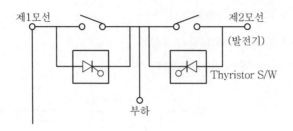

[SCS 회로도]

5) DVR(Dynamic Voltage Restorer)

① 수전 TR과 직렬 설치 고품질의 전력 공급

② 고조파, 저전압, Flicker+SAG 보상

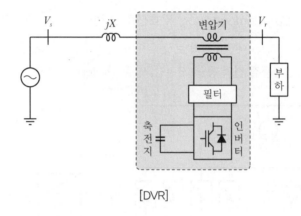

[DVR]

6) MFPC(Multi-Function Power Conditioner)

① 상위 5가지의 기능을 모두 겸비한 통합 장치

② 장시간의 무정전, 고품질의 전원 공급

③ 전력 감시 관리 기능(장시간, 무정전 보상=Battery)

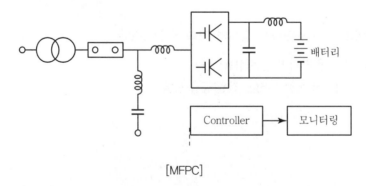

[MFPC]

04 고조파 허용 기준

1 개요

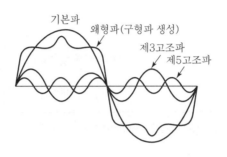

[고조파]

고조파	원인	영향	허용기준	대책
• 주기적인 복합 파형 중 기본파 이외의 파형 • 벡터적 합성 (= 왜형파, Distortion)	• 비선형 부하의 전력 변환 장치 • 철심 포화 • 과도 현상	• 통신선 유도 장해 • 고조파 공진 유발 • 기기 악영향 • 계전기 오작동	THD[V] TDD[I] EDC, TIF THDF	• 계통 분리 및 전원 단락 용량 증대 • Custom Power 기기, PWM + 다펄스화 • 필터, 리액터, SR 설치, TR Δ 결선, 기기 내량 증가

2 고조파(Harmonics)

1) 주기적인 복합 파형 중 기본파 이외의 파형($V_n \leq 20[\%]$), 기본파의 정수배 파형(120~3,000[Hz])

2) 크기는 $1/n$배, 기본파와 벡터적 합성 = 왜형파(Distortion)

3 고조파 함유율과 해석

1) 고조파 발생 차수

① $n = mp \pm 1$

여기서, n : 차수, m : 상수, p : Pulse 수

② 다펄스 시 저차 고조파 미발생 함유율 저감

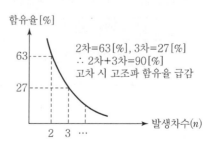

2차 = 63[%], 3차 = 27[%]
∴ 2차 + 3차 = 90[%]
고차 시 고조파 함유율 급감

[고조파 발생차수]

2) 푸리에 급수에 의한 해석 가능

$$f(t) = a_0 + \sum_{n=1}^{\infty} a_n \sin n\omega t + \sum_{n=1}^{\infty} b_n \cos n\omega t$$

3) 고조파 함유율

고조파 전압 함유율	고조파 전류 함유율	고조파 전류 계산
$V_n = \dfrac{V_n}{V_1} \times 100[\%]$	$I_n = \dfrac{I_n}{I_1} \times 100[\%]$	$I_n = K_n \times \dfrac{I_1}{n}$

여기서, V_1, I_1 : 기본파 전압, 전류, n : n차 고조파, K_n : 고조파 저감 계수

4 고조파 허용 기준

전압 종합 왜형률(V_{THD})	전류 종합 왜형률(I_{THD})	전류 총수요 왜형률(I_{TDD})
기본파 대비 고조파 전압 함유율	기본파 대비 고조파 전류 함유율	최대 부하 전류 대비 고조파 전류 함유율
고조파 전압의 규제치 판단기준	−	고조파 전류의 규제치 판단기준
$V_{THD} = \dfrac{\sqrt{\sum V_n^2}}{V_1}$	$I_{THD} = \dfrac{\sqrt{\sum I_n^2}}{I_1}$	$I_{TDD} = \dfrac{\sqrt{\sum I_n^2}}{I_L}$

여기서, V_1, I_1 : 기본파, V_n, I_n : n차 고조파, I_L 부하 최대 전류(1년 평균)

1) THD(Total Harmonics Distortion : 종합 고조파 왜형률)

① 기본파 전압 대비 고조파 실효값의 함유율(원전압(V_1), 원전류(I_1)의 상승원인)

② 고조파 발생 정도를 의미, V_{THD}와 I_{THD}로 구분

③ 전압 고조파 왜형률의 규제치(V_{THD}, %)

수전전압[kV]	69 이하	69~161	161 초과
개별(특수) 수용가	3.0	1.5	1.0
일반 계통	5	2.5	1.5

2) TDD(Total Demand Distortion : 총수요 왜형률)

① TDD의 사용 배경($I_1 = 20$[A], I_n : 10[A], I_L : 1,000[A] 시)

I_{THD}	I_{TDD}
$I_{THD} = \dfrac{10}{20} \times 100[\%] = 50[\%]$	$I_{TDD} = \dfrac{10}{1,000} \times 100 = 1[\%]$
기기 단독 시 상대적 왜형률 높음	전체 부하 대비 고조파 전류 크기 작음

㉠ 부하 변동 시 전압은 일정하나 전류는 부하에 따라 변동

㉡ 고조파 전류 함유율이 기기 단독 시는 높으나 전체 부하 적용 시 낮을 경우 적용

② I_{TDD}(Current Total Demand Distortion : 전류 총수요 왜형률)

㉠ 최대 부하 전류(I_L) 대비 고조파 전류의 함유율(규제치 판단 기준)

㉡ 고조파 전류의 규제치(수전 전압 69[kV] 이하)

$\dfrac{I_{SC}}{I_L}$	20 이하	20~50	50~100	100~1,000	1,000 초과
I_{TDD}[%]	5	8	12	15	20

여기서, I_{SC} : 단락 전류, I_L : 부하 최대 전류(1년 평균)

5 EDC와 TIF

1) EDC(Equipment Disturbing Current : 등가 방해 전류)

① 전력 계통에서 고조파 전류가 통신선에 영향을 주는 한계값

② $EDC = \sqrt{\displaystyle\sum_{n=1}^{\infty} \left(S_n^2 \times I_n^2 \right)}$ [A]

여기서, S_n : 통신 유도 계수, I_n : 영상 고조파 전류

③ 전기 공급 규정에 의거 154[kV] 지중 선로에 대하여 3.8[A] 이하 기준

2) TIF(Telephone Interference Factor : 통신 유도 장해)

V_T Product	I_T Product
고조파 전압이 통신선에 영향을 미치는 정도	고조파 전류가 청각에 장해를 미치는 정도
$V_T = \sqrt{\dfrac{\displaystyle\sum_{n=1}^{h} \left(T_n \times I_n \times Z_n \right)^2}{V_1}}$	$I_T = \sqrt{\displaystyle\sum_{n=1}^{h} \left(T_n \times I_n \right)^2}$

여기서, V_1 : 기본파 상전압, T_n : 차수별 통신 유도 장해 계수
I_n : 차수별 고조파 전류, Z_n : 차수별 임피던스(고조파)

3) THDF(Transformer Harmonics Derating Factor : 변압기 출력 감소율)

① K-Factor

고조파 영향으로부터 기계 기구가 과열 현상 없이 전력을 부하에 안정적으로 공급할 수 있는 능력

$$K-Factor = \sum \left(h^2 \times I_h^2 \right)$$

② THDF(변압기 출력 감소율)

고조파에 의한 변압기의 출력 감소율을 의미

$$THDF = \sqrt{\frac{P_{LL-R}}{P_{LL}}} \times 100[\%] = \sqrt{\frac{1+P_{EC-R}}{1+\left(K \cdot P_{EC-R} \right)}} \times 100[\%]$$

여기서, P_{LL} : 고조파를 감안한 부하손 $[1+\left(K \cdot P_{EC-R} \right)]$
P_{LL-R} : 정격에서의 부하손 $[1+P_{EC-R}]$
K(K-Factor) : 3ϕ 비선형 부하(13[%] 적용)
P_{EC-R} : 와류손(건식 TR $5.5 \leq 1{,}000$[kVA](14[%]))

예 3ϕ 1,000[kVA] 건식 TR의 THDF 적용 시 64[%] 출력 가능 → 640[kVA] 용량

구분	K·F	구분	용량[MVA]	와류손값[%]
순수 선형, 왜곡이 없는 부하	1	건식 TR	1 이하	5.5
3ϕ 부하 중 50[%]의 선형, 50[%] 비선형	7		1 초과	14
3ϕ 비선형 부하(고조파 발생원)	13	유입 TR	2.5 이하	1
1ϕ과 3ϕ 비선형 부하 양립	20		2.5 ~ 5 이하	2.5
순수 1ϕ 비선형 부하(고조파 최고)	30		5 초과	12

$$THDF = \sqrt{\frac{1+0.14}{1+\left(13 \times 0.14 \right)}} \times 100 = 64[\%]$$

05 고조파 왜형률(THD, TDD)

❶ 고조파(Harmonics)

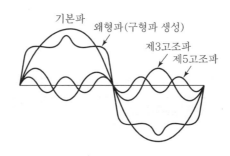

[고조파]

고조파	원인	영향	대책
• 주기적인 복합파형 중 기본파 이외의 파형 • 벡터적 합성 = 왜형파 Distortion	• 비선형부하의 전력변환장치 • 철심포화 • 과도현상	• 통신선의 유도장해 • 고조파 공진유발 • 기기 악영향 • 계전기 오동작	• 계통분리 및 전원단락용량 증대 • Custom Power 기기, PWM + 다펄스화 • 필터, 리액터, SR 설치, TR Δ결선, 기기내량 증가

1) 고조파

① 주기적인 복합 파형 중 기본파 이외의 파형(20[%] 이하), 기본파의 정수배 파형(120~3,000[Hz])

② 크기는 $\dfrac{1}{n}$ 배로 기본파와 벡터적 합성 = 왜형파 생성(Distortion)

2) 고조파 함유율과 해석

① 고조파 발생차수

　㉠ $n = mp \pm 1$

　　여기서, n : 차수, m : 상수, p : pulse 수

　㉡ 다펄스 시 저차 고조파 미발생 함유율 저감

② 푸리에 급수에 의한 해석 가능

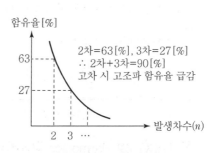

함유율 [%]

2차=63[%], 3차=27[%]
∴ 2차+3차=90[%]
고차 시 고조파 함유율 급감

발생차수(n)

[고조파 발생차수]

$$f(t) = a_0 + \sum_{n=1}^{\infty} a_n \sin n\omega t + \sum_{n=1}^{\infty} b_n \cos n\omega t$$

③ 고조파 함유율

고조파 전압 함유율	고조파 전류 함유율	고조파 전류 계산
$I_n = \dfrac{I_n}{I_1} \times 100[\%]$	$V_n = \dfrac{V_n}{V_1} \times 100[\%]$	$I_n = K_n \times \dfrac{I_1}{n}$

여기서, V_1, I_1 : 기본파 전압, 전류, n : n차 고조파, K_n : 고조파 저감계수

3) 고조파와 임피던스

① 임피던스 $Z = R + jX$ (고조파 유입 시 주파수 상승, $f = 120 \sim 3{,}000[\text{Hz}]$)

리액턴스(X_L)	커패시턴스(X_C)
$X_L = \omega L = 2\pi f L$	$X_C = \dfrac{1}{\omega C} = \dfrac{1}{2\pi f C}$
• 임피던스(X_L) 상승 • 전류 제동특성 : 표피 효과 증가	• 임피던스(X_C) 저하 • 전류 유입특성 : 전류 유입 기기 과열, 소손

② 공진 조건

직렬 공진($X_L = X_C$)	병렬 공진($X_L = X_C$)
• Z 최소화, 전류최대특성 • 수동필터 적용, 최대 전력 전달 조건	• Z 최소화, 전류 확대, 계통 전체 영향 • Blocking Filter 적용

❷ 고조파 왜형률

전압 종합 왜형률(V_{THD})	전류 종합 왜형률(I_{THD})	전류 총수요 왜형률(I_{TDD})
기본파 대비 고조파 전압 함유율	기본파 대비 고조파 전류 함유율	최대 부하 전류 대비 고조파 전류 함유율
고조파 전압의 규제치 판단 기준	–	고조파 전류의 규제치 판단 기준
$V_{THD} = \dfrac{\sqrt{\sum V_n^2}}{V_1}$	$I_{THD} = \dfrac{\sqrt{\sum I_n^2}}{I_1}$	$I_{TDD} = \dfrac{\sqrt{\sum I_n^2}}{I_L}$

여기서, V_1, I_1 : 기본파 전압, 전류, V_n, I_n : n차 고조파 전압, 전류, I_L 부하 최대 전류

1) THD(Total Harmonics Distortion : 종합 고조파 왜형률)

① 기본파 전압, 전류 대비 고조파 실효값의 함유율(원전압(V_1) 원전류(I_1)의 상승원인)

② 고조파 발생 정도를 의미, V_{THD}와 I_{THD}로 구분

③ 전압 고조파 왜형률의 규제치($V_{THD}[\%]$)

수전 전압[kV]	69 이하	69~161	161 초과
개별(특수) 수용가	3.0	1.5	1.0
일반 계통	5	2.5	1.5

2) TDD(Total Demand Distortion : 총수요 왜형률)

① TDD의 사용배경($I_1 = 20[A]$, I_n : 10[A], I_L : 1,000[A] 시)

I_{THD}	I_{TDD}
$I_{THD} = \dfrac{10}{20} \times 100[\%] = 50[\%]$	$I_{TDD} = \dfrac{10}{1,000} \times 100 = 1[\%]$
상대적 왜형률은 높음	고조파 전류의 크기는 작음

   ㉠ 부하 변동 시 전압은 일정하나 전류는 부하에 따라 변동

   ㉡ 고조파 전류 함유율이 기기 단독 시는 높으나 전체 부하 적용 시 낮을 경우 적용

② ITDD(Current Total Demand Distortion : 전류 총수요 왜형률)

   ㉠ 최대 부하 전류(I_L) 대비 고조파 전류의 함유율(규제치 판단기준)

   ㉡ 고조파 전류의 규제치(수전 전압 69[kV] 이하)

$\dfrac{I_{SC}}{I_L}$	20 이하	20~50	50~100	100~1,000	1,000 초과
$I_{TDD}[\%]$	5	8	12	15	20

여기서, I_{SC} : 단락전류, I_L : 부하최대전류(1년 평균)

   ㉢ TDD[%]는 5개 차수로 분리 계산(11차, 17차, 23차, 35차 이하, 35차 이상) 후 합산 값

3) ITDD 측정법 및 계산

① TDD 계산을 위해 12개월의 평균값 적용, 부하 최대 전류를 200[A]로 가정 시(단락비 $\dfrac{I_{SC}}{I_L}$

$= 100 \sim 1,000[A]$ 가정)

항목	기본파	3차	5차	7차	9차	11차	15차 초과합
전압	100	2	5	2	1	1	1
전류	100	15	25	12	10	5	3

② 계산값

   ㉠ $V_{THD} = \dfrac{\sqrt{(2^2 + 5^2 + 2^2 + 1^2 + 1^2 + 1^2)}}{100} = 6[\%]$

$$\textcircled{\small L}\ I_{THD} = \frac{\sqrt{\left(15^2 + 25^2 + 12^2 + 10^2 + 5^2 + 3^2\right)}}{100} = 34[\%]$$

$$\textcircled{\small ㄷ}\ I_{TDD} = \frac{\sqrt{\left(15^2 + 25^2 + 12^2 + 10^2 + 5^2 + 3^2\right)}}{200} = 17[\%]$$

③ 판정

 ㉠ V_{THD}는 6[%]로 기준 5[%] 대비 초과

 ㉡ I_{TDD}는 17[%]로 단락비($\dfrac{I_{SC}}{I_L} = 100 \sim 1,000$) 적용 시 규제치 15[%] 초과

④ 대책 : 계산 결과 수용가 측 대책 필요(Active Filter 등)

4) EDC(Equipment Disturbing Current : 등가 방해 전류)

① 전자 계통에서 고조파가 통신선에 영향을 주는 한계값

② $EDC = \sqrt{\displaystyle\sum_{n=1}^{\infty} \left(S_n^2 \times I_n^2\right)}\,[\mathrm{A}]$

여기서, S_n : 통신 유도 계수, I_n : 영상 고조파 전류

③ 전기 공급 규정에 의거 154[kV] 지중선로에 대해 3.8[A] 기준 적용

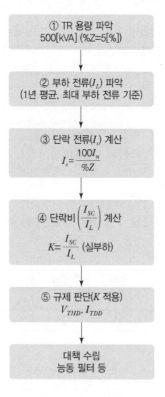

[I_{TDD} 계산 순서]

06 K - Factor(고조파가 변압기에 미치는 영향)

1 개요

K - Factor	원인	TR 영향	대책
고조파의 영향으로부터 기계 기구가 과열 현상 없이 부하에 전력을 공급할 수 있는 능력	고조파가 TR에 미치는 영향	• 출력 감소(THDF) • 손실 증가(철손, 동손) • TR 권선 온도 상승 • 과열 및 이상소음	• 계통분리 및 전원 단락 용량 증대 • Custom Power 기기, PWM 방식 + 다Pulse화 • 필터, 리액터(ACL, DCL), SR 설치 • K-Factor 고려 여유율 증대, TR Δ 결선, 2단 강압 방식

2 고조파의 영향

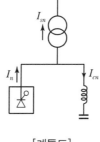

[계통도]

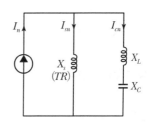

[등가회로]

1) 전원 측 유입 전류(I_{sn})

$$I_{sn} = \left(\frac{nX_L - nX_C}{nX_S + \left(nX_L - \dfrac{X_C}{n} \right)} \right) \times I_n$$

2) 콘덴서 측 유입 전류(I_{cn})

$$I_{cn} = \left(\frac{nX_S}{nX_S + \left(nX_L - \dfrac{X_C}{n} \right)} \right) \times I_n$$

3) 커패시턴스

$$X_C = j\omega C = \frac{1}{\omega C} = \frac{1}{2\pi f C}(f \text{ 상승 시 임피던스}(Z) \text{ 저하, 전류 유입 원인})$$

고조파(Harmonics)	K-Factor
• 주기적인 복합 파형 중 기본파 이외 파형 • 기본파의 정수배(3배) 크기는 $\frac{1}{n}$배(120~300[Hz]) • 기본파와 벡터합성 = 왜형파(Distortion) • 손실 증가 → 효율 역률 저하 → 설비 용량 감소	• 비선형 부하에 의한 고조파의 영향으로 과열 현상 없이 전하를 부하에 안정적 공급 능력 • 고조파에 의한 TR 출력 감소(THDF)

❸ K-Factor

1) K-Factor

$$\text{K-Factor} = \sum \left(\frac{I_h}{I}\right)^2 \times h^2$$

여기서, I : 총 전류, I_h : 각 고조파 전류, h : 고조파 차수

2) 단상 부하인 경우

$$THDF = \frac{\sqrt{2}\,I_\text{s}}{I_{peak}}$$

3) 3상 부하인 경우

$$THDF = \sqrt{\frac{1 + P_{EC}}{1 + (K\text{-}factor \cdot P_{EC})}}$$

여기서, P_{EC} : 와전류손[PU]

4) K-Factor 값과 와전류손 값(P_{EC-R})

구분	K·F	구분	용량[MVA]	와류손값[%]
순수 선형, 왜곡이 없는 부하	1	건식 TR	1 이하	5.5
3ϕ 부하 중 각각 50[%]의 선형, 비선형	7		1 초과	14
3ϕ 비선형 부하(고조파 발생원)	13	유입 TR	2.5 이하	1
1ϕ과 3ϕ 비선형 부하 양립	20		2.5 ~ 5 이하	2.5
순수 1ϕ 비선형 부하(고조파 최고)	30		5 초과	12

4 K−Factor의 영향(고조파가 TR에 미치는 영향)

1) 변압기 출력 감소

① THDF(Transformer Harmonics De−rating Factor) : 변압기 출력 감소율

② $THDF = \sqrt{\dfrac{P_{LL-R}}{P_{LL}}} \times 100[\%] = \sqrt{\dfrac{1+(P_{EC-R})}{1+(K \cdot P_{EC-R})}} \times 100[\%]$

P_{LL}(Load Loss)	P_{LL-R} (정격기준 Load Loss)
고조파를 감안한 부하 손실 $P_{LL} = 1 + (K \cdot P_{EC-R})$ $= $ 부하손$(RI^2) + $ 무부하손$(P_{EC}) + $ 기하손(POSL)	정격에서의 부하손, 즉 고조파가 없을 때 순수 손실 $P_{LL-R} = 1 + P_{EC-R}$

여기서, K : K−Factor 값 , P_{EC-R} : 와전류손 값

예 Mold TR 1,000[kVA] 시 THDF 계산

1. 와류손$(P_{EC-R}) = 14[\%]$

2. K−Factor$(3\phi$ 비선형$) = 13[\%]$

3. $THDF = \sqrt{\dfrac{(1+0.14)}{1+(13 \times 0.14)}} \times 100[\%] = 64[\%]$

4. TR 1,000[kVA] 용량 중 64[%]의 출력 가능(=640[kVA])

③ TR 설계 시 고조파에 의한 K−Factor를 고려 충분한 여유 필요(2~3배)

$kVA_{derate} = kVA_{rated} \times THDF$

2) 변압기의 손실 증가

① 고조파와 임피던스 특성

㉠ 고조파에 의한 주파수 f 증가 시$(f$: 120~3,000[Hz])

리액턴스(X_L)	커패시턴스(X_C)
$X_L = \omega L = 2\pi f L$	$X_C = \dfrac{1}{\omega C} = \dfrac{1}{2\pi f C}$
• 임피던스(X_L) 상승 • 전류 제동 특성 : 표피 효과 증가	• 임피던스(X_C) 저하 • 전류 유입 특성 : 전류 유입 기기 과열, 소손

ⓛ 주요 현상

영상분 고조파 순환	와전류 손실	표피 효과
I_0 △절선		도체전류 밀도가 표피 측에 증가

② 변압기의 동손(P_c) 증가

　　㉠ 고조파 전류 중첩 + 표피 효과에 의한 저항 증가

　　㉡ 동손 $P_c = RI^2$(증가)

③ 변압기의 철손(P_i) 증가

　　㉠ 철손 $P_i = P_h + P_e$(히스테리시스손 + 와류손)

　　㉡ 히스테리시스손 $P_h = K_h \cdot f \cdot B_m^{1.6}$($f$ 증가 시 손실 증가)

　　㉢ 와전류손 $P_e = K_e(k_p \cdot f \cdot t \cdot B_m)^{2.0}$($f$ 증가 시 손실 증가)

3) 변압기의 권선 온도 상승

$$\Delta\theta_0 = \Delta\theta \times \left(\frac{I_e}{I_1}\right)^{1.6}$$

여기서, I_e : 고조파를 포함한 실효치 전류, 즉 히스테리시스손에 의한 온도 상승

4) 변압기의 과열 및 이상 소음 발생

① 영상분 고조파는 변압기 1차로 변환하여 △권선 내 순환

② 순환 전류는 열로 발생하여 과열의 원인 및 전자력에 의한 소음 발생

5) 기타

손실 증가 → 무효 전력 증가 → 역률, 효율 저하 → TR 용량 감소

5 대책

1) 발생원 측

① Custom Power 기기 사용

② PWM 방식 적용(인버터)

③ 전력 변환기의 다펄스화($n = mp \pm 1$)

④ 콘덴서 회로에 SR 설치

⑤ 리액터 설치(ACL, DCL)

⑥ 능동 필터 및 수동 필터(동조, 고차) 설치

2) 계통 측

① 계통 분리(고조파 부하 분리)

② 전원의 단락 용량 증대

ㄱ $I_n = \dfrac{V_n}{X_L}$

ㄴ 단락 용량 증대 시 I_n 역비례 감소

ㄷ $n = \sqrt{\dfrac{X_L}{X_C}} = \sqrt{\dfrac{P}{Q}} = \sqrt{\dfrac{전원용량}{콘덴서용량}}$

3) 피해 기기 측

① K−Factor를 고려한 TR 용량(여유율) 증대(2~3배)

② TR 측 Δ 결선을 이용하여 3고조파 순환 감소

③ Hybrid TR 또는 Zig−Zag 결선을 이용 고조파 제거

④ 2단 강압 방식(Two−Step) TR 적용

⑤ 과열 대책

ㄱ OAFA 방식 적용

ㄴ 동 굵기를 굵게 선정

ㄷ 자로에 의한 손실 감소

ㄹ 규소 강판을 크게

ㅁ 자속 밀도 최소화

ㅂ 투자율이 높은 재료 선정

07 고조파가 전력용 콘덴서에 미치는 영향과 대책

1 고조파

1) 고조파(Harmonics)

① 주기적인 복합 파형 중 기본파 이외의 파형
   ($V_n \leq 120[\%]$)

② 기본파의 정수배 파형(n배), 크기는 $\dfrac{1}{n}$ 배

   (120~3,000[Hz])

③ 기본파와 벡터적 합성 = 왜형파(Distortion)

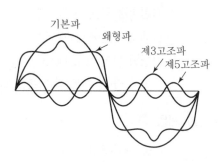

[고조파]

2) 고조파와 임피던스

① 임피던스 $Z = R + jX$ (고조파 유입 시 주파수 상승, $f = 120 \sim 3,000$[Hz])

리액턴스(X_L)	커패시턴스(X_C)
$X_L = \omega L = 2\pi f L$	$X_C = \dfrac{1}{\omega C} = \dfrac{1}{2\pi f C}$
• 임피던스(X_L) 상승 • 전류 제동 특성 : 표피 효과 증가	• 임피던스(X_C) 저하 • 전류 유입 특성 : 전류 유입 기기 과열, 소손

② 공진 조건

직렬공진($X_L = X_C$)	병렬공진($X_L = X_C$)
• Z 최소화, 전류 최대 특성 • 수동 필터 적용, 최대 전력 전달 조건	• Z 최소화, 전류 확대, 계통 전체 영향 • FACTS 설비 적용 : SVC, UPFC

3) 고조파와 콘덴서

고조파 원인	콘덴서 영향	대책
비선형 부하의 전력 변환 장치(SCR, GTO)	공진 발생, 단자 전압 상승	계통 분리 및 전원 단락 용량 증대
철심 포화	전류의 실효치, 실효용량 증가	Custom Power기기, PWM + 다펄스화
과도 현상	손실 증가, 과열, 소손	리액터, 필터, SR설치, APFC, 동기 전동기, 기기 내량 증대

② 고조파의 발생 원인

전력 변환 장치의 비선형 부하	철심 포화	과도 현상
• 인버터, 컨버터, UPS 등 • 아크로, 전기로, 전기철도 • 형광등(안전기), LED(SMPS)	• 회전기의 철심 포화 • 변압기의 철심 포화 특성이 여자 돌입 전류에 의한 경우	과도 현상에 의한 경우

1) 컨버터(Thyristor)

비선형 부하에 의한 고조파 발생원

2) 인버터(IGBT)

고속 스위칭에 의한 Noise 발생

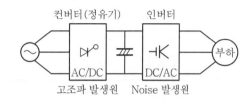

[전력변환장치(인버터)]

③ 고조파가 콘덴서에 미치는 영향

1) 공진 발생

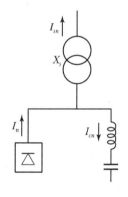

[계통도]

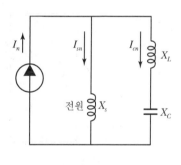

[등가 회로도]

① 전원 측 유입 전류(I_{sn})

$$I_{sn} = \left(\frac{nX_L - nX_C}{nX_S + \left(nX_L - \dfrac{X_C}{n}\right)} \right) \times I_n$$

② 콘덴서 측 유입 전류(I_{cn})

$$I_{cn} = \left(\frac{nX_S}{nX_S + \left(nX_L - \dfrac{X_C}{n}\right)} \right) \times I_n$$

③ 영향 및 대책

회로 상태	회로 조건	영향	대책
유도성	$nX_L > \dfrac{X_C}{n}$	확대 안 됨(바람직)	• 전원 및 부하 측 회로를 유도성 회로로 구성 • 콘덴서 전단 SR 설치로 유도성 회로 구성(이론상 4[%], 실제 6[%])
직렬 공진	$nX_L = \dfrac{X_C}{n}$	콘덴서 유입 소손	
용량성	$nX_L < \dfrac{X_C}{n}$	전류 유입 확대 소손	
병렬 공진	$nX_S = \left\| \left(nX_L - \dfrac{X_C}{n} \right) \right\|$	극단적 확대, 계통공진	

2) 단자 전압 상승

① $V = V_1 \times \left(1 + \displaystyle\sum_{n=2}^{n} \dfrac{1}{n} \times \dfrac{I_n}{I_1} \right)$

② 단자 전압 $6[\%]$, 전류 $6.38[\%]$ 상승 $Q = 13[\%]$ 상승

③ 콘덴서 및 직렬 리액터의 내부 층간 및 대지 절연 파괴

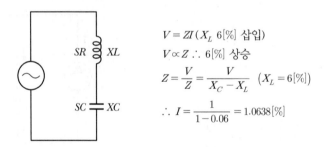

$V = ZI\,(X_L\ 6[\%]\ \text{삽입})$

$V \propto Z \therefore 6[\%]$ 상승

$Z = \dfrac{V}{Z} = \dfrac{V}{X_C - X_L}\quad (X_L = 6[\%])$

$\therefore I = \dfrac{1}{1 - 0.06} = 1.0638[\%]$

[단자전압상승]

3) 전류의 실효치 증가

① $X_C = \dfrac{1}{\omega C} = \dfrac{1}{2\pi f C}\qquad \therefore X_C \propto \dfrac{1}{f}$ 주파수 반비례

② $X_L = \omega L = 2\pi f L\qquad \therefore X_L \propto f$ 주파수 비례

③ 즉, 고조파 전류는 임피던스가 낮은 콘덴서로 유입, 과열 소손의 원인

④ 콘덴서 유입 전류(I_c)

$I_c = \sqrt{\left(I_1 : \text{정격전류} \right)^2 + \left(I_n : \text{고조파전류} \right)^2}$

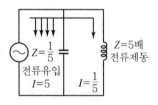

[전류 실효치 증가]

4) 콘덴서의 실효 용량 증가

① $Q = Q_1 \times \left[1 + \sum_{n=2}^{n} \frac{1}{n} \times \left(\frac{I_n}{I_1} \right)^2 \right]$

② 용량 증가에 따른 유전체손 증가, 콘덴서 온도 상승 및 열화 촉진

5) 고조파 전류로 인한 손실 증가

① $W = W_1 \times \left[1 + \sum_{n=2}^{n} \frac{1}{n} \times \left(\frac{I_n}{I_1} \right)^2 \right]$

② 직렬 리액터(SR), 콘덴서의 과열, 소손, 소음 진동 발생

6) 과열 소손 발생

고조파 유입 시 과열 소손 발생

7) 콘덴서의 허용 최대 전류 및 허용 과전압

구분	SR 무	SR 유	허용 과전압($L = 6\%$ 시)
저압(400[V] 이하)	130[%] 이하		110[%]
고압(3~6[kV])	135[%] 이하 (고조파 포함)	120[%] 이하	110[%](최고 115[%])
특고압(10[kV] 이상)			110[%]

4 대책

발생원 측	계통 측	기기(콘덴서) 측
• Custom Power 기기 선정 • PWM 방식 채용(인버터) • 전력 변환기의 다펄스화 • 콘덴서에 SR 설치 • 리액터 설치(ACL, DCL) • 필터 설치(수동, 능동)	• 계통 분리(고조파 부하 분리) • 전원의 단락 용량 증대 $I_n = \dfrac{V_n}{X_L}$ 단락 용량 증대 시 I_n 역비례 감소 $n = \sqrt{\dfrac{X_L}{X_C}} = \sqrt{\dfrac{P}{Q}}$ $\quad = \sqrt{\dfrac{전원용량}{콘덴서용량}}$	• 직렬 리액터(SR 설치, 6[%]) • APFR 사용 • SC 사용 억제 • 동기 전동기 채용(역률 제어) • 허용 최대전류, 최대과전압 고려 적용 • TR Δ 결선, 기기 내량 증대

08 고조파가 회전기(전동기)에 미치는 영향과 대책

1 고조파

1) 고조파(Harmonics)

① 기본파(전원의 주파수)의 정수배 주파수를 갖는 정현파 성분

② 기본파인 정현파 전원에 비선형 특성을 갖는 부하가 인가되면 파형이 일그러지는 왜곡파가 발생하며 부하의 비선형 특성에 따라서 특유의 고조파가 포함

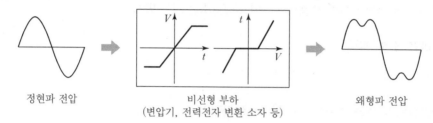

정현파 전압   비선형 부하
(변압기, 전력전자 변환 소자 등)   왜형파 전압

[고조파]

고조파	원인	영향	대책
• 주기적인 복합 파형 중 기본파 이외의 파형 • 푸리에 급수로 해석 • 발생차수 $(n = mp \pm 1)$	• 비선형 부하의 전력변환 장치 • 철심 포화 • 과도 현상	• 손실, 소음, 진동 증가 • 맥동, 역상 토크 발생 • 역률, 효율, 수명 저하	• 계통 분리 및 전원 단락 용량 증대 • Custom Power 기기, PWM + 다펄스화 • 필터, 리액터, SR 설치, 방진고무 사용 • 공극 자속 평활화, 공진 주파수 생성방지, 인버터 사용

2) 고조파의 해석

① 푸리에 급수

$$f(t) = a_0 + \sum_{n=1}^{\infty} a_n \sin n\omega t + \sum_{n=1}^{\infty} b_n \cos n\omega t$$

② 고조파 함유율과 전류계산

전압 종합 왜형률(V_{THD})	전류 종합 왜형률(I_{THD})	전류 총수요 왜형률(I_{TDD})
기본파 대비 고조파 전압 함유율[%] $V_{THD} = \dfrac{\sqrt{\sum V_n^2}}{V_1} \times 100 [\%]$	기본파 대비 고조파 전류 함유율[%] $I_{THD} = \dfrac{\sqrt{\sum I_n^2}}{I_1} \times 100 [\%]$	최대 부하전류 대비 고조파 전류 함유율 $I_{TDD} = \dfrac{\sqrt{\sum I_n^2}}{I_L} \times 100 [\%]$

여기서, V_1, I_1 : 기본파, V_n, I_n : n차 고조파, I_L : 부하 전류

③ 고조파 발생 차수

　㉠ $n = mp \pm 1$

　　여기서, n : 차수, m ; 상수, p : Pulse 수

　㉡ 다펄스 시 저차 고조파 미발생 함유율 저감

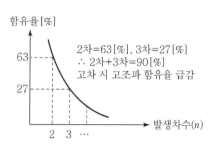

함유율[%]

2차=63[%], 3차=27[%]
∴ 2차+3차=90[%]
고차 시 고조파 함유율 급감

발생차수(n)

[고조파 발생차수]

3) 고조파와 임피던스

① 임피던스 $Z = R + jX$ (고조파 유입 시 주파수 상승, $f = 120 \sim 3,000$[Hz])

리액턴스(X_L)	커패시턴스(X_C)
$X_L = \omega L = 2\pi f L$	$X_C = \dfrac{1}{\omega C} = \dfrac{1}{2\pi f C}$
• 임피던스(X_L) 상승 • 전류 제동 특성 : 표피 효과 증가	• 임피던스(X_C) 저하 • 전류 유입 특성 : 전류유입 기기 과열, 소손

② 공진 조건

직렬 공진($X_L = X_C$)	병렬 공진($X_L = X_C$)
• Z 최소화, 전류최대 특성 • 수동필터 적용, 최대 전력 전달 조건	• Z 최소화, 전류 확대, 계통 전체 영향 • FACTS 설비 적용 방지 : SVC, UPFC

2 고조파의 발생 원인

전력 변환 장치의 비선형 부하	철심 포화	과도 현상
• 인버터, 컨버터, UPS 등 • 아크로, 전기로, 전기 철도 • 형광등(안전기), LED(SMPS)	• 회전기의 철심 포화 • 변압기의 철심 포화 특성이 여자 돌입 전류에 의한 경우	과도 현상에 의한 경우

1) 컨버터(Thyristor)

비선형부하에 의한 고조파 발생원

2) 인버터(IGBT)

고속 스위칭에 의한 Noise 발생원

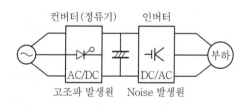

컨버터(정류기)　　　인버터

AC/DC　　DC/AC
고조파 발생원　　Noise 발생원

부하

[고조파의 발생원인(인버터)]

❸ 고조파가 회전기(전동기)에 미치는 영향

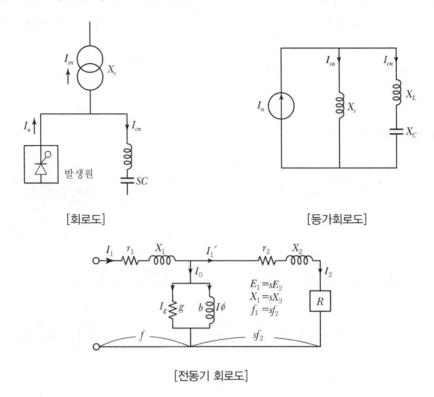

[회로도]   [등가회로도]

[전동기 회로도]

1) 손실의 증가

영향	대책
• 부하손(=동손)의 증가 $P_c = K I_1^2 R(1 + CPF^2)[\text{W}]$ • 무부하손의 증가$(P_i = P_h + P_e)$ $P_h = K_h f B_m^{1.6}[\text{W/kg}]$ $P_e = K_e(K p f t B_m)^{2.0}[\text{W/kg}]$	• $R = \rho \dfrac{l}{A}$ 저항(R)을 작게 하여 동손 감소 • 자속 밀도 저감으로 철손 감소 • 인버터 이용 파형 개선

※ CDF(Current Distortion Factor : 전류 왜형률)

① 동손은 기본파 전류+고조파 전류=중첩에 의한 손실

② 철손의 경우 주파수 상승에 따른 히스테리시스손(P_h), 와류손(P_e) 증가

③ 손실 증가로 회전기의 온도 상승, 역률, 효율 저하

2) 토크의 감소

① 토크 $T = \dfrac{P}{W}$ $\therefore$ $T \propto P_2$ 비례

② $P_2 = I_2^2 \times \dfrac{r_2}{S} = \left(\dfrac{SE_2}{\sqrt{\left(\dfrac{r_2}{S}\right)^2 + X_2^2}} \right)^2 \times \dfrac{r_2}{S} = \dfrac{SE_2^2 \cdot r_2}{\left(\dfrac{r_2}{S}\right)^2 + X_2^2}$

③ 전동기는 X_L로 구성 $X_L = \omega L = 2\pi f L$로 주파수 상승 시 X_2의 증가로 T는 감소
   (P_2 감소)

④ 토크 감소로 인한 과열, 소음의 원인

3) 맥동 토크의 발생(크롤링 현상 = 회전 자계 영향)

① 기본파 + 고조파 = 왜형파로 인한 맥동 토크 발생

② 진동 증대, 공작기계 가공 시 제품 불량 원인(연마면에 줄무늬)

③ 구동 주파수가 낮을 시, 회전 속도가 낮을 시 현저함(회전 자계가 회전자에 영향)

4) 역상 토크 발생

① 고조파에 포함된 역상분에 의한 역상 토크로 회전 기기 토크 발생

② 과열, 소손의 원인(부하 측 전동기보다 전원 측 발전기에 피해)

5) 소음의 증가 및 진동발생

소음의 증가	진동발생
• 전동기 소음 : 전자 소음, 통풍 소음, 회전자축 소음 • 고조파는 전자 소음 증대	• 회전체의 불균형 • 기계의 고유 진동수와 공진 • 맥동 토크에 의한 진동

4 대책

발생원 측	계통 측	전동기 측
• Custom Power 기기 • PWM 방식 채용 • 전력 변환기의 다펄스화 • 콘덴서에 SR 설치 • 리액터 설치(ACL, DCL) • 필터 설치(능동, 수동)	• 계통 분리(고조파부하 분리) • 전원의 단락용량 증대 $$I_n = \frac{V_n}{X_L}$$ 단락용량 증대 시 I_n 역비례 감소 $$n = \sqrt{\frac{X_L}{X_C}} = \sqrt{\frac{P}{Q}}$$ $$= \sqrt{\frac{\text{전원용량}}{\text{콘덴서용량}}}$$ • TR Δ 결선 적용	• 공진 자속 평활화 • 공진 주파수 생성방지 • 자속밀도를 낮게 • 기기에 방진 고무판, 방진 커플링 사용 • 인버터 간 ACL 사용, PWM 방식 적용, 파형 개선 등

09 고조파가 중선선, 간선, 케이블에 미치는 영향과 대책

1 고조파

1) 고조파(Harmonics)

① 기본파(전원의 주파수)의 정수배 주파수를 갖는 정현파 성분

② 기본파인 정현파 전원에 비선형 특성을 갖는 부하가 인가되면 파형이 일그러지는 왜곡파가 발생하며 부하의 비선형 특성에 따라서 특유의 고조파가 포함

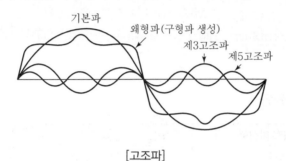

[고조파]

고조파	원인	영향	대책
• 주기적인 복합 파형 중 기본파 이외의 파형 • 푸리에 급수로 해석 • 발생차수 $(n=mp\pm1)$	• 비선형 부하의 전력 변환장치 • 철심 포화 • 과도 현상	• 중성선 전류 상승(3배) • 중성선의 대지 전위 상승 • 손실, 과열, 증대 • 통신선 유도 장해, 역률 저하	• 계통 분리 및 전원 단락 용량 증대 • Custom Power 기기, PWM+다 펄스화 • 필터, 리액터, SR 설치, 굵기 증대 • 수동, 능동 필터, Blocking Filter, ZED

2) 고조파의 합성

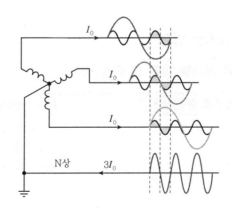

[중성선에 3고조파 전류 중첩원리]

① 중성선에 흐르는 영상분 전류는 각상의 영상분 전류의 3배가 흘러 중성선의 과열

② 중성선(간선)에 고조파 중첩 전류상승(3배)

　㉠ 기본파 전류의 벡터합 = 0

$$IR_1 + IS_1 + IT_1 = I_m \sin \omega t + I_m \sin(\omega t - 120°) + I_m \sin(\omega t - 240°) = 0$$

　㉡ 3고조파 전류의 벡터합 $= 3I_m \sin \omega t$ (3배)

$$IR_3 + IS_3 + IT_3 = I_m \sin 3\omega t + I_m \sin 3(\omega t - 120°) + I_m \sin 3(\omega t - 240°)$$
$$= 3I_m \sin 3\omega t (I_0 의 3배 중첩)$$
$$(I_m \sin 3(\omega t - 120°) = I_m \sin 3\omega t, \ I_m \sin 3(\omega t - 240°) = I_m \sin 3\omega t)$$

❷ 고조파의 발생 원인

전력 변환 장치의 비선형 부하	철심 포화	과도 현상
인버터, 컨버터, UPS 등	회전기의 철심 포화(전동기)	과도 현상에 의한 경우
아크로, 전기로, 전기철도 형광등(안정기) LED(SMPS)	변압기의 철심 포화 특성이 여자 돌입 전류에 의한 경우	

1) 컨버터(Thyristor)

비선형 부하에 의한 고조파 발생원

2) 인버터(IGBT)

고속 스위칭에 의한 Noise 발생

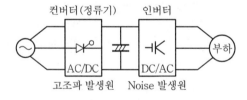

[고조파 발생원인(인버터)]

❸ 고조파가 Cable에 미치는 영향

1) 중성선의 과대전류 케이블 과열 및 손실 증가

고조파 전류 증대(3배)	임피던스 증가, 손실, 과열
• 중성선에 고조파 전류 중첩 • $I_o = I_a + I_b + I_c = 3I_o$ • 3배의 영상 전류 생성	• $X_L = \omega L = 2\pi f L$(주파수 상승) • L의 증가에 의한 표피 효과 및 전류 제동 • $H = 0.24 RI^2 t$ 전류 증대, 손실, 과열 원인

2) 중성선의 대지 전위 상승

중성선에 3고조파 전류 유입 시 중성선과 대지 간 전위차 발생

① $V_{N-G} = I_n \times (R + j3X_L)$

② 중성선의 전류와 중성선 임피던스의 3배의 곱

3) 통신선의 유도 장해 증가

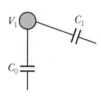

[정전 유도]

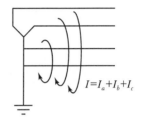

$I = I_a + I_b + I_c$

[전자 유도]

정전 유도	전자 유도
상호 정전용량에 대한(원전압 V_1 상승) $$V_2 = \frac{C_1}{C_1 + C_2} \times V_1$$	상호 인덕턴스에 의함 $$V_m = -j\omega LM3\,I_o$$

4) 역률 저하 및 손실 증대

선형 부하 시	비선형 부하 시
$$PF = \frac{P}{P_a} = \frac{P}{\sqrt{P^2 + P_r^2}}$$	$$PF = \frac{P}{S}\left(S = \sqrt{(P^2 + P_r^2 + H^2)}\right)$$ $$\therefore PF = \frac{1}{\sqrt{1 + THD^2}}\cos\phi_1$$

5) 기타

① TR 출력 감소(THDF) 및 과열

② 발전기 출력 저하

③ 공진에 의한 전류 실효 증대, 불평형 전류

④ 과열, 계전기 오동작, 케이블 수명 단축

⑤ NCT에 의한 계전기 오동작

❹ 대책

발생원 측	계통 측	중성선(간단) 측

• Custom Power 기기
• PWM 방식 채용
• 전력 변환기의 다펄스화
• 콘덴서에 SR 삽입
• 리액터 설치(ACL, DCL)
• 필터 설치(수동, 능동)
	• 계통 분리(고조파부하 분리)
	• 전원의 단락 용량 증대
	$$I_n = \frac{V_n}{X_L}$$
	단락 용량 증대 시 I_n 역비례 감소
	$$n = \sqrt{\frac{X_L}{X_C}} = \sqrt{\frac{P}{Q}}$$
	$$= \sqrt{\frac{전원용량}{콘덴서용량}}$$
	• TR Δ결선 사용, 2단 강압 방식
		• Cable 굵기 증대(K − Factor)
		• 3고조파용 Blocking Filter
		• 능동 필터(Active − Filter)
		• 수동 필터(동조, Band) Passive
		• 영상 전류 제거 장치
		  − ZED
		  − NCE
		• Δ결선, Hybrid TR, Zig − Zag 결선

1) 제3고조파 Blocking Filter

LC 병렬 공진을 이용 중성선의 고조파 전류 저장

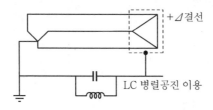

[Blocking Filter]

2) 능동필터(Active Filter)

① 고조파 전류 흡수보상 억제, 고품질의 전력 공급

② 전압 강하, Flicker + 고조파 억제

③ UPS, Inverter 등 발생원 측 설치

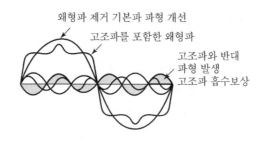

[능동 필터(Active Filter)]

3) 수동 필터(Passive Filter)

① 직렬 공진을 이용한 특정 고조파 제거

② 동조(Band), 고차(High), 3차형(C-Type), 적용 시 특정 및 고차 고조파 제거 가능

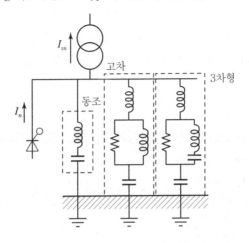

[수동 필터(Passive Filter)]

4) 영상 전류 제거 장치(NCE : Neutral Current Eliminator)

① ZED(Zero harmonics Eliminator) : 영상 임피던스를 작게 또는 정상 및 역상 임피던스를 크게 하여 영상 전류만 제거

② NCE : 같은 철심에 2개의 권선을 역방향 권선(=Zig-Zag, Hybrid TR)

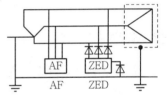

[영상 전류 제거 장치]

구분	NCE(ZED)	Blocking Filter	능동 필터	수동 필터
원리	Zig-Zag TR	LC 병렬 공진	역고조파 발생	직렬 공진
저장범위	영상 고조파(3.9.15)	3고조파	광대역	해당 차수
저장률	50~90[%]	90[%] 이상	90[%] 이상	70[%] 이상
계통영향	-	소손 시 중성선 단선	-	병렬 공진, 페란티 효과
비용	저가	고가	고가	중간
비고	부하 말단 설치 시 효과 우수	TR 용량에 맞게 설치 용량의 증가	고가, 소비 전력 높음 유지 관리 곤란	저부하 시 전압 상승

10 케이블 고조파 전류 저감계수

1 개요

3상 4선식 배전방식에서 컴퓨터 등의 OA기기 사용 증가로 발생되는 영상분 고조파에 의해 중성선에 선전류보다 큰 전류가 흐르게 되는데, 이처럼 회로 내 허용 전류에 영향을 미치게 되므로 이를 고려하여야 함

2 4심 및 5심 케이블 고조파 전류 저감계수(KSC IEC 60364-5-52)

선전류의 제3고조파 성분[%]	저감계수	
	선전류를 고려한 규격 결정	중성선 전류를 고려한 규격 결정
0~15[%]	1.0	–
15[%] 초과~33[%]	0.86	–
33[%] 초과~45[%]	–	0.86
>45[%]	–	1.0

3 저감계수의 적용

1) 선전류를 고려한 규격 결정(고조파 성분 33[%] 이하인 경우)

$$케이블 \ 허용 \ 전류 = \frac{회로부하전류}{선전류를 \ 고려한 \ 저감계수}$$

2) 중성선 전류를 고려한 규격 결정(고조파 성분 33[%] 초과인 경우)

① 중성선 전류 = 부하전류×고조파 성분[%]×3

$$② 케이블 \ 허용 \ 전류 = \frac{중성선 \ 전류}{중성선 \ 전류를 \ 고려한 \ 저감계수}$$

4 고조파 전류에 대한 저감계수의 적용 예

39[A]의 부하가 걸리도록 설계된 3상 회로를 4심 PVC 절연 케이블을 이용하여 목재의 벽에 설치한다고 했을 경우

1) 제3고조파 성분 20[%] 포함 시

선전류를 고려한 저감계수 0.86을 적용

$$설계부하전류 = \frac{39}{0.86} = 45[A]$$

따라서 Cable 굵기는 표에 의거 10[mm²] 선정

2) 제3고조파 성분 40[%] 포함 시

중성선 전류는 $39 \times 0.4 \times 3 = 46.8[A]$ 이므로 중성선 전류를 고려한 저감계수 0.86을 적용

$$설계부하전류 = \frac{46.8}{0.86} = 54.4[A]$$

3) 제3고조파 성분 50[%] 포함 시

중성선 전류는 $39 \times 0.5 \times 3 = 58.5[A]$ 이므로 저감계수 1을 적용

따라서 Cable 굵기는 표에 의거 16[mm²] 선정

5 결론

설계 시 고조파 전류 성분의 발생 정도에 따른 저감계수 적용을 반드시 고려

11 │ 비선형 부하의 역률 계산

❶ 비선형 부하와 역률

1) 비선형 부하

선형 부하	비선형 부하
• 전압과 전류의 비가 직선적 관계 • RLC 회로만으로 구성	• 전압과 전류의 비가 비직선적 관계 • Thyristor의 정류, 고속 스위칭 영향
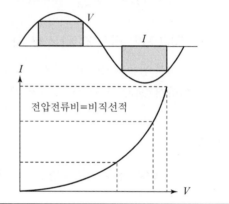 전압전류비=직선적	전압전류비=비직선적

2) 역률(Power Factor)

① 전압과 전류의 위상차로 공급 전력이 부하에서 유효하게 이용되는 비율

② $PF = \dfrac{P}{P_a} = \dfrac{P}{\sqrt{\left(P^2 + P_r^2\right)}}$

여기서, P_a : 전원 용량[kVA]
　　　　P : 실제 소비 전력[kW]
　　　　P_r : 전원 부하 왕복 손실 유발[kVA]

③ 각 회로의 역률

R만의 회로	RLC 회로	고조파 회로
직류 파형과 같이 계산 $PF = \dfrac{P}{VI}$ (역률=1)	위상차 적용(L,C) $PF = \dfrac{P}{V_1\cos\theta}$	고조파 추가 계단(3차원) $PF = \dfrac{1}{\sqrt{1 + THD^2}}\cos\phi$

2 비선형 부하의 역률 계산 순서

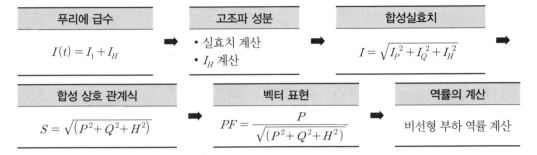

푸리에 급수	고조파 성분	합성실효치
$I(t) = I_1 + I_H$	• 실효치 계산 • I_H 계산	$I = \sqrt{I_P^2 + I_Q^2 + I_H^2}$

합성 상호 관계식	벡터 표현	역률의 계산
$S = \sqrt{(P^2 + Q^2 + H^2)}$	$PF = \dfrac{P}{\sqrt{(P^2 + Q^2 + H^2)}}$	비선형 부하 역률 계산

1) 푸리에 급수 계산

$$I(t) = \sqrt{2}\left\{ I_1 \cos(\omega t - \phi_1) + I_2 \cos(\pi \omega t - \phi_2)\right.$$
$$\left. + I_3 \cos(3\omega t - \phi_3 + \cdots + I_n \cos(n\omega t - \phi_n))\right\}$$
$$= \underbrace{\sqrt{2}\, I_1 \cos(\omega t - \phi_1)}_{\text{기본파} = I_1} + \underbrace{\sum_{n=2}^{\infty} \sqrt{2}\, I_n \cos(n\omega t - \phi_n)}_{\text{고조파} = I_H}$$

$$\therefore\ I(t) = I_1 + I_H$$

2) 고조파 성분만의 실효치 계산

$$I_H = \sqrt{I_2^2 + I_3^2 + \cdots + I_n^2}$$

3) 합성 실효치의 계산

① 기본파 성분은 전압과 동상인 유효 성분과 전압과 직교하는 무효 성분으로 분리

② $I = \sqrt{I_P^2 + I_Q^2 + I_H^2}$

기본파 유효 전력(P)	기본파 무효 전력(Q)	고조파 전류 무효 전력(H)
$P = VI_1 \cos\phi_1 = VI_P$	$Q = VI_1 \sin\phi_1 = VI_Q$	$H = VI_H$

4) 합성 상호 관계식

$$S = \sqrt{(P^2 + Q^2 + H^2)}$$

여기서, P : 유효 전력
Q : 무효 전력
H : 고조파 전류 무효 전력

5) 벡터의 표현

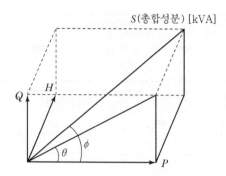

[고조파를 포함한 피상전력 벡터도]

① $kVA = \sqrt{(kW)^2 + (kVar)^2 + (kVAh)^2}$

② $S = \sqrt{(P^2 + Q^2 + H^2)}$

③ $PF = \dfrac{P}{S} = \dfrac{P}{\sqrt{(P^2 + Q^2 + H^2)}} \neq \cos\theta$

6) 역률의 계산

선형 부하(고조파 없음)	비선형 부하(고조파 포함)
• 기본파 역률로 FPF(Fundamental PF) • 변위율 표현(Displacement Factor) : 전압과 전류에 의한 위상차 간 지수표현 $PF = \cos\theta = \dfrac{P}{P_a} = \dfrac{P}{\sqrt{P^2 + P_r^2}}$	$PF = \dfrac{1}{\sqrt{1 + (THD)^2}} \cos\phi$ $PF = DF \times HF$ 여기서, DF : 기본파 성분의 변위율 HF(Harmonics Factor) : 고조파

7) 비선형 부하의 역률 계산식

① $PF = \dfrac{1}{\sqrt{1 + THD^2}} \cos\phi$

② THD(Total Harmonics Distortion : 종합 고조파 왜형률)

ㄱ 고조파에 의한 전압, 전류의 파형이 왜곡되면 역률 저하

ㄴ 전류의 파형이 왜곡된 정도를 나타내는 총고조파 왜형률을 의미

③ 계산 예

ㄱ DPF = 0.95

ㄴ THD = 0.9

$$㉢ \ PF = \frac{1}{\sqrt{1 + THD^2}} \cos\phi = \frac{1}{\sqrt{1 + 0.9^2}} \times 0.95$$

$$= 0.7433 \times 0.95 = 0.70.61$$

$$\therefore \ 70\%$$

㉣ 고조파 전류의 실효치가 기본파 전류의 크기와 같을 때, 즉 고조파의 왜형률이 100[%]인 경우의 역률은 기본파 성분만 있는 경우에 비해 약 70[%] 수준

3 맺음말

1) 일반적으로 역률 개선 시 콘덴서만 추가하는 경우 과보상으로 인한 진상 회로로 계통에 악영향을 초래(계통 공진).

2) 따라서 고조파 전류의 함유율을 확인하고 역률 개선을 종합적으로 검토

3) 고조파 제거로서 수동 필터, 능동 필터, TR의 Zig – Zag 결선을 적용하나 근본적으로 고조파 발생을 최소화해야 함

---

12 수동 필터와 능동 필터

1 고조파

고조파	원인	영향	허용 기준	대책
• 주기적인 복합파형 중 기본파 이외의 파형 • 벡터적 합성 = 왜형파(Distortion)	• 비 선 형 부 하 의 전력 변환 장치 • 철심 포화 • 과도 현상	• 통신선의 유도 장해 • 고조파 공진 • 기기 악영향 • 계전기 오동작	• THD[VI] • TDD[I] • EDC, TIF THDF	• 계통 분리 및 전원 단락 용량 증대 • Custom Power 기기, PWM + 다 펄스화 • 필터, 리액터, SR 설치, TR∆결 선, 기기내량 증가

1) 고조파(Harmonics)

① 주기적인 복합 파형 중 기본파 이외의 파형($V_n \le 20[\%]$), 기본파의 정수배 파형(120~3,000[Hz])

② 크기는 $1/n$배, 기본파와 벡터적 합성 = 왜형파(Distortion)

2) 고조파 함유율과 해석

① 고조파 발생 차수

　㉠ $n = mp \pm 1$

　　여기서, n : 차수, m : 상수, p : pulse 수

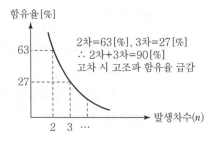

[고조파 발생차수]

　㉡ 다펄스화 시 저차 고조파 미발생으로 함유율 저감

② 푸리에 급수에 의한 해석 가능

$$f(t) = a_0 + \sum_{n=1}^{\infty} a_n \sin n\omega t + \sum_{n=1}^{\infty} b_n \cos n\omega t$$

③ 고조파 함유율

전압함유율	전류함유율	고조파 전류계산
$V_n = \dfrac{V_n}{V_1} \times 100\,[\%]$	$I_n = \dfrac{I_n}{I_1}$	$I_n = K_n \times \dfrac{I_1}{n}$

　여기서, V_1, I_1 : 기본파 전압, 전류, n : n차 고조파, K_n : 고조파 저감 계수

3) 고조파와 임피던스

① 임피던스 $Z = R + jX$ (고조파 유입 시 주파수 상승, $f = 120 \sim 3{,}000[\text{Hz}]$)

리액턴스(X_L)	커패시턴스(X_C)
$X_L = \omega L = 2\pi f L$ (표피 효과) 여기서, X_L 상승 전류 제동 특성	$X_C = \dfrac{1}{\omega C} = \dfrac{1}{2\pi f C}$ 여기서, X_C : 저하 전류 유입 기기 과열, 소손

② 공진 조건식

직렬공진 시($X_L = X_C$)	병렬공진 시($X_L = X_C$)
• Z 최소화, 전류 최대 특성 • 최대 전력 전달 조건 : 동조 수동 필터 적용	• Z 최소화, 전류 확대, 계통 전체에 영향 • Blocking Filter, 수동(고차)필터 적용

2 수동 필터(Passive Filter)

원리	종류	효과
• 고조파에 따른 직·병렬 공진 이용 • 임피던스의 변화를 이용한 특정 차수의 고조파 제거	• 동조(직렬 공진) • 고차(직병렬 공진) • 3차형(병렬 공진)	• 저차 고조파 제거 효과 우수 • 특정 고조파 대지방류 • L.C 용량 선정에 주의 필요

1) 회로도

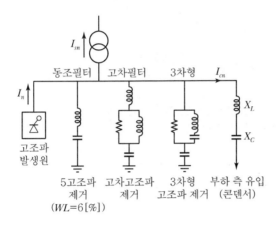

• 단일 동조 : 직렬 공진
• 고차 필터 : 직병렬 공진
• 3차형 : 병렬 공진
 (= 고조파 대지방류)

[수동 필터의 회로도]

2) 원리

① 수동 필터(Passive Filter, 특정 고조파를 대지로 방류)

　㉠ 3고조파 : TR Δ 결선 순환방지

　㉡ 5, 7, 9고조파 : 수동 필터를 통한 대지 방류

② 고조파에 따른 임피던스 변화 이용

　㉠ $nX_L = \dfrac{X_C}{n}$

　㉡ 직렬, 병렬, 직병렬 공진을 이용하여 고조파 제거

3) 종류

구분	내용
동조 필터(Band P.F)	저차 고조파 제거(5, 7, 9) → 함유율 급감
고차 필터(High P.F)	고차 고조파 제거
3차형 필터(C – Type P.F)	임피던스 조정을 통한 임의 고조파 제거 가능

❸ 능동 필터(Active Filter)

1) 구성도

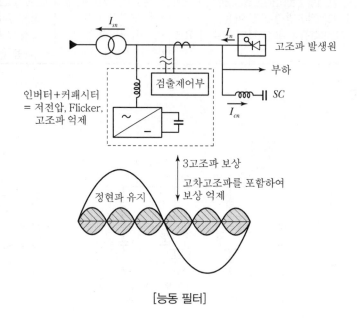

[능동 필터]

2) 원리

① 고조파의 흡수, 보상, 억제

② 인버터 구동 방식을 이용하여 저전압, Flicker, 고조파 억제

3) 종류

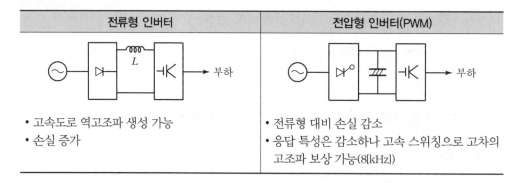

전류형 인버터	전압형 인버터(PWM)
• 고속도로 역고조파 생성 가능 • 손실 증가	• 전류형 대비 손실 감소 • 응답 특성은 감소하나 고속 스위칭으로 고차의 고조파 보상 가능(8[kHz])

❹ 주요 특징 비교

구분	수동 필터	능동 필터
효과	• 직병렬 공진+분로 이용=특정고조파 제거 • 저차 고조파는 확대 문제점 • 전원 임피던스 영향	• 임의의 고조파 동시 억제 가능 • 저차 고조파 확대 방지 • 전원 임피던스의 영향과 무관

장점	• 가격 저렴
	• 손실 적음
	• 직렬, 병렬, 직병렬 공진 이용
		• 다차수, 변동 고조파 대응 양호
		• 전압 변동+Flicker+저전압 개선
		  =역률 개선 효과
		• 비상발전기 등가역상전류보상+주파수
		  변동 억제

단점	• 전원 주파수, 전원 임피던스 변동 시 효과 저감 • 계통의 설비 변경 시 임피던스 변화 • 부하의 증가, 전원 전압 왜곡 시 과부하 (L,C 공진 변화로 재검토 필요)	• 고차(25차 이상) 고조파 개선 효과 저하 • 손실, 소음 발생 및 고가 • 유지보수, 전문 기술 인력 필요
역률 개선	고정식	가변 제어 가능
증설	필터 간 협조 필요(L,C 용량 재검토)	용이
손실	저손실(용량의 1~2[%], [Var])	고손실(용량의 5~10[%], [kVA])
정격 용량	각 분로마다 기본파 용량	$P = V_3 \times V \times$ 보상 전류 실효치
가격	저가	고가(3~6배)

13 자가 발전기와 UPS 통합 운전 시 고려 사항

❶ 개요

건축 전기 설비의 예비 전원으로 자가 발전기와 UPS를 가장 많이 사용

1) 자가 발전기와 UPS 비교

자가 발전기	UPS
• 장시간 정전 시 대용량의 비상 전원 공급 • 15[sec] 이내 전압 확립 및 공급 • K−Factor 고려, 충분한 여유 필요	• 순간 정전도 불허하는 중요 부하에 설치 운영 • 무정전, 무순단 절체 　(ON−Line, OFF−Line, Interactive 방식) • 고조파 및 외란 고려하여 적용(워크인, 다펄스화)

① UPS는 고조파 발생원으로 K−Factor를 고려한 발전기 설치 운영 필요

② UPS는 고조파 발생 최소화 필요, 인버터의 PWM 방식＋정류기 다펄스화＋워크인

2) UPS의 구성도

UPS는 비선형 부하에 의한 정류 작용 시 고조파 발생원으로 작용

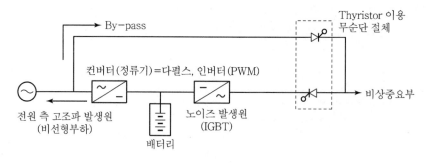

[UPS 구성도]

3) 발전기와 UPS 조합의 구성도

① 상시 전원 정전

② 중요 부하 UPS 무정전 공급(30분 이상)

③ 비상 발전기 기동 비상 전원 공급(15초 이내)

④ ATS, CTTS 절체 시 고조파 영향 고려

⑤ UPS 워크인 기능 필요 → 복전 시 순시 전력 인가 방식, 순차적인 정류 기능

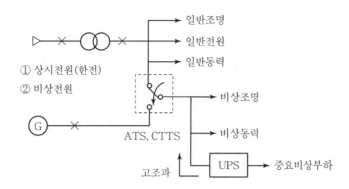

[발전기와 UPS 조합의 구성도]

❷ 발전기와 UPS 조합 시 고려 사항

원인	영향	대책
• UPS의 고조파 • 비선형 부하에 의한 비상발전기에 영향 (K−Factor 고려)	• 발전기의 출력 전압, 주파수 불안정 현상 • 고조파에 의한 파형 왜곡 • UPS의 운전 모드 변화(발전기의 AVR, UPS, 제어장치)	• 발전기의 Damper 권선 굵게 제작 • K−Factor 고려 충분한 여유율과 기기 내량 확대 • AVR 및 UPS 의 제어 응답속도 동기모드 구성 • UPS의 PWM방식 + 다펄스화 + 워크인 기능

1) 발전기의 출력 전압, 주파수, 불안정 현상

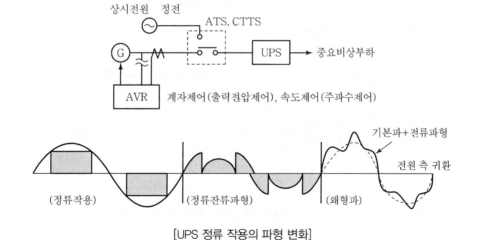

[UPS 정류 작용의 파형 변화]

원인	영향	대책
• UPS 직류회로 LC고유진동에 의한 자려 진동 발생 • UPS의 고조파의 영향으로 전원 측 복귀로 발전기의 왜형파 발생 영향	• 출력 전압 불안정 • 출력 주파수 불안정 • AVR 전압 제어 불안정 • 심할 시 기동 실패 • UPS는 위상 제어 실패	• 발전기의 댐퍼 권선 굵게 제작 • K-Factor 고려 충분한 여유율(2배 이상) • 발전기의 기기 내량 증가 및 AVR 응답 속도 조정(실효값 검출 AVR 적용) • 전원 측 고조파 필터 설치(능동, 수동) • UPS 측 PWM 제어, 다펄스화, 워크인 기능

2) 고조파 파형의 왜곡 발생

① UPS 컨버터(정류기)의 직류 변환에 따른 고조파 발생

원인	영향	대책
• UPS의 고조파 영향 • TR의 THDF와 동일 현상 $\cos\phi = \dfrac{1}{\sqrt{1+(\text{THD})^2}}$	• 발전기 출력 저하(K-Factor) • 조명 부하 Flicker 현상 • 발전기 수명 저하, 전동기 소음, 진동 • 심할 시 계전기 오동작(과전압, 과전류)	• 리액턴스 발전기 사용 • K-Factor 고려 적용 • 발전기 용량 증대, 고조파 억제

② 발전기의 과열발생 내량강화 필요

원인	영향	대책
• 고조파 전류에 의한 과열 • 전압파형의 왜곡	• 발전기 과열, 소음, 진동 • 역률 효율, 출력저하	• 발전기의 역상 전류 내량 강화 (댐퍼권선) • UPS의 PWM+다펄스+워크인 • 발전기 용량 증가, 고조파 필터 채용

3) UPS의 운전 Mode 변화(Off-line 방식)

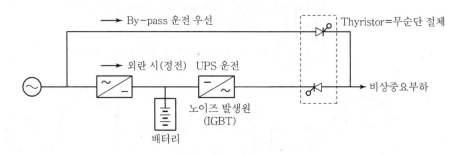

[Off-line 방식 : 전체 70[%] 이상]

① Off-line 방식은 상시 전원(비상 발전 전원 확립 공급) 공급 시 By-pass 운전, 정전(외란) 시 Battery를 이용한 UPS 운전방식

② 비상 발전기 기동으로 비상 전원 확립 시 UPS의 By-pass 절체 : 절체 시 인버터의 위상과 발전기의 위상차로 동기 이탈 현상 우려

③ 고조파 외란에 의한 By-pass, UPS 운전 Mode 수시 변경 발생

[UPS의 운전 Mode 변화의 원인, 영향 및 대책]

원인	영향	대책
• UPS와 발전기 간 위상차 • 고조파 시 파형 왜곡 • Off-line 방식에만 발생	• UPS와 발전기 간 위상차에 의한 과전류(무효 횡류 발생) • 고조파 외란에 의한 운전 Mode 수시 변경	• 발전기 전원 정밀도 향상 • UPS가 전원과 동기 Mode가 되도록 구성

4) UPS와 발전기의 용량 고려 적용

① 발전기 용량 고려 시 주요 사항

　㉠ 발전기의 사양 검토 : 용량, 주파수 검토, 전압 안정도 검토

　㉡ 발전기의 용량 산정 방법(K-Factor 고려)

발전기 용량 대비 UPS 용량	고려사항
25[%] 미만	특별히 고려하지 않음
50[%] 미만	발전기, AVR(전압제어), 특수 가버너, 필터 검토
50[%] 초과	기동실패, 계전기동작 우려(발전기 제조사 기술문의 필요)

② UPS 부하 요구 조건

UPS 용량[kVA]	발전기용량[kVA]
20~150	2배의 발전기 용량
200(12pulse 이상)	1.5배 이상의 발전기 용량

③ 정류기의 전류 제한(워크인 기능), 고조파 감도 방법 개선

　㉠ 워크인 기능 내장

　㉡ UPS의 PWM 방식＋다펄스화

　㉢ 고조파 필터 실시(수동, 능동필터)

④ 대책

　㉠ 발전기 전원의 정밀도 향상

　㉡ UPS가 전원동기 모드가 되도록 구성

14 노이즈(Noise)

■ 노이즈

노이즈	종류	원인	전달경로	영향	대책
전기 기기의 기능을 방해하는 전기에너지의 총칭 (잡음, 영상 떨림)	• 전자파 • 유도 • 전원 • Spark • 접지	• 자연적(전자 폭풍, 낙뢰) • 인공적(의도, 비의도성)	• 방사(공간) • 전도(도체) • Normal mode • Common mode	• 기기 오동작, 소손(메모리 소자, 외란 자동화설비) • 신호선 잡음 장해	• 발생 억제(발생, 침입 억제, 내량 증가) • 방지 : 차폐, 접지, Filter • 종류별 : 뇌개폐서지, 정전, 전자유도 • 전원 및 간선 설비 대책

1) 노이즈

① 전자 기기의 기능을 방해하는 전기에너지의 총칭

② 잡음 및 영상 떨림으로 자연 현상과 인공 현상으로 분류

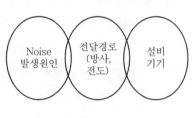

[Noise]

2) 노이즈의 3요소

Noise 발생원	전달매체	피해기기
• 자연 : 태양의 전자 폭풍, 낙뢰 • 인공 : 의도성(TV, 라디오), 비의도성(가전제품)	• 방사 : 무선(공간) • 전도 : 전기 회로(도체)	• 생명체 : 인축 • 기기, 제품, 회로 등

② 노이즈의 종류

종류	내용
전자파 노이즈	전계＋자계성질 고주파 노이즈로 잡음 발생(300만[Hz]까지)
유도 노이즈	전류에 의한 자속 생성, 다른 전선에 유도(Normal, Common Mode)
전원 노이즈	반도체 스위칭 노이즈로 기기 내부에서 전원으로 복귀 노이즈
기타	Spark, 접지, Noise

③ 노이즈의 발생 원인 및 전달 경로

1) Noise의 발생 원인 및 전달 경로

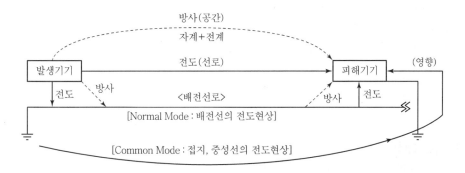

[Noise의 발생 원인 및 전달 경로]

발생 원인	전달 경로

• 지면 : 태양의 전자 폭풍, 낙뢰
• 인공적
  − 의도성 : 방송파(TV, 라디오)
  − 비의도성 : 가전 제품(전자 레인지 등)
	• 방사성 노이즈 : 전도성 노이즈+공간을 통한 전파
	• 전도성 노이즈 : 전기 회로의 도체를 통한 전파 (계전기 Noise)
	  ※ Normal Mode와 Common Mode로 구분

2) 전도성 Noise의 구분

Normal Mode Noise	Common Mode Noise
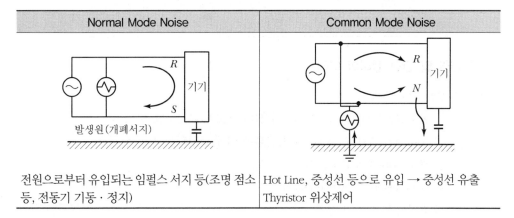	
전원으로부터 유입되는 임펄스 서지 등(조명 점소 등, 전동기 기동·정지)	Hot Line, 중성선 등으로 유입 → 중성선 유출 Thyristor 위상제어

4 노이즈의 영향

1) 자동화 설비 오작동

2) Memory 소자 오작동, 데이터 상실

3) 외란에 의한 오작동

4) 선호선의 잡음, 장해

5) 계전기 오작동

6) 심하면 기기 기능 저하 소손

5 노이즈 대책

1) Noise의 발생 억제, 방지

발생 억제	발생 방지
• 발생 방지 : Noise 억제용 기기 • 침입 방지 : 절연 상승, By-pass • 내량 증가 : 피해 기기 내량 증가	• 차폐 : 차폐 케이블 사용 • 접지 : 기준 접지, 노이즈 방지 접지 • 흡수 및 노이즈 방지 부품 채택(Filter)

2) 기기의 종류별 대책

종류	대책
뇌 · 개폐 서지	LA, SA, SPD, 흡수 장치 및 Line Filter 설치
정전 유도	거리 이격, 차폐 케이블, 차폐층의 저저항 편단 접지
전자 유도	절연 TR, 실드용 전원 Filter, 차폐 케이블, 차폐층의 저저항 편단 접지

3) 전원 및 간선 설비의 대책

① 전원 설비 대책

ㄱ) 신호선은 Twist Shield Cable 사용(Normal Mode Noise 방지)

ㄴ) Common Mode Chocke 설치(전류에 의해 생성되는 자속 상태)

ㄷ) NCT(Noise Cut TR) 설치

ㄹ) Noise Filter(LC, Active Filter)

ㅁ) 과전압 보호 소자 설치

ⓐ 직렬 소자 : 신호 회로 사용(인덕터, 저항기)

ⓑ 병렬 소자 : 전원 회로 사용(바리스터, 제너 다이오드)

② 간선 설비 대책

　㉠ 정보 기기 간선의 별도 회로 구성

　㉡ 전선의 개선

　　ⓐ 저임피던스 Bus Duct

　　ⓑ 다심, 굵은 전선

　㉢ 배선의 개선

　　ⓐ 차폐를 위한 금속관 배관

　　ⓑ 전기적 본딩

　　ⓒ 배전 선로와 간선과의 충분한 거리 이격

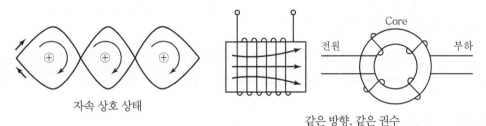

[Twist Pair(자속상호상쇄)]　　　　[Common Mode Choke]

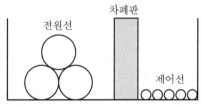

[차폐(차폐판)]　　　　　[차폐케이블]

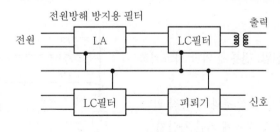

[Noise Filter]

[NCT(Noise Cut Transformer)의 역할]

구분	방지	비고
①	외함에 의한 노이즈 방지	전기장 : 접지
②	1차 코일부의 노이즈 방지	자기장 : 차폐
③	2차 코일부의 노이즈 방지	
④	1 · 2차 간의 노이즈 방지(Separator) → 다중 전지의 차폐판 설치	

15 보호 계전기의 노이즈 및 서지 보호 대책

🔲 보호 계전기 개요

구성	목적	오동작 시 문제점	대책
• 검출부 : 사고 검출(PT, CT) • 판단부 : Tap 설정 동작 판단 • 동작부 : 동작 지령, 차단기 차단(Digital 보호 계전기 적용)	• 사고 검출, 고속도 차단 • 보호 대상, 기기 손상 방지 • 사고 확대 방지, 정전 예방 • 전력 계통의 안전도 향상	• 동작 구간 정전 발생 • 신뢰도 저하 • 고장 분석, 복전 시간 지연	• PT, CT의 정전 실드, Spark Killer • Limitter, Line Filter • 차폐, 흡수, 접지 회로 강화 • 배선의 분리 이격, 장한검출 방식, 프린트 기판 배선

1) 주요 구성

① 검출부 : 전압, 전류에 의한 사고검출
   (PT, CT)
② 판단부 : Tap 설정 초과 시 동작 판단
③ 동작부 : 동작 지령에 의한 차단기
   차단

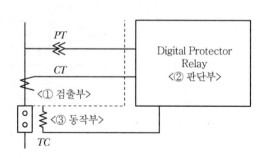

[보호 계전기의 구성]

2) 목적 및 오작동 시 문제점

목적	오작동 시 문제점
• 사고 구간 검출, 고속도 선택 차단 • 보호 대상물 보호로 기기 손상 방지 • 사고 확대 방지로 정전 예방 및 전력 계통의 안정도 향상	• 동작 구간의 정전 발생(＝신뢰도 저하) • 고장 분석 및 복전 시간 지연

② Noise 및 Surge

1) Noise 및 Surge

① 전원의 정상 상태에서 벗어나는 현상(외란)

② 전압 변동(Sag, Swell, Intteruption), Surge, 고조파, Noise, Flicker, 전압 불평형

③ Surge의 경우 낙뢰와 개폐 서지로 분류

2) 발생 원인 및 전달 경로

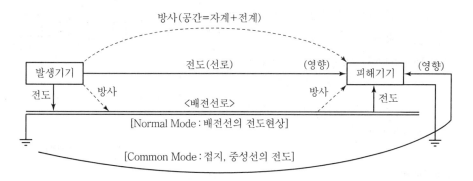

[Noise의 발생 원인 및 전달 경로]

발생 원인	전달 경로
• 자연적 : 낙뢰, 태양의 전자 폭풍 • 인공적 – 의도성 : 방송파(TV, 라디오) – 비의도성 : 가전 제품(전자레인지 등)	• 방사성 노이즈(RE) : 전도성 노이즈＋공간을 통한 전파 • 전도성 노이즈(CE) : 전기 회로 도체를 통한 전파(계전기 Noise) ※ Normal Mode와 Common Mode로 구분

3) 대책

구분	내부 발생 및 외부 침입 억제	이행 전압 저감(차폐, 흡수, 접지)
내부 서지	Spark Killer, Line Filter	배선 분리, Twist Pair, 접지 회로 강화
외부 서지	PT, CT 정전 실드, 필터 콘덴서, Limmitter	실드선 사용, PT, CT, 제어 회로 콘덴서 설치

③ 보호 계전기 노이즈 및 서지 보호 대책

1) PT, CT의 정전실드

① 정전 실드는 PT, CT 간에 침입하는
Common Mode Noise 제거 목적

② 1 · 2차 권선 간 정전 실드(얇은 동판)를
설치하여 1차측 접지 사이의 노이즈 제거

④ 즉, 2차 측으로 이행하는 전압 제거

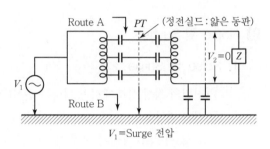

[정전실드 사용]

2) Line Filter

① 전원 회로의 극간 및 대지 간에 침입하는
서지 제거 목적

② Line Filter는 LC, Low Filter 일종

㉠ $L_1 - C_1$: 극간 서지 제거

㉡ $L_1 - C_2$: 대지, 접지간 서지 제거

③ C_2 중간에 접지

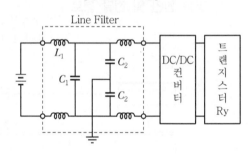

[Line Filter]

3) Limitter

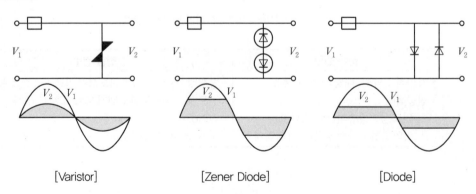

[Varistor]　　　　[Zener Diode]　　　　[Diode]

① PT, CT회로의 극간에 침입하는 과대 서지에 대한 전자 회로 보호 목적

② 반도체 소자의 비직진성 이용 : 인가 전압 상승 시 임피던스 저하 특성 이용

4) 보호 계전기의 Spark Killer

① 보호 계전기의 인가 전압 개방 시 코일(L)에 축적된
   에너지 방출로 개폐 서지 전압 발생

$(e = -L\dfrac{di}{dt}$)

② 보호 계전기 Coil과 Spark Killer를 이용하여 다이오
   드의 역전압 방지와 서지 전압의 열소비를 억제

③ 직렬 저항 삽입 : 복귀 시간 지연 및 Diode 단락 시
   접점 및 반도체 소자 소손 방지

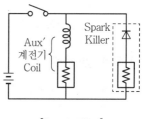

[Spark Killer]

5) 배선의 분리 이격

① 정전 유도에 의한 Noise 제거(거리 이격)

② A 전선과 B 전선의 거리 이격

③ C_A 용량을 작게, 또는 C_B 용량을 크게(대지와 근접)

④ V_B의 감소로 Noise 서지 감소

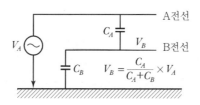

[배선의 분리 및 이격]

6) 접지 회로의 강화(전기장 제거)

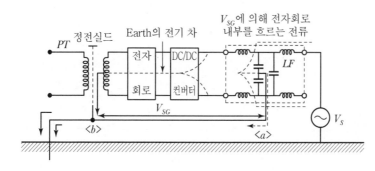

[Transistor Relay 내부의 Earth 회로]

• 접지 도선을 굵게 하여
  서지 임피던스 저감
• 정전 실드 단자와 접지
  기준면을 만들어 PT/
  CT의 정전 실드 단자와
  실드선의 실드 접지 단자
  와 접속

① PT에 정전 실드, Line Filter 설치 Common Mode Noise 침입 시 a−b 단자에 대지 전위와 V_{SG} 생성, 전자 회로 내부로 전류에 의한 노이즈 발생 억제

② 접지 모선을 굵게, 서지 임피던스를 낮게, 정전 실드 단자로 실드선을 접지 단자와 접속

7) 차폐 및 흡수

① 차폐 : 자계에 의한 방사성 노이즈 억제

전기 차폐	자기 차폐
• 고주파 전계 대책 • 도전율이 높은 재료 선정	• 저주파 자계 대책 • 투자율이 높은 재료 선정

② 흡수 : 전자파를 내부에서 흡수하여 열에너지 변환 감소(저항 손실, 자기 손실, 복합형)

8) Noise 방지를 위한 정한 검출 방식

① Transistor 계전기의 검출 방식 : Level 검출 방식 위상 비교 방식 구분 → 노이즈 문제

　㉠ 정한시 Level 검출 방식 : 정전값을 일정 시간 초과 확인 후 출력 신호

　㉡ 적분 위상 비교 방식 : 복수 입력 위상의 중복 부분을 시간 적분 → 설정값 초과 시 작동

9) 프린트 기판의 배선

0[V] 전위의 기준 전압 패턴 강화, 직교 배선을 통한 노이즈 억제

16 | 전자파(Electro - Magnetic Wave)

❶ 전자파

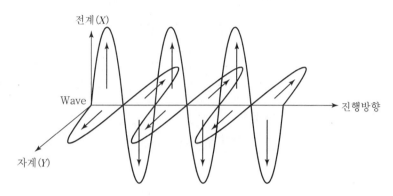

[전자파의 표현]

전자파	전자파 경로	용어	원인	영향	대책
전계와 자계의 합성으로 발생하는 파동의 전파 현상으로 전자파 환경 대책 필요	방사(RE) 전도(CE) 편측 EMI 상호 EMI	EMC EMI EMS EMF	• 전력설비 • 조명기기 • 산업, 사무용기기 • 가전, 무선제품	• 인체 영향 전자기기 • 전자 잡음 • 영상 떨림 • 간섭, 오차, 오작동, 고장	• 억제(발생, 침입 방지, 내량 증가) • 방지(차폐, 접지, Filter) • 흡수(저항 손실, 자기 손실, 복합형) • 배선(길이, 이격, 동축 연선, 차폐, Twist Cable)

1) 전자파(Electro - Magnetic Wave)

① 전계와 자계의 합성으로 발생하는 파동의 전파 현상

② 전기가 흐르는 모든 기기에서 발생하므로 전자파 환경 [EMC] 대책 필요

2) 전자파의 경로

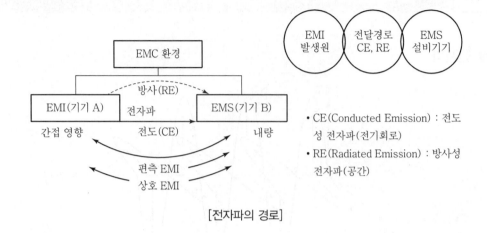

[전자파의 경로]

・ CE(Conducted Emission) : 전도성 전자파(전기회로)
・ RE(Radiated Emission) : 방사성 전자파(공간)

3) 전자파 용어

① EMC(Electro – Magnetic Compatibility, 전자파 환경) : 전자파의 발생, 흡수, 영향에 대한 적응 능력

② EMI(Electro – Magnetic Interference, 전자파 간섭(영향)) : 전자파가 다른 기기에 영향을 주는 현상(편측, 상호 EMI 구분)

③ EMS(Electro – Magnetic Susceptibility, 전자파 내량) : 전자파에 대한 피해 기기의 민감도, 내량 평가

④ EMF(Electro – Magnetic Field, 전자파 영향 평가) : 전자파가 인체에 미치는 영향 평가

❷ 전자파의 발생 원인 및 영향

원인	영향
・ 전력 설비 : 송전, 배전, 변전 선로 및 설비 ・ 조명 기기 : 방전등의 안정기, LED의 SMPS ・ 사무용 OA : PC, FAX, 프린터, 복사기 ・ 무선 제품 : 휴대폰, PDA, 기지국, 무선통신기기 ・ 가전 제품 : 전자 레인지, 전기 장판, TV, 드라이어 ・ 산업용 기기 : 인버터, UPS 등 전력용 반도체 소자	・ 인체 영향 : Joule열에 의한 근육수축, 이완 ・ 전자 기기 영향 　– 자동화 설비 오작동, 소손 　– 무선 통신 채널 상호 간섭 　– 전자잡음, 화면 떨림 　– 기능장애, 오차, 파괴에 의한 고장

3 전자파 방지 대책

1) 발생 억제 및 방지

발생 억제	발생 방지
• 발생 방지 : 전자파노이즈 억제용 기기 • 침입 방지 : 절연강화, By-pass • 내량 증가 : 피해기기 내량 증가	• 차폐 : 방사성 노이즈 방지(전기, 자기 차폐) • 접지 : 기준 전위 확보, 노이즈 장애 방지용 접지 　(안전 접지, 신호 접지 구분) • Filter, 절연 TR 등 노이즈 방지용 부품 채택

① 차폐

전기 차폐	자기 차폐
• 고주파 전계 대책 • 도전율이 높은 재료 선정	• 저주파 자계 대책 • 투자율이 높은 재료 선정

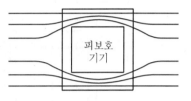

[고투자 물질에 의한 차폐]

② 접지

ㄱ 안전 접지 : 전하 방전을 위한 대지에 저저항 접지 접속

ㄴ 신호 접지 : ZSRG(Zero Signal Reference Grid)를 두어 회로의 동작 안정화

2) 흡수에 의한 대책

① 전자파를 내부에서 흡수, 열에너지로 변환 감소

② 저항 손실형, 자기 손실형, 복합형

3) 배선에 의한 대책

① 기기 이격 또는 차폐 시행

② 동축 케이블 또는 연선 사용

③ 케이블의 길이 최소화

④ 일정 방향의 배선 구축

⑤ Two Pair Wire(Twist Pair) 방식 채용

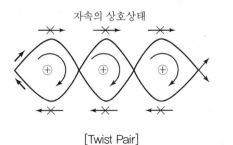

[Twist Pair]

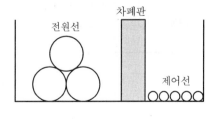

[차폐판]

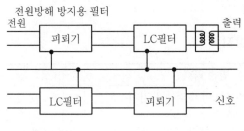

[Noise Filter]

[NCT(Noise Cut Transformer)의 역할]

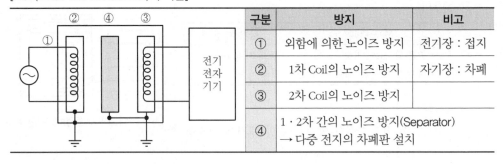

구분	방지	비고
①	외함에 의한 노이즈 방지	전기장 : 접지
②	1차 Coil의 노이즈 방지	자기장 : 차폐
③	2차 Coil의 노이즈 방지	
④	1 · 2차 간의 노이즈 방지(Separator) → 다중 전지의 차폐판 설치	

④ 고조파, 노이즈, 전자파 간 상호 비교

구분	고조파	노이즈	전자파
크기	0~20[%]	0.1~7[%]	-
주파수	120~3,000[Hz]	0.01~25[MHz]	수십 [kHz] 이상의 주파수
발생량	부하전류(I_L) 비례	부하, 무효전력 급변 시	기기 내부의 잡음 (PC, 모니터)
계산	푸리에 급수로 정량화 가능	랜덤 발생 정량화 곤란	랜덤 발생 정량화 곤란
환경	선로 전원임피던스 영향	공간, 기기, 경로(자계 + 전계)	공간, 기기, 경로(자계 + 전계)
기기내량	기기마다 정격표시	기기의 사양에 따라 다름	
종류	3, 5, 7, 9, …	전자파, 유도, 전원노이즈	전자파 노이즈
대책	리액터, 필터 설치 PWM 방식 다펄스화($n = mp \pm 1$)	차폐, 접지, 필터 Twist Pair 스위칭 주파수 저하	차폐, 접지, 필터 노이즈 방지 부품 Twist Pair

17 | 건축물에서의 전자파의 종류, 성질, 대책

1 전자파

1) 개요

① 빌딩의 대형화로 정보 처리, 사무 기기 사용 증가에 따른 EMC 문제가 대두
② 전원 및 통신선의 공통 접지, 전위차 등에 의한 고장이 발생

2) 전자파

정의(Electro Magnetic Wave)	경로
• 전기에 의한 전기장과 자기장의 흐름 • 진동이 동시 발생, 주기적 발생 파동 • 전기가 흐르는 모든 기기에 발생으로 전자파 환경 대책 필요	• CE(Conducted Emission) : 전도성 전자파(유선) • RE(Radiated Emission) : 방사성 전자파(무선)

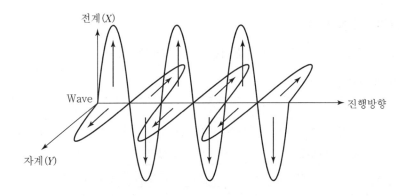

[전자파의 파형]

3) 전자파 용어

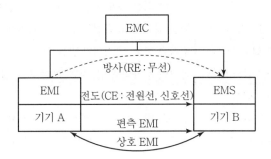

[전자파의 발생 및 영향]

① EMC(Electro Magnetic Compatibility : 전자파 환경 적합성)

전자파의 편측과 상호 EMI 양쪽에 적응 능력, 성능 확보 능력

② EMI(Electro Magnetic Interference : 전자파 장해)

㉠ 전자파가 다른 기기에 간섭, 기능 장해 현상

㉡ 편측 EMI와 상호 EMI로 구분

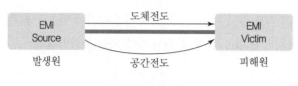

[전자파 영향]

③ EMS(Electro Magnetic Suceptibility : 전자파 내량)

전자파 간섭에 의한 피해 기기의 민감한 정도의 표현

④ EMF(Electro Magnetic Field : 전자기장 환경 인증)

전자파가 인체에 미치는 영향 평가

4) 전자파 내성(EMS)

Surge와 같은 교란에 얼마나 잘 견디는지를 나타내는 정도

[전자파 내성의 종류]

종류	내용
정전기 내성	겨울철, 자동차문 개폐 시 나타나는 정전기 방전 현상
조합 서지 내성	낙뢰, 차단기 동작 시의 개폐서지 발생 현상
급과도 버스트 내성	VCB, 단로기 등의 동작 시 발생 현상
고주파 전도 내성	고주파 노이즈가 케이블에 유압 현상(150[kHz]~80[MHz])
고주파 방사 내성	안테나, 레이더에서 발생하는 무선 고주파
자계 내성	전류에 의한 자계가 전자 기기에 미치는 영향
상용주파 전압 전도 내성	직류 회로에 교류 전원 인가 시 기기에서 발생
주파수 변화 내성	주파수 변동 시 기기가 받는 영향
순간 정전 전압 강하 내성	급격한 부하의 투입, 차단, 재폐로 시 발생
진동 서지 내성	유도 부하 개폐 시 발생
전압 변동 고주파 내성	부하의 변동, 전력용 반도체 소자 사용 시 발생
직류 전원 리플 내성	직류 전원의 Ripple 전압에 의한 발생
불평형 내성	3ϕ 전압의 크기가 다를 때 기기가 받는 영향

② 전자파의 성질

1) 저항 결합

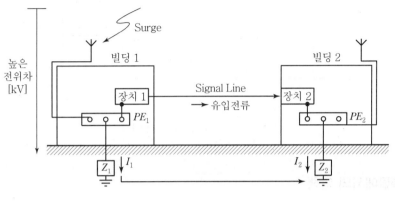

[저항결합]

① 두 회로의 공통 임피던스 사용 시 과도 현상에 의한 회로 전달
② 결합 메커니즘은 두 회로의 공유 임피던스에 의한 영향으로 결정
③ 빌딩 1의 낙뢰 시 접지 저항에 의한 수 [kV](100[kV])의 전위차 유발
④ 고전압은 장치 1 → 장치 2의 절연 섬락으로 소손 우려
⑤ 서지 전류값은 두 빌딩의 접지 저항값에 의해 결정($V = RI$)

2) 유도 결합

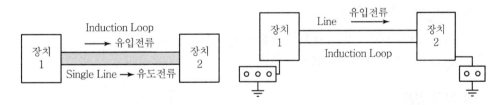

[신호 Line 배선 사이 유도 주도]　　　　　[신호 Line 및 접지 사이 유도 주도]

① 별도 접지 시 정전 유도 영향 $V_2 = \dfrac{C_1}{C_1 + C_2} V_1$

② 공통접지 시 전자 유도 영향 $I = j\omega M L\, 3\, I_0$

③ 정전 유도, 전자 유도에 의한 기기 절연 파괴 우려

3) 정전 결합

정전 용량 결합에 의한 충전, 절연 거리를 통하여 대지 방류

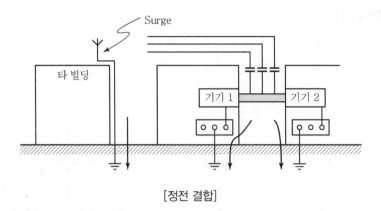

[정전 결합]

❸ 건축물에서의 대책

1) 전자파 장해 저감

전자파 장해 저감 장치	EMI 발생 기기 주변에 기기 미설치
• 접지(기본접지, 공통, 등전위, 본딩), By-pass 도체 등 • Filter 설치(전자파 흡수, 방류) • 차폐(차폐, 실드 케이블) • 기타 : 공통 루프(유도 루프 억제) 　－케이블 직각 교차, 동심 도체 케이블＋보호 접지 　－최소 이격 거리, 인버터, 전동기 배선 멀티 코어	• 유도 부하 스위칭 장치(정류기, UPS) • 인버터와 전기 Motor • 형광등, LED, 용접기 • 변압기, 차단기, 주파수 변환 장치 : 　Elevator, Escalator 주변에 기기 미설치

2) 부대 설비 빌딩 인입

① 금속 배관(수도, 가스, 난방)은 건물 동일 장소에 입출구 선택

② 등전위 본딩, 본딩 Bar 설치

3) 분리 건물

독립 등전위 본딩 시 상호 분리를 위한 신호용 TR 사용

4) 신호 케이블

차폐, Twist Pair 사용

18 　플리커(Flicker)

1 플리커(Flicker)

정의	원인	영향	대책
• 전압 변동의 반복 현상 (0.9~1.1[PU]) • 무효 전력의 급변 시 전압 동요 • 조명의 깜박임, 영상 떨림 • ΔV_{10} 표기($=$AC 100[V] 기준 1[%]×10회 변동/1초)	• 뇌 Surge, 아크 방전 반복 • 대형 전동기의 기동, 정지 • 개폐기의 개폐 동작 • 전력 변환 소자 고속 스위칭 • 대전류 차단	• 불쾌감 조성 • 전동기 맥동, 과열 • 정밀 기기 오작동, 소손 • PF 용단 • 조명 깜박임, 영상 떨림	• $\Delta V = X \cdot \Delta Q$ X의 저감, Q의 저감 • 전용 TR 수전, TR용량 증대 • 배전선 굵기 증가, SC, SR 설치 • SVS, 동기 조상기, 완충 리액터 병용

1) 정의

① 전압 변동의 반복 현상(0.9~1.1[PU])

② 무효 전력 급변 시 부하에서 발생

③ 조명의 깜박임, 영상의 일그러짐 현상

2) Flicker의 크기

① 변동 주기를 모두 10[Hz]로 환산한 전압 변동 기준

② $\Delta V_{10} = \sqrt{\displaystyle\sum_{n=1}^{n} \left(a_n \cdot \Delta V_n\right)^2}$

여기서, a_n : 깜박임 시감도 계수
ΔV_n : 전압 변동의 크기

③ ΔV_{10} : AC 100[V]부터 99[V]까지 1초 동안 1회 변동값($\Delta V_{10} = 1[\%]$를 의미)

④ 터널조명 시 : 주행 속도/조명 거리로 4~11[cycle/sec] 초과 시 대책 필요

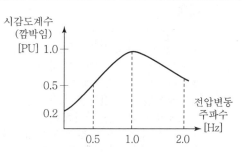

[깜박임 시감도계수]

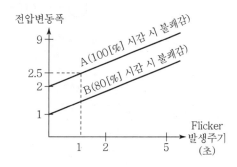

[Flicker 불쾌감 한계곡선]

3) 기준

Flicker	2[%] 이하	2~2.5[%]	2.5[%] 초과
내용	무관	조건부 사용	대책 필요

4) 발생 원인 및 영향

원인	영향
• 뇌서지(직격, 유도뇌, 역섬락) • 아크 방전 반복 : 전기로 아크로, 용접기 • 대형 전동기의 기동, 정지 반복 : 압연기, 반송 기계 • 개폐기의 개폐 동작 : 개폐 서지, TR 여자 돌입 전류 • 전력 변환 소자의 고속 스위칭 : 인버터, UPS 등 비선형 부하 • 대전류의 차단 : 단락, 지락 등	• 불쾌감 조성(Flicker 주파수) • 전동기의 맥동 및 과열 • 정밀 기기 오작동 소손 • TR 보호용 PF의 용단 • 조명의 깜박임 • 화면 영상의 떨림 등

5) 대책

전력 공급자 측	수용가 측
• 전용 계통, 전용TR, TR용량 증대 • 단락 용량이 큰 계통에서 공급 • 공급 전압 승압, 전선 굵기 증대 • Spot Network 수전 방식 채택 • SVC, 동기 조상기, 완충 리액터 조합	• $\Delta V = X \cdot \Delta Q (\because X$의 저감과 ΔQ의 저감) • X의 저감 : 단락 용량 증가, 선로 임피던스 감소, 직렬콘덴서 설치, 3권선 TR, 단권 TR • ΔQ의 저감 : 동기 조상기, SVC, STATCOM, 직렬 리액터, 전압 직접 조정(OLTC, ULTC, Booster)

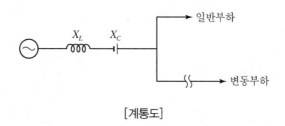

[계통도]

❷ 전압 변동 관계식

1) 공식 유도($\Delta V = X \cdot \Delta Q$ 증명)

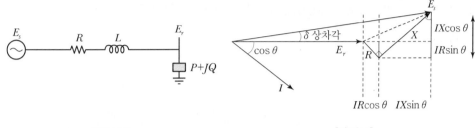

[회로도]   [벡터도]

① $E_s = \sqrt{\left(E_r + I(R\cos\theta + X\sin\theta) + jI(X\cos\theta - R\sin\theta)\right)^2}$

$$= \underbrace{\left(E_r + \frac{P_r + Q_x}{E_r}\right)^2}_{\Delta V} + \underbrace{\left(\frac{P_x}{E_r} - \frac{Q_r}{E_r}\right)^2}_{\delta V}$$

② $R \ll x$, $E_r = 1$[PU]로 놓으면 $E_s = (E_r + \Delta V)^2 + (\delta V)^2$

$\quad E_s - E_r = \Delta V + (\delta V)^2$

$\quad E_s - E_r = \Delta V\left(= \dfrac{P_r + Q_x}{E_r}\right) + \delta V\left(= \dfrac{P_x - Q_r}{E_r}\right)$

③ $\therefore \Delta V = X \cdot \Delta Q$ 성립(δV : 상차각-상태 안정도 관계)

2) $Q - V$ Control

① $\Delta V = X \cdot \Delta Q$에서 $Q = \dfrac{\Delta V}{X}E_r = \dfrac{E_r}{X}(E_s \cdot E_r)$

② $\Delta V = E_s - E_r = I(R\cos\theta + X\sin\theta) = \dfrac{P_r + P_x\tan\theta}{E_r} = \dfrac{P_r + Q_x}{E_r}$

③ $\therefore \Delta V = \dfrac{Q_x}{E_r}$ $(R \ll x)$

  ㉠ 우리나라의 경우 정전압 송전 방식 채택

  ㉡ E_r과 X 일정 시 $\Delta V \propto Q$ 비례

  ㉢ ΔV는 무효전력 Q와만 관계됨

19 | FACTS : 유연 송전 시스템

❶ FACTS(Flexible Ac Transmission System : 유연 송전 시스템)

1) 구성도

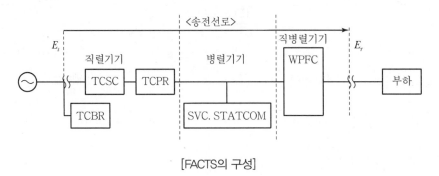

[FACTS의 구성]

2) 정의 및 원리

FACT(유연 송전 시스템)	원리
• 송전 선로 계통의 전압 ,무효 전력, 위상각 제어 • 병렬 조류 조정의 신전력 시스템 • 전력 수송 + Thyristor Control = 계통의 설비 이용률 극대화(즉, 계통의 안정도 향상 목적)	$$P = \frac{E_s \cdot E_r}{X} \sin \delta$$ • 계통의 리액턴스 조정(X) : TCSC, STATCOM, SVC • 위상각 보정(δ) : TCPR • 전압 보정(E_s, E_r) : SVC, STATCOM • 발전 전력 조정(P) : TCBR • 종합적 제어(V, X, δ) : UPFC

3) 개발 배경 및 목적

개발 배경(문제점)	개발 목적
• 전압 강하, 변동, 손실 유발 • 임피던스 제어 곤란 • 병렬 조류의 불균형 • 계통의 안정도 저하	• 전압 변동 억제, 전기 품질, 공급 신뢰도 향상 • 손실 강도, 송전 전력 증대(무효 전력 최소화) • 임피던스 제어, 전력 조류 제어로 설비 이용률 향상 • 전력 계통의 안정도 향상(사고 영향 최소화)

4) 주요 특징(장점)

설비면	운용면
• 구조 간단, 신뢰도 우수 • 소음, 진동 미발생 • 무효 전력의 연속 정밀 제어 • 빠른 응답 속도(0.2[sec])	• 임피던스, 무효 전력 조정, 전력 병렬 조류 제어 • 손실 최소화 송전 용량 증대 • 사고 영향 최소화, 계통의 안정도 증대 • 송전 선로 이용률 향상 및 경제성

❷ FACTS의 종류별 특징

1) TCBR(Thyristor Controlled Braking Resistor : 사이리스터 제어 제동 저항)

목적	원리	특징
발전 전력 조정(P)	계통 고장 시 발전기단 자에 직렬 저항 삽입, 가속 중인 발전기 군의 에너지 흡수, 발전기 보호, 과도 안정도 향상	• 정밀 제어 기능 • Brake의 투입, 자동 차단 • 제동 저항의 임계 차단시간을 정할 필요 없음

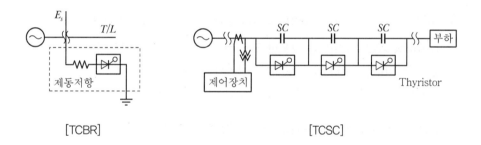

[TCBR]　　　　　　　　　[TCSC]

2) TCSC(Thyristor Controlled Series Capacitor : 사이리스터 제어 직렬 콘덴서)

목적	원리	장점	단점
• 임피던스제어(X_C) • 무효 전력 보상 • 전력 조류 제어 • 안정도 향상	• X_C 투입 X_L 보상 • SC를 직렬 삽입 • Thyristor를 통한 제어 및 By−pass	• 기존 선로에 설치 용이 • 공기 단축 가능 • 경제성 우수	• SC 보상 시 과전압 우려 • 선로 고장 시 고장 전류로 SC 소손 우려 • SC 소손 방지를 위한 보호 장치 필요(SR)

3) TCPR(Thyristor Controlled Phase Angle Regulator : 사이리스터제어 위상변환기)

목적	원리	특징(장점)
• 위상각 제어(δ) • 전력 조류 제어 • 계통 안정도 향상	• Thyristor + 위상 조정 TR Tap 조정 • 무효 전력 조정, 위상 제어(독립 권선 TR) • 독립 권선 TR 3대를 By-pass 또는 역접속	• 상시 운영 가능 • 조류 제어 용이 • 계통 동요 억제, 과도 안정도 향상

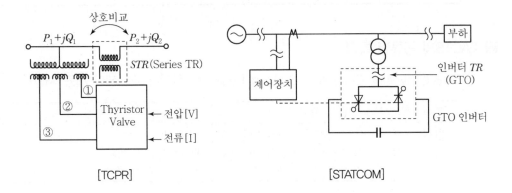

[TCPR]　　　　　　　　[STATCOM]

4) STATCOM(Static Synchronous Compensator : 자려식 SVC)

① 자려식 SVC로 인버터를 이용한 무효 전력 제어(SVC와 동일원리)

② GTO 인버터 + 출력 위상 동기화 + 전압차 = 무효 전력 보상

③ 특징 : SVC와 동일 + 설치 면적 축소 가능(SVC의 70[%])

5) SVC(Static Var Compensator : 정지형 무효 전력 보상기)

① 회로도

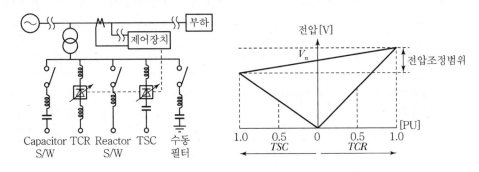

[무효 전력과 전압조정범위]

② SVC

목적	원리	종류	제어
• 무효 전력 조정 • 선로 전압 조정 • 고조파 제거 기능	• TCR, TSC 이용 • 무효 전력 최소화 • 전압을 일정 유지	• TCR, TSC • TCR + TSC • FC(MSC) + TCR	• TCR : Thyristor + Reactor 　(= 연속 제어) • TSC : Switching + Capacitor 　(= 다단 제어) • FC : 고정 콘덴서군 • MSC : 가변 콘덴서군

③ SVC 장단점

장점	단점
• 연속 제어 + 빠른 응답 특성(0.02[sec]) • 무효 전력, 전압 변동, 손실 억제, 송전 용량 증가 • 부하 변동에 따른 전압 변동 개선 효과 • 계통의 과도 안정도 향상	• Thyristor의 용량 한계 • 고속 스위칭에 의한 고조파 발생(수동 필터 흡수 대지 방류) • Capacitor 개폐 시 특이 현상 발생

6) UPFC(Unified power Flow Controller : 종합 전력 조류 제어기)

① 회로도

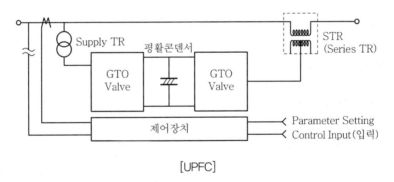

[UPFC]

② UPFC

목적	원리	특징
• 무효 전력 조정 • 선로 전압 조정 • 위상각 제어	• 인버터를 이용하여 무효 전력 흡수 보상 • 무효전력 최소화로 전압 제어 • DC콘덴서 활용 유효 전력 공급 및 소비	• 종합적인 제어 기능(연속, 분리 제어) • 전력 조류 제어 • 계통의 안정도 향상

③ 장점

위 5가지 설비의 장점을 모두 포함

20 정지형 무효 전력 보상 장치 (SVC : Static Var Compensator)

1 개요

1) 송전 선로와 무효 전력

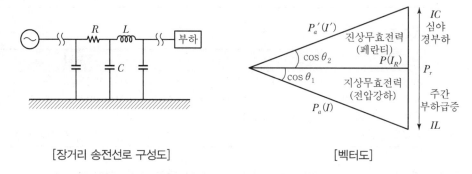

[장거리 송전선로 구성도]　　　　　[벡터도]

① 무효전력 : 실제 아무 일도 하지 않고 열소비도 하지 않는 전력으로서 인덕터 및 커패시터의 저장 요소에서 에너지 저장과 방출을 반주기 마다 반복하는 전력

② 무효전력의 기능 : 교류 전력 시스템에서 나타나며, 발전기에서 생산된 유효 전력을 부하에 전달을 매개하는 역할

　　예 변압기의 에너지 전달, 회전기의 에너지 전달

③ 무효 전력의 표현

　순시 무효 전력

　$q(t) = \sqrt{2}\, V\cos\omega t \times \sqrt{2}\, I\sin\theta \sin\omega t$

　무효 전력

　$Q = VI\sin\theta\,[\text{Var}]$

④ 무효 전력의 흐름 : [전압이 높은 모선 측 → 낮은 모선 측 흐름으로 발생. 즉, 전압이 높은 모선 측에서 무효 전력을 공급

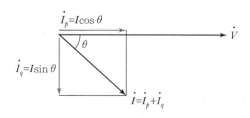

[전력 벡터도]

⑤ 무효 전력의 작용 : 계통의 전압은 부하에서 요구되는 유효 전력과 무효 전력과 관련이 있으며, 특히 계통 전압의 변동에 있어서 무효 전력이 보다 큰 영향을 미침

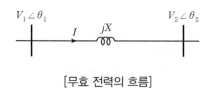

[무효 전력의 흐름]

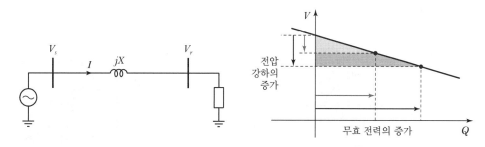

[계통도 및 전압강하]

$$\Delta V = I(R\cos\theta + X\sin\theta) = \frac{PR + QX}{V_r} \propto QX \quad [R \ll jX]$$

⑥ 일반적으로 무효 전력 공급이 부족하면 계통의 전압이 저하하고, 무효 전력 공급이 초과하면 전압이 상승하므로 계통 전압을 적정한 값으로 유지하고 전압의 제어를 위해서 무효 전력 제어를 실시해야 함

무효 전력의 발생 원인	영향	대책
송전 선로의 부하 증감 시 무효 전력 변동	전압 변동(전압 강하, 페란티) 심각	FACTS 설비
주간 : 부하 급증(지상＝전압 강하)	임피던스 제어 곤란, 병렬 조류의 불안정	SVC
야간 : 경부하(진상＝페란티)	계통의 안정도 저하	STATCOM

❷ SVC(Static Var Compensator : 정지형 무효 전력 보상 장치)

목적	원리	종류	특징
• 무효 전력 조정 • 선로 전압 일정 유지 • 계통의 안정도 향상	• TCR, TSC 이용 • 무효 전력 최소화 • 전압 일정 유지	• TCR, TSC • TCR＋TSC • FC(MSC)＋TCR	• 연속 제어＋빠른 응답 특성(0.02[sec]) • 무효 전력, 전압 변동, 손실 억제, 송전 용량 증가 • 계통의 과도 안정도 향상 (고조파, Thyristor 용량 한계)

1) 구성도

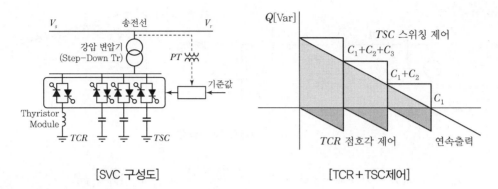

[SVC 구성도]　　　　　　　　[TCR＋TSC제어]

2) SVC

① SVC(Static Var Compensator) : 정지형 무효 전력 보상 장치

② 목적 : 무효 전력 보상, 수전단 전압 일정 유지

③ 구성

　㉠ TCR(Thyristor Control Reactor : X_L 보상＋연속 제어)

　㉡ TSC(Thyristor Switching Capacitor : X_C 보상＋다단 제어)

　㉢ 콘덴서군 및 리액터 : FC(고정군), MSC(가변군－개폐 제어)

　㉣ 수동필터 : Thyristor에 의한 고조파를 흡수 대지 방류(직·병렬 공전)

④ 관계식

$$P = \frac{E_s \cdot E_r}{X} \sin \delta$$

　여기서, E_s : 송전 전압, E_r : 수전 전압, X 무효분, δ : 위상각

　㉠ SVC는 무효분(X성분)제어 계통의 안정도 향상

⑤ 개발 배경

개발 전(다단적 제어)	개발 후(연속 제어)
• 전기로, 아크로의 전압강 하 방지 목적	• 전력계통에 적용 무효전력 최소화
• 동기 조상기, Shunt Reactor	• Thyristor를 이용한 연속 또는 다단 제어
• 병렬 콘덴서에 의한 다단적 제어	• TCR＋TSC＝연속 제어

❸ SVC의 종류별 특징

1) TCR(Thyristor Control Reactor)

목적	원리	특성
• 가변의 지상 무효 전력(X_L) • 공급(=연속 제어)	• Thyristor + Reactor • X_L 성분의 연속 제어 • 무효 전력 조정	• 연속 가변 점호각 제어 (0° : 최대출력~180° : 최소출력) • 1/2[cycle]마다 점호각 제어(6pulse) • 고조파 발생으로 필터 적용 필요

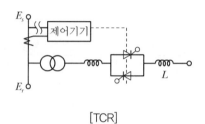

[TCR]

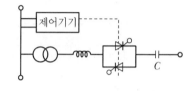

[TSC → 2개군 이상]

2) TSC(Thyristor Switching Capacitor)

목적	원리	특성
진상 무효 전력(X_C)의 단계적 제어	• Thyristor + Capacitor Bank + SR • 단계적 무효 전력 조정	• Capacitor 전압은 최대 90° 지상 → 전류 0점에서 전압은 90° 위상 • 동일 극성에서 1/2[cycle] 점호각 제어 • 개별적 개폐가 가능하도록 Bank 실시

3) TCR + TSC

목적	원리	특성
• 부하 급변 개소에서 진상(X_C) 지상(X_L)의 무효 전력 제어 • 수전 전압 일 정유지 효과	• TCR을 이용 X_L 연속 제어 • TSC를 이용 X_C 다단 제어 • 무효 전력 급변 제도 적용 • 전압 일정 및 안정도 향상	• TCR 특성+TSC 특성=무효 전력 제어 및 전압 일정 • 고조파 발생에 따른 수동 필터 적용 고조파 흡수 억제

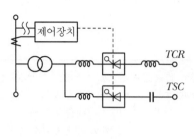

[TCR+TSC]

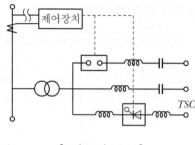

[FC(MSC)+TCR]

4) FC – TCR과 MSC – TCR

목적	원리	특징
X_C 를 고정(가변)후 TCR을 이용하여 무효 전력 조정	• FC(Fixed Capacitor＝콘덴서 고정군) • MSC(Mecanical s/w Capacitor＝가변군)	• Capacitor Bank 형성 • 일부는 고정군(F・C) • 일부는 가변군 구성(MSC) 후 TCR 을 이용 무료 전력 조정

5) 장단점

장점	단점
• 연속 제어＋빠른 응답(0.02[sec]) • 무효 전력, 전압 변동 손실 억제 → 송전 용량 증가 • 부하의 변동에 따른 전압 변동 개선 효과 • 계통의 과도 안정도 향상	• Thyristor 용량의 한계 • 고속 스위칭에 의한 고조파 발생 • 개폐 시 특이 현상 발생(L.C)

6) 적용

① 제강용 Arc로 : 무효 전력의 심한 변동 → 전압 변동 보상

② 전력 계통의 부하나 국지적인 전압 변동 보상

4 맺음말

1) SVC는 FACTS 설비의 일종이며 계통의 무효 전력 제어로 수전 전압을 일정하게 유지하여 전력 품질을 향상

2) SVC 적용 시 무효 전력의 다단적 제어에서 연속 제어가 가능(Thyristor 이용)

21 | 가공 전선로에 의한 통신선 유도 장해

1 개요

전력선에 통신선이 근접했을 때 선로 불평형이나 지락 사고 등으로 통신선에 유도전압에 의해 정전유도나 전자 유도장해를 발생

2 정전 유도전압

1) 정의

전력선과 통신선 간 상호 정전용량의 불평형이나 지락 사고 시 통신선에 정전적으로 유도되는 전압

2) 영향

수화기에 유도전류가 흘러 상용주파 잡음 발생

3) 관련식

① 전력선이 3상인 경우

통신선 유도전압 $\dot{E}_s$ 는

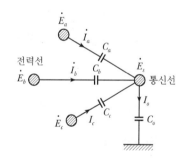

[전력선 통신선 간 정전 유도]

$\dot{I}_a = j\omega\, C_a(\dot{E}_a - \dot{E}_s)$

$\dot{I}_b = j\omega\, C_b(\dot{E}_b - \dot{E}_s)$

$\dot{I}_c = j\omega\, C_c(\dot{E}_c - \dot{E}_s)$

$\dot{I}_o = j\omega\, C_o \dot{E}_s$

$\dot{I}_a + \dot{I}_b + \dot{I}_c = \dot{I}_o$ 이므로

$j\omega\, C_a(\dot{E}_a - \dot{E}_s) + j\omega\, C_b(\dot{E}_b - \dot{E}_s) + j\omega\, C_c(\dot{E}_c - \dot{E}_s) = j\omega\, C_o \dot{E}_s$

$C_a\dot{E}_a + C_b\dot{E}_b + C_c\dot{E}_c = \dot{E}_s(C_a + C_b + C_c + C_o)$

$$\therefore\ \dot{E}_s = \frac{C_a\dot{E}_a + C_b\dot{E}_b + C_c\dot{E}_c}{C_a + C_b + C_c + C_o} \quad\cdots\cdots\cdots\cdots\cdots\cdots\cdots\ \text{ⓐ}$$

② 평형 3상 전원인 경우

$\dot{E}_a = E = \dfrac{V}{\sqrt{3}}$, $\dot{E}_b = a^2 E$, $\dot{E}_c = aE$ 이므로

$$\dot{E}_s = \frac{C_a \dot{E} + C_b \cdot a^2 \dot{E} + C_c \cdot a\dot{E}}{C_a + C_b + C_c + C_o}$$

$$= \frac{C_a + (-\dfrac{1}{2} - j\dfrac{\sqrt{3}}{2})C_b + (-\dfrac{1}{2} + j\dfrac{\sqrt{3}}{2})C_c}{C_a + C_b + C_c + C_o} \times \dot{E}$$

$$= \frac{\sqrt{C_a(C_a - C_b) + C_b(C_b - C_c) + C_c(C_c - C_a)}}{C_a + C_b + C_c + C_o} \times \frac{\dot{V}}{\sqrt{3}} \quad \cdots\cdots\cdots ⓑ$$

㉠ 정전유도 전압은 주파수 및 양선로의 병행길이에 무관하며 전력선의 대지전압에 비례

㉡ 완전 연가 시 식 ⓑ에서 $C_a = C_b = C_c = C$ 이므로

$|E_s| = 0[\text{V}]$ 가 되어 통신선에 정전 유도전압은 없음

❸ 전자 유도전압

1) 정의

송전선에 1선 지락 사고 시 큰 영상전류가 흐르면 통신선과의 전자적인 결합에 의해 통신선에
유도되는 전압(중성점 직접 접지방식의 경우)

2) 영향

인체에 위해, 통신이나 통화 불능 야기

3) 관련식

$\dot{E}_m = -j\omega M l(\dot{I}_a + \dot{I}_b + \dot{I}_c)$ $\begin{cases} \text{평상시} \quad \dot{E}_m \simeq 0 \ (\because \dot{I}_a + \dot{I}_b + \dot{I}_c = 0) \\ \text{지락 사고 시} \quad \dot{E}_m = -j\omega M l(3\dot{I}_o) \end{cases}$

여기서, l : 양 선로의 병행길이[m]

$3\dot{I}_o$: 기유도전류[A]

M : 상호 인덕턴스[mH/km]

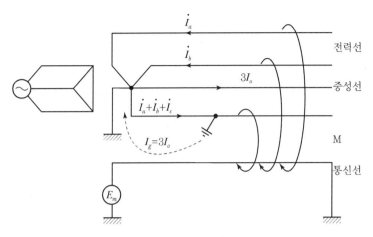

[전자 유도전압]

4 유도장해 경감대책

1) 정전 유도장해 대책

① 정전차폐
② 선로연가 실시
③ 전력선과 통신선 거리 이격

2) 전자 유도장해 대책

① 전력선 측 대책

㉠ M의 저감 : 이격, 전자차폐(가공지선 이용)

㉡ 기유도전류(I_o)의 저감

ⓐ 비접지 또는 소호리액터 접지 방식 채용

ⓑ 저항접지 방식 : 저항값을 크게 조절

ⓒ 직접접지 방식 : 전류분포 조절(적정 접지장소 선정)

㉢ 고속도 지락 보호계전 방식 또는 고속도 재폐로 방식의 채용

㉣ 전력선과 통신선의 직각교차

② 통신선 측 대책

㉠ 길이(l) 단축 : 도중에 중계 Coil(절연 TR) 삽입, 구간 분할

㉡ M의 저감 : 연피 Cable 채용

㉢ 유도전압 경감 : 우수한 피뢰기 채용, Twisted Pair Cable 채용

㉣ I_o의 저감 : Filter(배류 Coil, 중화 Coil) 설치

5 **결론**

1) 통신선 유도장해 중 주로 평상 운전 시에는 정전 유도장해가, 지락 고장 시에는 전자 유도장해가 문제가 됨

2) 이들은 보통 동시에 발생하며 그중 중성점 직접접지 계통에서 1선 지락 시 전자 유도장해가 가장 큰 영향을 끼침

3) 송전선 루트 설정이나 중성점 접지방식 결정 등에 이러한 유도장해 문제를 반드시 고려해야 함

22 코로나 방전

1 **개요**

1) 기온, 기압의 표준상태(20[℃], 760[mmHg])에 있어서 직류 30[kV/cm], 교류 21[kV/cm](실효값) 정도의 전위경도를 가하면 절연이 파괴되는데 이를 파열극한 전위경도라 함

2) 코로나 현상 : 전선로나 애자 부근에 임계전압 이상이 가해지면 공기의 절연이 국부적으로 파괴되어 낮은 소음이나 엷은 빛을 띠면서 방전되는 현상

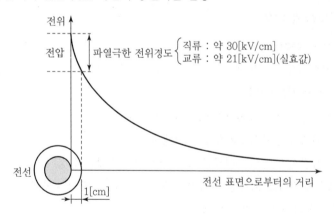

[코로나 현상의 발생]

2 특성

1) 임계전압

① 코로나 임계전압

$$E_0 = 24.3 m_0 m_1 \delta d \log_{10} \frac{2D}{d}$$

여기서, m_0 : 전선표면계수
           (매끈한 선 1, 거친 단선 0.98~0.93, 연선 0.89~0.8)
       m_1 : 기후에 관한 계수(맑은 날씨 1.0, 안개 또는 비 오는 날씨 0.8)
       δ : 상대 공기밀도
       $\delta = \dfrac{0.386b}{273+t}$ $\left\{ \begin{array}{l} b : 기압[mmHg] \to 표고[m]에 반비례 \\ t : 기온[℃] \end{array} \right.$
       d : 전선의 직경[cm]
       D : 선간거리[cm]

    ㉠ 전선의 굵기가 커지면 → 코로나 임계전압 상승 → 코로나 발생 억제
    ㉡ 전선의 굵기가 가늘면 → 코로나가 발생되기 쉬움

② 코로나 손실(Peek의 식)

$$P_0 = \frac{241}{\delta}(f+25)\sqrt{\frac{r}{D}} \times (E-E_0)^2 [\mathrm{kW/km \cdot wire}]$$

여기서, E : 전선의 임계전압, E_0 : 코로나 임계전압
       f : 주파수, r : 전선반경, D : 선간거리, δ : 상대 공기밀도

2) 전선 간 코로나 방전

$$E_A = \frac{Q}{4\pi\epsilon_0 r_A^2}, \quad E_B = \frac{Q}{4\pi\epsilon_0 r_B^2}$$

여기서, r_A, r_B : 도체의 반경[m]
       Q : 전하[C]
       E_A, E_B : 도체 표면의 전계강도[V/m]

$r_A > r_B$ 일 때 $E_A < E_B$ 이므로 직경이 작은 도체 B 쪽이 코로나 방전을 일으키기 쉬움

❸ 코로나 장해(영향)

1) 전력 손실 발생(Peek의 식에 의거)

2) 코로나 잡음

교류전압 반파마다 피크치에 의해 간헐적으로 코로나 펄스에 의한 잡음 발생 → 전파 장해(라디오 소음, TV 간섭)

3) 고주파 전압, 전류 발생

제3고조파 $\begin{cases} \text{중성선 직접접지 계통 : 유도장해} \\ \text{비접지 계통 : 파형이 일그러짐} \end{cases}$

4) 소호리액터에 대한 영향

① 코로나 발생 시 전선 겉보기 굵기 증가 → 대지 정전용량 증대 → 계통 부족 보상
② 코로나 손실 시 유효분 전류나 제3고조파 전류는 잔류전류가 되어 소호작용을 방해
③ 1선 지락 시 → 건전상 대지전위 상승 → 코로나 발생 → 고장점의 잔류잔류 유효분 증가 → 소호능력 저하

5) 전력선 반송장치에의 영향

전력선 반송을 이용한 보호 계전기나 반송 통신설비에 잡음장해

6) 전선의 부식

코로나에 의한 화학 작용(오존 or 산화질소 + 수분 → HNO_3(초산)) 발생으로 전선이나 바인드 부식

7) 진행파의 파고값 감소

코로나의 유일한 장점으로서 이상 전압 진행파(Surge)는 코로나를 발생시키면서 진행하며 코로나 방전에 의해 감쇠효과를 나타냄

④ 방지 대책

1) **굵은 전선 채용** : 표면의 전위 기울기를 완만히 하여 코로나 임계전압 상승

2) **복도체 채용** : 코로나 임계전압 상승 및 송전능력 증대

3) **가선금구 개량**
   표면이 거칠거나 돌출부에는 코로나 발생이 쉬우므로 금구류 표면을 완만하게 함

⑤ 결론

코로나 방전 개시전압은 선간거리, 전선 굵기, 표면전위경도, 주위 기후조건 이외에도 먼지 등 이 물질이 전선 표면에 접촉되어 돌출부가 생길 경우 코로나 영향이 심화되므로 이를 고려한 방지 대 책이 필요

---

23 불평형 전압

① 불평형 전압 발생 원인

1) 부하 접속 불평형으로 수전 전압 불평형이 발생
2) 변압기 및 선로 임피던스 불평형으로 선전류 불평형이 발생
3) 고조파에 의한 전원 불평형이 발생

② 불평형 전압 영향

1) **역률 저하**로 전압 강하가 커지고 전력 손실이 증가
2) 임피던스가 작은 쪽 케이블에 **과전류 현상**이 발생
3) **영상 및 역상 전류**가 흘러 전압의 찌그러짐이 발생
4) **설비 이용률**이 저하
5) 3상에서 불평형률이 30[%]를 넘을 경우 계전기가 동작할 우려

❸ 불평형 전압 방지 대책

1) 불평형 부하 제한

① 단상 3선식 : 40[%] 이하

$$설비\ 불평형률 = \frac{중성선과\ 각\ 상에\ 접속되는\ 부하설비용량의\ 차}{총부하설비용량의\ 1/2} \times 100[\%]$$

② 3상 3선식, 3상 4선식 : 30[%] 이하

$$설비\ 불평형률 = \frac{각\ 선간에\ 접속되는\ 단상부하}{\dfrac{총부하설비용량의\ 최대와\ 최소의\ 차}{총부하설비용량의\ 1/3}} \times 100[\%]$$

2) 변압기

① 단상 변압기를 균형 있게 배치
② 변압기 2차 측 부하를 균형 있게 배치

3) 간선

① 선로 정수가 평형이 되도록 케이블을 배치
② 정삼각형 배치, 상연가 등

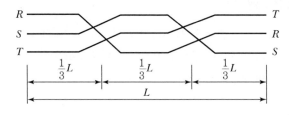

[상연가 방법]

4) 전동기

무효 전력 보상 장치를 설치

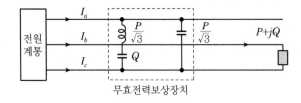

[단상 부하의 평형화 보상]

5) 고조파 발생 기기

고조파 필터를 설치

6) 중성선

상선과 동일한 굵기 또는 그 이상으로 선정

④ 설계 시 고려 사항

1) 신뢰성 있는 전원 공급을 요구하고 있으므로 3상 평형 전압을 공급
2) 부하 접속이 3상 평형이 되도록 설계 시 고려
3) 고조파 발생 부하는 계통분리를 설계 시 고려
4) 불평형 전압 허용 범위를 설계 시 고려
5) 불평형 전압 방지 대책을 설계 시 고려

CHAPTER

14

신재생에너지

01 신재생에너지 ▪▪▪

❶ 정의

기존의 화석 연료를 변환시켜 이용하거나 햇빛, 물, 지열, 강수, 생물 유기체 등을 포함한 재생 가능한 에너지를 변환시켜 이용하는 에너지로서 11개 분야로 구분

❷ 구분

1) 신에너지 : 연료 전지, 석탄 액화 · 가스화, 수소 에너지(3개 분야)
2) 재생에너지 : 태양광, 태양열, 풍력, 해양, 수력, 바이오 매스, 폐기물, 지열(8개 분야)

❸ 신재생에너지 필요성

필요성	특성	문제점
• 자원 고갈 위기 • 물 부족 심화 • 온실 가스 배출 증가 • 에너지 소비 증가	• 공공 미래 에너지 • 비고갈성 에너지 • 기술력으로 확보 가능 에너지 • 환경 친화형 청정 에너지	• 조정 어려움 • 대부분 직류 생산 • 예측이 어려움 • 출력 패턴이 불규칙

❹ 연료 전지

1) 연료 전지는 전기 화학 반응에 의하여 연료가 갖는 화학에너지를 직접 전기에너지와 열로 변환시키는 발전 장치
2) 발전 효율은 35[%] 정도로 기존 발전 장치에 비해 높으며 난방 등에 의한 열회수 고려 시 효율은 80[%] 이상
3) 다양한 형태의 연료를 사용 가능하며 대기 오염 물질의 배출이 극히 적고 소음, 진동이 거의 없는 환경 친화적 기술

❺ 석탄 액화 · 가스화

1) 저급 연료를 활용하여 고효율, 친환경적인 에너지 생산 기술로 석탄 액화 · 가스화, 석탄 중질잔 사유 가스화를 통해 CO와 H_2가 주성분인 가스를 제조
2) 대표적 이용 기술 : 석탄 가스화 복합 발전(IGCC)

6 수소 에너지

1) 환경 오염과 자연 고갈 문제가 없는 미래 에너지원
2) 원자력 발전의 전력으로 물을 전기 분해하는 방법과 열화학 사이클 방법 등을 연구

7 태양광 에너지

1) 태양의 방사성 에너지를 전기에너지로 변환하여 발전하는 방식
2) 태양 전지, 축전지, PCS 등으로 구성

8 태양열 에너지

1) 태양의 직사광을 반사경으로 모아 그 열에너지로 증기 터빈을 돌려 발전하는 방식
2) 집열부, 축열부, 이용부로 구성

9 풍력 에너지

1) 풍력 발전은 바람 에너지를 이용한 발전 방식
2) 풍차를 이용하여 기계적 에너지를 전기적 에너지로 변환

10 해양 에너지

1) 조석, 조류, 파랑, 해수 수온 · 밀도차 등 해양 에너지원을 이용하여 발전하는 방식
2) 조력 발전, 파력 발전, 온도차 발전 등이 있음

11 수력 에너지

1) 소수력 발전은 설비 용량 10,000[kW] 이하의 수력 발전
2) 수차, 발전기, 전력 변환장치 등으로 구성

12 바이오 에너지

바이오 에너지는 생물 자원, 유기성 폐기물 등을 생물학적 · 열화학적으로 전환하여 액체 연료나 기체 연료를 생산하는 기술

⑬ 폐기물 에너지

폐기물을 열분해, 고형화, 연소 등으로 가공 처리하여 고체 연료, 액체 연로, 가스 연료, 폐열 등을 생산하는 기술

⑭ 지열 에너지

1) 지하의 온도 에너지를 이용하여 발전하는 기술
2) 5~30[°C]의 저온 지열은 열펌프를 통해 여름에는 냉방, 겨울에는 난방으로 이용

02 신재생에너지 설치 및 공급 의무화 제도

① 개요

1) 신재생에너지의 분류

분류	정의	지정분야
신에너지(3개 분야)	기존의 화학연료로 변환하여 사용되는 에너지	수소 에너지, 연료 전지, 석탄 액화가스화 및 중질잔사유 가스화 에너지
재생에너지(8개 분야)	재생 가능한 에너지를 변환하여 사용되는 에너지	태양광, 태양열, 풍력, 바이오, 폐기물, 지열, 소수력, 해양(조력, 파력) 에너지

2) 신재생에너지 관련 정책사업

① 그린홈 100만 호 보급사업
② 보급 보조사업(일반, 지방)
③ 설치 의무화 제도
④ 공급 의무화(RPS) 제도
⑤ 금융 지원 제도
⑥ 발전차액 지원 제도
⑦ 설비 및 건축물 인증제도
⑧ 기타 : Smart Grid 사업, 전문기업제도, 국제협력 사업 등

2 신재생에너지 설치 의무화 제도

1) 정의

공공기관이 신·증·개축하는 연면적 1,000[m²] 이상의 건축물에 대해 예상 에너지 사용량의 일부를 신재생에너지 설비 설치에 투자하도록 의무화하는 제도

2) 도입배경

① 국제 고유가 및 기후변화협약 등 에너지 환경변화에 대응
② 친환경 녹색 에너지 보급 확대

3) 관련법 및 개정현황

① 신재생에너지 개발·이용·보급 촉진법 제12조제2항, 동법 시행령 제15조
② 의무비율 강화
  ㉠ 건축비의 5[%] → 에너지 사용량의 10[%](2011년)
  ㉡ 이후 매년 공급의무비율 상향 조정
③ 연면적 강화 : 3,000[m²]→1,000[m²](2012년)

4) 설치대상

① 국가기관 및 지자체, 정부출연기관 등 공공기관
② 공공용, 문교·사회용, 상업용 건축물(주거용, 창고, 위험물저장 처리시설, 발전시설, 군사시설 등 제외)

5) 신재생에너지 공급의무비율

① 신재생에너지 공급의무비율 $= \dfrac{\text{신재생에너지 생산량}}{\text{예상 에너지 사용량}} \times 100[\%]$

② 연도별 공급의무비율(시행령 제15조제1항)

연도	2011~2012	2013	2014	2015	2016	2017	2018	2019	2020 이후
의무비율[%]	10	11	12	15	18	21	24	27	30

3 신재생에너지 공급 의무화(RPS) 제도

1) RPS(Renewable Portfolio – Standard) 제도

일정 규모 이상의 발전 사업자에게 총 일정량 이상을 신재생에너지 전력으로 공급하도록 의무화하는 제도

2) 도입배경

① 신재생에너지 발전 사업의 민간투자 활성화 일환으로 초기에 시행된 발전차액 지원제도 (FIT)의 재정난 등으로 제도 개선의 필요성 대두

② 미국, 영국을 비롯 일부 유럽국가에서 시행해 오던 제도로 2012년부터 국내 도입 시행

3) 관련법 근거

신재생에너지 개발 · 이용 · 보급 촉진법 제12조제5~10항

4) 주요 내용

① 공급자 범위

신재생에너지 설비를 제외한 설비규모 500[MW] 이상의 발전사업자 및 한수원 등 24개 발전회사

② 의무 공급량[GWh] = 기준 발전량[GWh] × 조정 의무비율

③ 연도별 의무비율(시행령 별표 3)

연도	2012	2013	2014	2015	2016	2017	2018	2019	2020	2021	2022 이후
의무비율[%]	2.0	2.5	3.0	3.5	4.0	5.0	6.0	7.0	8.0	9.0	10

④ 미 이행분에 대해 공급인증서 평균거래가의 150[%] 이내에서 과징금 부과

5) 기대효과

① 발전사의 공급의무화로 신재생 보급효과 배양

② 전력 시장을 통한 경쟁 및 합리적 가격 결정 유도로 정부의 재정 부담 완화

③ 조기 산업화, 시장 확대 등으로 산업 경쟁력 및 일자리 창출

4 결론

신재생에너지 설치 의무화 제도 시행은 최근 도입된 RPS 제도와 함께 국내 신재생 산업 육성은 물론 보급 확대를 더욱 가속화시킬 것으로 기대

03 태양 전지의 정의 및 원리

■ 태양 전지 정의

1) 태양 전지는 태양의 방사성 에너지를 전기에너지로 변환하는 장치
2) 태양 전지는 빛에너지를 이용하여 전기에너지를 변환하는 광전지로 PN 반도체가 사용되며 재료에 따라 결정질 실리콘, 비정질 실리콘, 화합물 반도체 등이 사용

■ 구조 및 원리

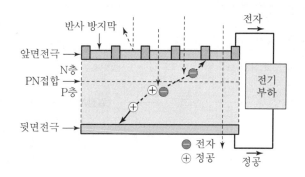

[태양 전지의 원리]

1) PN 접합 반도체가 태양광 에너지를 흡수하면 반도체 중에 과잉 **전하대**가 발생
2) 이때 발생한 **정공**과 **전자**가 정(+), 부(−)로 분리되어 외부 회로에 전류가 통전
3) 전자와 정공이 서로 반대 방향으로 흘러가는 이유는 PN 접합부의 전기장 영향

   ① 열적 평형 상태에서 N형 반도체와 P형 반도체의 접합으로 이루어진 Diode에서 농도 구배에 의한 확산으로 전하의 불균형이 생기고 이로 인한 전기장이 형성

   ② 이 Diode에 그 물질의 전도대와 가전도대 사이의 에너지 차이인 Band 갭 이상의 에너지가 인가되면 빛에너지를 받아 전자들은 가전도대에서 전도대로 여기되고 전도대로 여기된 전자들은 자유로이 이동하며 가전도대에는 전자들이 빠져나간 자리에 정공이 생성되고 농도 차이에 의해 확산

   ③ 이때 다수 Carrier는 전기장으로 인한 장벽 때문에 흐름을 방해 받으나 P형 반도체의 소수 Carrier인 전자는 N형 쪽으로 이동하며 이로 인해 전압차가 발생하고 이를 이용한 것이 태양광 전지의 원리

❸ 에너지 변환 효율을 높이기 위한 방법

1) 가급적 많은 빛이 반도체 내부로 흡수

2) 빛에 의해 생성된 정공과 전자쌍이 소멸되지 않고, 외부 회로까지 전달

3) PN 접합부에 큰 전기장이 생기도록 소재 및 공정을 설계

❹ 태양 전지의 종류

분류		변환 효율	신뢰성	비용
실리콘		○	○	○
아몰퍼스		△	△	◎
화합물 반도체	Ⅱ – Ⅳ족	△	○	○
	Ⅲ – Ⅴ족	◎	◎	×

※ ◎ : 우수하다.   ○ : 좋다.   △ : 약간 나쁘다.   × : 나쁘다.

[태양 전지의 종류]

1) 실리콘 계열 태양 전지

종류	결정 실리콘		박막 실리콘	
	단결정	다결정	아몰퍼스	다접합
특징	순도와 결정 결합 밀도가 높은 고품위 재료	• 다결정 실리콘 입자가 여러 개 모여 만들어진 태양 전지 • 현재 가장 많이 사용	• 비정질 실리콘으로 유리 기판에 얇은 박막을 형성하여 제조 • 다면적 대량 양산 가능	• 실리콘 사용량이 결정형 태양 전지의 1/100 • 다면적 대량 양산 가능
수명	20년 이상	20년 이상	20년 이상	20년 이상
효율	~20[%]	~18[%]	~8[%]	~12[%]
가격	고가	단결정보다 저가	저가	저가

2) 화합물 계열 태양 전지

종류	CIS 박막 계열	Ⅲ - Ⅴ 결정 계열
특징	• 박막 전지로 재조 공정 간단 • 고성능을 기대할 수 있어 경쟁 치열	• 화합물 반도체의 기판을 사용한 초고성능 전지임 • 우주 등 특수 용도로 사용하지만 집광판의 내재로 저비용화 도모
효율	~12[%]	~30[%]
실용화	보급 단계	연구 단계

3) 유기 계열 태양 전지

종류	염료 감응 태양 전지	유기 박막 태양 전지
특징	• 산화 티탄 혼합물의 염료가 빛을 흡수하여 전자를 방출하는 전지 • 제조가 간단하고 다중 적층이 가능 • 투명성과 채색성 확보 가능 • 경사각과 저광량에도 효율 유지 • 고효율화 및 내구성이 과제	• 유기 반도체를 이용한 플라스틱 필름 형태의 태양 전지 • 제조가 간단 • 플렉시블하고 프린팅까지 가능 • 고효율화 및 내구성이 과제
효율	~12[%]	~7[%]
실용화	보급 단계	연구 단계

4) 적용 현황

① 현재 태양 전지는 실리콘 반도체에 의한 것이며, 특히 실리콘 결정계의 단결정, 다결정 태양 전지는 변환 효율과 신뢰성 등에서 넓게 사용. 아몰퍼스의 경우 결정계에 비해 변환 효율이 낮으나(10~12[%]) 제조 기술이 대량 생산에 적합

② 가격이 저렴하고 온도 특성이 우수하여 기존 결정계의 경우 온도 상승 시 출력이 현저히 저하되는 문제에서 온도 상승 시 출력이 거의 변하지 않는 장점 및 적층화 기술에 따라 변환 효율이 향상되고 있어 차세대 모듈로 주목

5 태양광 발전 시스템 종류

1) 독립형 시스템

① 야간, 흐린 날 전기 사용을 위해 축전지 및 교류 사용을 위한 인버터로 구성

② 발전의 불안정성을 보완하기 위해 부하 용도에 따라 축전지 + 비상발전기를 사용

③ 축전지 비용보다 원격지에서 상용 전력을 배선하는 것이 고가인 경우에 적용

④ 적용 : 등대, 무선중계소 등의 조명, 동력용 전원, 가로등 전원

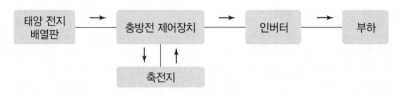

[태양광 발전 독립형 시스템]

2) 하이브리드형 시스템

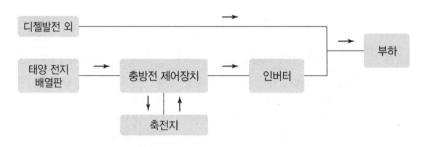

[태양광 발전 하이브리드형 시스템]

① 태양광 발전 시스템과 풍력 발전, 연료 전지, 디젤 발전과 조합시킨 시스템
② 각 시스템의 결점을 서로 보완하는 시스템

3) 계통 연계 시스템

① 태양광 전력과 전력 회사 전력을 함께 사용하는 시스템
② 심야나 악천후 시 태양광 발전 시스템으로 전력 공급이 불가능할 경우 상용 전원으로부터
전력을 수전
③ 태양광 발전으로 얻은 전력이 남을 경우 전력 계통에 역송

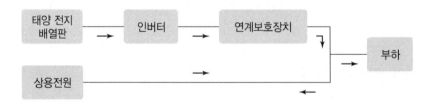

[태양광 발전 계통 연계형 시스템]

6 태양 전지 모듈 선정 시 고려 사항

1) 셀 타입

고순도, 결정 결함이 낮고 높은 효율을 갖는 단결정을 사용

2) 용량

작은 용량 사용 시 시스템이 복잡하며 직렬 연결 수가 증가하여 접속 저항 증가, 손실 증가 및 유지 관리가 어렵고 설비 비용이 증가

3) 효율

효율 낮은 모듈을 사용하면 모듈 사용 면적이 넓어지므로 면적을 고려한 효율을 선정

4) 인증

설비의 안정적인 출력 보증을 위해 국내외 공인된 인증 기관의 인증을 받은 제품 사용

5) 기타

모듈 가격	시공 가격	설치 면적
[Wp]당 2,000원 정도	[Wp]당 4,000원 정도	1[kW]당 6~8[m²] 정도

7 태양 전지 모듈 구조

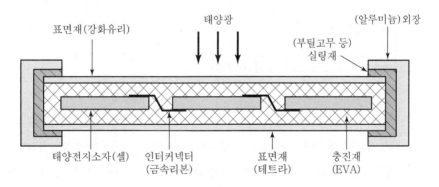

[태양 전지 모듈 구조]

04 염료 감응형 태양 전지

1 개요

1) 염료 감응형 태양 전지(DCCS : Dye－Sensitized Solar Cells) 란 식물의 광합성 원리를 이용한 것으로 1991년 스위스 Gratzel 그룹에서 보고됨

2) 2008년 원천특허 만료로 많은 기관에서 연구 진행 중

3) 제조비용이 낮아 실리콘 대체 태양 전지로 주목

4) 태양광 전지의 종류

    ① Si계 : 결정질－기관형, 박막형, 비정질

    ② 화합물계 : CdTe, CIS계, GaAs

    ③ 염료감응형 : Dye－TiO_2

2 염료 감응형 태양 전지 원리

1) 2개의 유리기판 사이에 유기염료를 입힌 나노분말을 넣은 뒤 전해질을 채워 제조하며, 여기에 태양빛이 흡수되면 염료 분자에서 전자가 여기되어 전기를 발생

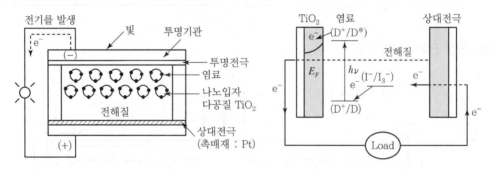

[구조 모식도]　　　　　　　　　[작동원리 및 에너지레벨 모식도]

2) 염료는 태양광 흡수에 의해 여기상태 → 전자와 정공 생성 → 생성된 전자는 TiO_2 전도대로 이송 → 투명전극을 통해 외부로 전기에너지 전달 → 산화된 염료는 전해질로부터 전자를 공급받아 원래 상태로 환원

3) 염료는 식물의 엽록소와 같이 태양빛을 흡수하여 전기를 만들고 나노다공질 전극은 만들어진 전기의 통로가 됨

4) 재생 Cycle

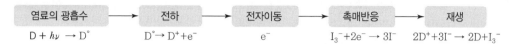

염료의 광흡수	전하	전자이동	촉매반응	재생
$D + h\nu \rightarrow D^\circ$	$D^\circ \rightarrow D^+ + e^-$	e^-	$I_3^- + 2e^- \rightarrow 3I^-$	$2D^+ + 3I^- \rightarrow 2D + I_3^-$

3 특징

1) 장점(기존 태양 전지에 비해)

① 저가의 제조 및 공정기술로 셀 단가가 1/3~1/5 축소

② 안정성이 매우 우수(장기 사용해도 초기 효율을 거의 유지)

③ 일광량의 영향을 적게 받음

   → 복사선의 입사각, 부분적인 그늘짐 현상에 덜 민감

④ 동작범위가 넓어 다양한 지역에 설치 가능

   → 빛이 있는 곳이면 흐린 날이나 실내외 어디서든 전기 생산 가능

⑤ 장수명(20년 이상)

⑥ 투명유리에 다양한 색깔의 염료로 별도의 코팅 없이 실내 직사광선 차단 및 실내 인테리어 효과 창출(BIPV에 응용)

2) 단점

① 에너지 변환 효율이 낮음(실리콘 20[%], DSSC 10[%])

② 전해질 액 누수나 휘발성 문제 발생

③ 80[℃] 이상에서 현격한 성능저하 발생

4 최근 동향 및 향후 전망

1) 고체 전해질 개발 상용화 출시

2) DSSC 모듈 순수 국내기술 개발 성공

3) DSSC 세계 시장 규모

2010년 약 1,700억 원, 2015년 약 2조 원(태양광 시장 전체 규모의 2.1[%])

4) 현재 가시광에서 자외선, 적외선까지 이용할 수 있는 변환효율 향상 기술 제안

5) 액체 전해질 대체 고체 전해질 개발 투자 증가

6) 신소재 개발, 대면적·대용량화 방향, 초소형·고효율 인버터의 개발 추진

7) BIPV 시장에 수요급증 예상

05 태양 전지의 전류 – 전압 특성 곡선 및 모듈 인버터의 설치 기준 ■■■

❶ 태양 전지의 전류 – 전압 특성 곡선

1) 전류 – 전압 특성($I - V$ 곡선) : 태양 전지 모듈(Solar Cell Module)에 입사된 빛에너지가 변환되어 발생하는 전기적 출력의 특성

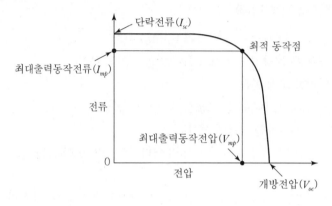

[태양 전지 모듈의 전류 – 전압 특성]

① I_{sc}(단락 전류)

　㉠ 임피던스가 낮을 때 단락 회로 조건에 상응하는 셀을 통해 전달되는 최대전류

　㉡ 이 상태는 전압이 '0'일 때 스위프 시작에서 발생

　㉢ 이상적인 셀은 최대 전류값이 광자 여기에 의한 태양 전지에서 생성한 전체 전류

② V_{oc}(개방 전압)

　셀 전반의 최대 전압차이며 셀을 통해 전달되는 전류가 없을 때 발생

③ 최적 동작점

　㉠ 최대의 출력을 발생하는 점

　㉡ 이때 최대 출력(P_{max})은 최대 출력 동작 전류(I_{mp})×최대 출력 동작 전압(V_{mp})

④ 즉, I_{sc}와 V_{oc} 지점에서 전력은 '0'이 되고 전력에 대한 최대값은 둘 사이에서 발생

2) Fill Factor(FF)

① 최대 전력점에서의 전류 밀도와 전압 값의 곱($V_{mp} \times J_{mp}$)을 V_{oc}와 I_{sc} 곱으로 나눈 값

② Fill Factor는 빛이 가해진 상태에서 $I - V$ 곡선의 모양이 사각형에 얼마나 가까운가를 나타내는 지표

③ 태양 전지 효율(η)은 전지에 의해 생산된 최대 전력과 입사광 에너지 사이의 비율

$$\eta = \frac{P_{\max}}{P_{in}} \times 100 [\%]$$

3) 실제로 태양 전지의 동작은 부하 및 방사 조건 등에 따라 차이가 있기 때문에 동작점은 최적 동작점에서 벗어나는 경우 발생

4) 태양 전지 모듈의 출력 측정 기준 : AM 1.5, 1[kW/m²]

② 모듈 설치 기준

1) 모듈

① 인증한 태양 전지 모듈을 사용

② 단, 건물 일체형 태양광 시스템의 경우 인증 모델과 유사한 형태(태양 전지의 종류와 크기가 동일한 형태)의 모듈 사용 가능

③ 이 경우 용량이 다른 모듈에 대해 신재생에너지 설비 인증에 관한 규정상의 발전 성능 시험 결과가 포함된 시험 성적서를 제출

2) 설치 용량

① 설치 용량은 모듈 설계 용량과 동일

② 다만, 단위 모듈당 용량에 따라 설계 용량과 동일하게 설치할 수 없을 경우에 한하여 설계 용량의 110[%]까지 가능

3) 일조 시간

① 장애물로 인한 음영에도 불구하고 일조 시간은 1일 5시간[춘계(3~5월)·추계(9~11월) 기준] 이상

② 단, 전깃줄·피뢰침·안테나 등 경미한 음영은 무시

③ 태양광 모듈 설치열이 2열 이상일 경우 앞열은 뒷열에 음영이 지지 않도록 설치

4) 설치

태양광 설비를 건물 상부에 설치할 경우 태양광 설비의 눈·얼음이 보행자에게 낙하하는 것을 방지하기 위하여 태양광 설비의 수평 투영 면적 전체가 건물의 외벽 마감선을 벗어나지 않도록 하거나 빗물받이를 설치

❸ 인버터의 설치 기준

1) 제품

① 인증 제품을 설치

② 해당 용량이 없어 인증을 받지 않은 제품을 설치할 경우 신재생에너지 설비 인증에 관한 규정상의 효율 시험 및 보호 기능 시험이 포함된 시험 성적서를 제출

2) 설치 상태

① 옥내 · 옥외용을 구분하여 설치

② 단, 옥내용을 옥외에 설치하는 경우는 5[kW] 이상 용량일 경우에만 가능

③ 이 경우 빗물 침투를 방지할 수 있도록 옥내에 준하는 수준으로 외함 등을 설치

3) 설치 용량

① 사업 계획서상의 인버터 설계 용량 이상이어야 하고, 인버터에 연결된 모듈의 설치 용량은 인버터의 설치 용량 105[%] 이내

② 단, 각 직렬군의 태양 전지 개방 전압은 인버터 입력 전압 범위 안에 포함

4) 표시 사항

입력단(모듈 출력)	출력단(인버터 출력)	
• 전압(V) • 전류(I) • 전력(P)	• 전압(V) • 전력(P) • 주파수(f) • 최대 출력량(P_{max})	• 전류(I) • 역률($\cos a$) • 누적 발전량

06 태양광 발전용 전력 변환 장치(PCS)의 회로 방식 ▪▪▪

1 PCS(Power Conditioning System)의 회로 방식

1) 상용 주파 변압기 절연 방식

① 변환 방식을 PWM 방식의 인버터를 이용해서 상용 주파수의 교류로 만들어 공급하는 방식
② 상용주파수의 변압기를 이용해 절연과 전압 변환을 하기 때문에 내부 신뢰성이나 노이즈 컷(Noise Cut)이 우수하나 인버터 내부에 별도의 변압기를 이용하기 때문에 중량이 무겁고 인버터 사이즈가 커지며 변압기에 의한 효율이 떨어짐

2) 고주파 변압기 절연 방식

소형·경량이나 회로가 복잡하고, 고가로 국내는 태양광 발전 시스템에 적용한 사례가 전무

3) 트랜스리스 방식

트랜스리스 방식(2차 회로에 Transformer를 사용하지 않는 방식)은 소형 경량으로 가격적인 측면에서도 안정되고, 신뢰성도 높지만 상용 전원과의 사이에는 절연 변압기가 없는 비절연

방식	회로도	설명
상용 주파 변압기 절연 방식	DC→AC PV 인버터 변압기	태양 전지의 직류 출력을 상용 주파의 교류로 변환한 후 변압기로 절환하는 방식
고주파 변압기 절연 방식	DC→AC AC→DC DC→AC PV 고주파 고주파 인버터 인버터 변압기	태양 전지의 직류 출력을 고주파 교류로 변환한 후 소형의 고주파 변압기로 절연한 후 일단 직류로 변환하고 재차 상용 주파의 교류로 변환하는 방식
트랜스리스 방식	PV 컨버터 인버터	태양 전지의 직류 출력을 DC-DC 컨버터로 승압하고 인버터에서 상용주파의 교류로 변환하는 방식

☑ PCS의 장단점

	변압기 절연 방식	트랜스리스 방식
특징	태양 전지 직류 출력을 상용 주파 교류로 변환 후 절환하는 방식	태양 전지 직류 출력을 DC – DC 컨버터로 승압하고 인버터에서 상용 주파수로 변환
장점	• 신뢰성 우수 • 노이즈 컷 우수 • 누설 전류 감소 • 사용 범위 넓음	• 효율 높음 • 크기 및 무게 감소 • 가격 저렴
단점	• 변압기 손실 증가(트랜스리스 방식 대비) • 크기 및 무게 증가 • 가격 고가	• 인버터와 인버터 간 비절연 • 누설 전류 증가로 오동작 우려 • 일부 모듈에 사용 불가 • 추가 보호 장치 필요 • 대용량에는 잘 사용하지 않음

☒ PCS의 선정

1) 태양광 발전 시스템은 무엇보다 종합적인 효율을 향상시키고, 고장을 최소화하며, 유지 보수가 용이해야 함
2) 갈수록 반도체 기술이나 변환 기술이 향상되어 인버터 효율이 올라가고 있으나 PCS 손실은 태양광 발전소의 가장 큰 손실 중 하나
3) PCS가 소용량인 경우 손실률이 작으나 대용량 발전소나 전국 단위로 볼 때에는 많은 손실에 해당하므로 인버터 선정과 설치조건 등을 종합적으로 검토하여 선정

07 태양광 발전 설비 설계 절차 작성 시 조사 자료 항목 및 고려 사항 ▪▫▪

1 시스템 계획 수립 전 조사 항목

1) 사전 조사

① 각 지자체 조례 등의 조사
  ㉠ 각 지자체별로 조례 등이 각각 다르기 때문에 그 지방의 특성에 맞는 여러 가지 행정 절차가 있음
  ㉡ 인허가까지 고려하여 계획하고 설계

② **계통 연계 기준 용량 등의 조사** : 태양광 발전 설비 용량에 따라 전력 회사 배전 선로의 접근성과 그 선로의 허용 용량의 사전 확인은 필수 사항

③ 회선당 운전 용량 및 최대 긍장

2) 환경 조건의 조사

① 빛장해의 장애
  ㉠ 주변의 높은 산에 의한 그늘, 나무 그늘, 연돌, 전주, 철탑, 피뢰침 등의 그늘로 태양 전지 모듈에 그늘이 발생하면 발전 전력량 감소 및 국부 발열 현상 발생
  ㉡ 주변의 건물이나 나무의 낙엽 등의 영향 조사

② 염해 · 공해의 유해
  해안 지역 부근에서는 염해의 유해, 녹 발생 등의 영향을 사전에 조사

③ 동계 적설 · 결빙 · 뇌해 상태
  과거 30년 정도의 소재지 기상청의 데이터를 입수하여 최다 적설 시에도 태양 전지 어레이가 매몰되지 않는 높이로 설치. 유도뢰에 의한 파손 방지를 위하여 선간에 피뢰 소자 및 피뢰침의 설치가 필요

④ 자연 재해
  설치 예정 장소가 주위보다 낮은 경우, 집중 호우나 태풍 시에 배수가 잘 되는지 등 과거의 기상 조건을 조사

⑤ 새 등의 분비물 피해 유무
  새의 분비물에 의한 수광 장해 등이 발생하므로 주변 상황을 조사하고 대책을 수립

3) 설치 조건 조사

① 설치 장소 조사

㉠ 지상 설치 시 진흙이나 모래의 튀김, 소동물에 의한 피해를 방지하기 위해 지상 0.5[m] 이상 높이에 시설하도록 계획

㉡ 경사면 설치 시 집중 호우에 따른 붕괴 위험성, 경사면 배수관 매립의 필요성 등과 지내력을 검토

㉢ 건물 옥상에 설치 시 들보의 위치나 방수 구조 등 건물의 구조사항을 조사

㉣ 벽면 취부 시 태양 전지 온도 상승을 고려하여 방열 틈새 및 배기구를 설치

② 건물의 상태

㉠ 주택용 태양광 발전 설비의 경우 기존 건물 옥상이나 개인 주택의 평지붕 위에 설치하는 기초 및 어레이는 지중에 가해지는 풍압, 적설의 최대 하중에도 건물의 강도가 충분한가를 검토하여 설계

㉡ 또한 누수 대책이나 방화 대책도 검토

③ 재료의 반입 경로

설치 장소에 이르는 도로 폭이나 포장의 내하중, 가공 배전선이나 통신선의 유무, 설치 높이 등을 조사하고 공사 시 재료 반입까지 대비

4) 설계 조건의 검토

① 태양 전지 어레이의 방위각과 경사각

㉠ 남향으로 설치할 수 있는 장소를 선택하고, 설치 조건과 지역의 특성 등을 고려하여 20~50° 전후의 경사각

㉡ 그늘의 영향이 없도록 함

② 기타 조건

사전 조사와 기술적인 내용을 파악한 후 실시 설계를 하여야 하며, 특히 시설 면적 대비 시설 용량 결정은 아주 중요한 요소

❷ 태양광 발전 시스템 설계 순서 및 발전량 산출

1) 설계 순서

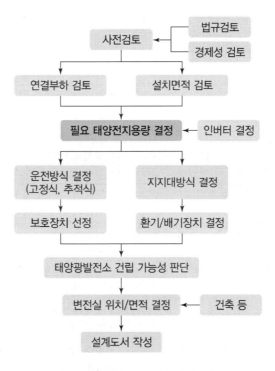

[태양광 발전 시스템 설계 순서]

2) 독립형 태양광 발전 시스템 용량 선정

$$P_{AS} = \frac{E_L \times D \times R}{(H_A / G_s) \times K} [\text{kW}]$$

여기서, P_{AS} : 표준상태에서 태양 전지 어레이 출력
　　　　　(표준상태 : AM 1.5, 일사강도 1,000[W/m²], 태양 전지 셀 온도 25[℃])
　　　H_A : 어느 기간에 얻을 수 있는 어레이 표면 일사량[kW/m²/기간]
　　　G_s : 표준 상태에서의 일사량[kW/m²]
　　　E_L : 수용전력량[kWh/기간]
　　　D : 부하의 태양광 발전 시스템에 대한 의존율＝1−백업 전원 전력의 의존율
　　　R : 설계 여유 계수(추정한 일사량의 정확성 등의 설치 환경에 따른 보정)
　　　K : 종합 설계 계수(태양 전지 모듈 출력 불균일 보정, 회로 손실, 기기에 의한 손실)

❸ 태양광 발전 시스템 설계 시 고려 사항

구분	일반 사항	기술적 사항
설치 위치 결정	양호한 일사 조건	태양 고도별 비음영 지역 선정
설치 방법 결정	• 설치의 차별화 • 건물과의 통합성	• 태양광 발전과 건물의 통합 수준 • BIPV 설치 위치별 통합 방법 및 배선 방법 검토 • 유지 보수의 적절성
디자인 결정	• 실용성 • 설계의 유연성 • 실현 가능성	• 경사각, 방위각 결정 • 구조 안정성 판단 • 시공 방법
태양 전지 모듈 선정	• 시장성 • 제작 가능성	• 설치형 태에 따른 적합한 모듈 선정 • 전자 재료로서의 적합성 여부
설치 면적 및 시스템 용량 결정	모듈 크기	• 모듈의 크기에 따른 설치 면적 결정 • 어레이 구성 방안 고려
시스템 구성	• 최적 시스템 구성 • 실시 설계 • 사후 관리 • 복합 시스템 구성 방안	• 성능과 효율 • 어레이 구성 및 결선 방법 결정 • 계통연계방안 및 효율적 전력 공급 방안 • 모니터링 방안
어레이	고정 및 가변	• 경제적 방법 고려 • 설치 장소에 따른 방식
구성 요소별 설계	• 최대 발전 보장 • 기능성 • 보호성	• 최대 발전 추종 제어(MPPT) • 역전류 방지 • 최소 전압강하 • 내외부 설치에 따른 보호 기능
독립형 시스템	신뢰성	• 최대 공급 가능성 • 보조 전원 유무
계통 연계형 시스템	• 안정성 • 역류 방지	• 지속적인 전원 공급 • 상호 계측 시스템

08 태양 전지 모듈 선정 시 고려 사항

1 개요

태양 전지 모듈(PV Module)은 광전효과를 이용하여 빛에너지를 직접 전기에너지로 변환시키는 반도체 소자로 원하는 전압 또는 전류를 얻기 위해서 여러 개의 태양 전지 모듈을 직병렬로 연결하여 일정 출력이 나오도록 접속

2 태양광 발전 시스템 기본 구성도

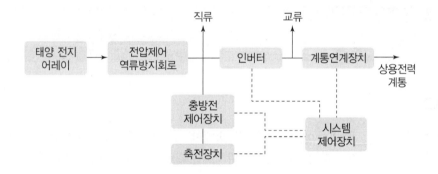

[태양광 발전 시스템 기본 구성도]

1) 태양 전지 어레이(태양 전지 모듈)

태양 전지는 재료에 따라 결정질 실리콘(단·다결정), 비정질 실리콘으로 분류

① SI계 : 결정질 실리콘(기판형, 박막형), 비정질 실리콘(박막)

② 화합물 반도체 : Ⅱ-Ⅵ족, Ⅲ-Ⅴ족, 기타로 분류

2) 인버터(Power Conditioner)

① 구성 : 컨버터, 인버터, 출력 필터, 연계 개폐기

② 기능 : 태양 전지에서 발전된 직류 전력을 상용 60[Hz]의 교류 전력으로 변환

3) 시스템 제어 장치

전체 이상적인 운전이 가능하도록 각 시스템 구성 기기를 감시·제어하는 기능

❸ 태양 전지 모듈 선정 시 고려 사항

1) 시설 용량이 결정되면 모듈을 선정
2) 모듈은 메이커에 따라 각각 용량이 다르므로 총시설량과 인버터의 관계를 잘 파악
3) 효율, 신뢰성, 모듈의 형식, 가격적인 측면, 납기 시기 등을 고려하여 결정
4) 최근 모듈의 특성은 단위 용량이 커지고 있으므로 향후 유지 보수와 호환성 등을 고려하여 모듈 용량을 선정

09 태양광 발전 시스템의 구성과 태양 전지 패널 설치 방식의 종류 및 특징

❶ 개요

태양광 발전(PV : Photo Voltaic)은 태양의 빛에너지를 변환시켜 전기를 생산하는 발전 기술로서 햇빛을 받으면 광전 효과에 의해 전기를 발생하는 태양 전지를 이용한 발전 방식

❷ 태양광 발전의 발전 원리

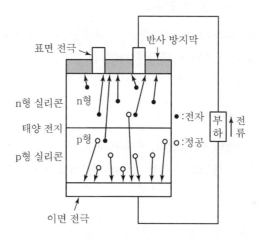

[태양 전지의 발전 원리]

태양에너지를 전기에너지로 변환하는 광전지로 금속과 반도체의 접촉면 또는 반도체의 PN 접합 면에 빛을 받으면 광전 효과로 전기 발생

❸ 태양 전지 패널 설치 방식의 종류 및 특징

1) 고정형 어레이(Fixecd Array)

어레이 지지 형태가 가장 경제적이고 안정된 구조로서 비교적 원격 지역에 설치 면적의 제약이 없는 곳에 많이 이용

① 풍속이 강한 곳에 적합
② 발전 효율이 낮음
③ 초기 투자비가 적음
④ 보수 관리에 위험이 없고 가장 많이 사용

2) 반고정형 어레이(Semi-Fixed Array)

① 반고정형 어레이는 태양 전지 어레이 경사각을 계절 또는 월별에 따라서 상하로 위치를 변화시켜 주는 어레이 지지 방식
② 각 계절에 한 번씩 어레이 경사각을 수동으로 변화
③ 어레이 경사각은 설치 지역의 위도에 따라서 최대 경사면 일사량을 갖도록 조정
④ 반고정형 어레이의 발전량은 고정형과 추적식의 중간 정도로서 고정형에 대비 평균 20[%] 정도 발전량 증가

3) 추적식 어레이(Tracking Array)

① 태양광 발전 시스템의 발전 효율을 극대화하기 위한 방식으로 태양의 직사 광선이 항상 태양 전지판의 전면에 수직으로 입사할 수 있도록 동력 또는 기기 조작을 통하여 태양의 위치를 추적해 가는 방식
② 추적 방향에 따라 단방향 추적식과 양방향 추적식
③ 또한 태양을 추적하는 방법에 따라서 감지식, 프로그램 제어식, 혼합형 추적 방식

구분	고정식	추적식	
		1축	2축
개요	정남향 방위각으로 동에서 서로 30[°] 변위로 고정 설치	태양광 방위각 변화에 따라 모듈 방향이 동 → 서로 회전	태양 방위각 및 고도 변화에 따라 모듈 방향이 동 → 서, 남 → 북으로 회전
설치 단가	100[%]	110[%]	115[%]
발전 효율	100[%]	120[%]	130~160[%]
비고	• 추적식 발전 설치로 태양광 발전 설비의 효율 극대화 • 1축 20[%] 이상, 2축 30~60[%] 효율 상승 기대		

10 태양광 발전 시스템과 어레이(Array) 설치 방식별 종류 및 특징

1 개요

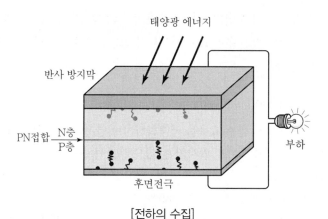

[전하의 수집]

1) 태양광 발전은 무한, 무공해의 태양에너지를 직접 전기에너지로 변환시키는 기술로 태양 전지를 이용하여 햇빛을 직접 전기로 변환하는 장치이며 시스템 작동 시 별도 에너지 불필요

2) 태양광 발전기는 반도체로 이루어진 태양 전지가 빛에너지(광자)를 받으면 그 속에서 전자의 이동으로 전압이 발생되어 전류가 흐르게 되는 원리를 이용

3) 시스템은 태양 전지판, 전력 변환 장치 및 조절 장치 등으로 구성되며 독립형 시스템은 축전지와 비상 발전기를 부가

4) 초기 투자 비용이 많이 드나 시설 수명이 길고 보수와 유지가 거의 필요 없어 도서 지방의 전력 공급과 같이 특수 목적의 전력 공급 장치로 적합

❷ 태양광 발전 시스템의 구성

1) 독립형 시스템

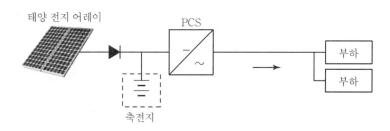

[태양광 발전 독립형 시스템]

① 상용 계통과 직접 연계되지 않고 분리된 발전 방식으로 태양광 발전 시스템의 발전 전력만으로 부하에 전력을 공급하는 시스템
② 야간 혹은 우천 시에 태양광 발전 시스템의 발전을 기대할 수 없는 경우에 발전된 전력을 저장할 수 있는 충방전 장치 및 축전지 등의 축전 장치를 접속하여 태양광 전력을 저장하여 사용하는 방식

2) 계통 연계형 시스템

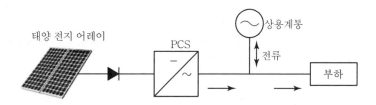

[태양광 발전 계통 연계형 시스템]

① 태양광 시스템에서 생산된 전력을 지역 전력망에 공급할 수 있도록 구성
② 주택용이나 상업용, 빌딩, 대규모 공단 복합형 태양광 발전시스템에서 단순 복합형(태양광－풍력 연계 기술) 또는 다중 복합형 등으로 사용할 수 있는 태양광 발전의 가장 일반적인 형태

3) 하이브리드 시스템

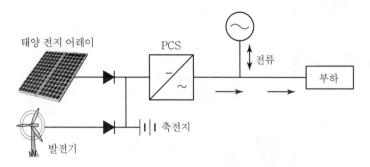

[태양광 발전 하이브리드 시스템]

① 태양광 발전 시스템에 풍력 발전, 열병합 발전, 디젤 발전 등의 타 에너지원의 발전 시스템과 결합하여 출전지, 부하 혹은 상용 계통에 전력을 공급하는 시스템

② 하이브리드 시스템 구성 및 부하 종류에 따라 계통 연계형 및 독립형 시스템에 모두 적용 가능

❸ 태양광 발전 어레이 시스템

태양광 발전 시스템의 종류는 태양 전지 셀 설비의 종류에 따라 고정형, 반고정형, 추적형, 건물 일체형 태양광 발전 시스템으로 구분

1) 고정형 시스템(Fixed Array System)

① 가장 값이 싸고 안정된 구조로서 비교적 원격 지역에 설치면적 제약이 없는 곳에 많이 이용

② 도서 지역 등 풍속이 강한 곳에 설치

③ 우리나라의 도서용 태양광 시스템에서는 고정형 시스템을 표준

[고정형 시스템]

④ 추적형, 반고정형에 비해 발전효율은 낮은 반면에 초기 설치비가 적게 들고 보수 관리에 따른 위험이 없어서 상대적으로 많이 이용되는 어레이 지지 방법

2) 반고정형 시스템(Semi-Tracking Array System)

① 태양 전지 어레이 경사각을 계절 또는 월별에 따라서 상하로 위치를 변화시켜주는 방식으로 일반적으로 사계절에 한 번씩 어레이 경사각을 변화시키는 방식

② 발전량은 고정식과 추적식의 중간 정도로 고정식 대비 20[%] 정도의 발전량 증가

3) 추적형 시스템(Tracking Array System)

[단축 추적형]

[양축 추적형]

① 태양광 발전 시스템의 발전 효율을 극대화하기 위한 방식
② 태양의 직사광선이 항상 태양 전지판의 전면에 수직으로 입사할 수 있도록 동력 또는 기기 조작을 통하여 태양의 위치를 추적해 가는 방식
③ 추적형 태양 전지 종류 : 단축 추적형과 양축 추적형
④ 추적 시스템의 종류
　㉠ 태양 자외선 정보에 의한 위치 정보 프로그래밍 시스템 : 시스템 간단, 고장 요인 없음, 최대 태양광 발전 보다 낮은 효율
　㉡ 광센서 자동 추적 시스템 : 두 개 이상의 광센서를 부착한 2개의 광센서로 들어오는 빛의 양이 동일한 지점을 추종하는 방식으로 항상 최대 에너지 효율 보장과 구름이 지나가면서 태양광의 굴절을 일으켜 펌핑 현상을 유발

4) 건물 일체형 태양광 발전 시스템(BIPV)

① 기존의 건축자재와 태양 전지를 결합시켜 건축 재료와 발전 기능을 동시에 발휘
② PV모듈을 건축 자재화하여 지붕, 파사드, 블라인드, 태양열 집열기 등과 같이 건물외피에 적용
③ 경제성은 물론 각종 부가 가치를 높여 보다 효율적으로 PV시스템을 보급 · 활성화
④ PV시스템을 위한 별도의 부지 확보 및 지지를 위한 구조물 건립 비용 불필요

4 결론

PV 시스템을 건축 설계와 통합시키는 문제는 단지 에너지 성능 측면의 비용 효과 차원을 넘어 사회 · 경제적으로도 많은 부가가치를 제공하며, 건축가는 실내의 쾌적한 수준 저하나 건물 외관의 의장적 문제 및 경제적 제한 사항 등에 크게 제약을 받지 않고도 환경 친화적이고 에너지 효율적인 건물 설계가 가능

11 | 태양광 발전 용어

1 FF(Fill Factor, 충진율)

1) 충진율(FF)

개방 전압(V_{oc})과 단락 전류(I_{sc})의 곱에 대한 최대 출력 전압과 최대 출력 전류의 곱에 대한 비율

$$FF = \frac{V_{\max} \times I_{\max}}{V_{oc} \times I_{sc}} = \frac{P_{\max}}{V_{oc} \times I_{sc}}$$

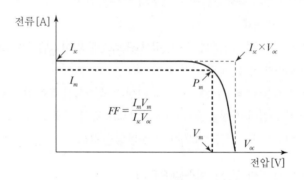

[태양 전지 전류 – 전압 곡선에서의 FF]

2) 의미

① 이론상의 전력 대비 최대 전력 비

② FF값은 0~1 사이의 값으로 표현하거나 백분율로도 표현

③ 태양광 품질에서 가장 중요한 척도

④ I_m과 V_m이 I_{sc}와 V_{oc}에 가까운 정도 표현

⑤ 보다 큰 FF값이 유리

⑥ 전형적인 FF의 값은 0.5 ~ 0.82 범위

⑦ 전지의 효율에 직접적인 영향을 미치는 파라미터

⑧ 태양 전지 제조 과정에 가장 민감한 태양 전지 변수

3) 영향 요소

① 직렬 저항

② 병렬 저항

③ Diode 인자

❷ 단락 전류(Short Circuit Current, I_{sc})

1) 단락 전류(I_{sc})

① 개념 : 태양 전지의 전극 단자를 단락시켰을 때 흐르는 전류로서 이때 전극 단자가 단락되면 전압은 0이 되며 전류 – 전압 곡선상에서 전압 '0'에서의 전류

② 단위 : 암페어[A]

2) 단락 전류 밀도(J_{sc})

$$J_{sc} = \frac{I_{sc}}{태양 \ 전지 \ 면적}$$

① **적용** : 서로 다른 태양 전지의 특성 비교에 이용

② **단위** : [A/cm²]

③ **의미**

㉠ 광에 의해 발생된 캐리어의 생성과 수집에 의해 발생

㉡ 이상적인 태양 전지의 경우 단락전류는 광 생성 전류와 동일

㉢ 단락 전류는 태양 전지로부터 발생시킬 수 있는 최대 전류

④ **영향 요소**

㉠ 태양 전지의 면적

㉡ 입사 광자 수

㉢ 입사광 스펙트럼

㉣ 태양 전지의 수집 확률

㉤ 태양 전지의 광학적 특성

3) 개방 전압(Open Circuit Voltage, V_{oc})

① 개념 : 태양 전지의 전극 단자를 개방하였을 때 양 단자 간의 전압을 말하며 전류 전압 곡선 상에서 전류가 흐르지 않을 경우의 전압

② 단위 : 볼트[V], 밀리볼트[mV]

③ 영향 요소

ㄱ P형 반도체와 N형 반도체의 일함수의 차이로 결정

ㄴ 누설전류가 작을수록 밴드갭이 클수록 높은 V_{oc} 값이 발생

3 태양 전지의 효율(Solar Cell Effiency, η)

1) 개념

단위 면적당 입사하는 빛에너지와 태양 전지의 출력의 비로서 빛에너지 $100[\text{mW/cm}^2]$, 온도 $25[^\circ\text{C}]$를 기준으로 하며 효율은 다음과 같이 표현

$$\eta(\%) = \frac{V_{oc} \cdot J_{sc} \cdot FF}{P_{input}} \times 100[\%]$$

$$= \frac{V_{oc} \cdot I_{sc} \cdot FF}{A \cdot P_{input}} \times 100[\%] = \frac{P_{\max}}{A \cdot P_{input}} \times 100[\%]$$

여기서, V_{oc} : 개방단 전압[V]

J_{sc} : 단락 전류 밀도[A/cm^2]

FF : 곡선 인자($0 \leq FF \leq 1$)

A : 태양 전지 면적

2) 특징

① V_{oc}, J_{sc}, FF는 출력 특성 요소

② 효율이 최대가 되기 위해서는 FF(Fill Factor)가 클수록 유리

③ 입사 광선의 온도, 강도 및 스펙트럼이 주변 환경에 영향 받음

④ 온도가 증가하면 효율은 감소

4 최대 전력 추종 제어 기능(MPPT : Maximum Power Point Tracking)

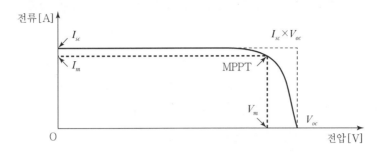

[태양광 모듈의 전압 – 전류 특성 곡선]

1) 개념

① 태양 전지에서 발생되는 전압과 전류를 곱하여 최대가 되는 출력 전력점

② 그때의 전류와 전압의 값이 최대 전류($I_{\max}$), 최대 전압($V_{\max}$)

③ 태양광 발전에서는 전력 전자 기술을 이용하여 태양광 시스템이 항상 최대 출력에 동작하도록 최대 전력 추종 시스템 기능을 가지도록 하여 출력 효율을 증가

④ 태양 전지에 연결된 부하의 조건이나 방사 조건에 의해서 좌우되기 때문에 실제 동작점은 그림에 나타난 최적 동작점에서 약간 벗어나게 됨

2) 최대 전력 추종 및 제어 기법

① 종류

　㉠ P & O(Perturb and Observation) : 현재의 출력 전력(P_t)과 이전 출력($P_t - 1$)을 비교하여 지정된 이득값의 연산에 의해 출력 전압(V_{ref})을 계산

　㉡ Inc Cond(Increment Conductance)

　㉢ CVT(Constant Voltage)

② 제어 기법

　㉠ 아날로그 방식

　　ⓐ 센서 및 제어 회로 저가

　　ⓑ 온도 변화폭이 넓고, 일사량의 변화가 심한 경우 정밀도 유지 곤란

　㉡ 디지털 방식

　　MPU의 연산에 의해 제어함으로써 제어의 유연성과 신뢰성 확보

12 태양광 발전 간이 등가 회로 구성 및 전류 - 전압 곡선

1 개요

태양광 전지는 태양광이 입사될 때 광기전력 효과를 이용 전류, 전압을 발생시키는 장치로서 효율이 우수하므로 현재 결정계 실리콘 전지가 많이 사용되나 온도 상승에 따른 출력 저하 문제로 비결정계 실리콘 전지에 대한 관심 증대

2 간이 등가 회로

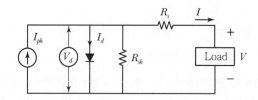

[태양 전지의 등가 회로]

I_{ph} : 광전류, R_{sh} : 각 셀의 병렬 저항[Ω], R_s : 셀의 직렬 저항[Ω], V_{oc} : 무부하 시 양단 전압[V]

1) 빛이 태양 전지에 조사되면 태양전지의 등가 회로는 위와 같은 회로로 구성
2) 태양 전지는 광발전 I_{ph} 의 정전류원과 다이오드로 구성
3) 물질 자체의 저항 성분인 직렬 저항 R_s 와 PN 접합부에서의 분로 저항 R_{sh} 가 존재
4) 이론적으로 직렬 저항(R_s)값은 작을수록, 병렬 저항은 클수록 우수

3 전류 - 전압 곡선

1) 이상적인 경우 광투사 시 전류 - 전압 관계

$$I = I_{ph} - I_d \left(\left[\exp \frac{qv}{nkT} - 1 \right] \right)$$

2) 실제 직렬저항 R_s 와 병렬저항 R_{sh} 가 가해진 전류식(출력 전류)

$$I = I_{ph} - I_d \left[\exp \frac{qv}{nkT} - 1 \right] - \frac{V + IR_s}{R_{sh}}$$

여기서, I : 출력 전류[A], I_{ph} : 광전류[A]

I_{sc} : 단락 전류[A], I_d : 다이오드 포화 전류[A]

n : 다이오드 성능 지수(이상 계수), k : 볼츠만 상수

T : 태양 전지 동작 온도(절대 온도)[K], q : 전하량

V : 부하 전압[V], $V_{oc}(v)$: 개방단 전압[V]

3) 개방단 전압(V_{oc})

$$V_{oc} = \frac{nkT}{q}\ln\left(\frac{I_{ph}}{I_d}+1\right)$$

4) 단락 전류

$$I_{sc} = I_{ph} - I_d\left[\exp\frac{qIR_s}{nkT}-1\right]$$

13 태양광 발전 파워 컨디셔너(PCS)

1 회로 방식

1) 상용 주파 변압기 절연 방식

① 변환 방식을 PWM 인버터를 이용해서 상용 주파수의 교류로 만드는 것이 특징

② 상용 주파수 변압기를 이용함으로써 절연과 전압 변환을 하기 때문에 내부 신뢰성이나 Noise-Cut이 우수

③ 변압기로 인해 중량이 증가

④ 효율이 저하

2) 고주파 변압기 절연 방식

① 소형 · 경량

② 회로가 복잡하고 고가

③ 국내의 경우 적용한 사례가 거의 없음

3) 트랜스리스 방식(Trans Less) : 2차 회로에 변압기를 사용하지 않는 방식

① 소형 · 경량으로 가격적인 측면에서도 안정되고 신뢰성이 우수

② 사용 전원과의 사이가 비절연

③ 전자적인 회로를 보강하여 절연 변압기를 사용한 것과 같은 제품이 출현

❷ 회로 방식별 비교

방식	회로도	내용 설명
상용 주파 변압기 절연 방식	DC→AC PV 인버터 변압기	태양 전지 직류 출력을 상용 주파의 교류로 변환한 후 변압기로 절환
고주파 변압기 절연 방식	DC→AC AC→DC DC→AC PV 고주파 고주파 인버터 인버터 변압기	태양 전지의 직류 출력을 고주파의 교류로 변환한 후 소형의 고주파 변압기로 절연 후 일단 직류로 변환하고 재차 상용 주파의 교류로 변환
트랜스리스 방식	PV 컨버터 인버터	태양 전지의 직류 출력을 DC-DC 컨버터로 승압하고 인버터에서 상용 주파의 교류로 변환

❸ 기능

1) 자동 운전 정지 기능

① 파워 컨디셔너는 일출과 함께 일사 강도가 증대하여 출력이 발생되는 조건이 되면 자동으로 운전을 시작

② 운전을 시작하게 되면 태양 전지의 출력을 자체적으로 감시하여 자동으로 운전 지속

③ 해가 질 때도 출력이 발생되는 한 운전을 계속하며 일몰 시 운전을 정지

④ 흐린 날이나 비오는 날에도 운전을 계속할 수는 있지만 태양 전지 출력이 적게 되고 파워 컨디셔너 출력이 거의 0이 되면 대기 상태로 전환

2) 단독 운전 방지 기능

① 수동 방식

ⓐ 전압 위상 도약 검출 방식

ⓐ 계통 연계 시 파워 컨디셔너는 역률 1로 운전되어 유효 전력만 공급

ⓑ 단독 운전 시 유효, 무효 전력 공급으로 전압 위상이 급변하며 이를 검출

ⓛ 제3차 고조파 전압 급증 검출 방식 : 단독운전 이행 시 변압기의 여자 전류 공급에 동반하는 전압 변형의 급변을 검출

ⓒ 주파수 변화율 검출방식 : 단독 운전 이행 시에 발전 전력과 부하의 불평형에 의한 주파수의 급변을 검출

② 능동방식

ⓐ 주파수 시프트 방식 : 파워 컨디셔너의 내부 발진기에 주파수 바이어스를 부여하고 단독 운전 시에 나타나는 주파수 변동을 검출

ⓑ 유효 전력 변동 방식 : 파워 컨디셔너의 출력에 주기적인 유효 전력 변동을 부여하고 단독 운전 시에 나타나는 전압, 전류 혹은 주파수 변동을 검출

ⓒ 무효 전력 변동 방식 : 파워 컨디셔너의 출력에 주기적인 무효 전력 변동을 부여하여 두고 단독 운전 시에 나타나는 주파수 변동을 검출

ⓓ 부하 변동 방식 : 파워 컨디셔너의 출력과 병렬로 임피던스를 순시적 또한 주기적으로 삽입하여 전압 혹은 전류의 급변을 검출

3) 최대 전력 추종 제어

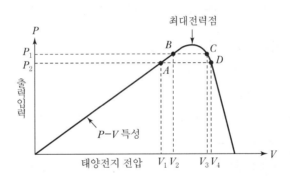

[최대전력 추종제어]

① 최대전력 추종(MPPT : Maximum Power Point Tracking) 제어

태양 전지의 출력은 일사 강도나 태양 전지 표면 온도에 의해 변동하며 이런 변동에 대해서 태양 전지의 동작점이 항상 최대 전력이 추종되도록 변화시켜 태양 전지에서 최대 전력을 발생하는 제어

② 최대 전력 추종 제어는 파워 컨디셔너의 직류 동작 전압을 일정 시간 간격으로 약간 변동시켜 그때의 태양 전지 출력 전력을 계측하여 사전에 발생한 부분과 비교하여 항상 전력이 크게 되는 방향으로 파워 컨디셔너의 직류 전압을 변화시킴

③ 원리 : 동작 전압을 V_1 에서 V_2 로 변화시켜 출력 전력이 $P_1 < P_2$ 로 된 경우 재차 V_2 에서 V_1 로 되돌려도 $P_1 < P_2$ 로 된 때 동작 전압을 V_2 로 변화시키는 것으로 최대 전력 추종 제어는 출력 전력의 증감을 감시하여 항상 최대 전력점(출력점)에서 동작하도록 제어

4) 자동 전압 조정 기능

태양광 발전 시스템을 계통에 역송전 운전하는 경우 전력의 역송 때문에 수전점의 전압이 상승하며 이를 방지하기 위하여 자동 전압 조정 기능을 설치하여 전압 상승을 방지

① 진상 무효 전력 제어
   ㉠ 연계점의 전압이 상승하여 진상 무효 전력 제어의 설정 전압 이상 시 인버터의 전류 위상이 계통 전압보다 진상
   ㉡ 계통 측에서 유입하는 전류가 늦은 전류가 되어 연계점의 전압을 떨어뜨리는 방향으로 작용
   ㉢ 진상 전류의 제어는 역률 0.8까지 실행되고 전압 상승 억제 효과는 최대 2~3[%]

② 출력 제어 : 진상 무효 전력 제어에 의한 전압 제어가 한계에 달해도 계통 전압 상승 시 태양광 발전 시스템의 출력을 제한하여 연계점의 전압 상승을 방지하기 위해 동작

5) 직류 검출 기능

① 파워 컨디셔너는 반도체 스위치를 고주파로 스위칭 제어하기 때문에 소자의 불균형 등에 따라 그 출력에 약간의 직류분이 중첩
② 상용 주파 절연 변압기 내장용 파워 컨디셔너에서는 직류분이 절연 변압기를 통해 어느 정도 줄고 계통 측에 유출되지 않음
③ 고주파 변압기 절연 방식이나 트랜스리스 방식에서는 파워 컨디셔너 출력이 직접 계통에 접속되어 직류분이 존재하며 이를 방지하기 위해 고주파 변압기 절연방식이나 트랜스리스 방식의 파워 컨디셔너에서는 출력 전류에 중첩되는 직류분이 정격 교류 출력 전류의 0.5[%]일 것
④ 직류분을 제어하는 직류 제어 기능과 함께 기능에 장해 시 파워 컨디셔너를 정지시키는 보호기능이 내장

6) 지락 전류 검출 기능

① 태양 전지에서는 지락이 발생 시 직류 성분이 중첩되어 누전 차단기에서는 보호되지 않을 수 있음
② 파워 컨디셔너 내부에 직류 지락 검출기를 설치하여 그것을 검출·보호하는 것이 필요

14 건물 일체형 태양광 발전 시스템(BIPV)

1 BIPV 개요

BIPV(Building Integrated Photovoltaic System)는 기존의 태양광 발전(PV) 기술을 건축물에 접목한 것으로 태양 전지 모듈 자체를 건물의 외장재로 대체하면서 전기를 생산하는 다기능 복합 시스템임

2 등장배경

1) 최근 고유가 및 환경오염에 따른 신재생에너지 사용 확대 움직임
2) 태양 전지 모듈을 건축물 외장재로 활용함으로써 건축비 절감 및 건물의 부가가치 향상
3) 신재생에너지 설치 및 공급 의무화 제도 도입

3 BIPV의 특징

1) 장점

① 태양 전지 모듈을 건축 외장재로 사용 → 건축비 절약
② 냉난방 부하 등으로 인한 전력 Peak 완화
③ 건물 부가가치 창출
④ 송배전 등으로 인한 전력손실 고려 불필요
⑤ 별도의 설치 부지가 필요 없어 협소한 지형조건에 적합

2) 단점

① 설치방향과 각도에 대한 제약
② 일반 태양광 발전에 비해 설계 시 고려사항이 많고 시공이 어려움

4 BIPV 설계 시 고려사항

1) 일사량과 발전량

일사량은 지역의 위치에 따라 다소 차이, 설치장소, 방향, 각도에 주의

2) 온도의 영향과 발전량

태양 전지 모듈 온도가 1[℃] 상승함에 따라 변환효율 0.5[%] 정도 저하

3) 음영(陰影)과 발전량

음영에 의한 발전량 저하가 없도록 주변조치 필요

5 BIPV 적용방식과 특징

적용방식	특징	구성 예
지붕 자재형	• 경사가 완만한 지붕에 적용 • 설치, 시공이 용이하나 태양광 발전에 비해 자재비가 고가	
커튼월형 (Curtain Wall Type)	• 기존의 커튼월 시스템 활용 • 수직면 적용으로 발전효율이 낮음	
발코니형 (Balcony Type)	• 발코니 면적 활용 • 발전효율이 낮음	
아트리움형 (Atrium Type)	• 셀 간격 조정으로 채광성능 유지 • 건축자재의 표준화가 어렵고 특별주문이 필요	
수평 차양형	• 차양(遮陽) 및 발전용이 가장 효율적인 시스템 • 냉방부하가 저감되나 공사비는 증가	
수직 차양형	• 태양의 고도가 낮은 동서측 입면에 적용	

6 향후 전망

1) RPS 제도와 연계 활성화
2) 공동주택시장 – BIPV 적용 확대 예상
3) 디자인 표준화 및 인증 등급제 도입 예상

15 | 풍력 발전 시스템

1 개요

풍력 발전은 바람에너지를 이용한 발전 방식으로 풍차를 이용하여 기계에너지를 전기에너지로 변환하는 것으로 최근 경향은 대형화, 대규모화, 해상풍력 등이 있으며 바람이 우수하고 소음이나 경관에 문제가 없는 해상 풍력 발전 단지 개발이 크게 늘며 해상 풍력 발전용 초대형 풍력 발전 시스템의 개발 및 설치가 증가

2 풍력 발전 원리

1) 유체 운동에너지

$$P_W = \frac{1}{2}mV^2 = \frac{1}{2}(\rho A V)V^2 = \frac{1}{2}\rho A V^3$$

여기서, P_W : 에너지[W], m : 질량[kg], ρ : 공기밀도[kg/m^3]
A : 로터 단면적, V : 평균 풍속[m/s]

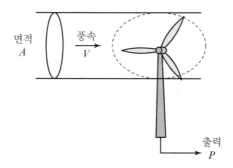

면적 A 풍속 V 출력 P

[풍력 발전의 유체 운동에너지]

2) 풍차의 출력 계수

$$C_P = \frac{P}{P_W} = \frac{P}{\frac{1}{2}\rho A V^3}$$

여기서, P : 실제 풍차 출력, P_W : 이론 출력(출력 계수의 이론 최대값의 0.6 정도)

❸ 풍차의 주속비(Φ : Tip Speed Ratio)

1) 주속비

풍차의 날개 끝부분 주변 속도와 풍속의 비율

$$\Phi = \frac{v}{V} \rightarrow \frac{w \times r}{V} = \frac{w \times D}{2V} = \frac{\pi D n}{V}$$

여기서, v : 날개 주변 속도[m/s], V : 풍속[m/s]
D : 풍차의 지름[m], n : 회전수[rpm]
[Φ값] 고속 풍차 : 3.5 이상
중속 풍차 : 1.5~3.5
저속 풍차 : 1.5 이하

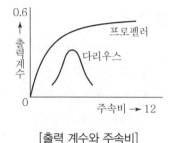

[출력 계수와 주속비]

2) 출력 계수

① 이론 최대치 : 0.593

② 프로펠러형 : 0.45

③ 사보니우스형 : 0.15

❹ 풍력 발전의 특징

1) 무공해 재생 가능한 에너지 자원

2) 에너지 밀도가 낮고 간헐적이며 지점에 따라 에너지양이 다른 특성이 있어서 에너지 저장 장치가 필요

3) 에너지 수용의 다양성에 적용 용이

4) 낙도, 해안 지방, 산간 지역에서 유용한 에너지

5) 입지 조건이 중요한 전제

6) 풍력 발전기 단위 용량은 최대 6[MW] 정도

7) 대형 풍력 발전 시스템은 대부분 가변속 운전 방식을 채택

5 회전축에 따른 구분

1) **수평축**

더치형, 블레이드형, 세일윙형, 프로펠러형

[더치형]　　　　[세일윙형]　　　　[프로펠러형]　　　　[블레이드형]

2) **수직축**

스보니우스형, 패들형, 크로스 플로형, 다리우스형

[크로스 플로형]　　　[다리우스형]　　　[사보니우스형]　　　[패들형]

6 운전 방식에 따른 구분

1) **정속 운전 방식**

① 풍속의 변화에 관계 없이 터빈의 속도가 일정한 방식(풍속이 일정하지 않은 지역 부적합)
② 장점 : 터빈 속도 제어 불필요
③ 단점 : 설계 풍속을 벗어나면 에너지 변환 효율이 낮아짐

2) **가변속 운전 방식**

① 풍속 변화에 따라 터빈 속도가 변하는 방식(대부분의 대형 풍력 발전 시스템)
② 종류 : 유도기를 사용 DFIG 방식과 동기기 사용 Full – Power Conversion 방식

③ DFIG와 Full－Power Conversion 비교

항목	DFIG 방식	Full－Power Conversion 방식
Cut－in 풍속	3~4[m/s]	2.5~3[m/s]
기어	증속비 100 전후인 3단 기어	Gearless/중속형/고속형
발전	유도기	동기기
발전기 극수	4극 또는 6극	수십 극
전력 변환 장치	정격 출력의 30[%] 이내	정격 출력
운전 속도 범위	최대 속도/최저 속도＝대략 2	최대 속도/최저 속도＝대략 3
장점	• 전력 변환 장치 소용량 • 저비용	• 기어 손실 없음 • 넓은 가변속 범위 • 낮은 Cut－in 풍속
단점	• 낮은 가변속 범위 • 복잡한 제어 및 보호 • 유지 보수 복잡 • LVRT 등 Grid Code 대응 복잡	• 전력 변환 장치 용량 증가(고비용) • 대형(Gearless) : 나셀(Nacelle) 무게 증가 • 수송 곤란

7 풍력 발전 시스템 구분

1) 프로펠러형

① 직류 발전 : 변환기를 거쳐 전력 계통과 연계

② 교류 발전 : 바로 연계

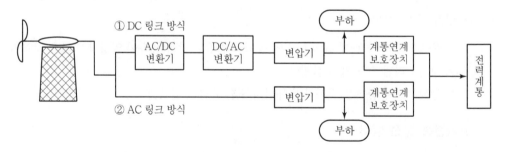

[프로펠러형 시스템 구성도]

2) 직접 이용 시스템 : 풍력 강약에 따른 출력 변동

[직접 이용 시스템 구성도]

3) 축전지 이용 시스템 : 발전력 축적해서 풍력이 변화하더라도 일정 전력을 이용

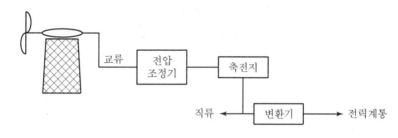

[축전지 이용 시스템 구성도]

8 풍력 발전 시스템 적용 시 고려 사항

1) 건설 공사에 따른 생태계 파괴를 고려
2) 계통 연계 문제를 고려
3) 바람의 불안정성을 고려
4) **소음 문제** : 풍속이 7~8[m/s] 정도의 중·저속 시 특히 문제
5) **낙뢰 대책** : 풍차로 뇌격 방지
6) **전파 장애** : TV는 고스트 등의 영향 우려

9 해상 풍력 발전 시스템 적용 시 고려사항

1) **육상 풍력 발전** : 설치 장소 한정적
2) 소음, 경관 등의 문제가 발생
3) 해상은 육상에 비해 평균 풍속이 높고 바람의 난류, 높이, 방향에 따른 풍속 변화가 적음
4) 날개끝 속도(Tip Speed)를 60[m/sec] 정도로 제한하고 있는 것을 100[m/sec]를 초과하는 수준까지 고속화·대형화 가능(Tip Speed Ratio=Tip Speed/풍속).
5) 해상 기초 및 설치 공사의 기술적·경제적 문제

6) 염해, 파랑 등의 환경 조건에 대한 대책 필요

7) 보수 비용이 육상에 비해 많이 소요

8) 해상 변전소 설치 및 초고압으로 승압 후 육지로 송전

9) 어업 보상 문제

🔟 도시형 풍력 발전 시스템

1) 풍력 발전 생산 에너지는 풍속의 3승에 비례하여 상시 높은 풍속을 유지 가능한 곳 설치

　① 바람의 세기 평균 4[m/s] 이상 시 운전 가능

　② 효율 운전을 위해서는 약 10[m/s]의 풍속 필요

2) 도시 지역 풍속은 고도가 높아질수록 빨라지므로 풍차를 가능한 한 **높게** 설치

3) 풍력 에너지는 공기 흐름의 단면적에 비례하므로 날개 길이의 제곱에 비례하여 날개 길이를 크게 함

4) 풍력 발전기가 자연 경관을 해치고 새의 이동을 방해함으로써 생태계를 손상시킬 수도 있으므로 가능한 한 **경관**을 해치지 않고 새들의 주된 이동 통로가 아닌 곳에 설치

5) 계통 연계형일 경우 한전의 **분산형 전원 계통 연계 기술** 기준에 부합되도록 계통 연계 보호 장치를 설치

6) 풍차 소음으로 주거 지역에서 먼 곳에 설치(풍속 7~8[m/s]에서 가장 심함)

7) 풍차 설치 높이가 60[m]를 초과 시 **항공 장애등**을 설치

8) 낙뢰에 대한 보호 대책을 강구

16 연료 전지 발전

■ 개요

연료 전지는 수소와 산소를 반응시켜서 물을 만들 때 수소가 갖는 화학에너지를 전기에너지로 변화시켜 발전하는 방식으로 전기 화학 반응을 이용하므로 발전 효율이 40~60[%] 정도로 높고, 그 배열 이용 시 종합 효율이 80[%] 정도로 기대

② 원리 및 구성

1) 원리

① (−)극(수소극) : 수소가 (−)극에서 전자와 수소 이온으로 되며, 인산 수용액의 전해질 속을 지나 (+)극으로 이동

$$H_2 \rightarrow 2H^+ + 2e^-$$

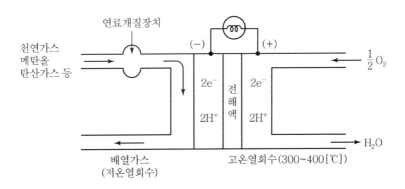

[연료 전지 원리]

② (+)극(산소극) : 외부 회로를 통과한 전자와 전해액 중의 수소 이온은 산소와 반응으로 물 생성

$$\frac{1}{2}O_2 + 2H^+ + 2e^- \rightarrow H_2O$$

③ 이 반응 중에서 외부 회로에 전자 흐름이 형성되어 전류가 흐름

2) 구성

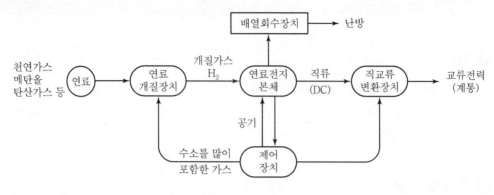

[연료 전지의 구성]

① 개질기 : LNG, 나프타, 메탄올 등의 연료로부터 수소를 제조
② 연료 전지 본체 : 수소와 산소를 반응시켜 물과 직류를 발생
③ 인버터 : 직류 전력을 교류 전력으로 변환

3 특징

1) 장점

① 환경상 문제가 없어 수용가 근처에 설치가 가능
② 부하 조정이 용이하고 저부하에서 효율 저하가 작음
③ 에너지 변환 효율이 높음
④ 다양한 연료 사용으로 석유 대체 효과 기대
⑤ 단위 출력당의 용적 또는 무게가 작음
⑥ 설비의 모듈화가 가능해서 대량 생산이 가능하고, 설치 공기가 짧음

2) 단점

① 가스 포함 불순물 제거 필요
② Cost 높고 내구성 약함
③ 불순물에 견딜 수 있는 전극 재료 개발 필요
④ 충방전 한계 수명 보유로 단수명

4 종류별 비교

구분	1세대(1970년대)	2세대(1980년대)	3세대(1990년대)	4세대(2000년대)
종류	인산형 (PAFC)	용융탄산염형 (MCFC)	고체 산화물형 (SOFC)	고분자 전해질형 (PEMFC)
전해질	인산 수용액 (H_3PO_4)	K_2CO_3 / $LiCO_3$	산화 지르코니아 (ZrO_2)	고분자막 (Nafion)
촉매	백금	니켈 전극	칼슘, 지르코늄 산화물	백금
작동(반응) 온도	200[℃]	650[℃]	1,000[℃]	100[℃]
효율	35~45[%]	45~50[%]	45~65[%]	35~40[%]
국내 개발현황	50[kW]급 실용화 단계	100~250[kW]급 실증 단계	1[kW]급 실증 단계	3[kW]급 실용화 단계
적용	병원, 호텔	대형 빌딩, 발전소	대형 빌딩, 발전소	자동차, 가전
특징	• 내산성 요구 • 상용화 앞섬 • 저전력, 고중량	• 크고 무거움 • 시동시간 늦음	• 개질기가 필요 없고 폐열 재활용 • 내열성 요구	• 운전온도가 낮고 시동 빠름 • 가장 널리 개발 • 전력밀도가 높고 소형 경량

17 연료 전지 설비에서 보호 장치, 비상 정지 장치, 모니터링 설비

1 연료 전지(Fuel Cell) 발전 시스템

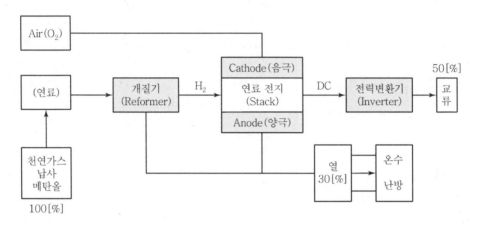

[연료 전지 발전 시스템 구성]

1) 연료와 산화제의 화학에너지를 전기에너지, 열 및 반응 물체로 변환시키는 전기·화학적 기기로 수소와 산소(공기)로부터 전기를 발생시키는 장치
2) 전해질(Electrolyte)의 종류에 따라 고체 고분자형(PEFC), 인산형(PAFC), 용융 탄산염형(MCFC), 고체 산화물형(SOFC), 알칼리형(AFC), 직접 메탄올 변환형(DMFC) 등으로 분류

2 연료 전지 설비의 보호 장치

1) 연료 전지는 다음의 경우에 자동적으로 이를 전로에서 차단하고 연료 전지에 연료 가스 공급을 자동적으로 차단하며 연료 전지 내의 연료 가스를 자동적으로 배제하는 장치
   ① 연료 전지에 과전류가 생긴 경우
   ② 발전 요소(發電要素)의 발전 전압에 이상 시 또는 연료 가스 출구에서의 산소 농도 또는 공기 출구에서의 연료 가스 농도가 현저히 상승한 경우
   ③ 연료 전지의 온도가 현저하게 상승한 경우
2) 상용 전원으로 쓰이는 축전지에 과전류 발생 시 자동적으로 이를 전로로부터 차단하는 장치

③ 연료 전지의 비상 정지 장치

연료 전지 설비에 운전 중 발생하는 이상에 의한 위험 발생을 방지하기 위해 해당 설비를 자동적이고 신속하게 정지하는 장치를 설치

1) 운전 중에 일어나는 이상

① 연료 계통 설비 내 연료 가스의 압력 또는 온도가 현저하게 상승하는 경우

② 증기계통 설비 내 증기 압력 또는 온도가 현저하게 상승하는 경우

③ 실내에 설치 시 연료 가스가 누설하는 경우

④ 공기 압축기 및 보조 연소기에 이상 발생 시

2) Cathode Inlet Temp Abnormal(음극 입구 온도 불평형 정지 시험)

3) Air to Fuel Ratio Abnormal(증기-탄소 비율 불평형 정지 시험)

4) Cell Differential Temp High(셀 간 온도차 상승 정지 시험)

5) Fuel Cell Module Temp High(연료 전지 모듈 고온도 정지 시험)

6) Air Blower Failure(환기 장치 이상 정지 시험)

7) Air Pr High(송풍 공기 고압력 정지 시험)

8) Water Sys. Pr Low(배수 시스템 저압력 정지 시험)

9) Manual Trip(수동 정지 복귀)

10) Fuel Gas Pressure/Temp High(연료 가스 고압력/고온도 정지 시험, 외부 개질기형)

11) Loss of Flame(개질기 점화 불량 정지 시험, 외부 개질기형)

12) Steam Pressure/Temp High(개질기 증기 고압력/고온도 정지 시험, 외부 개질기형)

13) Furnace Pressure Abnormal(개질기 노내압 불평형 정지시험, 외부 개질기형)

14) 개질기

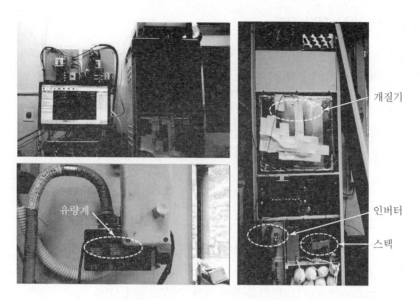

[가정용 1[kW] 연료 전지 발전 설비]

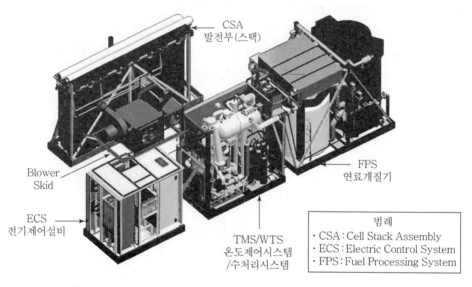

[PAFC 400[kW] 연료 전지 발전 설비(인산형)]

4 연료 전지 설비의 모니터링 장치

1) 모니터링 장치의 계측 설비

계측 설비	요구 사항	확인 방법
인버터	CT 정확도 3[%] 이내	• 관련 내용이 명시된 설비 스펙 제시 • 인증 인버터는 면제
온도 센서	정확도 ±0.3[°C]($-20 \sim 100$[°C]) 미만	관련 내용이 명시된 설비 스펙 제시
	정확도 ±1[°C]($100 \sim 1,000$[°C]) 이내	
유량계, 열량계	정확도 ±1.5[%] 이내	관련 내용이 명시된 설비 스펙 제시
전력량계	정확도 1[%] 이내	관련 내용이 명시된 설비 스펙 제시

2) 측정 위치 및 모니터링 항목

다음 요건을 만족하여 측정된 에너지 생산량 및 생산 시간을 누적으로 모니터링

구분	모니터링 항목	데이터(누계치)	측정 항목
수소 · 연료 전지	일일 발전량[kWh]	24개(시간당)	인버터 출력
	일일 열 생산량[kW]	24개(시간당)	
	생산시간(분)	1개(1일)	

18 지열 발전

1 원리

지중으로부터 끄집어낸 지열에너지(증기)로 직접 터빈을 회전시켜 발전

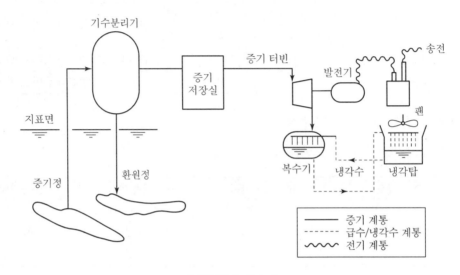

[지열 발전 개념도]

2 발전 방식 분류

1) 천연 증기 이용 배압식

천연 증기를 이용해서 발전하고 배기는 대기로 배출시키는 방식으로 설비비는 싸지만 발전 효율은 낮음

2) 열수 분리 증기 이용 복수식

기수 분리기로 포화 증기를 얻어 발전에 이용하고 열수와 복수는 다시 지하로 되돌려 주는 방식으로서 현재 세계 각지에서 널리 채용

3) 열수 증기 병용식

기수 분리기로 증기와 열수로 분리하고 증기를 터빈에 유도하는 것은 위의 증기 이용 복수식과 동일하지만 이 방식은 열수도 플래시 탱크를 통해 저압 포화 증기로 변환시켜 터빈의 혼압단으로 보내 이용

4) 열교환 방식(열수 이용식)

열수 또는 천연 증기로 다른 작동 유체(프레온, 이소부탄 등의 저비등 점액체) 증기를 만들어 밀폐 사이클(Closed Cycle)로 하는 방식

❸ 지열 발전의 특징

1) 장점

① 지하 천연 증기를 사용하므로 기력 발전처럼 보일러나 급수설비 불필요 없어 경제적
② 연료가 필요없으므로 소용량 설비라도 경제적으로 유리
③ 천연 증기는 자급 에너지이므로 안정된 공급이 가능

2) 단점

① 개발 지점이 지열 증기를 분출하는 지점으로 한정적
② 정출력 유지 곤란(채취되는 증기량의 위치, 심도, 채취 경력 등에 따라 다름)

③ 방식 대책 또는 스케일 대책 필요
  ㉠ 지열 증기 중에 포함되는 부식성 가스로 인해 부식과 응력 부식이 발생할 위험성이 매우 높아 부식과 응력 부식 등이 잘 일어나지 않는 재료를 채용하는 동시에 설계 응력을 재료의 강도보다 충분히 낮춰 계획하거나 응력이 집중하기 어려운 형상으로 설계하는 것이 중요
  ㉡ 스케일 방지 대책을 위해 스크러빙 설비(증기 청정화 설비)를 설치하여 불순물을 제거

19 ESS(Energy Storage System)

1 개요

전력 에너지는 저장이 곤란하고 공급과 수요가 동시에 이루어지는 단점이 있는데 ESS는 생산된 전력을 전력 계통(Grid, 발전소, 변전소, 송전선 등)에 저장했다가 전력이 가장 필요한 시기에 공급하여 에너지 효율을 높이는 시스템으로 전력 에너지의 단점을 보완

2 설치 목적

1) 계절별 부하의 격차에 따른 첨두 부하의 감소(Peak Shaving)
2) 전력 부하의 평균화를 위한 예비 발전 용량 확보(Spinning Reserve)
3) 발전소의 효율적 운영을 위한 신재생에너지 발전 안정화(Generating Stabilizer)와 부하 안정화 (Load Leveling)를 통한 전력 계통의 합리적 운영 제고

3 설치 효과

1) 발전의 안정적 전력 공급을 실현
2) 신재생에너지의 전력 안정화를 위한 예비 발전 용량을 확보
3) 계절적 부하 평준화를 통한 스마트 그리드를 실현

4 전력 저장 기술의 종류

1) 전기에너지 : 초전도 에너지 저장
2) 위치에너지 : 양수 발전
3) 화학에너지 : 신형 축전지 전력 저장
4) 운동에너지 : Fly Wheel 에너지 저장
5) 압력에너지 : 압축 공기 저장
6) 열에너지 : 잠열 에너지 저장

5 에너지 저장 장치용 전지 적용 기술

1) 대용량의 축전지로 심야 전력을 전기 화학적 반응으로 저장하고, 피크 시간대에 방전하는 부하 평준화 기능
2) 축전지, 직·교류 변환을 위한 전력 변환 장치 및 감시 제어 장치 등으로 구성

3) 주요 특징

① 저장 효율(60~75[%])이 비교적 우수

② 높은 에너지 밀도를 가지고 있어 기동 정지 및 부하 추종 등의 운전 특성이 우수

③ 진동 · 소음이 적어서 환경에 미치는 영향이 적음

④ 입지 제약이 거의 없어 수요지 부근에 설치 가능

⑤ 모듈 구조로 양산이 가능하며, 건설 기간이 짧음

⑥ 비용 절감 가능성이 높으며, 적용 범위가 광범위

4) ESS 적용 시 기대 효과

① 송전 손실 감소

② 전원 설비 가동률 향상

③ 부하 평준화

④ 피크 부하에 대한 예비율 확보

⑤ 전력 계통이 안정화

⑥ 정전 시 비상전원으로 사용 가능

6 전지의 종류 및 특징

1) 리튬 이온 전지

① 원리

리튬 이온이 분리막과 전해질을 통하여 양극(리튬 산화물 전극)과 음극(탄소계 전극) 사이를 이동하며 에너지를 저장

② 특징

출력 특성과 효율이 좋으나, [kWh]당 단가가 높아 주파수 조정과 같은 단기 저장 방식에 유리하며, 에너지 밀도와 효율이 높고 장수명

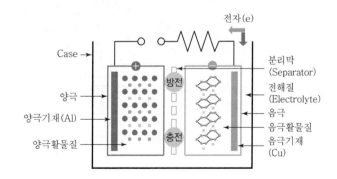

[리튬 이온 전지 구조]

2) NAS 전지(나트륨황 전지)

① 원리

양극 활물질에 유황을, 음극활
물질에 나트륨을, 전해질에 베
타 알루미나라는 파인 세라믹스
를 이용한 전지이며 베타 알루미
나는 나트륨 이온을 통과시키는
성질의 세라믹

② 특징

대용량, 저렴한 재료 사용으로
경제성 우수, 고온 시스템이 필
요, 에너지 효율 낮음

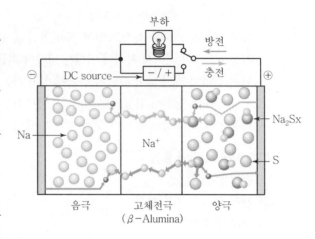

[NAS 전지 구조]

3) 레독스 플로 전지

① 원리

전해액 내 이온들의 산화, 환원차를 이용하여 전기에너지를 충방전한 후 이용

② 특징

저비용, 대용량화 용이, 장시간 사용 가능, 저에너지 밀도, 저에너지 효율

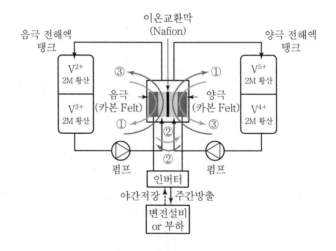

[레독스 플로 전지 구조]

⑦ 에너지 저장 시스템 종류

구분	원리	장점	단점
LiB (리튬 이온전지)	리튬 이온이 양극과 음극을 오가면서 전위차 발생	• 고에너지 밀도 • 고에너지 효율(고출력) • 적용 범위가 가장 넓음	• 안전성 • 고비용 • 수명 미검증 • 저장 용량이 3[kW]~3[MW]로 500[MW] 이상 대용량에서는 불리
CAES (압축 공기 에너지 저장)	잉여 전력으로 공기를 동굴이나 지하에 압축하고 압축된 공기를 가열하여 터빈을 돌리는 방식	• 대규모 저장 가능 (100[MW] 이상) • 낮은 발전 단가	• 초기 비용 과다 • 지하 굴착 등으로 지리적 제약
NAS (나트륨 유황 전지)	300~350[℃]의 온도에서 용융 상태의 나트륨(Na) 이온이 베타-알루미나 고체 전해질을 이동하면서 전기 화학에너지 저장	• 고에너지 밀도 • 저비용 • 대용량화 용이	• 저에너지 효율(저출력) • 고온 시스템이 필요하여 저장 용량이 30[MW]로 제한적
Fly Wheel	전기에너지를 회전하는 운동에너지로 저장하였다가 다시 전기에너지로 변환하여 사용	• 고에너지 효율(고출력)로 UPS, 전력망 안전화용으로 적용 가능 • 장수명(20년) • 급속 저장(분 단위)	• 초기 구축 비용 과다 • 저에너지 밀도 • 장시간 사용 시 동력 효율 저하
RFB (레독스 흐름 전지)	전해액 내 이온들의 산화·환원 전위차를 이용하여 전기에너지를 충·방전하여 이용	• 저비용 • 대용량화 용이 • 장시간 사용 가능	• 저에너지 밀도 • 저에너지 효율
Super Capacitior (슈퍼 커패시터)	소재의 결정 구조 내에 저장되는 전자와는 달리, 소재의 표면에 대전되는 형태로 전력을 저장	• 고출력 밀도 • 긴 수명 • 안정성	• 저에너지 밀도 • 고비용

20 ESS용 PCS의 요구 성능

1 개요

1) ESS용 PCS(Power Conversion System or Power Conditioning System)는 기본적으로 양방향 전력 제어 기능을 보유

2) 배터리의 DC 전압을 AC로 변환하는 인버터 기능과 AC전압을 DC로 바꿔 배터리를 충전하는 기능도 포함

3) 배터리의 SOC에 따른 충방전 전류를 조절하거나 전력 계통이 요구하는 전원의 품질에 대한 대응 기능 보유

2 PCS 시험 항목

PCS 시험 항목	
1. 절연 성능 시험	• 절연 저항시험 • 절연 내력시험
2. 보호 기능 시험	• 직류 측 과전압 및 부족 전압 보호 기능 시험 • 교류 측 과전압 및 부족 전압 보호 기능 시험 • 주파수 상승 및 저하 보호 기능 시험 • 단독 운전 방지 기능 시험 • 직류 측, 교류 측 돌입 전류 보호 기능 시험 • 교류 측 과전류 보호 기능 시험 • 복전 후 일정 시간 투입 방지 기능 시험
3. 외부 사고 시험	• 누설 전류시험 • 계통 전압 순간 정정, 순간 전압강하 시험
4. 주위환경시험	• 습도시험 • 온습도 사이클 시험
5. 온습도 사이클 시험	• 방출 • 내성
6. 정상 특성 시험	• 구조시험 • 교류 전압 및 주파수 추종 범위 시험 • 효율 시험 • 역률 측정 시험 • 교류 출력 전류 왜형률 시험

PCS 시험 항목	
7. 입력전 특성 시험	• 입력 전력 급변 시험 • 계통 전압 급변 시험 • 계통 전압 위상 급변 시험

❸ 맺음말

1) ESS용 PCS에 대한 성능 요구 사항은 한국 스마트 그리드협회의 단체 심의 표준인 '전기에너지 저장 시스템용 전력 변환 장치의 성능 요구 사항', SPS – SGSF – 04 – 2012 – 07 – 1972(Ed1.0)를 기준으로 하며 2016년 한국 스마트 그리드 협회에서 보완하여 SPS – SGSF – 02 – 4 – 1972 : 2016으로 표준 번호가 변경. 해당 표준은 ESS용 PCS의 성능 요구 사항에 대해 적용하고 있으며 PCS 안전에 대한 사항은 KS C IEC 62477 – 1에 규정

2) 신재생에너지의 대형화에 따라 에너지 저장 장치 대형화 진행 중이며 시험 인증 항목은 정격 시험 항목을 포함하고 있고 인증 장비의 확충은 필수적임. 국외의 경우 1[MW] 이상 제품 성능을 시험 가능한 설비들이 있으나 국내는 없어 도입 필요

3) 신재생에너지를 안정적으로 활용하기 위해서는 국가에서 인정한 공인 인증 시험이 필수적이고 표준화한 안정된 에너지 공급원을 확보하며 기존 계통과의 상호 운용 보장, 대용량 설비들의 공인 인증 시험 기반을 확충하여 국내의 신재생에너지 확대 및 활성화를 기대하며 향후 해외 수출 및 시험 인증 사업의 기술 이전 등도 가능할 것으로 판단

21 태양광 발전 연계 ESS용 리튬 이온 배터리

1 개요

1) 전기 저장 장치(Electrical Energy Storage System)는 생산된 전력을 기계적·전기적·화학적·전기 화학적인 형태로 저장하여 필요시 전력 계통 및 부하에 전력을 공급하는 시스템으로 계통에 연계하여 상용 전원으로 사용하는 것과 비상용 예비 전원으로 사용하는 것 등으로 구분

2) 리튬 이온 2차 전지는 충방전 시 에너지 손실이 적고, 환경 규제 물질(카드뮴, 납, 수은 등)을 사용하지 않는 친환경적인 전지

2 저장 형태에 따른 저장 장치의 종류

저장형태	저장 장치의 예
기계적	양수 발전(PHS), 압축 공기(CAES), 플라이휠(FES)
전기 화학적	축전지(LA), 니켈–카드뮴 전지(Ni–Cd), 리튬 이온 전지(Li–ion), 금속 공기 전지(Me–air), 나트륨황(NAS) 전지, 나트륨 니켈 클로라이드(NaNiCl), 레독스 플로 전지(RFB)
화학적	수소 저장(H_2), 합성 천연 가스(SNG)
전기적	이중층 캐패시터(DLC), 초전도 저장(SMES)

3 동작 원리

1) 충전 시 : 리튬의 화합물인 양극 재료 안에 존재하는 리튬 이온이 음극인 탄소재의 층간으로 이동함으로 충전전류 흐름

2) 방전 시 : 리튬 이온이 음극에서 양극으로 이동함으로써 방전 전류 흐름

3) 리튬이온 2차 전지는 리튬의 이동만으로 충방전

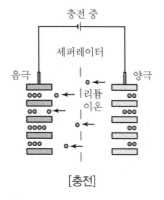

[충전]

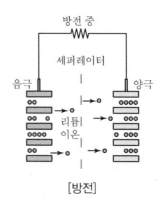

[방전]

4 특징

1) 고에너지 밀도(체적 에너지 밀도 : 440[Wh/L], 중량 에너지 밀도 : 160[Wh/kg])

2) 고전압, Hard Carbon(경화 탄소) Battery의 평균 동작 전압은 3.6[V]이며, Graphite(흑연) Battery 는 3.7[V](i－Cd나 Ni－MH Battery의 약 3배)

3) 충방전 CYCLE 특성이 우수(500회 이상의 충방전 반복이 가능)

4) 자기 방전이 적음(10[%/월] 이하)

5) 니켈 카드뮴 축전지에서 나타나는 MEMORY 효과가 없음

6) 방전 곡선의 특징을 이용 잔존량 표시 용이

5 2차 전지 특징 비교

전지의 종류	납	니켈수소	리튬이온	NAS	레독스 플로
에너지 밀도 (Wh/kg)	× 35	△ 60	◎ 200	○ 130	× 10
비용 (십만 원/kWh)	5	10	20	4	평가 중
대용량화 (4~8시간)	○ ~MW급	○ ~MW급	○ 1MW급	◎ >MW급	◎ >MW급
충전 상태의 정확 계측 · 감시	△	△	○	△	◎
안전성	○	○	△	△	◎
자원	○	△	○	◎	△
수명 (사이클 수)	17년 (3,150회)	5~7년 (2,000회)	6~10년 (3,500회)	15년 (4,500회)	6~10년 (제한 없음)

※ ◎ : 매우 좋음 ○ : 좋음 △ : 보통 × : 나쁨

6 태양광 연계 ESS 배터리 선정 시 고려 사항

1) 리튬 이온 배터리의 경우 효율 및 수명을 보장하기 위해서 사용 환경이 알맞게 유지

2) 온도 : 23±5[℃] 이내, 습도 : 80[%] 이하 결로 없는 상태가 유지

3) 설치 장소 내 공조 설비와 방식에 대하여 ESS 제안 업체와 구축 전 미리 면밀히 검토

4) 공조에 소비되는 전력 비용이 수익에 큰 영향을 미치므로 온도 및 습도를 알맞게 유지하면서도 공조 비용을 가장 경제적으로 줄이는 방법에 대하여 잘 검토되었는지 확인

5) 보통 컨테이너에 구축되는 옥외형 타입보다 건물 내에 구축되는 옥내형 타입이 공조비용 절감 에 유리

6) 배터리 포함 ESS 전체 설비의 안전성 확보를 위하여 배터리실 및 PCS 전기실에 적합한 친환경 소화 약제를 채택하여 소방 설비를 구비 필요

7) 건물의 규모가 큰 경우 별도의 소화 약제실을 두어야 하며, 컨테이너 혹은 작은 규모의 공간인 경우 패널 타입의 자동 소화 설비를 구비

22 무선 전력 전송 기술

1 개요

1) 무선 전력 전송 기술은 전력선과 디바이스가 전선으로 연결되지 않은 모든 전력 전송 체계와 관련된 기술

2) 유선 전력 전송의 문제를 극복하고 전원 공급의 편의성과 효율성 및 공간의 복잡한 배선을 피할 수 있는 방법으로 최근 무선 충전 기술이 부각

2 무선 전력 전송의 기술 동향

동작 방식	전자기 유도	자기 공명	전자기파
동작 원리	 변압기 1, 2차 코일 간의 전자기 유도 현상 이용(수백 [kHz] 대역)	 송수신 안테나 간의 자기 공명 (Magnetic Resonance) 이용(수 [MHz]~수십 [MHz] 대역)	 RF대역 송수신 안테나 간 Radiation 성질을 이용 • 소출력 : RFID 등 • 대출력 : 5.8[GHz] 등 이용
장점	• 근접 전송 효율 높음 • 대전력 전송 가능	• 1~2[m] 이내(근거리) • A4WP 등 국제적 관심 급증	• 전송 거리 : ~수 [m](근거리) • 전송 거리 : >수 [m](원거리)
단점	• 근접 거리 동작(접촉식) • 1, 2차 코일 정렬 필수(상용화된 기술)	• 안테나 Size가 큼 • 대전력 전송 어려움 • 미완성 기술	• 전송 효율 낮음 • 인체 및 장애물 영향 큼 • 무선 통신 규제 받음

동작 방식	전자기 유도	자기 공명	전자기파
주요 회사	Fulton, Wildcharge, 아모센스, LG이노텍	삼성전자, Intel, Qualcomm	Powercast, NASA Project
현황	• 효율 70[%] 수준 • 여러 기업이 상용화 완료 • 효율 향상에 주력	• 삼성전자가 A4WP를 주도 • 상용화 준비 중 • 기술 개발 필요	인체 유해성 극복 문제

1) 원거리 전송 기술(전자기파 방식)

① 원거리에서 수 [GHz]의 고주파수를 이용해 고출력 에너지를 전송하는 기술

② 특정 목표 지점으로의 방향성으로 수 [km] 이상의 장거리에서 사용

③ 매우 큰 송수신 안테나가 필요

④ 무선으로 전송되는 전력이 대기 중에 흡수되거나 수분에 의해 방해를 받아 비효율

⑤ 저렴하게 전력 공급 불가능

⑥ 고출력 에너지 전송 : 인체에 치명적

2) 근거리 전송 기술(Radiative)

① 전자파 방사를 기반으로 소출력 전달 방식

② 전자기 방사의 특징인 전방향성 특성으로 전송 효율이 저하되어 장시간 충전 필요

③ 송신부의 출력 증폭 시 인체 유해 우려

④ 광범위한 사용을 위한 무선 전력 전송 방법으로 부적합

3) 비접촉식 전송 기술(자기 유도)

① 자기 유도(Magnetic Induction) 현상을 이용

② 수 [mm] 내외로 인접한 두 개의 코일에 유도 전류를 일으켜 배터리를 충전하는 방식

③ 3[W] 이하의 소형 기기에 적용 가능하고 공급 전력 대비 60~90[%]의 효율

④ 충전기-수신기 간 거리가 수 [mm]로 짧고 발열이 많으며 충전 위치에 따라 충전 효율 상이

4) 근거리 전송 기술(자기 공명)

자기 공명 방식이란 두 매체가 같은주파수로 공진할 경우 전자파가 근거리 자기장을 통해 한 매체에서 다른 매체로 이동하는 감쇠파 결합 현상을 이용

❸ 무선 전력 전송 기술 응용

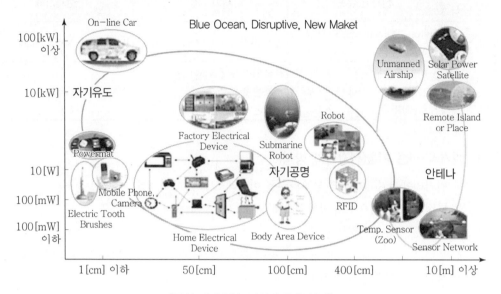

[무선 전력 전송 방식별 응용 분야]

❹ 맺음말

무선 전력 전송 기술은 기술의 패러다임을 바꿀 만큼 파급 효과가 매우 큰 첨단 기술

1) 모든 영역에서 전선들이 제거되고 가전 기기들이 전선의 길이에 따라 위치가 정해지지 않고 전기에너지가 전달되는 영역 내에서 자유롭게 이동하여 사용할 수 있게 되어 일상 생활에서 새로운 변화가 생길 것

2) 사무실이나 산업체에서 에너지 전달이 무선으로 되게 되면 경제적 · 산업적 측면에서 새로운 혁명적 변화가 있으리라 예측

3) 국내의 많은 연구자들이 참여 시 IT 산업에서 신산업을 창출할 수 있는 기술로 발전 가능 예상

23 스마트 그리드

1 개요

현대는 중앙에 집중되었던 대규모 발전 형태에 지역적으로 분산된 전원이 도입되고, IT와 인터넷 기술을 도입하여 정전 없이 전력을 공급하고 전력 품질을 고려하며 수요자 중심의 가장 효율적인 전력 시스템 운영이 필요하게 되어 이러한 필요성과 관련 기술 발전을 근간으로 스마트 그리드를 계획

2 정의

스마트 그리드는 기존의 전력망에 정보 통신 기술[IT(Information Technology)과 인터넷]을 적용하여 전력 공급자와 소비자가 실시간으로 정보를 교환함으로써 에너지 이용 효율을 최적화하는 차세대 지능형 전력망임

3 스마트 그리드의 구현 기술

1) 정보 통신 기술
2) 스마트 미터링
3) 분산형 에너지 관리 시스템
4) 전기 품질 보상 장치
5) 에너지 저장 설비
6) 감시 모니터링 설비 보호 시스템 등

4 그린홈 설비

1) 스마트 계량 시스템으로 에너지 상호 정보 교환
2) 스마트 미터로 전기 사용 및 요금 정보 교환
3) 상호 작용으로 에너지 절약 및 절감 효과

5 스마트 그리드 적용 효과

대체 에너지는 자연 조건에 따라 전력생산에 변화가 커 기존 전력 시스템과 연계할 경우 전력 품질이 문제되므로 양방향 전력망을 이용한 스마트 그리드가 대안

1) 전력 생산과 소비 합리화 및 효율화

2) 소비자 선택권 확대

3) 전기 품질 및 신뢰도 향상

4) 녹색 에너지 이용 극대화

5) 저품질 녹색 에너지를 고품질 녹색 에너지로 전환

6) 신재생에너지 간 정보 교환 시스템으로 신뢰도 향성

7) 전기 저장 기술 발전으로 충전소 설치 용이

8) 신재생에너지 전력 분산으로 가격 안정

⑥ 스마트 그리드 상용화 및 발전 과제

1) 양방향 정보 통신 시스템 개발 보급

2) 실시간 가격 결정 시장 체계 구축

3) 감시 모니터링 설비

4) 사생활 보호에 대한 부정적인 견해

⑦ 맺음말

스마트 그리드는 저탄소 녹색 성장 산업의 전력 인프라 설비로 신성장 동력의 구현을 위해 동시에 연계할 경우 시너지 효과가 우수

24 스마트 그리드와 마이크로 그리드

1 개요

1) 스마트 그리드

[스마트 그리드 적용 효과]

① 현재의 전력 계통이 중앙 집중형, 일반형을 개선
② 전력 계통이 분산적이고, 독립적으로 운영
③ 실시간으로 서비스할 수 있는 지능화된 전력망

2) 마이크로 그리드

① 소형 에너지 공급원들과 수용가들을 서로 연결
② 종합적인 에너지 공급 및 수요 관리 시스템

2 구성요소

1) 스마트 그리드

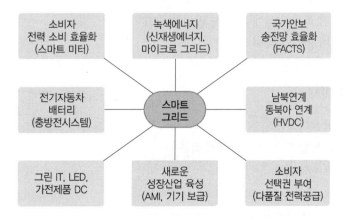

[스마트 그리드 구성 요소]

2) 마이크로 그리드

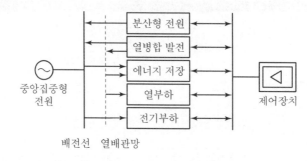

[마이크로 그리드 개념도]

❸ 특징

1) 스마트 그리드

① 교류에 비해 직류 전기 수요 증가

② 스마트 그리드 하부에 마이크로 그리드(Micro Grid) 존재

③ 안전하고 신속, 정확한 통신 시스템 구축 가능

2) 마이크로 그리드

① 중앙 집중형 에너지 공급 시스템 대비 고효율 운전 가능

② 에너지 이송 소비량 최소화

③ 시스템 안정 및 사고 최소화

④ 장기적 경제성 향상 및 우수한 환경성

⑤ 배전 계통과 분산형 전원의 연계에 따른 보호 협조 복잡

⑥ 양방향 전력 조류 발생에 따른 사고 전류 증가

⑦ 에너지 설비 초기 투자비 과다

❹ 구축 시 선결 과제

1) 실시간 전기 요금제도 도입을 위한 법적 · 제도적 장치 필요.

2) 기존 전력망과 통합 및 지속적인 발전 협조

3) 능동적 기술 표준화 필요

4) 보안 강화 필요(해킹 문제)

5) 신재생에너지 발전 설비에 대한 보조금 정책 필요

25 스마트 그리드의 기반 스마트 미터

1 개요

계획 정전 문제와 전력망 부실 해결의 대안으로서 스마트 미터는 전력을 시각화하고 수요에 따른 동적 요금제가 가능하므로 스마트 그리드에 대한 관심 증가

2 스마트 그리드의 구성 요소와 스마트 미터

1) 에너지 사용량을 실시간으로 계측하고 통신망을 통한 계량 정보 제공으로 가격 정보에 대응하여 수용가 에너지 사용을 적정하게 제어할 수 있는 기능을 갖는 디지털 전자식 계량기
2) 양방향 통신을 가능하게 하는 통신 모듈을 탑재하고 있어 홈 네트워크에서 통신 게이트웨이 역할 및 다양한 가전 기기들을 제어할 수 있는 역할까지 확장이 가능

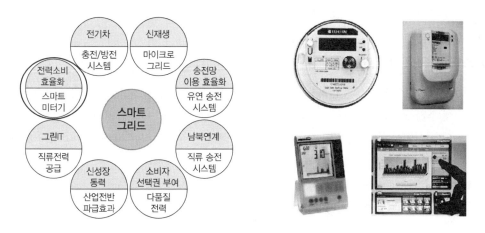

[스마트 그리드 구성 요소와 스마트 미터]

❸ 스마트 미터 도입 효과

구분	내용
수용가 이점	• Web이나 HAN(Home Area Network) 등을 통한 전력 사용 정보 · 요금 정보 모니터링, 제삼자에 의한 에너지 절약 진단 서비스 제공 등을 통해 에너지 절감 도모 • 요금 메뉴 세분화와 적정 요금 메뉴 이용을 통해 에너지 절감, CO_2 감축, 가계 요금 절감 효과 기대
전력 회사 이점	• 원격 검침 및 원격 조작을 통해 검침 업무 등 업무 효율화와 작업의 안전성 향상 • 재생 가능 에너지를 포함한 수급 패턴을 상세하게 파악하고, 이들 데이터를 토대로 한 새로운 요금 메뉴 설정을 통해 효율적인 에너지 이용에 기여 • 각종 기기의 상세한 사용 상황 파악이 가능하여 설비 갱신 시 전력 사용 실태에 대응한 효율적인 설비 구축 가능
사회적 이점	• 수용가 측의 에너지 절감/CO_2 감축과 전력 회사 측의 수요반응(Demand Response) 대응 등을 통해 저탄소 사회 구현에 기여 • 스마트 미터가 제공하는 정보를 활용한 새로운 서비스, 새로운 산업 창출로 생활의 질 향상 및 경제 활성화에 기여

※ HAN : 가정용 기기 또는 설비 사이의 통신을 위한 가정용 통신망

❹ 스마트 미터 추진 동향

1) 2010, 2030으로 구성된 단계별 추진 시나리오를 담은 스마트 그리드 국가 로드맵 발표
2) 5대 추진 분야의 하나인 '지능형 소비자' 분야 추진 목표에 '스마트 미터 및 AMI 구축'을 명시하고, 로드맵 이행을 위한 정책 과제에 '스마트 미터 설치 의무화를 통해 2020년까지 전체 수용가에 대한 스마트 미터 및 양방향 통신 시스템 구축' 명시
3) 2011년 2월, 스마트 그리드 사업 활성화 계획에서는 스마트 그리드 보급 · 확대 기반 구축의 일환으로 2020년까지 스마트 미터 보급 완료 명시

❺ 스마트 미터 도입에 따른 주요 이슈

1) 스마트 미터의 제조 및 설치 관련 비즈니스를 창출 및 확대
2) 전력 업계의 IT화 및 전력소비정보 관련 비즈니스를 창출
3) 스마트 미터 도입은 스마트 가전 시장 확대를 촉진
4) 프라이버시 · 시큐리티 보호가 주요 이슈로 대두
5) 코스트 다운을 위한 스마트 미터 표준화 시급

⑥ 맺음말

1) 스마트 미터 도입은 사회 간접 자본의 하나인 전력과 IT가 융합된 스마트 그리드 시장을 여는 신 성장 분야

2) 스마트 미터를 중심으로 한 새로운 비즈니스 개발에 관심을 두어 부가 가치의 구조 변화에 사전 대응 필요

3) 스마트 미터와 연계된 스마트 가전 시장 선도에 투자 필요

26 스마트 그리드의 AMI

① 개요

스마트 그리드는 기존 전력망에 정보 · 통신 기술을 접목하여 공급자와 수요자 간 양방향으로 실시간 전력 정보를 교환함으로써 지능형 수요 관리, 신재생에너지 연계, 전기차 충전 등을 가능하게 하는 차세대 전력 인프라 시스템이며 AMI(Advanced Metering Infrastructure)는 스마트 그리드의 핵심 기술 중 하나

② 기존 전력망과 스마트 그리드의 비교

항목	기존 전력망	스마트 그리드
전원 공급 방식	중앙 전원	분산 전원
에너지 효율	30~50[%]	70~90[%]
전력 흐름제어	Demand-Pull 방식	전력흐름에 따른 세부 제어
발전 특성 및 네트워트 토폴로지	대도시 인근의 중앙 집중식 방사형 구조	최적 자연조건을 활용하는 분산형 네트워크 구조
통신 방식	단방향 통신	양방향 통신
기술 특성	아날로그/전자기계적	디지털
장애 대응	수동 복구	자동 복구
설비 점검	수동	원격
가격 정보	제한적 가격 정보	가격 정보 열람 가능

❸ AMI의 정의 및 기능

1) 최종 전력 소비자와 전력 회사 사이의 전력 서비스 인프라로 스마트 그리드 실현에 필수적인 핵심 인프라 시스템

2) 전력 공급자와 수요자의 상호 인지 기반 DR 시스템 구현 및 운영을 위한 중요 수단

3) 다양한 유형의 분산 전원 체계, 배전 지능화 시스템 등과의 정보 연계 등 미래 지능형 전력망 운용을 위해 요구되는 최우선적으로 구축해야 할 지능화 전력망 인프라

4) 표준화된 프로토콜을 통해 시스템 간 상호 운용성을 확보하여 미터기로 양방향 통신 지원

5) 수용가와 전력 회사 간의 양방향 데이터 통신을 통해 다양한 부가 서비스 제공 전력의 공급자와 수요자 간의 상호 정보 제공 수단이며 다양한 유형의 부가 서비스 제공

① TOU(Time of Use), CPP(Critical Peak Pricing), RTP(Real Time Pricing) 등 고도화된 Time - based 요금제 지원

② 이를 통해 수용가 측 DR을 통하여 능동적인 에너지 절감 참여 유도 가능

③ 부하 예상, 부하 제어, 정전 관리, 전력 품질 모니터링 등 전력 회사 측면에서의 효율적인 전력 수급을 위한 부가 서비스 제공 가능

❹ AMR과 AMI의 비교

범주	AMR(자동 검침 시스템)	AMI(첨단 검침 인프라)
요금	에너지 총소비량	• 에너지 총소비량 • 계시별 요금제(TOU) • 피크 요금제(CPP) • 실시간 요금제(RTP)
DR	–	• 부하제어 • 소비자 입찰 • 수요 예측 • 임계 피크 리베이트제
소비자 피드백	월별 요금	• 월별 요금 • 월별 상세 내역 • Web 디스플레이 • In Home Display(IHD)
소비자 요금 절약	수동적인 가전 기기 Turn Off	• 가전 기기 Turn Off • 최대 부하 이전 • 수동/자동 제어
고장	고객 알림	• 자동 검출 • 개별적 가정에서의 복구 확인
배전 운영	Engineering Model 사용	동적, 실시간 운영

⑤ AMI 시스템 구성도

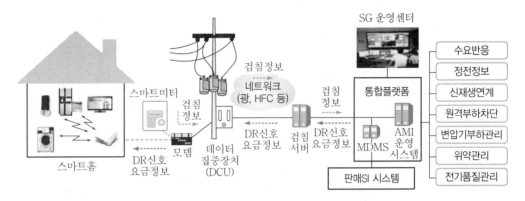

[AMI 시스템 구성도]

⑥ AMI의 추진 목표 및 실행 계획

1) 단방향·폐쇄적 에너지 공급에서 AMI 기반의 양방향 에너지 종합 관리 시스템 구축을 통한 에너지 소비의 합리화

2) 스마트 미터 및 AMI 구축을 통해 전기 요금에 반응하여 에너지를 절약하는 가전 기기 보급 및 부하 관리를 실현하여 최대 전력 감소를 목표로 함

3) 실행 계획

1단계(2010~2012년)	2단계(2013~2020년)	3단계(2021~2030년)
AMI 기반 기술 확보 • 지능형 홈 전력 관리 시스템 • AMI 인프라 구축 및 실증	AMI 시스템 구축 • 지능형 전력 관리 상용화 • 소비자 중심 전력 거래	양방향 전력 거래 활성화 • 제로 에너지 홈/빌딩 • 융복합 서비스의 보편화

⑦ 기대효과

1) AMI 개발을 통해 스마트 미터의 원천 기술 개발, 양방향 DR 기기의 지능화, 국내 환경에 적합한 변동 요금제 개발, 전력 소비 효율화를 위한 다양한 부가 서비스 창출 및 해외 수출형 서비스 모델 개발의 기반 확보

2) 인력 고용 효과 창출 기대

3) 에너지 사용 절감을 통한 환경 개선

4) 에너지 효율 향상 측면에서 에너지 저감을 위한 소비자 DR 시스템과 연동하여 디지털 가전 기기의 개발 및 보급 활성화 예상

27 유비쿼터스(Ubiquitous)

1 개요

Ubiquitous란 라틴어로 어디서나 동시에 존재한다는 의미, 즉 시간과 장소에 구애됨 없이 자유롭게 Computing 및 Networking 가능한 환경을 지칭

2 Ubiquitous – Computing과 Networking 비교

구분	U – Computing	U – Networking
개념	광의적 표현(Ubiq – Netwroking 포함)	협의적 표현
제안자	미국, Markweiser	일본, 노무라 연구소
초점 대상	사물(사물에 Computing 내장하여 Intelligent Object화)	기존 전자기기 (휴대용 기기 or 정보가전)
현실성	먼 미래에 실현 가능	수년 내 실현 가능

3 Ubiq – Computing

1) Computing 개념의 진화

구분	대형 Computer 시대	PC 시대	Ubiquitous 시대
시기	80년대	90년대	2005년 이후
Computer	Main Frame(Client Server)	+ PC	+ Intelligent Object
대응관계	Many People One Computer	One Person One Computer	One Person Many Computers

2) 적용 시 고려사항

① 전기설비의 디지털화, IT화 실현 가능성(진단, 감시, 계측 등)
② 지능형 기기로써 전력에너지, 정보전달 가능성
③ 자기복구능력을 갖춘 통합제어시스템 구성
④ 정보통신과 에너지 융합 네트워크 구성 가능성
⑤ 수용가 기기의 통합 및 호환성, 시스템의 실시간 파악 가능
⑥ 효율적 유지보수 및 경비절감 가능성

3) 5대 요소기술

구분	내용
센서 기술	• 외부로 변화를 인지하는 입력장치 • 수동형/능동형, 5감/동작/상황 등 인식 (적용 예 : RFID)
프로세서 기술	• 입력 Data 분석 및 판단(실시간, 고성능 처리)
Communication 기술	• 유·무선 통신기술 • W PAN, Bluetooth, Ad—hoc Network, IPV6 등
Interface 기술	• 사람과 기기 간 연결(인간 친화적, 지능화 요구) • 센서 기술 다양화(음성, 문자, 동작인식 등)
보안 및 Privacy	• 정보의 누출, 왜곡, 소실 방지(기밀성, 인증, 무결성) • Privacy 보호

4 응용분야

1) U-city 구축

① 첨단 정보통신 Infra와 Ubiquitous 정보서비스 융합

② 국내 추진 계획

   ㉠ U−BIZ : 서울 상암, 인천 송도(IFEZ)

   ㉡ U−R&D : 대전, 충북

   ㉢ U−문화, 관광 : 전주, 광주, 제주

   ㉣ U−port : 부산

   ㉤ U−농업 : 경북

   ㉥ U−홈 & 시설관리 : 화성 동탄, 판교, 용인 흥덕, 파주 운정

2) 녹색 전력 IT

① 전력기술＋IT기술＋신재생 접목을 통한 전력 시설물의 지능화, 친환경화, 네트워크화

② 11대 국책과제 중 PLC−Ubiquitous 기술 포함

3) U-IT 839 전략

구분	적용대상
8대 신규 서비스	Wibro, U-home, RFID, W-CDMA, DMB/DTV, 텔레메트릭스, IT서비스, VoIP(IPTV)
3대 인프라 구축	BcN(광대역 통신망), USN(U-센서네트워크), IPV6
9대 신성장동력	차세대 이동통신기기, D-TV/방송기기, 홈 네트워크 기기, ITSoC, 차세대 PC, Embedded Software, 디지털 Contents, RFID/USN, 지능형 로봇

5 개발과제

1) **기술적 과제** : 기술의 표준화, 부품 저가화, 안전한 Software, 정보의 간소화
2) **경제적 과제** : 다양한 비즈니스 모델, Killer Application 개발
3) **사회적 과제** : Privacy 문제, 안전성 문제, 관련법 정비, 전문인력 양성

6 결론

Ubiquitous 기술을 어떻게 분류할 것인가에 대한 국내외적 공감대는 아직 마련되어 있지 않은 상황이나 최근 관심을 끄는 IT, U-city 분야 등에 적용 가능한 차세대 핵심기술로서 지속적 기술투자와 연구개발이 필요

---

28 직류 배전 시스템

1 개요

1) **전원의 종류**
   ① **교류 전원** : 시간에 따라 정현적으로 크기가 바뀌는 전원
   ② **직류 전원** : 항상 일정한 크기를 갖는 전원
2) 직류 전원은 크기만 같으면 동일한 전원으로 간주되어 사용 가능하나 교류 전원은 진폭, 주파수도 같아야 동일한 전원으로 사용되고 위상각이 다른 경우 상호 간에 복잡한 전기 현상 발생
3) 따라서 교류 전원 계통은 그 현상을 예측하기 어렵고 관리 비용이 많이 필요

❷ 직류 배전과 교류 배전의 특징

구분	장점	단점
직류 배전 시스템	• 전력 변환기 수의 최소화를 통한 전체 효율 증가 • 수변전 설비의 경량화 및 공간 감소 • 신재생에너지 자원의 고효율 및 고신뢰성 연계 (2~10[%] 효율 증가) • 소형 마이크로터빈은 1단계 변환으로 충분 (AC/DC) • 고신뢰성 디지털 부하의 대응 편이성 • 고효율 조명과 전자 기기의 연계 • 홈 오토메이션과의 시너지 효과 창출 • 전력선을 통한 옥내 LAN 구성 용이 • 전자기파 영향의 감소	• 무효 전력 보상 설비의 경비가 큼 • 필터 필요 • 교류 계통보다 자유도가 적음 • 직류 변환 장치 고가 • 직류 전류 차단 어려움
교류 배전 시스템	• 변압기에 의한 쉬운 승압, 강압 • 정류자를 사용하지 않은 교류 발전기의 고효율 • 3상 회전 자계 발생이 교류 전동기 운전에 적합 • 교류 방식 일관된 운용으로 편리성과 합리성 • 장거리 전송	• 표피 효과 및 코로나 손실 발생(손실, 실효 저항 및 절연 비용 증가) • 계통의 안정도 저하 • 페란티 현상에 따른 배전선 말단 전압 변동 발생 • 주파수가 다른 계통끼리 연결 불가 • 통신선 유도 장애 발생

❸ 직류 배전의 필요성

1) 증가하는 디지털 부하에 대응하여 2030년도에는 디지털부하가 50[%]까지 상승 예측, 정전 시 UPS 2단계 전력 변환 과정으로 인한 30[%]의 에너지 손실 방지 및 전력 변환기 자체의 효율 및 신뢰성 문제 해결
2) 신재생에너지원과 분산 발전 계통에 대응
   신재생에너지원은 직류 체계가 기본으로 신재생에너지의 보급과 효율성을 높이며 2025년경에는 전체 전력의 32[%]가 직류 배전으로 보급될 것으로 추정

❹ 직류 배전의 발전을 위해 필요한 기술

1) 대전력 고효율 전력 변환 기술
2) 변환기에서 고조파 필터 및 차폐 기술
3) 계통 연계 기술(교류 배전망 – 직류 배전망 연계)
4) 과전류 차단 기술
5) 접지 및 인체 보호 기술

6) 에너지 저장 장치

7) IT융합 전력 모니터링 및 관리 기술(EMS)

8) 배전 전압 레벨의 표준화

9) 케이블 설계의 표준화

5 직류 배전 사례

1) **미국** : IDC를 380[V] 직류 배전시스템 채용 10~15[%] 효율 향상

2) **일본** : IDC 신뢰성 20배 향상, 전력 요금 20[%] 감소

3) **한국** : IDC를 48[V] 직류 배전으로 개조해서 약 10[%]의 효율 향상과 서버 설치 공간의 활용도를 500[%] 이상 향상

4) 직류는 교류에 비해 고신뢰성, 고효율, 저손실, 공간 절약의 전원 시스템을 구축 가능성 보유

6 직류 도입 시 고려 사항

1) 전압 선택

① 우리나라 교류 배전 계통은 380/220[V]를 주로 사용하여 직류 계통 전압을 어떻게 하는 것이 바람직한가에 대한 많은 논의가 필요

② 전압의 크기에 따른 안전성, 경제성 등을 고려하여 표준 전압 선정

2) 차단 기술

① 교류는 Zero Crossing이 있어 소호가 용이하나 직류는 일정한 크기의 전류가 지속적으로 흘러 차단 곤란

② 고장 전류가 큰 차단기 개발이 어렵고 고비용

③ 큰 고장 전류를 차단하는 고속 차단 기술, 한류 기능, 저가의 차단기 실현 등이 필요

3) 접지 방식 및 보호 기술

① 직류 접지는 어떻게 하는 것이 가장 바람직한 것인가에 대하여 많은 연구가 요구

② Mono-Poly, Bi-Poly System 등에 따라 어떤 접지 방식이 타당한지 검토가 필요하며 지락 보호 방식 및 직류 누설 전류를 경제적으로 검출하는 기술 개발도 요구

4) 계통 연계 및 신재생에너지와 연계

다양한 상황과 경제성 있는 시스템을 위하여 더욱 연구가 필요하고 전기 자동차 충전 장치 등 신기술에 적용을 위한 연구가 요구

29 분산형 전원 설비의 계통 연계

1 개요

1) 분산형 전원

소규모로 수요치 근처에 분산 배치되어 기존의 전력계통과 연계, 운전 가능한 형태의 전원

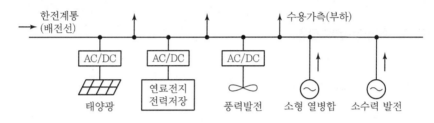

[분산형 전원 설비]

2) 계통 연계

사용전력 계통과 분산형 전원 상호 간 전력의 수수를 위해 동기화하여 상호 연결 운전하는 형태

3) 계통연계 목적

① 공공의 인축과 설비 안전
② 전력 공급신뢰도 및 품질 확보
③ 계통 운용의 안정성 도모

2 분산형 전원의 종류

대분류	소분류
신재생에너지	연료 전지, 수소, 석탄(액화, 가스화), 태양광, 태양열, 풍력, 소수력 발전 등
발전형태	가스터빈, 가스엔진, 디젤엔진, 소형 열병합 등
발전설비	회전기(동기기, 유도기), 정지기
이용형태	발전 전용, 열병합발전, 저장 및 발전
소유 및 운용권한	전기사업자용, 비전기사업자용
계통과의 운전방식	연계운전형, 단독형, 자립운전형
연계 운전형태	역송 가능형, 역송 불가능형

❸ 계통연계 필요성

1) 소비자 측면

안정된 전력 수급

2) 전력계통 측면

① 공급 예비율 확보

② 설비 이용률 및 계통 안정도 향상

③ 용지 구입난 해소

3) 사업자 측면(분산형 전원)

① 전원 입지 확보 용이

② 잉여전력 판매로 경제성 확보

4) 사회적 측면

① 다양한 자원 활용

② 대체 에너지 개발(고유가, 지구온난화 해결)

❹ 계통연계 기술기준(한전 배전규정)

1) 연계구분(저압/특고압 배전선로)

고압		저압 한전계통	특고압 한전계통
연계요건		분산형 전원 연계용량이 500[kW] 미만이고 배전용 변압기 누적 연계용량이 해당 변압기 용량의 50[%] 이하인 경우	분산형 전원 연계용량이 10,000[kW] 이하이고 특고압 일반선로 누적 연계용량이 해당 선로의 상시운전 용량 이하인 경우
전압변동	상시	3[%] 이하	전압 상·하한 여유도 이내
	순시	6[%] 이하	변동 빈도에 따라 3~5[%] 이하
연계 계통 전기방식		교류단상 220[V] or 교류 3상 380[V]	교류 3상 22,900[V]
기타		—	주변압기 OLTC의 불필요한 동작 발생이 없도록 할 것

2) 동기화 : 계통연계 병렬장치 투입 순간 다음 값 이하

발전용량 합계[KVA]	주파수차[Hz]	전압차[%]	위상각차[°]
0~500	0.3	10	20
500 초과~1,500	0.2	5	15
1,500~20,000 미만	0.1	3	10

3) 가압이 안 된 계통에 연계 금지
4) 감시설비 : 분산형 전원 용량이 250[kW] 이상인 경우(연계 상태, 유효 및 무효전력, 운전역률, 전압 등)
5) 분리장치 : 접속점에 접근이 용이하고 잠금이 가능하며 개방장치 육안 확인이 가능한 분리장치 설치
6) 계통연계 시스템 건정성 유지 : EMI 장해 대책, 서지 보호 기능
7) 계통 이상 시 전원 분리
   ① 이상 전압 시 다음 표의 시간 이내로 분리

기준전압에 대한 비율[%]	$V < 50$	$50 \leq V < 88$	$110 < V < 120$	$V \geq 120$
고정제거시간[sec]	0.16	2.0	1.0	0.16

   ② 이상 주파수 시 다음 표의 시간 이내로 분리

분산형 전원 용량	30[kW] 이하		30[kW] 초과	
주파수 범위[Hz]	>60.5, <59.3	>60.5	57~59.8(조정 가능)	<57
분리 시간[sec]	0.16	0.16	0.16~300(조정 가능)	0.16

   ③ 계통 재병입 시 전압과 주파수가 5분간 정상상태를 유지할 것

8) 전기품질
   ① 분산형 전원 연결점에서 정격 최대전류의 0.5[%] 초과의 직류전류 유입금지
   ② 역률 90[%] 이상 유지
   ③ 플리커 : 시각적인 자극을 줄 만한 플리커나 설비 오작동을 초래하는 전압동요가 없을 것
   ④ **고조파** : 배전계통 고조파 관리 기준에 준함(저압/특고압 : 3.0[%], 154[kV] : 15[%])

9) 단독운전 방지(Anti – Islanding) : 단독운전 발생 시 0.5초 이내에 계통 분리

5 계통연계 보호협조

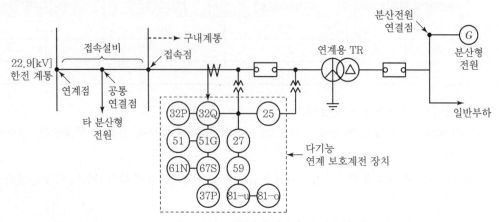

27 : 저전압 계전기
59 : 과전압 계전기
37 : 저전력 계전기
81 : 주파수 계전기 { OFR(81−O)
                   UFR(81−U)

67N, 67S : 지락, 단락 방향 계전기
32P : 역방향 유효전력 계전기
25 : 동기 검출기
32Q : 역방향 무효전력 계전기
51, 51G : 과전류, 지락과전류 계전기

[계통연계 보호협조(예)]

6 최근 동향 및 향후 과제

1) 고품질, 고신뢰도의 차세대 배전계통 운용체제 구축

2) 신기술 적용 계전기 도입

3) 전력거래(구매, 판매)에 따른 요금체제 재편

4) 신재생에너지 등 분산형 전원 품질인증제도 도입 및 관련 공사규정 제정

CHAPTER

15

에너지 절약,
초전도 기술

01 건물 첨두부하 제어 방식

1 개요

1) 도입배경 : 전력수요의 급증에 따른 발전설비 확충 어려움
2) 효과 : 설비 이용률 향상 및 발전 예비율 확보

2 제어부하 선정 시 고려사항

1) 부하 특성 파악 및 변동 패턴 조사
2) 첨두부하 억제 방안 검토
3) 제어 가능 부하 선정 → 안정성 고려(업무 차질 최소화)
4) 제어의 우선순위 선정 → 가장 중요도가 낮은 순위부터 순차 제어

3 첨두부하 제어방식

1) 전력 수요관리(DSM : Demand Side Management) 유형

유형	그림	개요	효과	적용
최대수요 억제 (Peak Cut)	[kW]	• 발전원가 높음 • Peak 가동설비 축소	• 발전 예비율 확보 • 기본요금 감면	• 첨두부하 억제(냉방기기 등) • Demand Control
기저부하 증대 (Valley Filling)	[kW]	경부하 시간대 전력수요 증대	• 설비 이용률 향상 • 전력 공급원가 저감	• 심야 전력기기 활용 • 심야 시간대 요금 할인제 적용
최대부하 이전 (Peak Shift)	[kW]	Peak전력을 경부하 시간대로 이동	• 최대부하 억제 • 심야부하 창출	• 심야 전력기기 활용 • 계절, 시간대별 차등 요금제 적용
전략적 소비절약 (Strategic Conservation)	[kW]	전기 서비스 수준을 유지하며 전력 수요만 감소	• 수급불안 대처 • 비용 절감	• 절전 • 에너지 고효율 기기 사용

유형	그림	개요	효과	적용
전략적 부하증대 (Strategic Load Growth)	[kW] ↗ t	공급>수요일 때 설비 이용률 향상 방법	• 전력 생산성 향상 • 화석연료 의존도 경감(국내실정 과 안 맞음)	• 전전화 주택보급 • 이중연료 사용 설비 보급
가변부하 조성 (Flexible Load Shape)	[kW] t	불필요 부하에 전력공급을 중단시켜 전력수요 조정	• 공급신뢰도 향상 • 예비율 확보	• DLC(직접부하제어) • 요금 차등제 적용

2) Demand Contol

① 항시 부하전력 감시, 수요시간 15분 내 임의 시간 t에서 예측, 연산

② 예측 수요전력이 목표치 초과 예상 시 경보 및 순차적 부하 차단

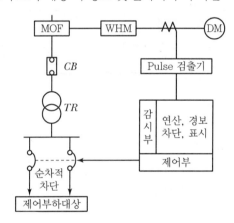

[Demand Control 구성도]

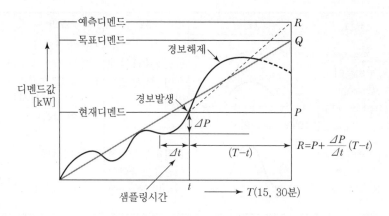

[전력 수요예측]

3) Peak 분담 운전(최대 전력 공급능력 확대)

Peak 부하제어의 가장 적극적인 방법

자가 발전기 이용	분산형 전원 이용
· 하절기 냉방부하 모선 분리, 절체운전 · 목표전력 초과 시 발전기 가동	열병합발전, 태양광발전, 연료전지 등

4 결론

1) 최근 도심지 업무용 빌딩 증가 및 냉방 부하 증가 추세

2) 하절기 Peak 상승과 함께 전력 예비율 저하 및 지구온난화 가속

3) 다각적인 Peak 관리 대책이 필요

02 수배전 설계 시 에너지 절약 대책

1 개요

1) 목적 : 수변전 설비의 에너지 절약은 전력설비들의 손실을 줄이고 전기에너지를 효율적이고 합리적으로 이용하기 위함

2) 관련 규정 : 건축물의 에너지 절약설계 기준, 고효율 에너지 기자재 보급 촉진에 관한 규정

2 건축물의 에너지 절약설계 기준

의무사항	권장사항
• 고효율 변압기 설치 • 전동기별 진상 콘덴서 설치 • 간선의 전압강하 규정치 이내	• 변압기 용량 적정 산정 • 변압기 대수제어 • 변압기 직강압 방식 채용 • 최대 수요전력 제어장치 • 역률 자동제어 장치 • 임대건물인 경우 임대 구획별 전력량계 설치

3 변압기 대책

1) 변압기 적정용량 산정

$$변압기\ 용량 \geq 최대부하용량 = 총설비용량 \times \frac{수용률}{부등률} \times \alpha$$

2) 저손실 · 고효율 변압기 채택(고효율에너지기자재 보급촉진에 관한 규정)

① 변압기 무부하 손실 : 총손실 기준으로 변경, 부하율 7단계로 세분화

② 부하율 40[%] 미만 : Amorphus 변압기가 유리

③ 부하율 40[%] 이상 : 지구미세화(레이저 코어) 변압기가 유리

3) 직강압 방식 채택 : 주변압기 사용손실 저감

4) 변압기별 계량기 설치 : 부하율 형태, 사용 현황 파악

5) 변압기 에너지 절약 운영

① 변압기 고효율 운전

㉠ 변압기 효율 $\eta = \dfrac{mP\cos\theta}{mP\cos\theta + P_i + m^2 P_e} \times 100\,[\%]$

여기서, m : 부하율, P : 피상전력
$\cos\theta$: 역률, P_i : 철손
P_c : 동손

㉡ 최고효율 조건 $P_i = m^2 P_e \rightarrow m = \sqrt{\dfrac{P_i}{P_e}}$ (철손=동손)

② 변압기 운전대수 제어(통합운전) : 변압기 손실이 최소가 되는 조합 운전

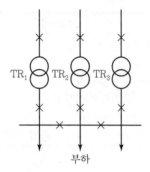

부하율	사용 TR
100	TR$_1$, TR$_2$, TR$_3$
50	TR$_1$, TR$_2$
30	TR$_1$

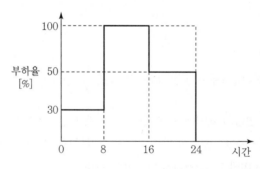

[변압기 운전대수 제어]

❹ 진상 콘덴서 설치

1) 설치 효과 : 변압기 손실 및 배전손실 경감, 설비 여유도 증가, 선로 전압강하 감소, 전기요금 경감
2) 설치 방법 : 모선 집중, 분산, 말단 설치(가장 효과적)

5 자동 역률제어 장치 설치

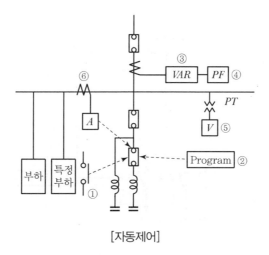

[자동제어]

1) 자동제어 방식

① 특정 부하의 개폐 신호에 의한 제어

② 프로그램에 의한 제어

③ 수전점 유효전력에 의한 제어

④ 수전점 역률에 의한 제어

⑤ 모선전압에 의한 제어

⑥ 부하전류에 의한 제어

6 최대수요전력 제어장치(Demand Control)

1) Peak 부하 관리

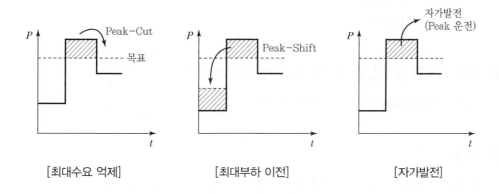

[최대수요 억제]   [최대부하 이전]   [자가발전]

2) Demand Control

① 구성도

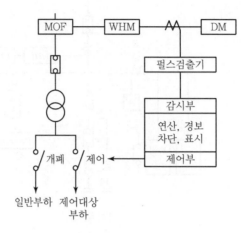

[수요전력 제어장치]

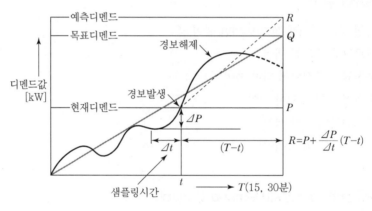

[전력 수요예측]

② 예측 전력이 설정 Peak 전력을 초과 예상 시 수요시간 15분 이내로 제어대상 부하를 단계적 차단, 최대 전력 억제

7 복합 기능형 수배전반 시스템 도입(전자화 배전반)

수배전반 내 고효율 변압기(1,250[kVA] 이하) + 최대수요 전력기기 + 자동 역률제어 장치 조합

8 기타

통합 감시제어(SI, BEMS), 열병합 발전, 분산형 전원, 빙축열 시스템 도입 등

03 조명설비 에너지 절약 대책

1 조명설비 에너지 저감 7대 포인트

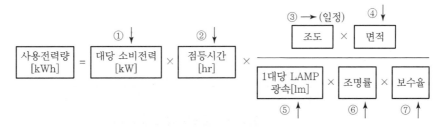

[에너지 절약 설계]

1) 고효율 광원 사용 : ①, ⑤
2) 효율, 조명률이 높은 기구 사용 : ⑥
3) 조명의 일정 요소(TPO) : ②, ③, ④
4) 조명설비 청소, LAMP 교환 : ⑦

2 조명설비 에너지 절감 방안

1) 적정조도기준 선정(KSA 3011)

분류	범위[lx]	대상
A	3~6	공간 전반 조명
B	6~15	
C	15~30	
D	30~60	
E	60~1,150	
F	150~300	작업면 조명
G	300~600	
H	600~1,500	
I	1,500~3,000	정밀작업 조명 (전반+국부 조명 병행)
J	3,000~6,000	
K	6,000~15,000	

2) 고효율 광원의 선정

① 관경이 작을수록 발광밀도(효율) 증가

② 16[mm] 형광램프 : 32[mm] → 28[mm] → 16[mm]

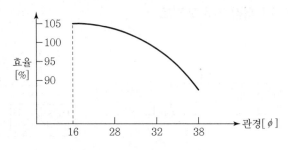

[관경에 따른 광출력 효율 변화]

③ 신광원 채용 : 저소비전력, 친환경, 장수명(LED, 무전극 LAMP 등)

3) 고효율 조명기구 선정

① 기구효율 $= \dfrac{조명기구로부터 \ 나오는 \ 광속}{LAMP \ 전광속} \times 100[\%]$

② 저휘도, 고조도 반사갓 채택 : 약 20~30[%] 조도 향상

③ 직접, 하면 개방형 조명기구 적용

4) 센서 부착 조명기구 선정

밝기센서, 인체 감지센서를 이용한 에너지 절약

5) 에너지 절약 조명제어 시스템 도입

① 주광 센서, 타임 스케줄, 재실자 감지 제어, 수동조작 제어 등

② TPO에 대응한 적절한 관리 및 운용

③ 구성도

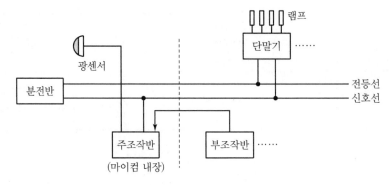

[에너지 절약 조명제어 시스템]

④ 조광장치의 적용 : 전류제어식, 전압가변식, 위상제어식

6) 조명 설비의 보수

① 램프 교체 : 개별, 집단, 개별＋집단 교환 방식
② 안정기 교체 : 일반 40[W] → 32[W] 고효율 안정기로 교체 시(FLR, T−5 FPL 32[W]×2 기준)
   개당 36[W] 절전
③ 조명기구 청소 : 보수율(유지율) 개선

7) 기타

① 주광(자연채광) 활용 극대화
② 자동절전 제어장치(대기전력 저감)
③ 태양광 가로등 설비 등
④ 유도등 3선식 배선

❸ 결론

1) 조명에너지가 차지하는 비중은 전력 소비 중에서 가정 16[%], 사무실 및 빌딩 32[%] 정도 차지
2) 고유가, 온실가스 의무감축 등 국가에너지 절약 시책에 따라 조명에너지 절감과 친환경의 저소
   비 고효율 광원의 교체가 진행 중임

04 동력 설비 에너지 절약 대책

1 동력 설비의 에너지 절약 대책

1) 고효율 전동기 채용

2) 전동기의 인버터 제어방식 채용

3) 전동기 절전기(VVCF) 사용

4) 적절한 기동방식 선정

5) 진상용 콘덴서 설치

6) 심야 전력기기 이용

7) 열병합 발전 시스템

2 고효율 전동기 채용(KSC 4202)

1) 일반 전동기에 비해 손실을 20~30[%] 정도 감소시켜 효율 4~10[%] 정도 향상

2) 신규 또는 교체 설치 시 지원금 제공

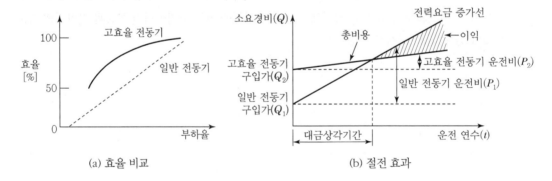

(a) 효율 비교 (b) 절전 효과

[고효율 및 일반 전동기 비교]

❸ 전동기의 인버터 가변속 제어

1) 인버터 기본 구성회로

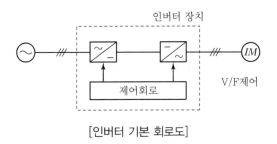

[인버터 기본 회로도]

2) 인버터 사용 시 에너지 절감 효과

① 제곱토크 특성부하(Fan, Blower, Pump)

㉠ 운전특성 곡선

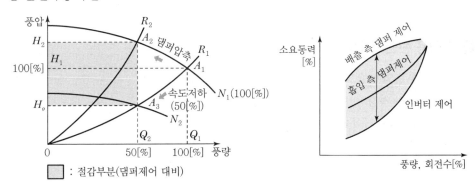

[운전특성 곡선]

㉡ 절감원리 : $P \propto Q \cdot H \propto N^3 (\propto N, \ H \propto N^3$이므로$)$

$$유량비 = 속도비\left(\frac{Q_2}{Q_1} = \frac{N_2}{N_1}\right)$$

$$\frac{P_2}{P_1} = \left(\frac{N_2}{N_1}\right)^3 = \left(\frac{Q_2}{Q_1}\right)^3$$

여기서, N_1, N_2 : 회전수, Q_1, Q_2 : 유량
P_1, P_2 : 전력량, H : 풍량

예 풍량 50[%] 제어 시 $P = \left(\dfrac{50}{100}\right)^3 \times 100[\%] = 12.5[\%] \rightarrow 87.5$ 절감

② Elevator 제어(VVVF or 벡터 제어)
  ㉠ IGBT에 의한 PWM 제어로 소비전력 절감
  ㉡ 하강 시 기계적 에너지의 회생전력을 양방향 컨버터를 통하여 전원으로 반환시켜 에너지 절감

4 전동기의 절전기(VVCF) 사용

가변 전압, 정주파수 장치로 경부하 시 전압 감소 → 손실 저감, 효율 극대화

5 적정 기동방식 사용

1) 직입 : 소용량(15[HP] 미만)
2) Y−Δ : 중용량
3) 리액터, 콘돌퍼 : 중, 대용량

6 진상용 콘덴서 설치

1) 설비용량의 여유도 증가
2) 전압강하 경감
3) 변압기, 배전선의 손실 경감
4) 전력요금 경감

7 심야 전력기기 이용

1) 심야 시간대 전력 이용, 주간대 Peak 부하 Shift
2) 적용 : 빙축열 시스템, 흡수식 냉동기, 전기온수기 등

05 파리 협정에 따른 에너지 신산업

1 파리 협정

1) 파리 협정

① 2015년 프랑스 파리에서 개최되었던 신기후 체제에 관한 사항

② 2020년 이후 신기후 체제를 규정하고 모든 국가가 전 지구적인 기후 변화 대응 노력에 참여

2) 주요 사항

① 자국의 평균 기온 온도 상승 제한(2[°C/연] → 1.5[°C/연])

② 각국의 자발적 노력과 5년마다 상향된 목표 제출

③ 2020년까지 장기 저탄소 개발 전략 마련 및 제출

④ 2023년부터 5년 단위로 이행 전반에 대한 종합적 이행 점검 실시

3) 파리협정에 따른 대응

① 기본 전략 : 화석 연료 → 저탄소 에너지 구조 → 신재생, ESS 등

② 대응 효과

ㄱ 국가 경쟁력 강화

ㄴ 국제 탄소 시장을 이용하여 감축 목표를 달성

ㄷ 기후 변화에 대한 위상 제고

2 에너지 신산업 방향

구분	내용
수요 자원 거래 시장	현행 전력 시장 → 메가와트 발전 시장
ESS	피크 감소, 신재생 출력 안정화, 주파수 조정
에너지 자립섬	ESS + 마이크로 그리드 융합
전기 자동차	전기차 유료 충전 서비스
발전소 온배수열 활용	온배수열을 이용한 신재생에너지원 인정
태양광 대여	전기 요금 경감
제로 에너지 빌딩	제로 에너지 빌딩 시범 사업
친환경 에너지 타운	주민 참여형 신재생 발전 사업 구성

1) 수요 자원 거래 시장

① 다소비 수용가에서 절약한 전기를 전력 시장에 되팔아 수익 창출

② 수요 자원 거래 시장 개설 : 300만 [kW] 이상 수요 자원 확보

③ 가정용, 일반용 등 다양한 전기 사용자의 참여 확대

2) ESS

① 전력 Peak 억제, 전력 공급 안정화, 전력 판매 등 다양한 서비스 활용

② 대규모 주파수 조정용, 대용량 ESS 시험평가 센터 착공

종류	원리	적용
SMES	초전도 현상을 이용하여 코일에 에너지 저장($W = \dfrac{1}{2}LI^2$)	SMES
BESS	충방전이 가능한 2차 전지 이용(PCS + BMS + EMS)	리튬, Ni − Cd, 레독스
Fly Wheel	회전의 관성 모멘트를 이용한 운동 에너지 저장	Fly Wheel UPS
증기 저장	열병합 발전소의 증기를 응축조에 저장	열병합 발전
압축 공기	지하 암반 Tank 내 압축 공기 저장	Compressor
양수 발전	심야 경부하 시 물을 끌어올려 저장, Peak 시 발전	양수 발전

3) 에너지 자립섬

풍력 태양광 지열 테마단지	도서 지역 (에너지 자립섬)	Micro Grid ESS 융합

① 도시 전역의 디젤 발전기를 신재생 에너지와 ESS를 융합한 마이크로 그리드로 대체

② 울릉도 등 국내 에너지 자립섬 및 해외 진출 추진

③ 풍력＋태양광＋지열＋디젤 발전＋ESS＝마이크로 그리드

4) 전기 자동차

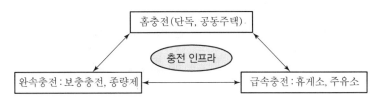

[전기자동차 충전 방식]

① 충전 인프라 구축 및 고가의 Battery 등 전기차 확산 저해 문제를 해결하는 신사업 발굴 육성

② 전기차 Battery 리스 전담 회사 운영, 유료 충전 전담 회사 설립

③ 민간 중심의 충전 인프라 확충, 전기 버스, 전기 택시, 렌터카 운행

5) 발전소의 온·배수열 활용

농업 측면	+	에너지 측면
저장 작물 생육 환경 조성 IT 기반 Smart 생육 관리	복합 영농 시설 생산	열, 전기에너지(발전소) EMS(냉난방, 공조제어)

① 발전소의 온·배수열을 인근의 농업과 수산업에 활용하여 연료비 절감

② 발전소의 온·배수열을 신재생에너지원으로 인정

③ 당진, 제주, 하동을 중심으로 온실 재배 사업 확대

6) 태양광 대여

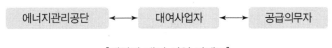

[태양광 대여 사업 관계도]

태양광 설비를 가정에 대여하여 감소된 전기 요금만큼 대여료를 받아 수익 창출(지원 대상을 아파트로 확대 예정)

7) 제로 에너지 빌딩

[제로 에너지 빌딩 원리]

① 에너지 사용 최소화 : 단열 성능 극대화

② 에너지 자급 자족 : 신재생을 이용한 에너지 자급 자족 건축물

③ 제로 에너지 빌딩 활성화 : 제도 개선 및 시범 사업 추진

8) 친환경 에너지 타운

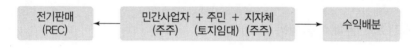

[친환경 에너지 타운 사업 관계도]

① SPC 설립

   ㉠ 소각장, 매립장 등 기피시설, 유휴시설 등을 주민 참여형 신재생 발전 단지로 추진하여
   님비 현상과 에너지 부족 문제 해결

   ㉡ 친환경 에너지 타운의 시범 사업 추진 및 성공을 통하여 해외 시장으로 사업을 확대

06 초전도 현상

1 개요

전력 설비의 기술 개발로 기기의 효율 상승과 에너지 저장, 전송 등 초전도 현상을 통한 응용 기술의 연구 개발 등에 관심이 높아지는 가운데 초전도 현상은 절대 온도 4[K]($-269[°C]$)에서 수은의 전기 저항이 '0'이 되는 원리를 기초로 함

2 초전도의 원리 및 특징

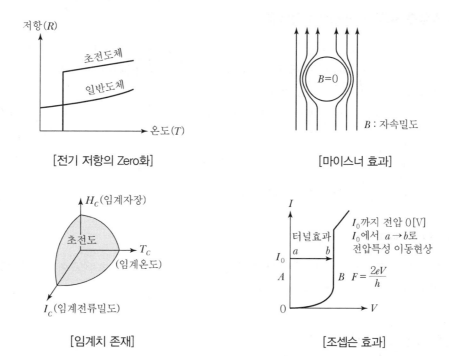

[전기 저항의 Zero화]

[마이스너 효과]

[임계치 존재]

[조셉슨 효과]

1) 전기 저항의 Zero화

① 절대 온도 4[K]($-269[°C]$)에서 수은의 전기 저항이 '0'이 되는 현상

② 전기 저항이 0일 때 손실 미발생($I = \dfrac{V}{R} = \infty$: 무한전류 공급)

③ 적용 : 초전도 변압기, 케이블, ESS(SMES)

2) 마이스너 효과(Meissner Effect)

① 초전도체는 완전 반자성 물체(내부자속 밀도 $B = 0$)

② 자기장을 밖으로 밀어내는 차폐 전류 성질 발생

③ 적용 : 자기 부상 열차, 초전도 베어링 등

3) 임계치의 존재(Quenching 현상)

① 임계 자기장(H), 임계 전류밀도(I_c), 임계 온도(T) 존재

② 임계점 이상 시 초전도 이탈 현상 발생

③ 적용 : 초전도 변압기, 초전도 케이블, SMES 등

4) 조셉슨 효과(Joshepson Effect)

① 정의 : 2개의 초전도체 사이에 박막을 끼워도 일정 조건에서 전류가 흐르는 현상

② 원리 : 전지가 특수한 쿠퍼쌍을 이루어 터널효과에 의해 절연막을 통과

③ 응용 : 검파기, PC 연산 소자에 응용

  ㉠ DC 조셉슨 : 임계 전류(I_0)가 터널 효과에 의한 전압특성 이동 현상(약한 자계의 주기적 변화)

  ㉡ AC 조셉슨 : 초전도 사이 직류전압 인가 시 교류 전압 발생 현상

  $$f = \frac{2eV}{h} \text{(진동수가 전압에 비례)}$$

5) 자기장 보존 현상

일반 상태 회로에서의 자기장이 냉각 상태의 초전도체가 되어도 초전도 회로의 자기장은 냉각 전의 상태를 유지(외부 영향과 무관)

❸ 초전도의 응용 기기

1) 초전도 케이블

① 전기 저항의 Zero화

$$I = \frac{V}{R} = \infty$$

($R ≒ 0 \rightarrow I = \infty$)

② 저손실, 대용량의 장거리 송전 가능

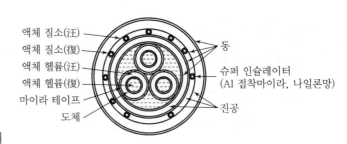

액체 질소(汪)
액체 질소(復)
액체 헬륨(汪)
액체 헬륨(復)
마이라 테이프
도체
동
슈퍼 인슐레이터
(Al 접착마이라, 나일론망)
진공

[초전도 케이블의 구조]

③ 문제점 : 장거리 구간의 케이블 개발, 접속 기술, 경제성 필요

구분	저온 초전도체	고온 초전도체
냉각온도	4.2[K]($-269[^\circ C]$)	77[K]($-196[^\circ C]$)
냉각재료	액체 헬륨	액체 질소
초전도체	니옵, 니옵티탄	이트륨, 바륨, 구리, 산소화합물
가격	고가	저가
관로규격	360[mm]	130[mm]

2) 초전도 변압기

① 코일과 철심을 액체 헬륨으로 냉각

② 코일을 초전도체로 하여 효율을 99[%]까지 상승

③ 사고 시 Quenching 효과 방지를 위한 전류제한기 설치

④ 저손실, 고효율, 과부하 내량 증가, 무게 부피 감소 및 친환경적

3) 초전도 에너지 저장 장치(SMES)

① 전력을 코일에 저장

$$W = \frac{1}{2}LI^2[\text{J}]$$

② 무손실로 저장효율이 높고 장기간 저장 기능

③ 대용량이며 초전도를 유지하기 위한 냉각 장치 및 Quenching 검출 장치 필요

4) 초전도(동기)발전기

① 회전 계자형 발전기의 계자 권선을 초전도체로 사용

② 전기자 권선을 동심 구조로 하여 계자 권선의 강력한 자계 유지와 철심 미포화로 고효율화

③ 회전자 철심은 포화되지 않는 비자성의 동심 원통 구조 + 액체 헬륨(냉각)

④ 고효율(45[%] → 99[%] 이상), 전기자 공심 → 동기 임피던스 ↓ → 계통 안정도 향상, 절연 용이, 고전압화 가능

5) 초전도 자기 부상 열차

① Rail의 마찰 계수로 인한 속도 제한 개선(300~350[km] → 속도 증가)

② 반발식 자기 부상 : 전자 유도 전류에 의한 자장의 반발력으로 부상

③ 상전도 흡인식 자기부상 : 상부의 흡인력을 이용한 자기부상

6) 기타

① 초전도 전동기
② 초전도 직류기
③ 초전도 한류 저항기
④ 초전도 의료기 등

7) 초전도의 특징과 응용 분야의 비교

구분	장점	응용분야
전기 저항의 Zero화	저손실, 저발열	변압기, 케이블, SMES
임계치의 존재	저전압, 대전력 수송	발전기, 케이블
마이스너 효과	소형ㆍ경량, 대용량화	에너지 저항 장치
조셉슨 효과	계통의 안정도 향상	한류기 등
자기장 보존	환경 친화적	자기 부상 열차 등

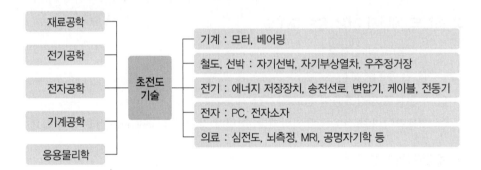

[초전도 기술의 응용]

07 초전도 에너지 저장 장치(SMES)

1 초전도 현상과 에너지 저장

1) 초전도 현상

절대온도 4[K]($-269[℃]$)에서 수은의 전기 저항이 '0'이 되는 현상

종류	원리	초전도의 장점	적용분야
• 전기저항의 Zero화 • 마이스너 효과 • 임계치의 존재 • 조셉슨 효과	• $R ≒ 0$ • 완전 반자성체 • 임계점 이하 초전도 • 쿠퍼쌍＋터널 효과	• 저손실, 대전류 • 저전압, 대전력 • 소형·경량, 대용량화 • 계통의 안정도 향상 • 환경 친화적	• 변압기, 전동기 • Cable, SMES • 발전기, ESS • 한류기 • 자기 부상 열차

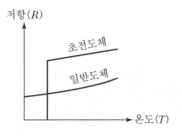

[전기 저항의 Zero화]

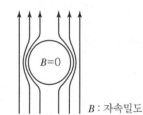

B : 자속밀도

[마이스너 효과]

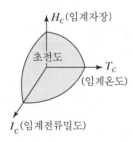

[임계치 존재]

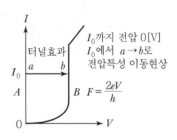

I_0까지 전압 0[V]
I_0에서 $a→b$로
전압특성 이동현상

$F = \dfrac{2eV}{h}$

[조셉슨 효과]

2) 에너지 저장장치(ESS)

종류	원리	적용
SMES	초전도 현상을 이용하여 코일에 에너지 저장($W = \dfrac{1}{2}LI^2$)	SMES
BESS	충방전이 가능한 2차 전지 이용(PCS + BMS + EMS)	리튬, Ni-Cd, 레독스
Fly Wheel	회전의 관성 모멘트를 이용한 운동 에너지 저장	Fly Wheel UPS
증기 저장	열병합 발전소의 증기를 응축조에 저장	열병합발전
압축 공기	지하 암반 Tank 내 압축공기 저장	Compressor
양수 발전	심야 경부하 시 물을 끌어올려 저장, Peak 시 발전	양수 발전

② 초전도 에너지 저장장치(SMES)

1) SMES(Super Conducting Magnet Energy Storage System)

초전도를 이용한 대용량의 에너지 저장 방식

2) SMES의 구성

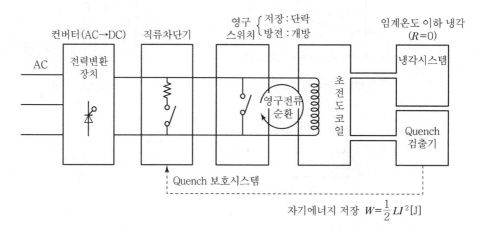

[SMES의 구성]

① 전력 변환 장치(PCS : Power Conditioner System)

    ㉠ 컨버터 : AC → DC 변환 저장

    ㉡ 인버터 : 직류(DC) → 교류(AC) 변환 출력

    ㉢ 무효전력 자동 조정 : 무효전력의 흡수, 보상 → 안정도 향상

② 초전도 코일(에너지 저장)

$W = \dfrac{1}{2}LI^2 \rightarrow$ 코일과 전류의 양에 따라 에너지 저장력 결정

③ 영구 스위치

㉠ 저장 : 단락 후 순환 전류 형성

㉡ 출력 : 개방 후 저장 에너지 출력

④ 냉각 장치

임계 온도로 냉각 초전도 상태 유지($R ≒ 0$)

⑤ Quenching 보호 시스템

㉠ Quenching 검출기 : 내부 이상 발생 시 초전도 이탈 상태 검출

㉡ 직류 차단기 : SMES의 이상 발생 시 회로를 단락하여 차단

㉢ 직류 차단기로 동작 코일에 저장된 에너지를 안전하게 방출(열로 소비)

3) 저장 원리

① 전기 저항 Zero화($R ≒ 0$, $I = \dfrac{V}{R} = \infty$)

㉠ 전력 손실 미발생

㉡ 대전류 공급

㉢ 에너지 미소비

② 초전도체를 폐회로로 구성 시 누설 자속 미발생, 영구 전류 생성

③ 자기 에너지의 출력

$W = \dfrac{1}{2}LI^2[\text{J}]$

여기서, L : 인덕턴스, I : 전류

4) 주요 특징

① 저장 효율 우수(무손실 80~90[%])

② 대용량의 전기에너지를 단시간에 걸쳐 저장 가능

③ 전원 측 유효 · 무효 전력을 독립적으로 제어 가능

④ PCS를 통한 저장 및 방출이 고속(속응성 우수)

⑤ 에너지의 크기 조정 가능, 저장 에너지 증대(L과 I 조정)

⑥ 정지기, 장수명

5) 적용 효과

① 전력 저장용 SMES : 충방전 시간이 길고(1시간~1주일), 저장 용량이 양수 발전 규모(10^{14}[J])

② 전력 계통의 안정용 : 단위 시간의 충방전(1초~1분), 유효 · 무효 전력 제어로 저장용량이 적어도 됨

③ 무효 전력 보상용 : 무효 전력을 흡수, 보상

점호각 : 저장 모드 0~90[°], 보상(방출)모드 90~180[°]

6) 향후 과제

① 대형 초전도 코일의 개발

② 대전류용 전력 변환 장치(PCS)의 개발

③ 코일 보호기술의 개발

④ 대전류용 영구 스위치의 개발

❸ 맺음말

SMES는 전기 저항이 Zero이므로 타 전력 설비에 비해 응용 가치가 우수하고 초전도 케이블(상용화), 초전도 변압기, 초전도 전동기, 초전도 발전기 등 초전도 현상을 이용한 효율이 우수한 전기 설비 등을 개발 중임

08 초전도 케이블

❶ 구성

[극저온관로]

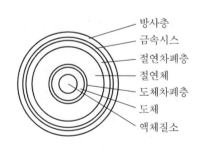

[케이블 Core]

1) 극저온 관로 : 초전도 유지를 위한 관로로 액화 질소 보호

2) 액체 질소 : 초전도 유지를 위한 냉각제(액체 헬륨)

3) 케이블 코어 : 초전도 현상을 이용한 전력 수송

2 원리

1) 전기 저항의 Zero화

① 구리 도체 대신 초전도체 사용($I = \dfrac{V}{R} = \infty$, $R \fallingdotseq 0$)

② 초전도 현상 시 저손실, 대용량의 전력수송

③ 극저온 관로＋액체 질소＋Cable Core＝전기 저항 Zero화

3 종류

구분	저온 초전도체	고온 초전도체
냉각 온도	4.2[K]($-269[^\circ\text{C}]$)	77[K]($-196[^\circ\text{C}]$)
냉각 재료	액체 헬륨	액체질소
초전도체	니옵, 니옵티탄	이트륨, 바륨, 구리, 산소 화합물
가격	고가	저가
관로 규격	360[mm]	130[mm]

※ 66[kV] 9,000[A] 1회선 기준임

4 특징

1) 장점

① 저손실(1/20), 대용량(수 배)

② 저전압 송전 가능(345, 765[kV] → 22.9[kV])

③ 장거리 송전 가능(저손실, 대용량)

④ 케이블 및 관로 소형화 가능

⑤ 송전비용 절감

　㉠ 변전소 생략

　㉡ 절연 Level 감소

　㉢ 소형·경량화

　㉣ 저전압으로 충전 전류 감소

2) 단점

① 고가

② 케이블 접속 곤란

③ 재료 선정의 한계(초전도 유지)

④ 저온 유지 보호 장치 필요

5 초전도 케이블의 필요 조건

① 임계전류밀도(I_c)가 클 것

② 정상 상태에서 Quenching 현상이 발생하지 않을 것

③ 표피 효과가 적을 것

④ 대전류 용량의 특성이 있을 것

⑤ 고온화가 가능할 것

⑥ 제작, 가공, 설치가 용이할 것

⑦ 기계적 강도, 전기적 특성 유지에 유리할 것

⑧ 대량 생산이 가능하고 경제성이 있을 것

⑨ 장거리화가 가능할 것

⑩ 환경 파괴가 없을 것

6 맺음말

국내에서 초전도 케이블 개발에 성공하여 제주에 154[kV]급 케이블을 설치 · 운영 중이며 초전도를 이용한 변압기, SMES, 자기 부상 열차 등 기술 개발이 활발히 진행 중

09 BEMS(Building Energy Management System)

1 개요

최근 정부 주도하에 저탄소 녹색 성장을 새로운 비전의 축이자 신(新)국가 패러다임으로 제시하고 있는데 국내외 환경적 관점의 도입 배경으로 기후변화협약, 고유가 시대, 건축물 에너지 소비 증가, 건축물 에너지 절감 정책 등이 있음

2 BEMS의 개념

실내 환경 및 에너지 사용 현황을 계량 · 계측하고, 수집된 데이터로 설비 운영 분석과 에너지 소비 분석을 통해 비효율적 운영 설비를 파악하고, 최적의 설비 제어를 통해 쾌적한 환경을 제공하며 에너지 절감을 극대화하는 시스템으로서 에너지 데이터를 관리하고 그 데이터나 BEMS에 탑재된 애플리케이션, 그 외 에너지 절약 제어 인터페이스에 의해 건물을 종합적으로 관리

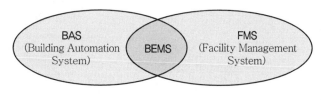

[BEMS의 개념]

3 BEMS의 목적

에너지 소비량을 파악하고 에너지원별, 열원별, 계통별, 주요 장비별 적정한 에너지가 소비되는지 분석하고 효율적으로 에너지를 관리

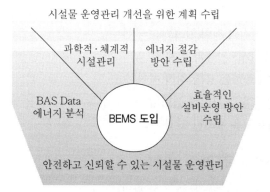

[BEMS의 목적]

4 BEMS의 필요성

1) 계절, 시간, 운용 상황에 따른 부하 변동 검토

2) 피크 부하를 바탕으로 한 설계로 설비능력 과잉 해소

3) 외기 조건에 따라 변화하는 에너지 유효성 파악

4) Zone별 부하 운영의 차이 파악

5 BEMS 전기 분야

1) 최대 수요 전력 제어

2) 실시간 예측 관리 시스템

3) 시간 제어, Day Light 센서 제어

4) WEB에 의한 원격 제어

5) 방범시스템 연동, 정전 패턴 등록

6) BAS

7) FMS

8) SI 등

6 BEMS의 기능

1) 건물의 설비 감시 제어와 유기적인 통합 관리

① 설비의 에너지 사용량 수집 · 분석

② 설비 운전 데이터 수집 · 분석

③ 에너지원 · 계통별 · Zone별 데이터 수집 · 분석

2) 에너지 절감을 위한 공조 관리

① 공조 시스템의 최적 제어 알고리즘 구현

② BAS 시스템의 EMS 기능과 연계

③ 에너지를 최소화하는 통합 최적 제어 수행

④ 장비의 운전 효율을 고려한 선택 운전

⑤ 경제성과 효율성을 고려한 최적 관리

3) 고장 검출 진단 및 유지보수 서비스

① 건물 설비의 LCC 분석을 통한 종합 관리

② 설비의 가동 시간 분석 및 점검 주기 체크

③ 설비의 다양한 경보 데이터 분석 · 고장 검출
④ 종합적 관리를 통한 건물 유지 비용 절감

4) 전력 수요를 실시간 예측한 부하 관리 서비스

① 건물의 전력 수요를 예측한 부하 관리
② 건물의 신재생 에너지의 관리 서비스
③ BAS 시스템과 연계한 최적 부하 관리
④ 전력 피크 관리를 통한 순차적 부하 제어

☑ BEMS의 감시 및 평가 대상 항목

1) 전기설비

관리 항목	계측 항목	비고
수변전 설비	수요 감시 제어, 역률 개선, 발전기 부하 제어	정전 시, 복전 시 제어
조명설비	주광 이용에 의한 점멸 제어, 원격 조명 제어, 방범 시스템과의 연동에 의한 점멸 제어, 부재 시 인체감시 제어	블라인드 제어와 관계

2) 품질 및 에너지 소비

관리 항목	계측 항목	계측 방법
전원 품질	상전류/전압, 역률	말단의 전압 강하 계측
계통별 소비 전력	열원, 공조, 조명, 콘센트, 위생, E/V 설비 등의 전력	시간, 일, 월, 년의 추이를 측정

3) 설비 전반

관리 항목	계측 항목	계측 방법
에너지원 단위	수전 전력, 가스, 유류, 물	3년간의 트렌드치
LCC	기기의 기동시간	설비의 운전 효율, 보전 인터벌의 검토를 실행

☑ 도입 효과

1) 에너지 절감에 따른 비용 절감
2) 에너지원의 적정 사용량 검토

3) 최적 운전을 통한 탄소 배출량 감소

4) 시설 운영 관리 원가 절감 및 장비 수명 증가

5) 설비 운영 시간의 효율화

6) 비용 절감에 따른 건물의 부가 가치 증대

7) 문서/자료의 활용도 파악

8) 관리 인원의 적정 여부 검토

9) 경영 정보화에 따른 최고 경영층의 정확한 의사 결정 지원

10) 시설 확충 시 관리 운영 방안의 단계적 수립

10 전기차 충전 방식

1 전기차 충전 시스템의 구성

전기차 충전 시스템은 크게 충전 방식, 연결 방식, 통신 및 제어 방식에 따라 구분

1) 충전 방식 종류

① 접촉식(Conductive)

② 유도식(Inductive)

③ 배터리 교환 방식(Battery Swapping)

2) 연결 방식

① 전기적 연결 장치 : 커넥터(Connector : 주유기에 해당), 인렛(Inlet : 주유구에 해당하는 전기차에 장착)

② 충전 방식 : 단상 및 삼상 교류형, 직류 전용, 콤보형(교류와 직류 겸용)

3) 통신 방식 및 제어 방식

① CAN 통신방식

② PLC 통신방식

2 전기차 충전 방식

1) 접촉식 충전 방식

접촉식은 전기적 접속을 통하여 충전이 이루어지며 교류 충전 스탠드, 직류 충전 장치로 구분

① 교류 충전 스탠드
ㄱ 충전 장치가 아니고 충전을 위하여 교류 전원을 공급해 주는 전원 공급 장치에 해당되며 실제 충전은 전기차 내부의 온보드 충전기(OBC : On Board Charge)가 담당
ㄴ 충전 시간이 7~8시간 소요되며, 주로 심야 시간대의 저렴한 전력을 이용하여 충전하므로 스마트 그리드 측면에서 매우 바람직
ㄷ 유럽에서는 전기차 내부의 전력 변환 장치에 충전 기능을 추가하여 충전 시간을 2~3시간으로 단축하는 기술도 개발 중

② 직류 충전 장치
ㄱ 출력이 직류로서 전기차 내부의 배터리에 바로 전기를 공급하여 충전하는 방식으로 국내 개발제품은 50[kW]급 DC 500[V] 120[A] 레벨
ㄴ 배터리 충전은 전기차 내부의 배터리 관리 장치(BMS : Battery Management System)에서 관리하며 직류 충전 장치는 BMS 제어에 순응
ㄷ 출력 직류 전압이 높고 전류가 커서 충전 중 사고의 위험성이 매우 높아 국제 표준에서는 많은 안전사항을 추가

2) 유도식 충전 방식

① 유도식은 변압기의 원리를 이용한 것으로 1차 측 권선에 해당하는 장치를 주차장 등 외부에 설치하고 2차 측에 해당하는 장치를 전기차 내부에 설치하여 전력을 전달하고 전기차 내부의 OBC를 이용하여 충전하며 전력 전달 효율을 높이기 위하여 인버터를 사용하여 주파수를 높임
② 최근 '미국 자동차 기술 학회'에서는 MIT에서 개발한 자기 공명 기술을 이용한 유도식 충전 기술을 표준으로 규정하려는 추세도 있음
③ 주파수가 높아 외부에 전자파 장해을 유발할 수 있고 1차와 2차가 떨어진 상태에서 전력을 전달해야 하므로 효율이 낮은 점 등이 문제이나 안전성과 편리성 등을 고려하여 IEC 국제 표준에서는 활발히 진행 중

3) 배터리 교환 방식

① 배터리 교환 방식은 사전에 충전한 배터리를 교환하는 방식으로 충전 시간을 획기적으로 단축

② 국내에서는 국토교통부에서 이 분야 국책 과제를 수행하고 있으며 유럽 연합은 컨소시엄을 이루어 연구 개발에 착수하였고 IEC 국제 표준에서는 이스라엘에서 초안을 개발하는 것으로 계획

③ 배터리 교환 방식은 배터리의 표준화 및 차량의 표준화가 필요하고 진동 충격 등에 의한 배터리의 내구 성능이 보장되어야 함

11 사물 인터넷(IoT : Internet of Things)

1 개요

1) 인터넷을 기반으로 모든 사물을 연결하여 사람과 사물, 사물과 사물 간의 정보를 상호 소통하는 지능형 기술 및 서비스

2) 각종 사물에 센서와 통신 기능을 내장하여 인터넷에 연결하는 기술을 의미하며 사물로는 가전제품, 모바일 장비, 웨어러블 컴퓨터 등 다양한 임베디드 시스템임

2 사물 인터넷의 특징 및 기술 요소

1) 사물 인터넷에 연결되는 사물들은 자신을 구별할 수 있는 유일한 IP를 가지고 인터넷으로 연결되고 외부 환경으로부터의 데이터 취득을 위해 센서 내장이 가능하여 모든 사물이 해킹 대상이 될 수 있기에 사물 인터넷의 발달과 보안 발달은 동시에 검토하여야 할 사항

2) 사물 인터넷은 기존의 유선 통신을 기반으로 한 인터넷이나 모바일 인터넷보다 진화된 단계로 인터넷에 연결된 기기가 사람의 개입 없이 상호 간에 알아서 정보를 처리

3) 사물이 인간에 의존하지 않고 통신을 주고받는 점에서 기존의 유비쿼터스나 M2M(Machine to Machine, 사물 지능 통신)과 비슷하나 통신 장비와 사람과의 통신을 주목적으로 하는 M2M의 개념을 인터넷으로 확장하여 사물은 물론 현실과 가상세계의 모든 정보와 상호 작용하는 개념으로 진화한 단계

4) 구현 필요 기술 요소

① 센싱 기술 : 유형의 사물과 주위 환경으로부터 정보를 얻는 기술

② 유무선 통신 및 네트워크 인프라 기술 : 사물이 인터넷에 연결되도록 지원하는 기술

③ 서비스 인터페이스 기술 : 각종 서비스 분야와 형태에 적합하게 정보를 가공하고 처리하거나 각종 기술을 융합하는 기술

④ 보안 기술 : 대량의 데이터 등 사물 인터넷 구성 요소에 대한 해킹이나 정보 유출을 방지하기 위한 기술

③ 전력 IoT

1) 사물 인터넷의 기술을 전력 설비 관리 · 감시 기술에 적용하여 배전 설비 상태를 실시간 모니터링으로 인력 점검을 최소화하고, 설비 상태를 연속적으로 상시 감시하여 경제적 · 효율적인 배전 설비를 관리

2) 전력 설비에 설비 상태를 감시할 수 있는 Smart Sensor를 개발하여 통신 네트워크를 구성하고 계통을 운영하는 배전 센터에서 모든 설비를 실시간으로 확인 가능

3) 전력 IoT의 구성 요건

① Smart Sensor : 설비 상태를 감시

② Gate – Way : Sensing 정보를 무선으로 취득하는 단말 장치

③ 광통신 Network

④ Data를 이용하여 각종 Service 개발을 위한 Platform

4) **전력 설비 자가 진단 가능** : 전주, 애자, 전선, 기기류의 설비 상태를 지속적으로 감시하여 불량 또는 고장으로 인한 정전 발생 이전에 사전 대응 실현

※ DAS : 정전 발생 시 신속하게 고장 구간을 분리하여 건전 구간을 복구하는 체계로 전력 IoT에 의한 정전의 사전과 사후 대응에 큰 차이

12 V2G 기술

❶ 개요

도로의 상황과 필요에 따라 사용자가 원하는 대로(원하는 시간, 원하는 광량, 원하는 배광, 원하는 운영주기 등) 도로 조명을 운영하여 최적의 에너지 절감과 도로 안전을 확보하는 것으로 기존 유무선 스마트 조명 운영 시스템과 같이 도로 상황의 변화에도 고정된 광량으로 조광하는 시스템과 차별화

❷ 특징

1) 스마트 센서 기반으로 무선 통신 시스템과 인터넷을 통하여 정보를 공유
2) 도로 상황 변화나 관리 주체의 운영 방침 변화에 따라 추가 공사나 설비 투자 없이 실시간으로 유지 · 변경 가능
3) 실시간 에너지 사용, 도로 조명 시스템 상태 등을 관리자에게 보고
4) **구성** : 스마트 센서, 제어기, 게이트웨이, 관리 서버
5) 교통, 기상 정보 등 사회 안전망 정보 연결 시 유연한 도로 운영이 가능
6) **안전 시스템** : 스마트 조명 제어 시스템 오류 시, 도로 등급에 맞추어 설계된 최대 밝기로 자동 복귀하여 도로 안전 유지
7) 인터넷망을 활용하기 때문에 해킹에 의한 보안 안전이 중요

❸ 구성

1) 스마트 센서, 스마트 제어기

① 차량, 자전거, 보행인의 움직임을 감지함과 동시에 사용자가 미리 정해놓은 디밍 동작을 시작(개별 및 그룹제어 가능)
② 설치되어 있는 각 스마트 센서 또는 스마트 제어기가 정보를 주고 받아 움직임 감지와 디밍 정보 공유가 가능(운영자의 도로 조명별 그룹 설계 방식에 따라 유연하게 적용 가능)
③ 스마트 센서와 스마트 제어기는 알고리즘으로 진동, 나뭇잎, 강아지 등을 구별하여 선별적으로 디밍 동작

2) 게이트 웨이

① 스마트 센서와 스마트 제어기로부터 받은 정보를 서버에 전송하고 서버에서 받은 정보와 새로운 명령을 스마트 센서와 네트워크 기기에게 전달(실시간 양방향 통신)

② 모든 통신 방식과 통신사에 관계없이 사용 가능

3) 서버

① 관리 서버를 통하여 관리하며 사용자의 컴퓨터와 모바일 기기, 게이트웨이에 정보를 전달
② 인터넷을 통하여 데이터를 주고 받으며, 해킹 위험에 노출되지 않는 웹망을 통하여 안전하게 정보를 공유

4) 사용자

① 사용자 컴퓨터와 모바일 기기에서 실시간으로 도로 조명 상태, 에너지 사용량, 센서 동작 빈도 등을 파악할 수 있으며, 디밍 단계와 디밍 시간 등 프로파일 변경 가능
② 별도의 프로그램을 개발하거나 설치할 필요 없이 인터넷 사이트를 통하여 실시간으로 운영 및 확인 가능
③ 관리자에게 SMS 통보나 이메일 전송이 가능

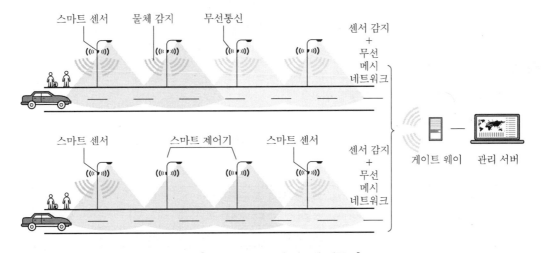

[스마트 도로 조명 시스템 계통도]

4 맺음말

스마트 조명 시스템=시민의 안전성 확보＋에너지 절약＋빛공해 예방

1) **안전성 확보** : 가로등 선로 단선 및 누설 전류, 고장 상황을 실시간 감시
2) **에너지 절약** : 고용량 광원 LED 등 교체 및 심야 시간대 밝기를 조정
3) **빛공해 예방** : 빛공해를 유발하는 등기구를 컷오프형으로 교체
4) **지능형 사용** : IoT 센싱과 조광을 통한 격등으로 위험성을 감소

13 지능형 건축물(IB) 인증 제도

1 지능형 건축물(IB : Intelligent Building)

건축 환경 및 정보통신 등 주요 시스템을 유기적으로 통합, 첨단 서비스기능을 제공함으로써 경제성, 기능성, 안정성을 추구하는 건물

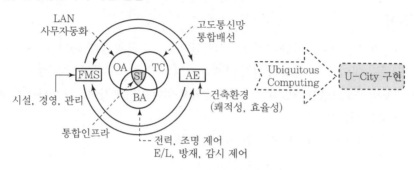

[지능형 건축물 개요]

2 IB 인증 주요 내용

1) 인증대상 건축물 : 건축법 시행령 별표 1

　① 주거시설 : 단독주택, 공동주택

　② 비주거시설 : 근린생활, 문화 및 집회, 종교, 판매, 업무시설 등

2) 인증등급 및 점수

비주거시설 및 주거시설					
등급	1등급	2등급	3등급	4등급	5등급
점수	85점 이상	80~85점	75~80점	70~75점	65~70점

3) 인증심사기준

구분	분야	비주거시설		주거시설	
		지표수	배점	지표수	배점
예비인증 및 본인증	건축계획 및 환경	8	13	5	10
	기계설비	7	12	6	15
	전기설비	9	15	5	15
	정보통신	13	20	6	20
	시스템통합	11	20	6	20
	시설경영관리	12	20	9	20
	합계	60개	100점	37개	100점

4) 인증 유효기간 : 인증일로부터 5년

5) 인증 운영기관 : 한국감정원

6) 지능형 건축물의 건축기준 완화

① 분야 : 조경설치면적, 용적률, 건축물 높이제한

② 완화비율

지능형 건축물 인증 등급	1등급	2등급	3등급	4등급	5등급
건축기준 완화비율[%]	15	12	9	6	0

❸ 전기설비 평가항목 및 평가기준

1) 주거시설(5개 항목)

평가항목	평가기준	구분	점수
전기 및 정보통신 관련실 배치	침수 방지, 전력공급 안정성 확보를 위한 위치	필수	3
수변전설비 계획	예비변압기 구성	평가	3
비상발전 계획	비상발전기 용량 및 비상전력 공급 수준	필수	3
전력간선 설비	전력간선 용량 예비율	평가	3
서지 보호설비	서지 보호설비의 적용 수준	평가	3

2) 비주거시설(9개 항목)

평가항목	평가기준	구분	점수
전기실 안전 계획	침수 방지, 전력공급 안정성 확보를 위한 위치	필수	2
전원설비 구성	예비변압기 구성, 발전기 용량	평가	2
자유배선 공간확보	EPS 공간의 면적 확보 여부	평가	2
서지 보호설비	서지 보호설비의 적용 수준	평가	1
고조파 보호설비	고조파 보호설비의 적용 수준	평가	1
소방 안전설비	소방 안전설비 적용 수준	필수	2
피뢰 설비	뇌보호시스템 등급 수준	평가	1
전력 사용량 계측	에너지 사용량 측정을 위한 전력량계 설치 수준	필수	2
조명제어 설비	제어되는 조명기구 비율	평가	2

4 도입효과

1) 국가적 측면 : 관련 산업의 기술발전 유도, 정보화 사회 구현
2) 사업자 측면 : LCC 비용 절감, 홍보 및 마케팅 전략 효과, 부동산 가치 상승
3) 소비자 측면 : 편리성, 쾌적성 등 삶의 질적 향상, 유지관리비용 절감

5 결론

각종 인증제도의 난립을 재정비하고 제도별 특징을 부각시키고 제도 운영의 합리화를 꾀하여 사업자 입장에서 비용절감 및 인센티브 혜택을 동시에 만족시키고, 건물 인증평가의 간편성 및 절적 향상을 도모하는 것이 필요

CHAPTER

16

예비전원설비

01 예비전원

1 정의

1) 상용 전원 정전 시 대체 전원으로 사용되는 전원

2) 정전 시 정상 운전을 유지하고 보완 전력을 확보하기 위해 예비 전원 설비가 필요

2 필요성

1) 법적인 요구 : 건축법, 소방법

2) Demand Control용(수요 제어용)

3) 자위상(自衛上) 필요 또는 건축물의 신뢰도 확보 차원에서도 설치

3 구비 조건

1) 비상용 부하의 사용 목적에 적합한 전원 설비일 것

2) 신뢰도가 높을 것

3) 경제적일 것

4) 취급, 조작, 운전이 쉬울 것

4 종류

1) 비상 발전기

① 부하에 대한 적응성, 독립성에 적합

② 정전 시 10초 이내에 전압 확립, 30분 이상 안정적인 전원 공급

③ 비상용 E/V 2시간, 병원 10시간 공급 가능

④ 열병합 발전 설비 또는 가스 터빈 발전기 도입

2) 축전지 설비

① 소방 설비의 비상 전원으로 가장 신뢰성 있는 전원

② 정전 시 정격 전압이 확보될 때까지의 보조 전원, 10분간 전력 공급

③ 발전기가 없는 경우 30분간 용량 확보

3) 무정전 전원 공급 장치

① 전원의 질적 향상 목적으로 순간 정전도 허용 않는 고신뢰성 전원

② UPS는 CVCF(정전압 정주파수 장치)와 축전지의 조합

4) 비상 전원 수전 설비

① 특정 소방 대상물의 연면적 1,000[m²] 이하의 소방 대상물에 설치

② 특고압 및 고압 수전 : 방화 구획형, 옥외 개방형, Cubicle형

③ 저압 수전 설비 방식 : 전용 배전반, 공용 배전반, 전용 분전반 등

---

02 발전기 용량 산정 시 고려사항

❶ 개요

발전기 용량을 결정하려면 그 부하용량 및 종류, 성격 등을 충분히 검토하여야 하며, 각 부하 종류별 고려사항을 기술하면 다음과 같음

❷ 단상 부하

1) 현상 : 3상 발전기에 단상 부하 접속 시 그 부하의 $\dfrac{1}{\sqrt{3}}$ 배를 접속한 것과 같은 결과 초래

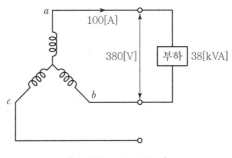

[발전기 부하 접속도]

① 발전기 a, b 상에 38[kVA]의 단상 부하 접속 시

$$I = 38 \times \frac{10^3}{380} = 100[\mathrm{A}]$$

② 동일 부하전류(100[A])에서 3상 부하가 걸렸을 경우

$$3\text{상 부하 } P = \sqrt{3}\,VI = \sqrt{3} \times 380 \times 100 \times 10^{-3} = 65.82[\text{kVA}]$$

$$\therefore \frac{\text{단상 부하}}{3\text{상 부하}} = \frac{VI}{\sqrt{3}\,VI} = \frac{1}{\sqrt{3}}$$

즉, 단상 부하는 3상 부하가 57.7[%] 걸린 것과 같은 결과

2) 영향

① 전압의 불평형
② 파형의 찌그러짐
③ 이상 진동의 원인
④ 이용률 저하

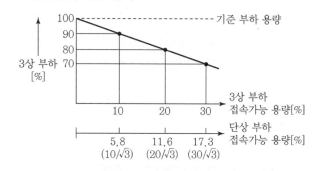

[단상 부하의 접속가능 용량]

3) 대책

① 단상 부하를 가급적 피함
② 단상 부하 접속 시는 3상 균등접속 또는 Scott 결선 채용

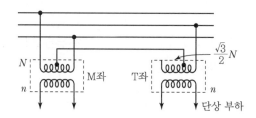

[Scott 결선]

㉠ 변성비가 다른 단상 TR 2대 접속
  ⓐ 1차 : 평형 3상 전원 유지
  ⓑ 2차 : 위상차 90°인 2개의 단상 전원

③ 가능한 단상 부하는 발전기 용량의 10[%] 이하

$$\text{부하 불평형률} = \frac{\text{각 상간 단상 부하 용량의 최대와 최소의 차}}{\text{총 부하설비 용량의 } 1/3(3\text{상 평균부하})} \times 100[\%]$$

3 전동기 부하

1) 감전압 기동 방식 채용 시

① 시동 돌입전류, 기동토크 감소 → 발전기 기동용량 경감
② 순시 전압강하 유발

③ 대책 : 감전압 기동 후 전전압으로 절환 시 적정 절환시간 설정

   ㉠ $Y-\triangle$ 기동 : $t=4+2\sqrt{P}\,[\sec]$

   ㉡ 리액터 기동 : $t=2+4\sqrt{P}\,[\sec]$

2) 전동기 인버터 운전 시

① 심야 경부하 시 E/V 회생제동에 의한 과열

② Noise나 고조파 발생

③ 대책

   ㉠ DBR(제동저항) 설치, Noise나 고조파 Filter 채용(인버터 측)

   ㉡ 발전기 Damper 권선 채용(역상 고조파 경감)

4 비선형 부하

1) 고조파 발생원

UPS, 정류기, E/V 또는 전동기의 인버터 운전, 축전기의 충전 장치 등

2) 영향

① 파형의 찌그러짐 현상 : 전원의 리액턴스가 클수록 심함

② 동일계통에 연결된 전동기의 손실 증가 및 온도 상승

③ AVR로 점호 위상제어 시 위상 변동으로 동작 불안전

④ 발전기 제동권선(Damper)의 온도 상승으로 손실 증가

3) 대책

① 발전기 리액턴스를 작게 하거나 용량을 크게 선정(부하 용량의 2배 이상)

② 부하 측 정류 상수를 많게(다펄스화) 하거나, 고조파 Filter 채용

5 결론

발전기 용량 산정 시 다음과 같은 사항을 고려해야 함

1) 단상 부하 접속과 부하 불평형 문제

2) 전동기 기동 방식 및 인버터 운전

3) 정류기 부하의 고조파, E/V 회생전력 등

03 발전기 용량 산정 방식

1 개요

발전기 용량 산정은 해당 건축물의 소방부하, 비상부하 및 그 밖의 정전 시에 운전이 필요한 부하 등의 특성을 고려하여 산정할 수 있음

2 관련 근거

건설기술진흥법 제44조, 동법 시행령 제65조(KDS 31 60 20 : 2021)

3 용량 산정방법

발전기 용량 $GP \geq \left[\sum P + (\sum P_m - P_L) \times a + (P_L \times a \times c) \right] \times k \, [\mathrm{kVA}]$

1) $\sum P$: 전동기 이외 부하의 입력용량 합계[kVA]

　① 고조파 발생부하 제외 입력용량

$$P = \frac{부하용량[\mathrm{kW}]}{부하효율 \times 역률}$$

　② 고조파 발생부하의 입력용량 합계[kVA]

　　㉠ UPS의 입력용량

$$P = \frac{\mathrm{UPS}\ 출력[\mathrm{kVA}]}{\mathrm{UPS}\ 부하효율} \times \lambda + 축전지\ 충전용량$$

　　※ 축전지 충전용량은 UPS 용량의 6~10[%] 적용

　　㉡ UPS 제외 입력용량

$$P = \frac{부하용량[\mathrm{kW}]}{부하효율 \times 역률} \times \lambda$$

　　※ λ(THD 가중치) : KS C IEC 61000 − 3 − 6의 표 6 참고.
　　　다만, 고조파 저감장치를 설치 시 가중치 1.25 적용

2) $\sum P_m$: 전동기 부하용량 합계[kW]

3) P_L : 전동기 부하 중 기동용량이 가장 큰 전동기 부하용량[kW]

　　　다만, 동시에 기동될 경우에는 이들을 더한 용량으로 함

4) a : 전동기의 [kW]당 입력용량 계수

　　　추천값은 고효율 1.38, 표준형 1.45

　　　다만, 전동기 입력용량은 각 전동기별 효율, 역률을 적용하여 입력용량 환산

5) c : 전동기의 기동계수

① 직입 기동 : 추천값 6(범위 5~7)

② $Y-\triangle$ 기동 : 추천값 2(범위 2~3)

③ VVVF(인버터) 기동 : 추천값 1.5(범위 1~1.5)

④ 리액터 기동방식의 추천값

구분	탭(Tap)		
	50[%]	65[%]	80[%]
기동계수(c)	3	3.9	4.8

6) k : 발전기 허용전압강하 계수는 아래 표 참조(명확하지 않은 경우 1.07~1.13으로 함)

구분		발전기 정수 x_d' [%]					
		20	21	22	23	24	25
발전기 허용 전압 강하율 [%]	15	1.13	1.19	1.25	1.30	1.36	1.42
	16	1.05	1.10	1.16	1.20	1.26	1.31
	17	0.98	1.03	1.07	1.12	1.17	1.22
	18	0.91	0.96	1.00	1.05	1.09	1.14
	19	0.85	0.89	0.94	0.98	1.02	1.07
	20	0.80	0.84	0.88	0.92	0.96	1.00

4 비상부하 산출방식 비교

구분	한국	일본		미국
	KDS - 31 60 20	PG방식(JISC - 4204)	RG방식(NEGA C - 201)	NEC
산출 방법	• 용량을 직접 구함 • 단일식에 부하특성 및 기동방식별 Factor 적용	• 용량을 직접 구함 • $PG_1 \sim PG_3$ 중 가장 큰 값 적용	• 계수를 구한 후 용량을 구함 • $G \geq RG \times K$에서 $RG = RG_1 \sim PG_4$ 중 가장 큰 값 적용	• 전 비상부하 합산 • 발전기 용량[kVA]= $\dfrac{\text{소방대상부하합계}}{\text{효율}}$
특징	• 2021년 6월 건설기술 진흥법에서 신규 제정 • 각종 계수를 국내 실정에 맞게 개발 • 산출식 단일화, 계산이 간편	• 1983년에 일본에서 폐지	• 1986년 9월 일본 내연력 발전 설비협회에서 신규 제정 • 고조파, 역상전류 고려 • $1.47D \leq RG < 2.2$ 내 선정 • 계산이 복잡	• 용량 산정방법이 간단 • 가장 안전한 산출방법이나 비경제적

5 발전기 용량 산정 시 고려사항(특수부하)

구분	내용	대책
3상에 단상부하 접속 시	전압 불평형, 파형의 찌그러짐, 이상진동, 이용률 감소	• Scott 결선 TR • 불평형률 10[%] 이하로 억제
감전압 기동	유도전동기 전전압 기동 시 순시 전압 강하 유발	• 감전압 방식 채택 • 전환 시 방식별 시간 설정 검토
고조파 부하	손실 및 온도 증가	• 발전기 리액턴스를 작게 • 발전기 용량을 크게 • 부하 측 정류기 상수는 크게
E/L(엘리베이터) 부하	기동 시 역률 저하	• 제동 시 회생제동 • DBR 설치

04 발전기 용량 산정 시 검토 사항

1 비상 부하의 종류 및 용량

1) 소화 설비 : 옥내 소화전, 스프링클러 등
2) 피난 설비 : 비상 조명 등
3) 소화 활동 설비 : 제연 설비, 연결 송수관 설비, 비상 콘센트 등
   ※ 소화 설비에 따라 10~30분 이상 전력 공급이 가능할 수 있는 용량
   ※ 부하의 효율, 역률, 수용률을 검토

2 발전기의 허용 전압 강하

1) 최대 용량 전동기의 기동 시 기동 전류는 그 전동기의 전부하 전류의 5~8배 수준의 전류가 흐르므로 발전기의 허용 전압 강하를 고려하여 허용 전압 강하는 20~25[%] 정도
2) 전압 강하가 너무 크게 발생되면 전동기의 입력 전압 감소로 인한 기동 토크 감소로 기동 실패

3 발전기의 단시간 내력

부하가 정상 운전 중 최대 용량 전동기는 기동 시 가장 큰 전류, 가장 긴 기동시간이 소요되므로 이것을 고려하여 발전기가 단시간(전동기 기동 시간)에 열적으로 견딜 수 있는 용량으로 선정

4 발전기의 고조파 내량

고조파 발생 부하를 고려하여 고조파에 의한 온도 상승 여유를 두고 선정

5 발전기의 역상 내량 검토

불평형 부하에 의한 역상분 및 고조파 발생 부하에 의한 역상 고조파 함유 정도에 따라 발전기의 온도 상승분을 검토하여 여유를 두고 선정

6 장래 부하의 증가에 따른 여유분

7 발전기의 형식 검토

1) 원동기의 종류 : 디젤 엔진, 가스 엔진, 가스 터빈 엔진
2) 원동기 시동 방식 : 전기식, 압축 공기식
3) 발전기의 냉각 방식 : 공랭식, 수랭식
4) 발전기의 출력 전압 : 저압, 고압

---

05 발전기 병렬 운전 및 동기 운전 조건

1 개요

1) 발전기는 운전 방식에 따라 단독 운전과 병렬 운전으로 분리
2) 병렬 운전은 기전력의 크기, 위상, 주파수, 파형, 상회전 방향 등의 검토가 요구

3) 병렬 운전 방식의 종류 및 필요성

종류	필요성
• 2대 이상의 복수 발전 • 상용 전원과 병렬 운전 • UPS 전원과 병렬 운전	• 1대 고장 시 전원 차단 없이 전원 공급 가능 • 부하량에 따라 발전기 분할 제어 가능 • 동일 용량 단독 운전보다 소음 · 진동 적음

❷ 발전기 병렬 운전 조건

1) 기전력의 크기가 같을 것

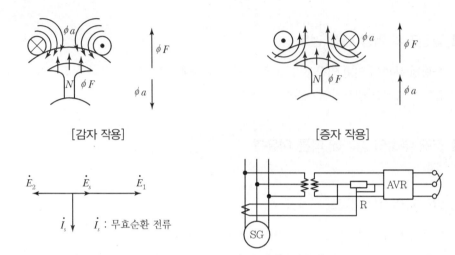

[감자 작용]   [증자 작용]

[기전력의 크기가 다른 경우 전압·전류 벡터도]   [횡류 보상 장치]

① 다를 경우 전압차에 의한 **무효 순환 전류(무효 횡류)**가 발생

② 기전력이 큰 발전기 → 감자 작용(유도성) → 전압 감소

③ 기전력이 작은 발전기 → 증자 작용(용량성) → 전압 증가

④ 무효 순환 전류는 전기자의 **동손**을 증가시키고 **과열, 소손의 원인**

⑤ 횡류 보상 장치 내에 **전압 조정기(AVR)**를 적용하여 출력 전압을 정격 전압과 일정하게 유지

2) 기전력의 위상이 같을 것

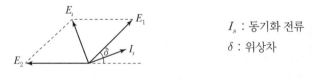

I_s : 동기화 전류

δ : 위상차

[동기화 전류 벡터도]

① 다를 경우 위상차에 의한 **동기화 전류(유효 횡류)**가 발생

② 위상이 늦은 발전기 → 부하 감소 → 회전 속도 증가

③ 위상이 빠른 발전기 → 부하 증가 → 회전 속도 감소

④ 즉, 두 발전기 위상이 같아지도록 작용

⑤ 위상이 빠른 발전기는 부하 증가로 과부하 발생 우려

⑥ **동기 검정기**를 사용하여 계통의 위상 일치 여부 검출

3) 기전력의 주파수가 같을 것

   ① 다른 경우 기전력의 크기가 달라지는 순간이 반복되어 양 발전기 간에 **동기화 전류**가 교대로 흐름

   ② 난조의 원인이 되며 심할 경우 **탈조**

   ③ 발전기 단자 전압이 최대 2배 상승하여 권선이 과열, 소손

   ④ **조속기**를 사용하여 엔진 속도를 조정

4) 기전력의 파형이 같을 것

   ① 다를 경우 각 순간의 순시치가 달라서 양 발전기 간에 **무효 순환 전류**가 흐름

   ② 무효 순환 전류는 전기자의 **동손**을 증가시키고 **과열**, 소손의 원인

   ③ 발전기 제작상의 문제

5) 상회전 방향이 같을 것

   ① 다를 경우 어느 순간에는 선간단락 상태가 발생

$$I_S = \frac{E_1 + E_2}{2x_d}$$

   ② 상회전 방향 검출기로 방향을 파악

6) 원동기는 적당한 속도 변동률과 균일한 각속도를 가질 것

❸ 한전과 병렬 운전 조건(동기 운전 조건)

1) 연계 지점의 계통 전압은 ±4[%] 이상 변동되지 않을 것
2) 제한 변수가 다음 값을 초과 시 투입 불가

발전 용량 합계[kVA]	전압차[%]	주파수차[Hz]	위상차[°]
0~500	10	0.3	20
500~1,500	5	0.2	15
1,500~10,000	3	0.1	10

❹ 발전기 병렬 운전 순서 → G_1, G_2 발전기를 병렬 운전하는 경우

1) G_1 발전기 기동 → 전압 조정기로 전압 조정 → 조속기로 주파수 조정 → 전압과 주파수가 정격
   치에 이르면 모선에 투입

2) G_2 발전기 기동 → 모선을 기준으로 G_2 발전기의 전압, 주파수, 위상이 일치하도록 전압 조정
   기, 조속기, 동기 검정기 등을 조정 → 일치된 순간 모선에 투입

3) 일반적으로 전압차 5[%] 이하, 주파수차 0.2[Hz], 위상차 15[°] 이하이면 투입 가능

❺ 단독 운전과 병렬 운전 비교

구분	단독 운전	병렬 운전
엔진	• 속도 변동에 영향이 작음 • 순간 속도 변동이 큼	• 속도 변동에 영향이 큼 • 순간 속도 변동이 작음
발전기	일반 동기 발전기	일반 동기 발전기 + AVR 적용
운전성	• 부하 분배 운전 불가 • 취급 간편	• 부하 분배 운전 가능 • 전압 조정, 속도 조정, 동기화 등 복잡
기타	• 2대 병렬보다 합산 용량 1대가 저가 • 설치 면적 작음 • 설치 비용 적음 • 운전 비용 많음	• 가격이 비쌈 • 설치 면적 큼 • 설치 비용 많음 • 운전 비용 적음

❻ 맺음말

1) 발전기는 상용 전원의 고장 및 정전 시 부하에 안정적으로 전력을 공급하는 예비 전원 장치

2) 발전기 병렬 운전은 저압 측보다 고압 측에 설치하는 것이 바람직하고 병렬 운전 조건을 만족시
   키기 위해서는 동기 조정 필요

06 발전기실 설계 시 고려사항

1 발전기실 위치 선정 시 고려사항

1) 변전실과 평면적, 입체적 관계를 충분히 검토

2) 가능한 한 부하의 중심에 설치하고 전기실에 가까워야 함

3) 온도가 고온이 되어서는 안 되며 습도가 많지 않아야 함

4) 자재의 반입, 반출이 용이하고 운전 및 보수가 편리

5) 실내 환기(급기, 배기)가 잘 되어야 함

6) 발생되는 소음 · 진동에 영향이 적어야 함

7) 급 · 배수가 용이

8) 연료의 보급이 용이

9) 건축물의 옥상에는 가급적 설치 금지

10) 기타 관계 법령을 만족

2 발전기실 설계 시 전기적 고려사항

1) 이격 거리

구분	이격 거리
엔진, 발전기 주위	0.8~1.0[m] 이상
배전반, 축전지 설비의 전면	1.0[m] 이상
방의 가로, 세로 관계	1 : 1.5~1 : 1.2
천장의 높이	4.5~5.0[m] 이상

2) 발전기실 면적

$$S > 2\sqrt{P} \text{ 또는 } S > 1.7\sqrt{P} \text{ [m}^2\text{]}$$

여기서, 권장 : $S \geq 3\sqrt{P}$ [m²]
$\qquad\quad P$: 원동기의 출력[PS]

3) 발전기실 높이

$$H = (8 \sim 17)D + (4 \sim 8)D \ [\text{m}]$$
= 실린더 상부까지 엔진 높이 + 실린더 해체에 필요
한 높이

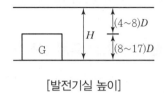

[발전기실 높이]

여기서, D : 실린더 지름[mm]

4) 발전기실 기초

① 발전기 기초는 변동 요소가 많아 경험값 또는 실험값을 기준하고 있으며 방진 장치 유무로
구분

② 발전기 기초는 철근 콘크리트로 구축하고 건축 구조와 독립된 구조(독립 기초 또는 부동 기
초)가 바람직하나 건축과 같은 구조에 설치될 경우는 방진 공법으로 시행

③ 기초의 중량 계산식

㉠ 방진 장치가 없는 경우

$$W_f[\text{ton}] = 0.2\,W\sqrt{n}$$

여기서, W : 발전장치의 중량[ton]
　　　　n : 엔진의 회전수[rpm]

㉡ 방진 장치가 있는 경우 : 방진 장치가 없는 경우의 30[%] 수준 적용

④ 기초 크기

㉠ 폭 ≥ 발전 장치의 최대 폭 + 0.5[m]

㉡ 길이 ≥ 발전 장치의 최대 길이 + 0.5[m]

㉢ 높이 = 건축 마감면 기준하여 150[mm] 정도

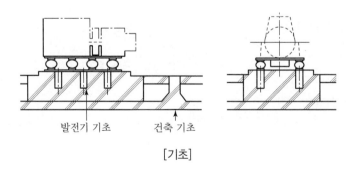

[기초]

5) 발전기 용량 산정 시 고려사항

전기적 고려사항	내용
발전기 용량	$GP \geq [\sum P + (\sum P_m - P_L) \times a + (P_L \times a \times c)] \times k[\text{kVA}]$
발전기 대수	단독 운전, 병렬 운전
회전 수	고속형 : 1,200[rpm] 이상, 저속형 : 900[rpm] 이하
기동 방식 및 기동 시간	전기식, 압축 공기식 기동 시간 10초 이하
냉각 방식	단순 순환식, 라디에이터식, 냉각탑 순환식, 방류식
열효율 및 연료 소비량	$\eta = \dfrac{860 P_G}{BH} \times 100[\%] = $ 보일러효율 × 터빈효율

❸ 발전기실 설게 시 건축적 고려사항(소방법을 근거로 규제)

1) 불연 재료의 벽, 바닥, 기둥, 천장으로 구획되며, 갑종, 을종 방화문이 설치된 전용실. 단, 큐비클식 발전 설비는 화재 발생 염려가 적은 곳에 설치 가능
2) 가연성, 부식성 가스 및 증기의 발생 우려가 없는 곳
3) 침수 및 침투할 수 없는 구조
4) 가연성 물질이나 보수 점검 시 방해가 될 수 있는 방해물 금지
5) 실외로 통하는 유효 환기 설비 설치
6) 벽체 관통부는 불연 재료 마감
7) 점검, 조작에 필요한 조명 설비를 설치
8) 발전 설비는 방진 및 내진 대책을 고려

❹ 발전기실 설계 시 환경적 고려사항

1) 소음 대책

① 배기 소음 : 소음기 설치(터빈의 경우에는 고온 발생으로 단열 대책 강구)

[팽창식]　　　　　　　　[흡음식]　　　　　　　　[공명식]

② 엔진 소음 : 방음 커버 설치, 벽에 흡음판 설치, 지하실 이용, 저속 회전기 채택
③ 방음벽 설치
④ 배기관은 주위에 소음 공해를 일으키지 않는 위치에 설치

2) 진동 대책

① 방진 고무, 방진 스프링 설치

② 엔진, 발전기 기초는 건물 기초와 관계없는 장소를 택할 것

③ 공통대판과 엔진 사이에는 진동 흡수장치를 설치

3) 대기 오염

SOx(유황 산화물)	NOx(질소 산화물)
• 유황 함유량이 적은 연료 사용	• 질소 함유량이 적은 연료 사용
• 탈황 장치 설치	• 탈질 장치 설치
• 높은 연도 사용	• 연소 영역에서 산소의 농도를 낮게 함

4) 수질 및 지질 오염

① 기기에서 유출되는 기름이 원인

② 배관 시공을 철저히 할 것

③ 바닥을 기름이 침윤되지 않는 재료 사용

④ 누유 피트 시공

---

07 발전기 용량 산정 시 고려사항

■ 발전기 용량 산정 시 고려사항

1) 발전기 용량

$$GP \geq \left[\sum P + \left(\sum P_m - P_L \right) \times a + \left(P_L \times a \times c \right) \right] \times k \, [\text{kVA}]$$

2) 발전기 대수

① 1대로 단독 운전할 것인지, 2대 이상으로 병렬 운전할 것인지 결정

② 병렬 운전 시에는 기전력의 크기, 위상, 주파수, 파형, 상회전 방향 등이 같을 것

③ 동기 투입 장치 필요

3) 회전수

구분	고속형	저속형
회전수	1,200[rpm] 이상 → 6극	900[rpm] 이하 → 4극
장점	• 체적이 작음 • 설치 면적이 작음 • 경제적	• 전압안정도가 좋음 • 소음·진동이 작음 • 장수명
단점	• 전압 안정도가 불량 • 소음·진동이 큼 • 단수명	• 체적이 큼 • 설치면적이 큼 • 고가
적용	소용량, 고전압에 유리	장기 운전, 저전압에 유리

4) 기동 방식 및 기동 시간

① 기동 방식

  ㉠ 전기식 : 고속 예열식 적용

  ㉡ 압축 공기식 : 중고속의 직접 분사식 적용

② 기동 시간 : 10초 이내

5) 냉각방식

① 단순 순환식

② 라디에이터식 : 소용량

③ 냉각탑순환식 : 대용량

④ 방류식 : 냉각수 다량 보급

6) 열효율 및 연료 소비량

① 열효율이 높고 같은 출력이라도 연료 소비량이 적은 것을 선정

② 열효율 $\eta = \dfrac{860P}{BH} \times 100\,[\%]$ = 보일러 효율×터빈 효율

  여기서, P : 발전기 출력 전력량[kWh]
    B : 연료 소비량[kg/h]
    H : 연료 발열량[kcal/kg]

7) 소음 대책

① 배기 소음 : 소음기 설치(터빈의 경우에는 고온 발생으로 단열 대책 강구)

[팽창식] [흡음식] [공명식]

② 엔진 소음 : 방음 커버 설치, 벽에 흡음판 설치, 지하실 이용, 저속 회전기 채택

③ 방음벽 설치

④ 배기관은 소음 공해를 일으키지 않는 위치에 설치

8) 진동 대책

① 방진 고무, 방진 스프링

② 엔진, 발전기 기초는 건물 기초와 관계없는 장소를 선택

③ 공통대판과 엔진 사이에는 진동 흡수 장치 설치

9) 대기 오염

SO_x (유황 산화물)	NO_x (질소 산화물)
• 유황 함유량이 적은 연료 사용	• 질소 함유량이 적은 연료 사용
• 탈황 장치 설치	• 탈질 장치 설치
• 높은 연도 사용	• 연소 영역에서 산소의 농도를 낮게 함

10) 수질 및 지질 오염

① 기기에서 유출되는 기름이 원인

② 배관 시공을 철저히 할 것

③ 바닥을 기름이 침윤되지 않는 재료 사용

④ 누유 피트 구성

2 운전 형태에 따른 발전기 분류

1) 비상 발전기

① 발전기를 상시에는 운전하지 않고 정전 시에만 운전하여 전력을 공급하는 방식

② 운전 시간이 짧기 때문에 효율보다는 신뢰성 있는 기동 방식에 주안점

2) 상용 발전기

① 발전기를 상시 운전하여 전력을 공급하는 방식

② 상시 운전해야 하므로 효율이 높고 내구성이 좋은 저속기로 선정

3) 열병합 발전기

① 열병합 발전은 전기와 열을 동시에 생산하여 각각 다른 목적에 사용하는 방식

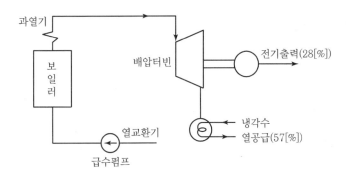

[열병합 발전기]

② Topping Cycle : 전기 생산 우선 방식

    ㉠ 터빈이나 엔진으로 발전기를 구동한 후 배열을 흡수하여 열원으로 이용

    ㉡ 도시형 열병합 발전 사이클에 많이 적용

[Topping Cycle]

③ Bottoming Cycle : 증기 생산 우선 방식

    ㉠ 고온의 열을 프로세스용으로 이용 후 그 배열로 발전기를 구동

    ㉡ 산업용 열병합 발전 사이클에 많이 적용

[Bottoming Cycle]

4) 피크컷용 발전기

① 피크 시 가동하여 피크 전력의 일부를 담당

② 피크컷용 발전기는 매일 여러 번 운전되어야 하므로 효율이 높고 내구성이 좋은 저속기로 선정

08 발전기 연료 소비량

1 엔진 출력

$$\text{엔진 출력} = \frac{\text{발전기 정격출력} \times \cos\theta}{0.736 \times \text{발전기 효율}}[\text{PS}]$$

2 엔진 소비량

$$\text{엔진 소비량} = \text{엔진 출력}[\text{PS}] \times \text{연료 소비율}[\text{g/PS} \cdot \text{h}]$$

1) 연료 소비량

$$\text{연료 소비량} = \frac{\text{엔진 소비량}}{\text{연료 비중}}[\text{L/h}]$$

3 엔진 소비량(연료 소비량) 공식

$$Q = \frac{[\text{kVA}] \times \cos\theta}{0.736 \times \eta_G} \times \frac{b}{1,000}[\text{kg/h}]$$

여기서, kVA : 발전기 정격 출력
$\cos\theta$: 발전기 역률
η_G : 발전기 효율
b : 연료 소비율

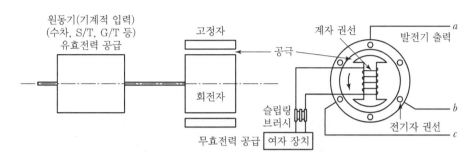

09 동기 발전기 구조

1 동기 발전기의 구조

[동기 발전기 구조]

1) **고정자(Stator)** : 전기자(회전 계자형)

   고정자에는 전기자 권선이 구성되어 유기 기전력을 얻는 부분

2) **회전자(Rotor)** : 계자(회전 계자형)

   회전자에는 계자 권선이 구성되어 자계를 발생시키는 부분

3) **여자기(Exciter)**

   ① 계자 권선에 직류 전류를 공급하는 장치

   ② 무효 전력 제어(전압 제어)를 담당하는 부분

   　　㉠ Brush Type

   　　㉡ Brushless Type

4) **원동기(Prime Mover)**

   발전기의 회전자의 축과 직결되어 있으며, 기계적인 에너지를 공급하는 부분으로 발전기에 유효 전력을 전달하는 부분이며 원동기의 출력은 조속기(Governor)로 제어

2 동기 발전기의 원리

1) 계자 권선이 있는 회전자는 원동기로 일정한 속도(동기 속도)로 회전

2) 여자기에 의해 계자 권선에 직류 전류(I_f)를 흘러 공극에 회전하는 자속(Φ_f)을 발생

3) 고정자에 있는 전기자 권선에 시간에 따라 주기적으로 변하는 쇄교 자속이 인가되어 유기기전력(E_f)이 발생

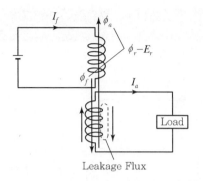

[동기 발전기 원리]

4) 전기자 권선에 부하여 인가되면, 전기자 전류(I_a)가 흘러 전기자 자속(Φ_a)이 발생되고 주자속
인 계자 자속(Φ_f)의 크기에 영향을 주는 전기자 반작용이 발생

5) 계자 자속과 전기자 자속의 합성 자속에 의해서 유기 기전력이 생성

3 여자기(Exciter)

1) 발전기의 계자 권선에 직류의 계자 전류를 공급하는 장치

2) 계자 전류의 크기를 제어하여 발전기의 유기 기전력의 크기를 제어

3) 전력 계통 운용에 요구되는 안정적인 전압을 유지시키는 역할

4) 여자기 제어로 전력 계통에 요구되는 무효 전력을 공급 또는 흡수하여 계통의 안정도를 향상

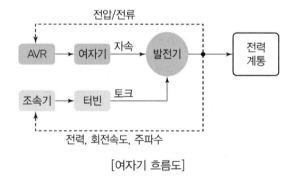

[여자기 흐름도]

4 여자 방식의 종류

1) 직류 여자 방식

① 여자 전원으로 직류 발전기를 사용

② 슬립링과 브러시를 통해서 계자권선에 전류를 공급하는 방식

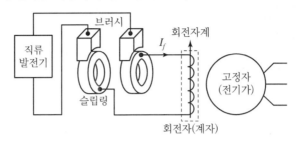

③ 정류자(Commutator)의 마모, 전압 제어의 어려움, 대용량 및 고속 회전에 따른 직류 발전기 제작이 곤란하여 현재는 사용하지 않는 방식

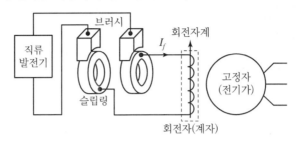

[직류 여자 방식]

2) 교류 여자 방식 : 회전 정류기 방식(Brushless Type)

① 여자 장치는 주여자기(Main Exciter)에 회전 전기자형의 교류 발전기를 이용

② 부여자기(Pilot Exciter)는 고정자(계자)에 연결

③ 회전자인 전기자는 동일한 회전축에 있으며 발전된 3상 전류는 정류기에 의해서 3상 전파 정류되어 회전 계자형의 계자에 직류 전류를 공급

④ 고가 및 슬립링과 브러시를 사용하지 않아 유지 보수 비용이 절감, 저손실

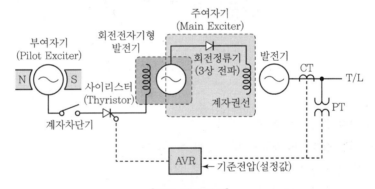

[교류 여자 방식]

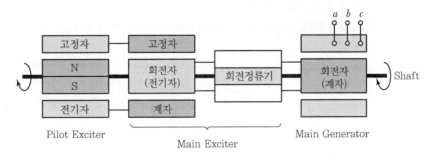

[교류 여자 장치의 구조]

⑤ 특징

ㄱ 슬립링과 브러시를 사용하지 않으므로 접촉 저항 손실이 없으며 유지 보수 비용 절감

ㄴ 정류기가 회전부에 설치되어 정류기의 유지 보수 곤란

ㄷ 발전기 설치 면적이 크고 고가

3) 정지형 여자 방식 : Thyristor 직접 여자 방식

① 발전기의 출력단에 여자기용 변압기과 사이리스터 정류기를 통해서 직류로 변환하고 슬립 링과 브러쉬를 통해 계자에 직류 전류를 공급

② 속응성이 우수하고 정지형으로 유지 보수가 편리

③ 현재 대부분 신설 발전기의 여자기로 채용

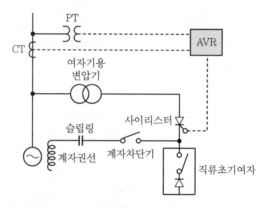

[정지형 여자 방식]

④ 특징

ㄱ 여자 장치가 모두 정지 기기

ㄴ 회전 정류기의 정류자 제거로 보수가 용이

ㄷ 발전기 중량 감소

ㄹ 발전기 설치 면적 감소

ㅁ 전압 제어의 속응성 향상 및 전압 변동 감소

ㅂ 접촉 저항에 의한 손실이 크고, 마모에 의한 주기적 유지 보수 필요

※ 회전 정류자형 여자방식(Brushless Type)

[동기 발전기 구조]

5 **자동 전압 조정 장치(AVR : Automatic Voltage Regulator)**

1) 동기 발전기의 단자 전압을 검출하여 기준 전압과 비교하여 그 차이가 없어지도록 계자 전류를 자동으로 제어하는 장치

※ 전력 계통 신뢰도 및 전기 품질 유지기준 : 정격 20[MVA] 이상의 동기 발전기의 경우, 자동 전압 조정 장치는 발전기의 전 운전 범위에 걸쳐서 정상 상태 단자 전압을 설정치(Set Point)의 ±0.5[%] 이내로 유지할 수 있는 성능을 갖추어야 함

2) **정상 운전 시** : 발전기의 무효 전력 제어를 통해 단자 전압을 일정하게 유지

3) **부하 급변 시** : 신속한 전압 회복, 부하 차단 시의 급격한 전압 상승을 억제하여 과도 안정도 향상

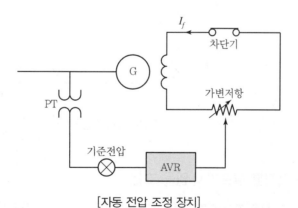

[자동 전압 조정 장치]

10 발전기의 자기 여자

1 개요

1) 정의

발전기에 여자 전류가 공급되지 않더라도(무여자 상태) 발전기와 연결된 송전 선로의 충전 전류의 영향으로 발전기에 전압이 발생하거나 발전기 전압이 이상 상승하는 현상

2) 원인

① 발전기의 잔류 전압은 계자 철심의 잔류 자속에 의해 발생
   → 무여자 상태에서도 전기자 전류(충전전류)가 흐름

② 장거리 송전 선로의 충전 시 또는 경부하 시 충전 전류가 흐르는 경우 증자 자화가 발생되어 발전기의 단자 전압이 점차 상승하여 발전기 자기 여자 발생

③ 발전기의 자기 여자는 발전기의 단자 전압을 순식간에 급상승시켜 절연 문제를 발생시키는 원인이므로 운전 시 주의

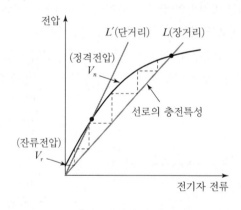

[잔류전압의 발생]

2 발전기가 자기 여자를 일으키지 않을 조건

1) 잔류 전압(V_r)은 계자 철심의 잔류 자속에 의해서 전기자에 유기된 기전력이며, 직선 L(장거리), L'(단거리)는 선로의 충전특성(용량성 리액턴스)에 해당

2) 선로의 정전 용량이 클수록 기울기가 작아지며 자기 여자 현상이 크게 발생

3) 직선이 L'라면 발전기는 자기 여자 되지 않으므로 자기 여자가 발생 되지 않을 조건

$$K_s > \frac{Q_c}{W_n}\left(\frac{V_n}{V_c}\right)^2(1+\sigma)$$

여기서, K_s : 단락비
Q_c, W_n : 선로 충전 용량, 발전기 정격 용량
V_c, V_n : 선로 충전 시 발전기 전압, 발전기 정격 전압
σ : 발전기의 정격 전압에서 포화도

위의 식을 발전기의 정격 전압으로 충전할 경우로 가정하면 $V_n / V_c = 1$이므로,

$$W_n > \frac{(1+\sigma)Q_c}{K_s}$$

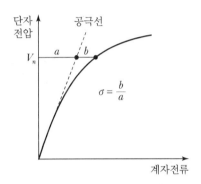

[무부하 특성 곡선]

⑧ 발전기 자기 여자 대책

1) 정격 용량이 큰 발전기로 선로 충전하거나 2대 이상의 발전기로 병렬 충전
2) 단락비가 큰 발전기로 충전
3) 자기 여자에 의한 전압 상승을 고려하여 충전 전압을 정격 전압의 80[%] 이하에서 충전
4) 수전단에 분로 리액터 등의 설치하여 무효 전력을 흡수

11 | UPS 기본 구성도 및 동작 방식

❶ 개요

무정전 전원 설비(Uninterruptible Power Supply)란 전원의 외란으로부터 기기를 보호하고 양질의 전원으로 변환시켜 주는 CVCF(Constant Voltage Constant Frequency) 전원 장치로 주어진 방전 시간 동안 무정전으로 전력을 공급

❷ UPS 기본 구성도

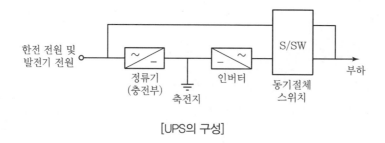

[UPS의 구성]

1) 정류기/충전부

교류 전원을 직류로 변환시키며 동시에 축전지를 양질의 상태로 충전

2) 인버터

직류를 교류로 변환하는 장치

3) 동기 절체 스위치(S/SW)

인버터의 과부하 및 이상 시 예비 상용 전원 절체 스위치부

4) 축전지

정전 발생 시 직류 전원을 부하에 공급하여 일정 시간 동안 무정전으로 전력공급

③ On-Line 방식

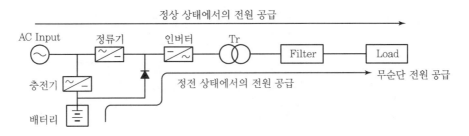

[On-Line 방식]

1) 전원을 상시 인버터를 통해 공급하는 방식
2) 입력과 관계없이 인버터를 구동하여 무정전 전원을 공급하므로 신뢰도가 높게 요구될 때 적용
3) 중용량 이상에서 적용

④ Off-Line 방식

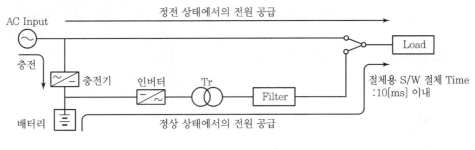

[Off-Line 방식]

1) 정상 시 상용 전원으로 공급하고 정전 시에만 인버터로 공급하는 방식
2) 서버 전용의 소용량에 주로 적용

5 Line Interactive 방식

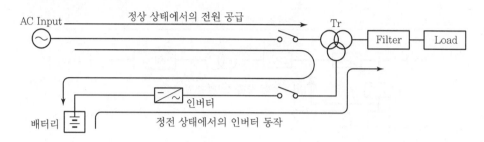

[Line Interactive 방식]

1) 정상 시 상용 전원으로 공급하고 정전 시에만 인버터로 공급하는 방식
2) 정상 시 인버터 구동 소자의 Free Wheeling Diode로 축전지 충전
3) 5~10[%] 정도 전압이 자동으로 조정되는 기능

6 UPS 동작 방식별 비교

구분	On – Line 방식	Off – Line 방식	Line Interactive 방식
효율	70~90[%]로 낮음	90[%] 이상으로 높음	90[%] 이상으로 높음
내구성(신뢰성)	오프라인 방식보다 낮음	높음	중간
동작	상시 인버터 구동	입력 정상 시 인버터는 구동 안 함	인버터 구동 소자의 프리 휠링 다이오드로 충전
절체 타임	4[ms] 이하, 무순단	10[ms] 이하	10[ms] 이하
출력전압 변동 (입력 변동 시)	입력에 관계없이 정전압	입력 변동과 같이 변동	5~10[%] 정도 자동 전압 조정
입력 이상 시 (Sag, Impulse, Noise)	완전 차단	차단하지 못함	부분적으로 차단
주파수 변동	변동 없음(± 0.5[%] 이내)	입력 변동에 따라 변동	입력 변동에 따라 변동
제조 원가	높음	낮음	낮은 편

12 UPS 2차 회로의 단락 보호

1 개요

1) 무정전 전원설비(Uninterruptible Power Supply)란 전원의 외란으로부터 기기를 보호하고 양질의 전원으로 변환시켜 주는 CVCF 전원장치로 주어진 방전시간 동안 무정전으로 전력을 공급

2) 하지만 사고로 인해 UPS를 분리해야 할 경우가 있고 이 경우 보호 협조를 통해 사고 구간을 신속히 분리하고 UPS 전원을 재투입해야 함

3) UPS 2차 회로의 단락 보호 방식에는 바이패스를 이용한 단락 보호와 2차 측 단락 회로의 분리 보호가 있음

2 바이패스를 이용 단락 보호

1) UPS가 150[%] 이상 과전류 검출과 동시에 상용 바이패스 측으로 무순단 공급이 전환되어 고장 회로를 분리하는 방식

2) 적용 시 주의사항 : 적용 불가
   ① 순시 전압 강하가 부하 설비의 최저 허용 전압 범위를 넘어서는 경우
   ② 정전 등에 의해 바이패스 전원이 건전하지 않은 경우
   ③ 주파수 변환 UPS인 경우

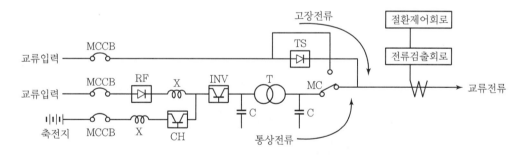

[바이패스를 이용한 단락 보호 구성 예]

3 UPS 2차 측 단락 회로의 분리 보호

1) UPS 2차 측에 단락 사고 등이 발생했을 때 UPS로부터 고장 회로를 분리하는 방식

2) 분리 장치에 배선용 차단기, 속단 퓨즈, 반도체 차단기 사용

3) 배선용 차단기는 차단 시간이 10[ms] 이상이므로 부하 측 전압 강하 정도를 검토

4) 속단 퓨즈는 차단 시간이 짧고 한류 기능이 있지만 개폐 기능이 없으므로 MCCB와 조합하여 사용

5) 반도체 차단기는 차단 시간이 $100 \sim 150[\mu m]$ 정도로 짧고 성능이 우수하나 고가

6) 분리 장치 비교

구분		MCCB	속단 퓨즈	반도체 차단기
회로 구성		UPS	UPS	UPS 게이트제어회로
동작시간	10배 전류	10[ms]~4[s]	2~4[ms]	$100 \sim 150[\mu s]$
	한류 효과	없음	있음	없음
전류 특성		반한시 특성	반한시 특성	일정 특성
가격		낮음	보통	높음

4 지락 보호

ELB 사용 시 사용 부하가 급정지되므로 누전 계전기 또는 접지용 콘덴서 등에 의한 경보시스템을 활용

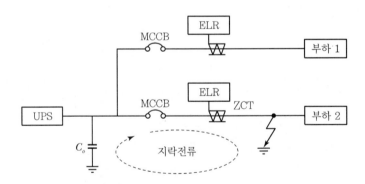

[UPS 2차 회로의 지락 보호 방식 중 누전 보호 계전기를 사용한 예]

13 Dynamic UPS 및 Flywheel UPS

① UPS 종류

회전형 UPS → Static UPS → Dynamic UPS → Flywheel UPS

② Dynamic UPS 개요

1) Dynamic UPS는 Motor/Generator에 의해 전원을 공급하는 UPS
2) Dynamic UPS는 Static UPS에 비해 고조파 함유율이 적은 양질의 전원을 얻을 수 있으며 관성력을 이용하므로 과도 응답 특성이 매우 양호

③ Dynamic UPS 동작 원리

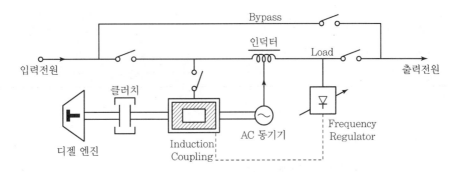

[회전형 UPS(D-UPS) 구성도]

1) 정상 운전 상태

① 상용 전원은 부하에 전력을 공급하고 인덕터는 출력 전압을 기준 전압과 비교하여 피드백 제어로 일정 전압을 유지(UPS의 CV 특성)
② 디젤 엔진과 인덕션 커플링 사이는 클러치에 의해 분리된 상태

2) 상용 전원 정전

① 인덕션 커플링의 내부 회전자는 그 운동 에너지를 외부 회전자로 이동
② 외부 회전자에 이동된 운동 에너지로 발전기는 1,800[rpm], 60[Hz] 정속도 운전

3) 완전 정전 상태

① 디젤 엔진 속도와 외부 회전자 속도가 동기되는 순간에 클러치는 자동 연결

② 2~3초 후 내부 회전자 속도는 정상화

4 Static UPS와 Dynamic UPS 비교

항목	Static UPS	Dynamic UPS
기기 형태	정지기	회전기
설치 공간	회전형에 비해 적은 설치 공간	비교적 큰 설치 공간이 필요
설치 장소	실내 설치가 적합	발전기, 배기 덕트, 연료 배관 등이 있어서 실내 설치가 곤란
Backup용 발전기	축전지 용량으로는 장시간 운전 불가로 Back-up용 발전기가 필요	Back-up용 발전기 불필요
용량	인버터와 축전지 용량에 한계가 있기 때문에 대용량은 곤란	발전기 용량을 크게 하면 얼마든지 대용량이 가능
고조파	인버터 회로에서 다량의 고조파 발생	고조파를 거의 발생시키지 않음
유지 보수	정지기이므로 유지보수가 용이	유지보수가 어려운 편
소음	작음	큼. 방음벽 설치 시 50[dB]

5 Flywheel UPS 개요

1) Flywheel UPS는 플라이휠에 의해 전원을 공급하는 UPS

2) 정상 시 자기 부상을 이용하여 플라이휠을 회전시키고 정전 시 관성력을 이용하여 일정 시간 동안 전력을 공급

3) 플라이휠 UPS는 발전기의 강제 기동이 가능

6 Flywheel UPS 동작 원리

1) 구성 및 주요 기능

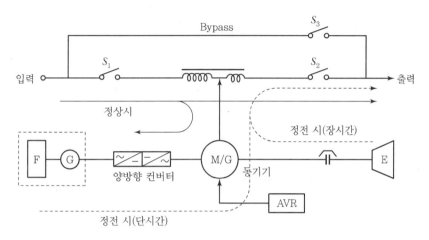

[Flywheel UPS의 구성]

일반 Dynamic UPS의 내부회전자 대신 양방향 Converter + F/G Set 부가

① 양방향 Converter : M/G와 F/G Set 사이에서 전력 흐름제어

② F/G Set

    ㉠ 정상시 : 운동 에너지 축적

    ㉡ 정전 시 : 축전된 운동 에너지 → 전기 에너지 변환(무순단전력 공급)

③ 디젤엔진 : 장시간 정전 시 기동

2) 특징(Dynamic 형에 비해)

① Flywheel의 회전 관성에너지 이용, 과도 응답특성이 매우 양호

② Converter에 의한 양방향 전력제어(연속적인 정현파 공급)

③ 대용량의 전력을 장시간 방출 및 충전

3) Flywheel 축전장치 개발 동향 : 장수명, 고효율화

① 발전기 : 3상 Brushless 동기기 사용

② SFES(Supper Conductive Flywheel Energy Storage)

    ㉠ 초전도 베어링 이용(내부 헬륨가스 충진), 원통을 자기부상시켜 무저항 상태로 회전

    ㉡ 한전 전력연구원에서 100[kWh]급 개발

7 Static UPS와 Flywheel UPS 비교

구분	회전형	Static
효율	95[%]	80~92[%]
설치면적	작음(정지형의 1/2 이하)	큼(축전지 면적 부가)
MTBF	긺(600,000[hours])	짧음(80,000[hours])
THD	1.5[%] 이하	3[%] 이하
공조시설	불필요(상온 운전)	필요
출력과 부하내량	큼	작음
역류고조파	완전 차단(M/G Damper)	별도 대책 필요
수명	긺(25년)	짧음(10년)
환경	무공해	공해(Bat' 폐기 시 납전해액)
정전보상시간	긺	짧음(Back-up 발전기 필요)
소음	큼(80[dB])	작음(70[dB])
유지보수	정기적 정비 필요(구동부)	거의 불필요
신뢰도	높음	보통

8 결론

1) 최근 대두되는 Flywheel형(Triblock)은 전원의 안정화를 위한 획기적인 제품으로 IT 관련이나 반도체 공장 등 주요 시설 분야에 각광을 받고 있으며 향후에도 지속적인 발전과 보급이 이루어질 전망

2) 특히 Static형에 비해 전류 변동량이나 고조파 발생이 매우 적어 고품질 전력이 요구되는 장소에 적합

14 무정전 전원 장치(UPS)의 용량 산정 시 고려사항 ■·■■

1 개요

1) 무정전 전원 설비(Uninterruptible Power Supply)란 전원의 외란으로부터 기기를 보호하고, 양질의 전원으로 변환시켜 주는 CVCF 전원 장치로 주어진 방전 시간 동안 무정전으로 전력을 공급

2) UPS 용량 결정 시에는 피보호 대상 부하의 전원이 요구하는 사항을 면밀히 검토

2 UPS 용량 산정 시 고려사항

1) 부하 용량

① 부하의 용량은 피상 전력 [kVA]로 표시하며 수용률 $k = 0.7 \sim 0.9$를 적용

② 부하 특성상 10~30[%]의 여유

③ $P_{c1} > P_L \times k \times \alpha$

여기서, P_{c1} : 정상 부하 용량에 의한 UPS 용량
P_L : UPS 연결 부하 총합
k : 수용률
α : 여유율(1.1~1.3)

2) 역률

① 정류기 부하의 고역률(0.9) 이상의 것은 피상 용량을 저감

② 종합 역률은 $PF = $ [kW]/[kVA]로 산정(교류 사인파 역률($\cos\theta$)과 상이)

③ $P_{c2} > P_L \times \beta$

여기서, P_{c2} : 부하 역률에 의해 결정되는 UPS 용량
β : 부하 역률에 의한 용량 감률

3) 피크 전류

① 컴퓨터 및 전자 기기의 회로는 정류기로 구성되어 왜전류 발생

② 전류의 피크값은 사인파보다 3상인 경우 1.6~1.8배, 단상의 경우 2~3배 정도

③ 단상 부하 기기의 파고율이 2.5인 경우 허용 피크 전류가 정격 전류의 2.5배인 UPS는 100[%]로 사용하나 2배인 UPS는 $2/2.5 \times 100 = 80$[%]로 저감하여 사용

④ $P_{c3} > P_L \times r$

여기서, P_{c3} : 피크 전류에 의한 UPS 용량

r : 부하 피크 전류에 의한 용량 저감률

4) 시동 돌입 용량

① 시동 용량이 큰 부하를 초기에 투입함으로써 용량을 선정

② 전압 변동률 8[%] 이하로 억제(컴퓨터 부하 전압 변동률 범위 ±10[%]임)

5) 정류기 부하에 의한 전압 왜곡 특성

① UPS 인버터는 PWM 제어 방식이며 네모파나 펄스이므로 사인파화하기 위한 교류 필터가 내장

② 정류기 등에 의한 고조파 성분과 교류 필터에 의한 고조파 전압 왜곡이 발생

③ $P_{c4} > P_L \times q$

여기서, P_{c4} : 전압 왜곡으로 결정되는 UPS 용량

q : 전압 왜곡에 의한 용량 저감률

6) 3상 불평형 특성

① 부하의 불평형이 되면 출력 전압의 3상 불평형이 발생

② 부하 불평형 30[%]에서 전압 불평형 3[%]를 적용

③ 단상 부하를 균등하게 분할하여 접속하거나 스코트 결선을 선정

④ $P_{c5} > $ 총사용량 $\times A$

여기서, P_{c5} : 3상 불평형에 의해 결정되는 UPS 용량

A : 부하의 예비율 및 사용 내구성 환산 수치

(전산시스템 1.5, 비상용 전등 1.3, 공장자동화 1.6, 기타 1.5)

$$ 총사용량 = \frac{총부하(명판부하)[W]}{일반 부하역률(0.8)} $$

③ 맺음말

1) UPS 용량 결정 시에는 상시 언급한 내용 이외에 장래 부하 증가를 고려

2) 통신 기기와 같은 정류기 부하는 고조파분이 많으므로 UPS 용량에 10~20[%] 정도 여유 가산

3) 과도 용량이 큰 부하에는 한류 장치를 추가

15 CVCF, UPS, VVVF의 비교

🔳 개요

최근 반도체 기술의 발달로 전력전자소자 사용기기가 다양한 분야에 응용되고 있으며 특히 전력
변환장치인 CVCF, UPS, VVVF가 전원품질 및 생산성 향상에 크게 각광받음

🔳 각 전력 변환장치의 구성 및 기능

1) CVCF(Constant Voltage Constant Frequency)

① 정전압, 정주파수의 교류전력을 발생시키는 장치로서 부하에 양질의 전원 공급

② 구성 및 동작

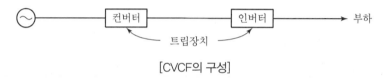

[CVCF의 구성]

ㄱ 정상 시 : 컨버터에 의해 변환된 직류를 인버터에서 정전압, 정주파수의 교류로 역
변환

ㄴ 정전, 고장 시 : 트립장치에 의해 전원공급 중단

③ 적용

Back-up 기능이 없으므로 정전에 대응할 수 없으나 고품질 전력을 요구하는 설비에 적합

2) UPS(Uninterruptilble Power Supply)

① 무정전 전원공급 장치 = CVCF + Battery

CVCF에 축전지를 결합하여 정전압, 정주파수의 양질의 전원 공급은 물론, 상용전원 정전
시 무정전 전원공급

② 구성 및 동작

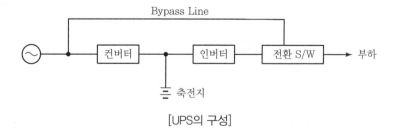

[UPS의 구성]

　　　⊙ 정상 시 : 컨버터는 상용전원을 직류로 변환, 축전지를 상시 충전하며 인버터는 직류를
　　　　정전압, 정주파의 교류로 역변환

　　　ⓒ 정전 시 : 축전지의 직류전원을 인버터를 통해 교류로 역변환하여 부하에 무정전 전력
　　　　공급

　　　ⓒ 고장 시 : Bypass Line으로 무순단 절체되어 계속 상용전원 공급

　③ 적용

　　컴퓨터, 전산장비, 감시시스템 등 무정전의 고신뢰성, 고품질 전원을 요구하는 설비에 적합

❸ CVCF, UPS, VVVF의 비교

구분		CVCF	UPS	VVVF	
주회로 방식		전압형	전압형	전류형	전압형
출력 전원	스위칭 제어	PWM	PWM	PAM	PWM
	무정전	×	○	×	
	정전압/정주파수	○	○	×	
	기변전압/가변주파수	×	×	○	

16 연축전지와 알칼리 축전지의 특징 비교

구분	연축전지	알칼리 축전지
셀의 공칭 전압	2.0[V/Cell]	1.2[V/Cell]
셀 수	54개	86개
정격 전압[V]	2.0×54＝108[V]	1.2×86＝103[V]
단가	저렴	고가
충전 시간	긺	짧음
전기적 강도	과충전, 과방전에 약함	과충전, 과방전에 강함
수명	10~20년	30년 이상
가스 발생	수소 발생	부식성 가스가 없음
최대 방전 전류	1.5[C]	포켓식 2[C], 소결식 10[C]
온도 특성	낮음	우수
정격 용량	10시간	5시간
용도	장시간, 일정 부하에 적당	단시간, 대전류 부하에 적당하며 고율 방전 특성 우수

17 축전지 설페이션(Sulfation) 현상

1 정의

극판이 백색으로 되거나 표면에 백색 반점이 생기는 현상

2 원인

1) 충전 부족 상태에서 장기간 사용한 경우
2) 불순물(파라핀, 악성 유기물)이 첨가된 경우
3) 비중이 과대한 경우
4) 전해액의 부족으로 극판이 노출되었을 경우
5) 충전 상태에서 보충을 하지 않고 방치한 경우
6) 방전 상태로 장시간 방치한 경우

3 영향

1) 비중 저하
2) 충전 용량이 감소
3) 충전 시 전압 상승이 빠름
4) 가스 발생이 심함

4 대책

1) 정도가 가벼우면 20시간 정도의 과전류 충전 시 회복됨
2) 충방전을 수회 반복하고 방전 시의 비중을 1.05 이하로 하면 회복이 빨라짐

18 축전지 자기 방전

1 정의

축전지에 축적되어 있던 전기에너지가 사용하지 않는 상태에서 저절로 없어지는 현상

2 원인

1) 온도가 높으면 심해짐. 일반적으로 25[℃]까지는 직선적으로 증가하고 그 이상이면 가속적으로 증가

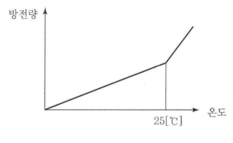

[온도와 자기방전]

2) 불순물(은, 동, 백금, 바륨, 니켈, 안티몬, 염산, 질산)이 양극 또는 음극 표면에 접착되어 있으면 자기방전이 현저히 증가

3 특징

1) 낡은 축전지는 새 축전지보다 자기 방전이 심함
2) 연축전지의 경우 전해액 비중이 크면 심해짐
3) 연축전지는 알칼리 축전지에 비해 자기 방전량이 많음
4) 자기 방전량은 평균적으로 1개당 20[%] 전후

4 KS 규정

충전 완료 후 25±4[℃]에서 4주 방치 후 8시간율로 방전하였을 때 용량 감소가 그 축전지 용량의 25[%] 이상이 되어서는 안 됨

19 축전지 용량 산정 시 고려사항

1 부하 종류 결정

수변전설비 감시 제어용, DC 조명용, 독립형, 분산형 전원, 전기 자동차용

2 방전 전류(I) 산출

$$방전 전류(I) = \frac{부하 \, 용량[\mathrm{VA}]}{정격 \, 전압[\mathrm{V}]}$$

3 방전 시간(t) 결정

1) 부하의 종류에 따른 비상 시간 결정
2) 법적인 전원 공급은 10~30분
3) 발전기 설치 시 : 10분

4 방전 시간(t)과 방전 전류(I)의 예상 부하 특성 곡선 작성

방전 말기에 가급적 큰 방전 전류가 되도록 그래프 작성

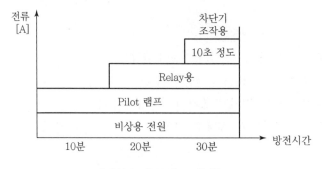

[예상 부하 특성 곡선(예)]

5 축전지 결정

1) 축전지 종류

[극판의 형식에 의한 분류]   [외부 구조에 따른 분류]

2) 연축전지는 납합금의 극판이나 격자체에 양극 작용 물질을 충진한 것

$$PbO_2 + 2H_2SO_4 + Pb \Leftrightarrow PbSO_4 + 2H_2O + PbSO_4$$

양극   음극   양극   음극

3) 알칼리 축전지는 니켈 도금 강판이나 니켈을 주성분으로 한 금속 분말을 성형한 것에 양극 작용
   물질을 충진한 것

$$2NiOOH + 2H_2O + Cd \Leftrightarrow 2Ni(OH)_2 + Cd(OH)_2$$

양극   음극   양극   음극

6 축전지 Cell 수 결정

종류	표준 Cell 수	Cell의 공칭 전압[V/Cell]	정격 전압[V]
연축전지	54개	2.0	$2.0 \times 54 = 108$
알칼리 축전지	86개	1.2	$1.2 \times 86 = 103$

7 허용 최저 전압 결정

$$1셀의\ 허용\ 최저\ 전압[V/Cell] = \frac{부하의\ 허용\ 최저\ 전압 + 배선의\ 전압\ 강하}{축전지의\ 직렬\ 접속\ 셀\ 수}$$

8 최저 전지 온도 결정

1) 옥내 설치 시 : 5[℃]

2) 옥외 큐비클 수납 시 : 5~10[℃]

3) 한랭지 : − 5[℃]

4) 방전 특성은 35~40[℃] 부근에서 가장 양호

9 용량 환산 시간 K 값 결정

1) 축전지의 표준 특성 곡선, 용량 환산 시간표에 의하여 결정

2) 축전지 종류, 허용 최저 전압, 최저 전지 온도 등에 따라 달리 검토

10 용량 환산 공식에 적용

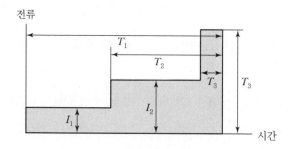

[방전 시간 – 전류 특성]

$$C = \frac{1}{L}\left[K_1 I_1 + K_2(I_2 - I_1) + K_3(I_3 - I_2) + \cdots + K_n(I_n - I_{n-1})\right]$$

여기서, C : 축전지 용량[Ah]

L : 보수율, 보통 0.8

I : 방전 전류[A]

K : 방전 시간[min]

※ 방전 종지 전압(Cut – off Voltage of Discharge)

1) 축전지의 방전을 종지(중지)해야 하는 전압

2) 축전지가 일정 전압 이하로 방전될 경우 수명의 급격히 저하되므로 방전을 중지

3) 방전을 지속 시 얻는 전기량이 적을 뿐만 아니라 축전지 자체에도 악영향

4) 방전 종지 전압은 방전 전류, 극판 종류, 전지 구조 등에 따라 다름

5) **방전 종지 전압과 셀 수는 축전지의 최고·최저 전압을 결정하는 데 매우 중요**

$$\text{방전 종지 전압 } V = \frac{V_a + V_c}{n}[\text{V/Cell}]$$

여기서, V_a : 부하의 허용 최저 전압

V_c : 부하와 축전지 사이의 전압 강하

n : 직렬 접속된 셀(Cell) 수

20 축전지 설비 충전 방식의 종류 및 특징

1 개요

1) 축전지 설비는 정전 및 비상 시 가장 신뢰할 수 있는 설비로 건축법이나 소방법의 규정에 의해 예비 전원이나 비상 전원용으로 채택하고 있고 수변전 설비 감시, 제어에 필수적인 충전 방식 별 특징이 있음

2) 구성 및 특징

구성	목적	특징	문제점
• 축전지 • 충전 장치 • 역변환 장치	• 상용 전원 정전 시 법적 요구 충족 • 보안상 필요한 시설에 전원 공급 (비상 조명, 감시설비, 제어 전원)	• 독립 전원 • 순수 직류 전원 • 경제적 • 유지 보수 용이	• 전력 공급 시간과 용량에 한계 • 자기 방전 현상

2 종류 및 특징

1) 초기 충전

미충전 상태의 축전지에 전해액을 주입하고 처음으로 진행하는 충전

2) 부동 충전

① 정류기가 축전지 충전기와 직류부하 전원으로 병용되는 방식

② 충전기를 축전지와 상용 부하에 병렬로 연결하여 축전지의 자기 방전을 보충함과 동시에 상용부하에 대한 전력 공급을 행하는 방식

③ 충전기가 부담하기 어려운 대전류 부하는 일시적으로 축전지가 부담

④ 축전지가 항상 완전 충전 상태

⑤ 정류기 용량이 적어도 됨

⑥ 급격한 부하 및 전원 변동에 대응 가능

[부동 충전 방식]

3) 균등 충전

① 극판 간 충전 상태 산란과 각 단 전지 간 충방전 특성의
산란으로 인한 전압 불균일을 방지하기 위해 과충전하는 방식

② 1~3개월마다 1회 정전압으로 균일하게 충전

③ 인가 정전압 : 연축전지 2.4~2.5[V/Cell], 알칼리 축전지 1.45~1.5[V/Cell]

④ 충전 시간 10~15시간

4) 세류 충전

자기 방전량만을 항상 충전하는 부동 충전 방식의 일종, 휴대폰, 전기 자동차 등

5) 보통 충전

필요할 때마다 표준 시간율로 소정의 충전을 행하는 방식

6) 급속 충전

비교적 단시간에 보통 충전 전류의 2~3배 전류로 충전하는 방식

7) 전자동 충전(회복 충전)

① 충전 초기에 대전류가 흐르는 결점을 보완하여 일정 전류 이상이 흐르지 않도록 **자동전류
제한 장치**를 달아 충전하는 방식

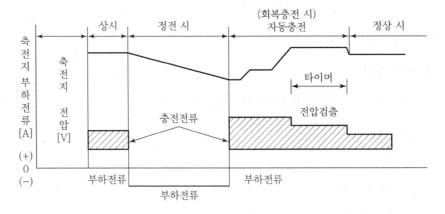

[자동충전 패턴도]

② 충전 시 **정전류 충전** → 충전 완료 시 정전압 충전으로 자동 전환하는 방식

③ 보수 관리를 쉽게 하기 위해 적용

8) 과충전

축전지 고장 사전 방지 또는 고장 난 축전지 회복을 위해 저전류로 장시간 충전하는 방식

9) 단별 전류 충전

정전류 충전의 일종으로 충전 시 2단, 3단, 전류치로 저하시켜 충전하는 방식

10) 보충전

축전지를 장시간 방치 시 미소 전류로 충전하는 방식

❸ 정류기 용량

$$P_{AC} = \frac{(I_L + I_C) \times V_{DC}}{\cos\phi \times \eta} \times 10^{-3} [\text{kVA}]$$

여기서, P_{AC} : 정류기 교류 측 입력 용량[kVA]
I_L : 정류기 직류 측 부하 전류[A]
I_C : 정류기 직류 측 축전지 충전 전류[A]
V_{DC} : 정류기 직류 측 전압[V]

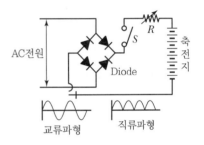

[정류기 회로]

❹ 맺음말

축전지 설비는 전력공급 시간과 용량에 한계가 있고 자기 방전 현상이 발생하므로 충전방식에 대한 중요성이 크므로 용도 및 목적에 맞는 충전 방식 선정이 중요하며 축전지실에 대한 전기적·환경적 고려사항 검토가 요구

CHAPTER

17

방재설비

01 방폭 전기 설비

1 개요

1) 방재 설비

재난을 방지하기 위한 설비로 종류는 피뢰 설비, 소방 설비, 방범 설비, 접지 설비, 방폭 설비가 있으며 설치 목적은 뇌해, 화재, 범죄로부터 건축물, 인명, 재산 등을 보호함

2) 방폭 설비

인화성 가스, 증기, 먼지, 분진 등의 위험물질이 존재하는 지역에서 전기 설비가 점화원이 되는 폭발을 방지하기 위한 설비

3) 방폭 시스템의 확립 및 위험성 평가 기법 도입(EPL)

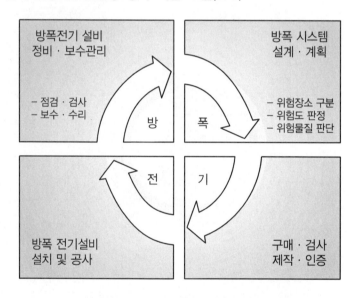

[방폭 시스템의 위험성 평가 기법]

2 기본 대책

1) 화재, 폭발 발생확률 제로화

위험 분위기 생성 확률 × 전기설비 점화원 작용 확률 = 0

2) 기본 대책 : 위험 분위기 생성 방지

화재 · 폭발성 가스의 누출 방지, 체류 방지

3) 후비 보호 : 전기 기기, 설비의 방폭화

점화원 격리, 전기 기기 안전도 증가, 점화 능력의 본질적 억제 등

❸ 폭발위험지역(장소) 구분

구분	내용
0종 장소	장시간 또는 빈번하게 위험 분위기가 존재하는 장소
1종 장소	정상상태에서 간헐적으로 위험 분위기가 존재하는 장소
2종 장소	이상상태에서 간헐적으로 위험 분위기가 존재하는 장소

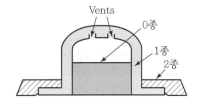

[폭발위험장소 구분 개념도]

❹ 폭발 위험 지역(장소)에 따른 방폭 구조

방폭구조	0종 장소	1종 장소	2종 장소
내압 방폭구조(EXd)	×	○	○
압력 방폭구조(EXp)	×	○	○
유입 방폭구조(EXo)	×	○	○
안전증 방폭구조(EXe)	×	×	○
본질안전 방폭구조(EXi)	○	○	○

❺ 방폭 구조의 종류 및 특징

1) 내압 방폭 구조(d)

점화원이 될 우려가 있는 부분을 **전폐 구조**로 된 용기에 넣어 내부에 폭발이 생겨도 용기가 압력에 견디고 외부의 폭발성 가스에 화염이 파급될 우려가 없도록 한 구조

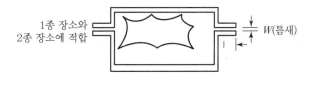

[내압 방폭 구조]

2) 압력 방폭 구조(p)

점화원이 될 우려가 있는 부분을 용기 내에 넣고 신선한 공기 또는 불활성 가스 등을 내부에 압입하여 내부 압력을 유지함으로써 폭발성 가스가 침입하지 않도록 한 구조

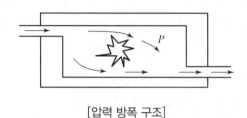

[압력 방폭 구조]

3) 유입 방폭 구조(o)

점화원이 될 우려가 있는 부분을 절연유 중에 넣어 주위의 폭발성 가스로부터 격리시키는 구조

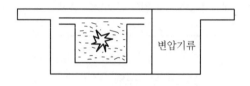

[유입 방폭 구조]

4) 안전증 방폭 구조(e)

정상 운전 중에 불꽃, 아크, 과열이 생기면 안 되는 부분에 특별히 안전도를 증가시켜 제작한 구조

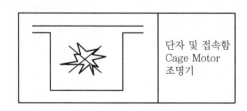

[안전증 방폭 구조]

5) 본질안전 방폭 구조(i)

① 점화 능력을 본질적으로 억제하는 것
② 폭발성 가스 등이 점화되어 폭발을 일으키려면 최소한도의 에너지가 주어져야 한다는 개념에 기초

③ 소세력화를 유지하여 정상 시뿐만 아니라 사고 시에도 폭발성 가스에 점화하지 않는다는 것을 시험을 통해 확인한 구조

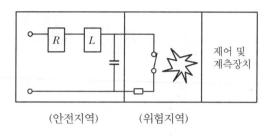

(안전지역)　　　(위험지역)

[본질안전 방폭구조]

6) 특수 방폭구조(s)

앞에서 열거한 것 이외의 방폭 구조로서 폭발성 가스를 인화시키지 않는다는 사실이 시험이나 기타 방법에 의해 확인된 구조

7) 몰드 방폭 구조(m)

점화원 부분을 절연성 콤파운드로 몰드화한 것

8) 충전 방폭 구조(q)

내부를 석영 유리 등의 입자로 채워 주위의 폭발성 가스로부터 격리시키는 구조

6 방폭 전기 배선 방법

1) 폭발 위험 지역(장소)에 따른 전기 배선

배선방법		0종 장소	1종 장소	2종 장소
본질 안전 방폭 회로 이외의 배선	케이블 배선	×	○	○
	전선관 배선	×	○	○
	이동 전기기기의 배선	×	○	○
본질 안전 방폭 회로 배선		○	○	○

2) 케이블 · 전선관 인입 방법

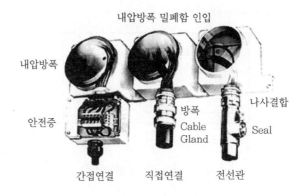

[케이블 · 전선관 인입 방법]

① 간접 연결 : 복합형 EX de
② 직접 연결 : 2종장소에서 MI, MC, MV, TC Cable 허용
③ 전선관 : 후강 전선관에 일반 전선 사용

3) 전기 배선 방법 비교

구분	케이블	전선관	방폭 전기배선 현황
장점	공사비 저렴 수정, 확장 용이	신뢰성, 내구성 양호	• 국내 플랜트 방폭 전기 배선 공사는 주로 케이블 공법 사용
단점	별도의 보호 필요 Armored Cable 사용	공사비 과다 수정, 확장이 어려움	• 기계적 보호는 전선관 공법 채택 • 국내 전선관 배선 관련 규격 부재 • IEC 규격은 전선관 배선 관련 내용
규격	유럽/IEC	미주/NEC	이 구체적이지 못함

02 변전 설비 열화 진단 및 판정 기준

1 개요

1) 열화 진단 목적

수변전 설비의 이상 유무를 사전에 파악, 고장 원인 제거 및 부품 교체를 통한 설비의 수명 연장, 고장률 저하, 정전사고 피해 예방

2) 변전 설비 열화 요인

① 전기적 요인 : 이상전압, 부분방전
② 기계적 요인 : 진동, 전자력, 피로, 마모, 이완 등
③ 화학(환경)적 요인 : 부식, 오손, 산화, 패킹의 열화
④ 열적 요인 : 과부하, 국부 과열, 고온, 과전류(단락) 등

2 주요 기기 열화 진단법

열화 진단법	TR	Cable	회전기	차단기, 폐쇄함 내, 기타
부분방전(PD) 시험	○	○		
유전정접(tanδ) 측정	○	○	○	
절연저항 측정	○	○	○	
가스 분석법	○ (유입식)			
충격전압 시험(BIL)	○			
절연유 내압, 산가 측정	○ (유입식)			
직류 누설전류 측정		○		
적외선 열화상 진단	○	○	○	○

3 열화 진단 방법 및 판정기준

1) 부분방전(Partial – Discharge) 시험

① 절연물에 상용주파 교류전압 인가 → 내부 Void, 이물질 등 국부적 결함부에서 발생하는 부분방전 측정(국부적 코로나에 의한 고조파 검출)

② 판정기준

측정구분	적합	요주의	불량
UHF, RC에 의한 측정치	65[nC] 미만	65~100[nC]	100[nC] 이상
초음파 센서(AE)에 의한 측정치	30[kHz]~1[MHz]	1[MHz] 이상	

③ TR 부분방전 측정회로(On-Line 예방진단 System)

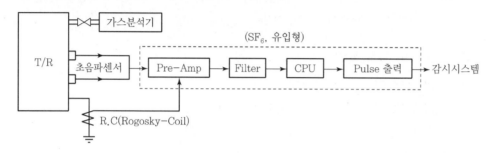

[TR 부분방전 측정회로]

2) 유전정접(tan δ) 측정

① 절연체에 상용 주파 교류 전압 인가 → Shelling Bridge 회로에 의한 손실각 측정

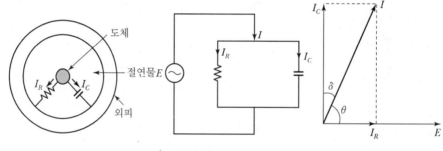

[유전정접 측정]

유전체손 $W_d = I_c \cdot \tan\delta \cdot E = \omega C E^2 \tan\delta$

② 판정기준

tan δ[%]	1.25 이하	1.25~5.0 미만	5.0 이상
판정	양호	요주의	불량

3) 절연저항 측정(Megger Test)

① DC 500~2,000[V] 전압 인가, 일정시간(약 1분)후 절연저항값 판독

② 판정기준

전압	3.3[kV]	6.6[kV]	22.9[kV]	150[V]	~300[V]	~400[V]	400[V] 이상
절연저항 기준치[MΩ]	20	30	50	0.1	0.2	0.3	0.4

4) 유중가스 분석

① 유입식 T/R 내부 이상 발생 시 → 과열 → 절연유 분해 → Gas 발생 → 분석

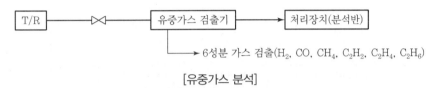

[유중가스 분석]

② 판정기준

가연성 가스 총량 0.06[ml/100ml Oil] 초과 시, C_2H_2(아세틸렌) 소량 검출 시 불량 판정

5) 직류 고전압 시험(직류 누설 전류 측정)

① 절연체에 직류 고전압 인가, 누설전류(I_0) 크기와 시간특성 변화로부터 절연성능 진단

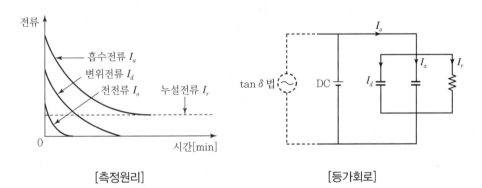

[측정원리]　　　　　　　[등가회로]

전전류 $I_0 = I_d + I_a + I_r$

여기서, I_c : c 성분에 의한 흡수전류
I_r : r 성분에 의한 흡수전류
I_d : 변위전류

② 성극비(Polarization)

㉠ 누설전류에 의한 시간 변화 지수

㉡ 성극비 = $\dfrac{\text{전압인가 1분 후 전류}}{\text{전압인가 10분 후 전류}}$

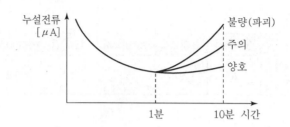

[Cable 성극지수 곡선]

③ 판정기준

구분	양호	주의	불량(파괴)
성극비	1.0	0.4	0.25
누설전류	0.1[μA] 이하	0.1~1[μA]	1[μA] 이상

④ 누설전류, 성극비, Kick 현상 유무 검토로 판정

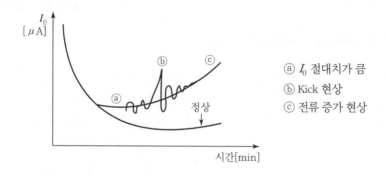

ⓐ I_0 절대치가 큼
ⓑ Kick 현상
ⓒ 전류 증가 현상

[Cable 성극지수 곡선]

6) 적외선 열화상 진단

① 적외선 카메라로 열을 영상으로 변환하여 열화 진단

→ 비접촉식으로 활선상태에서 설비 온도 분포를 통해 발열점 위치를 즉시 확인

② 판단기준

온도차	5[℃] 미만	5[℃] 이상~10[℃] 미만	10[℃] 이상
판정	정상	요주의	이상

④ 최근 동향

1) 최신 On-Line 진단 기능

① Read Time 감시 기능   ② 이상 발생 경보

③ Trend 및 수명 예측   ④ 데이터 분석, 관리의 자동화

⑤ 결론

최근 변전설비의 대용량화, 초고압화 추세에 따라 On-Line 상에서의 상태 감시 및 사고 예측 진단 기술의 발전이 더욱 가속화될 전망

03 변전 설비 예방 보전

① 예방보전

설비의 기능을 설정 기준치로 유지하거나 향상시키는 일

② 시스템 도입 배경

1) 건축물의 대형화, IB화 : 정전에 따른 사회적, 경제적 손실 최소화

2) 센서 · 정보처리 기술의 진보 : 예방보전의 무인화, On-Line화

③ 예방보전 주기와 고장률, 신뢰도 관계

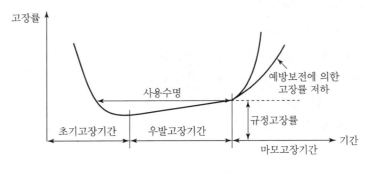

[Bath-tub Curve]

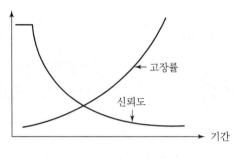

[고장률과 신뢰도 관계]

4 예방 진단 기술의 변천

종전	현재
Off-Line	On-Line
정기적 점검	Real Time 감시
첨단장비와 전문인력 필요	센서응용 기술, 컴퓨터 및 통신 기술 이용
수작업 의존	인력 최소화 및 자동 관리

5 예방 보전의 분류

1) 시간 계획 보전(Scheduled Maintenance) : 정해진 시간에 부품 교환 및 수리

　① 정기 보전(Periodic Maintenance) : 예정된 간격으로 기기 교체

　② 경시 보전(Age Based Maintenance) : 누적 동작 시 정해진 교환 주기 후 교체

2) 상태 감시 보전(Condition Based Maintenance) : On-Line 열화 진단 및 추적 감시

6 예방 보전 기술의 구비조건

1) 신뢰성, 안전성, 확장성이 있을 것
2) 무정전 상태에서 부품(센서류) 교환이 가능할 것
3) 측정 방법이 간단하고, 온라인 측정이 가능할 것
4) 기기 내부의 이상 징후를 조기에 발견할 수 있을 것
5) 이상전압(Surge, Noise 등)에 영향을 미치지 않을 것

☑ On-Line 예방보전 시스템

1) 전체 구성도

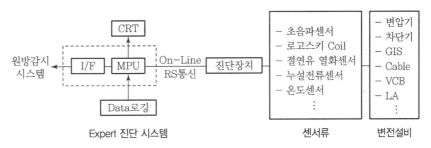

[전체 구성도]

2) GIS On-Line System

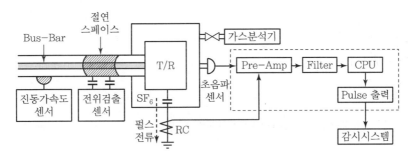

[부분방전 측정 회로 예]

① 검출원리

절연물에 상용주파 교류전압 인가

② 검출방법

㉠ 전기적 검출법 : 절연 스페이스법(전위차법), 접지선 전류법(RC 측정)

㉡ 기계적 검출법 : 초음파, 진동, 화학적 검출법, X선 촬영법 등

04 전기 재해

1 개요

전기에너지는 존재 형태에 따라 **동전기, 정전기, 낙뢰, 전자파**로 구분하며 전기 재해는 전기에너지가 위험 원인으로 작용하여 사고가 발생하고 그 결과 인명 및 재산의 손해가 발생하는 것

2 전기에너지의 존재 형태

1) 동전기

전선로를 따라 흐르는 전기에너지로 일반적인 전기에너지

2) 정전기

절연된 금속체나 절연체에 존재하는 전기에너지로 회로를 구성하지 않으면 대전 상태를 유지하는 에너지

3) 낙뢰

대전된 뇌운과 대지 사이에서 방전 현상이 발생하여 흐르게 되는 거대한 전기에너지

4) 전자파

공간에서 발생하는 전자파가 가지고 있는 전기에너지

3 주요 전기 재해

1) 전격 재해

감전 사고로 인한 사망, 실신, 화상, 열상 또는 충격(Shock)에 의해 2차적으로 발생하는 추락, 전도 등에 의한 상해

2) 전기 화재

전기에너지가 점화원으로 작용하여 건축물, 시설물 등에 화재가 발생하는 재해

3) 전기 폭발

전기에너지가 폭발성 가스나 물질에 점화원으로 작용하여 발생하는 폭발 또는 전기 설비 자체 폭발 등에 의한 재해

05 전기 화재

1 개요

우리나라 화재발생 현황 중 원인은 부주의, 전기, 방화, 담배의 순서로 전기화재 발생이 높은 편이며 전기 점화원의 주원인은 줄열 등에 의한 발열 작용과 공기의 절연 내력인 3[kV/mm] 이상 시 불꽃을 수반하는 스파크 방전현상으로 원인별 메커니즘을 숙지하여 적합한 안전대책을 세워야 함

2 출화 경과에 따른 화재 메커니즘

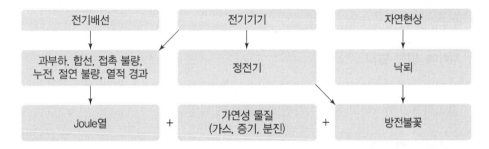

[출화 경과에 따른 화재 발생 메커니즘]

1) 중요 원인 : 줄열, 불꽃 방전(스파크)
2) 발생 요인 : 과전류, 단락, 지락, 누락, 접속 불량, 스파크, 절연체 열화, 열적 경과, 정전기, 낙뢰 등
3) 원인에 따른 대책 수립으로 인명 보호 및 화재 발생 방지

3 전기 화재 발생 원인

1) 줄열에 의한 발화 메커니즘

① 도체에 전류가 흐르면 줄열이 발생하고 열량은 전류의 제곱과 도체 저항의 곱에 비례

② $Q = 0.24I^2RT$[cal]

2) 스파크에 의한 발화 메커니즘

① 전기 회로를 개폐하거나 퓨즈가 용단 시, 전기 회로가 단락될 때 강한 스파크가 발생

② 가연성 가스, 인화성 액체의 증기, 분진 등이 있는 곳에서 점화원으로 작용

③ 착화되기 위한 최소한의 에너지를 MIE라고 함

④ MIE 이상일 경우 가연물과 격리되도록 밀폐된 스위치나 방폭형 기기 사용 필요

4 발화 형태에 따른 전기 화재 종류

1) 과전류에 의한 발화

① 전선에 전류가 흐르면 줄열이 발생하며 발열과 방열의 평형이 깨지면 발화 원인이 됨

② 비닐절연 전선의 경우

ㄱ 전류 200~300[%] : 피복 변질, 변형

ㄴ 전류 500~600[%] : 붉게 열이 난 후 용융

2) 단락(합선)에 의한 발화

① 전기적 · 기계적 원인으로 단락 발생 시 저압 옥내배선의 경우 1,000[A] 이상의 단락전류가 발생

② 스파크와 줄열로 연소시킴

3) 지락에 의한 발화

① 단락 전류가 대지로 흐름

② 스파크가 발생하고 목재나 가연물에 흐를 때 발열

4) 누전에 의한 발화

① 전선이나 전기 기기의 절연이 파괴되어 전류가 대지로 흐름

② 누설 전류가 500[mA] 이상일 때 누전에 의한 화재 위험이 발생

5) 접속부 과열에 의한 발화

① 전기적 접촉 상태가 불완전할 때 접촉 저항에 의한 발열

② 전선과 전선, 전선과 단자 또는 접속핀 등에 불완전 상태가 발생하면 아산화동, 접촉저항 등이 나타나며 발열

6) 스파크에 의한 발화

전원 스위치에 의한 전류 차단 또는 투입 시 스파크 발생

7) 절연체의 열화 또는 탄화

유기질 절연체의 경년 변화에 의한 열화로 흑연화(탄화)

8) 열적 경과에 의한 발화

　① 열의 축적에 의해 발화

　② 방열이 잘 되지 않는 장소에서 사용

9) 정전기에 의한 발화

　① 두 물체 간의 접촉, 분리, 마찰 등으로 전하가 발생

　② 축적되었다가 방전하면서 스파크 발생

10) 낙뢰에 의한 발화

　① 낙뢰가 전선로에 유입되었을 때 충격파 및 고전압의 발생으로 발화

　② 고압 배선에 낙뢰가 발생하여 전기 기기를 소손시킨 경우 발화

5 화재 원인별 전기 안전 예방 대책

1) 과전류

　① 전선의 용량을 부하의 허용 전류 이상이 되는 것으로 선정

　② 과전류 차단기 또는 전력 퓨즈 설치

2) 누전

　① 누전 차단기 및 누전 경보기 설치

　② 접지와 본딩 실시

　③ 회로의 절연 저항을 정기적으로 측정 및 검사 실시

3) 스파크 : 스파크 발생 우려 지역에 적합한 방폭 기구 선정

4) 접속부 과열 : 접속부 정기점검 실시

5) 절연체 : 열화 불량, 노후된 절연 부위는 교체

6) 낙뢰 : 피뢰 설비 설치

7) 정전기 : 생성 억제, 대전 방지, 축적 방지

06 케이블 화재

1 개요

최근 건축물이 대형화, 고층화되면서 전력공급의 우수성, 시공의 편리성, 지진 · 진동에 대한 안전성 등에 부합된 배선방식인 케이블 공법이 주로 사용되고 있으며 이러한 케이블의 절연재나 피복재는 고분자 물질로서 화재 발생 시 유독가스, 부식성 가스를 발생시키고 연소 속도가 빠르며 열기가 강해 대형 화재로 이어지므로 주의가 필요

2 Cable 화재 현상 및 특징

화재 발생(1차 재해)	큰 연소력 → 화재 급속 확대 → 재산피해
연소가스(2차 재해)	• 진한 연기, 유독가스 : 소화활동 장해, 인명피해 • 연소 시 염화수소 발생 : 고가 기기 부식
Cable 부설경로 연소특성	• 밀폐덕트, Pit 내부 : 축열효과 • 수직덕트, Shaft : 굴뚝효과

3 Cable 화재 원인

내부적 원인	외부적 원인
• 단락 > 과부하 > 누전 > 지락 > 접촉불량 • 허용전류 감소에 의한 열화 　→ 전선 열화, 다조부설이 원인 • 절연 파괴부 아크열	• 용접불꽃 • 접속기기류 과열 • 가연물 점화 • 방화, 낙뢰

4 화재 대비 전력간선 선정

1) 일반적인 고려사항

허용전류, 전압강하, 기계적 강도, 기타(장래 부하 증설, 고조파부하 등)

2) Cable 발화특성 고려

① 내열, 난연, 내화성
② 연소가스(유독성, 저독성, 부식성)

3) 방재용 전력간선 선정

① 일반 난연 Cable

종류	600[V] F−CR(FR−CV), TFR−CV(Tray용)
용도	일반 저압 전력 간선용

② 저독성 난연 Cable : 기존 Cable에 시스층을 HF 난연 보강

종류	600[V] HF 난연 Cable	22.9[kV−Y] FR−CNCO−W
용도	지하 전력구, 지하철, 병원 대형빌딩, 호텔	전력구, 공동구 내 적용 22.9[kV−Y] 계통의 지중선

③ 소방용 Cable

종류	내열전선(FR−3)	내화전선(FR−8)
내열특성	380[℃]에 1분간 견디는 전선	840[℃]에 30분간 견디는 전선
용도	• 신호용(600[V] 이하 회로) • 비상방송, 각종 화재경보 배선	• 전원용(600[V] 이하 회로) • 옥내소화전, Sprinkler 펌프 배선

④ MI Cable : 도체에 고순도 무기절연체(MgO_2)로 절연

종류	1심용, 2심용, 4심용, 6심용
특징	내열성, 내연성, 내부식성, 방수성, 방습성, 유연성
용도	비상 E/V 및 소방 Pump 전원, 화학 플랜트 및 방폭지역

5 화재 대비 전력간선 시설방법

1) 간선의 내화, 내열 배선 시설 방법(건축법 시행령 제10조제2항)

사용전선	구분	시설방법
HIV, CV 클로로프렌 외장 AI피, 연피 CD Cable Bus Duct	내화 배선	• 금속관, 2종 금속제 가요관, 합성 수지관 사용 • 내화구조의 벽 또는 바닥에 깊에 25[mm] 이상 배설
	내열 배선	• 금속관, 금속제 가요관, 금속덕트, 불연성 덕트 내 시설하는 Cable 공사방법에 따름
	기타	• 내화성능을 갖는 배선 전용실 및 Shaft, Pit, Duct 등에 설치 • 타 배선과 공용 시 150[mm] 이상 이격, 또는 최대 배선 지름의 1.5배 이상 높이의 불연성 격벽 설치
내열, 내화, MI Cable		• Cable 공사방법에 따름

2) 신설 Cable

① 선로설계 적정화, 케이블 난연화

② 소화설비 배치, 화재 감지시스템 설치

③ 관통부 방화조치(내화등급별 밀봉)

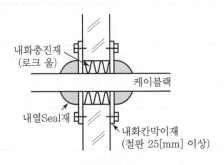

[방화구획 관통부 조치공법]

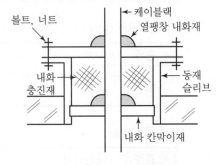

[바닥 위 슬리브 공법]

3) 기설 Cable

① 난연성 도료 도포, 방화테이프, 방화 Sheet

② 화재 감지기 설치(정온식 감지선형)

4) Cable 부설경로

① 케이블 처리실 전 구간 난연처리

② 전력구(공동구) 난연처리 : 수평 20[m]마다 3[m]씩, 수직 45° 이상은 전량

③ 외부 열원 대책 : 차폐 이격 등

6 결론

1) 빌딩의 고층화, 전전화, IB화에 따라 Cable 화재 피해도 날로 증가 추세

2) Cable 화재의 2차적 피해 확산 방지를 위해 저독성 난연 Cable의 사용 확대 및 건축물 방화구획, 관통부의 방화조치 등이 필요

07 전기 설비 내진 설계

🔳 개요

1) 지진은 맨틀의 유동에 의해 지표 부분의 균형이 파괴되어 단층, 융기 등이 되면서 발생하는데 최근 국내에도 지진의 빈도가 늘고 강도가 강해져 이에 대한 대책이 요구되며 지진의 종류, 시설물의 중요도 등을 고려하여 경제적이고 효과적인 내진 설계가 필요

2) 내진 설계의 목적 및 기능
   ① 목적
      ㉠ 인명의 안전성 확보
      ㉡ 재산 보호
      ㉢ 설비의 기능 유지
   ② 기능
      ㉠ 지진 중 운전이 가능할 것
      ㉡ 점검 확인이 용이할 것
      ㉢ 자동 재운전이 가능할 것

🔳 내진 설계 시 고려 사항

1) 건축법상 내진 설계 기준 확인

① 2층 이상의 연면적 1,000[m²] 이상인 건축물

② 경간 10[m²] 이상인 5층 이상 아파트, 연면적 500[m²]인 판매시설 등

③ 바닥면적 합계가 1,000[m²] 이상인 발전소, 종합 병원, 방송국, 공공 건물

④ 바닥면적 합계가 5,000[m²] 이상인 관람실, 집회실, 판매 시설

2) 전기 설비 중요도 파악

① A등급(비상용)

   ㉠ 지진 발생 시 인명 보호에 가장 중요한 역할을 하는 설비

   ㉡ 비상 전원 설비, 간선 및 부하, 비상 조명, 비상 승강기, 비상 콘센트 등

② B등급(일반용)

   ㉠ 지진 피해로 2차 피해를 줄 수 있는 설비

   ㉡ 일반 변압기, 배전반, 간선류 등

③ C등급

ㄱ 지진 피해를 적게 받는 설비

ㄴ 일반 조명 설비, 기타 전기 설비 등

❸ 내진 대책

1) 장비의 적정 배치

① 중요도에 따라 설비 배치 : 내진력이 약한 것은 저층 배치 등

② 저층 배치기기 : 주로 폭발 가능성이 있는 기기, 오작동 우려의 기기 등

③ 피난 경로를 피해 배치

④ 점검이 용이하도록 배치

2) 지진 응답을 예측 적용하여 배치

① 수평 지진력 : $F = K \times W\,[\text{kg} \cdot \text{m}]$

② 수평 지진도 : $K = Z \cdot I \cdot K_1 \cdot K_2 \cdot K_3$

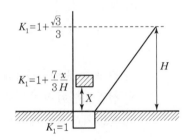

[K_1의 적용 예]

3) 공진 방지 및 자재 강도 확보

① 건물과 공진이 되지 않게 설계 시공

② 건물 설계용 1차 주기

ㄱ 철골 구조물의 1차 주기 : $T_1 = 0.028[\text{sec}]$

ㄴ 철근 콘크리트 1차 주기 : $T_2 = 0.02[\text{sec}]$

③ 층간 변위 강도 : 1/200 이내

❹ 건축물에서 내진 대책 적용 예

1) 기초의 보강

① 하부 고정은 필수, 측면 고정은 부수적

② 기기와 옹벽 사이에 내진 보강재로 보강

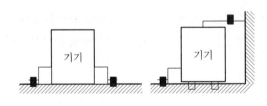

[기초의 보강]

2) 부재의 보강 : 배관을 행거 등으로 보강

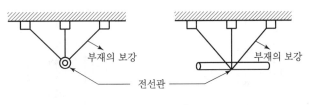

[부재의 보강]

3) 초고층 빌딩에서 간선의 지지

① 간선의 정하중에 대하여 충분한 강도를 가져야 하고 지진 발생 시 무리한 압력이 가해지지
않도록 시공

② 주로 버스 덕트를 사용하므로 상부 지지대에 **방진고무**, Coil Spring을 사용하고 필요 개소에
Flexible Joint를 두어 응력 흡수

③ 기타 방법은 기초 보강, 부재 보강 방안과 유사

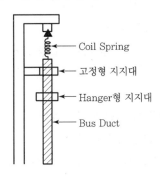

[초고층 빌딩의 강선(Bus Duct) 부재 보강]

4) 변압기 내진 대책

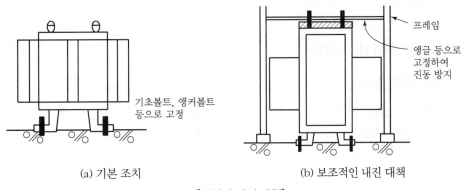

       (a) 기본 조치   (b) 보조적인 내진 대책

[변압기 내진 대책]

5) 분전반 내진 대책

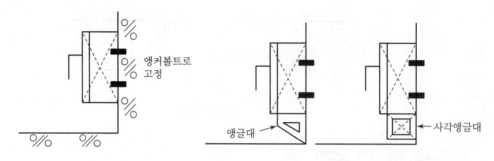

앵커볼트로
고정

앵글대

사각앵글대

[분전반 내진 대책]

5 수변전 설비 내진 설계

1) 변압기

① 기초 볼트의 정적 하중이 최대 체크 포인트

② 애자는 0.3G, 공진 3파에 견디도록 시설

③ 저압 측이 Bus Bar인 경우 접속부에는 가요성 도체를 사용하고 절연 커버를 설치

2) 가스 절연 개폐장치(GIS)

① 기초부를 중심으로 한 정적 내진 설계로 계획

② 가공선 인입의 경우 부싱은 공진을 고려

③ 접속부에는 케이블 및 Flexible Conductor를 사용하고 가요성을 고려

3) 보호 계전기

① 정지형 계전기나 디지털 계전기를 사용

② 협조 가능한 범위에서 타이머를 삽입

6 예비 전원 설비 내진 설계

1) 자가 발전 설비

① 발전기 연료 : 자체 저장 시설에서 공급하는 방식

② 발전기 냉각방식 : 자체 라디에이터 냉각방식

③ 엔진의 각 출입구 부분에는 변위량을 흡수할 수 있는 가요관을 시설

2) 축전지 설비

① 앵글 프레임은 관통 볼트에 의하여 고정

② 내진 가대의 바닥면 고정은 지진 강도에 충분히 견딜 수 있도록 처리

③ 축전지 인출선은 가요성이 있는 접속재로 충분한 길이의 것을 사용

7 맺음말

전기설비기술기준에는 수변전실에 시설하는 전기설비를 지진, 진동, 충격에 안전한 구조로 시설하도록 규정하나 이에 대한 설계 기준이 없는 상황이므로 현장 적용에 어려움이 있으나 수변전 설비는 지진 발생 시 인명의 안전에 직결되므로 내진 설계와 내진 시공에 대한 명확한 검사 기준을 마련하여 지진에 대한 대비가 필요

08 배관의 부식

1 개요

1) 정의

부식이란 금속 또는 합금이 전기 또는 화학적 작용에 의해 산화 소모되어 파괴되는 현상

2) 종류

① 습식 부식 : 저온 상태에서 수중, 땅속, 대기 중의 부식

② 건식 부식 : 고온의 공기나 가스 중의 부식

③ 전면 부식 : 피복이 타지 않은 배관에서 Micro Cell 형성에 따라 전면에서 고르게 부식되는 현상

④ 국부 부식 : 대부분 배관 시스템이 부분적 부식(전지, 침식, 응력, 피로 부식 등)

⑤ 간극(틈새) 부식 : 금속과 금속(또는 다른 물질)의 사이에 틈새가 있을 경우 전해질 농도와 용존 산소 농도 차이로 전위차 발생에 의한 부식

⑥ 입계 부식 : 입계, 즉 원자 배열이 달라지는 단일 경계면에서 발생되는 부식(고온 또는 냉각 시)

⑦ 갈바닉 부식 : 2중 금속의 접촉 시 전위차에 의한 부식

3) 부식 발생 조건

① 음극부와 양극부의 존재

② 전해질

③ 전위차(부식 전류의 폐회로 구성)

2 부식 발생의 메커니즘

1) 구성도

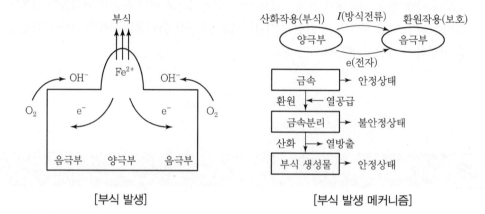

[부식 발생]   [부식 발생 메커니즘]

2) 양극 반응(산화)

① 금속 → 전해질(전자 방출) → 양이온 → 부식

② $Fe \rightarrow Fe^{2+} + 2e^-$ (산화 반응)

3) 음극 반응(환원)

① 양극 발생 이온 → 음극 이동 반응

② $O_2 + 2H_2O + 4e^- \rightarrow 4OH^-$ (수산화 이온의 환원 반응)

4) 녹 발생

① 음극부 → 수산화 이온(OH^-) + 양극 금속 이온(Fe^{2+})

⇒ 전해질 반응에 의한 부식 생성물 → 붉은색의 녹 발생

② $Fe^{2+} + 2OH^- \rightarrow Fe(OH)^2$: 수산화 제1철

$4Fe(OH)_2 + O_2 + 2H_2O \rightarrow 4Fe(OH_2)_3$: 수산화 제2철

$2Fe(OH_2)_3 \rightarrow Fe_2O_3 + 3H_2O$: 붉은 녹 생성

❸ 부식의 원인 및 영향

1) 원인

① 외적 요인
  ㉠ 용존 산소의 표면 부식
  ㉡ 용해 성분의 가수 분해
  ㉢ 유속에 의한 산화 작용
  ㉣ 온도에 의한 고온 부식
  ㉤ PM 저하에 따른 부식

② 내적 요인
  ㉠ 금속 조직의 결정 상태 영향
  ㉡ 금속의 가공 정도의 영향
  ㉢ 금속의 열처리 영향
  ㉣ 금속의 응력 영향

③ 기타 요인
  ㉠ 아연에 의한 철부식
  ㉡ 동에 의한 부식
  ㉢ 이중 금속에 의한 부식
  ㉣ 탈아연 현상에 의한 부식
  ㉤ 유리 탄관에 의한 부식

2) 부식의 영향

① 경제적 손실 : 부식 사고에 따른 조업 중단, 기계 장치 효율 저하
② 신뢰성 및 안전성 저하
③ 환경 오염 : 지하수 오염

❹ 부식 방지 대책

1) 배관재료 측 대책

① 배관재 선정
  ㉠ 부식 여유의 고급 재질 선정
  ㉡ 강관 대신 합성 수지관 사용

② 배관 표면 피복

㉠ 내부 : Lining

㉡ 외부 : 도금 시행

③ 배관 절연 : 이중 금속 배관 사용 시 연결 부분에 절연 개스킷 설치

2) 설계 개선

① 2중 금속 조합을 피하고 동일 재질 사용

② 불필요한 틈새, 요철을 피하고 응력 제한

3) 부식환경 억제(산화 · 환원반응 억제)

① 순환수 온도 제어 : 50[℃] 내외

② 유속 제어 : 내부 Lining 손상 방지(1.5[m/s] 이하)

③ 용존산소 신속 제거 : 자동 공기 배출 밸브 설치

4) 산소와 금속표면의 접속 차단

① 에어벤트 : 배관 내의 공기를 완전 배출

5) 전기방식법 사용

① 회생 전극(유전 양극) : 고전위 금속의 접촉(Mg, Al, Zn)

② 외부 전원법 : 외부 DC전원에 의한 방식전류 공급, Anode는 내구성이 강한 재질

③ 배류법 : 직접, 선택, 강제 배류법 적용

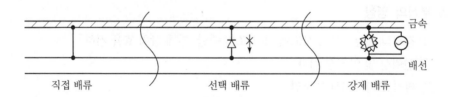

[배류법의 종류]

09 정전기의 물리적 현상

◧ 개요

정전기의 물리적 현상 형태 : 역학적 현상, 정전 유도 현상, 방전 현상

◨ 정전기의 역학적 현상

1) 역학적 현상의 정의

정전기에 대전된 물체는 가까이 있는 다른 물체를 전기적 작용력인 쿨롱(Coulomb)력에 의해 흡인하거나 반발하는 성질

2) 정전 현상

절연물이 표면층에 고정, 정지된 상태에서의 전기적 작용

3) 대전 현상

종류가 다른 두 물체를 마찰시키면 한쪽은 (+)전기, 다른 쪽은 (−)전기를 일으키는 현상

4) 정전력 : 정전기에 관한 쿨롱의 법칙

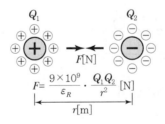

$$Q_1 \qquad Q_2$$

$$F[\text{N}]$$

$$F = \frac{9 \times 10^9}{\varepsilon_R} \cdot \frac{Q_1 Q_2}{r^2} [\text{N}]$$

$$r[\text{m}]$$

[쿨롱의 정전력]

① 진공 중에서의 정전력 검토

$$F = \frac{1}{4\pi\varepsilon_0} \cdot \frac{Q_1 Q_2}{r^2} [\text{N}] = 9 \times 10^9 \times \frac{Q_1 Q_2}{r^2} [\text{N}]$$

여기서, 유전율 $\varepsilon = \varepsilon_0 \varepsilon_s$

진공 중 유전율 $\varepsilon_s = 8.854 \times 10^{-12}$

② 전하 사이에 작용하는 힘을 정전력, 정전력이 미치는 공간을 전장이라 하며, 이때 정전력 F [N]는 전하 Q_1, Q_2의 곱에 비례하고, 양전하 사이의 거리 r[m]의 제곱에 반비례

③ 정전기에 관한 쿨롱의 법칙 : 정전력의 힘은 같은 전하 사이에는 반발력, 다른 전하 사이에는 흡인력이 작용

5) 역학 현상의 특징

일반적으로 대전물체의 표면전하에 의해 작용하기 때문에 표면적이 큰 종이, 필름, 섬유 등에 많이 발생되기 쉬우며 생산 장해나 품질 저하의 원인

6) 역학 현상에 의한 생산 장해

① 제사 공정에서 실의 끊어짐, 보풀, 분진 부착에 의한 품질 저하
② 직포의 건조, 정리 작업에서의 보풀 발생, 접기 힘듦
③ 인쇄 종이의 찢어짐, 흐트러짐, 오손, 한 번에 두 장이 지나감 등

❸ 정전기의 정전 유도 현상

1) 정전 유도

대전체 A에 금속체 B를 가까이 하면 대전체에 가까운 쪽에는 A와 다른 종류의 정전기가 유도되고, 반대쪽에는 같은 종류의 정전기가 유도되는 현상

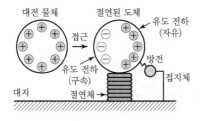

[정전 유도 대전 현상]

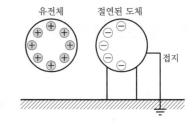

[접지에 의한 유도대전 방지]

2) 정전기 차폐 현상

대전체 A에 금속체 B를 접지된 금속 C를 둘러 싸고서 가까이 하면 정전기 현상이 일어나지 않음

3) 정전용량(C)

① 전하의 축적되는 양을 말하며 전압의 크기에 비례하고 그 비례 상수를 C[F]라 할 때 이 C[F]가 정전용량
② 금속판(전극) 사이에 절연체를 삽입한 것을 콘덴서라 하며 이 콘덴서에 전압을 가하면 전하가 축적되는데 그 축적되는 전하량 $Q = CV$[C]

4) 정전 에너지[W]

정전용량이 $C[\mathrm{F}]$인 콘덴서에 전압 $V[\mathrm{V}]$가 가해져서 $Q[\mathrm{C}]$의 전하가 축적되어 있을 때의 정전 에너지 $W = \dfrac{1}{2}CV^2 = \dfrac{1}{2}VQ[\mathrm{J}]$

4 정전기의 방전 현상

1) 방전 현상

① 정전기 방전은 정전기의 전기적 작용에 의해 일어나는 전리 작용으로 대전 물체에 의한 정전계가 공기의 절연 파괴 강도(DC 약 30[kV/cm])에 달한 경우 일어나는 기체의 전리 작용

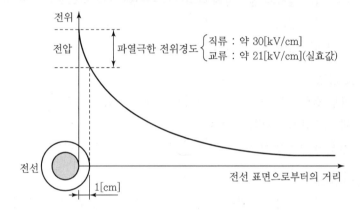

[공기의 절연파괴 현상]

② 방전이 일어나면 대전체에 축적되어 있는 정전 에너지는 방전 에너지로 공간으로 방출되어 열, 파괴음, 발광, 전자파 등으로 변환되어 소멸
③ 방전 에너지가 커지게 되면 주변 물질에 착화하여 화재, 폭발 유발 등 장해 및 재해의 원인

2) 방전 현상의 종류

① 기중 방전(코로나, 브러시, 불꽃 방전)
② 연면 방전
③ 뇌상 방전

3) 방전 현상의 종류별 특징

① 코로나 방전

ㄱ 고체에 정전기가 축적되면 전위가 높아지게 되고, 고체 표면의 전위경도가 어느 일정치를 넘어서면 일어나는 낮은 소리와 연한 빛을 수반한 방전

ㄴ 고체 표면에 접속된 공기의 국부적 절연 파괴 현상

ㄷ 코로나 잡음 동반

ㄹ 방전 에너지는 낮으나 민감한 물질은 점화 폭발 가능

② 브러시 방전

ㄱ 곡률 반경이 큰 도체(직경 10[mm] 이상)와 절연 물질 사이에 대전량이 많을 때 발생하는 수지상의 발광과 펄스상의 파괴음을 수반하는 방전(스트리머 방전이라고도 함)

ㄴ 브러시 방전의 방전 에너지는 4[mJ]까지도 될 수 있어 화재 폭발 위험이 높음

ㄷ 위험도는 불꽃 방전과 코로나 방전의 중간 정도

③ 불꽃 방전

ㄱ 표면 전하 밀도가 높게 축적되어 대전 물체와 접지된 도체 사이에서 발생하는 강한 발광과 파괴음을 수반하는 방전

ㄴ 불꽃 방전은 방전 에너지가 높아 재해나 장해의 원인이 됨

④ 연면 방전

ㄱ 엷은 층상의 대전 물체의 뒷면에 근접한 접지체가 있을 때 표면에 연한 복수의 수지상의 발광을 수반하여 발생되는 방전 현상

ㄴ 절연체 표면의 전계 강도가 큰 경우에 고체 표면을 따라서 진행하는 발광이 동반된 방전

⑤ 뇌상 방전 : 자연 현상인 직격뇌의 방전과 같이 뇌운에 의한 방전

10 정전기 방전 현상 및 종류

■ 개요

정전기의 대전 물체 주위에는 정전계가 형성되고 이 정전계의 강도는 물체의 대전량에 비례하지만 이것이 점점 커지게 되어 결국 공기의 절연 파괴 강도(DC 약 30[kV/cm])에 도달하게 되면 공기의 절연 파괴현상, 즉 방전이 발생

■ 정전기 방전의 분류

1) 정전기 방전

주로 대기 중에서 발생하는 기중 방전과 대전물체 표면을 따라 발생하는 연면 방전으로 구분

2) 기중 방전

코로나 방전, 브러시 방전, 불꽃 방전

[방전현상의 분류]

■ 방전 현상

1) 정전기의 전기적 작용에 의해 일어나는 전리작용으로 기체의 전리 현상
2) 전하 분리에 의해서 정전기가 발생하면 그 주위의 매질 중에 전계(Electric Field)가 형성되고 전계의 크기는 전하의 축적과 더불어 비례하여 상승하며 어느 한계값에 도달하면 매질은 전기에 의해 절연성을 잃고 도전성으로 되어 중화하기 시작하며 빛과 소리를 수반
3) 정전기 방전이 일어나면 대전 물체에 축적되어 있는 정전기에너지가 방전 에너지로서 공간에 방출되어 열, 파괴음, 발광, 전자파 등으로 소비되고, 이 방전 에너지가 크면 가연성 물질에 착화 등을 일으켜 정전기 장해, 재해의 원인

4 정전기 방전의 종류

1) Corona 방전

① 불평등 전계에 의해 전계의 집중이 일어나 이 부분만이 전리를 일으키는 국부적인 방전

② 미약한 파괴음과 발광을 수반

③ 대전물체에 예리한 돌기부분, 환상부분이 있을때 돌기부분 등의 가까이에서만 발광이 나타나는 방전

④ 방전 에너지 밀도가 작기 때문에 정전기 재해, 장해의 원인으로 되는 확률이 낮음

2) Streamer 방전(Brush 방전)

① 코로나 방전보다 진전하여 일반적으로 비교적 강한 파괴음과 발광을 동반하는 방전

② 대전량이 큰 대전 물체(일반적으로 부도체)와 비교적 평활한 형상을 가진 접지 도체와의 사이에서 방전이 발생

③ 코로나 방전이 강하여 전리될 때 발생할 수 있음

④ 코로나 방전에 비해 방전 에너지 밀도가 크기 때문에 정전기 재해, 장해의 원인

3) 불꽃 방전

① 대전 물체와 접지 도체의 형태가 비교적 평활하고 그 간격이 작은 경우에 그것의 공간에서 갑자기 발생하는 강한 파괴음과 발광을 동반하는 방전

② 방전 에너지 밀도가 크기 때문에 정전기 재해, 장해의 원인

4) 연면 방전

① 대전 물체의 뒷부분에 접지 도체가 있는 경우 대전 물체 표면에 전위가 상승되어 대전이 상당히 클 때에 대전 물체 표면을 따라 발생하는 방전

② 정전기가 대전되어 있는 부도체에 접지 도체가 접근할 때 대전 물체와 접지 도체와의 사이에서 발생하는 방전과, 동시에 부도체의 표면을 따라 발생하는 방전이 있음

③ 방전 에너지 밀도가 크기 때문에 정전기 재해, 장해의 원인이 될 확률이 높음

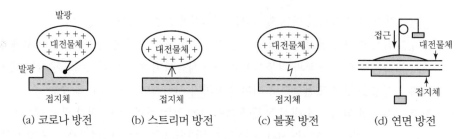

(a) 코로나 방전   (b) 스트리머 방전   (c) 불꽃 방전   (d) 연면 방전

[정전기 방전의 종류]

5 정전기 방전 비교

형태	대상	위험성
Corona 방전	• 직경 5[mm] 이하의 가는 도전체 • 정코로나 > 부코로나	• 0.2[mJ]로 방전 에너지가 적음 • 가스나 증기 미점화
Brush 방전	직경 10[mm] 이상 곡률 반경이 큰 도체, 절연 물질	• 4[mJ]까지 방전 에너지 발생 • 화재, 폭발 위험성이 높음
Spark 방전	절연판, 도체의 표면 전하 밀도가 높게 축적	• 방전 에너지가 높음 • 화재, 폭발의 원인이 됨
연면 방전	드럼이나 사일로의 분진이 높은 전하 보유	
뇌상 방전	• 공기 중 뇌상으로 부유하는 대전 입자가 커졌을 때 • 번개형 발광 수반	

---

11 정전기 발생 메커니즘과 대전 현상 및 방지 대책

1 정의

1) 정전기란 전하의 공간적 이동이 적어 이 전류에 의한 자계효과가 전계효과에 비해 무시할 정도로 아주 적은 전기

2) 정전기의 발생은 주로 2개의 물체가 접촉할 때 본래 전기적으로 중성상태에 있는 물체에서 정(+) 또는 부(−)로 극성 전하가 과잉되는 현상

2 정전기 발생 메커니즘

1) 일함수

① 물체에 빛을 쪼이거나 가열하는 등의 에너지를 가하면 물체 내부의 자유전자가 외부로 방출되는데 이때 필요한 최소에너지

② 즉, 물체와 전자 사이의 결합을 끊기 위한 최소한의 에너지

2) 정전기 발생 메커니즘

① 전하의 이동

두 종류의 물체를 접촉시키면 낮은 일함수를 갖는 물체에서 전자가 튀어나와 높은 일함수를 갖는 물체로 이동

② 전기 2중층 형성

그 결과 높은 일함수를 갖는 물체는 부(−)로 대전되고 낮은 일함수를 갖는 물체는 정(+)으로 대전되어 전기 2중층을 형성

③ 전하분리에 의한 정전기 발생

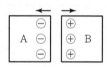

전하 분리로 전위가 상승하며 정전기 발생

④ 전하 소멸

대전된 전하가 주위 물체로 방전하여 소멸

❸ 정전기 발생에 영향을 주는 요인

1) 물체의 특성
접촉, 분리하는 2개의 물체가 대전서열 중에서 가까운 위치에 있으면 작고 떨어져 있으면 큰 경향

2) 물체의 표면 상태
① 물체의 표면이 거칠면 정전기 발생에 큰 영향

② 물체의 표면이 수분, 기름 등에 의해 오염되어 있거나 부식(시화)되어 있으면 영향

3) 물체의 이력 : 처음 접촉, 분리가 일어날 때 최고로 크고, 접촉, 분리가 반복됨에 따라 서서히 작게 되는 경향

4) 접촉 면적 및 접촉 압력 : 접촉압력이 크면 정전기의 발생도 크게 되어 접촉 면적 증가

5) 분리 속도 : 속도가 크면 전하 분리에 주어지는 에너지가 커져 정전기의 발생이 증가

4 정전기 발생 형태(정전기의 방전 형태)

1) 불꽃 방전

가스 기구의 점화 불꽃에서 볼 수 있듯이 강한 발광과 파괴음을 수반하는 방전

2) 뇌상 불꽃 방전

① 불꽃 방전의 일종으로 번개와 같은 수지상(樹枝狀)의 발광을 수반
② 강력하게 대전된 입자군이 대규모(지름 수[m] 이상)의 구름 모양으로 확산되어(대전운이라 부른다) 일어나는 특수한 방전

3) 코로나 방전

그 가까이에서만 절연 파괴를 일으키는 부분방전으로서 약간의 발광과 소음을 수반

4) 연면 방전

절연물의 표면에 따라 강한 발광을 수반하여 일어나는 방전

5 정전기의 대전 현상

1) 마찰 대전

① 물체가 마찰하면 일어나는 대전 현상이며, 서로 마찰한 2개의 물체의 접촉, 분리에 의해 정전기가 발생
② 벨트나 롤 및 분체와 시트 등이 주로 마찰 대전에 의해 대전

2) 박리 대전

① 밀착하고 있는 물체를 당길 때에 일어나는 대전 현상이며 접촉, 분리에 의해 정전기가 발생
② 종이, 필름, 시트, 포 등 얇은 물질은 밀착하고 있기 때문에 박리 대전을 발생

3) 유동 대전

도전율이 낮은 액체류를 배관 등으로 수송할 때 정전기가 발생하는 현상

4) 유도 대전

대전 물체의 부근에 절연된 도체가 있을 때 정전 유도를 받아 전하의 분포가 불균일하게 되며 대전된 것이 등가로 되는 현상

5) 비말 대전

공기 중에 분출한 액체류가 미세하게 비산되어 분리하고, 크고 작은 방울로 될 때 새로운 표면을 형성하기 때문에 정전기가 발생하는 현상

6) 적하 대전

고체 표면에 부착해 있는 액체류가 성장하고 이것이 자중으로 액적, 물방울로 되어 떨어질 때 전하 분리가 일어나서 발생하는 현상

7) 충돌 대전

분체류에 의한 입자끼리 또는 입자와 고체(예 용기병)와의 충돌에 의해서 빠르게 접촉, 분리가 일어나기 때문에 정전기가 발생하는 현상

8) 분출 대전

분체류, 액체류, 기체류가 단면적이 작은 개구부(노즐, 균열 등)에서 분출할 때 마찰이 일어나서 정전기가 발생하는 현상

9) 침(심)강 대전 및 부상 대전

액체의 유동에 따라 액체 중에 분산된 기포 등 용해성의 물질(분산물질)이 유동이 정지함에 따라 비중차에 의해 탱크 내에서 침강 또는 부상할 때 일어나는 대전 현상

10) 동결 대전

극성기를 갖는 물 등이 동결하여 파괴할 때 일어나는 대전 현상으로 파괴에 의한 대전의 일종

⑥ 정전기 재해

1) **화재 및 폭발** : 폭발 생성 분위기를 착화시키기 위해서는 충분한 방전 에너지를 방출하는 정전기 방전이 있을 때 발생
2) **전격** : 정전기가 대전되어 있는 인체로부터 혹은 대전 물체로부터 인체로 방전이 일어나면 인체에 전류가 흘러 전격 재해가 발생
3) **생산 장해** : 정전기의 역학 현상과 방전 현상에 의해 발생

7 정전기 방지 대책

위험물 제조소의 정전기 대책	일반 설비의 정전기 대책
1) 발생 억제 　① 마찰 적게 　② 대전 방지제(첨가제) 　③ 도전성 재료(철망함 등)	1) 도체의 대전 방지 대책 　① 접지 및 본딩 　② 배관 내 액체의 유속 제한 　③ 정치 시간
2) 축적 예방 　① 접지, 본딩 　② 가습 　③ 완화 시간(정치) 　④ 제전기 설치 　⑤ 공기의 이온화	2) 부도체의 대전 방지 대책 　① 가습 　② 대전 방지제 사용 　③ 제전기 사용 : 전압 인가식, 자기 방전식, 방사 　　선식
3) 액체 수송 부분 　① 수송 시 유속 제한 　② 주입구 적정 조치	3) 인체의 대전 방지 대책 　① 대전 방지화 　② 대전 방지 작업복 　③ 손목 접지대

---

12 정전기의 발생 원인 및 대책

1 정전기의 정의

1) 정전기란 전하의 공간적 이동이 적어 이 전류에 의한 자계효과가 전계효과에 비해 무시할 정도
로 아주 적은 전기, 즉 정지상태로 공간상에 존재하는 전기
2) 정전기 발생은 주로 2개의 물체가 접촉할 때 본래 전기적으로 중성상태에 있는 물체에서 정(+)
또는 부(−)로 극성전하가 과잉되는 현상
3) 이 과잉전자를 정전기라 하며, 발생한 정전기가 물체상에 축적되는 현상을 정전기 대전이라 함

2 정전기의 발생

1) 정전기 발생 원인

　① 마찰대전　　　　　　　　② 박리대전
　③ 유동대전　　　　　　　　④ 유도대전
　⑤ 비말대전　　　　　　　　⑥ 적하대전

⑦ 충돌대전　　　　　　　⑧ 분출대전

⑨ 침(심)강대전 및 부상대전　　⑩ 동결대전

2) 정전기 발생에 영향을 주는 요인

① 물체의 특성

② 물체의 표면상태

③ 물체의 이력

④ 물체의 접촉면적 및 접촉압력

⑤ 물체의 분리속도

❸ 정전기 발생 시 나타나는 현상(물리적 현상)

1) 대전

물체에 과잉 전하가 축적되는 현상

2) 방전 현상

① 정전기의 전기적 작용에 의해 일어나는 전리작용으로 기체의 전리현상

② 전하 분리에 의해서 정전기가 발생하면 그 주위의 매질 중에 전계(Electric Field)가 형성되며 전계의 크기는 전하의 축적과 더불어 비례하여 상승하고 어느 한계값에 도달하면 매질은 전기에 의해 절연성을 잃고 도전성으로 되어 중화하기 시작하는 현상으로 빛과 소리를 수반

3) 역학 현상

정전기의 전기적 작용인 쿨롱의 힘에 의해 대전물체 주위에 있는 먼지, 종이 조각, 섬유 등 가벼운 물체를 끌어 붙이거나 반발

4) 정전 유도 현상

대전물체 가까이에 절연된 도체가 있으면 절연된 도체의 표면상에 대전 물체의 전하와 반대 극성의 전하가 나타나는 현상

❹ 정전기 방전 현상

1) 연면 방전

2) 불꽃 방전

3) Corona 방전

4) Streamer 방전(Brush 방전)

5 정전기 장해

1) 역학적 현상에 의한 장해

구멍의 막힘, 섬유의 보푸라기 일기, 분말의 폐색, 인쇄 – 사진 재판 불량 등

2) 방전 현상에 의한 장해

화재, 폭발, 노이즈, 전자 부품 파손, 사진의 감광 등

6 정전기 재해 방지

1) 정전기 재해 종류

① 화재 및 폭발 재해

② 전격

③ 생산 장해

2) 정전기 재해 방지 5원칙

대책	대책의 실례
절연물의 대전 방지	• 제전기, 대전 방지제의 활용 • 도전성 재료의 사용 • 환경의 다습화
도체와의 접지	• 정전용량 10[pF] 이상 물체와 접지 • 접지 저항 1,000[Ω] 이하로 접지 • 이동 대전 물체의 접지 기준 확립
인체의 대전 방지	• 도전성 바닥과 접지 • 대전 방지 작업복, 신발의 착용 • 탈의 금지
생산 환경의 정비	• 폭발성 분위기의 생성 방지 • 생산 환경의 클린화 • 정전기의 차폐 • 온 · 습도 관리
가동 조건의 설비	• 설비의 대형화 회피 • 가동 조건의 고속화, 급변 회피 · 점검, 보수 이행

7 정전기 대책

- 발생 방지 : 마찰 줄임, 재료 선택, 도전성 재료, 유속 제한 등
- 축적 방지 : 접지, 완화시간, 제전복, 제전화 등

1) 정전기 발생 방지

① 접촉 면적, 접촉 압력을 축소

② 접촉 횟수를 감소

③ 접촉 분리 속도를 작게 함으로써 속도는 서서히 변화

④ 표면의 상태를 깨끗이 유지

2) 도체의 대전 방지

① 누설 저항이 1,000[Ω]을 초과하는 제조 설비, 장치 등은 접지

② 부도체의 대전 물체로 취부하지만 그 근방에 있어서 정전 유도 등에 의한 대전을 고려하여 금속 물체 등은 접지

③ 고전압 부근에 있는 설비, 장치 등을 접지

④ 이동 물체 또는 가반 물체에 도전성 재료를 이용하여 누설 저항을 저하

3) 부도체의 대전 방지

① 설비, 장치 등을 도전성 재료로 대체하거나 대전 방지 처리, 가공 등을 실시한 대전 방지용품을 사용

② 유체, 분체 등에 대전 방지제를 첨가하거나 표면이 도포하고 물질 전체 또는 표면에 대전성을 저하

③ 금속분, 카본분, 도전성 섬유 등 도전성 물질을 혼입 또는 혼방

4) 작업자의 대전 방지 대책

① 대전 방지 작업화 등 인체의 누설 저항을 저하

② 작업자가 거의 일정한 위치에서 작업하는 경우 리스트 스트랩 등을 이용하여 직접 접지

③ 작업복 등 의복 및 장착품 대전이 문제되는 경우는 대전 방지 처리, 가공을 실시한 대전 방지 작업복 등을 착용

5) 가습

① 플라스틱 제품 등은 습도가 증가되면 표면저항 값이 저하되므로 대전 방지

② 부도체 근방 또는 환경 전체의 상대습도를 70[%] 이상 유지

③ 물의 분무, 가습기 사용, 증발법 등

6) 정치 시간

대전 물체가 인화성 물질이고 폭발 분위기를 조성 또는 그 가능성이 있는 경우, 즉 탱크로리 등에 위험물을 주입하여 용기 내의 유동이 정지하여 정전기 방전이 발생하지 않을 정도까지 정치 시간을 확보

7) 제전기에 의한 대전 방지

① 제전은 어떤 물체에 발생 또는 대전되어 있는 정전기를 안전하게 제거하는 것으로 주로 정전기상의 부도체를 대상으로 한 방지 대책이며 일반적으로 제전기를 사용
② 제전한다는 것은 물체의 전 대전전하를 완전히 중화시키는 것이 아니고 정전기에 의한 재해가 발생하지 않을 정도까지 중화시키는 것
③ 제전기의 종류
　ㄱ 전압 인가식 제전기
　ㄴ 자기 방전식 제전기
　ㄷ 방사선식 제전기

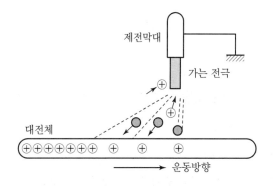

[자기 방전식 제전기]

8) 전도성 부여

전기 저항이 높은 물질 대신에 전도성이 있는 물질을 사용하는 것으로 액체의 전도성을 증가시키면 전하의 누설을 촉진시키며 정전기를 방지

9) 본딩과 접지

① 본딩 : 접촉 부분 등의 금속 물체 사이가 절연 상태로 되어 있을 경우 이 사이를 도선으로 결합하여 양자의 전위차를 제거하고 방전을 방지하기 위한 방법
② 접지 : 도체와 대지와의 사이를 전기적으로 접속해서 대지와 등전위화함으로써 정전기 축적을 방지하는 방법으로 정전기 방지 대책 중에서 가장 기본적인 대책

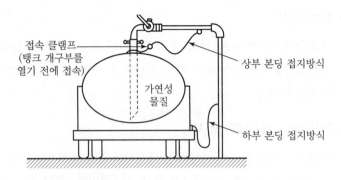

[탱크로리의 접지 방식(상부 주입)]

10) 마찰을 줄임

보통 마찰이 정전기를 가장 많이 발생시키는데, 마찰계수가 큰 벨트를 사용하거나 마찰되는 두 물질을 대전 서열이 가까운 것으로 선택하거나 두 물질 모두를 도전성 물질로 하는 방법

11) 정전 차폐

접지된 도체로 대전 물체를 덮거나 둘러싸는 방법, 대전 물체의 표면을 금속 또는 도전성 물질로 덮는 방법

8 가연성 및 인화성 액체의 저장 · 취급 시 정전기 방지 대책

1) 액체 수송의 유속 제한

① 저항률이 $10^9[\Omega \cdot m]$ 미만인 도전성 위험물의 배관 유속은 7[m/s] 이하

② 저항률이 $10^9[\Omega \cdot m]$ 이상인 위험물은 관경에 따라 1[m/s]~5[m/s] 이하

③ 이황화탄소 등과 같이 유동대전이 심하고 폭발 위험성이 높은 것은 배관 유속 1[m/s] 이하

④ 물이나 기체를 혼합한 비수용성 위험물은 배관 내 유속 1[m/s] 이하

2) 액체의 탱크 주입 시 주의사항

① 탱크 주입구 구조는 위쪽에서 위험물을 낙하시키는 구조로 하지 않아야 하며 주입구는 아래쪽으로 하고 위험물이 수평으로 유입되어 교란이 적도록 해야 하며 주입구 아래에 수분이 축적되지 않도록 함

② 탱크, 탱크로리, 탱크차 등에 위쪽에서 주입 배관을 넣어 주입하는 경우에는 주입배관이 용기의 바닥에 이르도록 시설(최소 6[in] 이하)

③ 위험물 이송용 펌프는 가능한 한 탱크에서 먼 곳에 설치하고 배관은 난류가 생기지 않도록 굴곡을 적게 함

13 제전기의 원리 및 종류

1 제전의 원리

1) 제전기(제전 전극)를 대전 물체 가까이 설치하면 제전기에서 생성된 이온 중 대전 물체와 반대 극성의 이온이 대전 물체로 이동하여 대전 물체의 전하와 결합, 중화하는 것
2) 제전기와 대전 물체 사이에 이온 전류가 흐르는 것이며 이온 전류가 크면 단시간 내에 제전

2 제전의 목적

1) 정전기로 인한 부도체에 축적되는 전하를 중화(대전, 방전에 의한 사고 방지)
2) 대전 물체의 정전기를 완전히 제거하는 것은 아님
3) 정전기에 의한 장해, 재해가 발생하지 않을 정도까지 제전

3 제전의 목표값

1) 일반 사업장

재해나 장해가 발생하지 않는 통상의 대전 상태를 검토하여 정해진 대전 전위 또는 대전 전하 밀도 이하로 제전

2) 최소 착화 에너지(MIE)에 의한 제전 전위

① MIE가 수십 $[\mu J]$인 가연성 물질의 착화 방지 : 대전전위 1[kV] 이하
② MIE가 수백 $[\mu J]$인 가연성 물질의 착화 방지 : 대전전위 5[kV] 이하

3) 전격 방지 : 대전 전위 10[kV] 이하

4 제전기의 종류

1) 전압 인가식 제전기

금속제 침이나 세선 모양의 전극에 고전압을 인가하여 전극 선단에 코로나 방전을 일으켜서 제전에 필요한 이온을 만드는 것으로 필름, 종이, 포 등의 표면 대전 물체의 제전에 유효
① 장점
ⓐ 제전 능력 우수(단시간 제전)
ⓑ 이동하는 대전 물체의 제전에 유리
ⓒ 대전 전하량, 발생 전하량이 큰 대전 물체에 유효

② 단점

설치 및 취급이 복잡

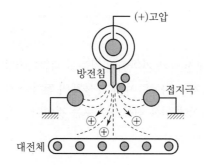

[전압 인가식 제전기]

2) 자기 방전식 제전기

① 원리

ㄱ 접지된 도전성의 침상이나 세선 전극에 제전하고자 하는 물체의 상정 전계를 모으고 이 정전계에 의하여 제전에 필요한 이온을 생성

ㄴ 제전극은 스테인리스, 카본, 도전성 섬유 등으로 제작하며 작은 코로나 방전을 일으켜 제전하는 방식

ㄷ 필름, 종이, 포 등의 표면 대전 물체의 제전에 유효

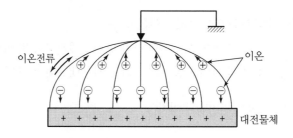

[자기 방전식 제전기의 제전 원리]

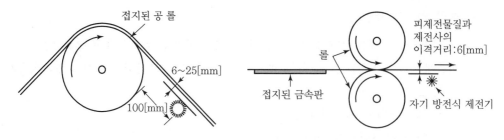

[자기 방전식 제전기 설치]

② 장점

ㄱ 전원을 사용하지 않음

ㄴ 구조가 간단(제전 전극만으로 구성)

ㄷ 설치 용이(협소 공간에 설치 가능)

ㄹ 안전성이 우수(제전기가 착화원이 되는 우려가 적음)

③ 단점

ㄱ 설치 및 교환의 빈도가 높음

ㄴ 설치 방법에 따라서 제전 효율이 크게 변동

ㄷ 피대전 물체의 대전 전위가 낮으면 제전이 불가

3) 방사선식 제전기

① 원리

ㄱ 방사성 동위 원소의 전리 작용에 의하여 제전에 필요한 이온을 생성

ㄴ 방사선 동위 원소를 내장하고 있으므로 취급 시 주의가 필요

ㄷ 탱크에 저장되어 있는 가연성 물질의 제전에 유효

② 장점

안전성이 우수(제전기가 착화원이 되는 우려가 적음)

③ 단점

ㄱ 대전 물체가 방사선의 영향으로 변화할 우려가 있음

ㄴ 제전 능력이 작음(긴 제전 시간)

ㄷ 이동하는 대전 물체의 제전에는 부적합

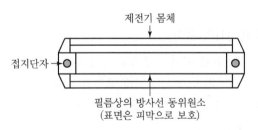

제전기 몸체

접지단자

필름상의 방사선 동위원소
(표면은 피막으로 보호)

[방사선식 제전기]

5 비교

종류		특징	주된 용도
전압 인가식 제전기	표준형 송풍형 방폭형 직류형	• 기종이 풍부 • 노즐형, 건형, 플랜지형 • 점화원으로 되지 않음 • 제점 능력은 크지만 역대전의 우려	• 필름, 종이, 직포의 제전 • 배관 내 분체의 제전, 국소적인 제전 용제 도공 시의 제전 • 단일 극성인 필름, 종이, 직물의 제전
자기 방전식 제전기	도전성 섬유 혼익 직포 도전성 필름	취급이 간단하고 점화원으로 잘되지 않지만 3[kV] 이하로는 제전이 되지 않음	필름, 종이, 플라스틱, 고무, 분체 등 모든 제전 물체의 제전
방사선식 제전기	α선원 β선원	점화원으로는 되지 않지만 취급, 제 전 능력에 어려움	밀폐 공간에서의 제전

6 제전기 설치 시 고려사항

1) 일반 사항

① 제전 목표치를 만족하는 위치 또는 제전 효율이 90[%] 이상이 되는 위치에 설치

② 제전효율 $= \dfrac{V_a - V_b}{V_a} \times 100\,[\%]$

  여기서, V_a : 설치 전의 전위(절대값)
  V_b : 설치 후의 전위(절대값)

③ 대전 물체의 전위가 높은 위치에 설치

④ 정전기 발생원에 까까운 위치에 설치(일반적으로 5~20[cm] 떨어진 위치에 설치)

⑤ 온도 150[℃] 이상, 상대습도 80[%] 이상이 되는 장소는 피할 것

⑥ 오염, 부식 등의 우려가 없는 장소에 설치할 것

2) 전압 인가식 제전기의 설치

① 제전 전극, 고압 전원, 고압 전선 등을 하나로 취급하여 설치

② 한번 설치 후 전극의 추가 설치 및 설계 변경 지양

③ 한 개의 고압 전원으로 다수의 전극 작동 금지

④ 고압부의 접속에 특히 주의

3) 자기 방전식 제전기의 설치

① 설치 위치는 일반 사항에 준함

② 제전기의 설치 거리는 1~5[cm] 떨어진 위치에 설치
  단, 역대전 발생 우려가 있을 경우 5[cm] 이상

4) 방사선식 제전기의 설치

① 설치 위치는 일반사항에 준함

② 설치 거리

⊙ 제전기의 방사선원이 α 선일 경우 : 1~2[cm]

ⓛ 제전기의 방사선원이 β 선일 경우 : 2~5[cm]

③ 방사선원에 기계, 작업자, 대전 물체 등 접촉 금지

④ 접촉의 우려가 있는 경우 보호 장치나 차폐 장치를 설치

---

14 정전기 발생 영향 요소와 정전기 대전의 종류 ▪▫▫

■ 정전기 정의

1) 정전기는 일반적으로 서로 다른 물질이 상호 운동을 할 때에 그 접촉면에서 발생하게 되며, 이 정전기는 고체 상호 간에서뿐만 아니라 고체와 액체 간, 액체 상호 간, 액체와 기체 간에서도 발생

2) 정전기 현상의 발견에 대한 기록은 고대 그리스의 철학자 탈레스가 호박을 양피에 마찰시켜 정전기를 발생시킨 것이 시초이었으며, Electricity라는 말은 호박(그리스어로 Electron)에서 유래된 것으로 고분자 물질을 많이 취급하는 우리 생활 주변에서 빈번히 발생될 뿐만 아니라 자연 현상에서도 많이 볼 수 있는데, 뇌구름에 의한 번개 낙뢰 현상이 대표적인 예

3) 여기에서 말하는 정전기를 우리가 통상 쓰고 있는 정전기(動電氣)와 비교하여 "전하의 공간적 이동이 적어 다른 전류에 의한 자계(磁界) 효과가 전계(電界) 효과에 비해 무시할 정도로 아주 적은 전기"라고 할 수 있으며, 이 정전계(靜電界)에 의한 제반 현상

② 정전기 발생 영향 요소

1) 물질의 대전서열 특성

① 두 물질이 대전 서열에서 가까운 위치에 있으면 정전기 발생량이 적고, 반대로 먼 위치에 있으면 발생량이 커짐

② 정전기의 발생은 접촉, 분리되는 두 물질의 상호 에너지 작용에 의해 결정

③ 대전 서열 : (+)머리털 → 유리 → 운모 → 양모 → 종이 → 동 → 유황 → 고무 → PVC(-) 위에서 두 물질을 서로 마찰시킬 경우 왼쪽 것은 (+), 오른쪽 것은 (-)로 대전

2) 물질의 표면 상태

① 일반적으로 물질의 표면이 원활(깨끗)하면 발생 감소

② 수분이나 기름 등에 의해 오염되면 산화, 부식에 의해 정전기의 발생이 많아지고 또한 정전기의 완화 시간이 길어지므로 대전량 증가

3) 물질의 대전 이력

① 처음 분리, 접촉이 일어나면 정전기 발생이 최대가 되며, 이후 반복됨에 따라 감소

② 최초 대전 시 정전기 대전이 많은 이유 : 최초 대전 시 전하가 전혀 충전되지 않은 상태에서 전하가 발생하게 되므로 많은 전하가 발생되나 차츰 충전 에너지가 증가하게 되어 대전되는 전하량이 감소

4) 접촉 면적 및 압력

① 접촉 면적이 클수록, 접촉 압력이 증가할수록 물질에 상호 작용하는 총에너지가 증가하므로 정전기의 발생량이 증가

② 분체나 유체의 경우 이동하는 파이프 면이 매끄러워야 정전기 발생량 감소

5) 분리 및 분출 속도

① 분리, 분출 속도가 빠를수록 정전기 발생량 증가

② 전하의 정전기 완화 시간이 길면 전하 분리 에너지도 켜져 발생량이 증가

❸ 도체와 절연체의 대전, 방전특성 비교

비교 항목	도전체	절연체
물체 내 전하 이동	자유로움	어려움
물체 내 전하 분포	표면에 균등 분포	내부까지 불균일 분포
방전 에너지	한번에 모두 방출	천천히 방출
정전기 제거의 용이성	용이	어려움

❹ 고분자 물질 대전 서열

1) 정전기의 대전

발생된 정전기가 물체상에 축적되는 것을 말하며 실제 대전한 전하량(대전량이라 함)이 정전기에 의한 문제를 좌우

2) 고분자 물질 대전 서열

[고분자 물질의 대전 서열]

5 정전기 대전의 종류

1) 마찰 대전

두 물체에 마찰이나 마찰에 의한 접촉위치의 이동으로 전하의 분리 및 재배열이 일어나서 정전기가 발생하는 현상

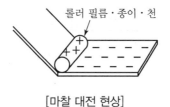

[마찰 대전 현상]

2) 유동 대전

① 액체류가 파이프 등 내부에서 유동할 때 액체와 관벽 사이에 정전기 발생

② 유동 대전 영향 인자 : 유동 속도, 액체 흐름의 상태(층류, 난류), 배관이나 탱크의 형태(굴곡, 밸브, 스트레이너 등), 파이프의 재질

③ 배관 내 액체 유동 대전

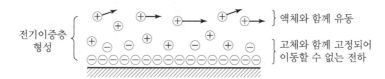

[유동 대전]

3) 분출 대전

① 분체류, 액체류, 기체류가 단면적이 작은 분출구를 통해 공기 중으로 분출될 때 분출하는 물질과 분출구와의 마찰로 인해 정전기가 발생

② 실제 대전량은 분출 자체보다는 분출 시 입자 간의 상호 충돌 영향이 더 큼

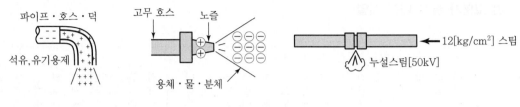

[분출 대전]

4) 박리 대전

① 서로 밀착되어 있는 물체가 떨어질 때 전하의 분리가 일어나 정전기 발생

② 마찰에 의한 정전기보다 더 큰 정전기 발생

③ **영향 요소** : 접촉 면적, 접촉면의 밀착력, 박리 속도

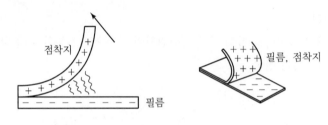

[박리 대전]

5) 충돌 대전

① 분체류에 의한 입자 상호 간이나 입자와 고체와의 충돌에 의한 빠른 접촉, 분리 과정에서 발생되는 대전 현상

② 석탄 미분화나 밀가루 미분화 등의 이송 과정에서 흔히 발생

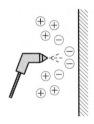

[충돌 대전]

6) 파괴 대전

① 고체나 분체류와 같은 물체가 파괴되었을 때 전하 분리

② 정·부 전하의 균형이 깨지면서 정전기가 발생하는 현상

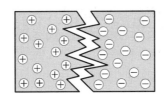

[파괴 대전]

7) 유도 대전

① 접지되지 않은 도체가 대전 물체 가까이 있을 경우 주로 발생

② 가까운 쪽에 반대, 먼 쪽에 같은 극성이 대전

8) 교반 대전, 침강 대전

액체류가 교반 또는 수중에 액체류 상호간의 마찰 접촉 또는 액체와 고체 상호 작용으로 발생하는 대전

9) 동결 대전

극성을 가진 물 등의 동결된 액체류가 파손되면, 내부의 정, 부 전하가 균형을 잃어 발생되는 대전 현상

10) 혼합 대전

액체 상호 등을 혼합할 때 일어나는 대전 현상

6 물체의 저항률과 대전성의 기준

[물체의 저항률과 대전성의 기준]

체적저항률 [$\Omega \cdot m$]	10^8	10^{10}	10^{12}	10^{14}	
도전율 [S/m]	10^{-8}	10^{-10}	10^{-12}	10^{-14}	
표면저항률 [Ω]	10^{10}	10^{12}	10^{14}	10^{16}	
누설저항 [Ω]	10^6	10^8	10^{10}	10^{12}	
대전용이성	없다	적다	보통	높다	매우높다
감쇠의 속도	순간	수초	수분	수 십분	감쇠하지 않음

주) 도전율의 단위는 S(지멘스)/m

[저항률과 비유전율의 참고값]

품질명	체적저항률[$\Omega \cdot m$]	비유전율
공기	거의 무한대	1.000586
수돗물	10^3 정도	80.7
아세톤	2×10^3	20.7
메탄올	7×10^6	32.7
벤젠	3×10^{11}	2.28
핵산	1×10^{16}	1.89
등유	$10^{11} \sim 10^{13}$	2.1
가황천연고무	$10^{13} \sim 10^{15}$	2.5~4.6
나일론	$10^{10} \sim 10^{13}$	3.9~5.0
폴리에틸렌	$10^{13} \sim > 10^{14}$	2.25~2.35
테프론	$> 10^{16}$	2.0

15 인화성 액체 탱크 주입 시 정전기 대전 방지 대책

1 개요

1) 인화성 액체의 정전기 원인

① 마찰 대전 : 석유류(등유, 가솔린, 벤젠, 톨루엔 등)을 탱크에 주입하는 경우 액체가 배관속을 이동하며 배관 관벽과의 마찰에 의해 정전기 발생

② 분출 대전 : 노즐에서 액체 석유류의 분출로 정전기 발생

③ 혼합 대전 : 탱크 내에서 혼합 과정에서 정전기 발생

2) 인화성 액체의 대전 위험성

정전기로 대전하기 쉽고, 대전 전하의 정전기 완화에도 장시간 소요되며 인화점이 낮아 화재 폭발의 원인이 되기 쉬움

2 액체의 정전기 대전 유형

1) 유동 대전

① 액체류가 파이프 등 내부에서 유동할 때 액체와 관벽 사이에 정전기 발생

② 유동 대전 영향 인자 : 유동속도, 액체 흐름의 상태(층류, 난류), 배관이나 탱크의 형태(굴곡, 밸브, 스트레이너 등), 파이프의 재질

③ 배관 내 액체 유동 대전(배관 내 전하의 이중층 형성)

2) 분출 대전

① 분체류, 액체류, 기체류가 단면적이 작은 분출구를 통해 공기 중으로 분출되는 때 분출하는 물질과 분출구와의 마찰로 인해 정전기가 발생

② 실제 대전량은 분출 자체보다는 분출 시 입자 간의 상호 충돌 영향이 더 큼

3) 혼합 대전

액체 상호 등을 혼합할 때 일어나는 대전 현상

❸ 액체의 정전기 대전 및 방전 대책

1) 배관 내 유속제한

탱크, 탱크차, 드럼통 등에 위험물을 주입하는 배관의 유속은 다음과 같이 제한

① 저항률이 $10^8[\Omega \cdot m]$ 미만인 도전성 위험물의 배관 유속 : 7[m/sec] 이하로 제한

② 유동이 심하고, 폭발 위험성이 높은 것(에테르, 이황화탄소) : 1[m/sec] 이하로 제한

③ 물, 기체를 혼합한 비수용성 위험물 : 1[m/sec] 이하로 제한

④ 저항률이 $10^8[\Omega \cdot m]$ 이상인 위험물의 배관 유속은 아래 표에 준함. 유입구가 액면 아래로 충분히 잠길 때 까지는 1[m/sec] 이하로 제한

배관 내경[m]	유속 제한[m/sec]	배관 내경[m]	유속 제한[m/sec]
0.01	8.0	0.1	2.5
0.025	4.9	0.2	1.8
0.05	3.5	0.4	1.3

※ 배관 내 유속 제한 : $V^2 d = 0.64$ (독일화학협회 기준)

여기서, V : 제한 유속[m/sec], d : 관 내경[m]

⑤ 경유의 경우 유속의 1.75배에 비례하여 정전하가 발생하므로 배관 내 유속을 충분히 제한

2) 탱크 내의 주입구 설치 및 주입 방향

① 위에서 아래로 낙하하지 않는 구조로 할 것 : 액체가 낙하하면서 충돌, 비산의 경우 정전기 발생이 많음

② 주입구를 탱크의 상부에 설치하는 경우 바닥까지 닿도록 설계

3) 탱크 접지

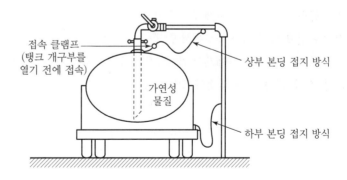

[탱크로리의 접지방식(상부 주입)]

① 직접 접지 실시 : 저장 탱크의 철제 외벽에 실시

② 간접 접지 실시 : 탱크 내부의 인화성 액체에 금속판을 설치하여 실시

③ 정치 시간의 설정 : 고절연성 인화성 액체의 대전된 정전기는 대지로 누설하는 데 상당한 시간이 걸리므로 정치 시간 설정

4 결론

1) 고절연성의 인화성 액체 : 접지만으로는 충분한 대전방지 효과를 얻을 수 없으므로 유의

2) 점화원(펌프 등의 기계 · 기구 등)은 탱크의 주입구에서 가능한 한 먼거리에 설치

3) 주입구까지의 배관은 난류가 일어나지 않도록 굴곡이 적게 설치

16 반도체 제조 공정에서 정전기 방지 대책

1 개요

1) 반도체 전자 기기 제품의 고집적 → 정전기에 의한 오동작 증대

2) 반도체 소자의 미세화 → 정전기 방전(ESD) 내성 약화

3) 저소비 전력화에 따른 반도체 집적화(IC, SLI, VLSI) 기술은 정전기 방전에 대한 필연적인 현상

2 반도체 제조, 취급 시 정전기 발생원

1) 제조 공정의 제작 기기 자체에서 발생

2) 원재료 및 반도체 제조 공정에서 발생

3) 작업자, 생산자, 참여자에게서 발생 : 일상 동작 시 15,000[V] 발생

4) 운반, 취급, 포장, 저장 과정에서의 발생

3 반도체 제조공정 정전기 발생 및 분산

1) 정전기 발생

① 접촉성 대전

㉠ 가장 흔하고 또 가장 중요

㉡ 재질의 종류, 근접도, 표면의 거칠기, 접촉 압력, 분리 속도에 따라 발생 정전기의 양이 상이

② 유도성 대전

정전 유도 현상에 의한 대전

③ Ion and Electron Beam Charging

Ion이나 전자, α - 입자, X - ray 등의 Beam이 공기 분자와 충돌하여 방출하는 자유 전자가 주위의 중성의 공기 분자에 결합 대전을 일으키는 현상

④ Spray Charging

액체를 기계적으로 이온화 할 때, Spray 되는 입자가 극성을 띠게 되는 현상

⑤ **열방사 Charging** : 국부적인 고온으로 인한 전자 방출

⑥ Corona Charging

2) 정전기 분산

① 공기 중으로의 코로나 방전

② 소자 표면으로의 분산

③ 다른 물체를 통하여 접지로의 방전

4 반도체 소자 방전 시 고장 형태

1) **비파괴 고장(Software Failure)** : 잠재적인 피해

① 회복이 가능한 정전기 방전 피해

② ESD Pulse에 노출되는 소자나 시스템은 파괴되거나 여러 형태의 성능 저하를 유발

③ Spark 형태로 이루어지는 방전은 넓은 주파수 대역에서 간섭하는 전자기 펄스(Emi Pulse)를 발생시켜 시스템에 장애 유발

④ Software Failure의 예 : PC의 Shut Down, 프로그램의 파괴, 기억된 정보의 유실

2) **파괴 고장(Hardware Failure)** : 완전한 피해

① 시스템의 부품이 완전히 파괴되어 정상적인 동작이 불가능한 경우

② Hardware Failure의 예

㉠ Thermal Breakdown : ESD Pulse가 가해질 때 그 열이 퍼지지 못하고 집중 발생

ⓒ Dielectric Breakdown

Oxide로 된 유전체 양단에 걸린 전압이 유전체의 특성 이상일 경우 유전체가 뚫리고 절연이 파괴되는 현상

ⓒ Metalligation Melt

ESD에 의하여 소자의 온도가 높아져 Metal이 녹거나 Bond Wire가 떨어지는 현상으로 특히 단면적이 일정치 않은 Metal Line에서 국부적인 전류 집중으로 인하여 Metal이 녹아 끊어지는 경우 발생

3) 잠재적 고장(Latent Failure)

① 정전기 방전에 의한 고장 중 전체의 90[%]를 차지

② System 동작상으로는 고장 판별이 불가능한 고장 형태

③ 소자 내부에 부분적인 흠이나 구멍이 발생하며, 정상 소자와 같이 동작하나 소자의 민감도 전압이 점차 낮아져 소자의 수명이 단축

④ 잠재 고장이 Hardware Failure보다 치명적인 이유 : 주어진 소자 또는 시스템 고장 발생 예측 불가능

5 ESD 파괴를 규명하는 과학적 모델

1) HBM 모델(인체 모델, Human Body Model)
작업자가 간단한 동작으로도 수천~수만[V]까지 대전

2) CDM 모델(대전 소자 모델, Charged Device Model)
소자나 재료가 대전된 상태에서 다른 전위의 물체와 접촉되어 방전하는 경우의 피해 모델

3) FIM 모델(유도 모델, Field Induced Model)
소자 외부의 전자기장 유도에 의한 피해 모델

6 컴퓨터실의 정전기 장애 예방 대책

1) 컴퓨터실의 정전기 장애

① 컴퓨터 및 주변 기기에서 발생된 정전기 : 반도체 소자의 동작 오류나 파손을 발생

② 정전기로 인해 흡인된 분진의 축적으로 전기, 기계적 기능 저하

③ 고속 프린터 사용하는 경우 급지 장애로 프린터 기능 정지

④ 작업원에 대한 불쾌감, 불안감으로 인한 작업 능률 저하

2) 컴퓨터실의 정전기 예방 대책

① 기준 접지 실시

기준 전위 확보용 접지를 하고 추가 접지를 실시하여 발생된 정전기를 대지로 방출

② 컴퓨터실의 바닥 환경 개선

㉠ 바닥면 표면 저항 0.5[MΩ] ~ 2,000[MΩ]

㉡ 실내의 상대습도 40[%] 이내로 유지

㉢ 바닥 위의 모든 금속제는 접지

㉣ 카펫은 정전기 방지용 사용

③ 컴퓨터실의 가구

㉠ 정전기 축적이 심한 플라스틱제 시트 커버 사용 금지

㉡ 가구류와 바닥 간의 접촉 저항은 500[MΩ] 이내로 유지

㉢ 고무, 절연성 물질로 된 실내화는 도전성 물질이 첨가되거나 대전 방지 처리가 된 제품을 사용

7 정전기 방전(ESD)의 3E(기술적, 교육적, 관리적) 대책

1) 기술적

① 정전기 발생 억제 : 작업 공정 합리화, 정전 차폐

② 정전기 대전의 완화 : 접지, 본딩

③ 도전성 향상 : 대전 방지제 사용

④ 습도 유지 : 물분무, 습기 분무, 증발법

⑤ 제전기 사용 제거 : 전압 인가식, 자기 방전식, 이온화식

⑥ 인체의 대전 방지 : 대전 물체의 차폐, 바닥 재료에 도전성이 큰 물질 사용, 인체의 접지 (Wrist strap, Heel Ground), 정전화 착용, 정전 작업복 착용, 제전용 장갑, 토시 사용, 작업 방법의 표준화 및 엄격한 제한

2) 교육적

① 표준 안전 작업 방법

② 작업 전 회의 개최, 안전 교육 실시

3) 관리적

① 안전 조직, 계획 수립, 작업 환경 조건 개선

② 정기적인 측정 및 점검

17 인체의 대전 방지 목적과 대전 방지 방법

1 인체의 대전 및 방전

1) 인체의 대전 : 인체가 대지와 절연된 상태에서의 인체 대전

① 작업자가 이동할 때 마찰(신체와 의복, 주변기기 등)

② 정전 유도에 의한 인체의 대전

③ 대전된 물체에 인체가 접촉하여 대전

2) 인체의 정전기 방전

① 케이스와 Lead선 간에 상호 Inductance에 의해 유도되는 상호 인덕턴스 M, 방전 전류 변화

율 di/dt에 의해 Lead선에 유도되는 기전력 e에 의한 오동작 발생 기전력 $e = -M\dfrac{di}{dt}[\text{V}]$

② 충전된 인체가 기기 케이스에 접촉하여 배선된 Lead선에 정전 유도 현상에 의해 유기 전압을 발생시키기 때문에 오동작 발생

2 인체 대전 방지의 목적

1) 인체의 안전 확보

① 직접적인 전격 재해 방지

유도 현상에 의해 유기 전압을 발생시키기 때문에 오동작 발생

② 2차 재해 방지

2) 화재, 폭발 등의 재해 예방

대전된 인체가 방전으로 인해 정전기가 주변 가연 물질에 착화하여 화재, 폭발 등 인적 및 물적 피해 동반 → 사전에 발견 해결

3) 작업 환경 개선 및 근로 의욕 향상

인체의 정전기로 인한 불쾌감, 공포 등의 신체적, 심리적 장애 요인을 제거

3 인체의 대전 방지 대책

1) 시설 설계 측면의 대전 방지 대책

① 대전 물체의 차폐

② 바닥 재료에 도전성이 큰 물질 사용

2) 작업 방법 개선에 의한 대전 방지 대책

① 작업 방법의 표준화 및 엄격한 제한

② 작업 시간의 제한 및 작업 환경의 개선

③ 정기적인 측정 및 점검, 유지관리

3) 인체에 대한 직접적인 대전 방지 대책

① 정전화 착용

ㄱ 정전화 바닥 저항 : 일반구두 약 $10^{12}[\Omega]$ → 정전화 약 $10^3 \sim 10^5[\Omega]$

ㄴ 정전화 착용 시 주의사항

ⓐ 바닥면의 누설 저항이 매우 큰 경우($10^{10}[\Omega]$ 이상)에는 대전 방지 성능 저하

ⓑ 구두 바닥에 절연성 물질(도포, 수지 등)이 부착된 경우 대전 방지 성능 저하

ⓒ 인체의 대전 방지를 목적으로 한 구두이므로 충전부에 접촉하지 말 것

ⓓ 두꺼운 양말 사용 금지

② 정전 작업복 착용

ㄱ 정전 작업복 원리

작업복에 약 $50[\mu m]$의 직경을 갖는 도전성 섬유를 넣어 이 도전성 섬유에서 코로나 방전이 발생하도록 하여 대전된 전기에너지 → 열에너지로 변환시켜 정전기 제거

ㄴ 착용 장소

ⓐ 전산실, 전자 기기, 반도체 등 전자 소자 취급 장소

ⓑ 분진 발생 작업이나 분진 지역

ⓒ 상대 습도가 낮은 장소

ⓓ 기타 인체가 대전될 우려가 있는 장소

③ 손목띠(Wrist Strap) 이용 및 도전성 매트나 도전성 타일 이용

ㄱ 인체의 대전 방지 대책의 손목띠, 도전성 매트나 타일 등 이용

[인체의 대전방지 대책]

ⓒ 도전성 밴드[손목띠(Wrist Strap)]에 저항 1[MΩ] 직렬 삽입 이유

ⓐ 인체로 통하는 전류 억제

ⓑ 1[MΩ]의 저항으로 인하여 전류가 극히 작아지지만 충분히 대전 전하를 대지로 누설

④ 제전용 장갑, 토시 사용

코로나 방전의 원리를 이용하여 제전 효과를 높여 정전기 방전 요인 극소화

18 지락 사고에 대한 감전 사고 방지 대책

1 개요

1) 감전이란 인체 내에 전류가 흘러 나타나는 현상으로 감전 시 인체 상해는 물론 충격으로 인한 추락, 익사 등의 2차 재해가 유발되므로 보호대책이 필요

2) 감전의 원인 및 영향 요소, 감전이 인체에 미치는 영향, 감전 방지 대책에 대하여 논의

2 감전의 원인 및 영향 요소

1) 원인

① 직접 접촉 : 전기기기의 충전부 직접 접촉

② 간접 접촉 : 누전되는 전기기기의 비충전부 접촉

2) 영향 요소

① 인체 통과전류의 크기, 통전시간, 통전경로, 주파수, 파형 등

② 특히 중요한 것은 인체 통과전류의 크기와 통전시간

$$I = \frac{116}{\sqrt{t}}, \; I = \frac{157}{\sqrt{t}}$$

❸ 감전이 인체에 미치는 영향

1) 전격에 대한 인체의 반응

Micro Shock	Macro Shock	감지 전류	경련 전류	심실 세동 전류
$10[\mu A]$	$0.1[mA]$	$1[mA]$	$5\sim20[mA]$	$50[mA]$는 수초 $100[mA]$는 즉시
심장 지근 거리	심장 원거리	자극을 느낌	근육 부자유	심장 멈춤

2) 인체 접촉상태와 허용 접촉전압

종별	접촉상태	허용 접촉전압
제1종	인체의 대부분이 수중에 있는 상태	2.5[V] 이하
제2종	인체가 현저히 젖어 있는 상태로 금속체에 접촉된 상태	25[V] 이하
제3종	제1종, 제2종 이외의 경우로, 접촉전압이 가하여지면 위험한 상태	50[V] 이하
제4종	접촉전압이 가하여져도 위험성이 적은 상태	제한 없음

3) 인체의 전기적 특성(70[kg] 1인 기준)

① 인체 저항

접촉전압과 피부건조 상태에 따라 변화(500~1,000[Ω])

② 최대 허용 접촉전압

건축물과 대지 간 길이 1[m]의 전위차

$$E_{touch} = \left(R_B + \frac{R_f}{2}\right)I_k = \frac{(1{,}000 + 1.5\rho_s) \cdot 0.157}{\sqrt{t_s}}$$

$$= \frac{157 + 0.24\rho_s}{\sqrt{t_s}}$$

③ 최대 허용 보폭전압

접지전극 부근 대지면 두 점 간 길이 1[m]의 전위차

$$E_{step} = (R_B + 2R_f)I_K = \frac{(1{,}000 + 6\rho_s) \cdot 0.157}{\sqrt{t_s}}$$

$$= \frac{(157 + 0.94\rho_s)}{\sqrt{t_s}}$$

4 감전 방지 대책

1) 일반적인 대책

기본 대책	설비 측면	장비 측면	안전 측면
• 설비의 안정화 • 작업의 안정화 • 교육 대책	• 보호접지 방식 • 누전차단 방식 • 비접지 배선 • 이중절연기기 사용	• 보호구, 방호구 사용 • 검출용구, 접지용구 사용 • 경고, 구획 표지판 설치	• 기능 숙달 • 안전지식 습득 • 이격거리 유지

2) 실무적인 대책

지락보호 방식	내용
보호접지 방식	• 감전 방지가 주목적 • 전로에 지락 발생 시 접촉전압을 허용치 이하로 억제하는 방식으로 기기 접지가 이에 해당 • 기계 · 기구 외함, 배선용 금속관, 금속 덕트 등을 저저항 접지
과전류차단 방식	• 전로의 손상 방지가 주목적 • 접지 전용선을 설치하여 지락 발생 시 MCCB로 전로 자동 차단
누전차단 방식	• 전로에 지락 발생 시 영상전류나 영상전압을 검출하여 차단 • 전류 동작형 : ZCT + OCGR(가장 많이 사용) • 전압 동작형 : GPT + OVGR • 전류 · 전압 동작형 : ZCT + GPT + SGR, DGR
누전경보 방식	• 화재경보에 많이 사용 • 전류 동작형이 주로 사용 • 전압 동작형은 보호접지 필요
절연변압기 방식	• 절연변압기 사용 • 보호 대상 전로를 비접지식 또는 중성점 접지식으로 하여 접촉전압 억제 • 병원 수술실, 수중 조명설비 등에 이용
기타	이중절연, 전용 접지 방식

3) 예방보전 대책

① 일정 기간마다 절연저항, 접지저항 측정
② 누전차단기는 월 1회 이상 작동시킬 것

5 맺음말

1) 누전차단기를 설치했다고 감전사고가 방지되는 것은 아니며, 접지를 병용해야 함
2) 각각의 사용 장소에 맞는 보호방식을 선택하고 전체 전력계통의 보호협조를 위해 계전기 선정에 신중을 기울일 것

CHAPTER

18

반송설비

01 엘리베이터 안전장치

1 개요

엘리베이터는 불특정 다수인이 이용하는 공공성이 높은 변동 부하(반복빈도 높음)로서 건축물 내 중요한 운반 시설이며 인원 및 물품을 운반하는 반송설비 중의 하나 기본적인 구성에는 케이지와 권상기, 로프, 제어반 등이 있고 안전장치로는 전기적 안전장치와 기계적 안전장치로 구분

2 엘리베이터 기본 구성

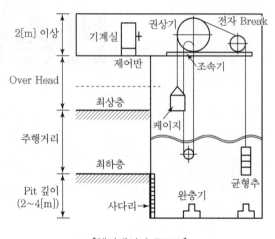

[엘리베이터 구조도]

1) 케이지

① 사람이나 화물을 싣는 나르는 운송 설비

② 종류 : 승용(65[kg] 기준)과 화물(250[kg] 기준)

2) 제어반

엘리베이터의 기동, 정지, 운행 서비스를 제어 관리하는 장치

3) 권상기

전동기의 회전력을 로프에 전달하는 기기로 Gear형과 Gearless형으로 분류

4) 균형추

케이지와 반대쪽에 위치하여 균형 유지, 전동기의 소요 용량을 최소화하기 위한 설비

5) 가이드 레일

① 승강기나 균형추의 승강을 가이드하는 레일
② T자형이 일반적

6) 가이드 슈

① 케이지나 균형추를 레일에 따라 주행하는 것을 돕는 장치
② 종류 : 슬라이드 방식과 롤러 방식

7) 완충기

① 최하층 바닥으로 추락할 때 운동에너지를 흡수하여 안전하게 정지시키기 위한 장치
② 종류 : 스프링식과 유압식

8) 이동 케이블

전원 공급용 이동 케이블로 승강기의 승강에 따라 이동

9) 비상정지장치

이상 속도로 하강하는 경우에 기계적으로 가이드 레일을 잡아 정지시키는 장치

10) 로프

① 권상기의 회전력을 이용하여 승강기의 주행을 가능케 하는 연결 장치
② 3선 이상 꼬임 및 유연성 보유

❸ 엘리베이터 안전장치

1) 전기적 안전장치

① 이상 검출장치
과속도 검출기, 감시 타이머, 도어 스위치, 최종 리밋 스위치

② 승객 구출장치
㉠ 구출 운전장치 : 제어장치 고장 시 자동으로 가장 가까운 층까지 저속 운전
㉡ 정전 시 자동 착상장치 : 정전 시 브레이크 작동 후 가장 가까운 층까지 저속 운전

2) 기계적 안전장치

① 전자 브레이크 : 권상기에 설치되어 있으며 전동기축에 직결한 브레이크 카플링을 운전 시에는 풀어주고 정지 시에는 눌러서 제동하는 장치

② 종류 : AC브레이크와 DC브레이크(대부분 DC브레이크)

3) 범죄 방지장치

① 각 층 강제정지 운전 장치

② 방범 카메라

③ 방범 운전장치 : 방범 버튼을 누르면 자동으로 목적층까지 직행하여 범죄자의 동승 방지

4) 조속기

① 일정속도 이상이 되었을 때만 브레이크나 안전장치를 작동시키는 기능

② 케이지가 정격속도의 130[%]를 넘기 전에 전동기 전원을 차단하고 전자브레이크를 작동시켜 엘리베이터를 정지

③ 케이지 속도가 증가했을 경우 정격속도의 140[%]를 넘기 전에 비상제동

5) 종단층 감속 정지장치

최상층 및 최하층에 접근했을 때 감속을 시작해서 지나치지 않게 정지

6) 최종 리미트 스위치

① 케이지가 최종층에서 정지위치를 지나쳤을 경우 바로 작동

② 제어회로 개방, 전동기 전원차단, 전자브레이크 작동으로 정지

7) 완충기

① 종단층 감속 정지장치, 최종 리밋 스위치 등이 비상제동이 되지 않아 최하층 바닥으로 추락할 때 운동에너지를 흡수하여 안전하게 정지시키기 위한 장치

② 종류 : 스프링식(60[m/mim] 이하), 유압식(60[m/mim] 이상)

8) 문의 인터로크 스위치

운전 중 승강장 문을 열 수 없게 하는 장치로 기계적 · 전기적 병용

① 도어 머신

② 도어 인터로크

③ 도어 클로저

02 엘리베이터 설치 시 고려사항

1 건축적 고려사항

1) 기계실 면적 : 승강로 투영 면적의 2배 이상 확보

2) 기계실 층고 : 최소 2[m] 이상 확보

3) 기계실 바닥 : 하중에 견디는 구조

4) 기계실 발열량 : 냉방 장치 설치 등 대책 수립

5) 기계실 천장 : 2[t] 이상의 하중에 견디는 기기 반입용 Hook 설치

6) 기계실 기기 반입용 임시 개구부 설치

2 초고층(30층 이상) 엘리베이터 설치 시 고려사항

1) 진동 현상(Sway Effect)

① 엘리베이터 가동 시 저층부에선 로프 진동 범위가 작지만 고층부로 올라갈수록 로프 진동 범위가 커지고 로프가 Hoist Way를 치게 되면 로프 손상을 초래

② 대책 : 이동식 로프 가이드 설치

2) 바람의 영향(Wind Effect)

① 초고층 빌딩에서 적용하는 엘리베이터 속도는 대개 240[m/min] 이상 초고속으로 운행되고 운행거리도 길어 승강로 내에서 바람의 이동이나 충격이 발생

② 대책 : 엘리베이터 통로 내에 공기 충격 흡수 공간을 설치

3) 굴뚝 현상(Stack Effect)

① 엘리베이터 기계실 창문이 열리고 1층 로비 현관문이 열린 상태에서 엘리베이터 문이 열리면 공기는 1층에서 최상층까지 도달되어 심한 경우 문이 닫히지 않거나 저층부 화재 시 고층 거주자들이 질식하는 경우가 발생

② 대책 : 기준층 현관문을 2중문 또는 회전문으로 설치

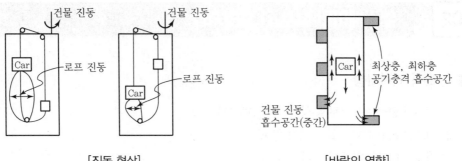

[진동 현상]   [바람의 영향]

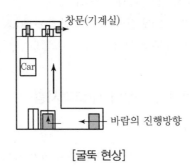

[굴뚝 현상]

❸ 엘리베이터 가속 시의 허용 전압 강하

1) 전압 강하 $= \dfrac{34.1 \times I_d \times N \times D \times L \times K}{1000 \times A}$ $[\mathrm{V}]$

여기서, I_d : 가속 전류[A], L : 배선의 거리[m]

A : 전선의 단면적[mm^2], K : 전압 강하 계수

2) 전압 강하 계수(K)

　① 직류식 : 역률 90[%] 적용

　② 교류식 : 역률 80[%] 적용(역률 90[%] 이상은 90[%] 적용)

3) 위 식에 의한 전압 강하는 승강기 정격 전압에 대하여 아래 표의 값보다 작아야 함

종별	변압기[%]	배선[%]	합계[%]	비고
로프식	5	5	10	승강기용 전동기 정격 전압의 [%]
유압식	5	5	10	유압 펌프 전동기 정격 전압의 [%]

❹ 엘리베이터 수량과 수용률의 관계

엘리베이터 수량	수용률	
	사용 빈도가 큰 경우	사용 빈도가 보통인 경우
2	0.91	0.85
3	0.85	0.78
4	0.80	0.72
5	0.76	0.67
6	0.72	0.63
7	0.69	0.59
8	0.67	0.56
9	0.64	0.54
10	0.62	0.51

비고 : 수용률은 부등률/수량으로 구한 값

❺ 전원 변압기 용량 선정 방법

$$P_{TR} \geq (\sqrt{3} \cdot V \cdot I_r \cdot N \cdot Df_E \cdot 10^{-3}) + (P_C \cdot N)$$

여기서, P_{TR} : 변압기 용량[kVA]
V : 정격 전압[V]
I_r : 정격 전류[A] (전부하 상승 시 전류)
N : 엘리베이터 수량[대]
Df_E : 엘리베이터 수용률
P_C : 제어용 전력[kVA]

구분	용량[kW]
제어 및 표시 전원	1~1.5
콘센트(카 내부)	0.5
전망용일 경우(외장조명)	2~3.5

⑥ 전력 간선 산정 방법

1) 엘리베이터 전력 간선 계산 시에는 전선의 허용 전류(주위온도 40[℃] 기준)가 엘리베이터의 정격
속도에서의 전류(정격전류)보다 크게 산정하여야 하고 간선에서의 허용 전압 강하 이내이어야 함
정격 속도에서의 전류(정격 전류) < 전선의 허용 전류 < 간선에서의 허용 전압 강하

2) 전류 용량 계산식

$$I_t = (K_m \cdot I_r \cdot N \cdot Df_E) + (I_C \cdot N)$$

여기서, I_t : 간선 산출 시 고려되는 전류[A]
K_m : 1.25($I_r \cdot NDf_E \le 50$[A]인 경우)
       1.10($I_r \cdot NDf_E > 50$[A]인 경우)
I_r : 정격전류[A](전부하 상승 시 전류)
N : 엘리베이터 수량[대]
Df_E : 엘리베이터 수용률
I_C : 제어용 부하 정격전류

⑦ 간선 보호용 차단기 선정 방법

제조자가 설치하는 엘리베이터 전원반의 차단기 용량보다 크게 계산

$$I \ge K_{m2} \cdot \{(I_r \cdot N \cdot Df_E) + (I_C \cdot N)\}$$

여기서, I : 차단기 전류 용량[A]
K_{m2} : 22[kW]급 이하 전동기 사용 및 인버터 제어 시
        (기어드식 1.25, 기어레스식 1.5)

⑧ 인버터 제어 엘리베이터 설치 시 검토사항

1) 기계실 등의 주위 온도를 고려하여 설치
2) 인버터 승강기의 전력 간선 단면적은 전선에 흐르는 허용 전류에 의한 방식과 가속 전류에 의한
허용 전압 강하에 의한 방식 중 큰 굵기의 전선을 채택
3) 인버터 제어 승강기에서 발생하는 저차 고조파는 발생량 자체가 매우 작은 값으로 타 설비로의
영향은 크게 문제되지 않으나 고차 고조파는 타 기기로의 영향이 있기 때문에 승강기 동력선과
통신기기, OA기기 등 약전 기기의 전원선, 통신선은 1[m] 이상 분리하는 것이 바람직하며 분리
가 곤란한 경우 동력선의 배선을 금속 배관으로 함

03 엘리베이터 설치 기준 및 대수 산정

1 개요

승강기는 고층 건축물의 중요한 수직 이동 교통 수단으로서 건축물의 용도, 규모, 특성, 이용자 수 등을 종합적으로 고려하여 선정

2 법령에 의한 설치 기준

1) 설치 장소

① 6층 이상으로 연면적 2,000[m²] 이상인 건축물 : 승객용 승강기 설치

② 높이 31[m]를 초과하는 건축물 : 비상용 승강기 설치

2) 승객용 승강기 설치대수(참고자료)

시설 구분	3,000[m²] 이하	3,000[m²] 초과
판매, 영업, 의료, 문화, 집회(공연, 관람)	2대	3,000[m²]를 초과하는 매 2,000[m²]마다 1대씩 추가
업무, 숙박, 위락, 문화, 집회(전시장, 동물원)	1대	3,000[m²]를 초과하는 매 2,000[m²]마다 1대씩 추가
공동 주택, 교육, 복지	1대	매 3,000[m²]마다 1대씩 추가

3) 비상용 승강기 설치 대수

① 높이 31[m]를 넘는 각 층 바닥 면적 중 최대 바닥 면적이 1,500[m²] 이하인 건축물에는 1대 이상 설치

② 높이 31[m]를 넘는 각 층 바닥 면적 중 최대 바닥 면적이 1,500[m²] 초과인 건축물에는 1대에 1,500[m²]를 초과하는 매 3,000[m²]마다 1대씩 추가

③ 단, 승객용 승강기를 비상용 승강기의 구조로 하는 경우 설치 면제

3 교통 수요량과 수송 능력을 고려한 설치 기준

1) 평균 일주 시간(T)

① 기준 층 → 서비스 → 기준 층

② 평균 일주시간 = 주행시간 + 문의 개폐시간 + 승객 출입시간 + 손실시간

2) 운전 간격 및 평균 대기 시간

① 운전 간격이 30[sec] 이하 시 양호, 50[sec] 초과 시 불량

② 운전 간격 $= \dfrac{\text{평균 일주 시간}}{\text{운전 중인 엘리베이터 대수}}$

③ 평균 대기 시간 $=$ 운전 간격 $\times \dfrac{1}{2}$

3) 설비 대수(N)

① 5분간 수송 능력(P)

$$P = \frac{5\text{분} \times 60\text{초} \times 0.8 \times C}{T}$$

여기서, T : 평균 일주 시간, C : 케이지 정원

② 러시 아워 5분간 이용자 수(Q)

$$Q = \phi \times M$$

여기서, ϕ : 집중률, M : 건물 인구

③ 설비 대수(N)

$$N = \frac{Q}{P} = \frac{\phi \times M \times T}{5 \times 60 \times 0.8 \times C}$$

4 결론

승강기는 고층 건축물의 중요한 수직 이동 교통 수단으로 승강기의 배치 및 대수가 건축의 구조, 형태 등에 큰 영향을 주고 관련 법령은 건물의 기능에 따른 최소 기준이므로 설계자는 건축물의 용도, 규모, 특성, 이용자 수를 예측하여 승강기의 대수를 선정하여야 함

04 건물별 엘리베이터의 교통량 계산

1 개요

엘리베이터 교통량은 건물의 종류에 따라 다르므로 각 건물의 특성을 파악해서 그에 적절한 교통량과 평균 대기 시간을 결정

2 건물별 엘리베이터의 가동 특성(교통량 계산 시 사전 검토사항)

1) **사무실 빌딩** : 아침 출근 시간대 피크

   ① 수송 능력 : 아침 출근 시간대의 수송 인원 기준 연건축 면적당 1인/5~12[m²](미국식), 대규모 빌딩 1인/8[m²]

   ② 평균 운전 대기 시간 40초 이하

층수	6	10	20	30	40
속도	60	100	210	240	300

2) **백화점 및 대형 상가** : 정기 세일 등 대형 행사 시 피크

   ① 수송 능력 : 매장 면적당 0.7/1[m²]

   ② 시간당 인원 80~90[%]가 E/V, E/S를 이용(이 중 E/V는 10[%] 정도)

   ③ 평균 운전 대기 시간 : 사무실보다 긺

   ④ 속도 : 120[m/min]가 적당, 각 층이 정지층

3) **아파트** : 저녁 귀가 시간 피크

   ① 수송 능력 : 피크 시간 5분간 이용 승객 수(3층 이상 거주 인원의 3.5~5[%] 정도, 상승 비율 3[%] 하강 비율 2[%], 거주 인원 가구당 3~4인)

   ② 평균 운전 대기 시간 : 1대(150[sec]), 2대(60~90[sec]), 3대(60[sec])

4) **병원** : 면회 시간에 피크

   ① 수송 능력 : 5분간 교통량 0.2인/1베드당(상승비율 3[%], 하강비율 2[%])

   ② 환자, 면회자, 병원 관계자에 의해 피크 시간대 발생

   ③ 평균 대기 시간 : 60[sec]

층수	6	10	20
속도	30	45	90

5) **호텔** : 대부분 저녁 시간이 피크

    ① 비즈니스 호텔은 오전, 수송 능력은 피크 시간 5분간 교통량으로 숙박 객수(호텔 정원의 80[%])의 약 10[%](상승과 하강은 같은 비율)

    ② 평균 대기 시간 : 60[sec] 이하로 설정

6) **건물 용도를 고려하지 않은 일반적인 적재 하중과 정원 산출 방법 예**

카의 종류		적재량[kg]
승용	카 바닥 면적 1.5[m²] 이하	카 바닥 면적 1[m²]에 대해 370으로 함
	카 바닥 면적 3.0[m²] 이하	카 바닥 면적 1.5[m²] 초과 면적$(A-1.5) \times 500 + 550$
	카 바닥 면적 3.0[m²] 초과	카 바닥 면적 3[m²] 초과 면적$(A-3) \times 1 \times 600 + 1,300$
승용 이외의 엘리베이터		카 바닥 면적 1[m²]에 대하여 250으로 계산

    ① 정원 산출 : 카의 적재량 계산값에서 65로 나눈 값

    ② 1인당 무게를 65[kg]으로 기준

3 평균 일주 시간의 산출

평균 일주 시간이란 가장 승객이 많은 시간에 카의 문을 닫고 기준층을 출발하여 원래 층으로 되돌아와서 문을 열 때까지의 시간

1) 평균 일주 시간(T) = 승객 출입 시간 + 문의 개폐 시간 + 주행시간

2) 승객 출입 시간 : 평균 승객수 P, 승객 1인당 출입시간 t(2.5초)   ∴ $P \times t$ 초

3) 문의 개폐 시간 : 문을 여닫는 데 걸리는 시간 $2t_d$(1.5초), 손실 시간 t_l(1초), 기준층을 포함한 전정지 층수(f)   ∴ $f \times (2t_d + t_l)$ 초

4) 주행시간 : 엘리베이터의 1방향 운행 거리 S[m], 정지 시마다 가속 또는 감속 시 추가 소요 시간 t_a(2.5), 엘리베이터의 속도 V[m/min]   ∴ $2t_a \cdot f + \dfrac{2S}{V}$ 초

5) 평균 일주 시간 : $T = P \cdot t + f(2t_d + t_l) + 2t_a \cdot f + \dfrac{2S}{V}$ 초

4 운전 간격과 평균 대기 시간

1) 운전 간격(I)이란 뱅크 운전 중 엘리베이터 군에서 각 카의 기준층을 출발한 간격

$$\therefore \ \text{운전 간격} = \frac{\text{평균 일주 시간}}{\text{동시 운행 중인 엘리베이터 대수}} \quad (30초 양호)$$

2) 승객의 평균 대기 시간은 운전 간격의 1/2

5 설비 대수

이용자가 가장 많다고 생각되는 시간대 5분간의 이용 인원수와 엘리베이터가 5분간에 운반하는 인원수로 설비 대수를 산정

1) 5분간 운반하는 수송 인수

$$P = \frac{60 \times 5 \times C \times 0.8}{T}$$

여기서, C : 카 정원

2) 러시아워 5분간 이용하는 인원수

$$Q = \phi M$$

여기서, ϕ : 계수, M : 건물 인구

3) 설비 대수

$$N = \frac{Q}{P} = \frac{\phi M T}{60 \times 5 \times C \times 0.8}$$

[ϕ값]

사무실의 종류	ϕ값
전용 사무실, 임대 사무실	1/3~1/4
블록 임대나 플로어 임대 등, 임대주 수가 적은 임대 사무실	1/7~1/8
임대 수, 회사 수가 많은 임대 사무실	1/9~1/10

05 비상용 엘리베이터

1 개요

1) 비상용 엘리베이터는 건물높이가 31[m]를 넘으면 설치 대상
2) 비상용 엘리베이터는 화재 시 소화 활동에 활용하는 것이 제1의 목적
3) 화재 시에만 사용할 경우 비경제적이므로 일반용 엘리베이터와 동일하게 사용하다가 화재 시 전환하여 소방관이 사용할 수 있도록 함

2 설치 제외 조건

1) 높이 31[m]를 넘는 층의 용도가 기계실, 계단실 등으로 상시 사람이 거주하지 않을 경우
2) 높이 31[m]를 넘는 각 층 바닥 면적 합계가 500[m²] 이하의 경우
3) 높이 31[m]를 넘는 층수가 4 이하로, 주요 구조부가 내화 구조로 되어 있으며 바닥 면적의 합계가 100[m²] 이내마다 연기 감지기와 연동하여 구획될 수 있는 경우
4) 주요 구조부가 불연 재료로 불연성 물질을 보관하는 창고 등 화재 발생 우려가 적은 경우
5) 예외 : 소방관의 진입이 곤란한 건축 구조나 사다리차의 접근이 곤란한 건축물에는 31[m] 이하라도 비상용 엘리베이터를 설치하여야 함

3 설치 대수와 배치 방법

1) 설치 대수

높이 31[m]를 초과하는 최대층의 바닥 면적[m²]	비상용 엘리베이터의 대수
1,500 이하	1
1,500 초과 4,500 이하	2
4,500 초과	2대 + 4,500[m²]를 초과하는 3,000[m²] 이내를 증가할 때마다 1대씩 추가

$$설치대수 = \frac{바닥면적 - 1,500}{3,000} + 1$$

2) 배치 방법

① 비상용 엘리베이터 위치는 소방 대원의 진입 또는 건물 내부인이 피난에 편리하게 엘리베이터 또는 승강장 출입구에서 건물 출입구까지의 보행 거리가 30[m] 이내

② 대수가 2대 이상이 될 경우에는 피난 및 소방 활동상의 안전을 확보할 수 있게 다른 방화구획마다 적당한 간격으로 분산 배치

4 비상용 엘리베이터의 구조와 기능

1) 구조

① 엘리베이터 로비

㉠ 엘리베이터 로비는 각 층에 설치

㉡ 면적은 10[m²] 이상

㉢ 직접 외기에 개방창 또는 법규로 정해진 배연 설비를 구비

㉣ 로비 출입구는 갑종 방화문

㉤ 엘리베이터 출입구 근방에 '비상 호출 귀환 장치'를 설치

㉥ 로비 조명은 예비 전원으로 조명 가능

㉦ 로비 벽면에는 옥내 소화전, 비상 콘센트 등의 소화 설비를 수납한 박스를 설치

㉧ 승강기에 소화용수가 유입되지 않도록 물매(경사)시공

② 엘리베이터 속도

㉠ 화재층에 되도록 빨리 도달할 수 있게 60[m/min] 이상으로 함

㉡ 권장 속도는 1층에서 최상층까지 1분 정도 소요될 수 있는 속도가 적정

2) 기능

비상용 엘리베이터는 일반용 엘리베이터의 안전장치 외에 다음의 기능을 보유

① 비상 호출 귀환 운전

㉠ 화재 진화를 위해 출동한 소방 대원이 곧바로 비상용 엘리베이터를 사용할 수 있도록 비상 호출 귀환 장치를 구비

㉡ 비상 호출 귀환 장치로 호출하는 층 : 피난층 또는 그 직상, 직하층으로 함

㉢ 조작 장소 : 호출 귀환층 로비와 방재 센터 2개소

㉣ 기능

ⓐ 비상 호출 귀환 버튼 조작 시 기타 층의 호출 신호는 취소되고 귀환 호출 버튼이 눌린 층으로 직행

ⓑ 비상 호출 귀환 장치 작동 시 승강장의 '비상 운전'이 점등되고, 엘리베이터는 호출 귀환층에서 문을 열고 대기

② 소방 운전

비상시 운전에는 승강장문이 열린 상태에서도 출발, 운전이 가능

---

06 고속 엘리베이터 소음의 종류 및 방지 대책

1 개요

고속 엘리베이터의 소음 발생 원인으로는 승강로 내 기기에서 발생하는 것과 기계실 내의 기기에서 발생하는 동작음이 있으며, 이들 소음 방지 대책은 엘리베이터 기기뿐만 아니라 건축물 측에서의 대책을 병행하는 것이 유효

2 고속 엘리베이터 소음의 종류 및 방지 대책

1) 승강기 본체 내 소음

① 공기 마찰음 및 방지 대책

㉠ 공기 마찰음 : 좁은 승강로를 엘리베이터가 주행하는 경우, 엘리베이터이 속도가 빠르면 본체의 진행 방향에 있는 공기가 눌려서 승강로와 본체의 빈틈으로 흘러들 때의 소음이며 본체의 면적에 대하여 틈의 면적이 작을수록, 본체의 속도가 빠를수록 커짐

㉡ 방지 대책

ⓐ 승강로와 본체의 틈을 크게 하여 흐르는 공기의 속도를 감소

ⓑ 공기 마찰음은 단독 승강기에서는 엘리베이터의 정격 속도가 150[m/min]까지, 두 대 설치된 승강로에서는 180[m/min]까지는 문제가 없으나, 그것을 넘는 속도의 경우는 승강로 면적을 1.4배 이상으로 함

② 협부 통과음 및 방지 대책

㉠ 협부 통과음 : 승강로 안의 벽에 대들보나 분리 빔 등의 요철이 있는 경우 그 부분에 걸린 풍압에 의해 발생하는 소음

㉡ 방지 대책

ⓐ 최대한 승강로 내의 요철을 제거

ⓑ 경사판 또는 막음판을 설치

ⓒ 단독 승강로는 속도 150[m/min] 이상, 두 대 설치된 승강로는 180[m/min] 이상의 경우 대책이 필요(요철 부분의 경사판 각도는 4~8[°] 정도가 적당)

③ 돌입음 및 방지 대책

㉠ 돌입음 : 여러 대의 엘리베이터에서 한 대만 도중에 단독 승강로로 되는 경우 승강로가 급격히 좁아지기 때문에 단독 승강로 내의 공기가 압축되어 그 공기가 승강기 본체와 승강로 틈으로 밀려 나오는 소음

㉡ 방지 대책

ⓐ 엘리베이터에 의해 압축된 공기가 빠져나갈 길을 제공

ⓑ 칸막이 벽의 경우는 칸막이 벽의 밑부분에 1.5~1.8[m2] 정도의 통풍구를 설치

ⓒ 통풍구를 설치하는 것이 곤란한 경우는 공기 마찰음 대책의 경우와 같이 승강로 면적을 기본보다 약 40[%] 이상 확장(엘리베이터 속도가 150[m/min] 이상인 경우에 적용)

④ 기계실 내 기기음 및 방지 대책

㉠ 기계실 내 기기음

ⓐ 기계의 회전음, 브레이크 동작음, 제어반 내의 스위치 동작음

ⓑ 기기음들은 기계실 내에서 반사되어 주로 로프 구멍을 통해서 승강로 본체 안으로 전달

㉡ 방지 대책

ⓐ 흡음재 시공 : 기계실 천장, 벽, 루프 구멍 등

ⓑ 기계실 바닥 : Cinder Concrete로 150[mm] 이상 시공

2) 승강로 주위 소음

① 승강로에서의 소음 및 대책

㉠ 승강로에서의 소음

ⓐ 주행 진동이 Rail Bracket에서 벽으로 전해져 벽을 진동하는 소음(구체 전반)

ⓑ 주행음이 공기 중을 따라 승강로 밖으로 새는 경우(공기 전반)

㉡ 방지 대책

ⓐ 벽의 진동에 의한 소음에 대해서는 거실이나 회의실 등을 승강로와 격리

ⓑ 계단 등의 공유 Space를 주위에 배치

ⓒ 승강로 주변에 거실 등이 배치되는 경우 승강로의 벽을 이중으로 하거나 벽을 두껍게 시설

ⓓ 거실에 접해 있는 벽에는 Rail Bracket을 달지 말고 Separator Beam 등을 사이에 세워서 설치

② 드래프트음 및 방지 대책

 ㉠ 드래프트음

  ⓐ 엘리베이터 홀 승강장 문의 삼각 테두리와 문 사이에는 수 [mm]의 틈이 존재하는데 엘리베이터의 주행에 의해 승강로 내에 급격한 압력 변화가 발생하면 이 틈새에서 급속히 바람이 출입하며 생기는 소음

  ⓑ 동절기 난방으로 승강로 내의 공기 상승 시 엘리베이터가 상승 운전을 하면 커짐

 ㉡ 방지 대책

  ⓐ 건축물에 외기의 출입을 최대한 방지

  ⓑ 건축물 출입구를 이중문이나 회전문으로 하여 차폐율을 높임

  ⓒ 엘리베이터 기계실의 환기팬은 승강로 내의 공기 상승을 더하기 때문에 공기 조절 장치를 설치하는 등의 고려가 필요

③ 기계실에서의 소음 및 대책

 ㉠ 기계실에서의 소음

  ⓐ 엘리베이터 기계실은 건축물의 옥상에 설치되나 일조권의 문제나 조닝에 의한 분할 서비스에 의해 기계실이 건축물 내부에 배치 되는 경우가 발생하며 그 경우 승강로 소음과 같이 주위의 공유 스페이스를 배치

  ⓑ 엘리베이터 기계실의 바로 아래에 거실 등을 조성하는 것은 최대한 배제

 ㉡ 방지 대책

  기계실 내 기기음과 마찬가지로 기계실 내에 흡음재를 붙여 환기설비 등의 급배기구의 방음 대책(방음 덕트 등), 출입구의 밀폐(방음문), 기계실의 격리(이중 천장이나 이중벽) 등

07 에스컬레이터 안전장치

1 개요

에스컬레이터는 일정한 속도로 연속으로 운전되기 때문에 안전장치가 필요하고 어린이들의 장난이나 정상적이 아닌 승차 방법에 대해서도 안전 대책이 요구되며 건축물의 설치 부분과 관련하여 추락되거나 낙하물의 충격 등으로 안전 사고가 발생될 수도 있음

2 에스컬레이터 안전장치에 대한 고려사항

1) 스텝 체인이 끊어졌을 때 또는 승강구에 있어서 바닥의 개구부를 덮는 문이 닫힐 때에 스텝의 승강을 자동적으로 제지하는 장치
2) 승강구에서 스텝의 움직임을 정지시킬 수 있는 장치
3) 승강구의 가까운 위치에 사람 또는 물건이 스텝과 스커트가드 사이에 끼었을 때 스텝의 움직임을 자동적으로 제지할 수 있는 장치
4) 사람 또는 물건이 난간 핸드레일의 인입구에 끼어 들어갔을 때 스텝의 움직임을 자동적으로 제지할 수 있는 장치를 설치

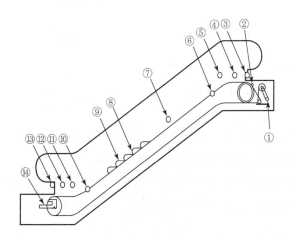

① Smooth Stop Brake 조속기
② 구동 Chain 안전장치
③ Inlet 안전장치
④ 비상 Stop Button
⑤ 스커트가드 안전장치
⑥ 스텝 이상 주행검출장치
⑦ 불소수지 코팅
⑧ Safety 라이저
⑨ 데마케이션(Demarcation)
⑩ 스텝 이상 주행검출장치
⑪ 스커트가드 안전장치
⑫ 비상 Stop Button
⑬ Inlet 안전장치
⑭ 스텝 체인 안전장치

[E/S의 안전장치]

3 안전장치

1) 역전 방지 장치

① 구동 체인(Driving Chain) 안전장치

　㉠ 구동 체인의 상부에 상시 슈(Shoe)가 접촉하여 구동 체인의 인장 정도를 검출하며 구동 체인이 느슨해지거나 끊어지면 슈가 작동하여 전원을 차단하고 메인 드라이브의 하강 방향의 회전을 기계적으로 제지

　㉡ 브레이크 래치가 순간적으로 스텝을 정지시키면 승객이 넘어져 위험하므로 라제트 휠이 메인 드라이브에 마찰되어 계속 유지되며 서서히 정지하게 하여 승객의 넘어짐을 방지

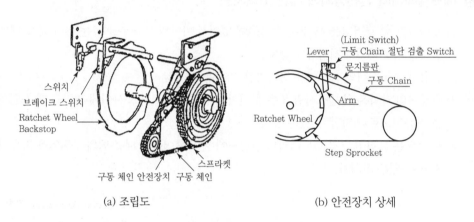

(a) 조립도　　　　　　　　　　　(b) 안전장치 상세

[구동 체인 안전장치]

② 기계 브레이크(Machine Brake)

　㉠ 종류 : 슈(Shoe)에 의한 드럼식과 디스크식

　㉡ 원리

　　ⓐ 전동기의 회전을 직접 제동하는 것으로 각종 안전장치가 작동하여 전원이 끊기면 스프링의 힘에 의하여 에스컬레이터의 작동을 안전하게 정지

　　ⓑ 급히 정지시키면 승객이 넘어질 우려가 있으므로 최저 정지 거리를 정하도록 규정(일반적으로 무부하 상승인 경우 0.1[m]부터 0.6[m] 이내)

③ 조속기(Speed Regulator)

　에스컬레이터의 과부하 운전이나 전동기 전원의 결상 등이 발생되면 전동기의 토크 부족으로 상승 운전 중에 하강이 일어날 수가 있으므로 하강 운전의 속도가 상승되지 않게 전동기의 축에 조속기를 설치하여 전원을 차단하고 전동기를 정지

2) 스텝 체인 안전장치

스텝 체인이 늘어나서 스텝과 스텝 사이에 틈이 생겨서 절단되는 경우에는 스텝 수개 분의 공간이 생길 우려가 있으므로 스텝 체인의 장력을 일정하게 유지시키기 위하여 Tension Carriage를 설치하여 이상이 발생하면 구동기의 전동기를 정지시키고 브레이크를 작동

3) 스텝 이상 검출장치

스텝과 스텝의 사이에 이물질이 끼어 있는 상태로 운행하는 것은 위험하므로 스텝이 4[mm] 이상 떠올라 있으면 검출 스위치가 작동하여 에스컬레이터의 운행을 정지

4) 스커트가드 패널 안전장치

스커트가드 패널과 스텝 사이에 이물질이 끼면 위험하므로 스커트가드 패널에 불소수지 코팅을 하여 미끄러져 딸려 들어가는 것을 방지하나 스커트가드 패널에 일정 압력 이상 힘이 가해지면 스프링 힘에 의하여 스위치를 작동시켜 에스컬레이터를 정지

5) 건물 측 안전장치

삼각부 안내판, 칸막이판, 낙하물 위해 방지망, 셔터 운전 안전장치, 난간 설치 등

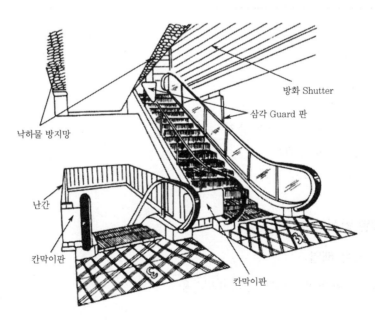

[건물 측 안전장치]

08 에스컬레이터 설계 시 고려사항

1 개요

에스컬레이터는 철골 구조 트러스 두 대에 스텝 체인 발판을 설치하고 이를 구동시켜 승객을 운반하는 장치로 에스컬레이터 설계 시에는 기본 사양, 배치 배열 시 고려 사항, 배열 방식, 전원 설비 등에 대한 고려가 필요

2 E/S 기본사양

분류	800형	1,200형
수송 능력	6,000[명/h]	9,000[명/h]
스텝 폭	600[mm]	1,200[mm]
속도	30[m/min]	
경사각도	30[°]	
효율	0.75	0.84

3 E/S 배치 배열 시 고려사항

1) 승객의 보행 거리를 짧게

2) 점유 면적을 작게

3) 각 층 E/S와 연속적인 흐름을 유지

4) 매장이 잘 보이도록 배치

5) 건물의 기둥, 벽, 보를 고려한 위치 선정

4 E/S 배열 방식

1) 연속 일렬 배열

바닥 면적이 평면적으로 연장되어 비실용적

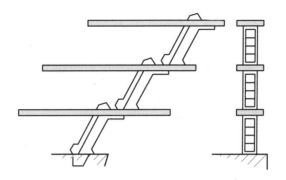

[연속 일렬 배열]

2) 단열형

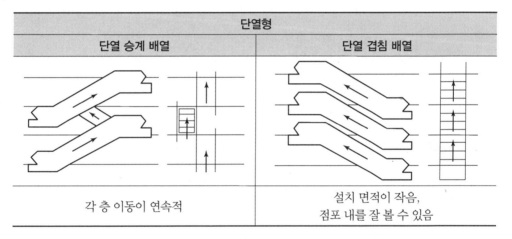

단열형	
단열 승계 배열	단열 겹침 배열
각 층 이동이 연속적	설치 면적이 작음, 점포 내를 잘 볼 수 있음

3) 복렬형

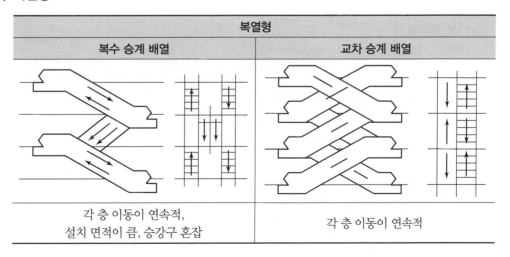

복렬형	
복수 승계 배열	교차 승계 배열
각 층 이동이 연속적, 설치 면적이 큼, 승강구 혼잡	각 층 이동이 연속적

4) 병렬형

올라가기와 내려가기 운전

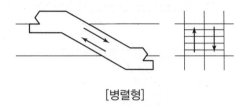

[병렬형]

5 E/C 전원설비

1) 변압기 용량

$$변압기\ 용량 \geq \frac{1.25\ \sqrt{3}\ \cdot\ E\ \cdot\ I_n\ \cdot\ N}{1,000}[\text{kVA}]$$

여기서, E : 정격 전압
I_n : 정격 전류
N : E/S 대수

2) 차단기 정격 전류

$$I_f \leq 3 \times \sum I_M + \sum I_H,\ I_f \leq 2.5 I_a \rightarrow 작은\ 값\ 선정$$

여기서, I_M : 전동기 정격 전류
I_H : 전동기 이외 기기의 정격 전류
I_a : 전선의 허용 전류

3) 전원선 굵기

$$A \geq \frac{30.8\ \cdot\ (I_s + I_L)\ \cdot\ l}{1,000E\ \cdot\ \dfrac{(20-\Delta V)}{100}\ \cdot\ N\ \cdot\ Y}$$

여기서, A : 인입선 굵기[mm²]
I_s : 전동기 기동 전류[A]
I_L : 슬림라인 조명의 전류[A]
l : 인입 거리[m]
E : 정격 전압(3상 3선식)
ΔV : 건축물의 전압 강하율[%]
N : 병렬 대수
Y : 부등률

4) 전동기 용량

$$Q = \frac{270\sqrt{3}\,HS \cdot 0.5\,V}{6120\,\eta} = \frac{0.0382 \cdot H \cdot S \cdot V}{\eta}$$

여기서, H : 계단 높이
V : 운행 속도(30[m/min])
S : E/C 폭(800형 또는 1,200형)
η : 효율(0.6~0.9)

6 E/S 장점

1) 대기 시간이 없어 연속 수송이 가능

2) 수송 능력이 E/L의 7~10배

3) 승강 중 상품 투시가 가능

4) 점유 면적이 적고 별도의 기계실이 불필요(건물의 하중 분산)

7 밀도율

1) 밀도율 $= \dfrac{10 \times 2\text{층 이상의 유효바닥면적}[\text{m}^2]}{1\text{시간의 수송능력}}$

2) 사람의 흐름이나 혼잡의 비율을 중점으로 설비 대수를 정하나 대체로 위 밀도율을 적용

CHAPTER

19

전력전자소자,
통신, 자동제어

01 전력용 반도체 소자의 종류 및 특징

1 개요

1) 최근 전력용 반도체 소자는 고성능화, 다양화로 전력계통은 물론, 산업용 및 가전분야에 이르기까지 전력 변환장치로 널리 이용

2) 소자의 기술 변천

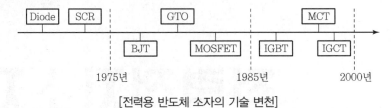

[전력용 반도체 소자의 기술 변천]

2 소자의 분류

분류	종류
Thyristor 계열	Power Diode, SCR, SCS, SSS, TRIAC, GTO 등
Power Transistor 계열	BJT, MOSFCT, IGBT 등
Hybrid 형	MCT, IGCT

3 주요 소자의 종류 및 특징

종류 및 기호	특성 곡선	특징
Diode $A \circ\!\!-\!\!\rhd\!\!-\!\!\circ K$	I_D, V_{BO}, V_D 역방향 차단영역	• PN접합으로 구성된 2단자 소자 • 순방향 상태 ON, 역방향 상태 OFF • 단방향, 정류 제어회로 적용
SCR $A \circ\!\!-\!\!\rhd\!\!-\!\!\circ K$ G	I, Turn on, $I_g=0$, V_{BD}, V_{BO}, V_{AK}, Turn off 역방향 차단영역	• PN접합 구조의 3단자 소자 • 순방향, Gate신호에 의해 Turn－on • 자체 소호능력 없음(별도 전류 장치 필요) • 위상 및 전류 제어용(대용량 기기)

종류 및 기호	특성 곡선	특징
$A \circ\!\!-\!\!\bowtie\!\!-\!\!\circ K$ G TRIAC (Triode AC Switch)		• Thyristor 역병렬 접속 형태의 3단자 소자 • Gate 신호에 의한 양방향 Turn−on • 조광 제어, 가정용 세탁기, 가로등 제어 등에 적용
$A \circ\!\!-\!\!\bowtie\!\!-\!\!\circ K$ I S.S.S(Silicon Symmetrical Switch)		• TRIAC에서 PNPN 4층을 PNPNP의 5층 구조로 하고 Gate를 없앤 2단자 구조 • Gate 전류 대신 양단자 간에 순시 전압이나 상승률이 높은 전압을 인가 → Break Over시켜 제어(전압 제어소자) • 쌍방향 소자로서 교류 스위치, 조광제어용

$A \circ\!\!-\!\!\triangleleft\!\!-\!\!\circ K$ G
GTO
(Gate Turn off)
		• SCR과 같은 Turn−on 특성
		  SCR에 비해 주회로가 간단하나 Gate 구동회로 복잡
		• 자기소호 능력 있음(Gate에 음전압 인가)
		  → 별도 전류 필요, 회로 필요 없음
		• 전류 제어소자(비교적 대용량 기기)

$B \circ\!\!-$ C I_C I_g E BJT (NPN형)		• PNP(or NPN)접합 형태이며 Base 전류로 Collector 전류제어 • GTO에 비해 Switching 특성 우수 • On 저항손실 적음 • 전류 제어소자(소용량 기기)
$G \circ\!\!-$ D I_D S MOSFET (N−Channel)		• Gate, Drain, Source로 구성 • N과 P채널이 있으며 G−S 전압으로 Drain 전류제어 • 200[V] 이하에서 On 저항이 매우 낮으나 고내압 시 On 저항 급격 상승(사용전압 제한) • 입력 임피던스 큼(게이트전류 매우 작음) • 전압 제어소자(SMPS, 소형 UPS 등)
$G \circ\!\!-$ C I_C E IGBT (Insulated−Gate Bipolar Transistor)		• 구조 : MOSFET+BJT의 장점 결합 • 특성 : BJT(고전압 대전류, 낮은 ON 저항 특성) + MOSFET(고속스위칭 특성)+GTO(역저지 전압 특성) • G−E간 전압인가 → MOSFET로서 동작 → Base 전류 공급(일종의 전계인가 방식의 BJT) • 최근 가장 널리 사용 • 전압 제어소자(중용량 기기)

❹ 소자 구비조건

1) Turn-on : 가능한 한 허용전류가 크고 내부저항이 작을 것

2) Turn-off : 과도전압에 견디고 누설전류를 신속 차단할 것

3) Switching 시간이 짧을 것(고조파 감소)

4) Switching 구동 회로가 간단하고 구동전력 작을 것

❺ 응용분야

1) **전력** : 교류 및 직류 변환장치, FACTS. SVC, SVG 등

2) **산업** : Inverter, UPS, 정류기, SMPS 등

3) **교통** : 고속철, 전철, 전기 자동차의 Drive 제어 등

4) **가전** : 조광기, 세탁기, 에어컨, 냉장고 등

❻ 최근 동향 및 향후 전망

1) **IGCT(Integrated Gate Commutation Thyristor) 출시** : IGBT+GTO의 특성 결합

① IGBT 특성의 높은 스위칭 주파수와 낮은 스위칭 손실

② 개량된 GTO 특성의 높은 내전압 특성과 낮은 도통 손실

③ **적용사례** : 한국형 고속열차 시제 차량(HSR-350X)에 첫 적용

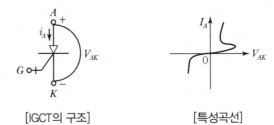

[IGCT의 구조]   [특성곡선]

2) **IGBT 발전전망**

① IPM(Intelligent Power Module)

모듈 Type의 IGBT 소자에 Gate Drive 및 보호기능 내장

② IEGT(Injection Enhanced Gate Transistor)

소자 용량을 향상시킨 주입 촉진형 IGBT(3.3[kV] 1.2[kV] → 4.5[kV] 1.5[kV])

3) **광 Thyristor 필요성 대두**

고전압 회로에서 Gate 회로의 절연이나 노이즈 문제 해결 필요

4) MCT(MOS Controlled Thyristor)

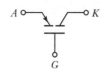

[MCT의 구조]

① Thyristor 구조에 MOS gate 제어 가능한 전압 제어소자
② 대용량의 전력처리 능력, On 전압강하가 작음(1.1[V])
③ GTO보다 Gate 전류가 작아 구동전력이 작음

7 특징 비교

명칭	SCR	GTO	Power TR	MOSFET	IGBT
전류 용량	대전류	대전류	대전류	소전류	대전류
제어 방법	전류 제어	전류 제어	전류 제어	전압 제어	전압 제어
스위칭 속도	저속	저속	중간	고속	고속

8 전력 변환 구조

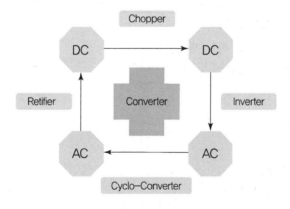

[전력 변환 구조]

9 결론

전력용 반도체 소자는 국채 연구 과제인 전력 IT의 KEY Device로서 고속, 대용량화 저손실화 실현을 위한 지속적인 관심과 연구가 필요

02 Thyristor

1 정의

1) Thyristor는 물리적으로 3개 이상의 PN 접합층을 가지는 소자

2) ON, OFF 2개의 안정 상태와 ON, OFF 제어가 가능한 반도체의 총칭

2 Turn On과 Turn Off

1) Turn On

① Gate Trigger에 의한 방식 : Gate 전극을 가진 3단자 소자를 사용

② Brake Over 전압을 인가 : DIAC, SSS 등에 사용

③ 인가 전압이 매우 상승률이 큰 경우 : $\dfrac{dV}{dt}$ 스너버 회로를 사용

2) Turn Off

① DC 제어 모드

㉠ 소자 전류를 유지 전류(I_H) 이하로 함

㉡ 소자에 역방향 전압을 인가

② AC 제어 모드 : AC 전원은 반 주기마다 소자 전류가 '0'이 될 때 턴 오프

③ Thyristor용 트리거 소자

㉠ Thyristor를 On/Off 하는 제어신호

㉡ DIAC, SBS, UJT, PVT

3 장단점

1) 장점

① 고전압, 대전류

② 서지 전압, 전류에 강함

③ 소형 경량이므로 기기나 장치 설치가 용이

④ Gate 신호가 소멸해도 ON 상태를 유지

2) 단점

① 설계 · 유지 · 보수 등 취급 시 전문가가 필요

② 온도나 습도에 민감하여 배기 등의 주의가 필요

03 SCR과 GTO

1 SCR

1) 정의

① SCR은 3단자 단방향성 역저지 Thyristor

② 다이오드와 같으나 Gate 단자에 Trigger Pulse 신호를 가해 도통

2) 구조 및 심벌

① 구조 및 심벌

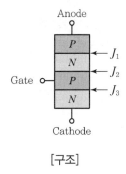

[구조]   [심벌]

② 등가 회로

㉠ Turn On

ⓐ $I_G = 0$인 경우 Q_1, Q_2는 Off 상태

ⓑ Gate에 V_T(트리거 전압) 인가

ⓒ I_G가 흘러 Q_2 On, I_{C2}가 흐름

ⓓ I_{C2}가 흘러 Q_1의 Base 전류가 되어 I_{C1}이 흐름

ⓔ I_{C1}은 Q_2의 Base 전류가 되어 On 상태를 계속 유지

㉡ Turn Off

ⓐ 순방향 전류는 유지 전류(I_H) 이하의 값

ⓑ 역방향으로 전압을 인가

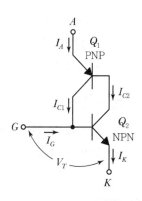

[SCR 등가 회로]

3) 기본 동작

① 직류

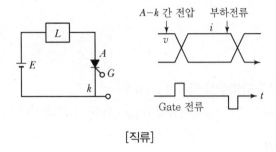

[직류]

② 교류

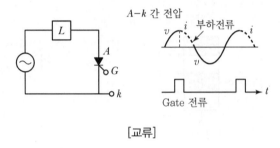

[교류]

4) 특징

① Gate 전류에 의한 주전류 차단은 어려움

② OFF 상태의 전압이 높음

③ 양방향 전압에 대한 저지 능력

④ 위상각 제어, 대전력 부하 시 교류 위상 제어가 가능

5) 응용 분야

① 직류 스위치(초퍼 제어)

② 위상 제어

❷ GTO

1) 정의

① 자기 소호형 3단자 역저지 사이리스터

② Gate Trigger 신호로 $A-k$의 주전류를 On, Off

2) 구조 및 원리

① 구조 및 심벌

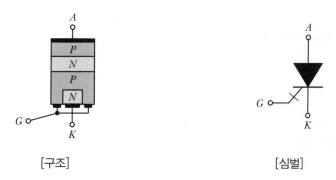

[구조]   [심벌]

② 원리

ㄱ 정(+)의 Gate 전류를 흘리면 $A-k$ 간이 Turn On

ㄴ 부(−)의 Gate 전류를 흘리면 $A-k$ 간이 Turn Off

③ 등가 회로

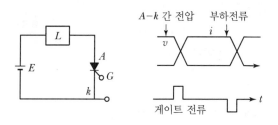

[GTO 등가 회로]

3) 특징

① 전극 구성 : Anode, Cathod, Gate

② 주전류의 방향 : $A \rightarrow k$

③ Off 상태 시 양방향 전압에 대한 저지 능력

④ 2[kHz] 주파수 이하의 대용량 고전압 제어에 적합

⑤ Turn Off 시키기 위한 게이트 전류가 주전류의 20[%]로 대용량 Gate 구동 회로 필요

4) 응용 분야

① 전기 차량, 전기 철도, 철강 압연기, VVVF 인버터 스위치 소자

② 무정전 전원 공급 장치(UPS)

③ HVDC(제주−해남)

04 TRIAC과 DIACK

1 TRIAC(Triode AC Switch)

1) TRIAC은 사이리스터 두 개를 역병렬로 접속

2) 3극 쌍방향 소자

3) 구조 및 원리

　① 구조 및 심벌

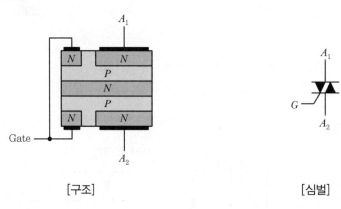

[구조]　　　　　　　　　　　　　[심벌]

　② 원리

　　㉠ I_g 인가 시 On, 유지전류(I_H) 이하일 때 Off

　　㉡ 쌍방향성으로 전류가 흐르기 때문에 교류 스위치로 사용

4) 응용 : 교류 스위치, 위상 제어

❷ DIAC

1) DIAC은 사이리스터 두 개를 역병렬로 접속

2) 2극 쌍방향 소자

3) 구조 및 원리

　① 구조 및 심벌

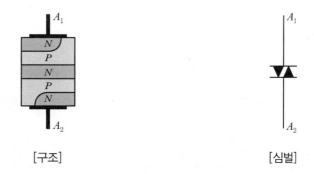

[구조]　　　　　　　　　　[심벌]

　② 원리

　　㉠ 단자 어느 극성에 Brake Over 전압에 도달하면 On, 유지전류(I_H) 이하 시 Off

　　㉡ 교류 전원으로부터 직접 트리거 펄스를 얻는 회로로 구성

4) 응용 : 과전압 보호용, 트리거 소자

05 BJT

◘ 정의

BJT(Bipolar Junction Transistor)는 I_B로 I_C를 제어하는 전류 제어 소자

◘ 구조 및 원리

1) 구조

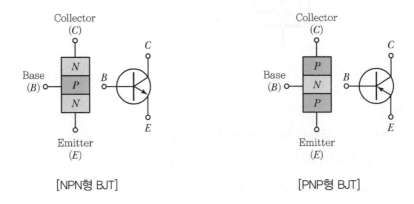

[NPN형 BJT]   [PNP형 BJT]

2) 원리

① Emitter에 음($-$), Collecter에 양($+$) 전압을 인가한 상태에서 Base 전류가 흐르면 On
② Base 전류가 흐르지 않을 때나 역방향 바이어스 전류가 흐를 때 Off

◘ 스위칭 시간

1) Turn On ＝ 지연시간(t_d) ＋ 상승시간(t_r)
2) Turn Off ＝ 축적시간(t_s) ＋ 하강시간(t_f)

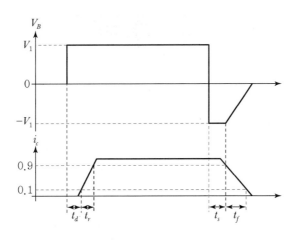

[BJT의 스위칭 시간]

❹ 특징

1) Base 전류에 비례한 Collecter 전류가 흐름

2) 직류 회로 제어가 매우 간단

3) 수 [kHz]로 Turn Off를 짧게 하여 스위칭 전력 손실을 최소화하는 것이 설계의 핵심

❺ 응용분야

1) SMPS, UPS

2) 용접기용 인버터, 범용 인버터, 컨버터

3) 공작 기계 및 산업용 로봇의 DC 서보 모터

4) 스테핑 모터의 구동 장치

06 MOSFET

◼ 정의

1) Power MOSFET : Metal Oxide Conductor Field Effect Transistor

2) 게이트(Gate) – 소스(Source) 간 전압 제어에 의한 드레인(Drain) 전류 제어

◼ 구조 및 원리

1) 구조

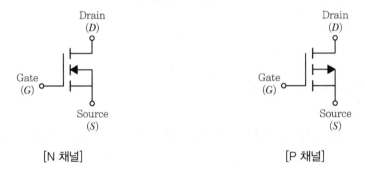

[N 채널]　　　　　　　　[P 채널]

2) 원리

① Uni Polar 전압 제어 소자

② 스위칭 속도가 매우 빨라서 고주파 스위칭이 가능

③ 열적 안정성이 높으며 입력 임피던스가 높음

3) 특징

① G – S 간 제어 전압 V_{GS}에 의해 I_D 조절이 가능

② 다수 캐리어 동작 소자이므로 축적 시간이 필요 없고 고속 스위칭이 가능

③ 입력 임피던스가 매우 높고 구동전력이 작음

④ SOA(Safe Operation Area)가 넓음

⑤ 병렬 접속 동작이 용이

⑥ 열적으로 안정

⑦ 저전압 대전류 제어에 적합한 소자

❸ 스위칭 시간

1) Turn−On＝지연시간(t_d)＋상승시간(t_r)

2) Turn−Off＝지연시간(t_d)＋하강시간(t_f)

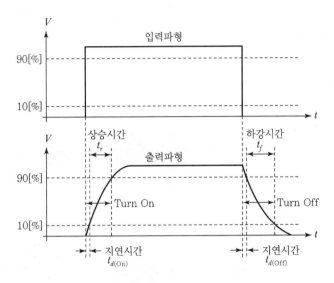

[MOSFET의 스위칭 시간]

❹ 응용분야

1) 고속 스위칭, 고주파 스위칭의 PWM 제어

2) Brushless 전동기(BLDC) 제어

3) VVVF 제어, 직류 초퍼 제어

4) 가전 제품

5) 인버터, SMPS, UPS 등 전력 변환 장치

07 IGBT

■ 정의

IGBT : Insulated Gate Bipolar Transistor

■ 구조 및 원리

1) 구조

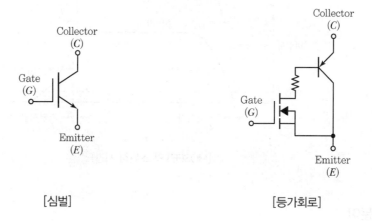

[심벌]   [등가회로]

2) 원리

① Gate – Emitter 간 전압을 인가하면 MOSFET가 On 하고, PNP Tr의 Base 전류가 공급되기 때문에 IGBT는 On 상태

② Gate – Emitter 간 전압을 0으로 하면 부(−) Bias에 의해 Off 상태

■ 주요 기능 및 특징

1) 기능

① Gate 단자에 인가한 전압을 정(+) 또는 부(−)로 하는 것으로서 Emitter – Collector 간의 On/Off 제어를 행하는 Switching 소자

② MOSFET의 전압구동과 대전류 Bipolar Tr의 낮은 On 저항 강하의 이점을 살린 Switching 소자

2) 정격

항목	기호	정격
Collector – Emitter 간 전압	V_{ocs}	3,300[V]
Gate – Emitter 간 전압	V_{gcs}	± 20[V]
Collector 전류	I_c	1,200[A]
Collector 손실	P_c	7,100[W]
스위칭 주파수	–	0~15[kHz]

3) 특징

① MOSFET에 비해 On 저항이 낮으면서 동등한 전압 제어 특성을 가짐

② 스위칭 특성은 MOS보다는 늦고 BT나 GTO보다는 빠름

③ BT보다 C–E 간 전압의 고내압화 가능

④ 저 Inductance 구조 → GTO에 비해 전류 상승률 $\left(\dfrac{di}{dt}\right)$ 제한용 리액터 불필요

⑤ 구동회로 소형, 경량, 저전력화 → GTO에 비해 Snubber 회로 생략

4 응용분야

1) 전동기 제어(VVVF 제어), 직류 초퍼 제어
2) Power MOSFET보다 더 큰 용량의 전력 변환 회로
3) 범용 컨버터, 유도 가열 장치
4) 인버터, SMPS, UPS 등 전력 변환 회로

5 최근 동향

1) 다이오드 및 각종 보호 회로를 내장한 IPM(Intelligent Power Module)화
2) 표준 인덕턴스나 열저항을 저감한 실장 설계 기술 개발
3) IGCT(IGBT+GTO 결합)의 출시

6 결론

IGBT 소자는 최근 가장 각광을 받고 있는 전력 변환용 반도체 소자로서 산업용에서 가정용에 이르기까지 폭넓게 사용되고 있으며 기후 변화협약에 대응한 미래 전기전자분야의 에너지 산업을 지탱할 수 있는 Key–Device

08 MCT

❶ 정의

MCT(MOS Controlled Thyristor)는 사이리스터의 일종이며 구조적으로 GTO와 등가인 반도체 소자로서 Turn Off 게이트 전류가 작아도 가능

❷ 구조 및 심벌

1) 구조

① 1개의 사이리스터와 2개의 MOSFET의 조합
② MOSFET은 Metal Oxide Conductor Field Effect Transistor로서 전계 효과를 이용한 증폭 작용

2) 심벌

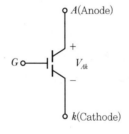

[MCT 심벌]

❸ 특징

1) Gate 전류(GTO) 대신 Gate와 Cathode에 전압(V_{GK})을 인가하여 Turn On, Turn Off 가능
2) 절연 Gate형에서 절연물로 SiO_2막 사용(MOS)과 전계 효과를 이용하여 증폭하는 소자(FET)의 결합
3) GTO의 전류 제어 방식 드라이브 특성을 개선한 전압 제어 스위치
4) GTO처럼 순방향 전압 강하를 갖지만 Turn Off 시 매우 큰 전류 펄스는 불필요
5) 스위칭 속도는 IGBT와 유사

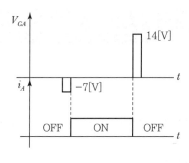

[턴 온 과정]

[이상적인 특성]   [실제 특성]

4 장점

1) 구동이 쉽고 전력이 적게 소모
2) 대용량의 전력 처리 능력과 구동의 용이성으로 차세대 전력 반도체로 주목

09 IGCT

1 정의

1) IGCT(Intergrated Gate Commutated Thyristor)는 GCT소자와 GDU(Gate Drive Unit)가 결합된
구조의 사이리스터

2) GTO의 스위칭 손실을 감소 가능

3) 심벌 및 회로

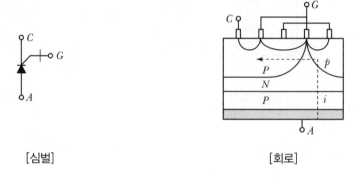

[심벌]   [회로]

2 종류

1) S - IGCT(대칭)

① 발생한 역전압을 순방향 전압이나 역방향 전압이 거의 비슷하게 막는 IGCT

② 전류 소스형 인버터에 사용

2) A - IGCT

① 발생한 역전압을 거의 막지 못하고 Breakdown 하는 IGCT

② 역전압이 거의 발생하지 않는 DC초퍼 등에 사용

3) R - IGCT(비대칭)

① 발생한 역전압을 별도의 다이오드를 통해 도통시키는 IGCT

② 비대칭한 동작을 하는 IGCT

❸ 특징

1) 장점

① 구동 전압이 높고 도통 가능 전류가 높음

② 드라이브 회로 전력이 10[W] 정도의 저전력 제품도 있음

③ 전압 강하가 2~3[V] 정도, 도통 저항값이 수 [mΩ]의 우수한 도통 특성을 보유

④ Snuber 회로 없이 동작이 가능

2) 단점

① 게이트 구동 전류가 높음

② 대전류를 매우 빠르게 스위칭 가능하나 큰 고조파 발생

③ 광케이블 사용이 필요

④ GTO보다 고가

⑤ 고전력을 요구하는 경우 드라이브 회로 전력당 100[W]가 필요

⑥ 제조 회사는 ABB가 유일

❹ 응용 분야

1) 직류 전동기 초퍼제어

2) AC 유도 전동기 전기차 제어

3) 고속 철도 차량의 VVVF 제어

4) 중전압 인버터 솔루션

5) HVDC

❺ 맺음말

1) 전력 전자의 발전 방향은 전력용 반도체 소자의 발전 추세와 동일

2) 저소음화, 저손실화, 에너지 절약, 경제적인 것을 요구

3) 현재 Bipolar 소자, MOSFET, IGBT로 발전

4) 향후 안정적 측면에서 자기 진단, 보호 기능이 포함된 패키지인 IPM(Intelligent Power Module)으로 확대, 발전될 것으로 예상

10 Switching Mode Power Supply(SMPS)

1 개요

1) SMPS의 정의

SMPS란 Power Transister나 FET 등 반도체 소자를 스위치로 사용, 직류 입력전압을 일단 구형파로 변환한 후 Filter를 통하여 제어된 직류 출력을 얻는 장치

2) SMPS는 전자계산기, OA기기 등의 전자통신기기뿐 아니라 역률개선 회로, 전동기 구동 회로, 전자식 안정기 회로 등 다양하고 폭넓게 응용

3) SMPS의 특성을 규정짓는 중요한 부분은 DC $-$ DC Converter이며 이에 따라 SMPS 종류가 결정

2 SMPS의 구성

1) DC—DC Converter

직류 입력전압 V_i를 직류 출력전압 V_o로 변환하는 장치

2) SMPS 기본 구성도

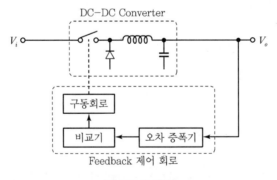

[SMPS 구성도]

3) Feedback 제어회로

① 비교기 : 증폭된 오차와 톱니파를 비교하여 구동펄스 발생

② 구동회로 : DC $-$ DC Converter의 주 스위치를 구동하는 회로

③ 오차 증폭기 : 출력 전압의 오차를 증폭

3 전파 정류에서의 전압 변동률, 맥동률 종류 및 특징

1) PWM Converter

강압, 승압, 승강압형/절연형, 비절연형

① 스위치의 전압, 전류 파형이 구형파이고 그 구형파의 펄스폭을 조정함으로써 출력 전압이 안정화됨

② DC−DC Converter 중에서 주류를 이루고 있는 방식

2) 공진형 인버터

① 전류 공진형 : 공진형 인덕턴스가 스위치와 직렬 접속

② 전압 공진형 : 공진형 커패시터가 스위치와 병렬 접속

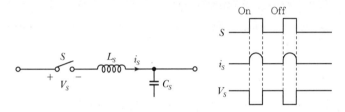

[전류 공진형]

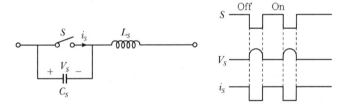

[전압 공진형]

③ 준 공진형 : 전압 또는 전류 어느 한쪽만 공진시키는 것

④ 직병렬 공진형 : 전압, 전류 양쪽 모두 공진시키는 것

3) Soft Switching Converter

① 영전압 스위칭 PWM Converter

영전압 스위칭 특성을 PWM 컨버터에 접목시킨 것(대표적인 회로방식)

② 영전압 천이 PWM Converter

스위치가 Turn On 또는 Turn Off 되는 천이 구간 동안만 공진시켜 거의 0에 가까운 스위칭 손실을 실현

4 최근 동향

1) PFC와 EMI 규격에 적합한 직류 전원장치 개발

2) 소형화 기술로 공진형 Converter, Soft Switching 대두

3) 디바이스 기술로 One chip화된 스마트 파워 개발

4) 직류 전원장치의 직접화

---

11 단상 및 전파 정류에서의 전압 변동률, 맥동률, 정류 효율, 최대 역전압

1 전압 변동률

1) 부하 변화에 대한 단자 전압의 변동폭을 백분율로 표현

2) 전압 변동률 $= \dfrac{\text{무부하 시 직류 출력 전압} - \text{전부하 시 직류 출력 전압}}{\text{전부하 시 직류 출력 전압}} \times 100\,[\%]$

2 맥동률

1) 정류된 직류 출력에 포함되어 있는 교류분 정도를 백분율로 표현

2) 작을수록 좋음

3) 맥동률 $= \dfrac{\text{출력 전압(전류)에 포함된 교류 분 실효값}}{\text{직류 출력 전압(전류) 평균값}} \times 100\,[\%]$

4) 단상 반파 : 75.6[%]

5) 단상 전파 : 48.2[%]

3 정류효율

1) 교류 입력에 대한 직류 출력의 정도를 백분율로 표현

2) $\eta = \dfrac{P_{DC}}{P_{AC}} \times 100$

3) 단상 반파 : 40.6[%]

4) 단상 전파 : 81.2[%]

4 최대 역전압(PIV)

1) 다이오드 단자 간에 발생할 수 있는 역방향 전압의 최대값

2) 정류 소자로 다이오드를 사용할 경우 PIV에 견딜 수 있는가를 확인하는 것이 중요

3) 단상 반파 : $PIV = \sqrt{2}\,E$

4) 단상 전파 : $PIV = 2\sqrt{2}\,E$

12 패러데이 전기 분해 법칙

1 정의

전기 분해 하는 동안 전극에 석출되는 물질의 양과 그 전극을 통과하는 전하량(전류×시간) 사이의 정량적인 관계를 나타낸 법칙으로 전기화학의 가장 기본적인 법칙

1) 제1법칙

전극에서 석출되는 물질의 양은 그 전극을 통과하는 전하량에 비례

2) 제2법칙

같은 전하량에서 석출되는 물질의 양은 각 물질의 화학당량에 비례

2 석출되는 물질의 양(W)

$$W = KQ = KIt\,[\mathrm{g}]$$

여기서, K : 전기 화학당량[g/C], Q : 전하량[C], I : 전류[A], t : 시간[sec]

3 전기 화학당량(K)

$$K = \frac{화학당량}{96,500}[\mathrm{g/C}]$$

여기서, 화학당량 $= \dfrac{원자량}{원자가}$ (원자 번호)

13 전기 분해 종류 및 전기 화학용 직류 변환 장치 조건

1 전기 분해 종류

1) 전기 도금

① 전기 분해를 이용하여 음극에 있는 금속에 양극의 금속을 입히는 것

② 용도 : 장식용, 방식용, 장식과 방식 겸용 및 공업용

③ 전기 도금면의 성질

ㄱ 소자와의 부착이 좋을 것

ㄴ 평활하고 균일한 두께의 도금층이 얻어질 것

ㄷ 가급적 광택이 있을 것

2) 전해 정련

① 전기 분해를 이용하여 순수한 금속만을 음극에서 정제하여 석출

② 전해 정제법과 전해 채취법으로 구분

3) 전기 주조

① 전착으로 원형과 똑같은 제품을 복제

② 기계 가공으로 어려운 정도(精度)가 요구되는 제품 제조에 적합

③ 전기 도금을 응용한 것이지만 전기 도금을 벗겨내야 하고 전기 도금 대비 10~50배 두꺼운 층 조성

4) 전해 연마

① 전해액 중에서 단시간 전류를 통하면 금속 표면의 돌출된 부분이 먼저 분해되어 평활하게 되는 것

② 특징은 양극 전류 밀도가 수십~수백 $[A/m^2]$으로 크지만 수초~수분으로 기계적 손상을 남기지 않음

③ 전기 도금의 예비 처리, 펜촉, 정밀 기계 부품, 화학 장치 부품, 주사침 등에 응용

2 계면 전기 현상

1) 정의

① 금속 전극이 전해액에 침적되면 전극과 전해액 중에 각각 전하층이 형성
② 이것을 전기 2중층이라 하며 계면 전기 현상이 발생

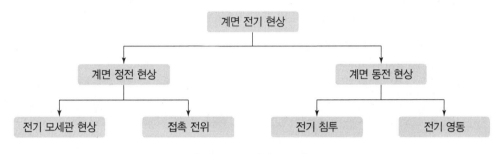

[계면 전기 현상의 종류]

2) 전기 영동

① 기체나 액체 속에 미립자가 분산되어 있을 경우 이에 전압을 가하면 많은 입자가 양극을 향하여 이동하는 현상
② 전기 침투와 원리는 같지만 전기 침투는 액체가 이동하는 것이고 전기 영동은 입자가 이동하는 것
③ 점토나 흑연의 정제, 전착도장 등에 응용

3) 전기 침투

① 중금속류 액체 용액 속에 다공질 격막을 설치하고 직류 전압을 가할 경우 액체만이 격막을 통과하여 한쪽으로 이동하는 현상
② 격막의 성질에 따라서 음, 양 어느 극으로 이동하는가가 결정
③ 전해 콘덴서 제조, 재생 고무 제조 등에 이용

3 전기 화학용 직류변환 장치의 필요성

1) 전기 화학 공업에서는 대용량의 교·직 변환 장치가 필요
2) 전기 화학용 직류 변환 장치로 과거에는 회전용 변류기, 접촉 변류기, 철조 수은 정류기 등이 사용되었으나 최근에는 대부분 반도체 정류기로 교체
3) 반도체 정류기는 **전압 조정이 용이**하고 **전압 변동이 적으며 고효율·고역률**, 소형·경량의 장점이 있지만 온도 상승과 서지에 약하므로 주의가 필요

4 전기 화학용 직류 변환 장치의 요구사항

1) 저전압 대전류일 것
2) 전압 조정이 가능할 것
3) 정전류로서 연속 운전에 견딜 것
4) 효율이 높을 것
5) 안전성과 신뢰성이 높을 것
6) 유지 보수, 취급 운전이 간단할 것
7) 시설비가 저렴할 것

14 자동 제어

1 제어

1) 제어 대상이 목적한 상태를 유지하도록 조작을 가하는 것
   예 조명이 실내를 밝히도록 스위치를 켬

2) 수동 제어와 자동 제어로 분류

제어	수동 제어	
	자동 제어	시퀀스 제어
		피드백 제어

2 제어의 종류

1) 수동 제어

① 직접 또는 간접적으로 사람이 조작량을 결정
② 손으로 조명 On – Off

2) 자동 제어

① 제어계를 구성하여 자동적으로 수행
② 센서로 조명 On – Off

③ 종류

ㄱ 시퀀스 제어(개루프 제어)

ⓐ 시퀀스 제어는 미리 정해진 순서에 따라 수행되는 제어

ⓑ 적용 : 세탁기, 자판기

ㄴ 피드백 제어(폐루프 제어)

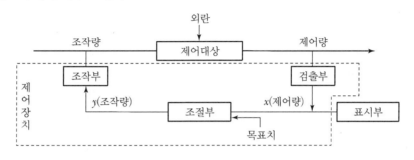

[피드백 제어]

ⓐ 피드백 제어는 제어량과 목표값을 비교하면서 수행되는 제어를 의미

ⓑ 적용 : 냉 · 난방기 온도 제어

ⓒ 피드백 제어에는 자동 제어계를 구성하는 검출부, 비교 조절부, 조작부 등 각 부의 특성이 선형 방정식에 따르는 연속 제어 동작과 비선형 방정식에 따르는 비연속 제어 동작이 있음

ⓓ 연속 제어 동작 : 비례 동작(P), 미분 동작(D), 적분 동작(I), PI 동작, PD 동작, PID 동작

ⓔ 비연속 제어 동작 : 2위치 동작, 다위치 동작, 시간적 비례 동작, 샘플링 동작

❸ 제어장치

1) PLC(Programmable Logic Control)

① On−Off 제어 및 간단한 Analog 제어

② 메모리 확장의 한계

③ 소프트웨어의 호환성과 연속 개발성 문제

④ 적용 : 단순 제어 위주의 소규모

2) DDC(Digital Direct Control)

① 복잡하고 특성화된 제어 기능 수행

② 부분별로 소프트웨어 수정, 추가, 변경 가능

③ 시스템 확장 시 모듈 및 카드 단위로 확장

④ 적용 : 연속 공정의 자동화 시스템 분야

4 운용방식

1) 직접 제어

① 프로세서 제어 및 정보를 집중화시켜 관리 · 운용하는 방식

② 적용 : 중 · 소형 빌딩의 공조 전력 감시 분야

2) 분산 제어

① 프로세서 제어를 기능별로 분산시키고 정보는 통합시켜 관리 · 운용하는 방식

② 적용 : 대규모 산업 플랜트 및 대형 빌딩

15 PLC

1 PLC 개요

1) PLC(Programmable Logic Controller)는 제어 장치의 일종으로 프로그램 제어가 가능한 장치

2) 자동화를 위하여 종전에는 제어 시스템의 회로도에 따라 **보조 릴레이, 컨트롤 릴레이, 타이머, 카**운터 등을 직접 접속하였으나 원가 절감 및 인원 관리의 어려움이 존재

3) 따라서 이 문제를 해결하기 위하여 프로그램이 가능한 제어 시스템이 개발되었고 그것이 PLC

4) PLC는 컴퓨터와 같은 원리로 동작하며 생산 공정 자동화, 로봇 컨트롤 등에 다양하게 사용되어 공장 자동화(FA)에 크게 기여

2 PLC 구성

1) **중앙 처리 장치(CPU)** : 마이크로 프로세서 및 메모리를 중심으로 구성, 두뇌 역할

2) **입출력부** : 외부 기기와 신호를 연결

3) **전원부(Power Supply)** : 각 부에 전원을 공급

4) **주변 장치** : PLC 내의 메모리에 프로그램을 기록하는 장치

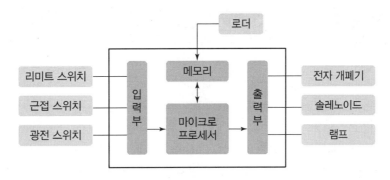

[PLC의 전체 구성]

3 PLC 기능

1) 프로그램 제어 기능
2) Timer & Counter 기능
3) 연산 처리 기능
4) 자기 진단 기능
5) 시퀀스 처리 기능
6) 시뮬레이션 기능

4 맺음말

1) PLC는 On-Off 제어 및 Analog 제어를 하며 설치 비용은 저렴하나 메모리 확장에 한계가 있고 소프트웨어의 호환성과 연속 개발성에 한계
2) 최근에는 DDC(Digital Direct Control) 사용이 증가
3) 대규모 설비에서는 DSC(Distributed Control System)를 사용하여 프로세서 제어는 기능별로 분산시키고 정보는 통합·관리

16 IB 통합 감시 제어 시스템

1 개요

1) 정의

IB(Intelligent Building, 지능형 건축물)란 건축 환경 및 정보통신 등 주요 시스템을 유기적으로 통합, 첨단 서비스 기능을 제공함으로써 경제성, 기능성, 안정성을 추구하는 건축물

2) IB의 기본 구성

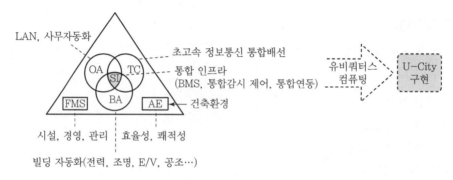

[IB의 기본 구성]

2 도입 목적

1) 인력 절감과 관리의 효율화
2) 최적 환경 유지 및 건물기능 향상, Space 축소
3) 에너지 절약
4) Security 확보
5) 건물 이용자의 편리성 제공

3 통합 감시 제어 시스템

1) 제어 기술의 변천

① Master/Slave System → 분산형(Distributed) System
② 중앙 집중형 → Network화
③ Closed, Single – Vendor → Open, Multi – Vendor

2) 시스템 기본 구성

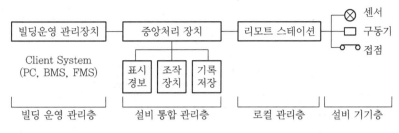

[통합 감시 제어 시스템]

3) 시스템 분류

① 신호처리방식 : Analog 방식, Digital 방식

② Network 방식 : Ethernet(TCP/IP), LonWorks, BACnet 등

③ 제어방식 : 디지털 직접 제어(DDC), 분산 제어(DCS), 논리연산 제어(PLC)

④ 결합방식 : 1 : 1 방식, 1 : N 방식, N : N 방식 등

4) 시스템 비교

① Network 방식 비교

구분	BACnet	Lon Works
정의	ANSI/ASHRAE에서 표준화한 BA 시스템용 데이터통신 프로토콜	• Echelon 사에서 개발한 LonTalk 기반의 현장 제어기 통신용 네트워크 프로토콜 • LonTalk Protocol : ANSI/EIA 표준으로 채택
특징	멀티벤더 시스템 통합이 가능하므로 이기종 중앙관제 시스템 간 통합성 제공	분산제어의 표준 Solution 제공으로 타 기종 중앙관제 시스템과 현장제어 시스템 간 혼합운용성 제공

② 제어방식 비교

구분	DDC(집중 제어)	DCS(분산 제어)	PLC(논리연산 제어)
구성도	CPU Host Computer, N·W, RTU----RTU (Remote Terminal Unit)	MMI Man-Machine Interface, N·W, FCU----FCU (Field Control Unit)	CPU PLC, I/F, Actuators
기능	RTU를 중앙 HC에서 제어	• 통합 컨트롤러가 각 현장 기기들 제어 • OS상에서 전 공정 제어 조작	PLC 제어기기가 디지털 제어 수행

구분	DDC(집중 제어)	DCS(분산 제어)	PLC(논리연산 제어)
특징	• PC에 의한 정보처리 • 인력 절감, 에너지 절약 • HC 고장 시 파급 큼	• 복잡, 특성화된 기능 수행 • 시스템 이중화 • 대규모 및 고가	• 초기비용 저렴 • 소규모의 디지털 제어
확장성	곤란	S/W 추가변경 가능	메모리 확장의 한계
적용	공조기, 밸브제어	연속공정, 중대형 플랜트, 빌딩	소규모의 단순 제어

③ 결합방식 비교

종류	특징
1 : 1 감시 제어	제어기마다 신호전송로 설치 감시 제어(소규모)
1 : N 집중 제어	CPU를 이중화하는 방식
$N : N$ 집중감시 제어	Micro – Computer를 대상 기기마다 설치, 다양한 정보 처리

5) 통합 감시제어의 주요 기능

시스템	주요기능
BMS(빌딩 관리 시스템)	설비 기기 제어, E/V 군 관리, 주차관제 시스템 등
방재 관리 시스템	카드, 화재, 소화, 방화 제어, CCTV 등 방재감시 제어
에너지 관리 시스템	전력, 조명 제어, 에너지 공조 제어 시스템

4 설계 및 시공 시 고려사항

1) Power, CPU, Network 등의 이중화로 신뢰성 확보

2) Hardware, Software 표준화, Package화, Open Protocol 사용

3) 고조파, Noise, 유도장해, EMC 등의 대책

4) 제어용, 감시용 Cable은 차폐 Cable 사용

5 최근 동향

1) 개방형 시스템(Open System)의 표준 프로토콜 : 주로 BACnet, Lon Works 등 채택

2) Security System 강화 추세

3) BAS + FMS → SI(시스템 통합)로의 발전

6 결론

시스템 통합(SI)기술을 기반으로 한 통합감시제어는 유비쿼터스 컴퓨팅 기술과 융합, 향후 U – City 구축에도 보다 폭넓게 활용될 전망

17 주차 관제 시스템

1 목적

1) 주차장을 이용하는 차량과 운전자의 안전하고 효율적인 유도
2) 주차장 운영에 필요한 설비의 자동화 및 관리의 최적화

2 계획 시 검토사항

1) 주차장 구조, 규모, 대수
2) 요금부과 여부
3) 주차 회전율
4) 장내 유도 방향
5) 주차 출입구 및 부근 도로 상황
6) 건축주 의도

3 주차관제 설비 구성

1) 신호관제 시스템

① 주차장 내 차량의 흐름을 안전하고 원활하게 제어하는 시스템
② 구성도

[신호관제 시스템 구성도]

③ 차체 검지장치
　㉠ 초음파식 : 발음기와 수음기 설치, 차량 출입 시 20~40[kHz] 정도의 초음파를 발사하여 그 반사신호를 이용
　㉡ 광전식(적외선 빔 방식)
　　ⓐ 적외선 빔을 물체가 차광, 검지신호 출력
　　ⓑ 2대 2조 사용, 사람과 차량 구분

ⓒ Loop Coil 방식

ⓐ 차량 접근 시 L.C의 자계 변화에 의한 와전류 유도 → 검지 → 증폭 → Relay 동작

ⓑ 동작방식 : Bridge 회로 방식, 주파수 변조 방식, 위상차 방식

2) 재차 관리 시스템

① 주차장의 주차 상황을 표시, 집중감시하고 적절히 유도하는 장치

② 재차 검지기 종류

㉠ 광전자식(적외선식)

㉡ 초음파식

㉢ 중량감지 Sensor + Loop Coil 방식

③ 재차 표시반 : 재차 검지기 신호를 창식 또는 그래픽 면에 점멸표시

④ 유도 표시등 : 재차 상황 표시등, 만차 등, 진행방향 전환표시등

3) 주차요금 계산 시스템

① 주차권 발행, 주차요금 계산, 집계 등의 업무처리

② 차단기(Car Gate), 주차권 발행기, 요금 계산기, 요금 표시기 등으로 구성

4) 장내 감시 시스템

① 주차장 내 CCTV 카메라와 관제실 내 모니터 연결, 장내 상황표시

② 대규모 지하 주차장에는 주차동선이 여러 곳에 분산되므로 동선 출입상황 감시

5) 주차 관제 시스템 구성도

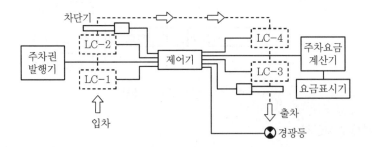

[주차 관제 시스템 구성도]

4 설계 및 시공 시 고려사항

1) 발권 계산처리 소요시간과 적정 처리대수 산정

2) 대규모 주차장(1일 출입대수 1,000대 이상)은 차량 출입구를 2개소 이상 분산 설치

3) 주차권 발행기, 차단기 등은 충돌위험이 없도록 경사로 부근 설치를 피할 것

4) 옥외에 기기 설치 시 방수에 주의

5) 주차권 발행기, 요금 계산대는 차가 안전하고 용이하게 접근할 수 있는 장소에 위치

6) 주차대수 30대 이상 시 CCTV 설치

7) 조도기준은 주차구획 10[lx], 주차장 출입구 300[lx], 민원출입통로 50[lx] 이상 유지(주차장법 시행규칙 제6조)

8) 지하 주차장 출입구는 순응상태를 고려한 조명설계

9) 주차장 출입구 부근 외기 노출 시 Snow Melting 설비 고려

10) Loop Coil 리드선을 10~20[m] 이내, 1방향 연선[5회/m]으로 금속관 내 배선

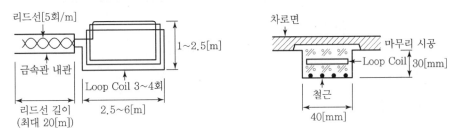

[Loop Coil 배선]

5 주차관제 설비의 최근 동향

1) **차량 번호 인식장치**

① Image Processor 이용, 문자식별 영상화하여 차량 번호 추출

② 촬상부, 조명부, 차량검지 연동부, 화상인식 처리부로 구성

2) **무인 자동화 및 홈 네트워크와의 연계장치**

① 정기권 차량 R/F 신호에 의한 자동 출입, 방문차량은 세대와 화상통화

② 세대 차량 진입 시 홈 네트워크를 통해 메시지(문자 또는 음성) 통보

③ 무인요금 정산소 운영

3) **각종 신호 및 표시등에 친환경 광원(LED) 사용**

18 | 광통신(Optical Communication)

1 개요

1) 광통신의 정의

광통신은 굴절률이 큰 Core와 굴절률이 작은 Cladding으로 이루어진 광섬유를 통해 빛의 전반사를 이용하여 정보를 주고받는 통신 방식

2) 전자파의 종류

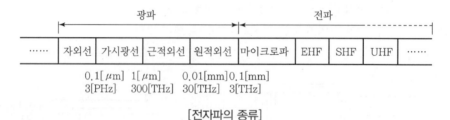

……	자외선	가시광선	근적외선	원적외선	마이크로파	EHF	SHF	UHF	……

광파 ↔ 전파

0.1[μm] 1[μm]   0.01[mm] 0.1[mm]
3[PHz]   300[THz] 30[THz] 3[THz]

[전자파의 종류]

2 System의 구성

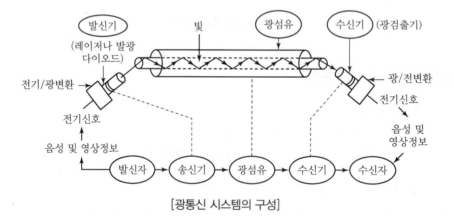

[광통신 시스템의 구성]

3 광파의 전파원리

1) 굴절의 법칙(Snell's Law)

두 매질에서의 속도차에 따라 경계면에서 경로가 꺾이는 현상

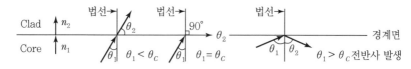

[굴절의 법칙]

① 굴절계수($n = \dfrac{c}{v}$)

자유공간에서의 빛의 속도(c) 대 매질에서의 빛의 속도(v)의 비

② 임계각(θ_c)

굴절각이 직각일 때의 입사각(즉, 전반사가 일어날 수 있는 입사각의 최소값)

θ_1 : 입사각, θ_2 : 굴절각이라고 하면

$n_1 \cdot \sin\theta_1 = n_2 \cdot \sin\theta_2 \rightarrow$ 입사각에 비례하여 굴절각도 변화

예 매질 1(물)의 굴절률(n_1)= 1.31

매질 2(공기)의 굴절률(n_2)= 1일 때 입사각 30°이면

$$\theta_2 = \sin^{-1}\left(\frac{n_1}{n_2}\sin\theta_1\right) = \sin^{-1}\left(\frac{1}{1.33} \times \frac{1}{2}\right) = 22.1°$$

2) 전반사 원리

① 굴절률이 높은 Core와 굴절률이 낮은 Clad 사이에 임계각 이상으로 광파를 입사시키면 광파는 Core 내를 전반사하면서 전파

$n_1 > n_2$라면 빛이 $n_1 \rightarrow n_2$로 진행할 때

$\theta_1 > \theta_2$에서 전반사 발생

② $\dfrac{n_2}{n_1} = \dfrac{\sin\theta_1}{\sin\theta_2}(n_1 > n_2)$

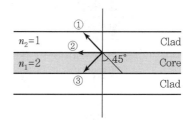

[전반사]

θ_2가 90°일 때 $\theta_1 = \theta_2$가 되므로 $\theta_c = \sin^{-1}\dfrac{n_2}{n_1}$

③ 입사각 45°일 때 광파 진행방향

$$\sin\theta_c = \frac{n_2}{n_1} = \frac{1}{2} \quad \therefore \theta_c = 30°$$

입사각이 45°이면 임계각($\theta_c = 30°$)보다 크므로 전반사 발생

광파의 방향은 그림에서 ③의 방향으로 전반사

4 광섬유 Cable(OFC)

1) 광섬유의 구조

$n_2 > n_1$이면, Core의 굴절률(n_1)이 Clad의 굴절률 (n_2)보다 높음

① Core : 광파를 전달하는 물질

② Cladding : 광파를 Core 내 유지시키며 Core에 강도 제공

③ Jacket : 광섬유를 수분과 부식으로부터 보호

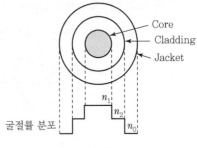

[광섬유의 구조]

2) 광섬유의 분류

① 전파모드에 의한 분류

　㉠ 단일모드(SM : Single Mode)

　㉡ 다중모드(MM : Multi Mode)

② 굴절률에 의한 분류

　㉠ 계단형(SI : Step Index) : 불연속분포

　㉡ 언덕형(GI : Graded Index) : 연속분포

③ 특성 비교

항목구분	SM – SI	MM – SI	MM – GI
Core 경	$10[\mu m] \pm 10[\%]$	$50 \pm 3[\mu m]$	
Clad 경	$125 \pm 3[\mu m]$	$125 \pm 3[\mu m]$	
사용파장	$1.3[\mu m], 1.5[\mu m]$	$0.85[\mu m]$	
대역폭	수십[GHz](넓음)	수십[MHz](좁음)	수백[MHz](중간)
광파손실	매우 적음(0.1[dB/km])	1[dB/km]	0.7[dB/km]
분산손실	없음	많음	적음
사용광선	M광선(자오광선)	S.H Screw Helical	S.H
접속	어려움	용이	용이

3) 광섬유 Cable의 특징

특징	장점	단점
광대역, 저손실	대용량, 장거리 전송 가능	–
비도전체 : 석영유리(SiO_2)	무유도성 (잡음, 누화, 도청의 영향 없음)	별도의 급전선 필요, 분산현상 발생
세경, 경량	운반, 포설이 용이	가공, 접속이 어려움
유리섬유	자원 풍부(모래에서 채취)	기계적 강도 약함

19 폐루프(Closed Loop) 제어계의 기본 구성과 각 구성요소

1 개요

1) 제어란 어떤 대상 시스템의 상태나 출력이 원하는 특성에 따라 가해지도록 입력 신호를 적절히 조절하는 방법으로 개루프 제어계와 폐루프 제어계가 있음

2) 폐루프(Closed Loop) 제어 시스템이란 출력 신호를 검출기를 통해 측정하여 기중 입력 신호와 비교한 수가 설정된 목표값에 도달하기 위한 제어 시스템

2 기본 구성

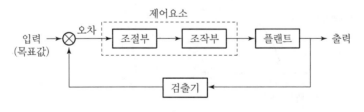

[폐루프 제어시스템 표준형]

❸ 구성요소

1) 기준 입력요소(설정부)

목표값에 비례하는 기준입력 신호를 발생시키는 장치

2) 비교부

① 제어변수의 기준값(Reference Value)과 측정값을 비교하여 오차신호(Error Signal)를 생성

② 오차신호＝기존 입력신호－측정값

3) 제어요소

동작신호는 조작량으로 변환하는 요소이고 조절부와 조작부로 구성

① 조절부 : 기준입력과 검출부 출력을 합하여 제어계에 필요한 신호를 만들어 조작부에 보내는 부분

② 조작부 : 조절부로부터 받은 신호를 조작량으로 바꾸어 제어대상에 보내주는 부분

4) 궤환(Feedback) 요소(검출부)

① 제어량을 검출하여 주 궤환 신호를 만드는 요소

② 검출된 제어량과 기존 입력 신호와 비교시키는 부분

5) 계단함수 입력－출력의 변화

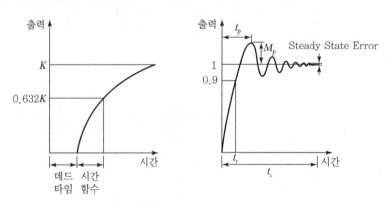

[계단 입력에 의한 2차 시스템 반응]

① 시간정수(Time Constant)

1차 시스템에 계단함수를 입력했을 때 최종 출력값의 63.2[%]에 도달할 때까지 걸리는 시간

(시간 상수가 작으면 출력은 입력의 변화에 빠르게 반응)

② 데드타임(Dead Time)

플랜트에 입력변화를 주었을 때 출력변화가 최초로 나타날 때 걸리는 시간

③ 오버슈트(Overshoot : M_p)

시스템에 계단입력을 주어 출력된 값이 설정값을 초과하는 값 중 최대값을 설정값으로 나누어 [%]로 표현한 값

④ 시간상승(Rise Time : t_r)

시스템에 계단입력을 주어 출력된 값이 설정값의 10[%]에서 90[%]까지 걸리는 시간

⑤ 정정시간(Setting Time : t_s)

시스템에 계단입력을 주어 출력된 값이 허용범위에 도달 후 그 후 허용범위 내에서 계속 유지하는 데 걸리는 시간

⑥ 최대시간(Peak Time : t_p)

시스템에 계단입력을 주어 출력된 값이 오버슈트 지점에 도달하는 데 걸리는 시간

4 시스템 설계 시 고려사항

1) 불안정한 플랜트의 응답특성은 안정화시킬 것
2) 정상상태 오차(Steady State Error)를 최소화할 것
3) 시스템의 과도응답(Transient Response) 특성 개선
4) 시스템의 매개변수(Parameter) 변화에 대한 민감도(Sensitivity)를 감소시킬 것
5) 시스템 출력이 제어 목표 신호를 추적(Tracking Control)하도록 할 것
6) 외부로부터 무작위 외란(Disturbance)에 의한 영향을 감소시킬 것

20 PID 제어

1 개요

PID 제어란 에러 값에 대한 비례(P), 적분(I), 미분(D) 제어를 의미

2 자동제어의 분류

1) P 제어

① Error 값에 비례하여 제어량을 변화시키는 방법

② 정상오차(Steady State Error)가 없어지지 않음

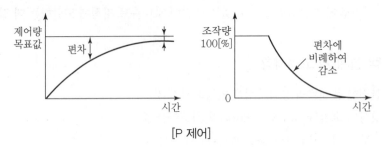

[P 제어]

2) I 제어

① Error 값을 적분한 값으로 제어하는 방법

② P 제어만으로는 처리할 수 없는 작은 오차(잔류편차)를 시간단위로 적분하여 그 값이 어떤 크기가 되면 조작량을 증가시켜 편차를 없애는 방법

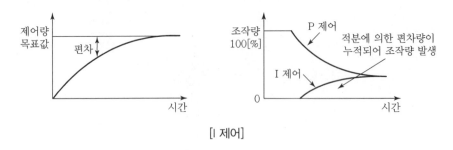

[I 제어]

③ I 제어는 일정시간 오차가 누적되어 일정값을 초과하면 시작

3) D 제어

① 오차값을 미분한 기울기의 반대 방향으로 조작량 변화

② D 제어는 외부잡음에 민감하여 오동작 우려가 있어 잘 사용하지 않고 일반적으로 P, I 제어
와 조합한 PID 제어를 사용

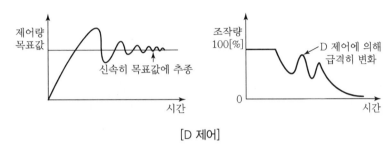

[D 제어]

3 PID 제어 특성

1) 제어요소

① A : Overshoot

ⓐ 목표값에 비해 최고로 오차가 커지는 부분이
얼마인가를 나타냄

ⓑ 이 값이 너무 커지면 시스템에 무리를 주거
나 오동작

② B : 목표값 도달시간(이 시간이 짧을수록 좋음)

③ C : 정상상태 오차

제어량이 목표량의 일정범위에 도달해도 남아 있는 오차

[제어요소]

2) 조작량(제어량) 결정

PID 제어기의 조작량(MV : Manipulated Variable) 계산의 일반식

$$MV(t) = K_p e(t) + K_i \int_0^t e(t) \cdot dt + K_d \frac{de(t)}{dt}$$

여기서, $e(t)$: 오차량

K_p, K_i, K_d : Gain(이득) → 제어기 특성 결정요소

3) 제어기능

① P 제어 : 목표값 도달시간(B)을 줄임

② I 제어 : 정상상태오차(C)를 줄임

③ D 제어 : 오버슈트(현재치의 급변이나 외란 : A) 값을 억제하고 안정성(Stability) 향상

4) 적용 분야

서보모터의 속도/위치제어, 보일러 온도제어 등

21 전력선 통신(PLC)

1 개요

전력선 통신(PLC : PowerLine Communication)이란, 전력공급선을 매체로 행하여지는 통신 방식을 말함

전원파형
60[Hz]

데이터

전력선에 Data가 인가된 신호

[전력선에 신호 데이터 인가]

2 전력선 통신방식 분류

1) 전압에 따른 분류

① 저압방식 : 220[V] 구내선로/단거리구간 통신(신호 전송)

② 고압방식 : 22.9[kV] 배전선로/장거리구간 통신(가입자 Access 망 역할)

2) 전송속도에 따른 분류

분류	사용 주파수대	전송속도	응용
저속	10[kHz]~450[kHz]	수십[bps]~10[kbps]	HA, 조명, 전력감시제어
중속	10[kHz]~450[kHz]	10[kbps]~1[Mbps]	인터넷 정보가전, AMR System
고속	1.7[MHz]~30[MHz]	1[Mbps] 이상	가입자 Access 망(초고속인터넷 통신)

❸ 구성 및 기능

1) 구성도

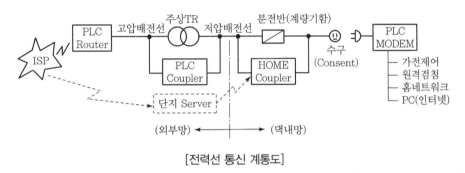

[전력선 통신 계통도]

2) 주요 기능

① PLC Router : 인터넷 Backbone 망과의 연결 장치

② PLC-Coupler : 고·저압 연계 기능

③ Home-Coupler : 옥내 분전반을 Bypass, 신호 증폭 및 통신신호 분배 → Blocking Filter + Signal Coupler

④ PLC-MODEM : 디지털 신호 변·복조 기능

❹ 전력선 통신의 특징

장점	단점
• 투자비 저렴 (별도의 통신선 불필요, 공기 단축 등) • 콘센트 이용, 간편하게 접근 가능	• 제한된 전송전력 • 높은 부하 잡음과 간섭 • 가변하는 신호감쇠 및 임피던스 특성 • 주파수의 선택적 Fading 특성

5 전력선 통신 핵심기술

1) Front End Skill

전력선에 신호를 실어주거나 분리해 내는 기술

① Band Pass Filtering 기술 : 원하는 신호만 받아들이고, 전력이나 각종 Noise 신호 제거

② Impedane Matching 기술 : 선로의 임피던스와 Matching 시켜, 최대의 신호전력이 상대 측에 전달되도록 하는 것

③ 기본 구성

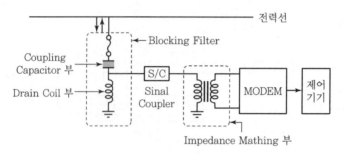

[전력선 통신의 내부 회로도]

2) Channel Coding

① Error 검출 및 정정기법으로 전송된 Data Bit Stream에 부가정보(Redundancy)를 추가하고, 이를 이용

② CRC, Optimized FEC, Zero-Cross Bi-Phase 방식 등

3) MODEM 기술

① 신호 변·복조기술로 열악한 전력선 채널 특성 극복 및 전송속도 향상

② FSK, SS, OFDM 방식 등

4) MAC(Media Access Control) 기술

① 신호패킷의 충돌로 인해 낭비되는 시간과 대역폭을 줄여 안정되고 신속한 신호 전송

② CSMA/CD, CSMA/CDCR, Token Passing 방식 등

6 전력선 통신 Protocol

구분 / Protocol	X-10	CE-BUS	Lonworks	Z-BUS
통신속도	60[bps]	1[Mbps]	2[kbps]~1.25[Mbps]	360[bps]~1[Mbps]
통신방법	단방향	양방향	양방향	양방향
MAC	없음	CSMA/CDCR	LonTalk(CSMA/CA)	CSMA/CDCR
제조사	X-10	EIA	Echelon	PLANET(국내)

7 최근 동향

1) 세계 최초로 고속 PLC 기술 국가표준안(KSX-4600-1)이 국제 표준안 확정 고시

2) 2008년 12월 녹색 전력 IT 10대 과제로 선정

3) 2005년 7월 국내 전파법 개정(전파법 제58조, 시행령 제46조)

    ① 사용 주파수 대역 : 450[kHz] 이하 → 30[MHz] 이하

    ② 전계 강도 : 54[dB μV/m] → 500[dB μV/m] 이하로 규제 완화

4) PAN(Power line Area Network) 기술로 초고속 통신 기술 연구 진행 중

    ① 전력선 주위에 생성되는 자기장에 Data를 실어 전송하는 기법

    ② 초고속(전송속도 2.5[Gbps] 이상), 대용량, 장거리, 저가인 반면 기술 실현 불투명

5) Xeline사-ETRI, 한전 등과 공동으로 현재 50[Mbps]급 개발 중

8 결론

1) 지금까지 저속 중심의 PLC 통신 기술에서 향후 초고속 가입자망 시장을 목표로 한 고속 PLC의 상용화를 위한 기술 개발로 본격 진행 중이나 품질이나 속도 저하를 야기하는 PLC 고유의 기술적 난제를 극복할 수 있는 대안이 필요

2) PAN 기술개발 상용화 시 통신기술 발전의 대변화가 예고됨

22 무선 인식(RFID)

1 RFID(Radio – Frequency IDentification) 정의

1) 안테나와 칩으로 구성된 태그에 사용목적에 맞는 정보를 저장, 제품에 부착한 후 판독기나 통해 정보를 인식, 처리하는 기술
2) 바코드와 달리 빛 대신 전파를 이용, 먼 거리에서도 무선으로 정보 인식 가능

2 기본 동작원리

태그, 리더, 안테나로 구성되어 각 객체에 부는 Tag가 리더의 발사전파를 흡수해 해당 전파에 Tag의 고유정보를 실어 반사하는 원리

3 System 구성 및 기능

1) System 구성

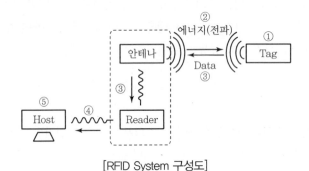

[RFID System 구성도]

① Tag

집적회로 안에 정보를 저장하고 저장된 정보를 안테나를 통해 리더로 보내는 역할로 에너지원 유무에 따라 능동형과 수동형이 있음

② Antenna : 리더와 연결되어 신호를 송수신하는 역할
③ Reader : 인식한 정보들을 기본적으로 처리하는 역할
④ 기타(미들웨어) : 처리정보가 많아질 경우 중복, 불필요정보 제거

2) 동작 순서

① 암호화된 방식으로 태그의 메모리에 정보 저장

② Tag를 지닌 객체가 안테나의 전파 영역 내에 진입

③ Tag의 메모리에 저장된 정보를 리더에 전송

④ 리더는 데이터를 정보처리 시스템(Host Computer)에 전달

⑤ 정보처리 시스템은 수신된 데이터를 판독, 분석

4 RFID 통신 방식

1) Tag의 에너지원 유무에 따른 분류

① 수동형(Passive)

　㉠ 리더의 에너지원만으로 칩의 정보를 읽고 통신하는 방식(즉, 리더의 전파로 Tag가 유도 전류에 의한 전원을 공급받아 송수신)

　㉡ 능동형에 비해 저렴하고 동작 수명이 긺

② 반수동형(Semi – passive)

　Tag의 에너지원(Battery 내장)으로 칩의 정보를 읽는 데 사용하고 통신에는 리더의 에너지 원을 사용

③ 능동형(Active)

　㉠ Tag의 에너지원으로 칩의 정보를 읽고 그 정보를 통신하는 데 모두 사용

　㉡ 에너지원을 가지고 있어 수동형에 비해 원거리 인식 가능

2) 전파의 주파수대역에 따른 분류

① LFID(Low Frequency ID) : 120~140[kHz]

② HFID(High Frequency ID) : 13.56[MHz]

③ UHFID(Ultra High Frequency ID) : 868~956[MHz]

5 기존 바코드와 비교

1) 개별 상품까지 식별 가능하여 단품 관리, 상품별 이력 관리 실현 가능

2) 비교적 거리가 떨어진 곳에서도 수백 개를 동시 인식 가능하며 정보처리 속도의 획기적인 향상

3) Tag 형태 : 바코드는 종이에 인쇄된 형태이나 RFID는 마이크로 칩 형태로 되어 있어 저장능력 이 매우 크고 쉽게 손상되지 않으나 고가임

구분	인식방법	인식거리	동시인식(인식속도)	정보수정	정보량	Tag 가격
RFID	전파	10[m] 이상	가능(200개/2초)	가능	60[kbyte]	고가
바코드	빛	10[cm] 이내	불가(1개/2초)	불가	100[kbyte]	저가

6 RFID의 적용

교통카드, 교통요금 징수시스템(하이패스), 주차관제, 도서관리, 출입통제시스템, 동물 식별 관리, 매장 물품 재고관리 등

7 해결 과제

1) Tag 비용 고가 → 가격 하락으로 대중화 실현
2) 리더기의 품질 향상 및 설치 비용
3) 인식거리가 길어 오동작, 오계산 위험성 존재 → 방어벽 설치
4) 개인정보 유출 및 사생활 침해 논란
5) 국가 간 주파수가 달라 상호 호환성 결여 → 국제 규격 표준화

8 최근 동향

1) 2000년부터 ISO에서 표준화 추진
2) 2005년 10월 고려대, 국가보안연구소, 한국 정보보호 진흥원(KISA)과 공동으로 RFID 차세대 암호 알고리즘(KBI) 개발

9 향후 전망

1) 13.56[MHz] 대역 → 향후 900[MHz] 대역의 제품 주력 예상
2) 생산, 유통, 보관, 소비의 전 과정에 대한 정보를 담고 기존의 인공위성, 이동통신망, 인터넷망과 연계하여 정보시스템과 통합 사용
3) Ubiquitous Computing Sensor 기술로의 발전 진행

23 생체 현상 계측기

1 개요

생체 계측은 생체 물리 현상 계측과 생체 발전 현상 계측으로 구분

1) 생체 물리 현상 계측

① 생체에서 발생하는 각종 물리 현상을 변환기를 이용하여 전기량으로 변환한 후 계측하는 것
② 심음계, 맥파계, 전기 혈압계, 초음파 진단 장치 등

2) 생체 발전 현상 계측

① 생체에서 발생하는 각종 발전 현상, 즉 전위차를 검출하여 증폭한 후 계측하는 것
② 심전계, 뇌파계, 근전계 등

2 생체 물리 현상의 계측

1) 심음계(Phonocardiograph)

① 심장과 대혈관의 활동에 의한 발생음 중에서 20~100[Hz]의 주파수 범위에 있는 음향을 흉벽 위에 놓은 마이크로폰으로 받아 증폭 기록해서 심음도를 만드는 것
② 심장 질환 진단에 사용

2) 맥파계

심장의 맥박에 따르는 혈관의 박동 상태를 측정 기록한 것을 맥파도라 하고, 맥파를 측정하는 장치를 맥파계라 함

3) 전기 혈압계

① 생체 내의 혈압을 전자적 수단으로 계측하는 장치
② 직접법과 간접법

4) 초음파 진단 장치

① 초음파 투사 시 감쇠도나 반사도가 생체 조직의 음향 임피던스에 따라서 달라지는 것을 이용하여 생체 조직 내의 상황 등을 조사하는 장치
② 뇌종양, 담석, 태아의 건강 등의 진단용으로 사용

❸ 생체 발전 현상의 계측

1) 심전계

① 심장 근육의 활동에 의한 발생 기전력을 생체 표면의 2점 간의 전위차로 검출해서 증폭한 후 정속도로 움직이는 기록지 위에 기록하는 장치

② 이렇게 얻은 파형기록을 심전도(ECG)라 함

2) 뇌파계

뇌의 활동 전위를 머리에 댄 소전극 간의 전위차를 외부로 인도하여 증폭 기록하는 것을 뇌파라고 하며, 증폭 기록하는 장치를 뇌파계라 함

3) 근전계

골격근의 수축에 따라 생기는 근동작 전류를 전극으로 검출해서 증폭 기록하는 장치

CHAPTER

20

회로이론

01 테브난, 노튼, 밀만의 정리

1 테브난의 정리(Thevenin's Theorem) : 등가 전압원 정리

1) 능동 회로망을 두 단자 1, 2 측에서 보았을 때 이것을 등가적으로 하나의 전압원 V_0에 하나의 임피던스 Z_0가 직렬로 된 것으로 대치 가능

2) 회로망에서 단자 1, 2 간의 개방전압을 V_0, 단자에서 회로망 쪽을 본 임피던스를 Z_0라 하면 (이때 Z_0는 전압원을 단락시킨 후 구한 내부 합성 임피던스)
   단자 간에 Z를 접속했을 때 Z에 흐르는 전류

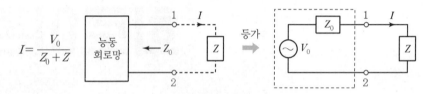

$$I = \frac{V_0}{Z_0 + Z}$$

[테브난의 정리]

2 노튼의 정리(Norton's Theorem) : 등가 전류원 정리

1) 능동 회로망을 단자 1, 2 측에서 보았을 때 등가적으로 하나의 전류원 I_s와 하나의 어드미턴스 Y_0(또는 Z_0)가 병렬로 접속된 것으로 해석 가능

2) 그림에서 단자 간 단락전류를 I_s, 단자에서 회로망 쪽을 본 어드미턴스를 Y_0라 하면 (이때 Y_0는 전원을 제거한 후 구한 내부 합성 어드미턴스)
   단자 간에 어드미턴스 Y를 접속했을 때 Y에 흐르는 전류

$$I = \frac{Z_0}{Z_0 + Z} I_s = \frac{Y}{Y_0 + Y} I_s$$

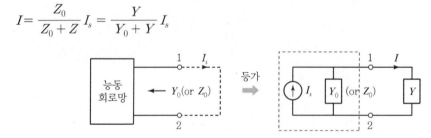

[노튼의 정리]

3 테브난과 노튼의 정리 비교

1) 테브난과 노튼의 정리는 서로 쌍대 관계

$$I = \frac{V_0}{Z_0 + Z} \quad \leftrightarrow \quad I = \frac{Y}{Y_0 + Y} I_s$$

2) 테브난의 정리는 임피던스와 단자의 개방전압을 사용하는 데 비해 노튼의 정리는 어드미턴스와 단자의 단락전류를 사용하여 부하전류를 구하는 방법으로 그 결과는 동일

4 밀만의 정리

1) 테브난과 노튼의 정리를 합성
2) 회로망 내 내부 임피던스를 갖는 전압원이 병렬로 다수 접속된 경우 하나의 등가 전원으로 대치하여 회로의 양단자 간 전압을 구할 수 있음

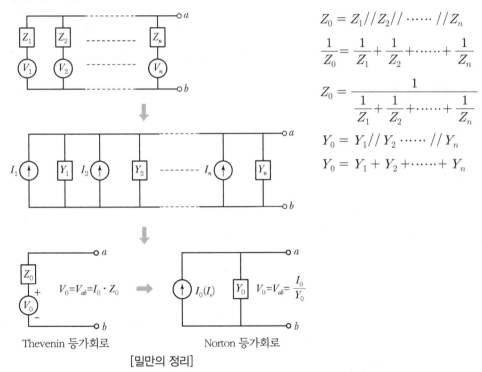

$$Z_0 = Z_1 // Z_2 // \cdots // Z_n$$

$$\frac{1}{Z_0} = \frac{1}{Z_1} + \frac{1}{Z_2} + \cdots + \frac{1}{Z_n}$$

$$Z_0 = \frac{1}{\dfrac{1}{Z_1} + \dfrac{1}{Z_2} + \cdots + \dfrac{1}{Z_n}}$$

$$Y_0 = Y_1 // Y_2 \cdots // Y_n$$

$$Y_0 = Y_1 + Y_2 + \cdots + Y_n$$

$$V_0 = V_{ab} = I_0 \cdot Z_0$$

$$V_0 = V_{ab} = \frac{I_0}{Y_0}$$

Thevenin 등가회로   Norton 등가회로

[밀만의 정리]

$$\therefore \ V_{ab} = I_0 Z_0 = \frac{I_0}{Y_0} = \frac{I_1 + I_2 + \cdots + Z_n}{Y_1 + Y_2 + \cdots + Y_n} = \frac{Y_1 V_1 + Y_2 V_2 + \cdots + Y_n V_n}{Y_1 + Y_2 + \cdots + Y_n}$$

02 중첩의 정리

1) 선형 회로망 내에 다수의 전원(전압원, 전류원)이 동시에 존재할 때 어떤 점의 전위 또는 전류는 각 전원이 단독으로 그 위치에 존재할 때의 그 점의 전위 또는 전류의 합과 동일

2) 이 원리를 이용하면 2개 이상의 전원을 포함한 회로에서 각 가지의 전류 또는 전압은 전원들을 순차적으로 하나씩 작동시키면서 얻은 해를 합산하여 간단히 구할 수 있음
   (이때 전원이 작동하지 않는 전압원은 단락, 전류원은 개방)

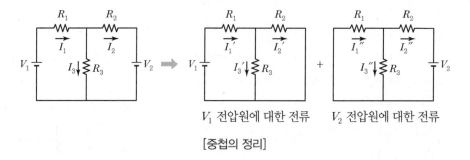

V_1 전압원에 대한 전류 V_2 전압원에 대한 전류

[중첩의 정리]

3) 각 지로에 흐르는 전류 I_1, I_2, I_3

$$I_1 = I_1' + I_1''$$
$$I_2 = I_2' + I_2''$$
$$I_3 = I_3' + I_3''$$

03 최대 전력 전달과 효율 관계

1 개요

1) 테브난 등가회로

내부를 알 수 없거나 매우 복잡한 회로망을 하나의 전압원과
저항으로 표시한 것

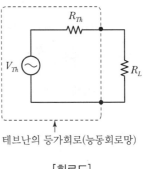

테브난의 등가회로(능동회로망)

[회로도]

2) 최대 전력전달

① 그림의 회로망에서 부하저항을 얼마로 가변시켜야 그 부
하에 최대의 전력을 전달할 수 있는가를 알아보는 법칙

② 즉, V_{Th}, R_{Th} = 일정이고 부하저항 R_L의 변화에 의해
R_L에 공급되는 전력이 변화

2 최대 전력전달 조건

1) 부하저항(R_L)

① R_L의 변화에 의해 공급되는 전력(P)이 최대가 되는 지점을 알아보려면 최대−최소 법칙
을 이용 → 기울기가 0인 지점을 구함

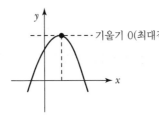
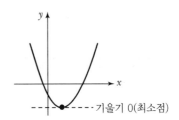

[최대−최소 법칙의 표현]

② 회로도의 R_L에 공급되는 전력

$$P = I^2 R_L \rightarrow I = \frac{V_{Th}}{R_{Th} + R_L}$$

$$\therefore P = \left(\frac{V_{Th}}{R_{Th} + R_L} \right)^2 \cdot R_L$$

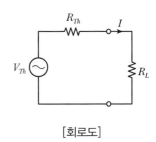

[회로도]

③ 최대 – 최소 법칙에서 R_L로 P를 미분하여 그 값이 0이 되도록 함

$$\frac{dP}{dR_L} = \frac{d}{dR_L}\left[\left(\frac{V_{Th}}{R_{Th}+R_L}\right)^2 \cdot R_L\right]$$

$$= V_{Th}^2 \cdot \left[\frac{(R_{Th}+R_L)^2 - R_L \cdot 2(R_{Th}+R_L)}{(R_{Th}+R_L)^4}\right] = 0$$

위 식을 만족하는 분자항은 0이 되어야 하므로

$$(R_{Th}+R_L)^2 - R_L \cdot 2(R_{Th}+R_L) = 0$$

$$\therefore R_L = R_{Th}$$

이때 부하 측에 전달되는 최대전력 $P_m = \left(\dfrac{V_{Th}}{R_{Th}+R_L}\right)^2 \cdot R_L = \dfrac{V_{Th}^2}{4R_L}$

2) 효율과의 관계

① 효율 $\eta = \dfrac{\text{부하의 소비전력}}{\text{전원의 공급전력}} = \dfrac{\left(\dfrac{V_{Th}}{R_{Th}+R_L}\right)^2 \cdot R_L}{\left(\dfrac{V_{Th}}{R_{Th}+R_L}\right)^2 \cdot (R_{Th}+R_L)} = \dfrac{R_L}{R_{Th}+R_L}$

② 최대전력 전달 시 효율은 $R_{Th} = R_L$

$$\therefore \eta_m = \frac{R_L}{R_{Th}+R_L} \times 100\,[\%] = 50\,[\%]$$

3 결론

부하저항(R_L)을 전원의 내부저항(R_{Th})과 같게 일치시키면 최대전력을 공급받을 수 있음

04 R - L - C 직렬회로의 과도현상

1 과도현상

시간 $t = 0$에서 어떤 상태의 변화가 발생한 후 정상치에 도달하기 이전에 나타나는 전압이나 전류의 과도적 현상

2 R-L-C 직렬회로 해석

1) 전압 평형 방정식(KVL)

$$L \cdot di(t)dt + Ri(t) + \frac{1}{C}\int i(t) \cdot dt = E$$

라플라스 변환하면

$$RI(s) + sLI(s) + \frac{1}{Cs}I(s) = \frac{E}{s}$$

$$\therefore I(s) = \frac{E}{s\left(R + sL + \frac{1}{Cs}\right)} = \frac{CE}{s^2LC + sRC + 1}$$

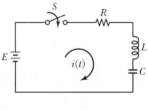

[R-L-C 직렬회로]

2) 특성방정식

$s^2LC + sRC + 1 = 0$으로부터

특성방정식은 $s^2 + \frac{R}{L}s + \frac{1}{LC} = 0$

특성근을 구하면 $s = \frac{-RI\sqrt{R^2 - \frac{4L}{C}}}{2L}$

$$\begin{cases} s_1 = -\frac{R}{2L} + \sqrt{\left(\frac{R}{2L}\right)^2 - \frac{1}{LC}} \\ s_2 = -\frac{R}{2L} - \sqrt{\left(\frac{R}{2L}\right)^2 - \frac{1}{LC}} \end{cases}$$

2개의 특성 s_1, s_2의 일반해는 2계 선형 미분방정식 형태

$$i(t) = k_1 \cdot e^{s_1 t} + k_2 \cdot e^{s_2 t}$$

여기서 미정계수 k_1, k_2는 초기 조건으로부터 결정

다음과 같이 정의되는 α와 ω_o를 도입하면

$$\begin{cases} \alpha = \dfrac{R}{2L} : \text{감쇠정수} \\[2ex] \omega_o = \dfrac{1}{\sqrt{LC}} : \text{공진 각주파수} \end{cases}$$

특성방정식은 $s^2 + 2\alpha s + \omega_o = 0$

이것의 판별식 $D = \alpha^2 - \omega_o^2$

α와 ω_o에 의해 특성근이 달라지고 그 결과 자연응답(과도해)의 동작도 달라짐

3) 자연응답(조건별 4가지 형태)

① $\alpha > \omega_o$: 과제동(Over Damping)

$$\begin{cases} s_1 = -d + \sqrt{\alpha^2 - \omega_o^2} = -(\alpha - D) = -P_1 \\ s_2 = -\alpha - \sqrt{\alpha^2 - \omega_o^2} = -(\alpha + D) = -P_2 \end{cases}$$

두 특성근은 서로 다른 실근이므로 이때의 자연응답형태는

$i(t) = k_1 \cdot e^{-P_1 t} + k_2 \cdot e^{-P_2 t}$

초기 조건을 구해서 위 식에 대입하면

$$i(t) = \frac{E}{L(P_2 - P_1)} e^{-P_1 t} + \frac{-E}{LC(P_2 - P_1)} e^{-P_2 t}$$

$$= \frac{E}{2DL} e^{-P_1 t} + \frac{-E}{2DL} e^{-P_2 t}$$

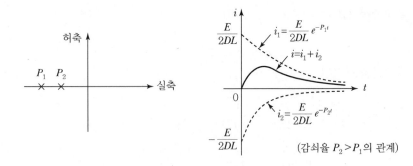

[과제동인 경우 응답곡선]

따라서 자연응답 $i(t)$는 두 지수함수의 합

② $\alpha = \omega_o$: 임계제동(Critical Damping)

2개의 특성근이 동일한 부의 실근(중근)이 되므로

$s_1 = s_2 = -\alpha$

이때의 자연응답은

$i(t) = k_1 \cdot e^{-\alpha t} + k_2 \cdot e^{-\alpha t} = (k_1 + k_2)e^{-\alpha t} = ke^{-\alpha t}$

가 되어 불완전해가 됨(2계 미만의 일반해는 2개의 임의의 실수이어야 하므로)

따라서 특성근이 중근일 때 일반해는 다음과 같이 변형된 형식

$i(t) = k_1 \cdot e^{-\alpha t} + k_2 \cdot t \cdot e^{-\alpha t}$

초기 조건으로부터 미정계수를 구하여 위 식에 대입하면

$i(t) = \dfrac{E}{L} t \, e^{-\alpha t}$

이 경우 응답곡선은 직선과 감쇠 지수함수의 곱으로 나타남

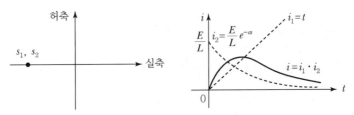

[임계제동인 경우 응답곡선]

과제동 시는 임계제동에 비해 원점 부근에서 대체로 변화폭(기울기)이 크고 전 구간에 걸쳐 임계제동 시보다 큰 응답특성을 보임

③ $\alpha < \omega_o$: 부족제동(Under Damping)

두 특성근이 서로 공액 복소수이므로

$s_1, s_2 = -\alpha \pm j\sqrt{\omega_o^2 - \alpha^2} = -\alpha \pm j\omega_d$

따라서 자연응답 형태는

$i(t) = k_1 e^{(-\alpha + j\omega_d)t} + k_2 e^{(-\alpha - j\omega_d)t} = e^{-\alpha t}(k_1 e^{j\omega_d t} + k_2 e^{-j\omega_d t})$

$\qquad = ke^{-\alpha t}\sin(\omega_d t + \theta)$

여기서, ω_d : 자유진동 각주파수

초기 조건을 구하여 대입해 풀면

$i(t) = \dfrac{E}{\omega_d L} e^{-\alpha t}\sin\omega_d t$

자연응답은 감쇠지수함수와 정현파의 곱으로 표시됨

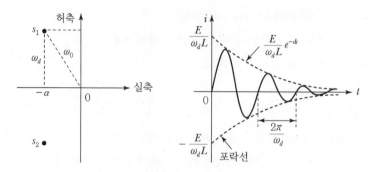

[부족제동인 경우 응답곡선]

④ $\alpha = 0$: $R = 0$인 무손실 회로

$$i(t) = ke^{-\alpha t}\sin(\omega_d t + \theta)$$

두 특성근은 순허수

$$s_1, s_2 = \pm j\omega_d = \pm j\omega_o$$

이 경우 자연응답은

$$i(t) = \frac{E}{\omega_d \cdot L}\sin\omega_d \cdot t = \frac{E}{\omega_o \cdot L}\sin\omega_o \cdot t$$

이것은 자유진동 각주파수 ω_d가 주어진 R−L−C 회로의 공진 각주파수 ω_o와 같은 무감쇠 정현파를 나타냄

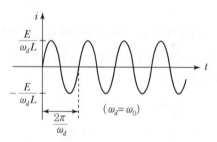

[무손실 회로의 응답곡선]

❸ 결론

R−L−C 직렬회로의 자연응답 특성을 요약해보면, 특성방정식의 특성근 s 값에 따라 자연응답은 s가 실수이면 감쇠함수, s가 복소수이면 감쇠진동함수, s가 순허수이면 무감쇠 진동함수

05 R - L, R - C, L - C 직렬회로의 과도현상

1 R-L 직렬회로

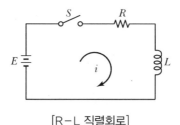

[R-L 직렬회로]

1) 전류식

평형방정식 $L\dfrac{di}{dt} + R_i = E$

라플라스 변환하면

$$Ls\,I(s) + RI(s) = \dfrac{E}{s}$$

$$I(s) = \dfrac{E}{s\,(Ls + R)} = \dfrac{E}{Ls\left(s + \dfrac{R}{L}\right)}$$

부분 분수로 전개하면

$$I(s) = \dfrac{E}{L}\left[\dfrac{E}{s\,(Ls + R)} = \dfrac{E}{Ls\left(s + \dfrac{R}{L}\right)}\right]$$

$$K_1 = \dfrac{1}{s + \dfrac{R}{L}}\bigg|_{s=0} = \dfrac{L}{R},\ \ K = \dfrac{1}{s}\bigg|_{s=-\frac{R}{L}} = -\dfrac{L}{R}$$

$$\therefore\ I(s) = \dfrac{E}{L}\ \cdot\ \dfrac{L}{R}\left(\dfrac{1}{s} - \dfrac{1}{s + \dfrac{R}{L}}\right)$$

역라플라스 변환하면

$$\therefore\ i(t) = \dfrac{E}{R}\left(1 - e^{\frac{R}{L}t}\right)$$

$$\begin{cases} \text{제1항 : 정상전류} \rightarrow \dfrac{E}{R} \\[2mm] \text{제2항 : 과도전류} \rightarrow \dfrac{E}{R}e^{-\frac{R}{L}t} \end{cases}$$

2) 시정수

① 전류식을 그래프로 나타내면

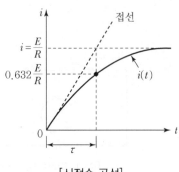

[시정수 곡선]

② $i(t)$ 곡선은 $t = 0$에서 급격히 증가하다 시간이 경과할수록 서서히 증가

이때 만일 $t = 0$에서의 비율로 계속 증가 시 τ가 시정수

즉, $t = 0$에서 $i(t)$ 곡선에 접선을 그어 $\dfrac{E}{R}$ 직선과 만나는 점에서 수선을 내려 시간축과 만나는 점

③ 그러나 시간이 경과할수록 전류의 증가비율이 감쇠하여 $t = \tau$ 경과 후

$i(\tau) = 0.632\dfrac{E}{R}$ 에 도달

④ $\tau = \dfrac{L}{R}$ 임을 증명하면

　㉠ $\tan\theta = \dfrac{di(t)}{dt}\bigg|_{t=0} = \dfrac{E}{R} \cdot \dfrac{R}{L}e^{-\frac{R}{L}t}\bigg|_{t=0} = \dfrac{E}{L}$

　　그림에서 $\tan\theta = \dfrac{\dfrac{E}{R}}{\tau}$ 이므로

　　$\tan\theta = \dfrac{E}{L} = \dfrac{\dfrac{E}{R}}{\tau}$ 　　　$\therefore \tau = \dfrac{\dfrac{E}{R}}{\dfrac{E}{L}} = \dfrac{L}{R}$

　㉡ 지수함수 $e^{-\frac{R}{L}t}$ 에서

　　$\dfrac{R}{L}$ 을 감쇠율이라 하며, τ의 역수가 됨

　　감쇠율 $\alpha = \dfrac{1}{\tau} = \dfrac{R}{L}$

　　$\therefore i(t) = \dfrac{E}{R}(1 - e^{-\frac{1}{\tau}t})$

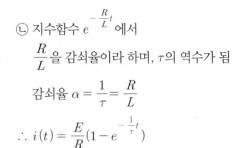

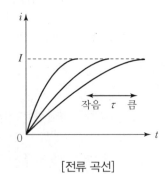

[전류 곡선]

3) 전압식(E_R, E_L)

① 저항에 걸리는 전압

$$E_R = R \cdot i(t) + R \cdot \frac{E}{R}(1 - e^{-\frac{R}{L}t})$$

$$= (1 - e^{-\frac{R}{L}t})[\text{V}]$$

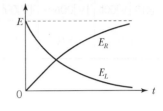

[전압 곡선]

② 인덕턴스에 유기되는 전압

$$E_L = L \cdot \frac{di}{dt} = L \cdot \frac{d}{dt} \cdot \frac{E}{R}(1 - e^{-\frac{R}{L}t})$$

$$= L \cdot \frac{E}{R} \cdot \frac{R}{L} e^{-\frac{R}{L}t} = E \cdot e^{-\frac{R}{L}t}[\text{V}]$$

③ $t = 0$에서는 전전압이 인덕턴스에 걸리고, $t = \infty$에서는 전전압이 저항에 걸림

❷ R-C 직렬회로

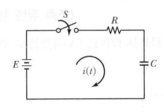

[R-C 직렬회로]

1) 전류식

초기 전하량이 없는 경우 $t = 0$일 때

평형방정식 $Ri(t) + \frac{1}{C}\int i(t) \cdot dt = E$

라플라스 변환하면

$$RI(s) + \frac{1}{Cs}I(s) = \frac{E}{s}$$

$$I(s) = \frac{E}{s\left(R + \frac{1}{Cs}\right)} = \frac{E}{R} \cdot \frac{1}{s + \frac{1}{RC}}$$

역라플라스 변환하면

$$\therefore i(t) = \frac{E}{R}e^{-\frac{t}{RC}}$$

2) 시정수

① 전류식을 그래프로 나타내면

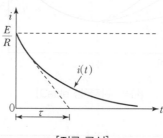

[전류 곡선]

② 전류 곡선에 대한 시정수 τ는

$$\tan\theta = \frac{di(t)}{dt}\bigg|_{t=0} = -\frac{E}{R^2 C}$$

한편 $\tan\theta = -\dfrac{\dfrac{E}{R}}{\tau} = -\dfrac{1}{R^2 C}$

$$\therefore \ \tau = RC$$

3) 전압식

① 저항 R에 걸리는 전압

$$E_R = Ri(t) = E \cdot e^{-\frac{1}{RC}t}$$

② 커패시턴스 C에 걸리는 전압

$$E_C = \frac{1}{C}\int i(t) \cdot dt = E(1 - e^{-\frac{1}{RC}t})$$

③ $t = 0$에서 전전압이 저항에 걸리고, $t = \infty$에서 전전압
이 커패시턴스에 걸림

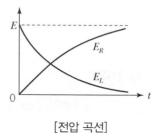

[전압 곡선]

3 L-C 직렬회로

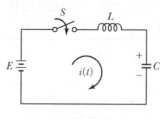

[L-C 직렬회로]

1) 전류식

평형방정식 $L\dfrac{di(t)}{dt} + \dfrac{1}{C}\displaystyle\int i(t) \cdot dt = E$

라플라스 변환하면

$Ls\,I(s) + \dfrac{1}{Cs}I(s) = \dfrac{E}{s}$

$I(s)\left(Ls + \dfrac{1}{Cs}\right) = \dfrac{E}{s}$

$\therefore\ I(s) = \dfrac{E}{s\left(Ls + \dfrac{1}{Cs}\right)}$

특성방정식은 $Ls^2 + \dfrac{1}{C} = 0$

특성근은 $s_1,\ s_2 = \pm\,j\dfrac{1}{\sqrt{LC}}$

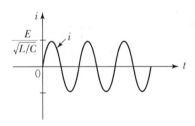

[전류 곡선]

따라서 자연응답은 2개의 미분방정식 형태로 주어짐

$i(t) = K_1 \cdot e^{jE_1 t} + K_2 \cdot e^{-jE_1 t} = K_1 \cdot e^{j\frac{1}{\sqrt{LC}}t} + K_2 \cdot e^{j\frac{1}{\sqrt{LC}}t}$

초기 조건을 구하여 이를 대입해서 풀면

$i(t) = \dfrac{E}{\sqrt{L/C}}\sin\dfrac{1}{\sqrt{LC}}t$

따라서 i는 정현적으로 진동

2) 전압식

① L의 단자 전압

$E_L = L\dfrac{di}{dt} = E\cos\dfrac{1}{\sqrt{LC}}t$

② C의 단자 전압

$E_C = \dfrac{1}{C}\displaystyle\int i \cdot dt = E\left(1 - \cos\dfrac{1}{\sqrt{LC}}t\right)$

③ E_L은 인가전압 E보다 커지는 일은 없으나 E_C
　는 E보다 커지는 일이 있는데 그 최대값은 $2E$

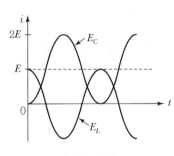

[전압 곡선]

06 전기회로와 자기회로의 쌍대성

① 개요

1) 자성체에 의한 자속분포를 구하기 위해 전기회로의 전류분포와 같이 생각

2) 전류가 흐르는 통로를 전기회로라 하며 자속이 통하는 통로를 자기회로(Magnetic Current) 또는 자로(磁路)라 함

② 옴의 법칙(Ohm's Law)

1) 전기회로의 옴의 법칙

① 도체에 흐르는 전류는 도체 양단의 전위차에 비례하고 도체의 저항에 반비례

$$I = \frac{E}{R} [\text{A}]$$

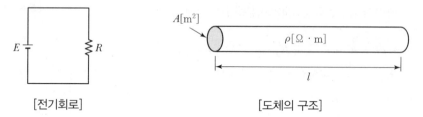

[전기회로]　　　　　　　　　　　[도체의 구조]

② 전기저항 $R = \rho \dfrac{l}{A} [\Omega]$

ρ : 고유저항[$\Omega \cdot$ m]

도전율 $k = \dfrac{1}{\rho} [\mho/\text{m}]$: 고유저항의 역수

2) 자기회로의 옴의 법칙

① 자기회로 내 기자력은 환상 Coil 권수를 N, 자로의 평균길이를 l[m]로 하고 코일에 전류 I[A]를 흘리면 암페어의 주회적분 법칙에 의해 다음과 같이 표시

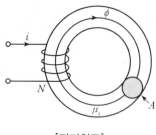

[자기회로]

기자력 $F = NI = \oint_c H \cdot dl = \oint_c \dfrac{\phi}{\mu A} dl [\text{AT}]$

$(\phi = BA = \mu HA \rightarrow H = \dfrac{\phi}{\mu A}$ 관계에서$)$

자기회로의 자기저항 $R_m = \oint_c \dfrac{dl}{\mu A} = \dfrac{l}{\mu A} [\text{AT/Wb}]$

② 이를 다시 정리하면

$F = NI = Hl = R_m [\text{AT}]$의 관계에서

$\phi = \dfrac{NI}{R_m}$

∴ 자기회로를 통과하는 자속 $\phi[\text{Wb}]$는 $NI[\text{AT}]$에 비례하고 R에 반비례

3) 키르히호프의 법칙(Kirchhoff's Law)

① 전기회로

   ㉠ 전기회로에서 임의의 결합점으로 유입하는 전류의 대수합은 0

$$\sum_{i=1}^{n} I_i = 0$$

   ㉡ 임의의 폐회로 내에서 취한 유기기전력의 대수합은 그 폐회로의 저항에서 생기는 전압 강하의 대수합과 같음

$$\sum_{i=1}^{n} E_i = \sum_{i=1}^{n} I_i R_i$$

② 자기회로

   ㉠ 자기회로에서 임의의 결합점으로 유입하는 자속의 대수합은 0

$$\sum_{i=1}^{n} \phi_i = 0$$

   ㉡ 임의의 폐자로에서 각 부의 자기저항과 자속의 곱의 대수합은 그 폐자로에 있는 기자력의 대수합과 같음

$$\sum_{i=1}^{n} R_{mi} \cdot \phi_i = \sum_{i=1}^{n} N_i \cdot I_i$$

4) 손실관계

구분	전기회로	자기회로
자속의 누설	구성도체와 주위 절연물은 전도도의 값의 차가 대단히 크므로 전류의 대부분은 도체 내부로 흐름	전기회로와 달리 자로를 구성하는 철심의 투자율과 공기의 투자율의 비가 작아 공기 중으로 누설되는 누설자속의 고려가 필요
손실	Joule의 법칙에 의한 I^2R[W]의 손실 발생 → 저항에 의한 손실 존재	자기저항 R_m[AT/Wb]에 일정 자속 ϕ[Wb]를 통하여도 손실 없음 → 히스테리시스 손실 존재

5) 전기회로와 자기회로의 쌍대성

전계 및 전기회로		자계 및 자기회로	
옴의 법칙	$I=\dfrac{E}{R}$[A]	옴의 법칙	$\phi=\dfrac{NI}{R_m}$[Wb]
키르히호프의 법칙	• $\displaystyle\sum_{i=1}^{n} I_i = 0$ • $\displaystyle\sum_{i=1}^{n} E_i = \sum_{i=1}^{n} I_i R_i$	키르히호프의 법칙	• $\displaystyle\sum_{i=1}^{n} \phi_i = 0$ • $\displaystyle\sum_{i=1}^{n} R_{mi}\cdot\phi_i = \sum_{i=1}^{n} N_i I_i$
손실	저항손(Joule 열)	손실	히스테리시스손
유전율	• $\varepsilon=\varepsilon_s\varepsilon_0$[F/m] • $\varepsilon_0=8.855\times10^{-12}$[F/m]	투자율	• $\mu=\mu_s\mu_0$[H/m] • $\mu_0=4\pi\times10^{-7}$[H/m]
전하	• Q[C] • 고립전하가 존재	자하	• m[Wb] • 고립자하가 존재하지 않음
쿨롱력 (정전력)	$F=\dfrac{Q_1 Q_2}{4\pi\varepsilon r^2}=9\times10^9\dfrac{Q_1 Q_2}{\varepsilon_s r^2}$[N]	쿨롱력 (정자력)	$F=\dfrac{m_1 m_2}{4\pi\mu r^2}$ $=6.33\times10^4\dfrac{m_1 m_2}{\mu_s r^2}$[N]
전속밀도	• $D=\dfrac{Q}{S}=\varepsilon E$[C/m^2] • $\Delta\cdot\dot{D}=\rho$[C/m^2] • 전속은 고립전하로부터 발산되므로 기본적으로 불연속 • Gauss의 정리	자속밀도	• $B=\dfrac{\phi}{S}=\mu H$[Wb/m^2] • $\Delta\cdot\dot{B}=0$[Wb/m^2] • 자속은 $\pm m$[Wb]이 늘 함께 있으므로 발산은 항상 연속 • Gauss의 정리
전계의 세기	• $E=\dfrac{D}{\varepsilon}$[V/m] • 전기력선	자계의 세기	• $H=\dfrac{B}{\mu}$[AT/m] • 자기력선

	전계 및 전기회로		자계 및 자기회로
정전용량	$C = \dfrac{Q}{V} = \dfrac{\varepsilon S}{d}$ [F] (단, 평판 콘덴서)	인덕턴스	$L = \dfrac{N\phi}{I} = \dfrac{N^2}{R_m} = \dfrac{\mu S N^2}{l}$ [H]
정전 에너지	$W_C = \dfrac{1}{2} QV = \dfrac{1}{2} CV^2 = \dfrac{Q^2}{2C}$ [J]	자기 에너지	$W_L = \dfrac{1}{2} \phi I = \dfrac{1}{2} L I^2$ [J]
정전 에너지 밀도 (정전 응력)	$W_C = \dfrac{1}{2} DE = \dfrac{1}{2} \varepsilon E^2 = \dfrac{D^2}{2\varepsilon}$ $= \dfrac{\sigma^2}{2\varepsilon} = f [\mathrm{J/m^2 = N/m^2}]$	자기 에너지 밀도 (전자석의 힘)	$W_L = \dfrac{1}{2} BH = \dfrac{1}{2} \mu H^2$ $= \dfrac{B^2}{2\mu} = f [\mathrm{J/m^2 = N/m^2}]$
전기저항	$R = \rho \dfrac{l}{S} = \dfrac{l}{\sigma S}$ [Ω]	자기저항	$R_m = \dfrac{l}{\mu S} = \dfrac{l}{\mu_s \mu_0 S}$ [AT/Wb]
도전율	$\sigma = \dfrac{1}{\rho} [\mho/\mathrm{m} = \mathrm{S/m}]$	투자율 (도자율)	$\mu = \mu_s \mu_0 [\mathrm{A/m}]$
선전하에 의한 전계	• $E = \dfrac{\lambda}{2\pi\varepsilon r} [\mathrm{V/m}]$ • 방사상 방향 • Gauss의 정리에서 유도	선전류에 의한 자계	• $H = \dfrac{I}{2\pi r} [\mathrm{AT/m}]$ • 주위를 회전하는 방향(오른손) • Ampere의 주회적분법칙에서 유도
전하량	$Q = CV$	쇄교자속	$N\phi = LI$
분극	• $P [\mathrm{C/m^2}]$ • $D = \varepsilon_0 E + P [\mathrm{C/m^2}]$	자화	• $J [\mathrm{Wb/m^2}]$ • $B = \mu_0 H + J [\mathrm{Wb/m^2}]$

07 맥스웰 방정식(Maxwell Equation)

1 개요

1) 맥스웰 방정식은 패러데이, 앙페르, 가우스 법칙의 미분형을 일반화된 전자계 방정식으로 유도하여 전계와 자계의 상호관계를 표현한 전자파 해석에 기본이 되는 방정식

2) 헤르츠의 전파의 발견 및 아인슈타인의 특수상대성 이론의 기초가 되었으며 전자기파의 개념을 광학까지 확립하는 데 기여

2 맥스웰 방정식의 4가지 형태

1) 패러데이 전자유도법칙의 미분형

$$\Delta \times E(\operatorname{rot} E) = -\frac{\partial B}{\partial t}[\mathrm{V/m^2}]$$

자계가 시간적으로 변화하면 자계와 직각인 평면상에 회전하는 전계를 발생

2) (수정된) Ampare의 주회적분법칙의 미분형

① $\Delta \times H(\operatorname{rot} H) = J + \frac{\partial D}{\partial t}[\mathrm{A/m^2}]$

여기서, J : 전도전류밀도

$\frac{\partial D}{\partial t}$: 변위전류밀도

전도전류와 변위전류는 그 합성벡터와 직각인 평면에 회전 자기장을 발생시키고 그 방향은 앙페르의 오른나사와 같음

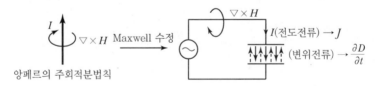

[주회적분법칙의 미분형]

② 맥스웰 방정식은 정상전류(전도전류) 항 이외에 변위전류 항을 삽입함으로써 이것이 순차적으로 반복되어 파동으로 전파해 가는 전자파의 존재를 이론적으로 입증

3) 전계 Gauss 법칙의 미분형

$$\nabla \cdot D(\mathrm{div}\,D) = \rho[\mathrm{C/m^3}] \;\rightarrow\; \nabla \cdot E = \frac{\rho}{\varepsilon}$$

① 전기를 띤 입자(전하)가 존재하면 그것으로부터 전기장(E)이 발생

② 전기장의 발산($\mathrm{div}\,E$)은 전하밀도(ρ)에 비례하고 유전율(ε)에 반비례

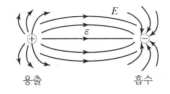

[전기장의 발생]

4) 자계 Gauss 법칙의 미분형

$$\nabla \cdot B(\mathrm{div}\,B) = 0 \;\rightarrow\; \mathrm{div}\,H = 0$$

① 자기장의 발산 = 0

　㉠ 자기장의 발생과 소멸은 없음

　㉡ 즉 임의의 폐곡면을 통해 발산하는 자속의 총합은 0

② 자기 홀극은 존재하지 않음(N극에서 생겨 S극에서 소멸)

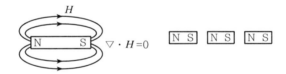

[자계 Gauss 법칙의 미분형]

❸ Maxwell 방정식 요약

법칙	적분형	미분형
전계 Gauss 법칙	폐곡면 내의 전속선 수는 내부 전하량의 합과 같다. $$\oint_{s} D \cdot ds = \int_{v} \rho dv$$	발산 전속밀도(전기장)는 체적 전하밀도와 같다. $\nabla \cdot D = \rho$
자계 Gauss 법칙	폐곡면내의 자속의 합은 0이다. $$\oint_{s} B \cdot ds = 0$$	자속의 발산은 없다. $\nabla \cdot B = 0$

법칙	적분형	미분형
전계 Faraday 법칙	시변하는 자계는 역기전력을 발생한다. $\oint_s E \cdot dl = -\dfrac{\partial}{\partial t}\displaystyle\int_s B \cdot ds$	시변하는 자계는 그와 반대방향으로 회전 전기장을 유도한다. $\nabla \times E = -\dfrac{\partial B}{\partial t}$
자계 Ampare 법칙	자계를 폐경로를 따라 선적분하면 전류와 같다. $\oint_s H \cdot dl = \displaystyle\int_s \left(J + \dfrac{\partial D}{\partial t}\right) \cdot ds$	전도전류와 변위전류는 회전자계를 발생한다. $\nabla \times H = J + \dfrac{\partial D}{\partial t}$

4 결론

1) 맥스웰 방정식은 정상전류(전도전류)항 이외에 변위전류 항을 삽입함으로써 이것이 순차적으로 반복되어 파동으로 전파해 가는 전자파의 존재를 이론적으로 입증

2) 맥스웰 방정식의 종합정리
   ① 전계와 자계의 상호관계 정립
   ② 전자파 이론 정립
   ③ 전기학과 광학의 통합

APPENDIX

부록

국가기술자격 기술사 시험문제

기술사 제100회   제1교시(시험시간 : 100분)

분야	전기 · 전자	종목	건축전기설비기술사	수험번호		성명	

※ 다음 문제 중 10문제를 선택하여 설명하시오.(각 10점)

1. 반도체 GTO(Gate Turn Off Thyristor) 직류차단기의 특징에 대하여 설명하시오.

2. 다음과 같은 조건에서 UPS의 축전지 용량을 계산하고 선정하시오.

   [조건]

   – UPS 용량 : 100kVA, 부하역률 : 80%, 인버터효율 : 95%, 컨버터효율 : 90%

   – 축전지 종류 : MSB(2V), 축전지 방전종지전압 : 1.75(V/cell)

   – 축전지 직렬수량 : 180개, 정전보상시간 : 60분, 주위온도 : 25℃

   [전류(A)표] (1.75V, 주위온도 25℃)

Type(AH)	정전보상시간(분)					
	10분	20분	30분	40분	50분	60분
MSB300	454	340	250	214	187	166
MSB400	606	454	333	285	250	222
MSB500	757	568	416	347	312	277
MSB600	909	681	500	428	375	333
MSB700	1060	795	583	500	437	389
MSB800	1212	909	666	571	500	444

3. KS C IEC 60364의 규정에 따른 다음 용어를 설명하시오.

   1) 공칭전압   2) 접촉전압

   3) 예상접촉전압   4) 규약동작전류

   5) 규약접촉전압한계

4. 교류를 직류로 변환하는 정류회로에서 발생하는 리플전압과 리플백분율에 대하여 설명하시오.

5. K-Factor가 13인 비선형부하에 3상 750kVA 몰드변압기로 전력을 공급하는 경우 고조파 손실을 고려한 변압기 용량을 계산하시오.(단, 와류손의 비율은 변압기 손실의 5.5%이다.)

6. 수용가 설비에서 설비 인입구와 부하점 사이의 전압강하 허용 기준에 대하여 설명하시오.

7. 변압기에서 철손과 동손이 동일할 때 최고효율이 되는 이유를 수식으로 증명하시오.

8. 고조파와 노이즈(Noise)를 비교 설명하시오.

9. KS C IEC 60364-131에서 규정하는 건축전기설비 안전보호에 대하여 설명하시오.

10. 폭발의 우려가 있는 장소의 고압계통에서 1선지락 시 저압 측 보호를 위한 저압접지 계통(접지방식)을 선정하고, 수식으로 그 이유를 설명하시오.

11. 내선규정에 의한 전 전화 집합주택의 부하산정방법에 대하여 설명하시오.

12. 3상 4선식 옥내배선에서 무유도 부하 3Ω, 4Ω, 5Ω을 각 상과 중성선 사이에 접속하였다. 지금 변압기 2차 단자에서 선간전압을 173V로 할 때 중성선에 흐르는 전류를 구하시오.(단, 변압기 및 전선의 임피던스는 무시한다.)

13. XLPE 케이블의 특성에 대하여 설명하시오.

국가기술자격 기술사 시험문제

기술사 제100회   제2교시(시험시간 : 100분)

분야	전기 · 전자	종목	건축전기설비기술사	수험번호		성명	

※ 다음 문제 중 4문제를 선택하여 설명하시오.(각 25점)

1. 실리콘 정류기의 냉각방식을 분류하고 장 · 단점을 설명하시오.

2. 뇌방전 형태를 분류하고 뇌격전류 파라미터의 정의와 뇌전류의 구성요소를 설명하시오.

3. 아래 그림과 같은 전력계통의 A점과 B점에서 3상 고장이 발생하였을 때, A점과 B점의 차단용량[MVA]
   과 차단전류[kA]를 구하시오.(단, 모선 전압은 11kV이고 선로의 임피던스는 고려하지 않는다.)

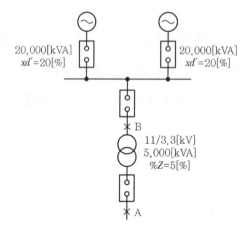

4. 전기 집진장치(Electrostatic Precipitator)에 대하여 설명하시오.

5. 전력품질을 나타내는 지표와 품질저하 현상에 대하여 설명하시오.

6. 전기자동차 전원공급설비에 대하여 설명하시오.

국가기술자격 기술사 시험문제

기술사 제100회   제3교시(시험시간 : 100분)

분야	전기 · 전자	종목	건축전기설비기술사	수험번호		성명	

※ **다음 문제 중 4문제를 선택하여 설명하시오.(각 25점)**

1. 광원에서의 LED 램프와 OLED의 특성에 대하여 각각 설명하시오.

2. 건축물에서의 도난 방지와 예방을 목적으로 하는 방범설비의 필요조건 및 종류, 검출기를 분류하고 설명하시오.

3. 최근 마이크로 프로세서의 발전으로 디지털 계전기가 널리 보급되고 있다. 디지털 계전기의 설치환경 및 노이즈(Noise)의 영향 및 방지대책에 대하여 설명하시오.

4. Spot Network 수전방식의 구성요소와 동작특성 및 장 · 단점에 대하여 설명하시오.

5. 인버터 속도제어(VVVF)의 원리, PWM 인버터의 구조 및 에너지 절감효과에 대하여 설명하시오.

6. 고령자를 배려한 주거시설의 전기설비 설계 시 고려사항에 대하여 설명하시오.

국가기술자격 기술사 시험문제

기술사 제100회   제4교시(시험시간 : 100분)

분야	전기 · 전자	종목	건축전기설비기술사	수험번호		성명	

※ 다음 문제 중 4문제를 선택하여 설명하시오.(각 25점)

1. 그림과 같이 $R-C$ 직렬회로에서 $t=0$인 순간에 스위치를 닫는 경우 흐르는 전류(i), 시정수(τ, 저항에 걸리는 전압(V), 콘덴서에 충전되는 전압(V)을 구하시오.(단, 콘덴서에 초기 전압은 없다.)

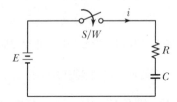

2. 내선규정에서 규정하는 저압 옥내 직류 전기설비와 이에 따른 접지에 대하여 설명하시오.

3. 건축물에서의 경관조명 요건에 대하여 설명하시오.

4. 유도전동기 기동 시 발생하는 순시전압강하 계산방법에 대하여 설명하시오.

5. 신재생에너지 중 조력발전(潮力發電)의 원리, 특징 및 발전방식을 설명하시오.

6. 건축물에서의 동력설비를 분류하고 설계순서와 부하용량 산정 시 고려사항에 대하여 설명하시오.

국가기술자격 기술사 시험문제

기술사 제101회   제1교시(시험시간 : 100분)

분야	전기 · 전자	종목	건축전기설비기술사	수험번호		성명	

※ 다음 문제 중 10문제를 선택하여 설명하시오.(각 10점)

1. 변압기 보호계전기 중 비율차동계전기에 대하여 각각 설명하시오.

   1) 동작원리

   2) 동작특성

   3) 적용 시 문제점 및 대책

2. 그림과 같은 동축케이블이 있다. 내 · 외도체를 전류 I가 왕복할 때 다음의 각 항에 대한 자계의 세기

   를 구하시오.(단, r은 반지름)

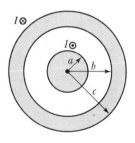

   1) 내부도체 내($r < a$)의 자계 H_1

   2) 내부도체와 외부 도체 간($a < r < b$)의 자계 H_2

3. 고체 유전체의 트리잉(Treeing)과 트래킹(Tracking) 현상을 비교 설명하시오.

4. 몰드변압기의 열화과정 및 특성에 대하여 설명하시오.

5. 디지털 보호계전기의 특성에 대하여 설명하시오.

6. 2차 여자에 의한 권선형 유도전동기의 속도제어와 역률개선의 원리에 대하여 설명하시오.

7. 건축물에서 대기전력 차단장치의 설치기준과 시설 방법에 대하여 설명하시오.

8. 변압기의 최저소비효율과 표준소비효율에 대하여 설명하시오.

9. 조명용어 중 순응과 퍼킨제효과에 대하여 설명하시오.

10. 태양전지 모듈 선정 시 고려해야 할 사항에 대하여 설명하시오.

11. 유도전동기의 출력에 영향을 미치는 고조파전압계수(HVF : Harmonic Voltage Factor)에 대하여 설명하시오.

12. 병렬도체의 과부하와 단락 보호 방법에 대하여 설명하시오.

13. 엘리베이터의 교통량 계산순서를 설명하시오.

국가기술자격 기술사 시험문제

기술사 제101회   제2교시(시험시간 : 100분)

분야	전기 · 전자	종목	건축전기설비기술사	수험번호		성명	

※ 다음 문제 중 4문제를 선택하여 설명하시오.(각 25점)

1. 저압 전기설비의 직류 접지계통 방식에 대하여 설명하시오.

2. 터널 조명설계 시 터널 구간별 노면휘도 선정방법에 대하여 설명하시오.

3. 전력간선의 종류를 사용목적에 따라 분류하고, 설계순서 및 설계 시 고려하여야 할 사항에 대하여 설명하시오.

4. 전력계통의 안정도를 분류하고, 안정도 향상대책에 대하여 설명하시오.

5. 예비전원설비에서 축전지설비의 축전지 용량 산출 시 고려해야 할 사항에 대하여 설명하시오.

6. 케이블에 흐르는 충전전류에 대하여 다음 사항을 설명하시오.

    1) 발생원인

    2) 문제점 및 영향

    3) 대책

국가기술자격 기술사 시험문제

기술사 제101회   제3교시(시험시간 : 100분)

분야	전기 · 전자	종목	건축전기설비기술사	수험번호		성명	

※ 다음 문제 중 4문제를 선택하여 설명하시오.(각 25점)

1. 변압기 모선 구성 방식에 따른 특징과 모선 보호 방식에 대하여 설명하시오.

2. 고조파가 전동기에 미치는 영향과 대책에 대하여 전동기 종류별로 설명하시오.

3. 저압계통 과부하에 대한 보호장치의 시설위치, 협조, 생략할 수 있는 경우에 대하여 설명하시오.

4. 건축물에 시설하는 전기설비의 접지선 굵기 산정에 대하여 설명하시오.

5. UPS의 운전방식 중 상시상용급전방식(Off Line 방식)에 대하여 설명하시오.

6. 건축물 전기설비에서 배전전압 결정방식과 선정 시 고려하여야 할 사항에 대하여 설명하시오.

국가기술자격 기술사 시험문제

기술사 제101회   제4교시(시험시간 : 100분)

분야	전기 · 전자	종목	건축전기설비기술사	수험번호		성명	

※ 다음 문제 중 4문제를 선택하여 설명하시오.(각 25점)

1. 대칭좌표법을 이용하여 3상 회로의 불평형 전압과 전류를 구하고 1선 지락 시 건전상의 대지전위 상승에 대하여 설명하시오.

2. 업무용 빌딩의 첨두부하(Peak Load) 제어방식에 대하여 종류별로 설명하시오.

3. 다음 전동기의 무부하전류에 대하여 설명하시오.

   1) 유도전동기

   2) 직류전동기

   3) 동기전동기

4. 지능형빌딩시스템(IBS : Intelligent Building System)에서 시스템의 기능과 전기설비의 설계조건에 대하여 설명하시오.

5. 건축물에서 소방부하와 비상부하를 구분하고 소방부하 전원공급용 발전기의 용량산정 방법과 발전기 용량을 감소하기 위한 부하의 제어방법에 대하여 설명하시오.

6. 태양광발전시스템의 구성과 태양전지패널 설치 방식의 종류 및 특징에 대하여 설명하시오.

국가기술자격 기술사 시험문제

기술사 제102회   제1교시(시험시간 : 100분)

| 분야 | 전기 · 전자 | 종목 | 건축전기설비기술사 | 수험번호 | | 성명 | |

※ 다음 문제 중 10문제를 선택하여 설명하시오.(각 10점)

1. 피뢰기의 충격전압비와 제한전압에 대하여 설명하시오.

2. 무정전전원설비에서 2차 회로의 단락보호에 대하여 설명하시오.

3. 허용접촉전압의 정의와 계산방법을 설명하시오.

4. 조명률에 관련되는 요소에 대하여 설명하시오.

5. 방폭전기설비의 전기적 보호에 대하여 설명하시오.

6. 저압전동기용 분기회로의 과전류차단기에 대하여 다음 사항을 설명하시오.

　　가) 과전류차단기의 시설

　　나) 과부하보호장치와 보호협조

7. 수전설비에서 각 구성설비의 사고발생률(λ), 평균정전시간(S)을 사용하여 2개의 설비가 직렬로 접속 되어 있는 경우와 병렬로 접속되어 있는 경우의 사고로 인한 정전시간을 구하시오.

8. 3상 평형 배선의 상전류에 고조파가 포함되어 흐르는 경우 4심 및 5심 케이블에 고조파전류에 대한 보 정계수적용에 대하여 설명하시오.

9. 전선 허용전류의 종류별 적용에 대하여 설명하시오.

10. 음향설비설계 시 잔향에 대한 고려사항에 대하여 설명하시오.

11. 그림과 같은 회로에서 단자 a, b에 $10+j4\,\Omega$ 부하를 연결할 때 a, b 간에 흐르는 전류를 계산하시오.

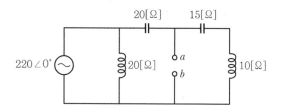

12. 초전도 케이블의 특징에 대하여 설명하시오.

13. 전기자동차의 충전장치 및 부대설비에 대하여 설명하시오.

국가기술자격 기술사 시험문제

기술사 제102회   제2교시(시험시간 : 100분)

분야	전기 · 전자	종목	건축전기설비기술사	수험번호		성명	

※ 다음 문제 중 4문제를 선택하여 설명하시오.(각 25점)

1. LED(Light Emitting Diode) 광원의 특성과 조광제어방법에 대하여 설명하시오.

2. 콘크리트에 매입된 기초접지극 최소부피산정에 대하여 설명하시오.

3. 대용량 변전소의 전력공급 설비에 적용되는 GIS(Gas Insulated Switchgear)의 설비에 대하여 설명하시오.

4. 변전실 접지설계 절차를 제시하고 설명하시오.

5. 변압기 과설계에 대한 변압기 손실과 효율에 대하여 설명하시오.

6. 유도형 지락방향계전기의 시험방식에 대하여 설명하시오.

국가기술자격 기술사 시험문제

기술사 제102회　　　　　　　　　　　　　　　　　　　제3교시(시험시간 : 100분)

분야	전기 · 전자	종목	건축전기설비기술사	수험번호		성명	

※ 다음 문제 중 4문제를 선택하여 설명하시오.(각 25점)

1. 교류도체의 실효저항 계산 시 적용하는 표피효과계수와 근접효과계수에 대하여 설명하시오.

2. 공간적 효율을 위한 다목적 건축물의 접지방식으로 사용되는 공용접지의 장점을 설명하고, 큐비클식 고압 수전설비에서 전위 상승의 영향을 설명하시오.

3. 태양광발전설비 설계절차를 작성하고 조사자료 항목과 고려사항에 대하여 설명하시오.

4. 동기발전기에서 발생하는 전기자 반작용에 대해서 설명하고, 운전 중 발전기 특성에 미치는 영향을 설명하시오.

5. 비상용 디젤엔진 예비발전장치의 트러블(Trouble) 진단에 대하여 설명하시오.

6. 그림과 같이 선로길이가 6km인 3상 배전선 말단(A지점)에서의 전압강하율을 계산하시오.(단, 온도, 표피, 근접효과 무시)

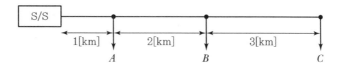

1) 선로 1km당 저항 0.6Ω, 리액턴스 0.5Ω

2) 배전방식 : 3상 3선식

3) 배전선 B지점의 전압 : 22,000V

4) 부하현황

부하군	부하전류(A)	부하역률(지상)
A	50	0.8
B	40	0.6
C	30	0.8

국가기술자격 기술사 시험문제

기술사 제102회   제4교시(시험시간 : 100분)

| 분야 | 전기 · 전자 | 종목 | 건축전기설비기술사 | 수험번호 | | 성명 | |

※ **다음 문제 중 4문제를 선택하여 설명하시오.(각 25점)**

1. 순시 전압강하의 원인과 문제점을 분석하고 이에 대한 대책에 대하여 설명하시오.

2. 전기방식(防蝕)의 원리와 유전양극(회생양극)방식 설계 시 고려사항에 대하여 설명하시오.

3. 운전 중인 전로 등의 절연내력 확인방법을 설명하고, 시험방법 및 판정기준에 대하여 설명하시오.

4. 전력공급설비에서 에너지저장설비의 필요성과 설비조건 및 종류, 저장원리에 대하여 설명하시오.

5. 고조파의 K-Factor에 대하여 설명하시오.

6. 현행 공동주택(APT)의 변전설비시스템에서 부하용량 추정과 변압기 용량결정을 위한 수용률 적용의 문제점을 설명하고, 건축전기설비설계기준(국토교통부)에 의한 변압기 뱅크 구분과 효율적인 운전을 위한 모선구성방법을 설명하시오.

국가기술자격 기술사 시험문제

기술사 제103회   제1교시(시험시간 : 100분)

분야	전기 · 전자	종목	건축전기설비기술사	수험번호		성명	

※ 다음 문제 중 10문제를 선택하여 설명하시오.(각 10점)

1. 콘덴서형 계기용 변압기(CPD : Coupling Capacitance Potential Device)의 원리와 종류 및 특성을 설명하시오.

2. 전원계통에서 고조파를 억제하기 위한 수동필터와 능동필터를 비교하고 설계 시 고려사항에 대하여 설명하시오.

3. 전기수용설비의 3상 4선식 배전방식에서 중성선의 과전류현상과 영상고조파전류의 영향에 대하여 설명하시오.

4. 터널조명을 설계할 때 플리커 발생의 원인과 대책에 대하여 설명하시오.

5. 건축물에서 실내조명 설계 시 구역공간법(Zonal Cavity Method)으로 평균조도를 계산하기 위하여 적용하는 공간비율(CR : Cavity Ratio)에 대하여 설명하시오.

6. $R = 22\Omega$, $L = 10\text{H}$, $C = 10\mu\text{F}$의 직렬공진회로에 220V의 전압을 인가할 때 공진주파수 f_r과 공진 시의 전류 I_r을 구하고 직렬공진의 특성에 대하여 설명하시오.

7. 비접지 3상 전원계통에서 접지콘덴서를 이용한 지락전류 검출방법과 적용 시 유의사항에 대하여 설명하시오.

8. 욕실 등 인체가 물에 젖은 상태에서 전기기구를 사용하는 장소에 콘센트를 시설하는 방법에 대하여 설명하시오.

9. 플랜트(Plant) 설비에서 3상 4선식 저압반에 전원을 공급하고자 한다. 중성선의 굵기 산정식을 쓰고, 설계에 적용 시 중성선의 최소 굵기에 대하여 설명하시오.

10. 중앙감시실(감시 및 제어센터) 설치 계획 시 건축, 환경 및 전기적 고려사항에 대하여 설명하시오.

11. 옥내조명의 조도계산 시 적용하는 감광보상률과 광손실률에 대하여 비교 설명하시오.

12. 교류 평형 임피던스 회로에서 순시전력의 총합이 항상 일정하며 유효전력과 동일함을 설명하시오.

13. 동기발전기의 병렬운전 조건과 병렬운전법에 대하여 설명하시오.

국가기술자격 기술사 시험문제

기술사 제103회   제2교시(시험시간 : 100분)

분야	전기 · 전자	종목	건축전기설비기술사	수험번호		성명	

※ 다음 문제 중 4문제를 선택하여 설명하시오.(각 25점)

1. 전력계통에서 2상 단락과 3상 단락 고장전류를 비교하여 설명하시오.

2. 전력케이블 시스 유기전압의 발생원인 및 저감대책에 대하여 설명하시오.

3. 초전도 에너지저장장치(SMES : Superconducting Magnetic Energy Storage)의 원리, 에너지저장시
   스템(ESS : Energy Storage System) 적용 및 응용분야에 대하여 설명하시오.

4. 지중케이블의 고장점 측정법에 대하여 설명하시오.

5. 비접지 계통에서 지락 시 GPT를 사용하여 영상전압을 검출하기 위한 등가회로도를 그리고, 지락지점
   의 저항과 충전전류가 영상전압에 미치는 영향에 대하여 설명하시오.

6. 건축전기설비설계기준(국토교통부)에 의한 조명설비설계 시 광원의 평가사항에 대하여 설명하시오.

국가기술자격 기술사 시험문제

기술사 제103회   제3교시(시험시간 : 100분)

분야	전기 · 전자	종목	건축전기설비기술사	수험번호		성명	

※ 다음 문제 중 4문제를 선택하여 설명하시오.(각 25점)

1. 망상(Mesh) 접지극 설계 시 도체의 굵기와 길이의 결정 요소에 대하여 설명하시오.

2. 원격검침설비의 구성과 기능 그리고 설계방법에 대하여 설명하시오.

3. 차단기의 투입방식과 트립방식에 대하여 종류를 들고 설명하시오

4. KS C IEC 62305 제4부 구조물 내부의 전기전자시스템에서 말하는 LEMP에 대한 기본보호대책(LPMS : LEMP Protection Measures System)의 주요 내용을 서술하고, 그중 본딩망(Bonding Network)에 대하여 상세히 설명하시오.

5. 호텔이나 백화점 등의 전기수용설비에서 정전을 최소화하기 위한 대책을 설계단계와 운용단계로 나누어 설명하시오.

6. 변압기 여자돌입전류 발생 메커니즘과 방지대책에 대하여 설명하시오.

국가기술자격 기술사 시험문제

기술사 제103회   제4교시(시험시간 : 100분)

분야	전기 · 전자	종목	건축전기설비기술사	수험번호		성명	

※ **다음 문제 중 4문제를 선택하여 설명하시오.(각 25점)**

1. 옥외 조명 계획을 할 때 "인공조명에 의한 빛 공해 방지법"과 관련하여 다음 내용을 설명하시오.

    가) 조명환경 관리구역의 분류기준

    나) 조명기구의 범위 및 빛 방사 허용기준

2. 정부에서 추진 중인 녹색인증제도의 도입목적과 운영방안, 정부정책에 대하여 설명하시오.

3. 3상 변압기의 병렬운전 조건을 제시하고, 병렬운전 가능결선과 각변위가 맞지 않을 경우의 현상에 대하여 설명하시오.

4. 절연협조와 기준충격절연강도(BIL)를 설명하고, 절연협조 시 검토사항에 대하여 설명하시오.

5. 저압전선로에 적용되는 차단기의 종류와 배선용 차단기(MCCB)의 차단협조에 대하여 설명하시오.

6. 비선형부하가 연결되어 있는 회로에서 역률을 계산하는 방법에 대하여 설명하시오.

국가기술자격 기술사 시험문제

기술사 제104회 　　　　　　　　　　　　　　　　　**제1교시(시험시간 : 100분)**

분야	전기 · 전자	종목	건축전기설비기술사	수험번호		성명	

※ 다음 문제 중 10문제를 선택하여 설명하시오.(각 10점)

1. 계전기 동작에 필요한 영상전류 검출방법에 대하여 설명하시오.

2. 표피효과에 대하여 설명하고, 표피효과가 전기 및 통신케이블의 도체에 미치는 영향에 대하여 설명하시오.

3. 근거리 통신망(LAN)의 구성을 Hardware와 Software로 구분하여 설명하시오.

4. 접지저항 측정 시, 전위 강하법에 의한 측정방법과 측정 시 유의사항에 대하여 설명하시오.

5. 전기설비에서 사용되는 유도전동기의 단자전압이 정격전압보다 낮은 경우 발생하는 현상에 대하여 설명하시오.

6. 수전설비의 절연강도 검토 시 내부절연과 외부절연에 대한 개념을 설명하고, 이에 대한 선로 및 변압기 등의 절연협조에 대하여 설명하시오.

7. 단상 3선식과 3상 4선식의 설비불평형률에 대하여 비교 설명하시오.

8. 점광원에서 피조면에 입사하는 조도값을 구하는 방법 중 입사각 코사인(여현)법칙에 대하여 설명하시오.

9. 축전지 이상현상의 대표적인 두 가지 현상을 설명하시오.

   1) 자기방전 현상(Self – Discharge)

   2) 설페이션(Sulphation) 현상

10. 서지 보호기(SPD : Surge Protective Device)의 에너지 협조에 대하여 설명하시오.

11. 전력용 차단기의 트립프리(Trip Free)에 대하여 설명하시오.

12. 건축물에서 비상부하의 용량이 500kW이고 그중 마지막으로 기동되는 전동기의 용량이 50kW일 때의 비상 발전기의 출력을 계산하시오.(단, 비상부하의 종합효율은 85%, 종합역률은 0.9, 마지막 기동 시의 전압강하는 10%, 발전기의 과도 리액턴스는 25%, 비상부하설비 중 가장 큰 50kW 전동기 기동 방식은 직입기동방식이다.)

13. 염해를 받을 우려가 있는 장소의 전기설비 공사 시 고려사항을 설명하시오.

국가기술자격 기술사 시험문제

기술사 제104회   제2교시(시험시간 : 100분)

분야	전기 · 전자	종목	건축전기설비기술사	수험번호		성명	

※ 다음 문제 중 4문제를 선택하여 설명하시오.(각 25점)

1. 초고층 빌딩의 수직간선설비 설계 시 주요 검토 항목을 설명하고 문제점 및 대책, 고려하여야 할 사항에 대하여 설명하시오.

2. 다음 계통에서 F_1과 F_2지점의 단락사고 시 수전점 차단기(CB₁) 동작을 위한 계전기의 한시(OC)와 순시(HOC)를 정정하고 보호 협조곡선을 그리시오.(단, 순시계전기의 최소동작여유계수 : 0.5)

   한시계전기의 과부하 여유계수 : 1.5

   F_1 지점의 3상 단락전류 : 10kA

   F_2 지점의 3상 단락전류 : 7kA

   한시계전기 TAP : 4 – 5 – 6 – 7 – 8 – 9 – 12A

   순시계전기 TAP : 20 – 40 – 60 – 80A

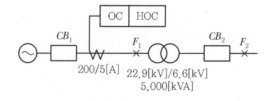

3. 대용량 수용가에서 신뢰도 향상을 위한 수변전 설비의 구성방안에 대하여 설명하시오.

4. 최근의 LED(Light Emitting Diode) Dimming 제어기술과 적용에 대하여 설명하시오.

5. 단권변압기의 구조 및 특징에 대하여 설명하시오.

6. 소형 열병합 발전설비를 보유한 건물이 있다. 이것을 22.9kV 배전계통에 연계하여 운전할 경우 열병합 발전소 측에 예상되는 전력계통 운영상의 기술적인 문제점 및 대책을 설명하시오.

국가기술자격 기술사 시험문제

기술사 제104회 제3교시(시험시간 : 100분)

분야	전기 · 전자	종목	건축전기설비기술사	수험번호		성명	

※ 다음 문제 중 4문제를 선택하여 설명하시오.(각 25점)

1. 박물관, 미술관 등에 적용하는 전시조명에 대한 조명의 조건, 광원 및 조명기구의 선정, 설계 시 고려사항에 대하여 설명하시오.

2. 뱅크용량 500kVA 이하의 변압기로부터 공급하는 저압전로에 시설하는 배선용 차단기의 차단용량 선정기준을 설명하시오.

3. 전력용 인버터 선정 시 주의사항 및 보호방법에 대하여 설명하시오.

4. KS C IEC 60364 감전보호 대책에서 아래 사항에 대하여 설명하시오.

   1) 기본보호와 고장보호 보호대책

   2) 전기량 제한값을 통한 보호대책

5. 마이크로 그리드(Micro Grid)에 대하여 설명하시오.

6. 전력용 콘덴서 개폐 시의 특이사항과 개폐장치에서 요구되는 성능을 설명하시오.

국가기술자격 기술사 시험문제

기술사 제104회   제4교시(시험시간 : 100분)

분야	전기 · 전자	종목	건축전기설비기술사	수험번호		성명	

※ 다음 문제 중 4문제를 선택하여 설명하시오.(각 25점)

1. 수 · 변전설비의 접지설계 시 고려사항 및 접지저항 저감방법 등에 대하여 설명하시오.

2. 이중바닥(Access Floor) 내의 케이블 배선방법에 대하여 설명하시오.

3. 수 · 변전설비에 적용되는 아몰퍼스 변압기의 에너지 절감효과와 고조파 저감효과를 일반변압기와 비교 설명하시오.

4. 전력퓨즈 선정 시 고려해야 하는 주요 특성에 대하여 종류별로 구분하여 설명하시오.

5. 전기저장장치(EES : Electrical Energy Storage System)에 적용되는 전지의 원리와 장 · 단점을 설명하시오.

6. 루버(격자)천장으로 되어 있는 곳에서 평균 조도계산방법을 설명하시오.

국가기술자격 기술사 시험문제

기술사 제105회   제1교시(시험시간 : 100분)

분야	전기 · 전자	종목	건축전기설비기술사	수험번호		성명	

※ 다음 문제 중 10문제를 선택하여 설명하시오.(각 10점)

1. 30층 이상의 건축물에 엘리베이터 설치 시 설계 고려사항과 엘리베이터 군(Group)관리 방식을 설명하시오.

2. 조명설계 시 눈부심 평가방법과 빛에 의한 순간적인 시력장애 현상에 대하여 설명하시오.

3. 전력용 콘덴서의 열화원인과 열화대책에 대하여 설명하시오.

4. 전력간선의 배선 부설방식을 분류하고 특징을 설명하시오.

5. 피뢰기의 열 폭주 현상을 설명하시오.

6. 3권선 변압기의 용도와 특징에 대하여 설명하시오.

7. 공심변류기의 구조와 특성에 대하여 설명하시오.

8. 저압 전로 중 저압 개폐기 필요개소 및 시설방법에 대하여 설명하시오.

9. 전기설비에서 역률개선 기대효과에 대하여 설명하시오.

10. 접지시스템의 접속방법 중 발열 용접과 압착 슬리브 접속방법에 대하여 설명하시오.

11. 태양광 발전설비의 전력계통 연계 시 인버터의 단독운전 방지기능에 대하여 설명하시오.

12. LED(Light Emitting Diode) 램프의 발광원리와 특징을 간단히 설명하시오.

13. 22.9kV 수전설비의 부하전류가 18A이며 변류비가 30/5인 변류기를 통하여 과전류 계전기를 시설하였다. 120%의 과부하에 차단기를 동작시키고자 할 때, 과전류 차단기의 Tap은 몇 암페어에 설정하여야 하는지 설명하시오.

국가기술자격 기술사 시험문제

기술사 제105회   제2교시(시험시간 : 100분)

분야	전기 · 전자	종목	건축전기설비기술사	수험번호		성명	

※ 다음 문제 중 4문제를 선택하여 설명하시오.(각 25점)

1. 등전위본딩의 개념과 감전보호용 등전위본딩에 대하여 설명하시오.

2. GPT(Grounded Potential Transformer)에서 발생되는 중성점 불안정 현상의 발생원인과 대책에 대하여 설명하시오.

3. 변압기 이행전압의 개념과 보호방법을 설명하시오.

4. 수변전설비 설계 시 환경에 미치는 영향과 대안을 설명하시오.

5. 한전에서 정하고 있는 분산형 전원의 계통연계 기준에 대하여 설명하시오.

6. 아래 그림과 같은 계통의 F점에서 3상단락 고장이 발생할 때 다음 사항을 계산하시오.(단, G_1, G_2는 같은 용량의 발전기이며 Xd'는 발전기 리액턴스 값)

  가. 한류리액터 X_L이 없을 경우 차단기 A의 차단용량[MVA]

  나. 한류리액터 X_L을 설치해서 차단기 A의 용량을 100[MVA]로 하려면 이에 소요될 한류리액터의 리액턴스(X_L) 값

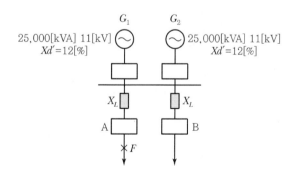

국가기술자격 기술사 시험문제

기술사 제105회   제3교시(시험시간 : 100분)

분야	전기 · 전자	종목	건축전기설비기술사	수험번호		성명	

※ 다음 문제 중 4문제를 선택하여 설명하시오.(각 25점)

1. 에너지 다소비형 건축물 설계 시 제출되는 전기설비 부문의 에너지절약 계획서에서 수변전설비, 조명
   설비, 전력간선 및 동력설비의 의무사항과 권장사항에 대하여 설명하시오.

2. 원방감시제어(SCADA : Supervisory Control and Data Acquisition) 시스템에 대하여 설명하시오.

3. 동상 다조케이블을 포설할 때 동상 케이블에 흐르는 전류의 불평형 방지 방안에 대하여 설명하시오.

4. 공동구 내 설치되는 케이블의 방화대책에 대하여 설명하시오.

5. 풍력발전용 발전기 선정 시 고려사항과 풍력터빈의 정지장치 시설기준에 대하여 설명하시오.

6. 무정전전원장치(UPS) 설계 시 고려사항과 UPS용 축전지 용량산정에 대하여 설명하시오.

국가기술자격 기술사 시험문제

기술사 제105회   제4교시(시험시간 : 100분)

분야	전기 · 전자	종목	건축전기설비기술사	수험번호		성명	

※ **다음 문제 중 4문제를 선택하여 설명하시오.(각 25점)**

1. 태양광발전용 전력변환장치(PCS)의 회로방식에 대하여 설명하시오.

2. 전력선 통신시스템(PLC : Power Line Communication)에 대하여 설명하시오.

3. DALI(Digital Addressable Lighting Interface) 프로토콜을 이용한 광원의 조광기술에 대하여 설명하시오.

4. 변압기의 수명과 과부하운전과의 관계를 설명하고, 과부하운전 시 고려사항을 설명하시오.

5. 설계대상 건축물이 내진대상인 경우, 전기설비의 내진설계 개념 및 내진대책에 대하여 설명하시오.

6. 에너지 저장시스템(ESS)의 종류인 초 고용량 커패시터(Super Capacitor)에 대하여 설명하시오.

국가기술자격 기술사 시험문제

기술사 제106회   **제1교시(시험시간 : 100분)**

분야	전기 · 전자	종목	건축전기설비기술사	수험번호		성명	

※ **다음 문제 중 10문제를 선택하여 설명하시오.(각 10점)**

1. 수변전설비 설계에서 변압기 용량 산정 방법에 대하여 설명하시오.

2. 변류기 부담의 종류 및 적용에 대하여 설명하시오.

3. 건축물의 접지공사에서 접지전극의 과도현상과 그 대책에 대하여 설명하시오.

4. 전력케이블 손실을 종류별로 설명하시오.

   1) 도체손

   2) 유전체손

   3) 연피손

5. 그림과 같이 병렬 연결된 회로에서 R, X 부하가 선로($0.5 + j0.4\,\Omega$)를 통하여 전력을 공급받고 있다.

   부하단 전압이 120V$_{rms}$, 부하의 소비전력은 3kVA, 진상역률 0.8이라면

   1) 전원전압을 구하시오.

   2) 선로의 손실 전력(유효 및 무효전력)을 구하시오.

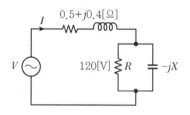

6. 저압차단기의 용도별(주택용과 산업용) 적용과 관련하여 다음 사항을 설명하시오.

   1) 용도별 구분의 적용

   2) 적용범위

   3) 동작시간 및 동작특성

7. 백색 LED 광원을 사용한 도광식 유도등에 대하여 설명하시오

8. 전압강하에 관한 벡터도를 그리고 기본식을 설명하시오.

9. 태양전지 모듈에 설치하는 다이오드와 블로킹다이오드(Blocking Diode)의 역할에 대하여 설명하시오.

10. 수변전설비의 공급 신뢰도에 대한 다음 사항을 설명하시오.

   1) 사고확률

   2) 신뢰도계산

11. 조도계산 시 광손실률에 대하여 설명하시오.

12. 유도전동기 벡터 인버터 제어의 원리와 구성에 대하여 설명하시오.

13. SMPS(Swiched Mode Power Supply) 종류 및 적용 방법에 대하여 설명하시오.

국가기술자격 기술사 시험문제

기술사 제106회   제2교시(시험시간 : 100분)

분야	전기 · 전자	종목	건축전기설비기술사	수험번호		성명	

※ **다음 문제 중 4문제를 선택하여 설명하시오.(각 25점)**

1. LED 광원에서 백색 LED를 실현하는 방법(종류별 발광원리)에 대하여 설명하시오.

2. 뇌 이상전압이 전기설비에 미치는 영향에 대하여 설명하시오.

3. Bus Duct System의 구성 및 설계, 공사 시 유의 사항에 대하여 설명하시오.

4. 특고압 수전설비 중 지중 케이블 용량산정 방법에 대하여 설명하시오.

5. 구내방송설비에서 스피커의 종류별 적용과 BGM(Back Ground Music) 방송 수신기준의 사무실 스피커 배치방법에 대하여 설명하시오.

6. 주택에 적용되는 최근의 일괄소등 스위치와 융합기술에 대하여 설명하시오.

국가기술자격 기술사 시험문제

기술사 제106회   제3교시(시험시간 : 100분)

분야	전기 · 전자	종목	건축전기설비기술사	수험번호		성명	

※ 다음 문제 중 4문제를 선택하여 설명하시오.(각 25점)

1. 백화점 조명계획과 관련하여 주요 요소별 설계 및 시공방법에 대하여 설명하시오.

2. 우리나라 공동 주택의 변압기 용량산정은 주택법에 의하여 산정되고 있다. 변압기 용량 과적용에 대한 문제점과 대책을 설명하시오.

3. KS C IEC 62305에 규정된 피뢰시스템(LPS : Lightning Protection System)에서 아래 사항에 대하여 설명하시오.

　　1) 적용범위

　　2) 외부 뇌보호 시스템

　　3) 내부 뇌보호 시스템

4. 22.9kV － Y 수전용 변압기의 보호장치에 대하여 설명하시오.

5. 변전설비의 온라인 진단시스템에 대하여 설명하시오.

6. 저압 계통의 PEN선 또는 중성선의 단선이 될 때 사람과 기기에 주는 위험성과 대책을 설명하시오.

국가기술자격 기술사 시험문제

기술사 제106회 제4교시(시험시간 : 100분)

분야	전기 · 전자	종목	건축전기설비기술사	수험번호		성명	

※ 다음 문제 중 4문제를 선택하여 설명하시오.(각 25점)

1. 대지저항률 측정에 사용하는 전위강하법 기반인 3 전극법과 Wenner의 4 전극법을 비교 설명하시오.

2. 교류 1kV 초과 전력설비의 공통규정(KS C IEC 61936 – 1)에서 접지시스템 안전기준에 대하여 설명하시오.

3. 수용가 구내설비에서의 직류 배전과 교류 배전의 특징을 비교하고 직류 배전 도입 시 고려사항에 대하여 설명하시오.

4. 고압선로에서 많이 사용되는 VCB를 적용할 때 고려사항과 적용기준을 현재의 기술발전에 근거하여 설명하시오.

5. 태양광발전에 이용되고 있는 계통형 인버터에 관하여 설명하시오.

6. 동기 전동기의 원리 및 구조와 기동방법, 특징에 대하여 설명하시오.

국가기술자격 기술사 시험문제

기술사 제107회 　　　　　　　　　　　　　　　　제1교시(시험시간 : 100분)

분야	전기 · 전자	종목	건축전기설비기술사	수험번호		성명	

※ 다음 문제 중 10문제를 선택하여 설명하시오.(각 10점)

1. CT 1차 측에 흐르는 3상 단락전류가 20kA일 때 정격 과전류 강도와 정격 과전류 정수를 계산하시오. (단, CT비는 400/5A, 2차 부담은 40VA, CT 2차 측 실제부담은 30VA, 과전류 정수 선정 시 계수는 0.5이다.)

2. 아래 그림과 같이 방전 전류가 시간과 함께 감소하는 패턴의 축전지 용량을 계산하시오. 이때 용량환산시간 K는 아래 표와 같고 보수율은 0.8로 한다.

시간	10분	20분	30분	60분	100분	110분	120분	170분	180분	200분
용량환산 시간 K	1.30	1.45	1.75	2.55	3.45	3.65	3.85	4.85	5.05	5.30

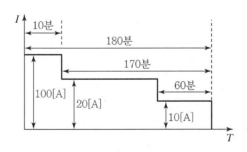

3. 분산형 전원 배전계통 연계 시 순시전압 변동 요건에 대하여 설명하시오.

4. 22.9kV 계통의 주변압기 1차 측을 PF(Power Fuse)만으로 보호할 경우, 결상 및 역상에 대한 보호방안에 대하여 설명하시오.

5. 고조파를 발생하는 비선형부하에 전력을 공급하는 변압기의 용량을 계산하는 경우 K-Factor로 인한 변압기 출력 감소율(THDF : Transformer Harmonics Derating Factor)에 대하여 설명하시오.

6. 저압계통 전기설비 및 기기 임펄스 내압 레벨 기준을 설명하시오.

7. 도체의 근접효과(Proximity Effect)에 대하여 설명하시오.

8. UPS 2차 측 단락회로의 분리보호방식에 대하여 설명하시오.

9. 유도전동기 회로에 사용되는 배선용차단기의 선정조건에 대하여 설명하시오.

10. 보호계전기의 기억작용에 대하여 설명하시오.

11. 선로정수를 구성하는 요소를 들고 설명하시오.

12. $R-L$직렬 회로에 $i = 10\sin\omega t + 20\sin(3\omega t + \frac{\pi}{4})$A 의 전류를 흘리는 데 필요한 순시단자 전압 v를 계산하시오.(단, $R = 8\Omega$, $\omega L = 6\Omega$이다.)

13. KS C IEC 60364-5-54에 의한 PEN, PEL, PEM 도체의 요건에 대하여 설명하시오.

국가기술자격 기술사 시험문제

기술사 제107회   제2교시(시험시간 : 100분)

분야	전기 · 전자	종목	건축전기설비기술사	수험번호		성명	

※ 다음 문제 중 4문제를 선택하여 설명하시오.(각 25점)

1. 전압 불평형률이 유도전동기에 미치는 영향에 대하여 설명하시오.

2. 스폿네트워크(Spot Network) 방식 수전회로의 사고 구간별 보호방법과 보호협조에 대하여 설명하시오.

3. 154kV로 공급받는 대용량 수용가 수전설비의 모선의 구성과 보호방식에 대하여 설명하시오.

4. 인텔리전트 빌딩에서 적용하고 있는 공통접지와 통합접지방식에 대하여 설명하시오.

5. 플로어 덕트(Floor Duct) 배선에서 전선규격과 부속품 선정, 매설방법, 접지에 대한 특기사항을 설명하시오.

6. 전력설비 관리개념을 3단계로 나누어 설명하고, 전력자산의 운영정책 입안 시 고려할 사항을 기술적 측면과 경제적 측면으로 나누어 설명하시오.

국가기술자격 기술사 시험문제

기술사 제107회   제3교시(시험시간 : 100분)

분야	전기 · 전자	종목	건축전기설비기술사	수험번호		성명	

※ 다음 문제 중 4문제를 선택하여 설명하시오.(각 25점)

1. 에너지 절약과 합리적인 경영을 위한 호텔의 객실관리 전기설비에 대하여 설명하시오

2. 6.6kV 비접지 계통에서 1선 지락사고 시 영상전압 산출 식을 유도하고 GPT – ZCT에 의한 선택지락계전기(SGR)의 감도저하 현상에 대하여 설명하시오.

3. 아래와 같이 수용가 변압기 2차 측(F점)에서 3상 단락고장이 발생하였을 경우 고장 전류를 계산하시오.(단, 선로의 임피던스는 $0.2305 + j0.1502\,\Omega$/km, 고장전류 계산 시 기준용량은 2,000kVA로 하고 변압기의 X/R비는 그림과 같다.)

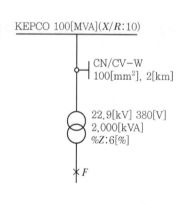

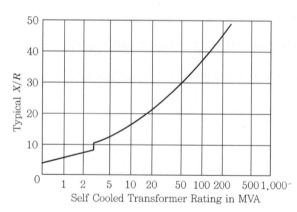

4. 누전차단기의 오동작 방지대책에 대하여 설명하시오.

5. HVDC(High Voltage Direct Current) 컨버터의 전류형과 전압형에 대하여 원리와 장·단점, 향후 발전 전망에 대하여 설명하시오.

6. KS C IEC 62305 – 1 피뢰시스템에서 규정하는 뇌격에 의한 구조물과 관련된 손상의 결과로 나타날 수 있는 손실의 유형을 설명하고 이를 줄이기 위한 보호(방호)대책에 대하여 설명하시오.

국가기술자격 기술사 시험문제

기술사 제107회   제4교시(시험시간 : 100분)

분야	전기 · 전자	종목	건축전기설비기술사	수험번호		성명	

※ **다음 문제 중 4문제를 선택하여 설명하시오.(각 25점)**

1. 공동구 전기설비 설계기준에 대하여 설명하시오.

2. 변압기 2차 측 결선을 Y−Zig Zag결선 또는 △결선으로 하는 경우 제3고조파의 부하 측 유출에 대하여 비교 설명하시오.

3. 디지털 보호계전기의 노이즈 침입 모드와 노이즈 보호대책에 대하여 설명하시오.

4. EMC(Electro Magnetic Compatibility), EMI(Electro Magnetic Interference), EMS(Electro Magnetic Susceptibility)에 대하여 설명하시오.

5. 건축물의 전력 간선 설계 순서에 대하여 설명하시오.

6. KS C 3703 터널조명 표준에 의한 기본부 조명과 출구부 조명에 대한 설계기준을 설명하시오.

국가기술자격 기술사 시험문제

기술사 제108회 제1교시(시험시간 : 100분)

분야	전기 · 전자	종목	건축전기설비기술사	수험번호		성명	

※ 다음 문제 중 10문제를 선택하여 설명하시오.(각 10점)

1. 전기회로와 자기회로의 차이점을 설명하시오.

2. CT(Current Transformer)의 과전류강도와 22.9kV급에서 MOF의 과전류강도 적용에 대하여 설명하시오.

3. 대형건물에서 고압전동기를 포함한 6.6kV 구내배전 계통에 적용한 유도원판형 과전류계전기의 한시 탭 상호 간의 협조 시간 간격을 제시하고, 이 간격을 유지하기 위한 시간 협조항목을 설명하시오.

4. 변압기 효율이 최대가 되는 관계식을 유도하시오.(단, V_2 : 변압기 2차 전압, I_2 : 변압기 2차 전류, F : 철손, R : 변압기 2차로 환산한 전 저항, $\cos\theta$: 부하역률)

5. 건축물의 비상발전기 운전 시 과전압의 발생원인과 대책에 대하여 설명하시오.

6. 공동주택 및 건축물의 규모에 따른 감리원 배치기준에 대하여 설명하시오.

7. 태양광 발전설비 시공 시 태양전지의 전압 – 전류 특성곡선에 대하여 설명하고, 인버터 및 모듈의 설치 기준에 대하여 설명하시오.

8. 건축물에 전기를 배전(配電)하려는 경우 전기설비 설치공간 기준을 "건축물설비 기준 등에 관한 규칙"과 관련하여 설명하시오.

9. 다음과 같이 평형 Y 결선 부하에 공급하는 3상 전로에서 b상이 개방(단선)되어 있고 부하 측 중성선은 접지되어 있다.

$$\text{불평형 선전류 } I_l = \begin{vmatrix} I_a \\ I_b \\ I_c \end{vmatrix} = \begin{vmatrix} 10 \angle 0° \\ 0 \\ 10 \angle 120° \end{vmatrix} \text{ A 이다.}$$

대칭분 전류와 중성선 전류(I_n)를 구하시오.

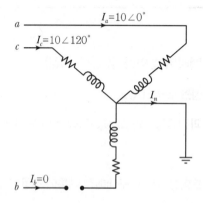

10. 빌딩제어시스템의 운용에 필요한 가용성(Availability), MTBF(Mean Time Between Failure), MTTR (Mean Time To Repair) 및 상호 관계를 설명하시오.

11. 고조파를 많이 발생시키는 부하가 케이블에 미치는 영향을 설명하시오.

12. 휘도(Brightness : B)와 광속발산도(Luminous Emittance : R)를 설명하고, 완전 확산면에서 그 휘도와 광속발산도와의 상호 관계를 설명하시오.

13. 연면적 10,000m², 단위에너지사용량 231.33kWh/m²·yr, 지역계수 1, 용도별 보정계수 2.78, 단위에너지생산량 1,358kWh/kW·yr, 원별 보정계수 4.14인 교육연구시설의 최소 태양광 설치용량 (kW)을 구하시오.(단, 신재생에너지 공급 비율 : 18%)

국가기술자격 기술사 시험문제

기술사 제108회   제2교시(시험시간 : 100분)

분야	전기 · 전자	종목	건축전기설비기술사	수험번호		성명	

※ 다음 문제 중 4문제를 선택하여 설명하시오.(각 25점)

1. 전기 · 전자설비를 뇌서지로부터 피해를 입지 않도록 하기 위한 뇌서지 보호 시스템의 기본 구성에 대하여 설명하시오.

2. 초고층 빌딩에 적합한 조명시스템의 필요조건에 대하여 설명하시오.

3. 건축물 내 수변전설비에서 변압기의 합리적인 뱅킹(Banking) 방식에 대하여 설명하시오.

4. 건축물에 설치된 대형 열병합형 스팀터빈 발전기를 전력회사 계통과 병렬 운전을 위해 동기 투입하려고 한다. 만약 터빈발전기의 동기가 불일치할 때

   1) 터빈발전기 기기 자체에 발생할 수 있는 손상(Damage)을 설명하시오.

   2) 이 손상을 방지하기 위한 동기투입 조건을 4가지를 제시하고, 이 조건들을 불만족시킬 때 계통 운영 상에 발생하는 문제점을 설명하시오.

5. 전기설비 판단기준 제283조에 규정하는 계통을 연계하는 단순 병렬운전 분산형 전원을 설치하는 경우 특고압 정식수전설비, 특고압 약식수전설비, 저압 수전설비별로 보호장치 시설방법에 대하여 설명하시오.

6. 다음과 같은 단선도에서 유도전동기가 직입 기동하는 순간, 전동기 연결모선의 전압은 초기전압의 몇 %가 되는지 계산하시오.

   〈계산 조건〉

   1) 각 기기들의 per unit 임피던스는 100MVA 기준으로 계산한다.

   2) 변압기 손실은 무시한다.

3) 각 모선의 초기전압은 100%로 가정한다.

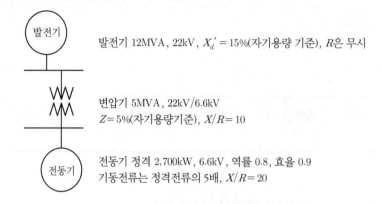

발전기 12MVA, 22kV, $X_d' = 15\%$(자기용량 기준), R은 무시

변압기 5MVA, 22kV/6.6kV
$Z = 5\%$(자기용량기준), $X/R = 10$

전동기 정격 2,700kW, 6.6kV, 역률 0.8, 효율 0.9
기동전류는 정격전류의 5배, $X/R = 20$

국가기술자격 기술사 시험문제

기술사 제108회

제3교시(시험시간 : 100분)

분야	전기 · 전자	종목	건축전기설비기술사	수험번호		성명	

※ 다음 문제 중 4문제를 선택하여 설명하시오.(각 25점)

1. 대형건물의 구내배전용 6.6kV 모선에 6.6kV 전동기와 6.6kV/380V 변압기가 연결되어 있다. 6.6kV 전동기 부하용 과전류 계전기(50/51)와 6.6kV/380V 변압기의 고압 측에 설치된 과전류 계전기(50/51)를 정정하는 방법을 각각 설명하시오.

2. 비상콘센트설비에 대한 설치 대상, 전원설비 설치기준 및 비상콘센트 설치방법에 대하여 설명하시오.

3. 차단기의 개폐에 의해 발생하는 서지의 종류별 특징과 방지대책에 대하여 설명하시오.

4. 대지저항률에 영향을 미치는 요인에 대하여 설명하시오.

5. 전력시설물의 감리대가 산출방법에서 정액적산방식과 직선보간법에 의한 요율 산정방법에 대하여 설명하시오.

6. 건축물의 전기설비를 감시제어하기 위한 전력감시제어 시스템의 구성 시 PLC(Programmable Logic Controller), HMI(Human Machine Interface), SCADA(Supervisory Control And Data Acguistion)을 사용하고 있다. 각 제어기의 특징과 적용 시 고려사항에 대하여 설명하시오.

국가기술자격 기술사 시험문제

기술사 제108회   제4교시(시험시간 : 100분)

분야	전기 · 전자	종목	건축전기설비기술사	수험번호		성명	

※ 다음 문제 중 4문제를 선택하여 설명하시오.(각 25점)

1. 변압기 2차 사용 전압이 440V 이상의 회로에서 중성점 직접접지식과 비접지 계통에 대한 지락차단장치의 시설방법에 대하여 설명하시오.

2. 전동기의 제동방법에 대하여 종류를 들고 설명하시오.

3. 전선의 보호장치에 대한 내용 중 다음에 대하여 설명하시오.

    1) 과부하에 대한 보호장치의 시설위치와 보호장치를 생략할 수 있는 경우

    2) 단락에 대한 보호장치의 시설위치와 보호장치를 생략할 수 있는 경우

4. 녹색건축물 조성 지원법에서 규정하는 에너지 절약계획서 내용 중 다음에 대하여 설명하시오.

    1) 전기부문의 의무사항

    2) 전기부문의 권장사항

    3) 에너지절약계획서를 첨부할 필요가 없는 건축물

5. 건축물의 전력감시제어시스템에서 운전 중 고장이 발생한 경우에 전체 공정의 중단없이 연속적으로 운전할 수 있도록 하는 이중화 시스템에 대하여 설명하시오.

6. 주파수 50Hz용으로 설계된 변압기와 3상 농형 유도전동기를 주파수 60Hz 전원으로 사용할 경우 다음에 대하여 설명하시오.

    1) 고려사항

    2) 특성변화

    3) 사용가능성

국가기술자격 기술사 시험문제

기술사 제109회   제1교시(시험시간 : 100분)

분야	전기 · 전자	종목	건축전기설비기술사	수험번호		성명	

※ **다음 문제 중 10문제를 선택하여 설명하시오.(각 10점)**

1. KS C 3703의 터널 조명기준에서 규정하고 있는 휘도대비계수를 설명하고 휘도대비계수의 비에 따른 터널 조명방식 3가지를 설명하시오.

2. 전로에 시설하는 기계기구의 철대 및 금속제 외함(외함이 없는 변압기 또는 계기용 변성기는 철심)에는 400V 미만의 저압용은 제3종 접지공사, 400V 이상의 저압용은 특별 제3종 접지공사, 고압용 또는 특고압용은 제1종 접지공사를 하여야 한다. 이와 같은 규정을 따르지 않아도 되는 경우에 대하여 설명하시오.

3. 산업통상자원부 고시에 의한 전기안전관리자 직무 중 전기설비 공사 시 안전 확보를 위하여 관리 · 감독하여야 할 사항과 공사 완료 시 확인 · 점검하여야 할 사항을 설명하시오.

4. 주파수 60Hz 이하, 공칭전압이 교류 1,000V 이하와 공칭전압이 직류 1,500V 이하로 공급되는 건축전기설비의 전압 밴드(Voltage Bands)에 대하여 설명하시오.

5. 건축전기설비에서 지중전선로의 종류별 시설방법 및 특성을 설명하시오.

6. 직렬리액터에 대하여 다음 사항을 설명하시오.

    1) 설치목적

    2) 용량산정

    3) 설치 시 문제점 및 대책

7. 변압기 용량산정 시 필요한 수용률, 부등률, 부하율에 대하여 설명하시오.

8. 에너지저장시스템용 전력변환장치를 용도에 따라 분류하고 설명하시오.

9. 축전지의 충 · 방전현상에서 발생하는 메모리 효과(Memory Effect)를 설명하시오.

10. 광원의 연색성(Color Rendition) 평가에 대하여 설명하시오.

11. 피뢰기의 공칭방전전류를 설명하고 설치 장소에 따른 적용조건을 설명하시오.

12. 저압 직류지락차단장치의 구성방법과 동작원리에 대하여 설명하시오.

13. 전력용 콘덴서의 허용 최대사용전류에 대하여 설명하시오.

국가기술자격 기술사 시험문제

기술사 제109회 　　　　　　　　　　　　　　　　　　제2교시(시험시간 : 100분)

분야	전기 · 전자	종목	건축전기설비기술사	수험번호		성명	

※ 다음 문제 중 4문제를 선택하여 설명하시오.(각 25점)

1. 전력계통의 중성점접지방식 중 직접접지, 저항접지, 비접지 방식에 대하여 특징을 비교 설명하시오.

2. 단상 유도전동기의 원리 및 기동방법의 종류별 특징을 설명하시오.

3. 건물 에너지 관리기술의 체계적인 개발과 보급을 위하여 제정된 건물 에너지 관리시스템(BEMS)의 기능을 상세하게 설명하시오.

4. 이상적인 초전도 전류제한기가 갖추어야 할 조건을 설명하고 전류제한형 초전도변압기에 대하여 설명하시오.

5. 의료장소의 전기설비 시설기준에서 다음 사항을 설명하시오.

　　1) 안전을 위한 보호설비 시설

　　2) 누전차단기 시설

　　3) 비상전원 시설

6. 전력간선설비에서 저압간선 케이블의 규격 선정 시 고려사항을 설명하시오.

국가기술자격 기술사 시험문제

기술사 제109회   제3교시(시험시간 : 100분)

분야	전기 · 전자	종목	건축전기설비기술사	수험번호		성명	

※ 다음 문제 중 4문제를 선택하여 설명하시오.(각 25점)

1. 가로등 또는 보안등 등에 사용되는 광원 및 배광방식의 종류별 특징을 각각 비교 설명하시오.

2. 건축전기설비의 매설구조물에 대하여 다음 사항을 설명하시오.

    1) 부식현상 및 방지대책

    2) 전기방식(Cathodic Protection)의 종류 및 특징

3. 건축물 설계 시 변전실 계획과 관련한 전기적 고려사항(위치, 구조, 형식, 배치, 면적 등)과 건축적 고려사항을 구분하여 설명하시오.

4. 건축물에서 계약전력은 장래 증설계획 및 전기요금과 밀접한 관계가 있다. 고압 이상으로 수전하는 수용가의 계약전력 결정기준과 수전전압 결정방법을 설명하시오.

5. 전동기를 합리적으로 사용하기 위해서는 정격에 맞는 전동기를 선정해야 한다. 정격과 관련된 다음 사항을 설명하시오.

    1) 정격의 정의

    2) 정격 선정 시 고려사항

    3) 전동기 명판에 표시하는 정격 사항

    4) 정격의 종류

6. 주차관제설비의 구성요소와 설계 시 고려사항을 설명하시오.

국가기술자격 기술사 시험문제

기술사 제109회 제4교시(시험시간 : 100분)

분야	전기 · 전자	종목	건축전기설비기술사	수험번호		성명	

※ 다음 문제 중 4문제를 선택하여 설명하시오.(각 25점)

1. 수상태양광발전설비에 대하여 다음 사항을 설명하시오.

   1) 발전계통의 구성요소

   2) 수위 적응식 계류장치

   3) 발전설비의 특징

2. 건축화 조명의 종류별 조명방식, 특징 및 설계 시 고려사항을 설명하시오.

3. 여름철 태풍, 장마 등으로 가로등 안전사고가 종종 발생하고 있다. 가로등 감전사고의 안전대책을 설명하시오.

4. 이차전지를 이용한 전기저장장치의 시설기준에 대하여 다음 사항을 설명하시오.

   1) 적용범위 및 일반 요건

   2) 계측장치 등의 시설

   3) 제어 및 보호장치의 시설

   4) 계통연계용 보호장치 시설

5. 변류기(CT)의 이상현상 발생원인과 대책에 대하여 설명하시오.

6. 저압 유도전동기의 보호방식에 대하여 설명하고 보호방식 선정 시 고려사항을 설명하시오.

국가기술자격 기술사 시험문제

기술사 제110회　　　　　　　　　　　　　　　　　　제1교시(시험시간 : 100분)

분야	전기 · 전자	종목	건축전기설비기술사	수험번호		성명	

※ 다음 문제 중 10문제를 선택하여 설명하시오.(각 10점)

1. 건축전기설비공사의 공사시방서에 명기되어야 할 사항에 대하여 설명하시오.

2. KS C IEC 60364 – 4 – 41(안전을 위한 보호 – 감전에 대한 보호)에 근거한 비접지 국부 등전위본딩에 의한 보호에 대하여 설명하시오.

3. 보호용 변류기에서 25VA 5P20과 C100의 의미를 설명하시오.

4. 변압기의 여자전류가 비정현파로 되는 이유에 대하여 설명하시오.

5. 전동기의 기동방식 선정 시 고려사항에 대하여 설명하시오.

6. 태양전지 모듈 설치 시 발전에 영향을 미치는 요인 3가지를 쓰고 설명하시오.

7. BLDC(Brush Less DC) 모터의 동작원리와 특징에 대하여 설명하시오.

8. 전력용 콘덴서의 내부소자 보호방식에 대하여 설명하시오.

9. 설계의 경제성 등 검토에 관한 시행지침에 근거한 설계VE(Value Engineering)의 다음 사항에 대하여 설명하시오.

　　1) 설계VE 검토 실시 대상

　　2) 실시 시기 및 횟수

　　3) 단계별 업무절차 및 내용

10. 저압전기설비에 설치된 SPD(Surge Protective Device) 고장의 경우 전원공급의 연속성과 보호의 연속성을 보장하기 위하여 SPD를 분기하기 위한 개폐장치의 설치방식을 설명하시오.

11. 차단기 회복전압의 종류 및 특징에 대하여 설명하시오.

12. 고압케이블의 차폐층을 접지하지 않을 때의 위험성에 대하여 설명하시오.

13. 다음 회로에서 스위치 SW를 닫기 직전의 전압 V_{oc}[V]와 $a-b$점에서 전원 측을 쳐다 본 등가 임피던스(Z_{eq}), 스위치 SW를 닫은 후 Z에 흐르는 전류[A]를 구하시오.

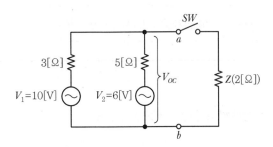

국가기술자격 기술사 시험문제

기술사 제110회 　　　　　　　　　　　　　　　　　제2교시(시험시간 : 100분)

분야	전기 · 전자	종목	건축전기설비기술사	수험번호		성명	

※ 다음 문제 중 4문제를 선택하여 설명하시오.(각 25점)

1. 전력시설물 공사감리업무 수행지침에 근거한 공사착공단계 감리업무와 공사시행단계 감리업무에 대하여 설명하시오.

2. 고조파가 콘덴서에 미치는 영향과 대책에 대하여 설명하시오.

3. 전기설비기술기준에 의한 통합접지시스템을 적용할 경우 이 기준에서 정하는 설치 요건과 특징 그리고 건물 기초콘크리트 접지 시공방법에 대하여 설명하시오.

4. 변압기에서 발생하는 부분방전의 개념과 부분방전시험에 대하여 설명하시오.

5. 대형교량의 야간경관 조명설계에 대하여 설명하시오.

6. 아래 그림에서 송전선의 F점에서의 3상 단락용량을 구하시오.

　　단, G_1, G_2는 각각 50[MVA], 22[kV], 리액턴스 20[%], 변압기는 100[MVA], 22/154[kV], 리액턴스 12[%], 송전선의 거리는 100[km]로 하고 선로 임피던스는 $Z = 0 + j0.6[\Omega/\text{km}]$라고 한다.

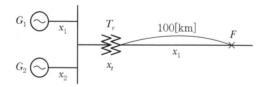

국가기술자격 기술사 시험문제

기술사 제110회   제3교시(시험시간 : 100분)

분야	전기 · 전자	종목	건축전기설비기술사	수험번호		성명	

※ 다음 문제 중 4문제를 선택하여 설명하시오.(각 25점)

1. 건축전기설비공사의 설계 및 시공 시 타 공정과 협의할 인터페이스 사항이 많이 발생한다. 이에 대하여 타 공정과 협의할 인터페이스 사항에 대하여 설명하시오.

2. 건축물에서 신호전송에 주로 사용되는 UTP(Unshielded Twisted Pair) 케이블, 동축 케이블, 광케이블의 구조, 특징 및 종류에 대하여 설명하시오.

3. 영상변류기(ZCT)의 검출원리, 정격과전류배수, 정격여자임피던스, 잔류전류 및 시공 시 고려사항에 대하여 설명하시오.

4. 누전차단기의 오동작을 발생시키는 다음 사항에 대한 원인과 대책에 대하여 설명하시오.

   1) 서지에 의한 것

   2) 순환전류에 의한 것

   3) 유도에 의한 것

5. 전기설비에서 정전을 최소화하기 위한 대책에 대하여 설명하시오.

6. 스마트그리드(Smart Grid)의 구현기술과 V2G(Vehicle to Grid)에 대하여 설명하시오.

국가기술자격 기술사 시험문제

기술사 제110회 　　　　　　　　　　　　　　　　　　　　제4교시(시험시간 : 100분)

| 분야 | 전기 · 전자 | 종목 | 건축전기설비기술사 | 수험번호 | | 성명 | |

※ 다음 문제 중 4문제를 선택하여 설명하시오.(각 25점)

1. 건축전기설비공사의 공사업자는 시공계획서와 시공상세도(Shop Drawing)를 제출하여 감리원 승인을 득하여 시공하여야 한다. 이에 대하여 시공계획서와 시공상세도에 포함하여야 할 사항에 대하여 설명하시오.

2. 진행파의 기본원리를 설명하고, 가공선과 케이블의 특성임피던스와 전파속도에 대하여 설명하시오.

3. 최근 조사한 전력변압기의 연간 평균 부하율이 낮게 나타나고 있어 설비용량의 과다로 변압기 효율적 이용을 못하고 있는 실정이다. 이에 대한 전력용변압기의 효율적 관리 방안에 대하여 설명하시오.

4. 내열배선과 내화배선의 종류, 공사방법 및 적용장소와 케이블 방재에 대한 설계방안에 대하여 설명하시오.

5. 발전기실 설계 시 다음 사항에 대하여 설명하시오.

　　1) 발전기실 위치

　　2) 발전기실 면적

　　3) 발전기실의 기초 및 높이

　　4) 발전기실의 소음 및 진동대책

6. 하절기 피크전력을 제어하기 위한 최대수요전력제어에 대하여 설명하시오.

국가기술자격 기술사 시험문제

기술사 제111회   제1교시(시험시간 : 100분)

분야	전기 · 전자	종목	건축전기설비기술사	수험번호		성명	

※ 다음 문제 중 10문제를 선택하여 설명하시오.(각 10점)

1. 조명 용어에 대하여 설명하시오.

    1) 방사속

    2) 광속

    3) 광량

    4) 광도

    5) 조도

2. 접지극의 접지저항 저감 방법(물리적, 화학적)에 대하여 설명하시오.

3. 건축전기설비에서 축전지실의 위치선정 시 고려사항에 대하여 설명하시오.

4. 피뢰기의 정격전압 및 공칭방전전류에 대하여 설명하시오.

5. 전력기술관리법에서 설계감리 대상이 되는 전력시설물의 설계도서와 설계감리 업무 범위를 설명하시오.

6. 전기설비기술기준의 판단기준에서 특고압 또는 고압전로에 설치하는 변압기 2차 전로의 전압 및 결선 방식별 혼촉방지방법을 설명하시오.

7. 보호계전기의 동작상태 판정에 대하여 다음 용어를 설명하시오.

　1) 정동작

　2) 오동작

　3) 정부동작

　4) 오부동작

8. 전기설비기술기준의 판단기준에서 풀용 수중조명등에 전기를 공급하는 절연변압기에 대하여 설명하시오.

9. 전력시설물 공사감리에서 기성검사의 목적, 종류, 절차에 대하여 설명하시오.

10. 교류회로에서의 공진에 대하여 설명하시오.

　1) 정의

　2) 직렬 및 병렬공진

　3) 공진주파수

11. 전력용 변압기 최대효율조건에 대하여 설명하시오.(η : 효율, P : 변압기 용량, $\cos\theta$: 역률, m : 부하율, P_i : 철손, P_c : 동손)

12. IEC 529에서 외함의 보호등급(IP : International Protection) 중 물의 침입에 대하여 설명하시오.

13. 피뢰시스템 구성요소의 용어에 대하여 설명하시오.

　1) 피뢰침(Air Termination Rod)

　2) 인하 도선(Down Conductor)

　3) 접지극(Earth Electrode)

　4) 서지보호장치(SPD : Surge Protective Device)

국가기술자격 기술사 시험문제

기술사 제111회

제2교시(시험시간 : 100분)

분야	전기 · 전자	종목	건축전기설비기술사	수험번호		성명	

※ 다음 문제 중 4문제를 선택하여 설명하시오.(각 25점)

1. 건축물의 전반조명 설계순서 및 주요 항목별 검토사항에 대하여 설명하시오.

2. 간선의 고조파 전류에 대하여 다음 항목별로 설명하시오.

   1) 발생원인 및 파형형태   2) 영향 및 저감대책   3) 간선 설계 시 검토사항

3. 지능형 건축물 인증제도의 전기설비 평가항목 및 기준, 도입 시 기대효과에 대하여 설명하시오.

4. 건축물의 전기설비 방폭원리 및 방폭구조에 대하여 설명하시오.

5. 자가용 수변전설비 설계 시 에너지 절약방안에 대하여 설명하시오.

6. 다음과 같은 특성을 가지고 있는 수전용 주변압기 보호에 사용하는 비율차동계전기의 부정합 비율을 줄이기 위한 보조 CT의 변환 비율 탭값을 구하고, 비율차동계전기의 적정한 비율 탭값을 정정(Setting)하시오.(단, 오차의 적용은 변압기 Tap 절환 10%, CT 오차 5%, 여유 5%를 고려하고, 보조 CT의 turn 수는 0~100turn으로 한다.)

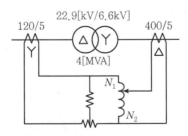

Relay Current Tap(A)	$2.9-3.2-3.8-4.2-4.6-5.0-8.7$
비율 탭(%)	$25-40-70$

국가기술자격 기술사 시험문제

기술사 제111회 　　　　　　　　　　　　　　　　제3교시(시험시간 : 100분)

분야	전기 · 전자	종목	건축전기설비기술사	수험번호		성명	

※ 다음 문제 중 4문제를 선택하여 설명하시오.(각 25점)

1. 건축전기설비의 전력계통에서 순시전압강하에 대하여 설명하시오.

　1) 발생원인

　2) 영향

　3) 억제대책

　4) 개선기기

2. 배선용차단기의 규격에서 산업용과 주택용에 대하여 비교 설명하시오.

3. 연료전지설비에서 보호장치, 비상정지장치, 모니터링 설비에 대하여 설명하시오.

4. 임피던스전압의 정의 및 변압기 특성에 미치는 영향에 대하여 종류별로 설명하시오.

5. 인텔리전트 빌딩(IB : Intelligent Building) 설계 시 정전기 장해의 발생원인과 방지 대책에 대하여 설명

　하시오.

6. 할로겐전구에 대하여 다음 항목을 설명하시오.

　1) 원리 및 구조

　2) 특성

　3) 용도

　4) 특징

국가기술자격 기술사 시험문제

기술사 제111회   제4교시(시험시간 : 100분)

분야	전기 · 전자	종목	건축전기설비기술사	수험번호		성명	

※ 다음 문제 중 4문제를 선택하여 설명하시오.(각 25점)

1. 수전 전력계통에서 보호계전시스템을 보호방식별로 분류하고 설명하시오.

2. 자연채광과 인공조명의 설계개념에 대하여 설명하시오.

3. 전력시설물 설계, 시공, 유지보수 시 케이블(Cable)의 화재방지대책에 대하여 설명하시오.

4. 내선규정에 의한 전동기용 과전류차단기 및 전선의 굵기 선정기준에 대하여 설명하시오.

5. CV케이블의 열화 원인과 그 대책을 설명하시오.

6. 전기차 전원설비에 대하여 설명하시오.

국가기술자격 기술사 시험문제

기술사 제112회   제1교시(시험시간 : 100분)

분야	전기 · 전자	종목	건축전기설비기술사	수험번호		성명	

※ 다음 문제 중 10문제를 선택하여 설명하시오.(각 10점)

1. 건축물설계에서 건축설계자와 협의하여 평면계획에 포함되어야 할 전기설계내용에 대하여 설명하시오.

2. 보호계전기의 동작시간 특성에 대하여 설명하시오.

3. 변압기 용량 5,000kVA, 변압기의 효율은 100% 부하 시에 99.08%, 75% 부하 시에 99.18%, 50% 부하 시에 99.20%라 한다. 이와 같은 조건에서 변압기의 부하율 65%일 때의 전력손실을 구하시오.(단, 답은 소수점 첫째 자리에서 절상)

4. OLED 조명과 LED 조명을 비교 설명하시오.

5. 변압기의 소음발생 원인 및 대책에 대하여 설명하시오.

6. 가스절연개폐장치의 장 · 단점을 설명하시오.

7. 전력산업에 적용이 가능한 에너지 하베스팅(Harvesting) 기술에 대하여 설명하시오.

8. 규약표준 충격전압파형에 대하여 설명하시오.

9. 수요자원(DR) 거래시장에 대하여 설명하시오.

10. 단락고장 시 역률이 저하되는 이유에 대하여 설명하시오.

11. 차단기 트립 시 이상전압이 발생하는 이유에 대하여 설명하시오.

12. 조명설계에서 조명시뮬레이션의 입력 데이터와 출력 결과물에 대하여 설명하시오.

13. 배전선로의 전압강하율과 전압변동율에 대하여 설명하시오.

국가기술자격 기술사 시험문제

기술사 제112회   제2교시(시험시간 : 100분)

분야	전기 · 전자	종목	건축전기설비기술사	수험번호		성명	

※ 다음 문제 중 4문제를 선택하여 설명하시오.(각 25점)

1. 변압기 2차 측의 모선방식에 대하여 설명하시오.

2. 단락전류의 종류와 계산방법에 대하여 설명하시오.

3. 전력용 콘덴서의 절연열화 원인과 대책에 대하여 설명하시오.

4. 분산형 전원을 배전계통에 연계 시 고려사항에 대하여 설명하시오.

5. 우리나라는 빛공해(Light Pollution)에 많이 노출된 국가로 분류되고 있다. 「인공조명에 의한 빛공해 방지법」의 주요 내용에 대하여 설명하시오.

6. 철근콘크리트 구조물에서 KS C IEC 62305 피뢰시스템의 자연적 구성부재를 사용하는 요건에 대하여 다음 내용을 설명하시오.

    1) 자연적 수뢰부

    2) 자연적 인하도선

    3) 자연적 접지극

국가기술자격 기술사 시험문제

기술사 제112회   제3교시(시험시간 : 100분)

| 분야 | 전기·전자 | 종목 | 건축전기설비기술사 | 수험번호 | | 성명 | |

※ **다음 문제 중 4문제를 선택하여 설명하시오.(각 25점)**

1. 노이즈방지용 변압기에 대하여 설명하시오.

2. 축전지의 용량산정 시 고려사항에 대하여 설명하시오.

3. 에너지저장장치(ESS)의 출력과 용량을 구분하고 전력계통의 활용분야를 설명하시오.

4. 병원설비의 매크로쇼크(Macro Shock) 및 마이크로쇼크(Micro Shock)에 대한 방지대책과 개정된 전기설비기술기준의 판단기준 249조의 절연감시장치에 대하여 설명하시오.

5. 케이블의 수트리(Water Tree)에 대하여 다음 내용을 설명하시오.

    1) 수트리 발생원인

    2) 수트리 종류 및 특징

    3) 수트리 발생 억제 대책

6. 건설공사의 효율성을 높이기 위하여 적용되고 있는 BIM(Building Information Modeling)에 대하여 설명하시오.

국가기술자격 기술사 시험문제

기술사 제112회   제4교시(시험시간 : 100분)

분야	전기 · 전자	종목	건축전기설비기술사	수험번호		성명	

※ 다음 문제 중 4문제를 선택하여 설명하시오.(각 25점)

1. 눈부심(Glare)에 대하여 다음 내용을 설명하시오.

   1) 눈부심의 원인 및 영향

   2) 눈부심에 의한 빛의 손실

   3) 눈부심의 종류 및 대책

2. 전력품질(Power Quality)에 대하여 설명하시오.

3. 직류차단기의 종류와 소호방식에 대하여 설명하시오.

4. 변압기 병렬운전 조건 및 붕괴현상에 대하여 설명하시오.

5. KS C IEC 60364 – 4 – 41의 감전 보호 체계에 대하여 설명하시오.

6. 접지전극 부식형태를 구분하고 이종(異種) 금속 결합에 의한 부식원인 및 방지대책을 설명하시오.

국가기술자격 기술사 시험문제

기술사 제113회   제1교시(시험시간 : 100분)

분야	전기 · 전자	종목	건축전기설비기술사	수험번호		성명	

※ 다음 문제 중 10문제를 선택하여 설명하시오.(각 10점)

1. 불평형 고장계산을 위한 대칭좌표법에 대하여 설명하시오.

2. 그림과 같이 3상 평형 부하인 경우 중성선 $O' - O$에는 전류가 흐르지 않음을 수식으로 설명하시오.

   단, $i_1 = I_m \sin\omega t$, $i_2 = I_m\sin\left(\omega t - \dfrac{2\pi}{3}\right)$, $i_3 = I_m\sin\left(\omega t - \dfrac{4\pi}{3}\right)$

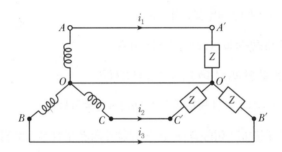

3. 건축물의 전기설비 중 변압기의 용량 산정 및 효율적인 운영을 위한 수용률, 부등률, 부하율을 각각 설명하고, 상호관계를 기술하시오.

4. 전력기술관리법에 의한 설계감리를 받아야 하는 전력시설물의 대상을 쓰시오.

5. 전기사용장소의 시설 중 특수장소에 해당하는 장소에 대하여 설명하시오.

6. 도로조명의 기능과 운전자에 대한 휘도기준에 대하여 설명하시오.

7. 자가용 수전설비의 사용전검사에 시험성적서가 필요한 전기설비 대상기기에 대하여 설명하시오.

8. KS C IEC 60364 – 7 – 710(의료장소)에 의한 비상전원에 대한 공급사항을 설명하시오.

9. 22.9kV, 주차단기 차단용량 520MVA일 경우 피뢰기의 접지선 굵기를 나동선과 GV전선으로 구분하여 각각 선정하시오.

10. 특고압(22.9kV – Y) 가공선로 2회선으로 수전하는 경우 특고압 중성선의 가선(架線) 방법에 대하여 설명하시오.

11. 공통, 통합접지의 접지저항 측정방법에 대하여 설명하시오.

12. 전력수요관리제도(DSM : Demand Side Management)에 대해서 설명하시오.

13. 소방 펌프용 3상 농형 유도전동기를 $Y-\Delta$ 방식으로 기동하고자 한다. $Y-\Delta$ 기동방식이 직입(전전압)기동 방식에 비해서 기동전류 및 기동토크가 $\dfrac{1}{3}$ 로 감소됨을 설명하시오.

국가기술자격 기술사 시험문제

기술사 제113회   제2교시(시험시간 : 100분)

분야	전기 · 전자	종목	건축전기설비기술사	수험번호		성명	

※ 다음 문제 중 4문제를 선택하여 설명하시오.(각 25점)

1. 건축전기설비 공사에 주로 적용되는 합성수지관, 금속관, 가요전선관의 특징과 시공상 유의사항에 대하여 각각 설명하시오.

2. 건축전기설비 자동화시스템의 제어기로 많이 사용되고 있는 PLC(Programmable Logic Controller)에 대하여 구성요소, 설치 시 유의사항에 대하여 설명하시오.

3. 그림과 같은 저압회로의 F_1 지점에서 1선 지락전류와 3상 단락전류를 계산하시오.(단, 전원 측 용량 100MVA를 기준으로 하고 선로의 임피던스는 무시하며 1선 지락의 고장저항은 5Ω이다.)

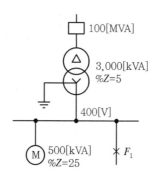

4. 3상 농형 유도전동기의 기동용, 속도제어용 및 전력절감용으로 인버터(Inverter) 시스템을 많이 사용하고 있다. 인버터 시스템 적용 시 고려사항을 인버터와 전동기로 구분하여 설명하시오.

5. 누전화재 경보기를 설명하고, 누전화재 경보기를 설치해야 할 건축물의 종류와 시설 방법을 쓰시오.

6. 다음 조건을 적용하여 수전설비 단선결선도를 작성하고, 사용되는 주요 기기를 설명하시오.

[조건]

전등 · 전열부하 500kVA	일반부하 400kVA
	비상부하 100kVA
동력부하 500kVA	일반부하 400kVA
	비상부하 100kVA

국가기술자격 기술사 시험문제

기술사 제113회   제3교시(시험시간 : 100분)

분야	전기 · 전자	종목	건축전기설비기술사	수험번호		성명	

※ 다음 문제 중 4문제를 선택하여 설명하시오.(각 25점)

1. 동력설비의 에너지 절감 방안을 전원공급, 전동기, 부하사용측면에서 각각 설명하시오.

2. 그림과 같은 회로에서 지상 역률 0.75로 유효전력 10kW를 소비하는 부하에 병렬로 콘덴서를 설치하여 부하에서 본 역률을 0.9로 개선하고자 한다. 콘덴서를 설치하여 역률을 0.9로 개선하였을 경우 부하전압을 220V로 유지하기 위하여 전원 측에 인가해야 할 전압(V_s)을 계산하시오.

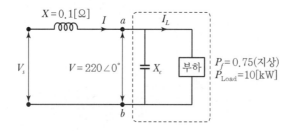

3. 3상 변압기 병렬운전을 하고자 한다. 다음 결선에 대하여 병렬운전의 가능, 불가능을 판단하고 그 이유를 설명하시오.

   1) $\Delta - Y$와 $\Delta - Y$ 결선

   2) $\Delta - Y$와 $Y - Y$ 결선

4. 고조파가 전력용 변압기와 회전기에 미치는 영향과 대책을 설명하시오.

5. 전력기술관리법에 의한 감리원 배치기준을 설명하시오.

6. 전기설비기술기준의 판단기준 제177조(점멸장치와 타임스위치 등의 시설)의 시설 기준에 대하여 설명하시오.

국가기술자격 기술사 시험문제

기술사 제113회   제4교시(시험시간 : 100분)

분야	전기 · 전자	종목	건축전기설비기술사	수험번호		성명	

※ 다음 문제 중 4문제를 선택하여 설명하시오.(각 25점)

1. 비상발전기 용량 선정 시 PG방식과 RG방식에 대하여 설명하시오.

2. 1,000병상 이상 대형병원의 조명설계에 대하여 설명하시오.

3. 변압기 보호용으로 비율차동계전기를 적용할 경우 고려사항을 설명하시오.

4. 전력 케이블의 화재 원인과 대책을 쓰시오.

5. 건물에너지관리시스템(Building Energy Management System)의 개념, 필요성, 공공 기관 의무화, 설치 확인에 대하여 각각 설명하시오.

6. 저압 배전계통에서 SPD(Surge Protective Device)의 접속형식과 Ⅰ등급, Ⅱ등급 SPD의 보호모드별 공칭방전전류와 임펄스전류에 대하여 설명하시오.

국가기술자격 기술사 시험문제

기술사 제114회   제1교시(시험시간 : 100분)

분야	전기 · 전자	종목	건축전기설비기술사	수험번호		성명	

※ 다음 문제 중 10문제를 선택하여 설명하시오.(각 10점)

1. 분전반 설치기준에 대하여 다음 사항을 설명하시오.

   1) 공급범위

   2) 예비회로

   3) 설치높이

2. 전력용 콘덴서의 설치 위치에 따른 장 · 단점을 비교 설명하시오.

3. 직접접지 계통의 수전반 보호계전기에서 OCR 및 OCGR의 한시탭 정정방법, 동작시간 정정방법, 순시 탭 정정방법에 대하여 설명하시오.

4. 접지 설계 시 전위간섭의 개념과 접지 설계 시 유의점에 대하여 설명하시오.

5. 병원전기설비 시설에 관한 지침에서 다음 사항을 설명하시오.

   1) 의료장소의 콘센트 설치 수량 및 방법

   2) 콘센트의 전원 종별 표시

6. 간격이 $d[\mathrm{m}]$인 평행한 평판 사이의 정전용량을 구하시오.

   (단, 판의 면적은 $S[\mathrm{m}^2]$이고, 면전하 밀도를 $\delta[\mathrm{C/m}^2]$라 한다.)

7. 전력시설물 공사감리업무 수행지침에 대하여 다음 사항을 설명하시오.

   1) 공사감리의 정의

   2) 감리원이 공종별 촬영하여야 하는 대상 및 처리 방법

8. 전기 절연의 내열성 등급에 대하여 KS C IEC 60085에 따른 상대 내열지수, 내열 등급을 기존의 절연 종별 등급과 비교하여 설명하시오.

9. 하이브리드(Hybrid) 분산형 전원의 정의와 ESS 충 · 방전방식에 대하여 설명하시오.

10. 코로나 임계전압과 코로나 방지대책에 대하여 설명하시오.

11. $\Delta - Y$ 변압기 구성에서 1차 측 1선 지락사고 발생 시 2차 측에서 발생되는 상전압과 선간전압의 최저전압에 대하여 설명하시오.

12. 저항 용접기 및 아크 용접기에 전원을 공급하는 분기회로 및 간선의 시설방법에 대하여 설명하시오.

13. 무한히 긴 직선도선에 전류 $I[\mathrm{A}]$가 흐를 때 도선으로부터 $r[\mathrm{m}]$ 떨어진 점에서의 자계의 세기 $H[\mathrm{AT/m}]$를 구하시오.

국가기술자격 기술사 시험문제

기술사 제114회   제2교시(시험시간 : 100분)

분야	전기 · 전자	종목	건축전기설비기술사	수험번호		성명	

※ **다음 문제 중 4문제를 선택하여 설명하시오.(각 25점)**

1. 건축물 조명제어에서 조명제어시스템으로 이용되는 주요 프로토콜(Protocol)에 대하여 설명하시오.

2. 변압기 임피던스 전압(%Z)의 개념과 임피던스 전압이 서로 다른 변압기를 병렬운전할 때 부하분담과
   과부하 운전을 하지 않기 위한 부하제한에 대하여 설명하시오.

3. 자가발전기와 무정전전원장치(UPS)를 조합하여 운전할 때 고려사항에 대하여 설명하시오.

4. 태양광 인버터(PCS)에서 Stage 및 인버터의 종류와 특징에 대하여 설명하시오.

5. 변압기 선정을 위한 효율과 부하율 관계를 설명하고, 유입변압기와 몰드변압기의 특성을 비교 설명하
   시오.

6. 154[kV] 지중선로에 사용되는 OF케이블(Oil Filled Cable)과 XLPE케이블(Cross Linked Polyethylene
   Insulated Vinyl/PE Sheathed Cable)에 대하여 비교 설명하시오.

국가기술자격 기술사 시험문제

기술사 제114회   제3교시(시험시간 : 100분)

분야	전기 · 전자	종목	건축전기설비기술사	수험번호		성명	

※ 다음 문제 중 4문제를 선택하여 설명하시오.(각 25점)

1. 380V 저압용 유도전동기의 보호방법과 전기설비기술기준의 판단기준 175조에 의한 차단기 용량산정, 경제적인 배선규격에 대하여 설명하시오.

2. 연료전지 발전에 대하여 설명하시오.

3. KS C 0075에 의한 광원의 연색성 평가와 연색성이 물체에 미치는 영향에 대하여 설명하시오.

4. 엘리베이터 설치 시 다음 사항을 설명하시오.

   1) 엘리베이터 가속 시의 허용 전압 강하

   2) 엘리베이터 수량과 수용률의 관계

   3) 전원변압기 용량 선정 방법

   4) 전력간선 선정 방법

   5) 간선보호용 차단기 선정 방법

   6) 인버터제어 엘리베이터 설치 시 검토사항

5. 전선 이상온도 검지장치에 대하여 다음 사항을 설명하시오.

   1) 적용범위

   2) 사용전압

   3) 시설방법

   4) 검지선의 규격

   5) 접지

6. 수전설비 용량산정에서 이단강하방식과 직강하방식의 용량 산정 방법에 대하여 설명하시오.

국가기술자격 기술사 시험문제

기술사 제114회   제4교시(시험시간 : 100분)

분야	전기 · 전자	종목	건축전기설비기술사	수험번호		성명	

※ 다음 문제 중 4문제를 선택하여 설명하시오.(각 25점)

1. 계측기기용 변류기와 보호계전기용 변류기의 차이점에 대하여 설명하시오.

2. 전류동작형 누전차단기가 정상상태일 때와 누설전류가 흐를 때의 동작원리에 대하여 설명하시오.

3. 다음과 같은 무정전 전원장치(UPS)의 특성에 대하여 설명하시오.

    1) 단일 출력 버스 UPS

    2) 병렬 UPS

    3) 이중 버스 UPS

4. 인버터 제어회로를 운전하는 경우 역률 개선용 콘덴서의 설계 및 선정 방안에 대하여 다음 사항을 설명하시오.

    1) 인버터 종류 및 역률 개선용 콘덴서 설치 개념

    2) 콘덴서 회로 부속기기 및 용량산출

    3) 직렬리액터 설치 시 효과 및 고려사항

5. TN계통에서 전원자동차단에 의한 감전보호방식에 대하여 설명하시오.

6. 피뢰시스템 설계 시 고려사항과 설계흐름도에 대하여 설명하시오.

국가기술자격 기술사 시험문제

기술사 제115회   제1교시(시험시간 : 100분)

분야	전기 · 전자	종목	건축전기설비기술사	수험번호		성명	

※ 다음 문제 중 10문제를 선택하여 설명하시오.(각 10점)

1. 수변전설비의 옥외형과 옥내형을 선정하는 데 필요한 설계조건을 설명하시오.

2. 전기사업법에 의한 자가용 전기설비에서 일반용 전기설비 범위에는 해당하나 안전 등을 위하여 일반

   용 전기설비로 보지 않고 자가용 전기설비로 보는 대상에 대하여 설명하시오.

3. ESCO(Energy Service Company)의 주요 역할과 계약제도의 종류를 설명하시오.

4. 피뢰기(Lightning Arrester)가 가져야 할 특성을 설명하시오.

5. 한국전력의 전력품질 3대 지표에 대해서 설명하시오.

   1) 전압

   2) 주파수

   3) 정전시간

6. 사물인터넷(Internet of Things)을 설명하고 전력설비에서의 적용 현황을 설명하시오.

7. 승강기의 효율 향상에 사용되는 회생제동장치의 원리와 설치 제한 사항에 대하여 설명하시오.

8. 초전도케이블에 사용되는 제1종 초전도체와 제2종 초전도체의 특성을 비교 설명하시오.

9. 최근 제정 공고된 한국전기설비규정(KEC)의 주요 사항을 설명하시오.

10. 루미네슨스(Luminescence) 개념과 종류를 설명하시오.

11. 변압기용 보호계전기 정정 시 사용하는 통과고장 보호 곡선(Through Fault Protection Curve)을 설

    명하시오.

12. 분산형 전원을 한국전력공사 계통에 연계할 때, 고려하여야 할 사항을 설명하시오.

13. 다음 회로에서 단자(a, b) 왼쪽의 테브난(Thevenin) 등가회로를 그리고, 부하전류를 구하시오.(단, 부하저항 $R_L = 8\Omega$)

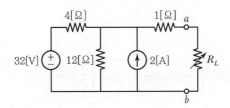

국가기술자격 기술사 시험문제

기술사 제115회 제2교시(시험시간 : 100분)

분야	전기 · 전자	종목	건축전기설비기술사	수험번호		성명	

※ 다음 문제 중 4문제를 선택하여 설명하시오.(각 25점)

1. 3상 유도전동기 공급 선로에서 CT(100/5A)의 2차 측에 50/51 계전기가 연결되어 있다. 50/51 계전기의 정정치와 시간탭 설정 방법을 그림으로 설명하시오.(단, 3상 유도전동기의 정격은 500kW, 6.6 kV이고 역률과 효율은 각각 92%와 93%이다. 구속전류는 정격전류의 6배이고, 가속시간 5초, Safe Stall Time 9초이다.)

2. 축전지 에너지저장장치(ESS : Energy Storage System)를 전기 계통에 도입하고자 할 때, ESS를 가장 효율적으로 활용하기 위한 3가지 용도를 설명하고, 각각의 경제성을 B/C(Benefit/Cost) 측면에서 비교하여 설명하시오.

3. 대단위(대지면적 : 약 100만 m², 용도 : 종합대학, 자동차공장, 놀이시설, 공항 등) 단지의 구내에 다수의 변전실을 설계하고자 한다. 배전계통에 대하여 설명하고 적합한 계통 구성 방식을 설명하시오.

4. 표피효과는 케이블에 영향을 준다. 표피효과와 표피두께는 주파수와 재질의 특성에 의하여 어떻게 결정되는지 설명하시오.

5. 접지전극의 설계에서 설계 목적에 맞는 효과적인 접지를 위한 단계별 고려사항을 설명하시오.

6. 지하 2층에 1,000kW 디젤발전기를 설치하였다. 준공검사에 필요한 전기와 건축 및 기계적인 점검사항을 설명하시오.

국가기술자격 기술사 시험문제

기술사 제115회　　　　　　　　　　　　　　　　　　　　　제3교시(시험시간 : 100분)

분야	전기 · 전자	종목	건축전기설비기술사	수험번호		성명	

※ 다음 문제 중 4문제를 선택하여 설명하시오.(각 25점)

1. 전력계통의 지락사고와 관련하여 다음 사항을 설명하시오.

    1) 영상전류와 영상전압을 검출하는 방법을 3선결선도를 그려 설명하시오.

    2) 영상 과전류계전기의 정정치를 결정하기 위한 방법을 설명하시오.

    3) 영상전압을 이용하여 지락사고 선로를 구분하기 위한 방법을 설명하시오.

2. 명시조명과 분위기 조명의 특징을 구분하고, 우수한 명시조명 설계를 위하여 고려할 사항을 설명하시오.

3. 수변전설비 설계에서 단락전류가 증가할 때의 문제점과 억제대책을 설명하시오.

4. 개폐서지는 뇌 서지보다 파고값이 높지 않으나 지속 시간이 수 ms로 비교적 길어 기기 절연에 영향을 준다. 개폐서지의 종류와 특성을 설명하시오.

5. 프로시니엄 무대(액자무대 : Proscenium Stage)를 가진 공연장에 설치하는 무대 조명기구를 배치구역별로 설명하시오.

6. 다음의 단선도에서 6.6kV 전동기(Mtr1, Mtr2) 공급용 CV케이블의 규격을 허용전류표를 이용하여 선정하시오. 단, 아래의 25℃ 기준 허용 전류표를 35℃ 허용전류표로 변환한 다음 케이블 굵기(mm²)를 선정하시오.

> [설계 조건]
> ① 단락 시 고장 제거시간은 0.18초
> ② 케이블의 포설은 3심 1조 직접 매설방식, 기저온도 35℃
> ③ 케이블의 도체허용온도 90℃, 단락 허용온도 250℃, 동 도체
> ④ 산출은 아래의 표를 기준으로 한다.

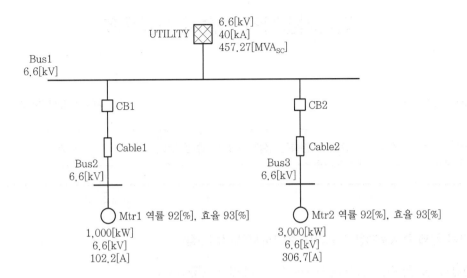

[CV 케이블의 허용전류표]

※ 직접매설 3심 1조 부설

공칭단면적(mm²)	16	25	35	70	95	120	150	185	240
허용전류(A)(25℃)	96	120	140	240	275	315	360	405	470
허용전류(A)(35℃)									

국가기술자격 기술사 시험문제

기술사 제115회   제4교시(시험시간 : 100분)

분야	전기 · 전자	종목	건축전기설비기술사	수험번호		성명	

※ 다음 문제 중 4문제를 선택하여 설명하시오.(각 25점)

1. 변압기 인증을 위한 공장시험의 종류 및 시험방법을 설명하시오.

2. 방범설비의 구성시스템 중 침입 발견설비를 설명하시오.

3. 단상 유도전동기에서 분상전동기의 기동토크를 최대로 하기 위한 보조회로의 저항을 구하시오.

   (단, 주권선의 임피던스는 $Z_m = R_m + jX_m$ 이다.)

4. 파동 방정식은 매질을 이동하며 일어나는 전자파의 특성을 해석할 수 있다. 맥스웰 방정식을 이용하여 파동방정식을 설명하시오.

5. 배선용 차단기(MCCB)의 특징을 설명하고 저압계통의 배선용 차단기 단락 보호 협조방식을 설명하시오.

6. 건설사업관리(CM : Construction Management)에 대하여 아래 사항을 설명하시오.

   1) 필요성

   2) 업무범위

   3) CM과 감리 비교

   4) 자문형 CM과 책임형 CM의 비교

국가기술자격 기술사 시험문제

기술사 제116회   제1교시(시험시간 : 100분)

분야	전기 · 전자	종목	건축전기설비기술사	수험번호		성명	

※ **다음 문제 중 10문제를 선택하여 설명하시오.(각 10점)**

1. 피뢰기를 변압기에 가까이 설치해야 하는 이유에 대하여 설명하시오.

2. 내선규정에 의한 제2종 접지선 굵기 산정기준에 대하여 설명하시오.

3. 교류자기회로 코일에 시변자속이 인가될 때 유도기전력을 설명하시오.(단, 자기회로는 포화와 누설이
   발생하지 않는다고 가정)

4. 다음 그림에서 $t = 0$에서 스위치 S를 닫을 때 과도전류 $i(t)$를 구하시오.

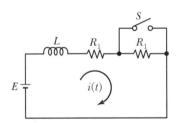

5. 전기설비기술기준의 판단기준 제289조(저압 옥내 직류전기설비의 접지)의 시설기준에 대하여 설명
   하시오.

6. 축전지의 충전방식을 초기 충전과 사용 중의 충전방식으로 구분하여 설명하시오.

7. 변압기의 K－Factor에 대하여 설명하시오.

8. 전기방식 중에 희생양극법에 대하여 설명하시오.

9. 교류회로에서 전선을 병렬로 사용하는 경우 포설방법에 대하여 설명하시오.

10. 소방부하 겸용 발전기용량 산정 시 적용하는 수용률 기준에 대하여 설명하시오.

11. 3고조파 전류가 영상전류가 되는 이유에 대하여 설명하시오.

12. 변압기의 과부하 운전이 가능한 조건에 대하여 설명하시오.

13. 파센의 법칙(Paschen's Law)과 페닝 효과(Penning Effect)에 대하여 설명하시오.

국가기술자격 기술사 시험문제

기술사 제116회   제2교시(시험시간 : 100분)

분야	전기 · 전자	종목	건축전기설비기술사	수험번호		성명	

※ 다음 문제 중 4문제를 선택하여 설명하시오.(각 25점)

1. 중성점 직접접지식 전로와 비접지식 전로의 지락보호를 비교하여 설명하시오.

2. 변류기(CT)의 과전류정수와 과전류강도에 대하여 설명하시오.

3. 전력용 콘덴서의 내부고장보호방식에 대하여 설명하시오.

4. 해상풍력발전의 전력계통 연계방안을 내부전력망(Array Cable or Inter Array), 해상변전소(Offshore Substation) 및 외부전력망(Transmission Cable or Export Cable)으로 구분하여 설명하시오.

5. 전력시설물 공사감리업무 수행지침에 따라 물가변동으로 인한 계약금액 조정 시 계약금액 조정방법, 지수조정율과 품목조정율의 개요 및 검토 시 구비서류에 대하여 설명하시오.

6. 3상 유도전동기가 4극, 50Hz, 10HP로 전 부하에서 1,450rpm으로 운전하고 있을 때, 고정자 동손은 231W, 회전 손실은 343W이다. 다음을 구하시오.

    1) 축 토크   2) 유기된 기계적 출력

    3) 공극 전력   4) 회전자 동손

    5) 입력 전력   6) 효율

국가기술자격 기술사 시험문제

기술사 제116회   제3교시(시험시간 : 100분)

분야	전기 · 전자	종목	건축전기설비기술사	수험번호		성명	

※ 다음 문제 중 4문제를 선택하여 설명하시오.(각 25점)

1. 케이블에서 충전전류의 발생원인, 영향(문제점) 및 대책에 대하여 설명하시오.

2. 접지형 계기용변압기(GVT) 사용 시 고려사항에 대하여 설명하고, 설치개수와 영상전압과의 관계에 대해서도 설명하시오.

3. 정부에서는 태양광발전산업을 장려하기 위하여 2018년 REC(Renewable Energy Certificate) 가중치를 개정하고, 발전차액지원제도(FIT : Feed – In Tariff)를 한시적으로 도입하기로 결정하였다. 이에 대하여 설명하시오.

4. 분진위험장소에 시설하는 전기배선 및 개폐기, 콘센트, 전등설비 등의 시설방법에 대하여 설명하시오.

5. 최근 지진으로 인한 사회 전반적으로 예방대책이 요구되는 시점에서, 전기설비의 내진대책에 대하여 설명하시오.

6. VVVF(Variable Voltage Variable Frequency)와 VVCF(Variable Voltage Constant Frequency)의 원리, 특징 및 적용되는 분야에 대하여 설명하시오.

국가기술자격 기술사 시험문제

기술사 제116회   제4교시(시험시간 : 100분)

분야	전기 · 전자	종목	건축전기설비기술사	수험번호		성명	

※ 다음 문제 중 4문제를 선택하여 설명하시오.(각 25점)

1. 지중케이블의 고장점 추정방법에 대하여 설명하시오.

2. 골프장의 야간조명계획 시 고려사항에 대하여 설명하시오.

3. 분산형전원 배전계통 연계기술기준에 의거하여 한전계통 이상 시 분산형전원 분리시간(비정상전압, 비정상주파수)에 대하여 설명하시오.

4. 저항과 누설 리액턴스의 값이 $(0.01 + j0.04)\Omega$인 1,000kVA 단상변압기와 저항과 누설 리액턴스의 값이 $(0.012 + j0.036)\Omega$인 500kVA 단상변압기가 병렬운전한다. 부하가 1,500kVA일 때 각 변압기의 부하분담 값을 구하시오.(단, 지상역률은 0.8이고 2차 측 전압은 같다고 가정한다.)

5. KS C IEC 60364 – 4에서 정한 특별저압전원(ELV : Extra – Low Voltage)에 의한 보호방식에 대하여 설명하시오.

6. 소방시설용 비상전원수전설비에 대하여 설명하시오.

   1) 특별고압 또는 고압으로 수전하는 경우의 설치기준

   2) 전기회로 결선방법

국가기술자격 기술사 시험문제

기술사 제117회 　　　　　　　　　　　　　　　　　제1교시(시험시간 : 100분)

분야	전기 · 전자	종목	건축전기설비기술사	수험번호		성명	

※ 다음 문제 중 10문제를 선택하여 설명하시오.(각 10점)

1. 3상 4선식 공급방식의 전압강하 계산식 $e = \dfrac{k \times L \times I}{1,000 \times A}$ [V] 에서 전선의 재질이 구리(Cu), 알루미늄(Al)

   인 경우 k 값을 각각 구하시오.(k : 계수, A : 전선의 단면적[mm²], L : 전선 길이[m], I : 전류[A])

2. 전기소방설비에서 비상전원의 종류 및 용량에 대하여 설명하시오.

3. 다음 사항을 설명하시오.

   1) 현재 국내에서 사용 중인 전기사업법령에 의한 전원별(직류, 교류), 전압종별(저압, 고압, 특고압)을
      구분하여 설명하고, 2018. 1. 개정되어 2021. 1. 1부터 시행 예정인 전원별, 전압종별을 구분하여
      설명하시오.

   2) 한국전력공사의 전기공급약관에 의한 저압(교류 단상 220V 또는 교류 삼상 380V)으로 수전 가능
      한 최대 계약전력을 설명하시오.

4. 전기사업법에 의한 전기신산업이란 무엇인지 그 의미를 설명하시오.

5. 건축전기설비 설계기준에서 건축전기설비의 역할 3가지를 설명하시오.

6. 다음 용어를 설명하시오.

   1) 퍼킨제 효과(Purkinje Effect)

   2) 균제도

7. 선전하밀도가 ρ_l[C/m]인 무한히 긴 선전하로부터 거리가 각각 a[m], b[m]인 두 점 사이의 전위차 V_{ab}[V]를 구하시오.

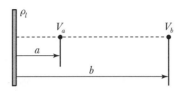

8. 전력용변압기의 최대효율 조건을 설명하시오.

(η : 효율, P : 변압기 용량, $\cos\theta$: 역률, m : 부하율, P_i : 철손, P_c : 동손)

9. 휘도측정방법(KS C 7613)에 대하여 다음을 설명하시오.

1) 측정 목적

2) 측정기준점의 높이 및 측정 휘도각

3) 각 작업에서의 눈의 위치

10. 주상복합건축물의 경관조명 설계 시 고려사항과 설계절차에 대하여 설명하시오.

11. 유도전동기 회로에 사용되는 배선용차단기의 선정조건을 설명하시오.

12. 변류기의 포화특성을 설명하시오.

13. 다음 회로에서 저항 R_1, R_2에 흐르는 전류 I_1, I_2를 구하시오.

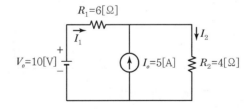

국가기술자격 기술사 시험문제

기술사 제117회   제2교시(시험시간 : 100분)

분야	전기 · 전자	종목	건축전기설비기술사	수험번호		성명	

※ 다음 문제 중 4문제를 선택하여 설명하시오.(각 25점)

1. 가스절연개폐장치(GIS) 등 내부의 절연을 위해 사용하는 SF_6 가스의 특성과 환경오염 방지를 위한 SF_6 가스 대체 기술을 설명하시오.

2. 심매설접지(보링접지)의 설계 및 시공 시 고려사항을 설명하시오.

3. 건물에너지관리시스템(BEMS)을 설명하시오.

4. 다음 회로에서 전력계(Wattmeter)에 나타난 전력을 구하시오.

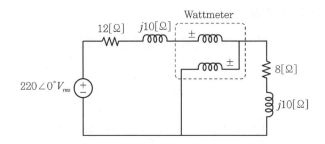

5. 단상 반파정류기와 단상 전파정류기를 설명하시오.

6. 건물 조명제어와 관련된 주요 프로토콜에 대하여 설명하시오.

국가기술자격 기술사 시험문제

기술사 제117회 　　　　　　　　　　　　　　　　제3교시(시험시간 : 100분)

분야	전기 · 전자	종목	건축전기설비기술사	수험번호		성명	

※ 다음 문제 중 4문제를 선택하여 설명하시오.(각 25점)

1. 스폿네트워크 수전방식에서 사고구간별 보호방식과 보호협조에 대하여 설명하시오.

2. 구내통신선로설비의 구성 및 업무용 건물의 구내통신선로설비 설치기준을 설명하시오.

3. 고조파가 전력용 변압기와 회전기에 미치는 영향과 대책을 설명하시오.

4. 변압기의 손실 종류와 손실 저감 대책을 설명하시오.

5. 전기실 및 발전기실의 환기량 계산방법을 설명하시오.

6. 옥내운동장(KS C 3706) 조명기구 배치방식에 대하여 설명하시오.

국가기술자격 기술사 시험문제

기술사 제117회   제4교시(시험시간 : 100분)

분야	전기 · 전자	종목	건축전기설비기술사	수험번호		성명	

※ **다음 문제 중 4문제를 선택하여 설명하시오.(각 25점)**

1. 불평형 전압이 유도전동기에 미치는 영향에 대하여 설명하시오.

2. 에너지저장장치(ESS)의 화재 원인과 방지대책을 설명하시오.

3. 자동화재탐지설비 중 화재수신기 종류와 화재감지기 중 불꽃감지기, 아날로그식감지기, 초미립자감지
   기를 설명하시오.

4. 스마트그리드의 필요성과 특징, 구현하기 위한 조건 및 핵심기술을 설명하시오.

5. 글레어(Glare)의 종류와 평가방법에 대하여 설명하시오.

6. 전력용 콘덴서에서 다음을 설명하시오.

   1) 운전 중 점검항목

   2) 팽창(배부름) 원인과 대책

국가기술자격 기술사 시험문제

기술사 제118회   제1교시(시험시간 : 100분)

분야	전기 · 전자	종목	건축전기설비기술사	수험번호		성명	

※ 다음 문제 중 10문제를 선택하여 설명하시오.(각 10점)

1. KS C IEC 60529에서 설명하는 전기기기 외함 보호등급(IP)에 대하여 설명하시오.

2. 전력선과 통신선 사이에 차폐선을 설치한 경우 통신선에 유도되는 전자유도전압을 구하시오.

3. 대전류 용량을 가지는 전력간선(케이블 · 버스덕트)의 단락 시 단락전자력과 단락기계력의 계산방법에 대하여 설명하시오.

4. 전기설비기술기준 및 전기설비기술기준의 판단기준에서 정하는 전로의 절연성능과 관련하여 다음을 설명하시오.

    1) 전선로의 전선 및 절연성능의 기준값

    2) 저압전로의 절연성능

5. 산화아연형(ZnO) 피뢰기의 열폭주 현상에 대하여 설명하시오.

6. 승강기의 설계순서와 배치결정에 대하여 설명하시오.

7. 수요반응(DR : Demand Response)의 의미와 국내에서 시행하고 있는 요금제도를 설명하시오.

8. 전력회로에서 직렬커패시터(Series Capacitor)와 병렬커패시터(Shunt Capacitor)의 적용 시 특성 및 효과에 대하여 설명하시오.

9. 고체 유전체의 트리잉(Treeing) 및 트래킹(Tracking) 현상에 대하여 설명하시오.

10. 변압기의 단절연에 대하여 설명하시오.

11. 폴리에틸렌전선관(CD)의 특징, 호칭 및 성능에 대하여 설명하시오.

12. 수소자동차 저장식 충전소 설계 시 전기적으로 고려해야 할 사항을 설명하시오.

13. 맥스웰 방정식(Maxwell Equation)에 대하여 설명하시오.

국가기술자격 기술사 시험문제

기술사 제118회 제2교시(시험시간 : 100분)

| 분야 | 전기 · 전자 | 종목 | 건축전기설비기술사 | 수험번호 | | 성명 | |

※ 다음 문제 중 4문제를 선택하여 설명하시오.(각 25점)

1. 건축물의 EMC(Electro Magnetic Compatibility) 대책을 설명하시오.

2. 도로조명(KS A 3701)과 터널조명(KS C 3703)에서 다음 사항에 대하여 설명하시오.

   1) 도로조명 등급 및 조명기구 배치방법

   2) 터널 기본부, 출구부 및 접속부 조명 설치방법

3. 전력용 변압기에서 발생되는 고장의 종류 및 현상에 대하여 설명하시오.

4. 건축물에 시설하는 디젤엔진 비상발전기의 보호계전방식에 대하여 설명하시오.

5. 무정전 전원장치(UPS) 용량설계 시 고려사항에 대하여 설명하시오.

6. 비상방송설비의 장애발생 원인 및 성능개선 방안을 설명하시오.

국가기술자격 기술사 시험문제

기술사 제118회   제3교시(시험시간 : 100분)

분야	전기 · 전자	종목	건축전기설비기술사	수험번호		성명	

※ 다음 문제 중 4문제를 선택하여 설명하시오.(각 25점)

1. 최근 제정된 특고압 전선로 인체보호기준에 관한 기술기준의 제정 이유와 주요 내용에 대하여 설명하시오.

2. ATS(Automatic Transfer Switch)와 CTTS(Closed Transition Transfer Switch)의 특성을 비교 설명하시오.

3. 케이블 트랜치 시공 시 고려사항에 대하여 설명하시오.

4. 공동구의 전기설비설계기준에 대하여 설명하시오.

5. 교류배전과 직류배전의 특성을 비교하고, 직류배전시스템 도입을 위한 고려사항에 대하여 설명하시오.

6. 태양광발전용 인버터 Topology 구성방법을 설명하시오.

   1) MIC(Module Integrated Converter)

   2) String

   3) Central

국가기술자격 기술사 시험문제

기술사 제118회   제4교시(시험시간 : 100분)

분야	전기 · 전자	종목	건축전기설비기술사	수험번호		성명	

※ 다음 문제 중 4문제를 선택하여 설명하시오.(각 25점)

1. 22.9kV 직강압방식의 변압기 용량결정에 대하여 설명하시오.

    1) 주변압기 용량

    2) 전등 및 동력부하에 대한 변압기 용량

    3) 전기용접기에 공급하는 변압기 용량

2. 분산형전원 계통연계용 변압기의 결선방식에 대하여 설명하시오.

3. 건축물에 시설하는 전기설비의 접지선 굵기 산정에 대하여 설명하시오.

4. 다음과 같이 변압기 2차 측 전압 220V로 공급되는 전기기기에 지락사고가 발생하였다.(단, 변압기 접지저항(R_2)은 5Ω, 기기의 제3종 접지저항은(R_3) 100Ω, 인체의 저항(R)은 3,000Ω으로 한다.)

    1) 등가회로를 작성하고 접촉전압(V_{touch}) 및 감전전류(mA)를 구하시오.

    2) 안전전압 이하로 하기 위한 저항값(R_3)을 구하시오.

        (단, 인체 접촉 시 안전전압은 50V 이하로 한다.)

3) 제3종 접지저항 값(R_3)을 얻기 어려울 경우 필요한 대책을 설명하시오.

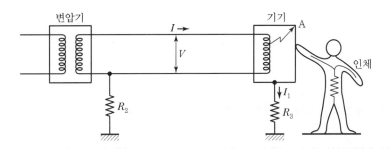

[지락사고 시 인체감전]

5. 건축물에 설치하는 저압 SPD(Surge Protective Device)의 선정 시 고려해야 할 사항에 대하여 설명하시오.

6. 최근 개정된 녹색건축물 조성 지원법에서 규정하는 에너지절약계획서 내용 중 다음에 대하여 설명하시오.

1) 전기부문의 의무사항

2) 전기부문의 권장사항

3) 에너지절약계획서를 첨부할 필요가 없는 건축물

국가기술자격 기술사 시험문제

기술사 제119회   제1교시(시험시간 : 100분)

분야	전기 · 전자	종목	건축전기설비기술사	수험번호		성명	

※ 다음 문제 중 10문제를 선택하여 설명하시오.(각 10점)

1. 플리커(Flicker) 정의 및 경감대책에 대하여 설명하시오.

2. 순응, 퍼킨제 효과의 개념 및 응용에 대하여 설명하시오.

3. 2대의 동기발전기가 기전력과 위상이 다른 경우 병렬운전했을 때 나타나는 현상을 각각 설명하시오.

4. 건축물의 비상발전기 용량산정에 대하여 설명하시오.

5. 직류송전의 장단점을 비교하여 설명하시오.

6. 다음 회로의 부하전류를 중첩의 정리를 이용하여 부하전류 $I_L(A)$을 구하시오.

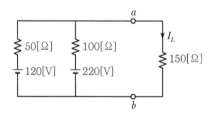

7. 의료장소의 접지계통방식을 간단히 설명하시오.

8. 소화활동설비용 비상콘센트설비의 설치 기준에 대하여 설명하시오.

9. 주택용 분전반 설치장소 선정 시 고려사항을 설명하시오.

10. 유도전동기의 명판에 표시된 전압보다 인가 전압이 110%, 90%일 때의 전동기 기동 토크, 기동 전류, 슬립, 온도상승에 대하여 설명하시오.

11. 1.5kV 이하 직류 가공전선로의 시설방법에 대하여 설명하시오.

12. 아크차단기(AFCI : Arc Fault Circuit Interrupter)에 대하여 설명하시오.

13. 전기저장장치(ESS) 화재 원인 및 안전강화 대책 발표(2019. 06. 11)에 따라 20kWh를 초과하는 리튬 · 나트륨 · 레독스플로우 계열의 이차전지를 이용한 전기저장장치 사용전검사 시 2019. 06. 20부터 적용된 추가 검사 항목 중 공통사항을 설명하시오.

국가기술자격 기술사 시험문제

기술사 제119회   제2교시(시험시간 : 100분)

분야	전기 · 전자	종목	건축전기설비기술사	수험번호		성명	

※ 다음 문제 중 4문제를 선택하여 설명하시오.(각 25점)

1. 비상용 동기발전기에서 부하가 순수 저항부하, 순수 유도성부하일 때 부하전류에 따른 단자전압의 특성을 각각 식과 그래프를 이용하여 설명하시오.

2. 건축물 내의 통합자동제어설비에 대하여 설명하시오.

3. 고조파에 대한 다음 사항을 설명하시오.

    1) 고조파의 정의

    2) 고조파 발생 원리

    3) 3상 평형 배선의 상전류에 고조파가 포함되어 흐르는 경우 4심 및 5심 케이블 고조파 전류의 보정계수

    4) 보정계수 적용 시 고려사항

4. 고령자를 배려한 주거시설의 전기설비 설계 시 고려사항에 대하여 설명하시오.

5. 조명설비설계에 대하여 아래의 내용을 설명하시오.

    1) 전반조명설계(광속법) 절차

    2) 명시적 조명과 장식적 조명 비교

    3) 평균조도 계산방법 중 3배광법과 ZCM(구역공간법) 비교

6. 건축물 배선설비의 선정과 설치에 고려할 외적 영향에 대하여 10가지만 설명하시오.

국가기술자격 기술사 시험문제

기술사 제119회   제3교시(시험시간 : 100분)

분야	전기·전자	종목	건축전기설비기술사	수험번호		성명	

※ 다음 문제 중 4문제를 선택하여 설명하시오.(각 25점)

1. 순시전압강하(Voltage Sag)에 대한 정의, 원인 및 대책을 설명하시오.

2. 그림과 같은 회로에서 인덕터 L에 흐르는 전류가 교류전원 전압 E와 동상이 되기 위한 저항 R_2 값을 구하시오.

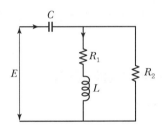

3. 3상 유도전동기에 대하여 다음의 내용을 설명하시오.

   1) 기동방식 선정 시 고려사항

   2) 농형 유도전동기 기동법

   3) $Y-\triangle$ 기동법 적용 시 비상전원겸용 전기저장장치에 미치는 영향 및 대책

4. 그린 데이터 센터에서 전기설비의 효율을 높이기 위한 구축 방안에 대하여 설명하시오.

5. 단거리선로의 옴법 전압강하 계산식을 등가회로 및 벡터도를 그려서 설명하고 옥내 배선 전압강하 계산식을 설명하시오.

6. 전기자동차 전원공급설비 설계 시 아래 사항에 대하여 설명하시오.

   1) 전원공급설비의 저압선로 시설

   2) 전기자동차 충전장치 및 방호장치 시설

국가기술자격 기술사 시험문제

기술사 제119회   제4교시(시험시간 : 100분)

분야	전기 · 전자	종목	건축전기설비기술사	수험번호		성명	

※ 다음 문제 중 4문제를 선택하여 설명하시오.(각 25점)

1. 수변전실 설계 시 고려해야 할 사항에 대하여 설명하시오.

2. 태양전지의 최대 전력점과 효율에 대하여 설명하시오.

3. 두 개 이상의 충전도체 또는 PEN도체를 계통에 병렬로 접속할 때 고려사항과 병렬 도체 사이에 부하 전류가 최대한 균등하게 배분될 수 있는 병렬 케이블(L1, L2, L3, N)의 특수 배치에 대하여 그림을 그리고 설명하시오.

4. 건축물의 화재 시 확산방지가 중요하다. 다음을 설명하시오.

   1) 방화구획재(Fire Stop) 종류 및 특성

   2) 내화구조

   3) 난연케이블(Flame Retardant Cable), 내열케이블(Heatproof Cable)

5. 전동기용 분기회로 개폐기, 과전류차단기, 전선 굵기에 대하여 설명하시오.

6. GIS(Gas Insulated Switchgear) 설비의 개요 및 주요 구성 기기에 대하여 설명하고, 재래식 수전설비에 비하여 GIS의 장점을 설명하시오.

국가기술자격 기술사 시험문제

기술사 제120회　　　　　　　　　　　　　　　　　제1교시(시험시간 : 100분)

분야	전기 · 전자	종목	건축전기설비기술사	수험번호		성명	

※ 다음 문제 중 10문제를 선택하여 설명하시오.(각 10점)

1. 피뢰기(LA)의 정격 선정 시 고려사항과 서지흡수기(SA)의 정격에 대하여 설명하시오.

2. 수 · 변전설비 모선방식 중 단일모선방식, 섹션을 가진 단일모선방식, 이중모선방식에 대하여 각각 그림을 그리고 설명하시오.

3. 전력퓨즈(Power Fuse)의 종류와 그 기능 및 특징을 설명하시오.

4. 전기설비에 역률개선용 전력콘덴서 설치 시 기대효과를 설명하시오.

5. 직류 2선식의 전압강하 계산식 $e = \dfrac{0.0356LI}{S}(\text{V})$을 유도하시오.

    (단, L : 전선의 길이(m), I : 전류(A), S : 전선의 단면적(mm^2), 도체는 연동선으로 한다.)

6. 40W 120개, 60W 50개의 비상조명등이 있다. 방전시간은 30분, 연축전지가 HS형 54셀(cell), 허용최저전압이 90V일 때 소요 축전지 용량을 구하시오.(단, 부하의 정격전압 100V, 연축전지 보수율 0.8, 방전시간이 30분일 때의 용량환산 시간 K는 축전지 허용최저전압 1.6V일 경우 K = 1.1, 허용최저전압 1.7V일 경우 K = 1.22, 허용최저전압 1.8V일 경우 K = 1.54로 한다.)

7. 주차장법 시행규칙에서 정하는 노외주차장의 조명설비와 CCTV 설치기준에 대하여 설명하시오.

8. 건축전기설비에 대한 내진설계 목적과 개념도를 설명하시오.

9. 열(熱)과 전기(電氣)가 상호 연관되는 열전효과의 개요와 3가지 효과에 대하여 설명하시오.

10. 전력기술관리법 시행령에 의한 감리원의 업무범위를 설명하시오.

11. 전기설비기술기준의 판단기준에 의거 전기울타리의 시설 방법 및 전원장치에 대하여 설명하시오.

12. 건축전기설비(IEC 60364) 적용시설, 적용대상, 적용제외 기기 및 설비에 대하여 설명하시오.

13. V2G(Vehicle to Grid)의 도입 배경과 정의에 대하여 설명하시오.

국가기술자격 기술사 시험문제

기술사 제120회   제2교시(시험시간 : 100분)

분야	전기 · 전자	종목	건축전기설비기술사	수험번호		성명	

※ **다음 문제 중 4문제를 선택하여 설명하시오.(각 25점)**

1. 빌딩에서의 정전기 발생원인과 방지대책에 대하여 설명하시오.

2. 의료용 전기기기를 장착부 사용방법에 따라 구분하고 비상전원의 종류 및 비상전원 설비의 세부 요구 사항을 설명하시오.

3. 전력계통에서 중성점 접지방식의 목적과 접지방식별 특징을 설명하시오.

4. 550세대 고층아파트 단지를 건설하려고 한다. 이 경우 수전설비, 변전설비, 발전설비를 기획하시오. (단, 단위 세대면적은 108m², 공용시설 부하는 1.8kVA/세대로 가정한다.)

5. 3상 유도전동기 결상 시 역상전류가 흐르는 것을 증명하고, 결상과 역상의 원인 및 영향과 유도전동기의 보호방식에 대하여 설명하시오.

6. 방폭형 조명기구의 구조와 종류, 폭발위험장소의 등급구분에 대하여 설명하시오.

국가기술자격 기술사 시험문제

기술사 제120회   제3교시(시험시간 : 100분)

분야	전기 · 전자	종목	건축전기설비기술사	수험번호		성명	

※ 다음 문제 중 4문제를 선택하여 설명하시오.(각 25점)

1. 풍력발전설비의 다음 사항을 설명하시오.

   1) 구성요소

   2) 비상정지 및 안전장치 검사 사항

   3) 전력변환장치의 검사 사항

2. 주차관제설비의 신호제어장치와 차체 검지기를 각각 분류하고 이에 대하여 설명하시오.

3. 자동화재탐지설비의 비화재보 종류와 원인 및 대책에 대하여 설명하시오.

4. 광고조명의 조명방식과 설치기준 및 휘도측정방법에 대하여 설명하시오.

5. 인텔리전트빌딩(Intelligent Building)에 대하여 다음 사항을 설명하시오.

   1) 정의 및 건물에너지 절약을 위한 요소

   2) 구비조건

   3) 경제성

6. 전력간선의 굵기산정 흐름도를 제시하고 굵기를 선정하기 위한 고려사항을 설명하시오.

국가기술자격 기술사 시험문제

기술사 제120회   제4교시(시험시간 : 100분)

분야	전기 · 전자	종목	건축전기설비기술사	수험번호		성명	

※ 다음 문제 중 4문제를 선택하여 설명하시오.(각 25점)

1. 케이블 단락 시 기계적 강도에 대하여 다음 사항을 설명하시오.

   1) 단락 시 기계적 강도 계산의 필요성 및 강도 계산 프로세스

   2) 열적 용량

   3) 단락 전자력

   4) 3심 케이블 단락 기계력

2. 발전기실 설계 시 검토해야 할 다음 사항에 대하여 설명하시오.

   1) 건축적 고려사항

   2) 환경적 고려사항

   3) 전기적 고려사항

   4) 발전기실 구조

3. 공동주택 세대별 각종 계량기의 원격검침설비 설계 시 고려사항에 대하여 설명하시오.

4. 전력선에 의한 통신유도장해의 발생원인과 대책에 대하여 설명하시오.

5. 연료전지 발전설비의 정의와 시스템 구성요소의 각 기능에 대하여 설명하시오.

6. 엘리베이터 운전방식, 설치계획 시 고려해야 할 사항 및 승용승강기의 설치기준에 대하여 설명하시오.

국가기술자격 기술사 시험문제

기술사 제121회 제1교시(시험시간 : 100분)

분야	전기 · 전자	종목	건축전기설비기술사	수험번호		성명	

※ 다음 문제 중 10문제를 선택하여 설명하시오.(각 10점)

1. 통합접지 시공 시 감전보호용 등전위본딩의 적용 대상물과 시설 방법에 대하여 설명하시오.

2. 통합자동제어설비의 설계순서 및 제어방법에 대하여 설명하시오.

3. 3상 단락고장 시 고장전류계산 목적과 계산순서를 설명하시오.

4. 변압기 여자돌입전류의 발생과 그에 따른 보호장치의 오동작 방지에 대하여 설명하시오.

5. 절연계급과 기준충격절연강도(BIL)에 대하여 각각 설명하시오.

6. 전기설비에서 영상분 고조파가 콘덴서에 미치는 영향을 설명하시오.

7. 허용 보폭전압(Step Voltage)의 정의와 계산방법을 설명하시오.

8. 전기설비에서 배선의 표피효과와 근접효과에 대하여 설명하시오.

9. 전기설비 기술기준 및 판단기준에서 정하는 옥내 저압간선의 시설 기준에 따라 다음을 설명하시오.

   1) 간선에 사용하는 전선의 허용전류

   2) 간선으로부터 분기하는 전로에서 과전류 차단기를 생략할 수 있는 조건

10. 사무실에 사용되는 LED 조명의 색온도에 대하여 설명하시오.

11. 에너지 이용 합리화를 위한 기본계획을 설명하시오.

12. 신재생에너지의 단독운전 시 문제점과 방지 대책에 대하여 설명하시오.

13. 터널조명 설계 시 플리커(Flicker) 발생 원인과 대책에 대하여 설명하시오.

국가기술자격 기술사 시험문제

기술사 제121회   제2교시(시험시간 : 100분)

분야	전기 · 전자	종목	건축전기설비기술사	수험번호		성명	

※ **다음 문제 중 4문제를 선택하여 설명하시오.(각 25점)**

1. 전기설비기술기준 및 판단기준에서 정하는 ESS(Energy Storage System)의 안전강화를 위한 사항에 대하여 설명하시오.

2. 공장 설비의 증설로 인하여 정전 작업을 시행하려고 한다. 감전사고 방지를 위한 정전 작업 방법에 대하여 설명하시오.

3. 22.9kV 수배전반 제작 시 수행하여야 하는 감리업무 중 주요 자재의 품질기준 및 공장 검수시점의 품질 확인 사항에 대하여 설명하시오.

4. 디지털 보호계전기의 특성, 기본구성 및 주요 기능에 대하여 설명하시오.

5. 건축전기설비 설계기준에서 정하는 공동구 전기설비의 설계기준과 공동구에 설치되는 케이블의 방화 대책에 대하여 설명하시오.

6. 제로 에너지 빌딩(Zero Energy Building)의 다음 사항에 대하여 설명하시오.

   1) 제로 에너지 빌딩의 개념 및 조건

   2) 제로 에너지 빌딩의 적용기술

   3) 제로 에너지 빌딩의 기대효과

국가기술자격 기술사 시험문제

기술사 제121회 　　　　　　　　　　　　　　　　　 제3교시(시험시간 : 100분)

분야	전기 · 전자	종목	건축전기설비기술사	수험번호		성명	

※ 다음 문제 중 4문제를 선택하여 설명하시오.(각 25점)

1. 누전차단기에 대하여 다음 사항을 설명하시오.

　1) 전류동작형 누전차단기의 설치목적, 동작원리, 종류

　2) 다음에 주어진 회로에서 Motor A에 접촉 시 인체에 흐르는 전류를 산출한 후 누전차단기를 선정하시오.

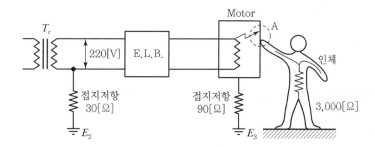

2. 변압기의 무부하 시험과 단락시험 방법에 대하여 회로를 그려서 설명하고, 다음의 변압기 특성에 대하여 설명하시오.

　1) 임피던스 전압

　2) 효율

　3) 전압변동율

3. 다음 그림을 이용하여 아래 사항을 설명하시오.

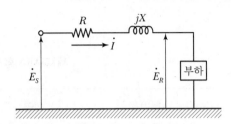

E_s : 송전전압(대지전압)

E_R : 수전전압(대지전압)

I : 선로전류[A]

R : 선로 1[m]당의 저항[Ω]

X : 선로 1[m]당의 리액턴스[Ω]

θ : 역률각

L : 선로길이[m]

1) 벡터도를 이용하여 전압강하식을 유도

2) 3상 4선식 전압강하 계산식 $e = \dfrac{0.0178LI}{A}(\mathrm{V})$을 유도

(단, A는 전선단면적[mm²]임)

4. 동기전동기의 토크와 부하각 특성 및 안전운전 범위에 대하여 설명하시오.

5. 피뢰기에 대하여 다음 사항을 설명하시오.

1) 피뢰기의 구비 조건

2) 피뢰기의 동작 특성

3) 피뢰기의 설치 장소

4) 피뢰기와 피보호기기의 최대 유효거리

6. 전력기술관리법에서 정하는 설계감리 내용 중 다음에 대하여 설명하시오.

1) 설계감리대상 및 설계감리 자격

2) 설계감리 예외사항

3) 설계감리 업무내용

국가기술자격 기술사 시험문제

기술사 제121회   제4교시(시험시간 : 100분)

분야	전기 · 전자	종목	건축전기설비기술사	수험번호		성명	

※ 다음 문제 중 4문제를 선택하여 설명하시오.(각 25점)

1. 이종(異種) 금속의 접촉에 의한 부식의 발생 원인과 방지대책에 대하여 설명하시오.

2. 전자화 배전반의 구성, 기능, 문제점, 대책 및 진단시스템에 대하여 설명하시오.

3. 전력용 변압기의 보호장치에 대하여 설명하시오.

4. 선로에서 단락전류 계산방법을 대칭 단락전류와 비대칭 단락전류로 구분하여 설명하시오.

5. 학교조명 설계 시 고려해야 할 사항에 대하여 설명하시오.

    1) 일반 교실

    2) 급식실

    3) 다목적 강당

6. 건축물 동력제어반의 구성기기와 공사감리 시 검토 사항을 설명하시오.

국가기술자격 기술사 시험문제

기술사 제122회   제1교시(시험시간 : 100분)

분야	전기 · 전자	종목	건축전기설비기술사	수험번호		성명	

※ 다음 문제 중 10문제를 선택하여 설명하시오.(각 10점)

1. 전력반도체 중 IGCT(Integrated Gate Commutated Thyristor)에 대하여 설명하시오.

2. 피뢰기(LA)의 단로장치에 대하여 설명하시오.

3. 빌딩 내 수변전설비의 변압기뱅크 2차 측 모선방식에 대하여 설명하시오.

4. 옥내배선공사의 케이블 트렌치 공사 시설기준에 대하여 설명하시오.

5. 신 · 재생에너지설비의 지원 등에 관한 지침의 태양광설비 시공기준에서 태양광 모듈의 제품, 설치용
   량, 설치상태에 대하여 설명하시오.

6. 무정전전원장치(UPS)용 대용량 축전지 선정에서의 요구사항과 필요조건에 대하여 설명하시오.

7. 전기사업법령에서 정한 전기의 품질기준과 이를 유지하는 방법에 대하여 설명하시오.

8. 공동주택 세대별 원격검침설비 기기 구성 및 기능, 전송선로 구성 및 배선에 대하여 각각 설명하시오.

9. 분산형 전원의 배전계통연계 목적과 연계기술기준에 대하여 설명하시오.

10. 전기자동차(EV) 충전방식에 대하여 설명하시오.

11. 전기설비기술기준의 판단기준에서 정의하는 이차전지를 이용한 전기저장장치의 제어 및 보호장치
    시설기준을 설명하시오.

12. 전력계통의 전원외란(Power Disturbance) 중 순시전압강하(Voltage Sag)와 전압변동의 발생원인과
    영향에 대하여 설명하시오.

13. 조명설비 용어 중 시감도(Luminosity Factor), 순응(Adaptation), 퍼킨제(Purkinje) 효과에 대하여 설
    명하시오.

국가기술자격 기술사 시험문제

기술사 제122회 제2교시(시험시간 : 100분)

| 분야 | 전기 · 전자 | 종목 | 건축전기설비기술사 | 수험번호 | | 성명 | |

※ 다음 문제 중 4문제를 선택하여 설명하시오.(각 25점)

1. 지능형 홈네트워크 설비 설치 및 기술기준 내용 중 다음 사항을 설명하시오.

   1) 예비전원이 공급되어야 하는 홈네트워크 필수 설비

   2) 홈네트워크 사용기기 설치기준

2. 건축물 지하층에 디젤엔진발전기를 설치할 경우, 전기공사감리 준공검사에 필요한 점검사항에 대하여 설명하시오.

3. 개폐서지(Surge)의 종류와 대책에 대하여 설명하시오.

4. 전동기의 보호장치 및 보호방식에 대하여 설명하시오.

5. 리튬이온 전지(Li-ion Battery)의 동작원리와 특징 및 전기에너지 저장장치(ESS)에 사용할 경우 안전대책에 대하여 각각 설명하시오.

6. 전력케이블의 열화 요인과 형태, 방지대책 및 진단방법에 대하여 각각 설명하시오.

국가기술자격 기술사 시험문제

기술사 제122회   제3교시(시험시간 : 100분)

분야	전기 · 전자	종목	건축전기설비기술사	수험번호		성명	

※ 다음 문제 중 4문제를 선택하여 설명하시오.(각 25점)

1. 배전선로에서 전력손실 정의와 경감 대책에 대하여 설명하시오.

2. 전선을 병렬로 사용하는 경우, 포설방법과 접속방법에 대하여 설명하시오.

3. 인공조명에 의한 빛공해 방지법에 대하여 설명하시오.

4. 엘리베이터의 속도제어방식의 종류와 특성에 대하여 설명하시오.

5. 풍력발전시스템의 구성 및 발전원리를 설명하고, 전력계통에 연계 시 미치는 영향과 대책에 대하여 각각 설명하시오.

6. 지중전선로에 대하여 시설방식, 지중전선의 종류, 지중함의 시설방법 및 지중전선 상호 간의 접근 시 시설방법에 대하여 각각 설명하시오.

국가기술자격 기술사 시험문제

기술사 제122회   제4교시(시험시간 : 100분)

분야	전기 · 전자	종목	건축전기설비기술사	수험번호		성명	

※ 다음 문제 중 4문제를 선택하여 설명하시오.(각 25점)

1. 건축물에 설치되는 구내방송설비에 대하여 다음 사항을 설명하시오.

   1) 스피커 종류 및 배치방법

   2) 사무실에 스피커 배치(BGM방송 수신기준) 방법

   3) 공연장, 강당, 체육관에 스피커 배치 방법

2. 에너지 하베스팅(Harvesting)과 압전에 대하여 다음 사항을 설명하시오.

   1) 에너지 하베스팅 개념과 흐름도   2) 압전의 구성 및 원리

   3) 기존발전과 압전발전 비교   4) 압전효과

   5) 기술동향

3. 전기사업용 전기에너지 저장장치(ESS)의 사용 전 검사 시 수검자의 사전제출 자료 및 사용 전 검사항목에 대하여 각각 설명하시오.

4. 케이블의 수트리(Water Tree) 현상에 대하여 설명하시오.

5. 공항시설법령에 의한 항공장애 표시등에 대하여 다음 사항을 설명하시오.

   1) 장애물 제한 표면   2) 항공장애 표시등 설치 대상 및 제외 대상

   3) 고광도 항공장애 표시등의 종류와 성능   4) 설치방법

6. 터널조명의 설계기준 중 설계속도와 정지거리, 경계부 조명, 이행부 조명, 기본부 조명, 비상조명 및 유지관리 요건에 대하여 각각 설명하시오.

국가기술자격 기술사 시험문제

기술사 제123회   제1교시(시험시간 : 100분)

분야	전기 · 전자	종목	건축전기설비기술사	수험번호		성명	

※ 다음 문제 중 10문제를 선택하여 설명하시오.(각 10점)

1. 건축전기설비의 설계 시 종합방재실의 설치목적과 타 공종(건축, 기계, 소방, 자동제어 등) 협의사항에 대하여 설명하시오.

2. 변압기의 절연방식 중 저감절연 및 단절연을 하는 이유와 이점을 설명하시오.

3. 단락사고 시 단락전류의 Peak 값이 1/2cycle에서 최대가 되는 이유를 설명하시오.

4. 고조파의 발생원인과 저감대책을 설명하시오.

5. XLPE케이블에서 발생되는 열화 중 수트리(Water Tree)의 발생원인 및 발생부위별 분류 3종류를 간단히 설명하시오.

6. 건축전기설비에서 사용되는 플로어덕트(Floor Duct) 공사 방법의 특징 및 유의사항에 대하여 설명하시오.

7. 2021년 1월 1일부터 변경 시행되는 다음 사항을 설명하시오.

    1) 전압의 종별 구분(KEC 111.1)

    2) 전선의 식별(KEC 121.2)

    3) 전로의 사용전압에 따른 시험전압과 저압전로의 최소 절연저항(전기설비기술기준 제52조)

    4) 특별저압의 구분(전기설비기술기준 제52조)

8. 건축전기설비 설계기준에서 간선의 배선방식에 대하여 그림을 그리고 각각에 대하여 설명하시오.

9. 박물관이나 미술관의 전시물이 조명에 의해서 손상되는 원인과 그 방지대책을 설명하시오.

10. 전기용접기와 같은 특성의 부하에 이용되는 자기누설변압기의 원리를 설명하시오.

11. 가시광선의 파장범위와 자외선 및 적외선을 이용한 광원에 대하여 각각 설명하시오.

12. 계측기용 변류기와 보호계전기용 변류기의 과전류 특성을 설명하시오.

13. 태양광 발전설비의 주요 구성과 Hotspot 현상을 설명하시오.

국가기술자격 기술사 시험문제

기술사 제123회					제2교시(시험시간 : 100분)	

분야	전기 · 전자	종목	건축전기설비기술사	수험번호		성명	

※ 다음 문제 중 4문제를 선택하여 설명하시오.(각 25점)

1. 전기회로에서 선로정수(Line Constants)의 구성요소 및 각각의 특성을 설명하시오.

2. 정보설비에서 다음 사항을 설명하시오.

   1) 신호구성의 4가지 요소(주파수, 진폭, 위상, 파형)

   2) 전파의 성질 및 주파수 범위에 따른 분류

3. 아래 그림을 이용하여 도선에 흐르는 전류에 의해서 각 도선이 받는 단위길이당 힘을 구하고, 플레밍의 왼손법칙을 설명하시오.

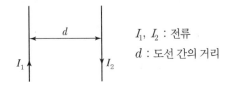

I_1, I_2 : 전류
d : 도선 간의 거리

4. 전력계통의 다음 사항을 각각 설명하시오.

   1) 기준충격절연강도(BIL)

   2) 절연협조의 정의 및 고려사항

5. 분산형전원의 특징을 설명하고, 배전계통 연계 시 설비 운영상 문제점 및 대책을 설명하시오.

6. 비행장 등화의 종류와 설치기준에 대하여 설명하시오.

국가기술자격 기술사 시험문제

기술사 제123회
제3교시(시험시간 : 100분)

분야	전기 · 전자	종목	건축전기설비기술사	수험번호		성명	

※ 다음 문제 중 4문제를 선택하여 설명하시오.(각 25점)

1. 조도측정에서 단위구역별 평균조도 측정방법을 1점법, 2점법 및 5점법으로 설명하시오.

2. 내진설계 대상 건축물과 수변전설비의 내진설계에 대하여 설명하시오.

3. 인텔리전트 빌딩(Intelligent Building)에서 LAN(Local Area Network)의 정의와 분류, 구성 및 동작을 설명하시오.

4. 발전소 내의 전선로의 선정과 공사방법에 대하여 설명하시오.

5. KS C IEC 60079 – 10 – 01에서 폭발위험 장소의 구분과 관련하여 다음 사항을 설명하시오.

   1) 위험장소(0종, 1종, 2종, 폭발 비위험 장소)

   2) 누출등급(연속누출등급, 1차 누출등급, 2차 누출등급) 및 결정조건

   3) 개구부의 종류(A, B, C, D형) 및 누출등급에 대한 개구부의 영향

   4) 폭발위험 장소의 범위 선정 시 고려사항

6. 차단기 개폐서지 종류와 특징을 설명하고, 고압 및 저압 측 대책을 설명하시오.

국가기술자격 기술사 시험문제

기술사 제123회   제4교시(시험시간 : 100분)

분야	전기 · 전자	종목	건축전기설비기술사	수험번호		성명	

※ 다음 문제 중 4문제를 선택하여 설명하시오.(각 25점)

1. 자가용 수전설비 계획 시 설계순서, 고려사항 및 에너지절감 대책을 설명하시오.

2. 영상변류기의 원리를 설명하고, 중성점 직접 접지식 전로와 비접지식 전로의 지락보호를 각각 설명하시오.

3. 스키장의 분위기, 이용객의 눈부심 및 안전을 고려하여 야간조명설비 설계를 설명하시오.

4. KS C IEC 60364 및 KS C IEC 62305 – 1의 규격에서 정하는 과전압보호에 대하여 설명하시오.

5. 농형유도전동기의 기동방식을 설명하시오.

6. 기존 전력망과 스마트 그리드(Smart Grid)의 주요 특징을 비교하고 스마트 그리드 구축에 따른 산업변화 전망을 설명하시오.

국가기술자격 기술사 시험문제

기술사 제124회　　　　　　　　　　　　　　　　제1교시(시험시간 : 100분)

분야	전기 · 전자	종목	건축전기설비기술사	수험번호		성명	

※ 다음 문제 중 10문제를 선택하여 설명하시오.(각 10점)

1. 유도전동기의 진동과 소음의 원인에 대하여 설명하시오.

2. 전력케이블에 흐르는 충전전류의 다음 사항에 대하여 설명하시오.

　　1) 발생원인　　　　　　　　　　　2) 문제점 및 영향

3. 파워퓨즈(PF)에서 한류형과 비한류형의 구조 및 특징을 설명하시오.

4. 광원에서 색온도 정의와 조도와의 관계에 대하여 설명하시오.

5. 전기재료의 전기적 고유특성 3가지(도전, 절연, 유전)에 대하여 설명하시오.

6. 대지저항률 측정방법 중 웨너(Wenner) 4전극법과 대지저항률의 특성에 대하여 설명하시오.

7. 전력계통에서의 유효접지와 비유효접지를 비교하여 설명하시오.

8. 변류기 Knee Point Voltage의 정의와 CT(Current Transformer)에 미치는 영향에 대하여 설명하시오.

9. 보호계전기의 정의와 오동작 방지 조건에 대하여 설명하시오.

10. 차단기의 보호협조방식에 있어 아래 그림의 X점에서 고장이 발생할 경우 캐스케이드(Cascade) 차단
　　방법에 대하여 설명하시오.

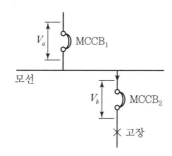

V_a : MCCB$_1$의 아크전압
V_b : MCCB$_2$의 아크전압

11. 과도현상에서 최대전력 전달조건을 R, L, C 회로별로 구분하여 설명하시오.

12. 3상 유도전동기의 전기적인 제동방식 중 4가지를 설명하시오.

13. 정전기의 방전현상 중 코로나 방전에 대하여 설명하시오.

국가기술자격 기술사 시험문제

기술사 제124회   제2교시(시험시간 : 100분)

분야	전기 · 전자	종목	건축전기설비기술사	수험번호		성명	

※ 다음 문제 중 4문제를 선택하여 설명하시오.(각 25점)

1. 대형 건축물 설계에서 변전실 선정 시 고려해야 할 사항 중 다음 내용에 대하여 설명하시오.

   1) 위치선정 시 고려사항   2) 기기배치 시 고려사항

   3) 건축상 고려사항   4) 변전실 면적 결정에 영향을 주는 요소

2. 3상 회로의 대칭분과 불평형성분을 대칭좌표법에 의하여 관계를 정리하고, 저항 R이 있는 a상에서 1선 지락고장 발생 시 대칭분전류와 지락전류의 산출방법에 대하여 설명하시오.

3. 유도전동기의 속도제어 기본식을 설명하고, 속도제어 방법의 종류와 적용 방법에 대하여 설명하시오.

4. 뇌전자기임펄스(LEMP) 보호대책시스템(LPMS)과 관련하여 다음 사항을 설명하시오.

   1) 피뢰구역(LPZ)의 대책

   2) LEMP 보호대책시스템(LPMS) 설계 및 기본 보호대책

5. 배터리를 이용한 대용량 에너지 저장시스템(BESS)의 구성도, 전지종류별 특징, 장 · 단점, 기술동향에 대하여 설명하시오.

6. 변류기에 대하여 다음을 설명하고 계산하시오.

   1) 비오차

   2) 합성오차

   3) 비보정 계수(Ratio Correction Factor)

   4) 100/5의 변류기 1차에 100A가 흐르고 2차에 4.96A가 흐를 경우, 변류기 비오차를 계산하시오.

국가기술자격 기술사 시험문제

기술사 제124회 　　　　　　　　　　　　　　　　　제3교시(시험시간 : 100분)

분야	전기 · 전자	종목	건축전기설비기술사	수험번호		성명	

※ 다음 문제 중 4문제를 선택하여 설명하시오.(각 25점)

1. 수변전설비 시스템에서 변압기 뱅크의 구성방법과 변압기 모선 구성방식에 대한 특징을 각각 설명하시오.

2. 건축전기설비의 내진설계 시 고려사항과 변압기, 발전기, 배전반, 간선, 승강기의 내진 대책에 대하여 설명하시오.

3. 신 · 재생에너지의 정의 및 특징과 그 종류(11가지)에 대하여 설명하시오.

4. 초고층 건축물의 수직간선 계획 및 설계 시 아래 사항에 대하여 설명하시오.

　1) 초고층 건축물의 정의

　2) 수직간선 선정 시 고려사항

　3) 간선의 부설 방법에 따른 문제점 및 대책

5. 조명기구의 특성에 따른 다음의 각 기능을 설명하시오.

　1) 배광 특성

　2) 휘도 특성

　3) 기구 효율

6. 다음 조건에서 변압기의 여자돌입전류가 발생하는 메커니즘을 설명하시오.

　1) 전압이 최대일 때 투입하는 경우

　2) 전압이 0일 때 투입하는 경우

국가기술자격 기술사 시험문제

기술사 제124회　　　　　　　　　　　　　　　　　　　제4교시(시험시간 : 100분)

분야	전기 · 전자	종목	건축전기설비기술사	수험번호		성명	

※ 다음 문제 중 4문제를 선택하여 설명하시오.(각 25점)

1. 예비전원 설비에서 축전지설비의 축전지 용량 산정방법에 대하여 설명하시오.

2. 건물일체형 태양광발전(BIPV) 시스템과 관련하여 다음 사항을 설명하시오.

   1) 모듈구조

   2) 특징

   3) 일반 태양광발전(PV)시스템과 건물일체형 태양광발전(BIPV) 시스템의 비교

   4) 설계 시 고려사항

3. 선로의 이상전압 발생원인과 보호대책에 대하여 설명하시오.

4. 박물관이나 미술관의 전시조명 설계 시 고려사항에 대하여 설명하시오.

5. 한국전기설비규정(KEC)의 접지방식 중 저압전로의 보호도체 및 중성선의 접속 방식에 따른 TN, TT,
   IT 계통접지에 대하여 설명하시오.

6. 에스컬레이터 전원용량 산정방법과 안전장치에 대하여 설명하시오.

국가기술자격 기술사 시험문제

기술사 제125회   제1교시(시험시간 : 100분)

분야	전기 · 전자	종목	건축전기설비기술사	수험번호		성명	

※ 다음 문제 중 10문제를 선택하여 설명하시오.(각 10점)

1. 의료시설에서 발생할 수 있는 매크로쇼크(Macro Shock)와 마이크로쇼크(Micro Shock)에 대하여 설명하시오.

2. 전력퓨즈(PF)의 주요 특성과 정격 차단용량에 대하여 설명하시오.

3. 특고압수용가에 설치되는 부족전압계전기(UVR)의 적정 설치 위치와 동작 시간에 대하여 설명하시오.

4. 차단기 명판(Name Plate)에 기준충격절연강도(BIL) 150kV, 정격 차단전류 12.5kA, 차단시간 8사이클 솔레노이드형이라고 기재되어 있다. 다음 물음에 대하여 설명하시오.

    1) BIL의 의미

    2) 이 차단기의 정격 전압

    3) 이 차단기의 정격 차단용량

5. 건물관리시스템(BEMS)의 도입목적 및 세부사항에 대하여 설명하시오.

6. 무정전전원공급장치(UPS)에 대한 다음 항목에 대하여 설명하시오.

    1) 부하용량의 산정 방법

    2) 적용 시 고려해야 할 사항

7. 전기화재 원인 중 하나인 트래킹(Tracking)의 발생 메커니즘과 방지대책을 설명하시오.

8. 조도계산 시 필요한 요소 중 다음 항목에 대하여 설명하시오.

    1) 광손실률(LLF : Light Loss Factor)

    2) 회복 불가능 요인과 회복 가능 요인

9. 공동주택 단위 세대의 부하산정 방법을 설명하시오.

10. KS C IEC 60364 – 7 – 710(특수설비 또는 특수장소에 대한 요구사항 – 의료장소)에서 규정하고 있는 상용전원 공급이 중단될 경우의 비상전원 공급 방안을 설명하시오.

11. 전력시설물 설계감리에 대하여 다음을 설명하시오.

　　1) 설계감리의 대상

　　2) 설계감리의 업무범위

　　3) 설계감리의 설계도서 보관 의무

12. 전자기학과 관련되는 맥스웰 방정식에 대하여 설명하시오.

13. 전기설비기술기준의 판단기준을 대체하는 한국전기설비규정(KEC) 제 · 개정 주요사항 중 수전전압별 접지설계 시 고려사항에 대하여 설명하시오.

국가기술자격 기술사 시험문제

기술사 제125회   제2교시(시험시간 : 100분)

분야	전기 · 전자	종목	건축전기설비기술사	수험번호		성명	

※ 다음 문제 중 4문제를 선택하여 설명하시오.(각 25점)

1. 서지보호장치(SPD)의 적용 범위, 타 기기와 보호협조, 적용 장소에 대하여 설명하시오.

2. 가교폴리에틸렌(XLPE) 케이블에 대하여 다음을 설명하시오.

    1) 구조와 특징

    2) 시스(Sheath) 전위 저감 대책인 접지방식 2가지(고압케이블 기준)

3. 정류기와 인버터의 리플프리(Ripple Free)직류와 백리플(Back Ripple)의 발생원인과 영향 및 대책에 대하여 설명하시오.

4. 건축전기설비 설계기준에 따라 전기 샤프트(ES)에 대한 다음 사항을 설명하시오.

    1) 설계 및 시공 시 고려사항

    2) 전기 샤프트 면적산정 방법

    3) 초고속 정보통신인증 대상 건축물의 정보통신용 샤프트(TPS) 면적 기준

5. 지능형 홈네트워크 설비의 설치방법 및 설치 시 고려사항에 대하여 설명하시오.

6. GIS(가스절연개폐장치)의 예방진단기술에 대하여 다음을 설명하시오.

    1) 온라인형 부분방전 검출장치

    2) 온라인형 LA 누설전류 측정장치

    3) UHF PD 예방진단시스템

국가기술자격 기술사 시험문제

기술사 제125회   제3교시(시험시간 : 100분)

분야	전기 · 전자	종목	건축전기설비기술사	수험번호		성명	

※ **다음 문제 중 4문제를 선택하여 설명하시오.(각 25점)**

1. 변전소 내에 메시접지 시설 시 보폭전압(Step Voltage), 접촉전압(Touch Voltage)을 최소화하여야 한다. 다음 사항에 대하여 설명하시오.

   1) 보폭전압(Step Voltage)의 개념 및 저감대책

   2) 접촉전압(Touch Voltage)의 개념 및 저감대책

2. 계기용 변류기(Current Transformer)에 대한 다음 사항을 설명하시오.

   1) 과전류강도

   2) 정격부담

   3) 케이블에 영상변류기(ZCT)를 관통하여 설치할 경우 실드(Shield) 접지선의 관통 여부(그림 포함)

3. 역률개선을 위한 전력용 콘덴서의 사고 형태에 따른 보호방식과 콘덴서 내부소자 사고에 대한 보호방식에 대하여 설명하시오.

4. 교량경관조명 계획 시 고려사항과 교량의 형식에 따른 분류에 대하여 설명하시오.

5. 방폭장소 및 클린룸에 설치하는 조명기구에 대하여 설명하시오.

6. 태양광발전 시스템의 설계 조건 및 검토 사항에 대하여 설명하시오.

국가기술자격 기술사 시험문제

기술사 제125회   제4교시(시험시간 : 100분)

분야	전기 · 전자	종목	건축전기설비기술사	수험번호		성명	

※ 다음 문제 중 4문제를 선택하여 설명하시오.(각 25점)

1. 근거리 통신망(Local Area Network)으로 사용하는 Twisted Pair Cable의 다음 사항에 대하여 설명하시오.

    1) 전자파 차단원리

    2) 차폐 종류에 따라 비교

    3) 배선공사 시 고려사항

2. 분산형전원설비 중 태양광발전설비의 직류 지락차단장치의 시설방법에 대하여 설명하시오.

3. 건축화조명 방식에 대하여 설명하시오.

4. 엘리베이터의 다음 사항에 대하여 설명하시오.

    1) 안전장치의 종류

    2) 설계 및 시공 시 고려사항

5. 연료전지의 발전원리와 재료 및 구성에 대하여 설명하시오.

6. 한 상에 여러 가닥의 케이블을 병렬로 배선 시 이상 현상과 동상 케이블에 흐르는 전류 불평형 방지 대책에 대하여 설명하시오.

국가기술자격 기술사 시험문제

기술사 제126회 　　　　　　　　　　　　　　제1교시(시험시간 : 100분)

분야	전기 · 전자	종목	건축전기설비기술사	수험번호		성명	

※ 다음 문제 중 10문제를 선택하여 설명하시오.(각 10점)

1. 한국전기설비규정(KEC)에서 정의하는 보호도체 단면적 산정에 대하여 설명하시오.

2. 화재에 취약한 합성수지관공사의 천장 은폐장소(이중천장) 및 벽체 내 시설에 대한 한국전기설비규정
　(KEC) 개정 사유 및 개정 내용에 대하여 설명하시오.

3. 소화활동설비인 비상콘센트설비의 전원회로 설치기준에 대하여 설명하시오.

4. 전압강하와 전압변동률에 대하여 설명하시오.

5. 색온도와 조도가 사람에게 미치는 일반적인 느낌에 대하여 설명하시오.

6. 변압기의 절연방식에 대하여 설명하시오.

7. 정전압원과 정전류원에 대하여 설명하시오.

8. 전기자반작용에 대하여 설명하시오.

9. 주택용과 산업용 배선차단기(MCCB)를 한국전기설비규정(KEC)을 기반으로 비교하여 설명하시오.

10. 계통전압 6.6kV의 변압기를 직접접지(저항접지)로 지락보호하고자 한다. 계통의 지락 시 완전 1선
　　지락 전류가 100A 정도 흐르도록 중성점 접지저항기(NGR)의 값을 구하고 NGR의 역할에 대하여 설
　　명하시오.

11. 한국전기설비규정(KEC)에 따른 분산형전원설비의 인체 감전보호 등 안전에 관한 사항에 대하여 설
　　명하시오.

12. 제로에너지빌딩(Zero Energy Building) 인증제도에 대하여 정의하고, 인증대상 및 인증기준에 대하
　　여 설명하시오.

13. 스마트 그리드(Smart Grid)의 필요성과 특징에 대하여 설명하시오.

국가기술자격 기술사 시험문제

기술사 제126회   제2교시(시험시간 : 100분)

분야	전기 · 전자	종목	건축전기설비기술사	수험번호		성명	

※ 다음 문제 중 4문제를 선택하여 설명하시오.(각 25점)

1. 유도전동기의 과부하 보호 및 단락 보호 방법에 대하여 설명하시오.

2. 3상 평형배선의 상전류에 고조파가 포함되어 흐르는 경우 4심 및 5심 케이블의 고조파 전류 저감 계
   수, 중성선의 단면적 선정 방법 및 중성선의 보호 방법(접지 계통별 구분)에 대하여 설명하시오.

3. 연면적 80,000m² 지하 5층, 지상 25층 오피스빌딩의 전기설비를 계획하시오.

4. 옥내 조명설계에서 좋은 조명의 조건과 조명설계순서에 대하여 설명하시오.

5. 건축물 예비전원설비 중에서 자가발전설비의 용량 산정방법을 국토교통부 설비설계기준(KDS 31 60
   20 : 2021 예비전원설비)에 근거하여 설명하시오.

6. 건축물에 설치하는 비상방송설비의 화재 시 배선기준 및 대책과 소방감지기의 종류 중에서 이온화식
   과 광전식을 비교하여 설명하시오.

국가기술자격 기술사 시험문제

기술사 제126회   제3교시(시험시간 : 100분)

분야	전기 · 전자	종목	건축전기설비기술사	수험번호		성명	

※ 다음 문제 중 4문제를 선택하여 설명하시오.(각 25점)

1. 대지고유저항 측정 시 대지저항률에 영향을 미치는 요인과 대지저항률의 측정방법에 대하여 설명하시오.

2. 연료전지의 발전원리와 구성요소, 종류 및 특징에 대하여 설명하시오.

3. 아래 그림의 F1과 F2 지점의 3상 단락사고 시 단락전류(kA)를 계산하고, 변압기(TR2) 1차 측과 2차 측의 차단기 차단용량을 선정하시오.(단, 선로에 대한 임피던스는 제외한다.)

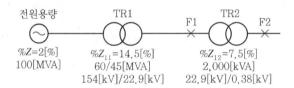

4. 전기자동차 충전시설에 대하여 설명하고, 충전시설 설치를 위한 설계도서 작성 시 고려사항에 대하여 설명하시오.(단, 충전인프라 설치 · 운영 지침(2021. 6. 환경부)과 한국전기설비규정(KEC) 241.17.3 전기자동차의 충전장치 시설에 따른다.)

5. 유도전동기의 속도제어방식 중 인버터(Inverter) 제어방식에 대하여 설명하고, 인버터(Inverter) 적용 시 주의사항에 대하여 설명하시오.

6. 유전율, 투자율, 도전율 및 저항률에 대하여 설명하시오.

국가기술자격 기술사 시험문제

기술사 제126회   제4교시(시험시간 : 100분)

분야	전기 · 전자	종목	건축전기설비기술사	수험번호		성명	

※ 다음 문제 중 4문제를 선택하여 설명하시오.(각 25점)

1. 22.9kV 특고압 수전방식의 종류를 열거하고 설명하시오.

2. 한국전기설비규정(KEC)에 의해 건축물 배선설비 선정 및 시공 시 외적영향과 관련된 중요한 고려사항과 케이블 굵기(저압 전동기 분기회로) 산정 시 고려사항에 대하여 설명하시오.

3. VE(Value Engineering)에 대하여 설명하시오.

4. 메시(Mesh)접지 설계를 단계별로 구분하여 각 단계별 작업내용 및 설계요소를 설명하고, 접지 목표값에 도달하지 못한 경우 수정해야 하는 설계요소에 대하여 설명하시오.(단, 접지설계는 IEEE Std. 80에 따른다.)

5. 22.9kV-Y 동심중성선 케이블의 종류 중에서 대표적으로 많이 사용되는 3가지 케이블을 열거하고 설명하시오.

6. 변압기의 전기적 보호장치와 기계적 보호장치에 대하여 설명하시오.

국가기술자격 기술사 시험문제

기술사 제127회   제1교시(시험시간 : 100분)

분야	전기·전자	종목	건축전기설비기술사	수험번호		성명	

※ 다음 문제 중 10문제를 선택하여 설명하시오.(각 10점)

1. 조명 설계 시 고려되는 균제도에 대하여 설명하시오.

2. 수용가의 전력설비 계획 시 수용률, 부등률 및 부하율을 구하는 계산식을 쓰고, 변압기의 용량을 결정하기 위한 과정을 설명하시오.

3. 비상용 승강기가 가져야 할 안전장치에 대하여 설명하시오.

4. 변전설비 설계에서 변압기 2차 측의 이중모선 방식에 대하여 설명하시오.

5. 분산형 전원설비를 저압계통에 연계할 때 직류유출방지에 대한 다음 사항을 설명하시오.

   1) 직류유출방지를 위하여 설치하는 전기기기 및 설치방법

   2) 직류유출방지를 위한 전기기기 설치 예외 기준

   3) KEC, IEC 및 IEEE에서 제시하는 직류전류 유출의 제한 값 비교

6. 정격용량 1,000kVA, 1차 전압 22.9kV, 2차 전압 3.3kV인 몰드변압기의 부하손실이 8.0kW, 임피던스 전압이 1,100V인 경우 부하의 역률 0.8, 부하율 100%일 때 변압기의 전압변동률을 계산하시오.

7. 전기설비의 지진대책에 적용되는 내진, 면진 및 제진에 대하여 설명하시오.

8. 태양광발전시스템에서 계통연계형 인버터 회로구성 방식의 종류와 장·단점에 대하여 설명하시오.

9. 예비전원이나 비상전원으로 사용되는 축전지의 충전방식에 대하여 설명하시오.

10. 대형 공장의 구내 배전계통을 설계하고자 한다. 수전변전소로부터 4km 떨어진 지점에서 3상 단락고장이 발생하였을 때 3상 단락전류(I_{3s})를 구하시오.(단, 한전 측 계통%임피던스는 11%(100MVA 기준), 30MVA 유입변압기의 %임피던스는 9.5%(자기용량 기준), 배전선로의 km당 %임피던스는 $j8.41$%(100MVA 기준), 3상 단락 시 고장점 저항은 무시한다.)

11. 신재생에너지 도입을 위한 설비를 기획하고자 한다. 경제성 검토 시 사용하는 다음의 용어에 대하여 설명하시오.

    1) 계통한계가격(SMP)

    2) 손익분기점

    3) 내부수익률(IRR)

12. 배전설비 중 전자화 배전반에 대한 다음 사항을 설명하시오.

    1) 전자화 배전반의 구성, 기능, 특징

    2) 전자화 배전반과 기존 배전반의 비교

13. 전동기의 사양 중 서비스 팩터(Service Factor)의 의미를 설명하고, 서비스 팩터가 1.0과 1.15일 때의 차이점을 설명하시오.

국가기술자격 기술사 시험문제

기술사 제127회   제2교시(시험시간 : 100분)

분야	전기 · 전자	종목	건축전기설비기술사	수험번호		성명	

※ 다음 문제 중 4문제를 선택하여 설명하시오.(각 25점)

1. 조명설계 시 눈부심 현상을 억제하기 위한 대책을 설명하시오.

2. 유도전동기의 전압특성을 설명하고, 단자전압이 정격전압보다 낮은 경우에 발생하는 현상과 대책에 대하여 설명하시오.

3. 배전설비에서 전선의 단면적 산정과 관련된 다음 사항을 한국전기설비규정(KEC)의 기준에 맞게 설명하시오.

   1) 설계전류(I_B), 과전류보호장치의 정격전류를 고려한 단면적 계산방법

   2) 전선 단면적과 차단기 정격과의 보호협조 검토

4. 배전설비에서 Flicker에 대한 다음 사항을 설명하시오.

   1) Flicker 발생원인 및 장해현상

   2) Flicker 발생에 따른 대책 및 시공 시 고려사항

5. 단독접지에 비해 공통접지의 장점과 특성에 대하여 설명하시오.

6. 수변전설비에서 피뢰기(LA) 선정 시 고려해야 할 사항에 대하여 설명하시오.

국가기술자격 기술사 시험문제

기술사 제127회   제3교시(시험시간 : 100분)

분야	전기 · 전자	종목	건축전기설비기술사	수험번호		성명	

※ 다음 문제 중 4문제를 선택하여 설명하시오.(각 25점)

1. 수전설비의 설치계획에서 특고압 또는 고압으로 수전하는 소방시설용 비상전원 수전설비에 대한 다음 사항을 설명하시오.

   1) 비상용 수전설비의 방화구획형, 옥외개방형, 큐비클(Cubicle)형

   2) 전용의 전력용 변압기에서 소방부하에 전원을 공급하는 경우

   3) 공용의 전력용 변압기에서 소방부하에 전원을 공급하는 경우

   4) 전용과 공용의 각 회로도에 대한 의미를 설명

2. 그림에서 나타낸 바와 같이 무부하 상태에 있는 발전기의 a상 1단자가 지락되었을 때 접지 저항이 R_f 이었다. 이때 a상의 고장전류와 개방단자인 b, c상의 단자전압을 구하시오.

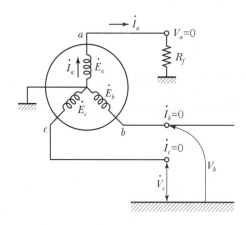

$\dot{E}_a, \dot{E}_b, \dot{E}_c$: 유기기전력
$\dot{V}_a, \dot{V}_b, \dot{V}_c$: 대지전압
$\dot{I}_a, \dot{I}_b, \dot{I}_c$: 각 상전류

3. 단락전류 계산방법과 단락전류를 억제하기 위한 대책을 설명하시오.

4. 전기저장장치(Energy Storage System)는 전력계통 및 신재생에너지 발전원으로부터 전기 에너지를 저장하였다가 전력이 필요할 때 공급하는 시스템이다. 전기저장장치에 대한 다음 사항을 설명하시오.

   1) 전기저장장치의 시설장소에 대한 고려사항

   2) 전기저장장치 설비의 안전 요구사항

   3) 전기저장장치의 시설 시 전기배선, 단자와 접속 등 고려사항

   4) 전기저장장치의 제어 및 보호장치 등 고려사항

5. 지중에 매설된 금속배관의 부식방지를 위한 전기방식(電氣防蝕)에 대한 다음을 설명하시오.

   1) 부식의 종류

   2) 희생양극법

   3) 외부전원법

   4) 배류법

6. 데이터 센터에서 전력품질 문제와 전력설비 관리 방안에 대하여 설명하시오.

국가기술자격 기술사 시험문제

기술사 제127회   제4교시(시험시간 : 100분)

분야	전기 · 전자	종목	건축전기설비기술사	수험번호		성명	

※ 다음 문제 중 4문제를 선택하여 설명하시오.(각 25점)

1. 인텔리전트 빌딩에서의 조명설계 시 고려사항에 대하여 설명하시오.

2. 중성점 비접지식 전로의 지락보호 방법에 대하여 설명하시오.

3. 수변전설비 계획 시 전력회사에서 공급하는 수전전압에 대해 사전 협의 및 조정할 사항을 설명하고,
   회선수에 따른 수전방식을 분류하여 설명하시오.

4. 수변전설비의 내진 설계 시 검토 사항과 내진 검사 방법에 대하여 설명하시오.

5. 전기자동차의 충전 방식과 충전 알고리즘에 대하여 설명하시오.

6. 태양광 발전 시설의 방재설비에 대하여 설명하시오.

국가기술자격 기술사 시험문제

기술사 제128회　　　　　　　　　　　　　　　　제1교시(시험시간 : 100분)

분야	전기 · 전자	종목	건축전기설비기술사	수험번호		성명	

※ 다음 문제 중 10문제를 선택하여 설명하시오.(각 10점)

1. $R = 5[\Omega]$, $L = 0.159[H]$, $C = 50[\mu F]$의 직렬 회로에 100[V]의 AC 전압 인가 시, 흐르는 전류가 최대일 때, L과 C에 걸리는 전압 및 소비전력[kW]을 계산하시오.

2. 환류 다이오드(Free Wheeling Diode)의 다음 사항을 설명하시오.

   1) 정의

   2) 목적

   3) 적용방법

   4) 효과

3. 비상조명등 설치 시 고려사항을 설명하시오.

4. KS C IEC 60449에 의한 건축전기설비의 전압밴드에 대하여 설명하시오.

5. 전력퓨즈의 역할, 장단점, 종류, 고압이상 변압기 과부하보호장치 적용방법 및 기기별 기능을 비교하여 설명하시오.

6. 한국전기설비규정(KEC)에 따른 수용가 설비에서의 전압강하를 저압으로 수전하는 경우와 고압 이상으로 수전하는 경우 전압강하 범위에 대하여 설명하시오.

7. 전력케이블의 단절연에 대하여 설명하시오.

8. 전원의 자동차단에 의한 저압전로의 보호대책인 누전차단기를 시설해야 할 대상과 시설방법에 대하여 설명하시오.

9. 교류 저압배전 방식의 결선도를 작성하고, 전력손실이 동일할 때의 선전류, 저항, 단면적, 중량을 전기 방식(電氣方式)별로 비교 설명하시오.

10. 조명률의 정의 및 조명률에 영향을 주는 요소에 대하여 설명하시오.

11. 텔레비전 조명의 특징과 조명 목적에 대하여 설명하시오.

12. 분산형전원 배전계통 연계기술기준에 있어 전기방식(電氣方式)에 대하여 다음을 설명하시오.

　1) 3상 수전 단상 인버터 설치기준

　2) 연계구분에 따른 계통의 전기방식(電氣方式)

13. 소방설비의 감지기 배선방식 중에서 교차회로 방식의 정의, 문제점 및 대책, 이 방식을 적용하지 않는 감지기 종류를 설명하시오.

국가기술자격 기술사 시험문제

기술사 제128회　　　　　　　　　　　　제2교시(시험시간 : 100분)

분야	전기 · 전자	종목	건축전기설비기술사	수험번호		성명	

※ 다음 문제 중 4문제를 선택하여 설명하시오.(각 25점)

1. 건축물에 설치하는 경관조명 설계 시 빛공해 영향 및 방지대책에 대하여 설명하시오.

2. 조명시스템에 대하여 다음 사항을 설명하시오.

　1) 조명경제 정의 및 경제성 평가법

　2) 조명설비의 보수 · 관리

　3) 조명제어 계획 시 고려사항

3. 저압전로에 설치하는 전동기 보호용 과전류보호장치의 다음 사항에 대하여 설명하시오.

　1) 보호장치의 구성

　2) 보호장치의 시설방법

　3) 보호장치의 정격전류 선정

　4) 단락보호 차단기의 선정방법

4. 한국전기설비규정(KEC)에 의한 전기자동차 충전장치 시설에 대하여 다음을 설명하시오.

　1) 전원공급 설비의 저압전로 시설

　2) 충전장치 시설

　3) 충전 케이블 및 부속품 시설

5. 건축물의 접지전극을 설계하고자 한다. 다음의 내용을 설명하시오.

　1) 접지전극의 설계 기본 순서

2) 대지저항률

3) 접지공법의 종류

6. 접지저항 측정 방법 중 전위강하법에 대하여 다음을 설명하시오.

1) 전위강하법의 정의

2) 전위분포곡선

3) 전위분포와 저항구역의 관계

국가기술자격 기술사 시험문제

기술사 제128회   제3교시(시험시간 : 100분)

| 분야 | 전기 · 전자 | 종목 | 건축전기설비기술사 | 수험번호 | | 성명 | |

※ 다음 문제 중 4문제를 선택하여 설명하시오.(각 25점)

1. 풍력발전 시스템에 대하여 다음을 설명하시오.

   1) 풍력발전 시스템   2) 주속비   3) 풍력발전 적용 시 고려사항

2. 분산형전원 배전계통 연계기술기준에 의한 한전계통 이상 시 분산형전원 분리시간, 전압, 주파수 및 전기품질, 순시전압변동에 대하여 설명하시오.

3. 초고층 빌딩의 간선설비 계획에 대하여 설명하시오.

4. 한국전기설비규정(KEC) 저압 배선설비의 선정과 설치 시 고려해야 할 외부영향의 요인들에 대하여 설명하시오.

5. 변압기 용량 2,000[kVA], 임피던스 7[%]인 직접 접지방식 440[V] 저압 모선에 1,000[kVA], 임피던스 25[%]인 유도전동기(IM) 운전 중 모선에 사고가 발생한 경우 다음을 계산하시오.(단, 전원 용량은 250[MVA]로 하고 선로의 임피던스는 무시한다.)

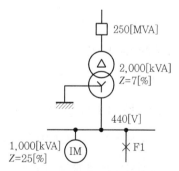

   1) 1선 지락전류

   2) 3상 단락전류

   3) 3상 단락 시 전원 측과 유도전동기 측에서 고장지점(F1)에 흐르는 전류

6. 대칭 좌표법을 이용하여 3상 전력 회로에서 유기전압과 임피던스가 평형을 이루고 있을 때 발전기의 기본식을 유도하시오.

국가기술자격 기술사 시험문제

기술사 제128회   제4교시(시험시간 : 100분)

| 분야 | 전기 · 전자 | 종목 | 건축전기설비기술사 | 수험번호 | | 성명 | |

※ **다음 문제 중 4문제를 선택하여 설명하시오.(각 25점)**

1. 인텔리전트 빌딩에서 건축화조명의 종류별 특성을 설명하시오.

2. 신재생에너지시스템의 핵심인 전력전자공학의 전력변환방식 및 핵심요소의 특성요구에 대하여 설명하시오.

3. 중성선에 흐르는 영상 고조파전류의 발생원리, 영향, 대책에 대하여 설명하시오.

4. 직류 전동기의 다음을 설명하시오.

   1) 회전원리와 구조

   2) 회전 관련식인 역기전력(E), 단자전압(V), 전기자 전류(I_a), 속도(N), 토크(T)

   3) 속도특성곡선

5. 수변전설비에서 전력품질을 저해하는 전자파의 원리, 발생원인, 침입경로, 영향, 대책에 대하여 설명하시오.

6. 전력계통의 중성점 접지방식에 대하여 다음과 같이 구분하여 설명하시오.

   1) 중성점 접지방식의 구성과 목적

   2) 중성점 접지방식별 비교표(중성점접지, 건전상 전위상승, 지락전류 크기, 보호계전, 과도안정도, 통신선유도장해, 변압기의 절연, 장점, 단점, 적용장소)

   3) 전력계통의 유도장해 경감대책

국가기술자격 기술사 시험문제

기술사 제129회　　　　　　　　　　　　　　　　　　　　**제1교시(시험시간 : 100분)**

분야	전기 · 전자	종목	건축전기설비기술사	수험번호		성명	

※ 다음 문제 중 10문제를 선택하여 설명하시오.(각 10점)

1. R−L−C 직렬회로에서 다음 사항을 설명하시오.

   1) 직렬공진의 정의 및 조건

   2) 직렬공진 시 전압확대율

2. 무한히 긴 직선 도선에 전류 I[A]가 흐를 때 도선으로부터 r[m] 떨어진 점에서의 자계의 세기 H[AT/m]를 구하시오.(단, Ampere's Circuital Law를 적용한다.)

3. 초고층 빌딩의 엘리베이터 설치 시 승객의 대기시간을 줄이기 위한 설계 시 고려사항과 엘리베이터의 군(Group)을 관리하는 방식에 대하여 설명하시오.

4. 피뢰기를 피보호기기에 가까이 설치해야 하는 이유를 수식을 쓰고 설명하시오.

5. 고압차단기의 정격 중 정격차단전류(I_{sc})와 정격투입전류(I_p)에 대하여 설명하고, 정격투입전류가 정격차단전류의 2.6배(60[Hz])가 되는 이유를 설명하시오.

6. 변류기의 이상현상 발생원인 중 직류분 전류에 의한 영향을 설명하시오.

7. 배전전압 결정 시 고려사항 중 중요 3가지 결정요소에 대하여 설명하시오.

8. 한국전기설비규정에서 정한 배선설비의 선정과 설치 시 고려해야 할 외부영향 요인 10가지를 설명하시오.

9. 터널조명 설계 시 구간별 설계기준(KS C 3703)에 대하여 설명하시오.

10. 동기전동기의 동기속도와 기동방식 3가지를 설명하시오.

11. BLDC(Brushless DC) 모터의 원리 및 장 · 단점에 대하여 설명하시오.

12. 태양광 모듈에서 발생하는 핫스팟(Hot Spot)의 원인과 영향, 대책에 대하여 설명하시오.

13. 해상풍력발전기에 대하여 다음 사항을 설명하시오.

    1) 해상풍력발전기의 구성요소(외형적 구성요소)

    2) 하부구조물의 형식

국가기술자격 기술사 시험문제

기술사 제129회 　　　　　　　　　　　　　　　제2교시(시험시간 : 100분)

분야	전기 · 전자	종목	건축전기설비기술사	수험번호		성명	

※ 다음 문제 중 4문제를 선택하여 설명하시오.(각 25점)

1. 노턴의 정리, 테브난의 정리, 밀만의 정리를 각각 비교하여 설명하시오.

2. 보호계전용 CT(Current Transformer)의 선정 시 고려사항에 대하여 설명하시오.

3. 자가용 수변전설비 중 변압기 운영에 있어서의 에너지 절감 대책을 설명하시오.

4. 환경친화적 자동차의 개발 및 보급촉진에 관한 법률 및 시행령에 대하여 다음 사항을 설명하시오.

    1) 환경친화적 자동차 종류

    2) 전용주차구역 및 충전시설 설치 대상시설

    3) 전용주차구역의 설치기준

    4) 충전시설의 종류 및 설치수량

5. 조명설비 설계 시 조명기구의 배치방법을 분류하고 각각을 설명하시오.

6. 상업지구에 위치한 높이 70[m], 가로 50[m], 세로 40[m] 장방형 사무용 건축물에 피뢰시스템을 구성

    하고자 한다. KEC 규정을 적용하여 다음 사항을 설명하시오.(단, 피뢰시스템은 IV등급을 적용한다.)

    1) 건축물과 분리된 피뢰시스템으로 설계할 때 인하도선 배치방법

    2) 건축물과 분리되지 않는 피뢰시스템으로 설계할 때 인하도선 배치방법과 인하도선 수

국가기술자격 기술사 시험문제

기술사 제129회   제3교시(시험시간 : 100분)

분야	전기 · 전자	종목	건축전기설비기술사	수험번호		성명	

※ **다음 문제 중 4문제를 선택하여 설명하시오.(각 25점)**

1. 한국전기설비규정(KEC)에서 규정하는 감전보호용 등전위본딩에 대하여 설명하시오.

2. 수전설비에서 보호계전기의 정정이 필요한 경우와 정정방법을 설명하시오.

3. 유도장해 현상과 관련하여 다음 사항을 설명하시오.

   1) 정전 및 전자 유도장해 현상

   2) 전력선 측과 통신선 측 유도장해 대책

   3) 차폐효과

4. 케이블공사 및 버스덕트공사 시 단락사고가 발생할 경우 다음 사항을 설명하시오.

   1) 단락 시 기계적 강도 계산의 필요성 및 단락전자력의 영향

   2) 열적용량

   3) 단락전자력

   4) 3심케이블 단락기계력

5. 전자파 적합성(EMC) 시험에 대하여 설명하시오.

6. 제로에너지건축물 인증제도에 대하여 다음 사항을 설명하시오.

   1) 인증제도의 정의

   2) 추진 체계

   3) 법적 근거

   4) 추진 절차

국가기술자격 기술사 시험문제

기술사 제129회   제4교시(시험시간 : 100분)

분야	전기 · 전자	종목	건축전기설비기술사	수험번호		성명	

※ 다음 문제 중 4문제를 선택하여 설명하시오.(각 25점)

1. 전원의 전력품질(Power Quality)에 대하여 다음 사항을 설명하시오.

   1) 전력품질의 저하요인과 영향요소

   2) 전력품질의 기준요소(외란형태별 지속시간 및 전압의 크기)

   3) 전력품질의 외란형태별 영향 및 대책

2. 전력부하설비 중 3상 유도전동기에 대하여 다음 사항을 설명하시오.

   1) 유도전동기 기동특성

   2) 토크가 최대가 되는 슬립공식

   3) 최대토크와 2차저항 크기와의 관계

3. 전력용변압기의 열화원인 및 진단방법에 대하여 설명하시오.

4. 건축물 비구조요소인 전기설비의 일반적인 내진설계기준에 대하여 다음 사항을 설명하시오.

   1) 내진설계절차

   2) 건축전기설비의 중요도 계수 및 적용범위

   3) 건축전기설비의 정착부 설계기준

5. 태양광발전설비 구축 시 개발행위 절차 및 검토사항에 대하여 설명하시오.

6. 전력회사로부터 수전 받는 대형 데이터센터의 수배전설비를 설계할 때 아크플래시(Arc Flash) 사고로부터 인명과 설비를 보호하고자 한다. 아크플래시와 관련하여 전기설계에 준용할 수 있는 해외 안전설계기준(code)을 나열하고 아크플래시위험을 저감하기 위한 방안과 설계 시 고려사항을 설명하시오.

국가기술자격 기술사 시험문제

기술사 제130회   제1교시(시험시간 : 100분)

분야	전기 · 전자	종목	건축전기설비기술사	수험번호		성명	

※ 다음 문제 중 10문제를 선택하여 설명하시오.(각 10점)

1. 다음 사항에 대하여 간략히 설명하시오.

    1) 접지저항

    2) 절연저항

    3) 도체저항

    4) 한국전기설비규정(KEC)의 저압전로 절연저항 시험전압과 기준 값

2. 조명방식을 배광에 따라 분류하고 용도를 설명하시오.

3. 수전 변압기 보호 방식 선정하기 위한 변압기 종류별 기계적 보호장치에 대하여 설명하시오.

4. 공동구 전기설비 설계기준(KDS 31 85 20)에서 다음 사항을 설명하시오.

    1) 수변전설비

    2) 비상전원

    3) 조명설비

5. 케이블 동상 다수조 포설방식의 불평형 발생원인과 대책을 설명하시오.

6. 비상방송설비의 3선식 배선 구성도와 설치기준을 설명하시오.

7. 태양광발전설비 구성요소 중 인버터 기능에 대하여 설명하시오.

8. 수변전설비에 사용되는 ATS(Automatic Transfer Switch)와 CTTS(Closed Transition Transfer Switch)의 특성을 비교 설명하시오.

9. 건축전기설비 설계기준에 의한 발전기실 높이 및 기초에 대하여 설명하시오.

10. 전력변환장치의 다음 4가지 용어에 대하여 설명하시오.

    1) AC – DC 변환

    2) DC – DC 변환

    3) DC – AC 변환

    4) AC – AC 변환

11. 한국전기설비규정(KEC)을 기준으로 저압 및 고압 이상으로 수전하는 수용가설비의 전압강하를 설명하시오.

12. 전자파 환경의 EMI(Electro Magnetic Interference), EMS(Electro Magnetic Susceptibility), EMC (Electro Magnetic Compatibility)에 대하여 설명하시오.

13. 퍼킨제 효과(Purkinje Effect)에 대하여 다음 사항을 설명하시오.

    1) 비시감도 곡선

    2) 적용사례

국가기술자격 기술사 시험문제

기술사 제130회   제2교시(시험시간 : 100분)

| 분야 | 전기 · 전자 | 종목 | 건축전기설비기술사 | 수험번호 | | 성명 | |

※ 다음 문제 중 4문제를 선택하여 설명하시오.(각 25점)

1. 한국전기설비규정(KEC)을 기준으로 다음의 절연내력 시험방법에 대하여 설명하시오.

    1) 회전기 및 정류기

    2) 연료전지 및 태양전지 모듈

2. 전압강하 계산방법의 종류를 설명하고, 단거리선로에 대하여 옴법 전압강하식을 등가 회로 및 벡터도로 설명하시오.

3. 건축물에 시설하는 전력감시제어설비 장치구성, 주요기능 및 도입효과에 대하여 설명하시오.

4. 자연적 구성부재 종류 및 피뢰설비의 수뢰부, 인하도선, 접지극으로 간주하기 위한 조건을 설명하시오.

5. 건축물에 설치되는 저압계통 과부하전류에 대한 보호협조, 보호장치의 시설 위치, 생략할 수 있는 경우에 대하여 설명하시오.

6. UPS의 필요성을 설명하고, 다이나믹(Dynamic) UPS시스템 대하여 다음 사항을 설명하시오.

    1) Dynamic UPS시스템의 구성

    2) Dynamic UPS시스템의 종류

    3) Dynamic UPS시스템의 장점

    4) Dynamic UPS와 정지형 UPS시스템의 특성 비교

국가기술자격 기술사 시험문제

기술사 제130회   제3교시(시험시간 : 100분)

| 분야 | 전기 · 전자 | 종목 | 건축전기설비기술사 | 수험번호 | | 성명 | |

※ 다음 문제 중 4문제를 선택하여 설명하시오.(각 25점)

1. 수전회로 보호방식 중 1회선 보호방식과 스폿 네트워크 수전회로 보호방식을 구분하여 설명하시오.

2. 공동주택에 설치하는 지능형 홈네트워크 설비의 사용기기 종류와 설치방법을 설명하시오.

3. 야간착륙 또는 계기착륙을 하는 비행장과 헬기장에 설치하는 항공등화의 종류를 서술하고 항공등화의
   2차 전원 및 전기 시스템에 대하여 설명하시오.

4. 전력계통에서 에너지저장장치(ESS)의 필요성과 설치 효과에 대하여 설명하시오.

5. 고조파 발생원리와 전력용 변압기와 회전기에 미치는 영향과 대책을 설명하시오.

6. 오피스텔 22.9kV 수변전설비 설계 시의 접지설계 순서(IEEE Std 80)에 대하여 설명하시오.

국가기술자격 기술사 시험문제

기술사 제130회   제4교시(시험시간 : 100분)

분야	전기 · 전자	종목	건축전기설비기술사	수험번호		성명	

※ 다음 문제 중 4문제를 선택하여 설명하시오.(각 25점)

1. 변압기 선정을 위한 효율과 부하율 관계를 설명하고, 유입변압기와 몰드변압기의 특성을 비교하여 설명하시오.

2. 건축물에 시설하는 비상콘센트설비의 화재안전기술기준(NFTC 504)에서 정하는 다음 사항을 설명하시오.

   1) 설치대상

   2) 화재안전성능기준(NFPC 504)에서 규정하는 전원 및 콘센트 등

   3) 화재안전성능기준(NFPC 504)에서 규정하는 배선

3. 리튬이온전지에 대하여 설명하고 전기자동차 화재 발생 시 소화가 어려운 이유를 설명하시오.

4. 전력회로의 전원장치 중 평활회로의 필요성 및 다음 사항을 설명하시오.

   1) 커패시터와 인덕터 사용 시 기능 및 특성

   2) 리플 잡음이 전자회로에 미치는 영향

   3) 평활회로의 종류 및 특성

5. 전기설비의 배전전압, 모선방식 및 배전방식에 대하여 설명하시오.

6. 전기 방폭설비 중 다음에 대하여 설명하시오.

   1) 위험분위기가 존재하는 빈도, 시간

   2) 최고표면온도에 따라 위험장소를 분류

   3) 방폭기기에 대하여 종류

   4) 위험장소 분류에 따른 방폭기기의 적용

02 한국전기설비규정(KEC)

자료출처 : 대한전기협회 기술기준처(2020. 3.)

113 안전을 위한 보호

113.1 일반 사항

안전을 위한 보호의 기본 요구사항은 전기설비를 적절히 사용할 때 발생할 수 있는 위험과 장애로부터 인축 및 재산을 안전하게 보호함을 목적으로 하고 있다. 가축의 안전을 제공하기 위한 요구사항은 가축을 사육하는 장소에 적용할 수 있다.

113.2 감전에 대한 보호

1. 기본보호

기본보호는 일반적으로 직접접촉을 방지하는 것으로, 전기설비의 충전부에 인축이 접촉하여 일어날 수 있는 위험으로부터 보호되어야 한다. 기본보호는 다음 중 어느 하나에 적합하여야 한다.

가. 인축의 몸을 통해 전류가 흐르는 것을 방지

나. 인축의 몸에 흐르는 전류를 위험하지 않는 값 이하로 제한

2. 고장보호

고장보호는 일반적으로 기본절연의 고장에 의한 간접접촉을 방지하는 것이다.

가. 노출도전부에 인축이 접촉하여 일어날 수 있는 위험으로부터 보호되어야 한다.

나. 고장보호는 다음 중 어느 하나에 적합하여야 한다.

(1) 인축의 몸을 통해 고장전류가 흐르는 것을 방지

(2) 인축의 몸에 흐르는 고장전류를 위험하지 않는 값 이하로 제한

(3) 인축의 몸에 흐르는 고장전류의 지속시간을 위험하지 않은 시간까지로 제한

113.3 열 영향에 대한 보호

고온 또는 전기 아크로 인해 가연물이 발화 또는 손상되지 않도록 전기설비를 설치하여야 한다. 또한 정상적으로 전기기기가 작동할 때 인축이 화상을 입지 않도록 하여야 한다.

113.4 과전류에 대한 보호

1. 도체에서 발생할 수 있는 과전류에 의한 과열 또는 전기 · 기계적 응력에 의한 위험으로부터 인축의 상해를 방지하고 재산을 보호하여야 한다.

2. 과전류에 대한 보호는 과전류가 흐르는 것을 방지하거나 과전류의 지속시간을 위험하지 않는 시간까지로 제한함으로써 보호할 수 있다.

113.5 고장전류에 대한 보호

1. 고장전류가 흐르는 도체 및 다른 부분은 고장전류로 인해 허용온도 상승 한계에 도달하지 않도록 하여야 한다. 도체를 포함한 전기설비는 인축의 상해 또는 재산의 손실을 방지하기 위하여 보호장치가 구비되어야 한다.
2. 도체는 113.4에 따라 고장으로 인해 발생하는 과전류에 대하여 보호되어야 한다.

113.6 과전압 및 전자기 장애에 대한 대책

1. 회로의 충전부 사이의 결함으로 발생한 전압에 의한 고장으로 인한 인축의 상해가 없도록 보호하여야 하며, 유해한 영향으로부터 재산을 보호하여야 한다.
2. 저전압과 뒤이은 전압 회복의 영향으로 발생하는 상해로부터 인축을 보호하여야 하며, 손상에 대해 재산을 보호하여야 한다.
3. 설비는 규정된 환경에서 그 기능을 제대로 수행하기 위해 전자기 장애로부터 적절한 수준의 내성을 가져야 한다. 설비를 설계할 때는 설비 또는 설치 기기에서 발생되는 전자기 방사량이 설비 내의 전기사용기기와 상호 연결 기기들이 함께 사용되는 데 적합한지를 고려하여야 한다.

113.7 전원공급 중단에 대한 보호

전원공급 중단으로 인해 위험과 피해가 예상되면, 설비 또는 설치기기에 적절한 보호장치를 구비하여야 한다.

(140 접지시스템)

141 접지시스템의 구분 및 종류

1. 접지시스템은 계통접지, 보호접지, 피뢰시스템 접지 등으로 구분한다.
2. 접지시스템의 시설 종류에는 단독접지, 공통접지, 통합접지가 있다.

142 접지시스템의 시설

142.1 접지시스템의 구성요소 및 요구사항

142.1.1 접지시스템 구성요소

1. 접지시스템은 접지극, 접지도체, 보호도체 및 기타 설비로 구성하고, 140에 의하는 것 이외에는 KS C IEC 60364 – 5 – 54(저압전기설비 – 제5 – 54부 : 전기기기의 선정 및 설치 – 접지설비 및 보호도체)에 의한다.
2. 접지극은 접지도체를 사용하여 주접지단자에 연결하여야 한다.

142.1.2 접지시스템 요구사항

1. 접지시스템은 다음에 적합하여야 한다.

가. 전기설비의 보호 요구사항을 충족하여야 한다.

나. 지락전류와 보호도체 전류를 대지에 전달할 것. 다만, 열적, 열·기계적, 전기·기계적 응력 및 이러한 전류로 인한 감전 위험이 없어야 한다.

다. 전기설비의 기능적 요구사항을 충족하여야 한다.

2. 접지저항 값은 다음에 의한다.

가. 부식, 건조 및 동결 등 대지환경 변화에 충족하여야 한다.

나. 인체감전보호를 위한 값과 전기설비의 기계적 요구에 의한 값을 만족하여야 한다.

142.2 접지극의 시설 및 접지저항

1. 접지극은 다음에 따라 시설하여야 한다.

가. 토양 또는 콘크리트에 매입되는 접지극의 재료 및 최소 굵기 등은 KS C IEC 60364-5-54(저압전기설비-제5-54부 : 전기기기의 선정 및 설치-접지설비 및 보호도체)의 "표 54.1(토양 또는 콘크리트에 매설되는 접지극으로 부식방지 및 기계적 강도를 대비하여 일반적으로 사용되는 재질의 최소 굵기)"에 따라야 한다.

나. 피뢰시스템의 접지는 152.1.3을 우선 적용하여야 한다.

2. 접지극은 다음의 방법 중 하나 또는 복합하여 시설하여야 한다.

가. 콘크리트에 매입된 기초 접지극

나. 토양에 매설된 기초 접지극

다. 토양에 수직 또는 수평으로 직접 매설된 금속전극(봉, 전선, 테이프, 배관, 판 등)

라. 케이블의 금속외장 및 그 밖에 금속피복

마. 지중 금속구조물(배관 등)

바. 대지에 매설된 철근콘크리트의 용접된 금속 보강재. 다만, 강화콘크리트는 제외한다.

3. 접지극의 매설은 다음에 의한다.

가. 접지극은 매설하는 토양을 오염시키지 않아야 하며, 가능한 한 다습한 부분에 설치한다.

나. 접지극은 동결 깊이를 감안하여 시설하되 고압 이상의 전기설비와 142.5에 의하여 시설하는 접지극의 매설깊이는 지표면으로부터 지하 0.75m 이상으로 한다. 다만, 발전소·변전소·개폐소 또는 이에 준하는 곳에 접지극을 322.5의 1의 "가"에 준하여 시설하는 경우에는 그러하지 아니하다.

다. 접지도체를 철주 기타의 금속체를 따라서 시설하는 경우에는 접지극을 철주의 밑면으로부터 0.3m 이상의 깊이에 매설하는 경우 이외에는 접지극을 지중에서 그 금속체로부터 1m 이상 떼어 매설하여야 한다.

4. 접지시스템 부식에 대한 고려는 다음에 의한다.

가. 접지극에 부식을 일으킬 수 있는 폐기물 집하장 및 번화한 장소에 접지극 설치는 피해야 한다.

나. 서로 다른 재질의 접지극을 연결할 경우 전식을 고려하여야 한다.

다. 콘크리트 기초접지극에 접속하는 접지도체가 용융아연도금강제인 경우 접속부를 토양에 직접 매설해서는 안 된다.

5. 접지극을 접속하는 경우에는 발열성 용접, 압착접속, 클램프 또는 그 밖의 적절한 기계적 접속장치로 접속하여야 한다.

6. 가연성 액체나 가스를 운반하는 금속제 배관은 접지설비의 접지극으로 사용할 수 없다. 다만, 보호등전위본딩은 예외로 한다.

7. 수도관 등을 접지극으로 사용하는 경우는 다음에 의한다.

   가. 지중에 매설되어 있고 대지와의 전기저항 값이 3Ω 이하의 값을 유지하고 있는 금속제 수도관로가 다음에 따르는 경우 접지극으로 사용이 가능하다.

   (1) 접지도체와 금속제 수도관로의 접속은 안지름 75mm 이상인 부분 또는 여기에서 분기한 안지름 75mm 미만인 분기점으로부터 5m 이내의 부분에서 하여야 한다. 다만, 금속제 수도관로와 대지 사이의 전기저항 값이 2Ω 이하인 경우에는 분기점으로부터의 거리는 5m를 넘을 수 있다.

   (2) 접지도체와 금속제 수도관로의 접속부를 수도계량기로부터 수도 수용가 측에 설치하는 경우에는 수도계량기를 사이에 두고 양측 수도관로를 등전위본딩하여야 한다.

   (3) 접지도체와 금속제 수도관로의 접속부를 사람이 접촉할 우려가 있는 곳에 설치하는 경우에는 손상을 방지하도록 방호장치를 설치하여야 한다.

   (4) 접지도체와 금속제 수도관로의 접속에 사용하는 금속제는 접속부에 전기적 부식이 생기지 않아야 한다.

   나. 건축물·구조물의 철골 기타의 금속제는 이를 비접지식 고압전로에 시설하는 기계기구의 철대 또는 금속제 외함의 접지공사 또는 비접지식 고압전로와 저압전로를 결합하는 변압기의 저압전로의 접지공사의 접지극으로 사용할 수 있다. 다만, 대지와의 사이에 전기저항 값이 2Ω 이하인 값을 유지하는 경우에 한한다.

142.3 접지도체·보호도체

142.3.1 접지도체

1. 접지도체의 선정

   가. 접지도체의 단면적은 142.3.2의 1에 의하며 큰 고장전류가 접지도체를 통하여 흐르지 않을 경우 접지도체의 최소 단면적은 다음과 같다.

   (1) 구리는 6mm^2 이상

   (2) 철제는 50mm^2 이상

   나. 접지도체에 피뢰시스템이 접속되는 경우, 접지도체의 단면적은 구리 16mm^2 또는 철 50mm^2 이상으로 하여야 한다.

2. 접지도체와 접지극의 접속은 다음에 의한다.

　가. 접속은 견고하고 전기적인 연속성이 보장되도록, 접속부는 발열성 용접, 압착접속, 클램프 또는 그 밖에 적절한 기계적 접속장치에 의해야 한다. 다만, 기계적인 접속장치는 제작자의 지침에 따라 설치하여야 한다.

　나. 클램프를 사용하는 경우, 접지극 또는 접지도체를 손상시키지 않아야 한다. 납땜에만 의존하는 접속은 사용해서는 안 된다.

3. 접지도체를 접지극이나 접지의 다른 수단과 연결하는 것은 견고하게 접속하고, 전기적, 기계적으로 적합하여야 하며, 부식에 대해 적절하게 보호되어야 한다. 또한, 다음과 같이 매입되는 지점에는 "안전 전기 연결"라벨이 영구적으로 고정되도록 시설하여야 한다.

　가. 접지극의 모든 접지도체 연결지점

　나. 외부도전성 부분의 모든 본딩도체 연결지점

　다. 주 개폐기에서 분리된 주접지단자

4. 접지도체는 지하 0.75m부터 지표상 2m까지 부분은 합성수지관(두께 2mm 미만의 합성수지제 전선관 및 가연성 콤바인덕트관은 제외한다) 또는 이와 동등 이상의 절연효과와 강도를 가지는 몰드로 덮어야 한다.

5. 특고압 · 고압 전기설비 및 변압기 중성점 접지시스템의 경우 접지도체가 사람이 접촉할 우려가 있는 곳에 시설되는 고정설비인 경우에는 다음에 따라야 한다. 다만, 발전소 · 변전소 · 개폐소 또는 이에 준하는 곳에서는 개별 요구사항에 의한다.

　가. 접지도체는 절연전선(옥외용 비닐절연전선은 제외) 또는 케이블(통신용 케이블은 제외)을 사용하여야 한다. 다만, 접지도체를 철주 기타의 금속체를 따라서 시설하는 경우 이외의 경우에는 접지도체의 지표상 0.6m를 초과하는 부분에 대하여는 절연전선을 사용하지 않을 수 있다.

　나. 접지극 매설은 142.2의 3에 따른다.

6. 접지도체의 굵기는 제1의 "가"에서 정한 것 이외에 고장 시 흐르는 전류를 안전하게 통할 수 있는 것으로서 다음에 의한다.

　가. 특고압 · 고압 전기설비용 접지도체는 단면적 6mm² 이상의 연동선 또는 동등 이상의 단면적 및 강도를 가져야 한다.

　나. 중성점 접지용 접지도체는 공칭단면적 16mm² 이상의 연동선 또는 동등 이상의 단면적 및 세기를 가져야 한다. 다만, 다음의 경우에는 공칭단면적 6mm² 이상의 연동선 또는 동등 이상의 단면적 및 강도를 가져야 한다.

　　(1) 7kV 이하의 전로

　　(2) 사용전압이 25kV 이하인 특고압 가공전선로. 다만, 중성선 다중접지 방식의 것으로서 전로에 지락이 생겼을 때 2초 이내에 자동적으로 이를 전로로부터 차단하는 장치가 되어 있는 것

다. 이동하여 사용하는 전기기계기구의 금속제 외함 등의 접지시스템의 경우는 다음의 것을 사용하여야 한다.

(1) 특고압·고압 전기설비용 접지도체 및 중성점 접지용 접지도체는 클로로프렌캡타이어케이블(3종 및 4종) 또는 클로로설포네이트폴리에틸렌캡타이어케이블(3종 및 4종)의 1개 도체 또는 다심 캡타이어케이블의 차폐 또는 기타의 금속체로 단면적이 $10mm^2$ 이상인 것을 사용한다.

(2) 저압 전기설비용 접지도체는 다심 코드 또는 다심 캡타이어케이블의 1개 도체의 단면적이 $0.75mm^2$ 이상인 것을 사용한다. 다만, 기타 유연성이 있는 연동연선은 1개 도체의 단면적이 $1.5mm^2$ 이상인 것을 사용한다.

142.3.2 보호도체

1. 보호도체의 최소 단면적은 다음에 의한다.

가. 보호도체의 최소 단면적은 "나"에 따라 계산하거나 표 142.3-1에 따라 선정할 수 있다. 다만, "다"의 요건을 고려하여 선정한다.

표 142.3-1 보호도체의 최소 단면적

선도체의 단면적 S (mm², 구리)	보호도체의 최소 단면적(mm², 구리)	
	보호도체의 재질	
	선도체와 같은 경우	선도체와 다른 경우
$S \leq 16$	S	$(k_1/k_2) \times S$
$16 < S \leq 35$	16^a	$(k_1/k_2) \times 16$
$S > 35$	$S^a/2$	$(k_1/k_2) \times (S/2)$

여기서, k_1 : 도체 및 절연의 재질에 따라 KS C IEC 60364-5-54(저압전기설비-제5-54부 : 전기기기의 선정 및 설치-접지설비 및 보호도체)의 "표 A54.1(여러 가지 재료의 변수 값)" 또는 KS C IEC 60364-4-43(저압전기설비-제4-43부 : 안전을 위한 보호-과전류에 대한 보호)의 "표 43A(도체에 대한 k값)"에서 선정된 선도체에 대한 k값

k_2 : KS C IEC 60364-5-54(저압전기설비-제5-54부 : 전기기기의 선정 및 설치-접지설비 및 보호도체)의 "표 A.54.2(케이블에 병합되지 않고 다른 케이블과 묶여 있지 않은 절연 보호도체의 k값)~표 A.54.6(제시된 온도에서 모든 인접 물질에 손상 위험성이 없는 경우 나도체의 k값)"에서 선정된 보호도체에 대한 k값

a : PEN 도체의 최소단면적은 중성선과 동일하게 적용한다[KS C IEC 60364-5-52(저압전기설비-제5-52부 : 전기기기의 선정 및 설치-배선설비) 참조].

나. 차단시간이 5초 이하인 경우에만 다음 계산식을 적용한다.

$$S = \frac{\sqrt{I^2 t}}{k}$$

여기서, S : 단면적(mm²)
I : 보호장치를 통해 흐를 수 있는 예상 고장전류 실효값(A)
t : 자동차단을 위한 보호장치의 동작시간(s)
k : 보호도체, 절연, 기타 부위의 재질 및 초기온도와 최종온도에 따라 정해지는 계수로
KS C IEC 60364-5-54(저압전기설비-제5-54부 : 전기기기의 선정 및 설치-접
지설비 및 보호도체)의"부속서 A(기본보호에 관한 규정)"에 의한다.

다. 보호도체가 케이블의 일부가 아니거나 선도체와 동일 외함에 설치되지 않으면 단면적은 다
음의 굵기 이상으로 하여야 한다.

(1) 기계적 손상에 대해 보호가 되는 경우는 구리 2.5mm², 알루미늄 16mm² 이상

(2) 기계적 손상에 대해 보호가 되지 않는 경우는 구리 4mm², 알루미늄 16mm² 이상

(3) 케이블의 일부가 아니라도 전선관 및 트렁킹 내부에 설치되거나, 이와 유사한 방법으로
보호되는 경우 기계적으로 보호되는 것으로 간주한다.

라. 보호도체가 두 개 이상의 회로에 공통으로 사용되면 단면적은 다음과 같이 선정하여야 한다.

(1) 회로 중 가장 부담이 큰 것으로 예상되는 고장전류 및 동작시간을 고려하여 "가" 또는 "나"
에 따라 선정한다.

(2) 회로 중 가장 큰 선도체의 단면적을 기준으로 "가"에 따라 선정한다.

2. 보호도체의 종류는 다음에 의한다.

가. 보호도체는 다음 중 하나 또는 복수로 구성하여야 한다.

(1) 다심케이블의 도체

(2) 충전도체와 같은 트렁킹에 수납된 절연도체 또는 나도체

(3) 고정된 절연도체 또는 나도체

(4) "나" (1), (2) 조건을 만족하는 금속케이블 외장, 케이블 차폐, 케이블 외장, 전선묶음(편조
전선), 동심도체, 금속관

나. 전기설비에 저압개폐기, 제어반 또는 버스덕트와 같은 금속제 외함을 가진 기기가 포함된 경
우, 금속함이나 프레임이 다음과 같은 조건을 모두 충족하면 보호도체로 사용이 가능하다.

(1) 구조 · 접속이 기계적, 화학적 또는 전기화학적 열화에 대해 보호할 수 있으며 전기적 연
속성을 유지 하는 경우

(2) 도전성이 제1의 "가" 또는 "나"의 조건을 충족하는 경우

(3) 연결하고자 하는 모든 분기 접속점에서 다른 보호도체의 연결을 허용하는 경우

다. 다음과 같은 금속부분은 보호도체 또는 보호본딩도체로 사용해서는 안 된다.

(1) 금속 수도관

(2) 가스 · 액체 · 분말과 같은 잠재적인 인화성 물질을 포함하는 금속관

(3) 상시 기계적 응력을 받는 지지 구조물 일부

(4) 가요성 금속배관. 다만, 보호도체의 목적으로 설계된 경우는 예외로 한다.

(5) 가요성 금속전선관

(6) 지지선, 케이블트레이 및 이와 비슷한 것

3. 보호도체의 전기적 연속성은 다음에 의한다.

　가. 보호도체의 보호는 다음에 의한다.

　　(1) 기계적인 손상, 화학적 · 전기화학적 열화, 전기역학적 · 열역학적 힘에 대해 보호되어야 한다.

　　(2) 나사접속 · 클램프접속 등 보호도체 사이 또는 보호도체와 타 기기 사이의 접속은 전기적 연속성 보장 및 충분한 기계적 강도와 보호를 구비하여야 한다.

　　(3) 보호도체를 접속하는 나사는 다른 목적으로 겸용해서는 안 된다.

　　(4) 접속부는 납땜(Soldering)으로 접속해서는 안 된다.

　나. 보호도체의 접속부는 검사와 시험이 가능하여야 한다. 다만 다음의 경우는 예외로 한다.

　　(1) 화합물로 충전된 접속부

　　(2) 캡슐로 보호되는 접속부

　　(3) 금속관, 덕트 및 버스덕트에서의 접속부

　　(4) 기기의 한 부분으로서 규정에 부합하는 접속부

　　(5) 용접(Welding)이나 경납땜(Brazing)에 의한 접속부

　　(6) 압착 공구에 의한 접속부

4. 보호도체에는 어떠한 개폐장치를 연결해서는 안 된다. 다만, 시험목적으로 공구를 이용하여 보호도체를 분리할 수 있는 접속점을 만들 수 있다.

5. 접지에 대한 전기적 감시를 위한 전용장치(동작센서, 코일, 변류기 등)를 설치하는 경우, 보호도체 경로에 직렬로 접속하면 안 된다.

6. 기기 · 장비의 노출도전부는 다른 기기를 위한 보호도체의 부분을 구성하는 데 사용할 수 없다. 다만, 제2의 "나"에서 허용하는 것은 제외한다.

142.3.3 보호도체의 단면적 보강

1. 보호도체는 정상 운전상태에서 전류의 전도성 경로(전기자기간섭 보호용 필터의 접속 등으로 인한)로 사용되지 않아야 한다.

2. 전기설비의 정상 운전상태에서 보호도체에 10mA를 초과하는 전류가 흐르는 경우, 다음에 의해 보호도체를 증강하여 사용하여야 한다.

가. 보호도체가 하나인 경우 보호도체의 단면적은 전 구간에 구리 10mm² 이상 또는 알루미늄 16mm² 이상으로 하여야 한다.

나. 추가로 보호도체를 위한 별도의 단자가 구비된 경우, 최소한 고장보호에 요구되는 보호도체의 단면적은 구리 10mm², 알루미늄 16mm² 이상으로 한다.

142.3.4 보호도체와 계통도체 겸용

1. 보호도체와 계통도체를 겸용하는 겸용도체(중성선과 겸용, 선도체와 겸용, 중간도체와 겸용 등)는 해당하는 계통의 기능에 대한 조건을 만족하여야 한다.

2. 겸용도체는 고정된 전기설비에서만 사용할 수 있으며 다음에 의한다.

가. 단면적은 구리 10mm² 또는 알루미늄 16mm² 이상이어야 한다.

나. 중성선과 보호도체의 겸용도체는 전기설비의 부하 측으로 시설하여서는 안 된다.

다. 폭발성 분위기 장소는 보호도체를 전용으로 하여야 한다.

3. 겸용도체의 성능은 다음에 의한다.

가. 공칭전압과 같거나 높은 절연성능을 가져야 한다.

나. 배선설비의 금속 외함은 겸용도체로 사용해서는 안 된다. 다만, KS C IEC 60439 – 2(저전압 개폐장치 및 제어장치 부속품 – 제2부 : 버스바 트렁킹 시스템의 개별 요구사항)에 의한 것 또는 KS C IEC 61534 – 1(전원 트랙 – 제1부 : 일반요구사항)에 의한 것은 제외한다.

4. 겸용도체는 다음 사항을 준수하여야 한다.

가. 전기설비의 일부에서 중성선 · 중간도체 · 선도체 및 보호도체가 별도로 배선되는 경우, 중성선 · 중간도체 · 선도체를 전기설비의 다른 접지된 부분에 접속해서는 안 된다. 다만, 겸용도체에서 각각의 중성선 · 중간도체 · 선도체와 보호도체를 구성하는 것은 허용한다.

나. 겸용도체는 보호도체용 단자 또는 바에 접속되어야 한다.

다. 계통외도전부는 겸용도체로 사용해서는 안 된다.

142.3.5 보호접지 및 기능접지의 겸용도체

1. 보호접지와 기능접지 도체를 겸용하여 사용할 경우 142.3.2에 대한 조건과 143 및 153.2(피뢰시스템 등전위본딩)의 조건에도 적합하여야 한다.

2. 전자통신기기에 전원공급을 위한 직류귀환 도체는 겸용도체(PEL 또는 PEM)로 사용 가능하고, 기능접지도체와 보호도체를 겸용할 수 있다.

142.3.6 감전보호에 따른 보호도체

과전류보호장치를 감전에 대한 보호용으로 사용하는 경우, 보호도체는 충전도체와 같은 배선설비에 병합시키거나 근접한 경로로 설치하여야 한다.

142.3.7 주접지단자

1. 접지시스템은 주접지단자를 설치하고, 다음의 도체들을 접속하여야 한다.

   가. 등전위본딩도체

   나. 접지도체

   다. 보호도체

   라. 관련이 있는 경우, 기능성 접지도체

2. 여러 개의 접지단자가 있는 장소는 접지단자를 상호 접속하여야 한다.

3. 주접지단자에 접속하는 각 접지도체는 개별적으로 분리할 수 있어야 하며, 접지저항을 편리하게 측정할 수 있어야 한다. 다만, 접속은 견고해야 하며 공구에 의해서만 분리되는 방법으로 하여야 한다.

142.4 전기수용가 접지

142.4.1 저압수용가 인입구 접지

1. 수용장소 인입구 부근에서 다음의 것을 접지극으로 사용하여 변압기 중성점 접지를 한 저압전선로의 중성선 또는 접지 측 전선에 추가로 접지공사를 할 수 있다.

   가. 지중에 매설되어 있고 대지와의 전기저항 값이 $3\,\Omega$ 이하의 값을 유지하고 있는 금속제 수도관로

   나. 대지 사이의 전기저항 값이 $3\,\Omega$ 이하인 값을 유지하는 건물의 철골

2. 제1에 따른 접지도체는 공칭단면적 6mm^2 이상의 연동선 또는 이와 동등 이상의 세기 및 굵기의 쉽게 부식하지 않는 금속선으로서 고장 시 흐르는 전류를 안전하게 통할 수 있는 것이어야 한다. 다만, 접지도체를 사람이 접촉할 우려가 있는 곳에 시설할 때에는 접지도체는 142.3.1의 6에 따른다.

142.4.2 주택 등 저압수용장소 접지

1. 저압수용장소에서 계통접지가 TN−C−S 방식인 경우에 보호도체는 다음에 따라 시설하여야 한다.

   가. 보호도체의 최소 단면적은 142.3.2의 1에 의한 값 이상으로 한다.

   나. 중성선 겸용 보호도체(PEN)는 고정 전기설비에만 사용할 수 있고, 그 도체의 단면적이 구리는 10mm^2 이상, 알루미늄은 16mm^2 이상이어야 하며, 그 계통의 최고전압에 대하여 절연되어야 한다.

2. 제1에 따른 접지의 경우에는 감전보호용 등전위본딩을 하여야 한다. 다만, 이 조건을 충족시키지 못하는 경우에 중성선 겸용 보호도체를 수용장소의 인입구 부근에 추가로 접지하여야 하며, 그 접지저항 값은 접촉전압을 허용접촉전압 범위 내로 제한하는 값 이하로 하여야 한다.

142.5 변압기 중성점 접지

1. 변압기의 중성점 접지 저항 값은 다음에 의한다.

　가. 일반적으로 변압기의 고압·특고압 측 전로 1선 지락전류로 150을 나눈 값과 같은 저항 값 이하

　나. 변압기의 고압·특고압 측 전로 또는 사용전압이 35kV 이하의 특고압전로가 저압 측 전로와 혼촉하고 저압전로의 대지전압이 150V를 초과하는 경우는 저항 값은 다음에 의한다.

　　(1) 1초 초과 2초 이내에 고압·특고압 전로를 자동으로 차단하는 장치를 설치할 때는 300을 나눈 값 이하

　　(2) 1초 이내에 고압·특고압 전로를 자동으로 차단하는 장치를 설치할 때는 600을 나눈 값 이하

2. 전로의 1선 지락전류는 실측값에 의한다. 다만, 실측이 곤란한 경우에는 선로정수 등으로 계산한 값에 의한다.

142.6 공통접지 및 통합접지

1. 고압 및 특고압과 저압 전기설비의 접지극이 서로 근접하여 시설되어 있는 변전소 또는 이와 유사한 곳에서는 다음과 같이 공통접지시스템으로 할 수 있다.

　가. 저압 전기설비의 접지극이 고압 및 특고압 접지극의 접지저항 형성영역에 완전히 포함되어 있다면 위험전압이 발생하지 않도록 이들 접지극을 상호 접속하여야 한다.

　나. 접지시스템에서 고압 및 특고압 계통의 지락사고 시 저압계통에 가해지는 상용주파 과전압은 표 142.6−1에서 정한 값을 초과해서는 안 된다.

표 142.6−1 저압설비 허용 상용주파 과전압

고압계통에서 지락고장시간(초)	저압설비 허용 상용주파 과전압(V)	비고
>5	$U_0 + 250$	중성선 도체가 없는 계통에서 U_0
≤5	$U_0 + 1,200$	는 선간전압을 말한다.

1. 순시 상용주파 과전압에 대한 저압기기의 절연 설계기준과 관련된다.
2. 중성선이 변전소 변압기의 접지계통에 접속된 계통에서, 건축물외부에 설치한 외함이 접지되지 않은 기기의 절연에는 일시적 상용주파 과전압이 나타날 수 있다.

　다. 고압 및 특고압을 수전받는 수용가의 접지계통을 수전 전원의 다중접지된 중성선과 접속하면 "나"의 요건은 충족하는 것으로 간주할 수 있다.

　라. 기타 공통접지와 관련한 사항은 KS C IEC 61936−1(교류 1kV 초과 전력설비−제1부 : 공통규정)의 "10 접지시스템"에 의한다.

2. 전기설비의 접지설비, 건축물의 피뢰설비·전자통신설비 등의 접지극을 공용하는 통합접지시스템으로 하는 경우 다음과 같이 하여야 한다.

　가. 통합접지시스템은 제1에 의한다.

나. 낙뢰에 의한 과전압 등으로부터 전기전자기기 등을 보호하기 위해 153.1의 규정에 따라 서지
보호장치를 설치하여야 한다.

142.7 기계기구의 철대 및 외함의 접지

1. 전로에 시설하는 기계기구의 철대 및 금속제 외함(외함이 없는 변압기 또는 계기용변성기는 철
심)에는 140에 의한 접지공사를 하여야 한다.

2. 다음의 어느 하나에 해당하는 경우에는 제1의 규정에 따르지 않을 수 있다.

가. 사용전압이 직류 300V 또는 교류 대지전압이 150V 이하인 기계기구를 건조한 곳에 시설하는
경우

나. 저압용의 기계기구를 건조한 목재의 마루 기타 이와 유사한 절연성 물건 위에서 취급하도록
시설하는 경우

다. 저압용이나 고압용의 기계기구, 341.2에서 규정하는 특고압 전선로에 접속하는 배전용 변압
기나 이에 접속하는 전선에 시설하는 기계기구 또는 333.32의 1과 4에서 규정하는 특고압 가
공전선로의 전로에 시설하는 기계기구를 사람이 쉽게 접촉할 우려가 없도록 목주 기타 이와
유사한 것의 위에 시설하는 경우

라. 철대 또는 외함의 주위에 적당한 절연대를 설치하는 경우

마. 외함이 없는 계기용변성기가 고무·합성수지 기타의 절연물로 피복한 것일 경우

바. 「전기용품 및 생활용품 안전관리법」의 적용을 받는 이중절연구조로 되어 있는 기계기구를
시설하는 경우

사. 저압용 기계기구에 전기를 공급하는 전로의 전원 측에 절연변압기(2차 전압이 300V 이하이
며, 정격용량이 3kVA 이하인 것에 한한다)를 시설하고 또한 그 절연변압기의 부하 측 전로를
접지하지 않은 경우

아. 물기 있는 장소 이외의 장소에 시설하는 저압용의 개별 기계기구에 전기를 공급하는 전로에
「전기용품 및 생활용품 안전관리법」의 적용을 받는 인체감전보호용 누전차단기(정격감도전
류가 30mA 이하, 동작시간이 0.03초 이하의 전류동작형에 한한다)를 시설하는 경우

자. 외함을 충전하여 사용하는 기계기구에 사람이 접촉할 우려가 없도록 시설하거나 절연대를
시설하는 경우

143 감전보호용 등전위본딩

143.1 등전위본딩의 적용

1. 건축물·구조물에서 접지도체, 주접지단자와 다음의 도전성부분은 등전위본딩하여야 한다. 다
만, 이들 부분이 다른 보호도체로 주접지단자에 연결된 경우는 그러하지 아니하다.

가. 수도관·가스관 등 외부에서 내부로 인입되는 금속배관

나. 건축물·구조물의 철근, 철골 등 금속보강재

다. 일상생활에서 접촉이 가능한 금속제 난방배관 및 공조설비 등 계통외도전부

2. 주접지단자에 보호등전위본딩 도체, 접지도체, 보호도체, 기능성 접지도체를 접속하여야 한다.

143.2 등전위본딩 시설

143.2.1 보호등전위본딩

1. 건축물·구조물의 외부에서 내부로 들어오는 각종 금속제 배관은 다음과 같이 하여야 한다.

　가. 1개소에 집중하여 인입하고, 인입구 부근에서 서로 접속하여 등전위본딩 바에 접속하여야 한다.

　나. 대형건축물 등으로 1개소에 집중하여 인입하기 어려운 경우에는 본딩도체를 1개의 본딩 바에 연결한다.

2. 수도관·가스관의 경우 내부로 인입된 최초의 밸브 후단에서 등전위본딩을 하여야 한다.

3. 건축물·구조물의 철근, 철골 등 금속보강재는 등전위본딩을 하여야 한다.

143.2.2 보조 보호등전위본딩

1. 보조 보호등전위본딩의 대상은 전원자동차단에 의한 감전보호방식에서 고장 시 자동차단시간이 211.2.3의 3에서 요구하는 계통별 최대차단시간을 초과하는 경우이다.

2. 제1의 차단시간을 초과하고 2.5m 이내에 설치된 고정기기의 노출도전부와 계통외도전부는 보조 보호등전위본딩을 하여야 한다. 다만, 보조 보호등전위본딩의 유효성에 관해 의문이 생길 경우 동시에 접근 가능한 노출도전부와 계통외도전부 사이의 저항 값(R)이 다음의 조건을 충족하는지 확인하여야 한다.

- 교류 계통 : $R \leq \dfrac{50\,V}{I_a}(\Omega)$

- 직류 계통 : $R \leq \dfrac{120\,V}{I_a}(\Omega)$

여기서, I_a : 보호장치의 동작전류(A)

(누전차단기의 경우 $I_{\triangle n}$(정격감도전류), 과전류보호장치의 경우 5초 이내 동작전류)

143.2.3 비접지 국부등전위본딩

1. 절연성 바닥으로 된 비접지 장소에서 다음의 경우 국부등전위본딩을 하여야 한다.

　가. 전기설비 상호 간이 2.5m 이내인 경우

　나. 전기설비와 이를 지지하는 금속체 사이

2. 전기설비 또는 계통외도전부를 통해 대지에 접촉하지 않아야 한다.

143.3 등전위본딩 도체

143.3.1 보호등전위본딩 도체

1. 주접지단자에 접속하기 위한 등전위본딩 도체는 설비 내에 있는 가장 큰 보호접지도체 단면적의 1/2 이상의 단면적을 가져야 하고 다음의 단면적 이상이어야 한다.

　가. 구리도체 6mm²

　나. 알루미늄 도체 16mm²

　다. 강철 도체 50mm²

2. 주접지단자에 접속하기 위한 보호본딩도체의 단면적은 구리도체 25mm² 또는 다른 재질의 동등한 단면적을 초과할 필요는 없다.

3. 등전위본딩 도체의 상호접속은 153.2.1의 2를 따른다.

143.3.2 보조 보호등전위본딩 도체

1. 두 개의 노출도전부를 접속하는 경우 도전성은 노출도전부에 접속된 더 작은 보호도체의 도전성보다 커야 한다.

2. 노출도전부를 계통외도전부에 접속하는 경우 도전성은 같은 단면적을 갖는 보호도체의 1/2 이상이어야 한다.

3. 케이블의 일부가 아닌 경우 또는 선로도체와 함께 수납되지 않은 본딩도체는 다음 값 이상 이어야 한다.

　가. 기계적 보호가 된 것은 구리도체 2.5mm², 알루미늄 도체 16mm²

　나. 기계적 보호가 없는 것은 구리도체 4mm², 알루미늄 도체 16mm²

(150 피뢰시스템)

151 피뢰시스템의 적용범위 및 구성

151.1 적용범위

다음에 시설되는 피뢰시스템에 적용한다.

1. 전기전자설비가 설치된 건축물·구조물로서 낙뢰로부터 보호가 필요한 것 또는 지상으로부터 높이가 20m 이상인 것

2. 전기설비 및 전자설비 중 낙뢰로부터 보호가 필요한 설비

151.2 피뢰시스템의 구성

1. 직격뢰로부터 대상물을 보호하기 위한 외부피뢰시스템

2. 간접뢰 및 유도뢰로부터 대상물을 보호하기 위한 내부피뢰시스템

151.3 피뢰시스템 등급선정

피뢰시스템 등급은 대상물의 특성에 따라 KS C IEC 62305-1(피뢰시스템-제1부 : 일반원칙)의 "8.2 피뢰레벨", KS C IEC 62305-2(피뢰시스템-제2부 : 리스크관리), KS C IEC 62305-3(피뢰시스템-제3부 : 구조물의 물리적 손상 및 인명위험)의 "4.1 피뢰시스템의 등급"에 의한 피뢰레벨 따라 선정한다. 다만, 위험물의 제조소 등에 설치하는 피뢰시스템은 Ⅱ 등급 이상으로 하여야 한다.

152 외부피뢰시스템

152.1 수뢰부시스템

1. 수뢰부시스템의 선정은 다음에 의한다.

   가. 돌침, 수평도체, 메시도체의 요소 중에 한 가지 또는 이를 조합한 형식으로 시설하여야 한다.

   나. 수뢰부시스템 재료는 KS C IEC 62305-3(피뢰시스템-제3부 : 구조물의 물리적 손상 및 인명위험)의 "표 6(수뢰도체, 피뢰침, 대지 인입봉과 인하도선의 재료, 형상과 최소단면적)"에 따른다.

   다. 자연적 구성부재가 KS C IEC 62305-3(피뢰시스템-제3부 : 구조물의 물리적 손상 및 인명위험)의 "5.2.5 자연적 구성부재"에 적합하면 수뢰부시스템으로 사용할 수 있다.

2. 수뢰부시스템의 배치는 다음에 의한다.

   가. 보호각법, 회전구체법, 메시법 중 하나 또는 조합된 방법으로 배치하여야 한다. 다만, 피뢰시스템의 보호각, 회전구체 반경, 메시 크기의 최대값은 KS C IEC 62305-3(피뢰시스템-제3부 : 구조물의 물리적 손상 및 인명위험)의 "표 2(피뢰시스템의 등급별 회전구체 반지름, 메시 치수와 보호각의 최대값)" 및 "그림 1(피뢰시스템의 등급별 보호각)"에 따른다.

   나. 건축물·구조물의 뾰족한 부분, 모서리 등에 우선하여 배치한다.

3. 지상으로부터 높이 60m를 초과하는 건축물·구조물에 측뢰 보호가 필요한 경우에는 수뢰부시스템을 시설하여야 하며, 다음에 따른다.

   가. 전체 높이 60m를 초과하는 건축물·구조물의 최상부로부터 20% 부분에 한하며, 피뢰시스템 등급 Ⅳ의 요구사항에 따른다.

   나. 자연적 구성부재가 제1의 "다"에 적합하면, 측뢰 보호용 수뢰부로 사용할 수 있다.

4. 건축물·구조물과 분리되지 않은 수뢰부시스템의 시설은 다음에 따른다.

   가. 지붕 마감재가 불연성 재료로 된 경우 지붕표면에 시설할 수 있다.

   나. 지붕 마감재가 높은 가연성 재료로 된 경우 지붕재료와 다음과 같이 이격하여 시설한다.

   　(1) 초가지붕 또는 이와 유사한 경우 0.15m 이상

   　(2) 다른 재료의 가연성 재료인 경우 0.1m 이상

5. 건축물·구조물을 구성하는 금속판 또는 금속배관 등 자연적 구성부재를 수뢰부로 사용하는 경우 제1의 "다" 조건에 충족하여야 한다.

152.2 인하도선시스템

1. 수뢰부시스템과 접지시스템을 전기적으로 연결하는 것으로 다음에 의한다.

　가. 복수의 인하도선을 병렬로 구성해야 한다. 다만, 건축물·구조물과 분리된 피뢰시스템인 경우 예외로 할 수 있다.

　나. 도선경로의 길이가 최소가 되도록 한다.

　다. 인하도선시스템 재료는 KS C IEC 62305 – 3(피뢰시스템 – 제3부 : 구조물의 물리적 손상 및 인명위험)의 "표 6(수뢰도체, 피뢰침, 대지 인입봉과 인하도선의 재료, 형상과 최소단면적)"에 따른다.

2. 배치 방법은 다음에 의한다.

　가. 건축물·구조물과 분리된 피뢰시스템인 경우

　　(1) 뇌전류의 경로가 보호대상물에 접촉하지 않도록 하여야 한다.

　　(2) 별개의 지주에 설치되어 있는 경우 각 지주마다 1가닥 이상의 인하도선을 시설한다.

　　(3) 수평도체 또는 메시도체인 경우 지지 구조물마다 1가닥 이상의 인하도선을 시설한다.

　나. 건축물·구조물과 분리되지 않은 피뢰시스템인 경우

　　(1) 벽이 불연성 재료로 된 경우에는 벽의 표면 또는 내부에 시설할 수 있다. 다만, 벽이 가연성 재료인 경우에는 0.1m 이상 이격하고, 이격이 불가능한 경우에는 도체의 단면적을 100mm^2 이상으로 한다.

　　(2) 인하도선의 수는 2가닥 이상으로 한다.

　　(3) 보호대상 건축물·구조물의 투영에 따른 둘레에 가능한 한 균등한 간격으로 배치한다. 다만, 노출된 모서리 부분에 우선하여 설치한다.

　　(4) 병렬 인하도선의 최대 간격은 피뢰시스템 등급에 따라 Ⅰ·Ⅱ 등급은 10m, Ⅲ 등급은 15m, Ⅳ 등급은 20m로 한다.

3. 수뢰부시스템과 접지극시스템 사이에 전기적 연속성이 형성되도록 다음에 따라 시설하여야 한다.

　가. 경로는 가능한 한 루프 형성이 되지 않도록 하고, 최단거리로 곧게 수직으로 시설하여야 하며, 처마 또는 수직으로 설치된 홈통 내부에 시설하지 않아야 한다.

　나. 철근콘크리트 구조물의 철근을 자연적 구성부재의 인하도선으로 사용하기 위해서는 해당 철근 전체 길이의 전기저항 값은 0.2Ω 이하가 되어야 하며, 전기적 연속성은 KS C IEC 62305 – 3(피뢰시스템 – 제3부 : 구조물의 물리적 손상 및 인명위험)의 "4.3 철근콘크리트 구조물에서 강제 철골조의 전기적 연속성"에 따라야 한다.

　다. 시험용 접속점을 접지극시스템과 가까운 인하도선과 접지극시스템의 연결부분에 시설하고, 이 접속점은 항상 폐로 되어야 하며 측정 시에 공구 등으로만 개방할 수 있어야 한다. 다만, 자연적 구성부재를 이용하거나, 자연적 구성부재 등과 본딩을 하는 경우에는 예외로 한다.

4. 인하도선으로 사용하는 자연적 구성부재는 KS C IEC 62305 − 3(피뢰시스템 − 제3부 : 구조물의 물리적 손상 및 인명위험)의 "4.3 철근콘크리트 구조물에서 강제 철골조의 전기적 연속성"과 "5.3.5 자연적 구성 부재"의 조건에 적합해야 하며 다음에 따른다.

　가. 각 부분의 전기적 연속성과 내구성이 확실하고, 제1의 "다"에서 인하도선으로 규정된 값 이상인 것

　나. 전기적 연속성이 있는 구조물 등의 금속제 구조체(철골, 철근 등)

　다. 구조물 등의 상호 접속된 강제 구조체

　라. 건축물 외벽 등을 구성하는 금속 구조재의 크기가 인하도선에 대한 요구사항에 부합하고 또한 두께가 0.5mm 이상인 금속판 또는 금속관

　마. 인하도선을 구조물 등의 상호 접속된 철근 · 철골 등과 본딩하거나, 철근 · 철골 등을 인하도선으로 사용하는 경우 수평 환상도체는 설치하지 않아도 된다.

　바. 인하도선의 접속은 152.4에 따른다.

152.3 접지극시스템

1. 뇌전류를 대지로 방류시키기 위한 접지극시스템은 다음에 의한다.

　가. A형 접지극(수평 또는 수직접지극) 또는 B형 접지극(환상도체 또는 기초접지극) 중 하나 또는 조합하여 시설할 수 있다.

　나. 접지극시스템의 재료는 KS C IEC 62305 − 3(피뢰시스템 − 제3부 : 구조물의 물리적 손상 및 인명위험)의 "표 7(접지극의 재료, 형상과 최소치수)"에 따른다.

2. 접지극시스템 배치는 다음에 의한다.

　가. A형 접지극은 최소 2개 이상을 균등한 간격으로 배치해야 하고, KS C IEC62305 − 3(피뢰시스템 − 제3부 : 구조물의 물리적 손상 및 인명위험)의 "5.4.2.1 A형 접지극 배열"에 의한 피뢰시스템 등급별 대지저항률에 따른 최소 길이 이상으로 한다.

　나. B형 접지극은 접지극 면적을 환산한 평균반지름이 KS C IEC 62305 − 3(피뢰시스템 − 제3부 : 구조물의 물리적 손상 및 인명위험)의 "그림 3(LPS 등급별 각 접지극의 최소 길이)"에 의한 최소 길이 이상으로 하여야 하며, 평균반지름이 최소 길이 미만인 경우에는 해당하는 길이의 수평 또는 수직매설 접지극을 추가로 시설하여야 한다. 다만, 추가하는 수평 또는 수직매설 접지극의 수는 최소 2개 이상으로 한다.

　다. 접지극시스템의 접지저항이 10Ω 이하인 경우 제2의 "가"와 "나"에도 불구하고 최소 길이 이하로 할 수 있다.

3. 접지극은 다음에 따라 시설한다.

　가. 지표면에서 0.75m 이상 깊이로 매설하여야 한다. 다만, 필요시는 해당 지역의 동결심도를 고려한 깊이로 할 수 있다.

　나. 대지가 암반지역으로 대지저항이 높거나 건축물 · 구조물이 전자통신시스템을 많이 사용하는 시설의 경우에는 환상도체접지극 또는 기초접지극으로 한다.

　다. 접지극 재료는 대지에 환경오염 및 부식의 문제가 없어야 한다.

　라. 철근콘크리트 기초 내부의 상호 접속된 철근 또는 금속제 지하구조물 등 자연적 구성부재는 접지극으로 사용할 수 있다.

152.4 부품 및 접속

1. 재료의 형상에 따른 최소단면적은 KS C IEC 62305 – 3(피뢰시스템 – 제3부 : 구조물의 물리적 손상 및 인명위험)의 "표 6(수뢰도체, 피뢰침, 대지 인입 붕괴 인하도선의 재료, 형상과 최소단면적)"에 따른다.

2. 피뢰시스템용의 부품은 KS C IEC 62305 – 3(구조물의 물리적 손상 및 인명위험) 표 5(피뢰시스템의 재료와사용조건)에 의한 재료를 사용하여야 한다. 다만, 기계적, 전기적, 화학적 특성이 동등 이상인 경우 다른 재료를 사용할 수 있다.

3. 도체의 접속부 수는 최소한으로 하여야 하며, 접속은 용접, 압착, 봉합, 나사 조임, 볼트 조임 등의 방법으로 확실하게 하여야 한다. 다만, 철근콘크리트 구조물 내부의 철골조의 접속은 152.2의 3의 "나"에 따른다.

152.5 옥외에 시설된 전기설비의 피뢰시스템

1. 고압 및 특고압 전기설비에 대한 피뢰시스템은 152.1내지 152.4에 따른다.

2. 외부에 낙뢰차폐선이 있는 경우 이것을 접지하여야 한다.

3. 자연적 구성부재의 조건에 적합한 강철제 구조체 등을 자연적 구성부재 인하도선으로 사용할 수 있다.

153 내부피뢰시스템

153.1 전기전자설비 보호

153.1.1 일반사항

1. 전기전자설비의 뇌서지에 대한 보호는 다음에 따른다.

　가. 피뢰구역의 구분은 KS C IEC 62305 – 4(피뢰시스템 – 제4부 : 구조물 내부의 전기전자시스템)의 "4.3[피뢰구역(LPZ)]"에 의한다.

나. 피뢰구역 경계부분에서는 접지 또는 본딩을 하여야 한다. 다만, 직접 본딩이 불가능한 경우에는 서지보호장치를 설치한다.

다. 서로 분리된 구조물 사이가 전력선 또는 신호선으로 연결된 경우 각각의 피뢰구역은 153.1.3의 2의 "다"에 의한 방법으로 서로 접속한다.

2. 전기전자기기의 선정 시 정격 임펄스내전압은 KS C IEC 60364 − 4 − 44(저압설비 제4 − 44부 : 안전을 위한 보호 − 전압 및 전기자기 방행에 대한 보호)의 표 44.B(기기에 요구되는 정격 임펄스내전압)에서 제시한 값 이상이어야 한다.

153.1.2 전기적 절연

1. 수뢰부 또는 인하도선과 건축물 · 구조물의 금속부분, 내부시스템 사이의 전기적인 절연은 KS C IEC 62305 − 3(피뢰시스템 − 제3부 : 구조물의 물리적 손상 및 인명위험)의 "6.3 외부 피뢰시스템의 전기적 절연"에 의한 이격거리로 한다.

2. 제1에도 불구하고 건축물 · 구조물이 금속제 또는 전기적연속성을 가진 철근콘크리트 구조물 등의 경우에는 전기적 절연을 고려하지 않아도 된다.

153.1.3 접지와 본딩

1. 전기전자설비를 보호하기 위한 접지와 피뢰등전위본딩은 다음에 따른다.

가. 뇌서지 전류를 대지로 방류시키기 위한 접지를 시설하여야 한다.

나. 전위차를 해소하고 자계를 감소시키기 위한 본딩을 구성하여야 한다.

2. 접지극은 152.3에 의하는 것 이외에는 다음에 적합하여야 한다.

가. 전자 · 통신설비(또는 이와 유사한 것)의 접지는 환상도체접지극 또는 기초접지극으로 한다.

나. 개별 접지시스템으로 된 복수의 건축물 · 구조물 등을 연결하는 콘크리트덕트 · 금속제 배관의 내부에 케이블(또는 같은 경로로 배치된 복수의 케이블)이 있는 경우 각각의 접지 상호 간은 병행 설치된 도체로 연결하여야 한다. 다만, 차폐케이블인 경우는 차폐선을 양끝에서 각각의 접지시스템에 등전위본딩하는 것으로 한다.

3. 전자 · 통신설비(또는 이와 유사한 것)에서 위험한 전위차를 해소하고 자계를 감소시킬 필요가 있는 경우 다음에 의한 등전위본딩망을 시설하여야 한다.

가. 등전위본딩망은 건축물 · 구조물의 도전성 부분 또는 내부설비 일부분을 통합하여 시설한다.

나. 등전위본딩망은 메시 폭이 5m 이내가 되도록 하여 시설하고 구조물과 구조물 내부의 금속부분은 다중으로 접속한다. 다만, 금속 부분이나 도전성 설비가 피뢰구역의 경계를 지나가는 경우에는 직접 또는 서지보호장치를 통하여 본딩한다.

다. 도전성 부분의 등전위본딩은 방사형, 메시형 또는 이들의 조합형으로 한다.

153.1.4 서지보호장치 시설

1. 전기전자설비 등에 연결된 전선로를 통하여 서지가 유입되는 경우, 해당 선로에는 서지보호장치를 설치하여 한다.

2. 서지보호장치의 선정은 다음에 의한다.

    가. 전기설비의 보호는 KS C IEC 61643 – 12(저전압 서지 보호 장치 – 제12부 : 저전압 배전 계통에 접속한 서지보호 장치 – 선정 및 적용 지침)와 KS C IEC 60364 – 5 – 53(건축 전기 설비 – 제5 – 53부 : 전기 기기의 선정 및 시공 – 절연, 개폐 및 제어)에 따르며, KS C IEC 61643 – 11(저압 서지보호장치 – 제11부 : 저압전력 계통의 저압 서지보호장치 – 요구사항 및 시험방법)에 의한 제품을 사용하여야 한다.

    나. 전자 · 통신설비(또는 이와 유사한 것)의 보호는 KS C IEC 61643 – 22(저전압 서지보호장치 – 제22부 : 통신망과 신호망 접속용 서지보호장치 – 선정 및 적용지침)에 따른다.

3. 지중 저압수전의 경우, 내부에 설치하는 전기전자기기의 과전압범주별 임펄스내전압이 규정 값에 충족하는 경우는 서지보호장치를 생략할 수 있다.

153.2 피뢰등전위본딩

153.2.1 일반사항

1. 피뢰시스템의 등전위화는 다음과 같은 설비들을 서로 접속함으로써 이루어진다.

    가. 금속제 설비

    나. 구조물에 접속된 외부 도전성 부분

    다. 내부시스템

2. 등전위본딩의 상호 접속은 다음에 의한다.

    가. 자연적 구성부재로 인한 본딩으로 전기적 연속성을 확보할 수 없는 장소는 본딩도체로 연결한다.

    나. 본딩도체로 직접 접속할 수 없는 장소의 경우에는 서지보호장치를 이용한다.

    다. 본딩도체로 직접 접속이 허용되지 않는 장소의 경우에는 절연방전갭(ISG)을 이용한다.

3. 등전위본딩 부품의 재료 및 최소 단면적은 KS C IEC 62305 – 3(피뢰시스템 – 제3부 : 구조물의 물리적 손상 및 인명위험)의 "5.6 재료 및 치수"에 따른다.

4. 기타 등전위본딩에 대하여는 KS C IEC 62305 – 3(피뢰시스템 – 제3부 : 구조물의 물리적 손상 및 인명위험)의 "6.2 피뢰등전위본딩"에 의한다.

153.2.2 금속제 설비의 등전위본딩

1. 건축물 · 구조물과 분리된 외부피뢰시스템의 경우, 등전위본딩은 지표면 부근에서 시행하여야 한다.

2. 건축물 · 구조물과 접속된 외부피뢰시스템의 경우, 피뢰등전위본딩은 다음에 따른다.

    가. 기초부분 또는 지표면 부근 위치에서 하여야 하며, 등전위본딩도체는 등전위본딩 바에 접속

하고, 등전위본딩 바는 접지시스템에 접속하여야 한다. 또한 쉽게 점검할 수 있도록 하여야
한다.

나. 153.1.2의 전기적 절연 요구조건에 따른 안전이격거리를 확보할 수 없는 경우에는 피뢰시스
템과 건축물·구조물 또는 내부설비의 도전성 부분은 등전위본딩하여야 하며, 직접 접속하
거나 충전부인 경우는 서지보호장치를 경유하여 접속하여야 한다. 다만, 서지보호장치를 사
용하는 경우 보호레벨은 보호구간 기기의 임펄스내전압보다 작아야 한다.

3. 건축물·구조물에는 지하 0.5m와 높이 20m 마다 환상도체를 설치한다. 다만 철근콘크리트, 철
골구조물의 구조체에 인하도선을 등전위본딩하는 경우 환상도체는 설치하지 않아도 된다.

153.2.3 인입설비의 등전위본딩

1. 건축물·구조물의 외부에서 내부로 인입되는 설비의 도전부에 대한 등전위본딩은 다음에 의
한다.

가. 인입구 부근에서 143.1에 따라 등전위본딩한다.

나. 전원선은 서지보호장치를 사용하여 등전위본딩한다.

다. 통신 및 제어선은 내부와의 위험한 전위차 발생을 방지하기 위해 직접 또는 서지보호장치를
통해 등전위본딩한다.

2. 가스관 또는 수도관의 연결부가 절연체인 경우, 해당설비 공급사업자의 동의를 받아 적절한 공
법(절연방전갭 등 사용)으로 등전위본딩하여야 한다.

153.2.4 등전위본딩 바

1. 설치위치는 짧은 도전성경로로 접지시스템에 접속할 수 있는 위치이어야 한다.

2. 접지시스템(환상접지전극, 기초접지전극, 구조물의 접지보강재 등)에 짧은 경로로 접속하여야
한다.

3. 외부 도전성 부분, 전원선과 통신선의 인입점이 다른 경우 여러 개의 등전위본딩 바를 설치할 수
있다.

(200 통칙)

201 적용범위

교류 1kV 또는 직류 1.5kV 이하인 저압의 전기를 공급하거나 사용하는 전기설비에 적용하며 다음의 경우를 포함한다.

1. 전기설비를 구성하거나, 연결하는 선로와 전기기계기구 등의 구성품
2. 저압 기기에서 유도된 1kV 초과 회로 및 기기(예 : 저압 전원에 의한 고압방전등, 전기집진기 등)

202 배전방식

202.1 교류 회로

1. 3상 4선식의 중성선 또는 PEN 도체는 충전도체는 아니지만 운전전류를 흘리는 도체이다.
2. 3상 4선식에서 파생되는 단상 2선식 배전방식의 경우 두 도체 모두가 선도체이거나 하나의 선도체와 중성선 또는 하나의 선도체와 PEN 도체이다.
3. 모든 부하가 선간에 접속된 전기설비에서는 중성선의 설치가 필요하지 않을 수 있다.

202.2 직류 회로

PEL과 PEM 도체는 충전도체는 아니지만 운전전류를 흘리는 도체이다. 2선식 배전방식이나 3선식 배전방식을 적용한다.

203 계통접지의 방식

203.1 계통접지 구성

1. 저압전로의 보호도체 및 중성선의 접속 방식에 따라 접지계통은 다음과 같이 분류한다.
   가. TN 계통
   나. TT 계통
   다. IT 계통

2. 계통접지에서 사용되는 문자의 정의는 다음과 같다.

　가. 제1문자 – 전원계통과 대지의 관계

　　　T : 한 점을 대지에 직접 접속

　　　I : 모든 충전부를 대지와 절연시키거나 높은 임피던스를 통하여 한 점을 대지에 직접 접속

　나. 제2문자 – 전기설비의 노출도전부와 대지의 관계

　　　T : 노출도전부를 대지로 직접 접속. 전원계통의 접지와는 무관

　　　N : 노출도전부를 전원계통의 접지점(교류 계통에서는 통상적으로 중성점, 중성점이 없을 경우는 선도체)에 직접 접속

　다. 그 다음 문자(문자가 있을 경우) – 중성선과 보호도체의 배치

　　　S : 중성선 또는 접지된 선도체 외에 별도의 도체에 의해 제공되는 보호 기능

　　　C : 중성선과 보호 기능을 한 개의 도체로 겸용(PEN 도체)

3. 각 계통에서 나타내는 그림의 기호는 다음과 같다.

표 203.1 – 1 기호

기호 설명	
	중성선(N), 중간도체(M)
	보호도체(PE)
	중성선과 보호도체겸용(PEN)

203.2 TN 계통

전원 측의 한 점을 직접접지하고 설비의 노출도전부를 보호도체로 접속시키는 방식으로 중성선 및 보호도체(PE 도체)의 배치 및 접속방식에 따라 다음과 같이 분류한다.

1. TN – S 계통은 계통 전체에 대해 별도의 중성선 또는 PE 도체를 사용한다. 배전계통에서 PE 도체를 추가로 접지할 수 있다.

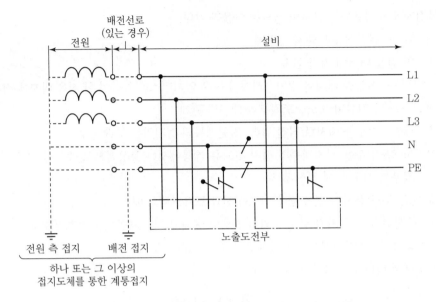

[계통 내에서 별도의 중성선과 보호도체가 있는 TN-S 계통]

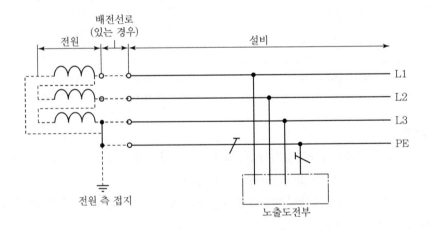

[계통 내에서 별도의 접지된 선도체와 보호도체가 있는 TN-S 계통]

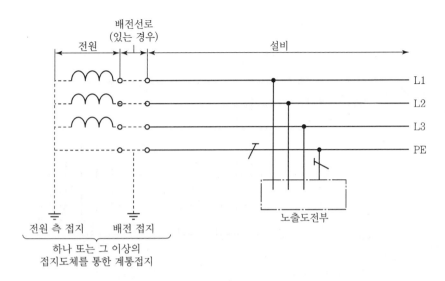

[계통 내에서 접지된 보호도체는 있으나 중성선의 배선이 없는 TN-S 계통]

2. TN-C 계통은 그 계통 전체에 대해 중성선과 보호도체의 기능을 동일도체로 겸용한 PEN 도체를 사용한다. 배전계통에서 PEN 도체를 추가로 접지할 수 있다.

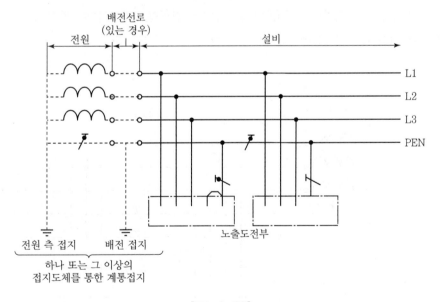

[TN-C 계통]

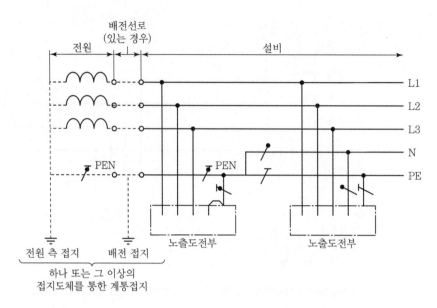

[설비의 어느 곳에서 PEN이 PE와 N으로 분리된 3상 4선식 TN−C−S 계통]

203.3 TT 계통

전원의 한 점을 직접 접지하고 설비의 노출도전부는 전원의 접지전극과 전기적으로 독립적인 접지극에 접속시킨다. 배전계통에서 PE 도체를 추가로 접지할 수 있다.

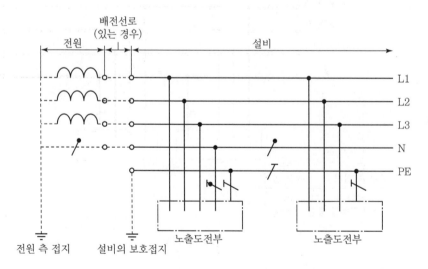

[설비 전체에서 별도의 중성선과 보호도체가 있는 TT 계통]

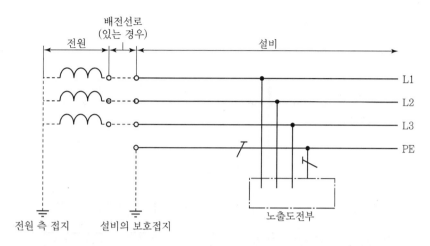

[설비 전체에서 접지된 보호도체가 있으나 배전용 중성선이 없는 TT 계통]

203.4 IT 계통

1. 충전부 전체를 대지로부터 절연시키거나, 한 점을 임피던스를 통해 대지에 접속시킨다. 전기설비의 노출도전부를 단독 또는 일괄적으로 계통의 PE 도체에 접속시킨다. 배전계통에서 추가접지가 가능하다.

2. 계통은 충분히 높은 임피던스를 통하여 접지할 수 있다. 이 접속은 중성점, 인위적 중성점, 선도체 등에서 할 수 있다. 중성선은 배선할 수도 있고, 배선하지 않을 수도 있다.

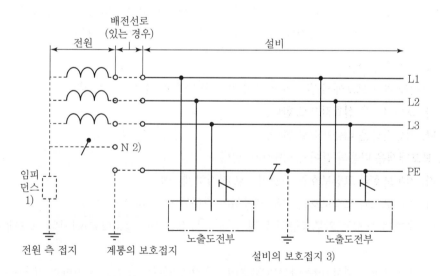

[계통 내의 모든 노출도전부가 보호도체에 의해 접속되어 일괄 접지된 IT 계통]

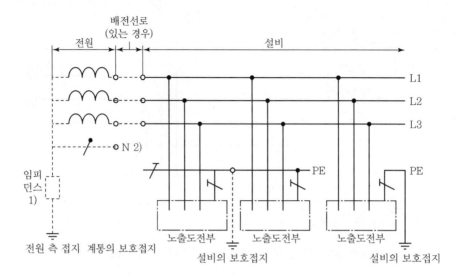

[노출도전부가 조합으로 또는 개별로 접지된 IT 계통]

(210 안전을 위한 보호)

211 감전에 대한 보호

211.1 보호대책 일반 요구사항

211.1.1 적용범위

인축에 대한 기본보호와 고장보호를 위한 필수 조건을 규정하고 있다. 외부영향과 관련된 조건의 적용과 특수설비 및 특수장소의 시설에 있어서의 추가적인 보호의 적용을 위한 조건도 규정한다.

211.1.2 일반 요구사항

1. 안전을 위한 보호에서 별도의 언급이 없는 한 다음의 전압 규정에 따른다.

　가. 교류전압은 실효값으로 한다.

　나. 직류전압은 리플프리로 한다.

2. 보호대책은 다음과 같이 구성하여야 한다.

　가. 기본보호와 고장보호를 독립적으로 적절하게 조합

　나. 기본보호와 고장보호를 모두 제공하는 강화된 보호 규정

　다. 추가적 보호는 외부영향의 특정 조건과 특정한 특수장소(240)에서의 보호대책의 일부로 규정

3. 설비의 각 부분에서 하나 이상의 보호대책은 외부영향의 조건을 고려하여 적용하여야 한다.

　가. 다음의 보호대책을 일반적으로 적용하여야 한다.

　　(1) 전원의 자동차단(211.2)

(2) 이중절연 또는 강화절연(211.3)

(3) 한 개의 전기사용기기에 전기를 공급하기 위한 전기적 분리(211.4)

(4) SELV와 PELV에 의한 특별저압(211.5)

나. 전기기기의 선정과 시공을 할 때는 설비에 적용되는 보호대책을 고려하여야 한다.

4. 특수설비 또는 특수장소의 보호대책은 240에 해당되는 특별한 보호대책을 적용하여야 한다.

5. 장애물을 두거나 접촉범위 밖에 배치하는 보호대책(211.8)은 다음과 같은 사람이 접근할 수 있는 설비에 사용하여야 한다.

가. 숙련자 또는 기능자

나. 숙련자 또는 기능자의 감독 아래에 있는 사람

6. 숙련자와 기능자의 통제 또는 감독이 있는 설비에 적용 가능한 보호대책(211.9)은 다음과 같다. 다만, 무단 변경이 발생하지 않도록 설비는 숙련자 또는 기능자의 감독 아래에 있는 경우에 적용하여야 한다.

가. 비도전성 장소

나. 비접지 국부등전위본딩

다. 두 개 이상의 전기사용기기에 공급하기 위한 전기적 분리

7. 보호대책의 특정 조건을 충족시킬 수 없는 경우에는 보조대책을 적용하는 등 동등한 안전수준을 달성할 수 있도록 시설하여야 한다.

8. 동일한 설비, 설비의 일부 또는 기기 안에서 달리 적용하는 보호대책은 한 가지 보호대책의 고장이 다른 보호대책에 나쁜 영향을 줄 수 있으므로 상호 영향을 주지 않도록 하여야 한다.

9. 고장보호에 관한 규정은 다음 기기에서는 생략할 수 있다.

가. 건물에 부착되고 접촉범위 밖에 있는 가공선 애자의 금속 지지물

나. 가공선의 철근강화콘크리트주로서 그 철근에 접근할 수 없는 것

다. 볼트, 리벳트, 명판, 케이블 클립 등과 같이 크기가 작은 경우(약 50mm × 50mm이내) 또는 배치가 손에 쥘 수 없거나 인체의 일부가 접촉할 수 없는 노출도전부로서 보호도체의 접속이 어렵거나 접속의 신뢰성이 없는 경우

라. 211.3에 따라 전기기기를 보호하는 금속관 또는 다른 금속제 외함

211.2 전원의 자동차단에 의한 보호대책

211.2.1 보호대책 일반 요구사항

1. 전원의 자동차단에 의한 보호대책

가. 기본보호는 211.2.2에 따라 충전부의 기본절연 또는 격벽이나 외함에 의한다.

나. 고장보호는 211.2.3부터 211.2.7까지에 따른 고장일 경우 보호등전위본딩 및 자동차단에 의한다.

다. 추가적인 보호로 누전차단기를 시설할 수 있다.

2. 누설전류감시장치는 보호장치는 아니지만 전기설비의 누설전류를 감시하는데 사용된다. 다만, 누설전류감시장치는 누설전류의 설정 값을 초과하는 경우 음향 또는 음향과 시각적인 신호를 발생시켜야 한다.

211.2.2 기본보호의 요구사항

모든 전기설비는 211.7의 조건에 따라야 한다. 숙련자 또는 기능자에 의해 통제 또는 감독되는 경우에는 211.8에서 규정하고 있는 조건에 따를 수 있다.

211.2.3 고장보호의 요구사항

1. 보호접지

   가. 노출도전부는 계통접지별로 규정된 특정조건에서 보호도체에 접속하여야 한다.

   나. 동시에 접근 가능한 노출도전부는 개별적 또는 집합적으로 같은 접지계통에 접속하여야 한다. 보호접지에 관한 도체는 140에 따라야 하고, 각 회로는 해당 접지단자에 접속된 보호도체를 이용하여야 한다.

2. 보호등전위본딩

   143.2.1에서 정하는 도전성부분은 보호등전위본딩으로 접속하여야 하며, 건축물 외부로부터 인입된 도전부는 건축물 안쪽의 가까운 지점에서 본딩하여야 한다. 다만, 통신케이블의 금속외피는 소유자 또는 운영자의 요구사항을 고려하여 보호등전위본딩에 접속해야 한다.

3. 고장시의 자동차단

   가. "마" 및 "바"에서 규정하는 것을 제외하고 보호장치는 회로의 선도체와 노출도전부 또는 선도체와 기기의 보호도체 사이의 임피던스가 무시할 정도로 되는 고장의 경우 "나", "다" 또는 "라"에 규정된 차단시간 내에서 회로의 선도체 또는 설비의 전원을 자동으로 차단하여야 한다.

   나. 표 211.2−1에 최대차단시간은 32A 이하 분기회로에 적용한다.

표 211.2−1 32A 이하 분기회로의 최대 차단시간 [단위 : 초]

계통	$50V < U_o \leq 120V$		$120V < U_o \leq 230V$		$230V < U_o \leq 400V$		$U_o > 400V$	
	교류	직류	교류	직류	교류	직류	교류	직류
TN	0.8	[비고1]	0.4	5	0.2	0.4	0.1	0.1
TT	0.3	[비고1]	0.2	0.4	0.07	0.2	0.04	0.1

TT 계통에서 차단은 과전류보호장치에 의해 이루어지고 보호등전위본딩은 설비 안의 모든 계통외도전부와 접속되는 경우 TN 계통에 적용 가능한 최대차단시간이 사용될 수 있다.

U0는 대지에서 공칭교류전압 또는 직류 선간전압이다.

[비고1] 차단은 감전보호 외에 다른 원인에 의해 요구될 수도 있다.

[비고2] 누전차단기에 의한 차단은 211.2.4 참조

다. TN 계통에서 배전회로(간선)와 "나"의 경우를 제외하고는 5초 이하의 차단시간을 허용한다.

라. TT 계통에서 배전회로(간선)와 "나"의 경우를 제외하고는 1초 이하의 차단시간을 허용한다.

마. 공칭대지전압 U_0가 교류 50V 또는 직류 120V를 초과하는 계통에서 "나", "다" 또는 "라"에 의해 요구되는 자동차단시간 요구사항은 전원의 출력전압이 5초 이내에 교류 50V로 또는 직류 120V로 또는 더 낮게 감소된다면 보호도체나 대지로의 고장일 경우에는 요구되지 않는다. 이 경우 감전보호 외에 다른 차단요구사항에 관한 것을 고려하여야 한다.

바. "가"에 따른 자동차단이 "나", "다" 또는 "라"에 의해 요구되는 시간에 적절하게 이루어질 수 없을 경우 211.6.2에 따라 추가적으로 보조 보호등전위본딩을 하여야 한다.

4. 추가적인 보호

다음에 따른 교류계통에서는 211.2.4에 따른 누전차단기에 의한 추가적 보호를 하여야 한다.

가. 일반적으로 사용되며 일반인이 사용하는 정격전류 20A 이하 콘센트

나. 옥외에서 사용되는 정격전류 32A 이하 이동용 전기기기

211.2.4 누전차단기의 시설

1. 전원의 자동차단에 의한 저압전로의 보호대책으로 누전차단기를 시설해야 할 대상은 다음과 같다. 누전차단기의 정격 동작전류, 정격 동작시간 등은 211.2.6의 3 등과 같이 적용대상의 전로, 기기 등에서 요구하는 조건에 따라야 한다.

가. 금속제 외함을 가지는 사용전압이 50V를 초과하는 저압의 기계기구로서 사람이 쉽게 접촉할 우려가 있는 곳에 시설하는 것에 전기를 공급하는 전로. 다만, 다음의 어느 하나에 해당하는 경우에는 적용하지 않는다.

(1) 기계기구를 발전소 · 변전소 · 개폐소 또는 이에 준하는 곳에 시설하는 경우

(2) 기계기구를 건조한 곳에 시설하는 경우

(3) 대지전압이 150V 이하인 기계기구를 물기가 있는 곳 이외의 곳에 시설하는 경우

(4) 「전기용품 및 생활용품 안전관리법」의 적용을 받는 이중절연구조의 기계기구를 시설하는 경우

(5) 그 전로의 전원 측에 절연변압기(2차 전압이 300V 이하인 경우에 한한다)를 시설하고 또한 그 절연 변압기의 부하 측의 전로에 접지하지 아니하는 경우

(6) 기계기구가 고무 · 합성수지 기타 절연물로 피복된 경우

(7) 기계기구가 유도전동기의 2차 측 전로에 접속되는 것일 경우

(8) 기계기구가 131의 8에 규정하는 것일 경우

(9) 기계기구 내에 「전기용품 및 생활용품 안전관리법」의 적용을 받는 누전차단기를 설치하고 또한 기계기구의 전원 연결선이 손상을 받을 우려가 없도록 시설하는 경우

나. 주택의 인입구 등 이 규정에서 누전차단기 설치를 요구하는 전로

다. 특고압전로, 고압전로 또는 저압전로와 변압기에 의하여 결합되는 사용전압 400V 초과의 저압전로 또는 발전기에서 공급하는 사용전압 400V 초과의 저압전로(발전소 및 변전소와 이에 준하는 곳에 있는 부분의 전로를 제외한다).

라. 다음의 전로에는 전기용품안전기준 "K60947 – 2의 부속서 P"의 적용을 받는 자동복구 기능을 갖는 누전차단기를 시설할 수 있다.

    (1) 독립된 무인 통신중계소 · 기지국

    (2) 관련법령에 의해 일반인의 출입을 금지 또는 제한하는 곳

    (3) 옥외의 장소에 무인으로 운전하는 통신중계기 또는 단위기기 전용회로. 단, 일반인이 특정한 목적을 위해 지체하는(머물러 있는) 장소로서 버스정류장, 횡단보도 등에는 시설할 수 없다.

2. 저압용 비상용 조명장치 · 비상용승강기 · 유도등 · 철도용 신호장치, 비접지 저압전로, 322.5의 6에 의한 전로, 기타 그 정지가 공공의 안전 확보에 지장을 줄 우려가 있는 기계기구에 전기를 공급하는 전로의 경우, 그 전로에서 지락이 생겼을 때에 이를 기술원 감시소에 경보하는 장치를 설치한 때에는 제1에서 규정하는 장치를 시설하지 않을 수 있다.

3. IEC 표준을 도입한 누전차단기를 저압전로에 사용하는 경우 일반인이 접촉할 우려가 있는 장소 (세대 내 분전반 및 이와 유사한 장소)에는 주택용 누전차단기를 시설하여야 하고, 주택용 누전차단기를 정방향(세로)으로 부착할 경우에는 차단기의 위쪽이 켜짐(on)으로, 차단기의 아래쪽은 꺼짐(off)으로 시설하여야 한다.

211.2.5 TN 계통

1. TN 계통에서 설비의 접지 신뢰성은 PEN 도체 또는 PE 도체와 접지극과의 효과적인 접속에 의한다.

2. 접지가 공공계통 또는 다른 전원계통으로부터 제공되는 경우 그 설비의 외부 측에 필요한 조건은 전기공급자가 준수하여야 한다. 조건에 포함된 예는 다음과 같다.

가. PEN 도체는 여러 지점에서 접지하여 PEN 도체의 단선위험을 최소화할 수 있도록 한다.

나. $R_B/R_E \leq 50/(U_0 - 50)$

    R_B : 병렬 접지극 전체의 접지저항 값(Ω)

    R_E : 1선 지락이 발생할 수 있으며 보호도체와 접속되어 있지 않는 계통외도전부의 대지와의 접촉저항의 최소값(Ω)

    U_0 : 공칭대지전압(실효 값)

3. 전원 공급계통의 중성점이나 중간점은 접지하여야 한다. 중성점이나 중간점을 접지할 수 없는 경우에는 선도체 중 하나를 접지하여야 한다. 설비의 노출도전부는 보호도체로 전원공급계통의 접지점에 접속하여야 한다.

4. 다른 유효한 접지점이 있다면, 보호도체(PE 및 PEN 도체)는 건물이나 구내의 인입구 또는 추가로 접지하여야 한다.

5. 고정설비에서 보호도체와 중성선을 겸하여(PEN 도체) 사용될 수 있다. 이러한 경우에는 PEN 도체에는 어떠한 개폐장치나 단로장치가 삽입되지 않아야 하며, PEN 도체는 142.3.2의 조건을 충족하여야 한다.

6. 보호장치의 특성과 회로의 임피던스는 다음 조건을 충족하여야 한다.

$$Z_s \times I_a \leq U_0$$

Z_s : 다음과 같이 구성된 고장루프임피던스(Ω)

 − 전원의 임피던스

 − 고장점까지의 선도체 임피던스

 − 고장점과 전원 사이의 보호도체 임피던스

I_a : 211.2.3의 3의 "다" 또는 표 211.2−1에서 제시된 시간 내에 차단장치 또는 누전차단기를 자동으로 동작하게 하는 전류(A)

U_0 : 공칭대지전압(V)

7. TN 계통에서 과전류보호장치 및 누전차단기는 고장보호에 사용할 수 있다. 누전차단기를 사용하는 경우 과전류보호 겸용의 것을 사용해야 한다.

8. TN−C 계통에는 누전차단기를 사용해서는 아니 된다. TN−C−S 계통에 누전차단기를 설치하는 경우에는 누전차단기의 부하 측에는 PEN 도체를 사용할 수 없다. 이러한 경우 PE도체는 누전차단기의 전원 측에서 PEN 도체에 접속하여야 한다.

211.2.6 TT 계통

1. 전원계통의 중성점이나 중간점은 접지하여야 한다. 중성점이나 중간점을 이용할 수 없는 경우, 선도체 중 하나를 접지하여야 한다.

2. TT 계통은 누전차단기를 사용하여 고장보호를 하여야 하며, 누전차단기를 적용하는 경우에는 211.2.4에 따라야 한다. 다만, 고장루프임피던스가 충분히 낮을 때는 과전류보호장치에 의하여 고장보호를 할 수 있다.

3. 누전차단기를 사용하여 TT 계통의 고장보호를 하는 경우에는 다음에 적합하여야 한다.

 가. 211.2.3의 3의 "라" 또는 표 211.2−1에서 요구하는 차단시간

 나. $R_A \times I_{\triangle n} \leq 50V$

 R_A : 노출도전부에 접속된 보호도체와 접지극 저항의 합(Ω)

 $I_{\triangle n}$: 누전차단기의 정격동작 전류(A)

4. 과전류보호장치를 사용하여 TT 계통의 고장보호를 할 때에는 다음의 조건을 충족하여야 한다.

$$Z_s \times I_a \leq U_0$$

Z_s : 다음과 같이 구성된 고장루프임피던스(Ω)

    − 전원

    − 고장점까지의 선도체

    − 노출도전부의 보호도체

    − 접지도체

    − 설비의 접지극

    − 전원의 접지극

I_a : 211.2.3의 3의 "라" 또는 표 211.2−1에서 요구하는 차단시간 내에 차단장치가 자동작동하는 전류(A)

U_0 : 공칭 대지전압(V)

211.2.7 IT 계통

1. 노출도전부 또는 대지로 단일고장이 발생한 경우에는 고장전류가 작기 때문에 제2의 조건을 충족시키는 경우에는 211.2.3의 3에 따른 자동차단이 절대적 요구사항은 아니다. 그러나 두 곳에서 고장발생 시 동시에 접근이 가능한 노출도전부에 접촉되는 경우에는 인체에 위험을 피하기 위한 조치를 하여야 한다.

2. 노출도전부는 개별 또는 집합적으로 접지하여야 하며, 다음 조건을 충족하여야 한다.

    가. 교류계통 : $R_A \times I_d \leq 50V$

    나. 직류계통 : $R_A \times I_d \leq 120V$

    R_A : 접지극과 노출도전부에 접속된 보호도체 저항의 합

    I_d : 하나의 선도체와 노출도전부 사이에서 무시할 수 있는 임피던스로 1차 고장이 발생했을 때의 고장전류(A)로 전기설비의 누설전류와 총 접지임피던스를 고려한 값

3. IT 계통은 다음과 같은 감시장치와 보호장치를 사용할 수 있으며, 1차 고장이 지속되는 동안 작동되어야 한다. 절연감시장치는 음향 및 시각신호를 갖추어야 한다.

    가. 절연감시장치

    나. 누설전류감시장치

    다. 절연고장점검출장치

    라. 과전류보호장치

    마. 누전차단기

4. 1차 고장이 발생한 후 다른 충전도체에서 2차 고장이 발생하는 경우 전원자동차단 조건은 다음과 같다.

    가. 노출도전부가 같은 접지계통에 집합적으로 접지된 보호도체와 상호 접속된 경우에는 TN 계통과 유사한 조건을 적용한다.

(1) 중성선과 중점선이 배선되지 않은 경우에는 다음의 조건을 충족해야 한다.

$$2I_a Z_s \leq U$$

(2) 중성선과 중점선이 배선된 경우에는 다음 조건을 충족해야 한다.

$$2I_a Z_s' \leq U_0$$

U_0 : 선도체와 중성선 또는 중점선 사이의 공칭전압(V)

U : 선간 공칭전압(V)

Z_s : 회로의 선도체와 보호도체를 포함하는 고장루프임피던스(Ω)

Z_s' : 회로의 중성선과 보호도체를 포함하는 고장루프임피던스(Ω)

I_a : TN 계통에 대한 211.2.3의 3의 "나" 또는 "다"에서 요구하는 차단시간 내에 보호장치를 동작시키는 전류(A)

나. 노출도전부가 그룹별 또는 개별로 접지되어 있는 경우 다음의 조건을 적용하여야 한다.

$$R_A \times I_d \leq 50V$$

R_A : 접지극과 노출도전부 접속된 보호도체와 접지극 저항의 합

I_d : TT 계통에 대한 211.2.3의 3의 "나" 또는 "라"에서 요구하는 차단시간 내에 보호장치를 동작시키는 전류(A)

5. IT 계통에서 누전차단기를 이용하여 고장보호를 하고자 할 때는, 211.2.4를 준용하여야 한다.

211.2.8 기능적 특별저압(FELV)

기능상의 이유로 교류 50V, 직류 120V 이하인 공칭전압을 사용하지만, SELV 또는 PELV(211.5)에 대한 모든 요구조건이 충족되지 않고 SELV와 PELV가 필요치 않은 경우에는 기본보호 및 고장보호의 보장을 위해 다음에 따라야 한다. 이러한 조건의 조합을 FELV라 한다.

1. 기본보호는 다음 중 어느 하나에 따른다.

가. 전원의 1차 회로의 공칭전압에 대응하는 211.7에 따른 기본절연

나. 211.7에 따른 격벽 또는 외함

2. 고장보호는 1차 회로가 211.2.3부터 211.2.7까지에 명시된 전원의 자동차단에 의한 보호가 될 경우 FELV 회로 기기의 노출도전부는 전원의 1차 회로의 보호도체에 접속하여야 한다.

3. FELV 계통의 전원은 최소한 단순 분리형 변압기 또는 211.5.3에 의한다. 만약 FELV 계통이 단권변압기 등과 같이 최소한의 단순 분리가 되지 않은 기기에 의해 높은 전압계통으로부터 공급되는 경우 FELV 계통은 높은 전압계통의 연장으로 간주되고 높은 전압계통에 적용되는 보호방법에 의해 보호해야 한다.

4. FELV 계통용 플러그와 콘센트는 다음의 모든 요구사항에 부합하여야 한다.

가. 플러그를 다른 전압 계통의 콘센트에 꽂을 수 없어야 한다.

나. 콘센트는 다른 전압 계통의 플러그를 수용할 수 없어야 한다.

다. 콘센트는 보호도체에 접속하여야 한다.

211.3 이중절연 또는 강화절연에 의한 보호

211.3.1 보호대책 일반 요구사항

1. 이중 또는 강화절연은 기본절연의 고장으로 인해 전기기기의 접근 가능한 부분에 위험전압이 발생하는 것을 방지하기 위한 보호대책으로 다음에 따른다.

가. 기본보호는 기본절연에 의하며, 고장보호는 보조절연에 의한다.

나. 기본 및 고장보호는 충전부의 접근 가능한 부분의 강화절연에 의한다.

2. 이중 또는 강화절연에 의한 보호대책은 240의 몇 가지 제한 사항 이외에는 모든 상황에 적용할 수 있다.

3. 이 보호대책이 유일한 보호대책으로 사용될 경우, 관련 설비 또는 회로가 정상 사용 시 보호대책의 효과를 손상시킬 수 있는 변경이 일어나지 않도록 실효성 있는 감시가 되는 것이 입증되어야 한다. 따라서, 콘센트를 사용하거나 사용자가 허가 없이 부품을 변경할 수 있는 기기가 포함된 어떠한 회로에도 적용해서는 안 된다.

211.3.2 기본보호와 고장보호를 위한 요구사항

1. 전기기기

가. 이중 또는 강화절연을 사용하는 보호대책이 설비의 일부분 또는 전체 설비에 사용될 경우, 전기기기는 다음 중 어느 하나에 따라야 한다.

(1) 제1의 "나"

(2) 제1의 "다"와 제2

(3) 제1의 "라"와 제2

나. 전기기기는 관련 표준에 따라 형식시험을 하고 관련 표준이 표시된 다음과 같은 종류의 것이어야 한다.

(1) 이중 또는 강화절연을 갖는 전기기기(2종 기기)

(2) 2종 기기와 동등하게 관련 제품표준에서 공시된 전기기기로 전체 절연이 된 전기 기기의 조립품과 같은 것[KS C IEC 60439 – 1(저전압 개폐 장치 및 제어 장치 부속품 – 제1부 : 형식 시험 및 부분 형식 시험 부속품을 참조)]

다. 제1의 "나"의 조건과 동등한 전기기기의 안전등급을 제공하고, 제2의 "가"에서 "다"까지의 조건을 충족하기 위해서는 기본 절연만을 가진 전기기기는 그 기기의 설치과정에서 보조절연을 하여야 한다.

라. 제1의 "나"의 조건과 동등한 전기기기의 안전등급을 제공하고, 제2의 "나"에서 "다"까지의 조건을 충족하기 위해서는 절연되지 않은 충전부를 가진 전기기기는 그 기기의 설치과정에서 강화절연을 하여야 한다. 다만, 이러한 절연은 그 구조의 특성상 이중 절연의 적용이 어려운 경우에만 인정된다.

2. 외함

가. 모든 도전부가 기본절연만으로 충전부로부터 분리되어 작동하도록 되어 있는 전기 기기는 최소한 보호등급 IPXXB 또는 IP2X 이상의 절연 외함 안에 수용해야 한다.

나. 다음과 같은 요구사항을 적용한다.

(1) 전위가 나타날 우려가 있는 도전부가 절연 외함을 통과하지 않아야 한다.

(2) 절연 외함은 설치 및 유지보수를 하는 동안 제거될 필요가 있거나 제거될 수도 있는 절연 재로 된 나사 또는 다른 고정수단을 포함해서는 안 되며, 이들은 외함의 절연성을 손상시킬 수 있는 금속제의 나사 또는 다른 고정수단으로 대체될 수 있는 것이어서는 안 된다. 또한, 기계적 접속부 또는 연결부(예 : 고정형 기기의 조작핸들)가 절연 외함을 관통해야 하는 경우에는 고장 시 감전에 대한 보호의 기능이 손상되지 않는 구조로 한다.

다. 절연 외함의 덮개나 문을 공구 또는 열쇠를 사용하지 않고도 열 수 있다면, 덮개나 문이 열렸을 때 접근 가능한 전체 도전부는 사람이 무심코 접촉되는 것을 방지하기 위해 절연 격벽(IPXXB 또는 IP2X 이상 제공)의 뒷부분에 배치하여야 한다. 이러한 절연 격벽은 공구 또는 열쇠를 사용해서만 제거할 수 있어야 한다.

라. 절연 외함으로 둘러싸인 도전부를 보호도체에 접속해서는 안 된다. 그러나 외함 내 다른 품목의 전기기기의 전원회로가 외함을 관통하며 이 기기의 사용을 위해 필요한 경우 보호도체의 외함 관통 접속을 위한 시설이 가능하다. 다만, 외함 내에서 이들 도체 및 단자는 모두 충전부로 간주하여 절연하고 단자들은 PE 단자라고 표시하여야 한다.

마. 외함은 이와 같은 방법으로 보호되는 기기의 작동에 나쁜 영향을 주어서는 안 된다.

3. 설치

가. 제1에 따른 기기의 설치(고정, 도체의 접속 등)는 기기 설치 시방서에 따라 보호기능이 손상되지 않는 방법으로 시설하여야 한다.

나. 211.3.1의 3이 적용되는 경우를 제외하고 2종기기에 공급하는 회로는 각 배선점과 부속품까지 배선되어 단말 접속되는 회로 보호도체를 가져야 한다.

4. 배선계통

232에 따라 설치된 배선계통은 다음과 같은 경우 211.3.2의 요구사항을 충족하는 것으로 본다.

가. 배선계통의 정격전압은 계통의 공칭전압 이상이며, 최소 300/500V이어야 한다.

나. 기본절연의 적절한 기계적 보호는 다음의 하나 이상이 되어야 한다.

(1) 비금속 외피케이블

(2) 비금속 트렁킹 및 덕트[KS C IEC 61084(전기설비용 케이블 트렁킹 및 덕트 시스템) 시리즈 또는 비금속 전선관(KS C IEC 60614(전선관) 시리즈 또는 KS CIEC 61386(전기설비용 전선관 시스템) 시리즈]다. 배선계통은 ▢기호나 ⊠기호에 의해 식별을 하여서는 안 된다.

211.4 전기적 분리에 의한 보호

211.4.1 보호대책 일반 요구사항

1. 전기적 분리에 의한 보호대책은 다음과 같다.

  가. 기본보호는 충전부의 기본절연 또는 211.7에 따른 격벽과 외함에 의한다.

  나. 고장보호는 분리된 다른 회로와 대지로부터 단순한 분리에 의한다.

2. 이 보호대책은 단순 분리된 하나의 비접지 전원으로부터 한 개의 전기사용기기에 공급되는 전원으로 제한된다.(제3에서 허용되는 것은 제외한다)

3. 두 개 이상의 전기사용기기가 단순 분리된 비접지 전원으로부터 전력을 공급받을 경우 211.9.3을 충족하여야 한다.

211.4.2 기본보호를 위한 요구사항

모든 전기기기는 211.7 중 하나 또는 211.3에 따라 보호대책을 하여야 한다.

211.4.3 고장보호를 위한 요구사항

전기적 분리에 의한 고장보호는 다음에 따른다.

  가. 분리된 회로는 최소한 단순 분리된 전원을 통하여 공급되어야 하며, 분리된 회로의 전압은 500V 이하이어야 한다.

  나. 분리된 회로의 충전부는 어떤 곳에서도 다른 회로, 대지 또는 보호도체에 접속되어서는 안 되며, 전기적 분리를 보장하기 위해 회로 간에 기본절연을 하여야 한다.

  다. 가요 케이블과 코드는 기계적 손상을 받기 쉬운 전체 길이에 대해 육안으로 확인이 가능하여야 한다.

  라. 분리된 회로들에 대해서는 분리된 배선계통의 사용이 권장된다. 다만, 분리된 회로와 다른 회로가 동일 배선계통 내에 있으면 금속외장이 없는 다심케이블, 절연전선관 내의 절연전선, 절연덕팅 또는 절연트렁킹에 의한 배선이 되어야 하며 다음의 조건을 만족하여야 한다.

    (1) 정격전압은 최대 공칭전압 이상일 것

    (2) 각 회로는 과전류에 대한 보호를 할 것

  마. 분리된 회로의 노출도전부는 다른 회로의 보호도체, 노출도전부 또는 대지에 접속되어서는 아니 된다.

211.5 SELV와 PELV를 적용한 특별저압에 의한 보호

211.5.1 보호대책 일반 요구사항

1. 특별저압에 의한 보호는 다음의 특별저압 계통에 의한 보호대책이다.

  가. SELV(Safety Extra−LowVoltage)

  나. PELV(Protective Extra−LowVoltage)

2. 보호대책의 요구사항

　가. 특별저압 계통의 전압한계는 KS C IEC 60449(건축전기설비의 전압밴드)에 의한 전압밴드 I의 상한 값인 교류 50V 이하, 직류 120V 이하이어야 한다.

　나. 특별저압 회로를 제외한 모든 회로로부터 특별저압 계통을 보호 분리하고, 특별저압 계통과 다른 특별저압 계통 간에는 기본절연을 하여야 한다.

　다. SELV 계통과 대지간의 기본절연을 하여야 한다.

211.5.2 기본보호와 고장보호에 관한 요구사항

다음의 조건들을 충족할 경우에는 기본보호와 고장보호가 제공되는 것으로 간주한다.

　가. 전압밴드 I의 상한 값을 초과하지 않는 공칭전압인 경우

　나. 211.5.3 중 하나에서 공급되는 경우

　다. 211.5.4의 조건에 충족하는 경우

211.5.3 SELV와 PELV용 전원

특별저압 계통에는 다음의 전원을 사용해야 한다.

　가. 안전절연변압기 전원[KS C IEC 61558-2-6(전력용 변압기, 전원 공급 장치 및 유사 기기의 안전-제2부 : 범용 절연 변압기의 개별 요구 사항에 적합한 것)]

　나. "가"의 안전절연변압기 및 이와 동등한 절연의 전원

　다. 축전지 및 디젤발전기 등과 같은 독립전원

　라. 내부고장이 발생한 경우에도 출력단자의 전압이 211.5.1에 규정된 값을 초과하지 않도록 적절한 표준에 따른 전자장치

　마. 안전절연변압기, 전동발전기 등 저압으로 공급되는 이중 또는 강화절연된 이동용 전원

211.5.4 SELV와 PELV 회로에 대한 요구사항

1. SELV 및 PELV 회로는 다음을 포함하여야 한다.

　가. 충전부와 다른 SELV와 PELV 회로 사이의 기본절연

　나. 이중절연 또는 강화절연 또는 최고전압에 대한 기본절연 및 보호차폐에 의한 SELV 또는 PELV 이외의 회로들의 충전부로부터 보호 분리

　다. SELV 회로는 충전부와 대지 사이에 기본절연

　라. PELV 회로 및 PELV 회로에 의해 공급되는 기기의 노출도전부는 접지

2. 기본절연이 된 다른 회로의 충전부로부터 특별저압 회로 배선계통의 보호분리는 다음의 방법 중 하나에 의한다.

　가. SELV와 PELV 회로의 도체들은 기본절연을 하고 비금속외피 또는 절연된 외함으로 시설하여야 한다.

나. SELV와 PELV 회로의 도체들은 전압밴드 I 보다 높은 전압 회로의 도체들로부터 접지된 금속 시스 또는 접지된 금속 차폐물에 의해 분리하여야 한다.

다. SELV와 PELV 회로의 도체들이 사용 최고전압에 대해 절연된 경우 전압밴드 I 보다 높은 전압의 다른 회로 도체들과 함께 다심케이블 또는 다른 도체그룹에 수용할 수 있다.

라. 다른 회로의 배선계통은 211.3.2의 4에 의한다.

3. SELV와 PELV 계통의 플러그와 콘센트는 다음에 따라야 한다.

가. 플러그는 다른 전압 계통의 콘센트에 꽂을 수 없어야 한다.

나. 콘센트는 다른 전압 계통의 플러그를 수용할 수 없어야 한다.

다. SELV 계통에서 플러그 및 콘센트는 보호도체에 접속하지 않아야 한다.

4. SELV 회로의 노출도전부는 대지 또는 다른 회로의 노출도전부나 보호도체에 접속하지 않아야 한다.

5. 공칭전압이 교류 25V 또는 직류 60V를 초과하거나 기기가 (물에)잠겨 있는 경우 기본보호는 특별저압 회로에 대해 다음의 사항을 따라야 한다.

가. 211.7.1에 따른 절연

나. 211.7.2에 따른 격벽 또는 외함

6. 건조한 상태에서 다음의 경우는 기본보호를 하지 않아도 된다.

가. SELV 회로에서 공칭전압이 교류 25V 또는 직류 60V를 초과하지 않는 경우

나. PELV 회로에서 공칭전압이 교류 25V 또는 직류 60V를 초과하지 않고 노출도전부 및 충전부가 보호도체에 의해서 주접지단자에 접속된 경우

7. SELV 또는 PELV 계통의 공칭전압이 교류 12V 또는 직류 30V를 초과하지 않는 경우에는 기본보호를 하지 않아도 된다.

211.6 추가적 보호

211.6.1 누전차단기

1. 기본보호 및 고장보호를 위한 대상 설비의 고장 또는 사용자의 부주의로 인하여 설비에 고장이 발생한 경우에는 사용 조건에 적합한 누전차단기를 사용하는 경우에는 추가적인 보호로 본다.

2. 누전차단기의 사용은 단독적인 보호대책으로 인정하지 않는다. 누전차단기는 211.2부터 211.5까지에 규정된 보호대책 중 하나를 적용할 때 추가적인 보호로 사용할 수 있다.

211.6.2 보조 보호등전위본딩

동시접근 가능한 고정기기의 노출도전부와 계통외도전부에 143.2.2의 보조 보호등전위본딩을 한 경우에는 추가적인 보호로 본다.

211.7 기본보호 방법

211.7.1 충전부의 기본절연

절연은 충전부에 접촉하는 것을 방지하기 위한 것으로 다음과 같이 하여야 한다.

가. 충전부는 파괴하지 않으면 제거될 수 없는 절연물로 완전히 보호되어야 한다.

나. 기기에 대한 절연은 그 기기에 관한 표준을 적용하여야 한다.

211.7.2 격벽 또는 외함

격벽 또는 외함은 인체가 충전부에 접촉하는 것을 방지하기 위한 것으로 다음과 같이 하여야 한다.

가. 램프홀더 및 퓨즈와 같은 부품을 교체하는 동안 발생할 수 있는 큰 개구부 또는 기기의 관련 요구사항에 따른 적절한 기능에 필요한 큰 개구부를 제외하고 충전부는 최소한 IPXXB 또는 IP2X 보호등급의 외함 내부 또는 격벽 뒤쪽에 있어야 한다.

    (1) 인축이 충전부에 무의식적으로 접촉하는 것을 방지하기 위한 충분한 예방대책을 강구하여야 한다.

    (2) 사람들이 개구부를 통하여 충전부에 접촉할 수 있음을 알 수 있도록 하며 의도적으로 접촉하지 않도록 하여야 한다.

    (3) 개구부는 적절한 기능과 부품교환의 요구사항에 맞는 한 최소한으로 하여야 한다.

나. 쉽게 접근 가능한 격벽 또는 외함의 상부 수평면의 보호등급은 최소한 IPXXD 또는 IP4X 등급 이상으로 한다.

다. 격벽 및 외함은 완전히 고정하고 필요한 보호등급을 유지하기 위해 충분한 안정성과 내구성을 가져야 하며, 정상 사용조건에서 관련된 외부영향을 고려하여 충전부로부터 충분히 격리하여야 한다.

라. 격벽을 제거 또는 외함을 열거나, 외함의 일부를 제거할 필요가 있을 때에는 다음과 같은 경우에만 가능하도록 하여야 한다.

    (1) 열쇠 또는 공구를 사용하여야 한다.

211.9.2 비접지 국부 등전위본딩에 의한 보호

비접지 국부 등전위본딩은 위험한 접촉전압이 나타나는 것을 방지하기 위한 것으로 다음과 같이 한다.

가. 모든 전기기기는 211.7의 어느 하나에 적합하여야 한다.

나. 등전위본딩용 도체는 동시에 접근이 가능한 모든 노출도전부 및 계통외도전부와 상호 접속하여야 한다.

다. 국부 등전위본딩계통은 노출도전부 또는 계통외도전부를 통해 대지와 직접 전기적으로 접촉되지 않아야 한다.

라. 대지로부터 절연된 도전성 바닥이 비접지 등전위본딩계통에 접속된 곳에서는 등전위장소에 들어가는 사람이 위험한 전위차에 노출되지 않도록 주의하여야 한다.

211.9.3 두 개 이상의 전기사용기기에 전원 공급을 위한 전기적 분리

개별회로의 전기적 분리는 회로의 기본절연의 고장으로 인해 충전될 수 있는 노출도전부에 접촉을 통한 감전을 방지하기 위한 것으로 다음과 같이 한다.

　가. 모든 전기기기는 211.7의 어느 하나에 적합하여야 한다.

　나. 두 개 이상의 장비에 전원을 공급하기 위한 전기적 분리에 따른 보호는 211.4(211.4.1의 2는 제외한다)와 다음의 조건을 준수하여야 한다.

　　(1) 분리된 회로가 손상 및 절연고장으로부터 보호될 수 있는 조치를 해야 한다.

　　(2) 분리된 회로의 노출도전부들은 절연된 비접지 등전위본딩도체에 의해 함께 접속하여야 한다. 이러한 도체는 보호도체, 다른 회로의 노출도전부 또는 어떠한 계통 외도전부에도 접속되어서는 안 된다.

　　(3) 모든 콘센트는 보호용 접속점이 있어야 하며 이 보호용 접속점은 (2)에 따라 시설된 등전위본딩 계통에 연결하여야 한다.

　　(4) 이중 또는 강화절연된 기기에 공급하는 경우를 제외하고, 모든 가요케이블은 (2)의 등전위본딩용 도체로 사용하기 위한 보호도체를 갖추어야 한다.

　　(5) 2개의 노출도전부에 영향을 미치는 2개의 고장이 발생하고, 이들이 극성이 다른 도체에 의해 전원이 공급되는 경우 보호장치에 의해 표 211.2−1에 제시된 제한시간 내에 전원이 차단되도록 하여야 한다.

212 과전류에 대한 보호

212.1 일반사항

212.1.1 적용범위

과전류의 영향으로부터 회로도체를 보호하기 위한 요구사항으로서 과부하 및 단락고장이 발생할 때 전원을 자동으로 차단하는 하나 이상의 장치에 의해서 회로도체를 보호하기 위한 방법을 규정한다. 다만, 플러그 및 소켓으로 고정 설비에 기기를 연결하는 가요성 케이블(또는 가요성 전선)은 이 기준의 적용 범위가 아니므로 과전류에 대한 보호가 반드시 이루어지지는 않는다.

212.1.2 일반 요구사항

과전류로 인하여 회로의 도체, 절연체, 접속부, 단자부 또는 도체를 감싸는 물체 등에 유해한 열적 및 기계적인 위험이 발생되지 않도록, 그 회로의 과전류를 차단하는 보호장치를 설치해야 한다.

212.2 회로의 특성에 따른 요구사항

212.2.1 선도체의 보호

　1. 과전류 검출기의 설치

　　가. 과전류의 검출은 제2를 적용하는 경우를 제외하고 모든 선도체에 대하여 과전류 검출기를 설

치하여 과전류가 발생할 때 전원을 안전하게 차단해야 한다. 다만, 과전류가 검출된 도체 이외의 다른 선도체는 차단하지 않아도 된다.

나. 3상 전동기 등과 같이 단상 차단이 위험을 일으킬 수 있는 경우 적절한 보호 조치를 해야 한다.

2. 과전류 검출기 설치 예외

TT 계통 또는 TN 계통에서, 선도체만을 이용하여 전원을 공급하는 회로의 경우, 다음 조건들을 충족하면 선도체 중 어느 하나에는 과전류 검출기를 설치하지 않아도 된다.

가. 동일 회로 또는 전원 측에서 부하 불평형을 감지하고 모든 선도체를 차단하기 위한 보호장치를 갖춘 경우

나. "가"에서 규정한 보호장치의 부하 측에 위치한 회로의 인위적 중성점으로부터 중성선을 배선하지 않는 경우

212.2.2 중성선의 보호

1. TT 계통 또는 TN 계통

가. 중성선의 단면적이 선도체의 단면적과 동등 이상의 크기이고, 그 중성선의 전류가 선도체의 전류보다 크지 않을 것으로 예상될 경우, 중성선에는 과전류 검출기 또는 차단장치를 설치하지 않아도 된다. 중성선의 단면적이 선도체의 단면적보다 작은 경우 과전류 검출기를 설치할 필요가 있다. 검출된 과전류가 설계전류를 초과하면 선도체를 차단해야 하지만, 중성선을 차단할 필요까지는 없다.

나. "가"의 2가지 경우 모두 단락전류로부터 중성선을 보호해야 한다.

다. 중성선에 관한 요구사항은 차단에 관한 것을 제외하고 중성선과 보호도체 겸용(PEN) 도체에도 적용한다.

2. IT 계통

중성선을 배선하는 경우 중성선에 과전류검출기를 설치해야 하며, 과전류가 검출되면 중성선을 포함한 해당 회로의 모든 충전도체를 차단해야 한다. 다음의 경우에는 과전류검출기를 설치하지 않아도 된다.

가. 설비의 전력 공급점과 같은 전원 측에 설치된 보호장치에 의해 그 중성선이 과전류에 대해 효과적으로 보호되는 경우

나. 정격감도전류가 해당 중성선 허용전류의 0.2배 이하인 누전차단기로 그 회로를 보호하는 경우

212.2.3 중성선의 차단 및 재폐로

중성선을 차단 및 재폐로하는 회로의 경우에 설치하는 개폐기 및 차단기는 차단 시에는 중성선이 선도체보다 늦게 차단되어야 하며, 재폐로 시에는 선도체와 동시 또는 그 이전에 재폐로되는 것을 설치하여야 한다.

212.3 보호장치의 종류 및 특성

212.3.1 과부하전류 및 단락전류 겸용 보호장치

과부하전류 및 단락전류 모두를 보호하는 장치는 그 보호장치 설치 점에서 예상되는 단락전류를 포함한 모든 과전류를 차단 및 투입할 수 있는 능력이 있어야 한다.

212.3.2 과부하전류 전용 보호장치

과부하전류 전용 보호장치는 212.4의 요구사항을 충족하여야 하며, 차단용량은 그 설치 점에서의 예상 단락전류 값 미만으로 할 수 있다.

212.3.3 단락전류 전용 보호장치

단락전류 전용 보호장치는 과부하 보호를 별도의 보호장치에 의하거나, 212.4에서 과부하 보호장치의 생략이 허용되는 경우에 설치할 수 있다.

이 보호장치는 예상 단락전류를 차단할 수 있어야 하며, 차단기인 경우에는 이 단락전류를 투입할 수 있는 능력이 있어야 한다.

212.3.4 보호장치의 특성

1. 과전류 보호장치는 KS C 또는 KS C IEC 관련 표준(배선차단기, 누전차단기, 퓨즈 등의 표준)의 동작특성에 적합하여야 한다.

2. 과전류차단기로 저압전로에 사용하는 범용의 퓨즈(「전기용품 및 생활용품 안전관리법」에서 규정하는 것을 제외한다)는 표 212.3-1에 적합한 것이어야 한다.

표 212.3-1 퓨즈(gG)의 용단특성

정격전류의 구분	시간	정격전류의 배수	
		불용단전류	용단전류
4A 이하	60분	1.5배	2.1배
4A 초과 16A 미만	60분	1.5배	1.9배
16A 이상 63A 이하	60분	1.25배	1.6배
63A 초과 160A 이하	120분	1.25배	1.6배
160A 초과 400A 이하	180분	1.25배	1.6배
400A 초과	240분	1.25배	1.6배

3. 과전류차단기로 저압전로에 사용하는 산업용 배선차단기(「전기용품 및 생활용품 안전관리법」에서 규정하는 것을 제외한다)는 표 212.3-2에 주택용 배선차단기는 표 212.3-3 및 표 212.3-4에 적합한 것이어야 한다. 다만, 일반인이 접촉할 우려가 있는 장소(세대 내 분전반 및 이와 유사한 장소)에는 주택용 배선차단기를 시설하여야 한다.

표 212.3-2 과전류트립 동작시간 및 특성(산업용 배선차단기)

정격전류의 구분	시간	정격전류의 배수(모든 극에 통전)	
		부동작 전류	동작 전류
63A 이하	60분	1.05배	1.3배
63A 초과	120분	1.05배	1.3배

표 212.3-3 순시트립에 따른 구분(주택용 배선차단기)

형	순시트립범위
B	$3I_n$ 초과~$5I_n$ 이하
C	$5I_n$ 초과~$10I_n$ 이하
D	$10I_n$ 초과~$20I_n$ 이하

[비고] 1. B, C, D : 순시트립전류에 따른 차단기 분류
  2. I_n : 차단기 정격전류

표 212.3-4 과전류트립 동작시간 및 특성(주택용 배선차단기)

정격전류의 구분	시간	정격전류의 배수(모든 극에 통전)	
		부동작 전류	동작 전류
63A 이하	60분	1.13배	1.45배
63A 초과	120분	1.13배	1.45배

212.4 과부하전류에 대한 보호

212.4.1 도체와 과부하 보호장치 사이의 협조

과부하에 대해 케이블(전선)을 보호하는 장치의 동작특성은 다음의 조건을 충족해야 한다.

$I_B \leq I_n \leq I_Z$ ··· (식 212.4-1)
$I_2 \leq 1.45 \times I_Z$ ··· (식 212.4-2)

여기서, I_B : 회로의 설계전류
  I_Z : 케이블의 허용전류
  I_n : 보호장치의 정격전류
  I_2 : 보호장치가 규약시간 이내에 유효하게 동작하는 것을 보장하는 전류

1. 조정할 수 있게 설계 및 제작된 보호장치의 경우, 정격전류 I_n은 사용현장에 적합하게 조정된 전류의 설정 값이다.

2. 보호장치의 유효한 동작을 보장하는 전류 I_2는 제조자로부터 제공되거나 제품 표준에 제시되어야 한다.

3. 식 212.4-2에 따른 보호는 조건에 따라서는 보호가 불확실한 경우가 발생할 수 있다. 이러한 경우에는 식 212.4-2에 따라 선정된 케이블보다 단면적이 큰 케이블을 선정하여야 한다.

4. I_B는 선도체를 흐르는 설계전류이거나, 함유율이 높은 영상분 고조파(특히 제3고조파)가 지속적으로 흐르는 경우 중성선에 흐르는 전류이다.

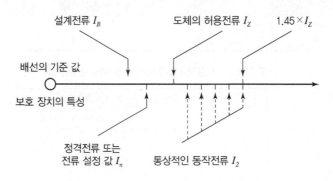

[과부하 보호 설계 조건도]

212.4.2 과부하 보호장치의 설치위치

1. 설치위치

   과부하 보호장치는 전로 중 도체의 단면적, 특성, 설치방법, 구성의 변경으로 도체의 허용전류 값이 줄어드는 곳(이하 "분기점"이라 함)에 설치해야 한다.

2. 설치위치의 예외

   과부하 보호장치는 분기점(O)에 설치해야 하나, 분기점(O)과 분기회로의 과부하 보호장치의 설치점 사이의 배선 부분에 다른 분기회로나 콘센트 회로가 접속되어 있지 않고, 다음 중 하나를 충족하는 경우에는 변경이 있는 배선에 설치할 수 있다.

   가. 그림 212.4－2와 같이 분기회로(S_2)의 과부하 보호장치(P_2)의 전원 측에 다른 분기회로 또는 콘센트의 접속이 없고 212.5의 요구사항에 따라 분기회로에 대한 단락보호가 이루어지고 있는 경우, P_2는 분기회로의 분기점(O)으로부터 부하 측으로 거리에 구애받지 않고 이동하여 설치할 수 있다.

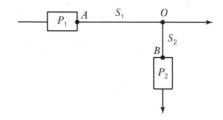

[분기회로(S_2)의 분기점(O)에 설치되지 않은 분기회로 과부하보호장치(P_2)]

나. 그림 212.4-3과 같이 분기회로(S_2)의 보호장치(P_2)는 (P_2)의 전원 측에서 분기점(O) 사이에 다른 분기회로 또는 콘센트의 접속이 없고, 단락의 위험과 화재 및 인체에 대한 위험성이 최소화되도록 시설된 경우, 분기회로의 보호장치(P_2)는 분기회로의 분기점(O)으로부터 3m까지 이동하여 설치할 수 있다.

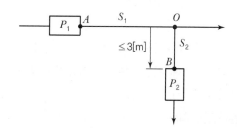

[분기회로(S_2)의 분기점(O)에서 3m 이내에 설치된 과부하 보호장치(P_2)]

212.4.3 과부하보호장치의 생략

다음과 같은 경우에는 과부하보호장치를 생략할 수 있다. 다만, 화재 또는 폭발 위험성이 있는 장소에 설치되는 설비 또는 특수설비 및 특수 장소의 요구사항들을 별도로 규정하는 경우에는 과부하보호장치를 생략할 수 없다.

가. 일반사항

다음의 어느 하나에 해당되는 경우에는 과부하 보호장치 생략이 가능하다.

(1) 분기회로의 전원 측에 설치된 보호장치에 의하여 분기회로에서 발생하는 과부하에 대해 유효하게 보호되고 있는 분기회로

(2) 212.5의 요구사항에 따라 단락보호가 되고 있으며, 분기점 이후의 분기회로에 다른 분기회로 및 콘센트가 접속되지 않는 분기회로 중, 부하에 설치된 과부하 보호장치가 유효하게 동작하여 과부하전류가 분기회로에 전달되지 않도록 조치를 하는 경우

(3) 통신회로용, 제어회로용, 신호회로용 및 이와 유사한 설비

나. IT 계통에서 과부하 보호장치 설치위치 변경 또는 생략

(1) 과부하에 대해 보호가 되지 않은 각 회로가 다음과 같은 방법 중 어느 하나에 의해 보호될 경우, 설치위치 변경 또는 생략이 가능하다.

(가) 211.3에 의한 보호수단 적용

(나) 2차 고장이 발생할 때 즉시 작동하는 누전차단기로 각 회로를 보호

(다) 지속적으로 감시되는 시스템의 경우 다음 중 어느 하나의 기능을 구비한 절연 감시 장치의 사용

① 최초 고장이 발생한 경우 회로를 차단하는 기능

② 고장을 나타내는 신호를 제공하는 기능. 이 고장은 운전 요구사항 또는 2차 고장에 의한 위험을 인식하고 조치가 취해져야 한다.

(2) 중성선이 없는 IT 계통에서 각 회로에 누전차단기가 설치된 경우에는 선도체 중의 어느 1개에는 과부하 보호장치를 생략할 수 있다.

다. 안전을 위해 과부하 보호장치를 생략할 수 있는 경우

사용 중 예상치 못한 회로의 개방이 위험 또는 큰 손상을 초래할 수 있는 다음과 같은 부하에 전원을 공급하는 회로에 대해서는 과부하 보호장치를 생략할 수 있다.

(1) 회전기의 여자회로

(2) 전자석 크레인의 전원회로

(3) 전류변성기의 2차회로

(4) 소방설비의 전원회로

(5) 안전설비(주거침입경보, 가스누출경보 등)의 전원회로

212.4.4 병렬 도체의 과부하 보호

하나의 보호장치가 여러 개의 병렬도체를 보호할 경우, 병렬도체는 분기회로, 분리, 개폐장치를 사용할 수 없다.

212.5 단락전류에 대한 보호

이 기준은 동일회로에 속하는 도체 사이의 단락인 경우에만 적용하여야 한다.

212.5.1 예상 단락전류의 결정

설비의 모든 관련 지점에서의 예상 단락전류를 결정해야 한다. 이는 계산 또는 측정에 의하여 수행할 수 있다.

212.5.2 단락보호장치의 설치위치

1. 단락전류 보호장치는 분기점(O)에 설치해야 한다. 다만, 그림 212.5-1과 같이 분기회로의 단락보호장치 설치점(B)과 분기점(O) 사이에 다른 분기회로 또는 콘센트의 접속이 없고 단락, 화재 및 인체에 대한 위험이 최소화될 경우, 분기회로의 단락 보호장치 P_2는 분기점(O)으로부터 3m까지 이동하여 설치할 수 있다.

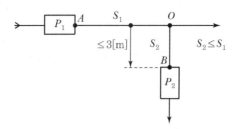

S : 도체의 단면적

[분기회로 단락보호장치(P_2)의 제한된 위치 변경]

2. 도체의 단면적이 줄어들거나 다른 변경이 이루어진 분기회로의 시작점(O)과 이 분기회로의 단락보호장치(P_2) 사이에 있는 도체가 전원 측에 설치되는 보호장치(P_1)에 의해 단락보호가 되는 경우에, P_2의 설치위치는 분기점(O)로부터 거리제한이 없이 설치할 수 있다. 단, 전원 측 단락보호장치(P_1)은 부하 측 배선(S_2)에 대하여 212.5.5에 따라 단락보호를 할 수 있는 특성을 가져야 한다.

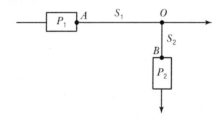

[분기회로 단락보호장치(P_2)의 설치 위치]

212.5.3 단락보호장치의 생략

배선을 단락위험이 최소화할 수 있는 방법과 가연성 물질 근처에 설치하지 않는 조건이 모두 충족되면 다음과 같은 경우 단락보호장치를 생략할 수 있다.

1. 발전기, 변압기, 정류기, 축전지와 보호장치가 설치된 제어반을 연결하는 도체
2. 212.4.3의 "다"와 같이 전원차단이 설비의 운전에 위험을 가져올 수 있는 회로
3. 특정 측정회로

212.5.4 병렬도체의 단락보호

1. 여러 개의 병렬도체를 사용하는 회로의 전원 측에 1개의 단락보호장치가 설치되어 있는 조건에서, 어느 하나의 도체에서 발생한 단락고장이라도 효과적인 동작이 보증되는 경우, 해당 보호장치 1개를 이용하여 그 병렬도체 전체의 단락보호장치로 사용할 수 있다.
2. 1개의 보호장치에 의한 단락보호가 효과적이지 못하면, 다음 중 1가지 이상의 조치를 취해야 한다.
   가. 배선은 기계적인 손상 보호와 같은 방법으로 병렬도체에서의 단락위험을 최소화할 수 있는 방

법으로 설치하고, 화재 또는 인체에 대한 위험을 최소화할 수 있는 방법으로 설치하여야 한다.

나. 병렬도체가 2가닥인 경우 단락보호장치를 각 병렬도체의 전원 측에 설치해야 한다.

다. 병렬도체가 3가닥 이상인 경우 단락보호장치는 각 병렬도체의 전원 측과 부하 측에 설치해야 한다.

212.5.5 단락보호장치의 특성

1. 차단용량

정격차단용량은 단락전류보호장치 설치 점에서 예상되는 최대 크기의 단락전류보다 커야 한다. 다만, 전원 측 전로에 단락고장전류 이상의 차단능력이 있는 과전류차단기가 설치되는 경우에는 그러하지 아니하다. 이 경우에 두 장치를 통과하는 에너지가 부하 측 장치와 이 보호장치로 보호를 받는 도체가 손상을 입지 않고 견뎌낼 수 있는 에너지를 초과하지 않도록 양쪽 보호장치의 특성이 협조되도록 해야 한다.

2. 케이블 등의 단락전류

회로의 임의의 지점에서 발생한 모든 단락전류는 케이블 및 절연도체의 허용 온도를 초과하지 않는 시간 내에 차단되도록 해야 한다. 단락지속시간이 5초 이하인 경우, 통상 사용조건에서의 단락전류에 의해 절연체의 허용온도에 도달하기까지의 시간 t는 식 212.5−1과 같이 계산할 수 있다.

$$t = (\frac{kS}{I})^2 \quad \text{····································· (식 212.5−1)}$$

여기서, t : 단락전류 지속시간(초)
S : 도체의 단면적(mm²)
I : 유효 단락전류(A, rms)
k : 도체 재료의 저항률, 온도계수, 열용량, 해당 초기온도와 최종온도를 고려한 계수로서, 일반적인 도체의 절연물에서, 선 도체에 대한 k 값은 표 212.5−1과 같다.

표 212.5−1 도체에 대한 k값

구분	도체절연 형식							
	PVC (열가소성)		PVC (열가소성) 90℃		에틸렌프로필렌 고무/ 가교폴리에틸렌 (열경화성)	고무 (열경화성) 60℃	무기재료	
	≦300 mm²	>300 mm²	≦300 mm²	>300 mm²			PVC 외장	노출 비외장
단면적(mm²)	≦300 mm²	>300 mm²	≦300 mm²	>300 mm²				
초기온도(℃)	70		90		90	60	70	105
최종온도(℃)	160	140	160	140	250	200	160	250
도체재료 : 구리	115	103	100	86	143	141	115	135/115*
알루미늄	76	68	66	57	94	93	−	−
구리의 납땜접속	115	−	−	−	−	−	−	−

* 이 값은 사람이 접촉할 우려가 있는 노출 케이블에 적용되어야 한다.

1) 다음 사항에 대한 다른 k 값은 검토 중이다.
  – 가는 도체(특히, 단면적이 10mm² 미만)
  – 기타 다른 형식의 전선 접속
  – 노출 도체
2) 단락보호장치의 정격전류는 케이블의 허용전류보다 클 수도 된다.
3) 위의 계수는 KS C IEC 60724(정격전압 1kV 및 3kV 전기케이블의 단락 온도 한계)에 근거한다.
4) 계수 k의 계산방법에 대해서는 IEC 60364 – 5 – 54(전기기기의 선정 및 설치 – 접지설비 및 보호도체)의 "부속서 A" 참조

212.6 저압전로 중의 개폐기 및 과전류차단장치의 시설

212.6.1 저압전로 중의 개폐기의 시설

1. 저압전로 중에 개폐기를 시설하는 경우(이 규정에서 개폐기를 시설하도록 정하는 경우에 한한다)에는 그 곳의 각 극에 설치하여야 한다.
2. 사용전압이 다른 개폐기는 상호 식별이 용이하도록 시설하여야 한다.

212.6.2 저압 옥내전로 인입구에서의 개폐기의 시설

1. 저압 옥내전로(242.5.1의 1에 규정하는 화약류 저장소에 시설하는 것을 제외한다. 이하 같다)에는 인입구에 가까운 곳으로서 쉽게 개폐할 수 있는 곳에 개폐기(개폐기의 용량이 큰 경우에는 적정 회로로 분할하여 각 회로별로 개폐기를 시설할 수 있다. 이 경우에 각 회로별 개폐기는 집합하여 시설하여야 한다)를 각 극에 시설하여야 한다.
2. 사용전압이 400V 이하인 옥내 전로로서 다른 옥내전로(정격전류가 16A 이하인 과전류 차단기 또는 정격전류가 16A를 초과하고 20A 이하인 배선차단기로 보호되고 있는 것에 한한다)에 접속하는 길이 15m 이하의 전로에서 전기의 공급을 받는 것은 제1의 규정에 의하지 아니할 수 있다.
3. 저압 옥내전로에 접속하는 전원 측의 전로(그 전로에 가공 부분 또는 옥상 부분이 있는 경우에는 그 가공 부분 또는 옥상 부분보다 부하 측에 있는 부분에 한한다)의 그 저압 옥내 전로의 인입구에 가까운 곳에 전용의 개폐기를 쉽게 개폐할 수 있는 곳의 각 극에 시설하는 경우에는 제1의 규정에 의하지 아니할 수 있다.

212.6.3 저압전로 중의 전동기 보호용 과전류보호장치의 시설

1. 과전류차단기로 저압전로에 시설하는 과부하보호장치(전동기가 손상될 우려가 있는 과전류가 발생했을 경우에 자동적으로 이것을 차단하는 것에 한한다)와 단락보호 전용차단기 또는 과부하보호장치와 단락보호전용퓨즈를 조합한 장치는 전동기에만 연결하는 저압전로에 사용하고 다음 각각에 적합한 것이어야 한다.
   가. 과부하 보호장치, 단락보호전용 차단기 및 단락보호전용 퓨즈는 「전기용품 및 생활용품 안전관리법」에 적용을 받는 것 이외에는 한국산업표준(이하 "KS"라 한다)에 적합하여야 하며, 다음에 따라 시설할 것

(1) 과부하 보호장치로 전자접촉기를 사용할 경우에는 반드시 과부하계전기가 부착되어 있을 것

(2) 단락보호전용 차단기의 단락동작설정 전류 값은 전동기의 기동방식에 따른 기동돌입전류를 고려할 것

(3) 단락보호전용 퓨즈는 표 212.6-5의 용단 특성에 적합한 것일 것

표 212.6-5 단락보호전용 퓨즈(aM)의 용단 특성

정격전류의 배수	불용단시간	용단시간
4배	60초 이내	–
6.3배	–	60초 이내
8배	0.5초 이내	–
10배	0.2초 이내	–
12.5배	–	0.5초 이내
19배	–	0.1초 이내

나. 과부하 보호장치와 단락보호 전용 차단기 또는 단락보호 전용 퓨즈를 하나의 전용함 속에 넣어 시설한 것일 것

다. 과부하 보호장치가 단락전류에 의하여 손상되기 전에 그 단락전류를 차단하는 능력을 가진 단락보호 전용 차단기 또는 단락보호 전용 퓨즈를 시설한 것일 것

라. 과부하 보호장치와 단락보호 전용 퓨즈를 조합한 장치는 단락보호 전용 퓨즈의 정격전류가 과부하 보호장치의 설정 전류(Setting Current) 값 이하가 되도록 시설한 것(그 값이 단락보호 전용 퓨즈의 표준 정격에 해당하지 아니하는 경우는 단락보호 전용 퓨즈의 정격전류가 그 값의 바로 상위의 정격이 되도록 시설한 것을 포함한다)일 것

2. 저압 옥내 시설하는 보호장치의 정격전류 또는 전류 설정 값은 전동기 등이 접속되는 경우에는 그 전동기의 기동방식에 따른 기동전류와 다른 전기사용기계기구의 정격전류를 고려하여 선정하여야 한다.

3. 옥내에 시설하는 전동기(정격 출력이 0.2kW 이하인 것을 제외한다. 이하 여기에서 같다)에는 전동기가 손상될 우려가 있는 과전류가 생겼을 때에 자동적으로 이를 저지하거나 이를 경보하는 장치를 하여야 한다. 다만, 다음의 어느 하나에 해당하는 경우에는 그러하지 아니하다.

가. 전동기를 운전 중 상시 취급자가 감시할 수 있는 위치에 시설하는 경우

나. 전동기의 구조나 부하의 성질로 보아 전동기가 손상될 수 있는 과전류가 생길 우려가 없는 경우

다. 단상전동기[KS C 4204(2013)의 표준정격의 것을 말한다]로서 그 전원 측 전로에 시설하는 과전류 차단기의 정격전류가 16A(배선차단기는 20A) 이하인 경우

212.6.4 분기회로의 시설

분기회로는 212.4.2, 212.4.3, 212.5.2, 212.5.3에 준하여 시설하여야 한다.

212.7 과부하 및 단락 보호의 협조

212.7.1 한 개의 보호장치를 이용한 보호

과부하 및 단락전류 보호장치는 212.4 및 212.5의 관련 요구사항을 만족하여야 한다.

212.7.2 개별 장치를 이용한 보호

212.4 및 212.5의 요구사항을 과부하 보호장치와 단락 보호장치에 각각 적용한다. 단락 보호장치의 통과에너지가 과부하 보호장치에 손상을 주지 않고 견딜 수 있는 값을 초과하지 않도록 보호장치의 특성을 협조시켜야 한다.

212.8 전원 특성을 이용한 과전류 제한

도체의 허용전류를 초과하는 전류를 공급할 수 없는 전원으로부터 전류를 공급받은 도체의 경우 과부하 및 단락보호가 적용된 것으로 간주한다.

213 과전압에 대한 보호

213.1 고압계통의 지락고장으로 인한 저압설비 보호

213.1.1 고압계통의 지락고장 시 저압계통에서의 과전압

변전소에서 고압 측 지락고장의 경우, 다음 과전압의 유형들이 저압설비에 영향을 미칠 수 있다.

가. 상용주파 고장전압(U_f)

나. 상용주파 스트레스전압(U_1 및 U_2)

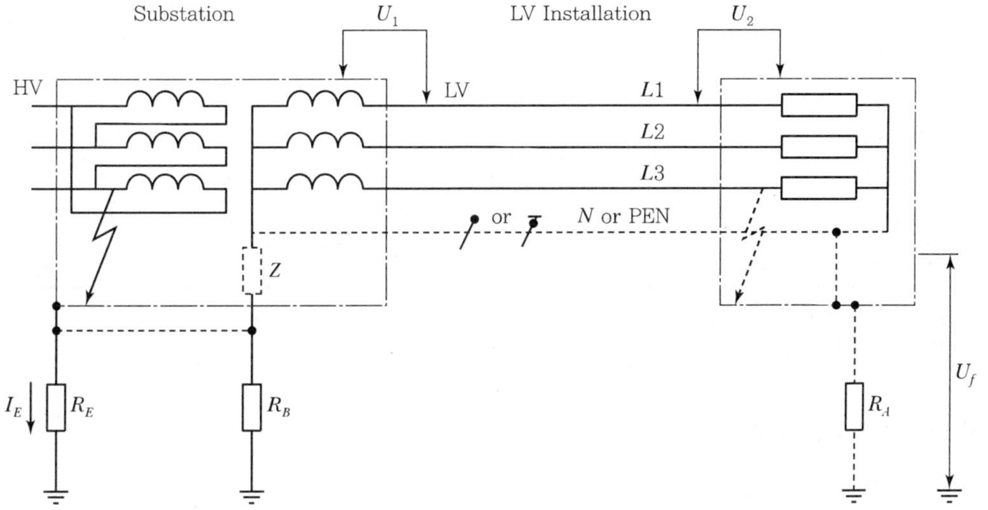

[고압계통의 지락고장 시 저압계통에서의 과전압 발생도]

213.1.2 상용주파 스트레스전압의 크기와 지속시간

고압계통에서의 지락으로 인한 저압설비 내의 저압기기의 상용주파 스트레스전압(U_1과 U_2)의 크기와 지속시간은 표 142.6−1에 주어진 요구사항들을 초과하지 않아야 한다.

213.2 낙뢰 또는 개폐에 따른 과전압 보호
213.2.1 일반사항

이 절은 배전 계통으로부터 전달되는 기상현상에 기인한 과도 과전압 및 설비 내 기기에 의해 발생하는 개폐 과전압에 대한 전기설비의 보호를 다룬다.

213.2.2 기기에 요구되는 임펄스내전압

기기의 정격 임펄스내전압이 최소한 표 213.2−1에 제시된 필수 임펄스내전압보다 작지 않도록 기기를 선정하여야 한다.

표 213.2−1 기기에 요구되는 정격 임펄스내전압

설비의 공칭전압 (V)	교류 또는 직류	요구되는 정격 임펄스내전압[a](kV)			
		과전압 범주 IV (매우 높은 정격 임펄스 전압 장비)	과전압 범주 III (높은 정격 임펄스 전압 장비)	과전압 범주 II (통상 정격 임펄스 전압 장비)	과전압 범주 I (감축 정격 임펄스 전압 장비)
	공칭전압에서 산출한 상전압 (V)	예) 계기, 원격제어시스템	예) 배전반, 개폐기, 콘센트	예) 가전용 배전 전기기기 및 도구	예) 민감한 전자 장비
120/208	150	4	2.5	1.5	0.8
(220/380)[b] 230/400 277/480	300	6	4	2.5	1.5
400/690	600	8	6	4	2.5
1000	1000	12	8	6	4
1500 D.C.	1500 D.C.			8	6

a 임펄스내전압은 충전도체와 보호도체 사이에 적용된다.
b 현재 국내 사용 전압이다.

214 열 영향에 대한 보호
214.1 적용범위

다음과 같은 영향으로부터 인축과 재산의 보호방법을 전기설비에 적용하여야 한다.

　가. 전기기기에 의한 열적인 영향, 재료의 연소 또는 기능저하 및 화상의 위험
　나. 화재 재해의 경우, 전기설비로부터 격벽으로 분리된 인근의 다른 화재 구획으로 전파되는 화염
　다. 전기기기 안전 기능의 손상

214.2 화재 및 화상방지에 대한 보호

214.2.1 전기기기에 의한 화재방지

1. 전기기기에 의해 발생하는 열은 근처에 고정된 재료나 기기에 화재 위험을 주지 않아야 한다.

2. 고정기기의 온도가 인접한 재료에 화재의 위험을 줄 온도까지 도달할 우려가 있는 경우에 이 기기에는 다음과 같은 조치를 취하여야 한다.

  가. 이 온도에 견디고 열전도율이 낮은 재료 위나 내부에 기기를 설치

  나. 이 온도에 견디고 열전도율이 낮은 재료를 사용하여 건축구조물로부터 기기를 차폐

  다. 이 온도에서 열이 안전하게 발산되도록 유해한 열적 영향을 받을 수 있는 재료로부터 충분히 거리를 유지하고 열전도율이 낮은 지지대에 의한 설치

3. 정상 운전 중에 아크 또는 스파크가 발생할 수 있는 전기기기에는 다음 중 하나의 보호조치를 취하여야 한다.

  가. 내 아크 재료로 기기 전체를 둘러싼다.

  나. 분출이 유해한 영향을 줄 수 있는 재료로부터 내 아크 재료로 차폐

  다. 분출이 유해한 영향을 줄 수 있는 재료로부터 충분한 거리에서 분출을 안전하게 소멸시키도록 기기를 설치

4. 열의 집중을 야기하는 고정기기는 어떠한 고정물체나 건축부재가 정상조건에서 위험한 온도에 노출되지 않도록 충분한 거리를 유지하도록 하여야 한다.

5. 단일 장소에 있는 전기기기가 상당한 양의 인화성 액체를 포함하는 경우에는 액체, 불꽃 및 연소 생성물의 전파를 방지하는 충분한 예방책을 취하여야 한다.

  가. 누설된 액체를 모을 수 있는 저유조를 설치하고 화재 시 소화를 확실히 한다.

  나. 기기를 적절한 내화성이 있고 연소 액체가 건물의 다른 부분으로 확산되지 않도록 방지턱 또는 다른 수단이 마련된 방에 설치한다. 이러한 방은 외부공기로만 환기되는 것이어야 한다.

6. 설치 중 전기기기의 주위에 설치하는 외함의 재료는 그 전기기기에서 발생할 수 있는 최고 온도에 견디어야 한다. 이외 함의 구성 재료는 열전도율이 낮고 불연성 또는 난연성 재료로 덮는 등 발화에 대한 예방조치를 하지 않는 한 가연성 재료는 부적합하다.

7. 화재의 위험성이 높은 20A 이하의 분기회로에는 전기 아크로 인한 화재의 우려가 없도록 KS C IEC 62606에 적합한 장치를 각각 시설할 수 있다.

214.2.2 전기기기에 의한 화상 방지

접촉범위 내에 있고, 접촉 가능성이 있는 전기기기의 부품류는 인체에 화상을 일으킬 우려가 있는 온도에 도달해서는 안 되며, 표 214.2-1에 제시된 제한 값을 준수하여야 한다. 이 경우 우발적 접촉도 발생하지 않도록 보호를 하여야 한다.

표 214.2-1 접촉 범위 내에 있는 기기에 접촉 가능성이 있는 부분에 대한 온도 제한

접촉할 가능성이 있는 부분	접촉할 가능성이 있는 표면의 재료	최고 표면 온도(℃)
손으로 잡고 조작시키는 것	금속 비금속	55 65
손으로 잡지 않지만 접촉하는 부분	금속 비금속	70 80
통상 조작 시 접촉할 필요가 없는 부분	금속 비금속	80 90

214.3 과열에 대한 보호

214.3.1 강제 공기 난방시스템

1. 강제 공기 난방시스템에서 중앙 축열기의 발열체가 아닌 발열체는 정해진 풍량에 도달할 때까지는 동작할 수 없고, 풍량이 정해진 값 미만이면 정지되어야 한다. 또한 공기덕트 내에서 허용온도가 초과하지 않도록 하는 2개의 서로 독립된 온도 제한 장치가 있어야 한다.
2. 열소자의 지지부, 프레임과 외함은 불연성 재료이어야 한다.

214.3.2 온수기 또는 증기발생기

1. 온수 또는 증기를 발생시키는 장치는 어떠한 운전 상태에서도 과열 보호가 되도록 설계 또는 공사를 하여야 한다. 보호장치는 기능적으로 독립된 자동 온도조절장치로부터 독립적 기능을 하는 비자동 복귀형 장치이어야 한다. 다만, 관련된 표준 모두에 적합한 장치는 제외한다.
2. 장치에 개방 입구가 없는 경우에는 수압을 제한하는 장치를 설치하여야 한다.

214.3.3 공기난방설비

1. 공기난방설비의 프레임 및 외함은 불연성 재료이어야 한다.
2. 열 복사에 의해 접촉되지 않는 복사 난방기의 측벽은 가연성 부분으로부터 충분한 간격을 유지하여야 한다. 불연성 격벽으로 간격을 감축하는 경우, 이 격벽은 복사 난방기의 외함 및 가연성 부분에서 0.01m 이상의 간격을 유지하여야 한다.
3. 제작자의 별도 표시가 없으며, 복사 난방기는 복사 방향으로 가연성 부분으로부터 2m 이상의 안전거리를 확보할 수 있도록 부착하여야 한다.

232 배선설비

232.1 적용범위

이 규정은 배선설비의 선정 및 설치에 대하여 적용한다.

232.2 배선설비 공사의 종류

1. 사용하는 전선 또는 케이블의 종류에 따른 배선설비의 설치방법(버스바트렁킹 시스템 및 파워트랙시스템은 제외)은 표 232.2 – 1에 따르며, 232.4의 외부적인 영향을 고려하여야 한다.

표 232.2 – 1 전선 및 케이블의 구분에 따른 배선설비의 공사방법

전선 및 케이블		공사방법							
		케이블공사			전선관 시스템	케이블 트렁킹 시스템 (몰드형, 바닥 매입형 포함)	케이블 덕팅 시스템	케이블 트레이 시스템 (래더, 브래킷 등 포함)	애자 공사
		비고정	직접 고정	지지선					
나전선		–	–	–	–	–	–	–	+
절연전선[b]		–	–	–	+	+[a]	+	–	+
케이블(외장 및 무기질 절연물을 포함)	다심	+	+	+	+	+	+	+	0
	단심	0	+	+	+	+	+	+	0

+ : 사용할 수 있다.

– : 사용할 수 없다.

0 : 적용할 수 없거나 실용상 일반적으로 사용할 수 없다.

a : 케이블트렁킹시스템이 IP4X 또는 IPXXD급의 이상의 보호조건을 제공하고, 도구 등을 사용하여 강제적으로 덮개를 제거할 수 있는 경우에 한하여 절연전선을 사용할 수 있다.

b : 보호 도체 또는 보호 본딩도체로 사용되는 절연전선은 적절하다면 어떠한 절연 방법이든 사용할 수 있고 전선관 시스템, 트렁킹시스템 또는 덕팅시스템에 배치하지 않아도 된다.

2. 시설상태에 따른 배선설비의 설치방법은 표 232.2 – 2를 따르며 이 표에 포함되어 있지 않는 케이블이나 전선의 다른 설치방법은 이 규정에서 제시된 요구사항을 충족할 경우에만 허용하며 또한 표 232.2 – 2의 33, 40 등 번호는 KS C IEC 60364 – 5 – 52(전기기기의 선정 및 시공 – 배선설비) "부속서 A(설치방법)"에 따른 설치방법을 말한다.

표 232.2-2 시설 상태를 고려한 배선설비의 공사방법

시설 상태		공사방법							
		케이블공사			전선관 시스템	케이블 트렁킹 시스템 (몰드형, 바닥 매입형 포함)	케이블 덕팅 시스템	케이블 트레이 시스템 (래더, 브래킷 등 포함)	애자 공사
		비고정	직접 고정	지지선					
건물의 빈공간	접근 가능	40	33	0	41, 42	6, 7, 8, 9, 12	43, 44	30, 31, 32, 33, 34	–
	접근 불가	40	0	0	41, 42	0	43	0	0
케이블채널		56	56	–	54, 55	0		30, 31, 32, 34	–
지중 매설		72, 73	0	–	70, 71	–	70, 71	0	–
구조체 매입		57, 58	3	–	1, 2, 59, 60	50, 51, 52, 53	46, 45	0	–
노출표면에 부착		–	20, 21, 22, 23, 33	–	4, 5	6, 7, 8, 9, 12	6, 7, 8, 9	30, 31, 32, 34	36
가공/기중		–	33	35	0	10, 11	10, 11	30, 31, 32, 34	36
창틀 내부		16	0	–	16	0	0	0	–
문틀 내부		15	0	–	15	0	0	0	–
수중(물속)		+	+	–	+	–	+	0	–

– : 사용할 수 없다.

0 : 적용할 수 없거나 실용상 일반적으로 사용할 수 없다.

+ : 제조자 지침에 따른다.

3. 표 232.2-1 및 표 232.2-2의 설치방법에는 아래와 같은 배선방법이 있다.

표 232.2-3 공사방법의 분류

종류	공사방법
전선관시스템	합성수지관공사, 금속관공사, 가요전선관공사
케이블트렁킹시스템	합성수지몰드공사, 금속몰드공사, 금속트렁킹공사[a]
케이블덕팅시스템	플로어덕트공사, 셀룰러덕트공사, 금속덕트공사[b]
애자공사	애자공사
케이블트레이시스템(래더, 브래킷 포함)	케이블트레이공사
케이블공사	고정하지 않는 방법, 직접 고정하는 방법, 지지선 방법

a 금속본체와 커버가 별도로 구성되어 커버를 개폐할 수 있는 금속덕트공사를 말한다.
b 본체와 커버 구분 없이 하나로 구성된 금속덕트공사를 말한다.

232.3 배선설비 적용 시 고려사항

232.3.1 회로 구성

1. 하나의 회로도체는 다른 다심케이블, 다른 전선관, 다른 케이블덕팅시스템 또는 다른 케이블트렁킹 시스템을 통해 배선해서는 안 된다. 또한 다심케이블을 병렬로 포설하는 경우 각 케이블은 각상의 1가닥의 도체와 중성선이 있다면 중성선도 포함하여야 한다.

2. 여러 개의 주회로에 공통 중성선을 사용하는 것은 허용되지 않는다. 다만, 단상 교류 최종 회로는 하나의 선 도체와 한 다상 교류회로의 중성선으로부터 형성될 수도 있다. 이 다상회로는 모든 선도체를 단로하도록 단로장치에 의해 설치하여야 한다.

3. 여러 회로가 하나의 접속 상자에서 단자 접속되는 경우 각 회로에 대한 단자는 KS C IEC 60998(가정용 및 이와 유사한 용도의 저전압용 접속기구) 시리즈에 따른 접속기 및 KS C IEC 60947-7-1(저전압 개폐장치 및 제어장치)에 따른 단자블록에 관한 것을 제외하고 절연 격벽으로 분리해야 한다.

4. 모든 도체가 최대공칭전압에 대해 절연되어 있다면 여러 회로를 동일한 전선관시스템, 케이블덕팅시스템 또는 케이블트렁킹시스템의 분리된 구획에 설치할 수 있다.

232.3.2 병렬접속

두 개 이상의 선도체(충전도체) 또는 PEN도체를 계통에 병렬로 접속하는 경우, 다음에 따른다.

1. 병렬도체 사이에 부하전류가 균등하게 배분될 수 있도록 조치를 취한다. 도체가 같은 재질, 같은 단면적을 가지고, 거의 길이가 같고, 전체 길이에 분기회로가 없으며 다음과 같을 경우 이 요구사항을 충족하는 것으로 본다.

   가. 병렬도체가 다심케이블, 트위스트(twist) 단심케이블 또는 절연전선인 경우

나. 병렬도체가 비트위스트(non-twist) 단심케이블 또는 삼각형태(trefoil) 혹은 직사각형(flat) 형태의 절연전선이고 단면적이 구리 50mm², 알루미늄 70mm² 이하인 것

다. 병렬도체가 비트위스트(non-twist) 단심케이블 또는 삼각형태(trefoil) 혹은 직사각형(flat) 형태의 절연전선이고 단면적이 구리 50mm², 알루미늄 70mm²를 초과하는 것 으로 이 형상에 필요한 특수 배치를 적용한 것. 특수한 배치법은 다른 상 또는 극의 적절한 조합과 이격으로 구성한다.

2. 232.5.1에 적합하도록 부하전류를 배분하는데 특별히 주의한다. 적절한 전류분배를 할 수 없거나 4가닥 이상의 도체를 병렬로 접속하는 경우에는 버스바트렁킹시스템의 사용을 고려한다.

232.3.3 전기적 접속

1. 도체상호간, 도체와 다른 기기와의 접속은 내구성이 있는 전기적 연속성이 있어야 하며, 적절한 기계적 강도와 보호를 갖추어야 한다.

2. 접속 방법은 다음 사항을 고려하여 선정한다.

　가. 도체와 절연재료

　나. 도체를 구성하는 소선의 가닥수와 형상

　다. 도체의 단면적

　라. 함께 접속되는 도체의 수

3. 접속부는 다음의 경우를 제외하고 검사, 시험과 보수를 위해 접근이 가능하여야 한다.

　가. 지중매설용으로 설계된 접속부

　나. 충전재 채움 또는 캡슐 속의 접속부

　다. 실링히팅시스템(천정난방설비), 플로어히팅시스템(바닥난방설비) 및 트레이스히팅시스템(열선난방설비) 등의 발열체와 리드선과의 접속부

　라. 용접(welding), 연납땜(soldering), 경납땜(brazing) 또는 적절한 압착공구로 만든 접속부

　마. 적절한 제품표준에 적합한 기기의 일부를 구성하는 접속부

4. 통상적인 사용 시에 온도가 상승하는 접속부는 그 접속부에 연결하는 도체의 절연물 및 그 도체 지지물의 성능을 저해하지 않도록 주의해야 한다.

5. 도체접속(단말뿐 아니라 중간 접속도)은 접속함, 인출함 또는 제조자가 이 용도를 위해 공간을 제공한 곳 등의 적절한 외함 안에서 수행되어야 한다. 이 경우, 기기는 고정접속장치가 있거나 접속장치의 설치를 위한 조치가 마련되어 있어야 한다. 분기회로 도체의 단말부는 외함 안에서 접속되어야 한다.

6. 전선의 접속점 및 연결점은 기계적 응력이 미치지 않아야 한다. 장력(스트레스) 완화장치는 전선의 도체와 절연체에 기계적인 손상이 가지 않도록 설계되어야 한다.

7. 외함 안에서 접속되는 경우 외함은 충분한 기계적 보호 및 관련 외부 영향에 대한 보호가 이루어져야 한다.

8. 다중선, 세선, 극세선의 접속

   가. 다중선, 세선, 극세선의 개별 전선이 분리되거나 분산되는 것을 막기 위해서 적합한 단말부를 사용하거나 도체 끝을 적절히 처리하여야 한다.

   나. 적절한 단말부를 사용한다면 다중선, 세선, 극세선의 전체 도체의 말단을 연납땜(soldering)하는 것이 허용된다.

   다. 사용 중 도체의 연납땜(soldering)한 부위와 연납땜(soldering)하지 않은 부위의 상대적인 위치가 움직이게 되는 연결점에서는 세선 및 극세선 도체의 말단을 납땜하는 것이 허용되지 않는다.

   라. 세선과 극세선은 KS C IEC 60228(절연케이블용 도체)의 5등급과 6등급의 요구사항에 적합하여야 한다.

9. 전선관, 덕트 또는 트렁킹의 말단에서 시스를 벗긴 케이블과 시스 없는 케이블의 심선은 제5의 요구사항대로 외함 안에 수납하여야 한다.

10. 전선 및 케이블 등의 접속방법에 대하여는 123에 적합하도록 한다.

232.3.4 교류회로 – 전기자기적 영향(맴돌이 전류 방지)

1. 강자성체(강제금속관 또는 강제덕트 등) 안에 설치하는 교류회로의 도체는 보호도체를 포함하여 각 회로의 모든 도체를 동일한 외함에 수납하도록 시설하여야 한다. 이러한 도체를 철제 외함에 수납하는 도체는 집합적으로 금속물질로 둘러싸이도록 시설하여야 한다.

2. 강선외장 또는 강대외장 단심케이블은 교류회로에 사용해서는 안 된다. 이러한 경우 알루미늄 외장케이블을 권장한다.

232.3.5 하나의 다심케이블 속의 복수회로

모든 도체가 최대공칭전압에 대해 절연되어 있는 경우, 동일한 케이블에 복수의 회로를 구성할 수 있다.

232.3.6 화재의 확산을 최소화하기 위한 배선설비의 선정과 공사

1. 화재의 확산위험을 최소화하기 위해 적절한 재료를 선정하고 다음에 따라 공사하여야 한다.

   가. 배선설비는 건축구조물의 일반 성능과 화재에 대한 안정성을 저해하지 않도록 설치하여야 한다.

   나. 최소한 KS C IEC 60332 – 1 – 2(화재 조건에서의 전기/광섬유케이블 시험)에 적합한 케이블 및 자소성(自燒性)으로 인정받은 제품은 특별한 예방조치 없이 설치할 수 있다.

   다. KS C IEC 60332 – 1 – 2(화재 조건에서의 전기/광섬유케이블 시험)의 화염 확산을 저지하는 요구사항에 적합하지 않은 케이블을 사용하는 경우는 기기와 영구적 배선설비의 접속을 위한 짧은 길이에만 사용할 수 있으며, 어떠한 경우에도 하나의 방화구획에서 다른 구획으로 관통시켜서는 안 된다.

라. KS C IEC 60439−2(저전압 개폐장치 및 제어장치 부속품), KS C IEC 61537(케이블 관리−케이블트레이시스템 및 케이블래더시스템), KS C IEC 61084(전기설 비용 케이블 트렁킹 및 덕트시스템) 시리즈 및 KS C IEC 61386(전기설비용 전선관 시스템) 시리즈 표준에서 자소성으로 분류되는 제품은 특별한 예방조치 없이 시설할 수 있다. 화염 전파를 저지하는 유사 요구사항이 있는 표준에 적합한 그 밖의 제품은 특별한 예방조치 없이 시설할 수 있다.

마. KS C IEC 60439−2(저전압 개폐장치 및 제어장치 부속품), KS C IEC 60570(등기구 전원 공급용 트랙 시스템), KS C IEC 61537−A(케이블 관리−케이블트레이시스템 및 케이블 래더 시스템), KS C IEC 61084(전기설비용 케이블 트렁킹 및 덕트시스템) 시리즈 및 KS C IEC 61386(전기설비용 전선관 시스템) 시리즈 및 KS C IEC 61534(파워트랙시스템) 시리즈 표준에서 자소성으로 분류되지 않은 케이블 이외의 배선설비의 부분은 그들의 개별 제품표준의 요구사항에 모든 다른 관련 사항을 준수하여 사용하는 경우 적절한 불연성 건축 부재로 감싸야 한다.

2. 배선설비 관통부의 밀봉

가. 배선설비가 바닥, 벽, 지붕, 천장, 칸막이, 중공벽 등 건축구조물을 관통하는 경우, 배선설비가 통과한 후에 남는 개구부는 관통 전의 건축구조 각 부재에 규정된 내화 등급에 따라 밀폐하여야 한다.

나. 내화성능이 규정된 건축구조부재를 관통하는 배선설비는 제1에서 요구한 외부의 밀폐와 마찬가지로 관통 전에 각 부의 내화등급이 되도록 내부도 밀폐하여야 한다.

다. 관련 제품 표준에서 자소성으로 분류되고 최대 내부단면적이 710mm² 이하인 전선 관, 케이블트렁킹 및 케이블덕팅시스템은 다음과 같은 경우라면 내부적으로 밀폐하지 않아도 된다.

(1) 보호등급 IP33에 관한 KS C IEC 60529(외곽의 방진 보호 및 방수 보호 등급)의 시험에 합격한 경우

(2) 관통하는 건축 구조체에 의해 분리된 구획의 하나 안에 있는 배선설비의 단말이 보호등급 IP33에 관한 KS C IEC 60529(외함의 밀폐 보호등급 구분(IP코드))의 시험에 합격한 경우

라. 배선설비는 그 용도가 하중을 견디는데 사용되는 건축구조부재를 관통해서는 안된다. 다만, 관통 후에도 그 부재가 하중에 견딘다는 것을 보증할 수 있는 경우는 제외한다.

마. "가" 또는 "나"를 충족시키기 위한 밀폐 조치는 그 밀폐가 사용되는 배선설비와 같은 등급의 외부영향에 대해 견디고, 다음 요구사항을 모두 충족하여야 한다.

(1) 연소 생성물에 대해서 관통하는 건축구조부재와 같은 수준에 견딜 것

(2) 물의 침투에 대해 설치되는 건축구조부재에 요구되는 것과 동등한 보호등급을 갖출 것

(3) 밀폐 및 배선설비는 밀폐에 사용된 재료가 최종적으로 결합 조립되었을 때 습성을 완벽하게 막을 수 있는 경우가 아닌 한 배선설비를 따라 이동하거나 밀폐 주위에 모일 수 있는 물방울로부터의 보호 조치를 갖출 것

(4) 다음의 어느 한 경우라면 (3)의 요구사항이 충족될 수 있다.

    (가) 케이블 클리트, 케이블 타이 또는 케이블 지지재는 밀폐재로부터 750mm 이내에 설치하고 그것들이 밀폐재에 인장력을 전달하지 않을 정도까지 밀폐부의 화재 측의 지지재가 손상되었을 때 예상되는 기계적 하중에 견딜 수 있다.

    (나) 밀폐 방식 그 자체가 충분한 지지 기능을 갖도록 설계한다.

232.3.7 배선설비와 다른 공급설비와의 접근

1. 다른 전기 공급설비의 접근

KS C IEC 60449(건축전기설비의 전압 밴드)에 의한 전압밴드 Ⅰ과 전압밴드 Ⅱ 회로는 다음의 경우를 제외하고는 동일한 배선설비 중에 수납하지 않아야 한다.

가. 모든 케이블 또는 도체가 존재하는 최대 전압에 대해 절연되어 있는 경우

나. 다심케이블의 각 도체가 케이블에 존재하는 최대 전압에 절연되어 있는 경우

다. 케이블이 그 계통의 전압에 대해 절연되어 있으며, 케이블이 케이블덕팅시스템 또는 케이블트렁킹 시스템의 별도 구획에 설치되어 있는 경우

라. 케이블이 격벽을 써서 물리적으로 분리되는 케이블트레이시스템에 설치되어 있는 경우

마. 별도의 전선관, 케이블트렁킹 시스템 또는 케이블덕팅시스템을 이용하는 경우

바. 저압 옥내배선이 다른 저압 옥내배선 또는 관등회로의 배선과 접근하거나 교차하는 경우에 애자공사에 의하여 시설하는 저압 옥내배선과 다른 저압 옥내배선 또는 관등 회로의 배선 사이의 이격거리는 0.1m(애자공사에 의하여 시설하는 저압 옥내배선이 나전선인 경우에는 0.3m) 이상이어야 한다. 다만, 다음의 어느 하나에 해당하는 경우에는 그러하지 아니하다.

  (1) 애자공사에 의하여 시설하는 저압 옥내배선과 다른 애자공사에 의하여 시설하는 저압 옥내배선 사이에 절연성의 격벽을 견고하게 시설하거나 어느 한쪽의 저압 옥내배선을 충분한 길이의 난연성 및 내수성이 있는 견고한 절연관에 넣어 시설하는 경우

  (2) 애자공사에 의하여 시설하는 저압 옥내배선과 애자공사에 의하여 시설하는 다른 저압 옥내배선 또는 관등회로의 배선이 병행하는 경우에 상호 간의 이격거리를 60mm 이상으로 하여 시설할 때

  (3) 애자공사에 의하여 시설하는 저압 옥내배선과 다른 저압 옥내배선(애자공사에 의하여 시설하는 것을 제외한다) 또는 관등회로의 배선 사이에 절연성의 격벽을 견고하게 시설하거나 애자공사에 의하여 시설하는 저압 옥내배선이나 관등회로의 배선을 충분한 길이의 난연성 및 내수성이 있는 견고한 절연관에 넣어 시설하는 경우

2. 통신 케이블과의 접근

지중 통신케이블과 지중 전력케이블이 교차하거나 접근하는 경우 100mm 이상의 간격을 유지하거나 "가" 또는 "나"의 요구사항을 충족하여야 한다.

가. 케이블 사이에 예를 들어 벽돌, 케이블 보호 캡(점토, 콘크리트), 성형블록(콘크리트) 등과 같

은 내화격벽을 갖추거나, 케이블 전선관 또는 내화물질로 만든 트로프(troughs)에 의해 추가 보호 조치를 하여야 한다.

나. 교차하는 부분에 대해서는, 케이블 사이에 케이블 전선관, 콘크리트제 케이블 보호 캡, 성형 블록 등과 같은 기계적인 보호 조치를 하여야 한다.

다. 지중 전선이 지중 약전류전선 등과 접근하거나 교차하는 경우에 상호 간의 이격거리가 저압 지중 전선은 0.3m 이하인 때에는 지중 전선과 지중 약전류전선 등 사이에 견고한 내화성(콘크리트 등의 불연재료로 만들어진 것으로 케이블의 허용온도 이상으로 가열시킨 상태에서도 변형 또는 파괴되지 않는 재료를 말한다)의 격벽(隔壁)을 설치하는 경우 이외에는 지중 전선을 견고한 불연성(不燃性) 또는 난연성(難燃性)의 관에 넣어 그 관이 지중 약전류전선 등과 직접 접촉하지 아니하도록 하여야 한다. 다만, 다음의 어느 하나에 해당하는 경우에는 그러하지 아니하다.

  (1) 지중 약전류전선 등이 전력보안 통신선인 경우에 불연성 또는 자소성이 있는 난연성의 재료로 피복한 광섬유케이블인 경우 또는 불연성 또는 자소성이 있는 난연성의 관에 넣은 광섬유케이블인 경우

  (2) 지중 약전류전선 등이 전력보안 통신선인 경우

  (3) 지중 약전류전선 등이 불연성 또는 자소성이 있는 난연성의 재료로 피복한 광섬 유케이블인 경우 또는 불연성 또는 자소성이 있는 난연성의 관에 넣은 광섬유케이블로서 그 관리자와 협의한 경우

라. 저압 옥내배선이 약전류전선 등 또는 수관·가스관이나 이와 유사한 것과 접근하거나 교차하는 경우에 저압 옥내배선을 애자공사에 의하여 시설하는 때에는 저압 옥내 배선과 약전류전선 등 또는 수관·가스관이나 이와 유사한 것과의 이격거리는 0.1m(전선이 나전선인 경우에 0.3m) 이상이어야 한다. 다만, 저압 옥내배선의 사용전압이 400V 이하인 경우에 저압 옥내배선과 약전류전선 등 또는 수관·가스관이나 이와 유사한 것과의 사이에 절연성의 격벽을 견고하게 시설하거나 저압 옥내배선을 충분한 길이의 난연성 및 내수성이 있는 견고한 절연관에 넣어 시설하는 때에는 그러하지 아니하다.

마. 저압 옥내배선이 약전류전선 또는 수관·가스관이나 이와 유사한 것과 접근하거나 교차하는 경우에 저압 옥내배선을 합성수지몰드 공사·합성수지관공사·금속관 공사·금속몰드 공사·가요전선관 공사·금속덕트 공사·버스덕트 공사·플로어덕트 공사·셀룰러덕트 공사·케이블 공사·케이블트레이 공사 또는 라이팅덕트 공사에 의하여 시설할 때에는 "바"의 항목의 경우 이외에는 저압 옥내배선이 약전류전선 또는 수관·가스관이나 이와 유사한 것과 접촉하지 아니하도록 시설하여야 한다.

바. 저압 옥내배선을 합성수지몰드 공사·합성수지관 공사·금속관 공사·금속몰드 공사·가요전선관 공사·금속덕트 공사·버스덕트 공사·플로어 덕트 공사·케이블트레이 공사 또는

셀룰러덕트 공사에 의하여 시설하는 경우에는 다음의 어느 하나에 해당하는 경우 이외에는 전선과 약전류전선을 동일한 관·몰드·덕트·케이블트레이나 이들의 박스 기타의 부속품 또는 풀 박스 안에 시설하여서는 아니 된다.

(1) 저압 옥내배선을 합성수지관 공사·금속관 공사·금속몰드 공사 또는 가요전선관 공사에 의하여 시설하는 전선과 약전류전선을 각각 별개의 관 또는 몰드에 넣어 시설하는 경우에 전선과 약전류전선 사이에 견고한 격벽을 시설하고 또한 금속제 부분에 접지공사를 한 박스 또는 풀박스 안에 전선과 약전류전선을 넣어 시설할 때

(2) 저압 옥내배선을 금속덕트 공사·플로어덕트 공사 또는 셀룰러덕트 공사에 의하여 시설하는 경우에 전선과 약전류전선 사이에 견고한 격벽을 시설하고 또한 접지공사를 한 덕트 또는 박스 안에 전선과 약전류전선을 넣어 시설할 때

(3) 저압 옥내배선을 버스덕트공사 및 케이블트레이공사 이외의 공사에 의하여 시설하는 경우에 약전류전선이 제어회로 등의 약전류전선이고 또한 약전류전선에 절연전선과 동등 이상의 절연성능이 있는 것(저압 옥내배선과 식별이 쉽게 될 수 있는 것에 한한다)을 사용할 때

(4) 저압 옥내배선을 버스덕트 공사 및 케이블트레이 공사 이외에 공사에 의하여 시설하는 경우에 약전류전선에 접지공사를 한 금속제의 전기적 차폐층이 있는 통신용 케이블을 사용할 때

(5) 저압 옥내배선을 케이블트레이 공사에 의하여 시설하는 경우에 약전류전선이 제어회로 등의 약전류전선이고 또한 약전류전선을 금속관 또는 합성수지관에 넣어 케이블트레이에 시설할 때

3. 비전기 공급설비와의 접근

가. 배선설비는 배선을 손상시킬 우려가 있는 열, 연기, 증기 등을 발생시키는 설비에 접근해서 설치하지 않아야 한다. 다만, 배선에서 발생한 열의 발산을 저해하지 않도록 배치한 차폐물을 사용하여 유해한 외적 영향으로부터 적절하게 보호하는 경우는 제외한다. 각종 설비의 빈 공간(cavity)이나 비어있는 지지대(service shaft) 등과 같이 특별히 케이블 설치를 위해 설계된 구역이 아닌 곳에서는 통상적으로 운전하고 있는 인접 설비(가스관, 수도관, 스팀관 등)의 해로운 영향을 받지 않도록 케이블을 포설하여야 한다.

나. 응결을 일으킬 우려가 있는 공급설비(예를 들면 가스, 물 또는 증기공급설비) 아래에 배선설비를 포설하는 경우는 배선설비가 유해한 영향을 받지 않도록 예방조치를 마련하여야 한다.

다. 전기공급설비를 다른 공급설비와 접근하여 설치하는 경우는 다른 공급설비에서 예상할 수 있는 어떠한 운전을 하더라도 전기공급설비에 손상을 주거나 그 반대의 경우가 되지 않도록 각 공급설비사이의 충분한 이격을 유지하거나 기계적 또는 열적 차폐물을 사용하는 등의 방법으로 전기공급설비를 배치한다.

라. 전기공급설비가 다른 공급설비와 매우 접근하여 배치가 된 경우는 다음 두 조건을 충족하여야 한다.

    (1) 다른 공급설비의 통상 사용 시 발생할 우려가 있는 위험에 대해 배선설비를 적절히 보호한다.

    (2) 금속제의 다른 공급설비는 계통외도전부로 간주하고, 211.4에 의한 보호에 따른 고장보호를 한다.

마. 배선설비는 승강기(또는 호이스트)설비의 일부를 구성하지 않는 한 승강기(또는 호이스트)통로를 지나서는 안 된다.

바. 가스계량기 및 가스관의 이음부(용접이음매를 제외한다)와 전기설비의 이격거리는 다음에 따라야 한다.

    (1) 가스계량기 및 가스관의 이음부와 전력량계 및 개폐기의 이격거리는 0.6m 이상

    (2) 가스계량기와 점멸기 및 접속기의 이격거리는 0.3m 이상

    (3) 가스관의 이음부와 점멸기 및 접속기의 이격거리는 0.15m 이상

232.3.8 금속외장 단심케이블

동일 회로의 단심케이블의 금속 시스 또는 비자성체 강대외장은 그 배선의 양단에서 모두 접속하여야 한다. 또한 통전용량을 향상시키기 위해 단면적 50mm² 이상의 도체를 가진 케이블의 경우는 시스 또는 비전도성 강대외장은 접속하지 않는 한쪽 단에서 적절한 절연을 하고, 전체 배선의 한쪽 단에서 함께 접속해도 된다. 이 경우 다음과 같이 시스 또는 강대 외장의 대지전압을 제한하기 위해 접속지점으로부터의 케이블 길이를 제한하여야 한다.

1. 최대 전압을 25V로 제한하는 등으로 케이블에 최대부하의 전류가 흘렀을 때 부식을 일으키지 않을 것

2. 케이블에 단락전류가 발생했을 때 재산피해(설비손상)나 위험을 초래하지 않을 것

232.3.9 수용가 설비에서의 전압강하

1. 다른 조건을 고려하지 않는다면 수용가 설비의 인입구로부터 기기까지의 전압강하는 표 232.3-1의 값 이하이어야 한다.

표 232.3-1 수용가설비의 전압강하

설비의 유형	조명(%)	기타(%)
A - 저압으로 수전하는 경우	3	5
B - 고압 이상으로 수전하는 경우ª	6	8

a : 가능한 한 최종회로 내의 전압강하가 A 유형의 값을 넘지 않도록 하는 것이 바람직하다.
    사용자의 배선설비가 100m를 넘는 부분의 전압강하는 미터당 0.005% 증가할 수 있으나 이러한 증가분은 0.5%를 넘지 않아야 한다.

2. 다음의 경우에는 표 232.3-1보다 더 큰 전압강하를 허용할 수 있다.

　가. 기동 시간 중의 전동기

　나. 돌입전류가 큰 기타 기기

3. 다음과 같은 일시적인 조건은 고려하지 않는다.

　가. 과도과전압

　나. 비정상적인 사용으로 인한 전압 변동

232.4 배선설비의 선정과 설치에 고려해야 할 외부영향

배선설비는 예상되는 모든 외부영향에 대한 보호가 이루어져야 한다.

232.4.1 주위온도

1. 배선설비는 그 사용 장소의 최고와 최저온도 범위에서 통상 운전의 최고허용온도(표 232.5-1 참조)를 초과하지 않도록 선정하여 시공하여야 한다.

2. 케이블과 배선기구류 등의 배선설비의 구성품은 해당 제품표준 또는 제조자가 제시하는 한도 내의 온도에서만 시설하거나 취급하여야 한다.

232.4.2 외부 열원

외부 열원으로부터의 악영향을 피하기 위해 다음 대책 중의 하나 또는 이와 동등한 유효한 방법을 사용하여 배선설비를 보호하여야 한다.

1. 차폐

2. 열원으로부터의 충분한 이격

3. 발생할 우려가 있는 온도상승을 고려한 구성품의 선정

4. 단열 절연슬리브접속(sleeving) 등과 같은 절연재료의 국부적 강화

232.4.3 물의 존재(AD) 또는 높은 습도(AB)

1. 배선설비는 결로 또는 물의 침입에 의한 손상이 없도록 선정하고 설치하여야 한다. 설치가 완성된 배선설비는 개별 장소에 알맞은 IP 보호등급에 적합하여야 한다.

2. 배선설비 안에 물의 고임 또는 응결될 우려가 있는 경우는 그것을 배출하기 위한 조치를 마련하여야 한다.

3. 배선설비가 파도에 움직일 우려가 있는 경우(AD6)는 기계적 손상에 대해 보호하기 위해 충격(AG), 진동(AH), 및 기계적 응력(AJ)의 조치 중 한 가지 이상의 대책을 세워야 한다.

232.4.4 침입고형물의 존재(AE)

1. 배선설비는 고형물의 침입으로 인해 일어날 수 있는 위험을 최소화할 수 있도록 선정하고 설치하여야 한다. 완성한 배선설비는 개별 장소에 맞는 IP 보호등급에 적합하여야 한다.

2. 영향을 미칠 수 있는 정도의 먼지가 존재하는 장소(AE4)는 추가 예방 조치를 마련하여 배선설비의 열 발산을 저해할 수 있는 먼지나 기타의 물질이 쌓이는 것을 방지하여야 한다.

3. 배선설비는 먼지를 쉽게 제거할 수 있어야 한다.

232.4.5 부식 또는 오염 물질의 존재(AF)

1. 물을 포함한 부식 또는 오염 물질로 인해 부식이나 열화의 우려가 있는 경우 배선설비의 해당 부분은 이들 물질에 견딜 수 있는 재료로 적절히 보호하거나 제조하여야 한다.

2. 상호 접촉에 의한 영향을 피할 수 있는 특별 조치가 마련되지 않았다면 전해작용이 일어날 우려가 있는 서로 다른 금속은 상호 접촉하지 않도록 배치하여야 한다.

3. 상호 작용으로 인해 또는 개별적으로 열화 또는 위험한 상태가 될 우려가 있는 재료는 상호 접속시키지 않도록 배치하여야 한다.

232.4.6 충격(AG)

1. 배선설비는 설치, 사용 또는 보수 중에 충격, 관통, 압축 등의 기계적 응력 등에 의해 발생하는 손상을 최소화하도록 선정하고 설치하여야 한다.

2. 고정 설비에 있어 중간 가혹도(AG2) 또는 높은 가혹도(AG3)의 충격이 발생할 수 있는 경우는 다음을 고려하여야 한다.

　가. 배선설비의 기계적 특성

　나. 장소의 선정

　다. 부분적 또는 전체적으로 실시하는 추가 기계적 보호 조치

　라. 위 고려사항들의 조합

3. 바닥 또는 천장 속에 설치하는 케이블은 바닥, 천장, 또는 그 밖의 지지물과의 접촉에 의해 손상을 받지 않는 곳에 설치하여야 한다.

4. 케이블과 전선의 설치 후에도 전기설비의 보호등급이 유지되어야 한다.

232.4.7 진동(AH)

1. 중간 가혹도(AH2) 또는 높은 가혹도(AH3)의 진동을 받은 기기의 구조체에 지지 또는 고정하는 배선설비는 이들 조건에 적절히 대비해야 한다.

2. 고정형 설비로 조명기기 등 현수형 전기기기는 유연성 심선을 갖는 케이블로 접속해야 한다. 다만, 진동 또는 이동의 위험이 없는 경우는 예외로 한다.

232.4.8 그 밖의 기계적 응력(AJ)

1. 배선설비는 공사 중, 사용 중 또는 보수 시에 케이블과 절연전선의 외장이나 절연물과 단말에 손상을 주지 않도록 선정하고 설치하여야 한다.

2. 전선관 시스템, 덕팅시스템, 트렁킹시스템, 트레이 및 래더시스템에 케이블 및 전선을 설치하기 위해 실리콘유를 함유한 윤활유를 사용해서는 안 된다.

3. 구조체에 매입하는 전선관 시스템, 케이블덕팅시스템, 그 밖에 설비를 위해 특별히 설계된 전선관 조립품은 절연전선 또는 케이블을 설치하기 전에 그 연결구간이 완전하게 시공되어야 한다.

4. 배선설비의 모든 굴곡부는 전선과 케이블이 손상을 받지 않으며 단말부가 응력을 받지 않는 반지름을 가져야 한다.

5. 전선과 케이블이 연속적으로 지지되지 않은 공사방법인 경우는 전선과 케이블이 그 자체의 무게나 단락전류로 인한 전자력(단면적이 50mm² 이상의 단심케이블인 경우)에 의해 손상을 받지 않도록 적절한 간격과 적절한 방법으로 지지하여야 한다.

6. 배선설비가 영구적인 인장 응력을 받는 경우(수직 포설에서의 자기 중량 등)는 전선과 케이블이 자체 중량에 의해 손상되지 않도록 필요한 단면적을 갖는 적절한 종류의 케이블이나 전선 등의 설치방법을 선정하여야 한다.

7. 전선 또는 케이블을 인입 또는 인출이 가능하도록 의도된 배선설비는 그 작업을 위해 설비에 접근할 수 있는 적절한 방법을 갖추고 있어야 한다.

8. 바닥에 매입한 배선설비는 바닥 용도에 따른 사용에 의해 발생하는 손상을 방지하기 위해 충분히 보호하여야 한다.

9. 벽속에 견고하게 고정하여 매입하는 배선설비는 수평 또는 수직으로 벽의 가장자리와 평행하게 포설하여야 한다. 다만, 천장속이나 바닥속의 배선설비는 실용적인 최단 경로를 취할 수 있다.

10. 배선설비는 도체 및 접속부에 기계적응력이 걸리는 것을 방지하도록 시설하여야 한다.

11. 지중에 매설되는 케이블, 전선관 또는 덕팅시스템 등은 기계적인 손상에 대한 보호를 하거나 그러한 손상의 위험을 최소화할 수 있는 깊이로 매설하여야 한다. 매설 케이블은 덮개 또는 적당한 표시 테이프로 표시하여야 한다. 매설 전선관과 덕트는 적절하게 식별할 수 있는 조치를 취하여야 한다.

12. 케이블 지지대 및 외함은 케이블 또는 절연전선의 피복 손상이 용이한 날카로운 가장자리가 없어야 한다.

13. 케이블 및 전선은 고정방법에 의해 손상을 입지 않아야 한다.

14. 신축 이음부를 통과하는 케이블, 버스바 및 그 밖의 전기적 도체는 가요성 배선방식을 사용하는 등 예상되는 움직임으로 인해 전기설비가 손상되지 않도록 선정 및 시공하여야 한다.

15. 배선이 고정 칸막이(파티션 등)를 통과하는 장소에는 금속시스케이블, 금속외장케이블 또는 전선관이나 그로미트(고리)를 사용하여 기계적인 손상에 대해 배선을 보호하여야 한다.

16. 배선설비는 건축물의 내하중을 받는 구조체 요소를 관통하지 않도록 한다. 다만, 관통배선 후 내하중 요소를 보증하는 경우에는 예외로 한다.

232.4.9 식물과 곰팡이의 존재(AK)

경험 또는 예측에 의해 위험조건(AK2)이 되는 경우, 다음을 고려하여야 한다.

가. 폐쇄형 설비(전선관, 케이블덕트 또는 케이블 트렁킹)

나. 식물에 대한 이격거리 유지

다. 배선설비의 정기적인 청소

232.4.10 동물의 존재(AL)

경험 또는 예측을 통해 위험 조건(AL2)이 되는 경우, 다음을 고려하여야 한다.

가. 배선설비의 기계적 특성 고려

나. 적절한 장소의 선정

다. 부분적 또는 전체적인 기계적 보호조치의 추가

라. 위 고려사항들의 조합

232.4.11 태양 방사(AN) 및 자외선 방사

경험 또는 예측에 의해 영향을 줄 만한 양의 태양방사(AN2) 또는 자외선이 있는 경우 조건에 맞는 배선설비를 선정하여 시공하거나 적절한 차폐를 하여야 한다. 다만, 이온 방사선을 받는 기기는 특별한 주의가 필요하다.

232.4.12 지진의 영향(AP)

1. 해당 시설이 위치하는 장소의 지진 위험을 고려하여 배선설비를 선정하고 설치하여야 한다.

2. 지진 위험도가 낮은 위험도(AP2) 이상인 경우, 특히 다음 사항에 주의를 기울여야 한다.

가. 배선설비를 건축물 구조에 고정 시 가요성을 고려하여야 한다. 예를 들어, 비상설비 등 모든 중요한 기기와 고정 배선 사이의 접속은 가요성을 고려하여 선정하여야 한다.

232.4.13 바람(AR)

진동(AH)과 그 밖의 기계적 응력(AJ)에 준하여 보호조치를 취하여야 한다.

232.4.14 가공 또는 보관된 자재의 특성(BE)

232.3.6 화재의 확산을 최소화하기 위한 조치를 참조한다.

232.4.15 건축물의 설계(CB)

1. 구조체 등의 변위에 의한 위험(CB3)이 존재하는 경우는 그 상호변위를 허용하는 케이블의 지지와 보호 방식을 채택하여 전선과 케이블에 과도한 기계적 응력이 실리지 않도록 하여야 한다.

2. 가요성 구조체 또는 비고정 구조체(CB4)에 대해서는 가요성 배선방식으로 한다.

232.5 허용전류

232.5.1 절연물의 허용온도

1. 정상적인 사용 상태에서 내용기간 중에 전선에 흘러야 할 전류는 통상적으로 표 232.5-1에 따른 절연물의 허용온도 이하이어야 한다. 그 전류 값은 232.5.2의 1에 따라 선정하거나 232.5.2의 3에 따라 결정하여야 한다.

표 232.5-1 절연물의 종류에 대한 최고허용온도

절연물의 종류	최고허용온도(℃)a,d
열가소성 물질[폴리염화비닐(PVC)]	70(도체)
열경화성 물질[가교폴리에틸렌(XLPE) 또는 에틸렌프로필렌고무(EPR) 혼합물]	90(도체)[b]
무기물(열가소성 물질 피복 또는 나도체로 사람이 접촉할 우려가 있는 것)	70(시스)
무기물(사람의 접촉에 노출되지 않고, 가연성 물질과 접촉할 우려가 없는 나도체)	105(시스)[b,c]

a : 이 표에서 도체의 최고허용온도(최대연속운전온도)는 KS C IEC 60364-5-52(저압전기설비-제5-52부 : 전기기기의 선정 및 설치-배선설비)의 "부속서 B(허용전류)"에 나타낸 허용전류 값의 기초가 되는 것으로서 KS C IEC 60502(정격전압 1kV~30kV 압출 성형 절연 전력케이블 및 그 부속품) 및 IEC 60702(정격전압 750V 이하 무기물 절연 케이블 및 단말부) 시리즈에서 인용하였다.

b : 도체가 70℃를 초과하는 온도에서 사용될 경우, 도체에 접속되어 있는 기기가 접속 후에 나타나는 온도에 적합한지 확인하여야 한다.

c : 무기절연(MI)케이블은 케이블의 온도 정격, 단말 처리, 환경조건 및 그 밖의 외부영향에 따라 더 높은 허용 온도로 할 수 있다.

d : (공인)인증 된 경우, 도체 또는 케이블 제조자의 규격에 따라 최대허용온도 한계(범위)를 가질 수 있다.

2. 표 232.5-1은 KS C IEC 60439-2(저전압 개폐장치 및 제어장치 부속품-제2부 : 부스바 트렁킹 시스템의 개별 요구사항), KS C IEC 61534-1(전원 트랙-제1부 : 일반 요구사항) 등에 따라 제조자가 허용전류 범위를 제공해야 하는 버스바트렁킹시스템, 전원 트랙시스템 및 라이팅 트랙시스템에는 적용하지 않는다.

3. 다른 종류의 절연물에 대한 허용온도는 케이블 표준 또는 제조자 시방에 따른다.

232.5.2 허용전류의 결정

1. 절연도체와 비외장케이블에 대한 전류가 KS C IEC 60364-5-52(저압전기설비-제5-52부 : 전기기기의 선정 및 설치-배선설비)의 "부속서 B(허용전류)"에 주어진 필요한 보정 계수를 적용하고, KS C IEC 60364-5-52(저압전기설비-제5-52부 : 전기기기의 선정 및 설치-배선설비)의 "부속서 A(공사방법)"를 참조하여 KS C IEC 60364-5-52(저압전기설비-제5-52부 : 전기기기의 선정 및 설치-배선설비)의 "부속서 B(허용전류)"의 표(공사방법, 도체의 종류 등을 고려 허용전류)에서 선정된 적절한 값을 초과하지 않는 경우 232.5.1의 요구사항을 충족하는 것으로 간주한다.

2. 허용전류의 적정 값은 KS C IEC 60287(전기 케이블-전류 정격 계산) 시리즈에서 규정한 방법, 시험 또는 방법이 정해진 경우 승인된 방법을 이용한 계산을 통해 결정할 수도 있다. 이것을 사용하려면 부하 특성 및 토양 열저항의 영향을 고려하여야 한다.

3. 주위온도는 해당 케이블 또는 절연전선이 무부하일 때 주위 매체의 온도이다.

232.5.3 복수회로로 포설된 그룹

1. KS C IEC 60364-5-52(저압전기설비-제5-52부 : 전기기기의 선정 및 설치-배선설비)의 "부속서 B(허용전류)"의 그룹감소계수는 최고허용온도가 동일한 절연전선 또는 케이블의 그룹

에 적용한다.

2. 최고허용온도가 다른 케이블 또는 절연전선이 포설된 그룹의 경우 해당 그룹의 모든 케이블 또는 절연전선의 허용전류용량은 그룹의 케이블 또는 절연전선 중에서 최고허용온도가 가장 낮은 것을 기준으로 적절한 집합감소계수를 적용하여야 한다.

3. 사용조건을 알고 있는 경우, 1가닥의 케이블 또는 절연전선이 그룹 허용전류의 30% 이하를 유지하는 경우는 해당 케이블 또는 절연전선을 무시하고 그 그룹의 나머지에 대하여 감소계수를 적용할 수 있다.

232.5.4 통전도체의 수

1. 한 회로에서 고려해야 하는 전선의 수는 부하 전류가 흐르는 도체의 수이다. 다상회로 도체의 전류가 평형상태로 간주되는 경우는 중성선을 고려할 필요는 없다. 이 조건에서 4심 케이블의 허용전류는 각 상이 동일 도체단면적인 3심 케이블의 허용전류와 같다. 4심, 5심 케이블에서 3도체만이 통전도체일 때 허용전류를 더 크게 할 수 있다. 이것은 15% 이상의 THDi(전류종합고조파왜형률)가 있는 제3고조파 또는 3의 홀수(기수) 배수 고조파가 존재하는 경우에는 별도로 고려해야 한다.

2. 선전류의 불평형으로 인해 다심케이블의 중성선에 전류가 흐르는 경우, 중성선 전류에 의한 온도 상승은 1가닥 이상의 선도체에 발생한 열이 감소함으로써 상쇄된다. 이 경우, 중성선의 굵기는 가장 많은 선전류에 따라 선택하여야 한다. 중성선은 어떠한 경우에도 제1에 적합한 단면적을 가져야 한다.

3. 중성선 전류 값이 도체의 부하전류보다 커지는 경우는 회로의 허용전류를 결정하는데 있어서 중성선도 고려하여야 한다. 중선선의 전류는 3상회로의 3배수고조파(영상분고조파) 전류를 무시할 수 없는 데서 기인한다. 고조파 함유율이 기본파 선전류의 15%를 초과하는 경우 중성선의 굵기는 선도체 이상이어야 한다. 고조파 전류에 의한 열의 영향 및 고차 고조파 전류에 대응하는 감소계수를 KS C IEC 60364 – 5 – 52(저압전기설비 – 제5 – 52부 : 전기기기의 선정 및 설치 – 배선설비)의 "부속서 E(고조파 전류가 평형3상 계통에 미치는 영향)"에 나타내었다.

4. 보호도체로만 사용되는 도체(PE도체)는 고려하지 않는다. PEN도체는 중성선과 같은 방법으로 취급한다.

232.5.5 배선경로 중 설치조건의 변화

배선경로 중의 일부에서 다른 부분과 방열조건이 다른 경우 배선경로 중 가장 나쁜 조건의 부분을 기준으로 허용전류를 결정하여야 한다(단, 배선이 0.35m 이하인 벽을 관통하는 장소에서만 방열조건이 다른 경우에는 이 요구사항을 무시할 수 있다).

232.10 전선관시스템

232.11 합성수지관공사

232.11.1 시설조건

1. 전선은 절연전선(옥외용 비닐절연전선을 제외한다)일 것
2. 전선은 연선일 것. 다만, 다음의 것은 적용하지 않는다.
   가. 짧고 가는 합성수지관에 넣은 것
   나. 단면적 10mm²(알루미늄선은 단면적 16mm²) 이하의 것
3. 전선은 합성수지관 안에서 접속점이 없도록 할 것
4. 중량물의 압력 또는 현저한 기계적 충격을 받을 우려가 없도록 시설할 것

232.11.2 합성수지관 및 부속품의 선정

1. 합성수지관공사에 사용하는 경질비닐 전선관 및 합성수지제 전선관, 기타 부속품 등(관 상호 간을 접속하는 것 및 관의 끝에 접속하는 것에 한하며 리듀서를 제외한다)은 다음에 적합한 것이어야 한다.
   가. 합성수지제의 전선관 및 박스 기타의 부속품은 다음 (1)에 적합한 것일 것. 다만, 부속품 중 금속제의 박스 및 다음 (2)에 적합한 분진방폭형(粉塵防爆型) 가요성 부속은 그러하지 아니하다.
   (1) 합성수지제의 전선관 및 박스 기타의 부속품
   (가) 합성수지제의 전선관은 KS C 8431(경질 폴리염화비닐 전선관)의 "7 성능" 및 "8 구조" 또는 KS C 8454[합성 수지제 휨(가요) 전선관]의 "4 일반 요구사항", "7 성능", "8 구조" 및 "9 치수" 또는 KS C 8455(파상형 경질 폴리에틸렌 전선관)의 "7 재료 및 제조방법", "8 치수", "10 성능" 및 "11 구조"를 따른다.
   (나) 박스는 KS C 8436(합성수지제 박스 및 커버)의 "5 성능", "6 겉모양 및 모양", "7 치수" 및 "8 재료"를 따른다.
   (다) 부속품은 KS C IEC 61386 − 21 − A(전기설비용 전선관 시스템 − 제21부 : 경질 전선관 시스템의 개별 요구사항)의 "4 일반요구사항", "6 분류", "9 구조" 및 "10 기계적 특성", "11 전기적 특성", "12 내열 특성"을 따른다.
   (2) 분진방폭형(粉塵防爆型) 가요성 부속
   (가) 구조
   이음매 없는 단동(丹銅), 인청동(隣靑銅)이나 스테인리스의 가요관에 단동·황동이나 스테인리스의 편조피복을 입힌 것 또는 232.13.2의 1에 적합한 2종 금속제의 가요 전선관에 두께 0.8mm 이상의 비닐 피복을 입힌 것의 양쪽 끝에 커넥터 또는 유니온 커플링을 견고히 접속하고 안쪽 면은 전선을 넣거나 바꿀 때에 전선의 피복을 손상하지 아니하도록 매끈한 것일 것

(나) 완성품

실온에서 그 바깥지름의 10배의 지름을 가지는 원통의 주위에 180° 구부린 후 직선상으로 환원시키고 다음에 반대방향으로 180° 구부린 후 직선상으로 환원시키는 조작을 10회 반복하였을 때에 금이 가거나 갈라지는 등의 이상이 생기지 아니하는 것일 것

나. 관의 끝부분 및 안쪽 면은 전선의 피복을 손상하지 아니하도록 매끈한 것일 것

다. 관[합성수지제 휨(가요) 전선관을 제외한다]의 두께는 2mm 이상일 것. 다만, 전개된 장소 또는 점검할 수 있는 은폐된 장소로서 건조한 장소에 사람이 접촉할 우려가 없도록 시설한 경우(옥내배선의 사용전압이 400V 이하인 경우에 한한다)에는 그러하지 아니하다.

232.11.3 합성수지관 및 부속품의 시설

1. 관 상호 간 및 박스와는 관을 삽입하는 깊이를 관의 바깥지름의 1.2배(접착제를 사용하는 경우에는 0.8배) 이상으로 하고 또한 꽂음 접속에 의하여 견고하게 접속할 것

2. 관의 지지점 간의 거리는 1.5m 이하로 하고, 또한 그 지지점은 관의 끝·관과 박스의 접속점 및 관 상호 간의 접속점 등에 가까운 곳에 시설할 것

3. 습기가 많은 장소 또는 물기가 있는 장소에 시설하는 경우에는 방습 장치를 할 것

4. 합성수지관을 금속제의 박스에 접속하여 사용하는 경우 또는 232.11.2의 1의 단서에 규정하는 분진방폭형 가요성 부속을 사용하는 경우에는 박스 또는 분진 방폭형 가요성 부속에 211과 140에 준하여 접지공사를 할 것. 다만, 사용전압이 400V 이하로서 다음 중 하나에 해당하는 경우에는 그러하지 아니하다.

   가. 건조한 장소에 시설하는 경우

   나. 옥내배선의 사용전압이 직류 300V 또는 교류 대지 전압이 150V 이하로서 사람이 쉽게 접촉할 우려가 없도록 시설하는 경우

5. 합성수지관을 풀박스에 접속하여 사용하는 경우에는 제1의 규정에 준하여 시설할 것. 다만, 기술상 부득이한 경우에 관 및 풀박스를 건조한 장소에서 불연성의 조영재에 견고하게 시설하는 때에는 그러하지 아니하다.

6. 난연성이 없는 콤바인 덕트관은 직접 콘크리트에 매입하여 시설하는 경우 이외에는 전용의 불연성 또는 난연성의 관 또는 덕트에 넣어 시설할 것

7. 합성수지제 휨(가요) 전선관 상호 간은 직접 접속하지 말 것

232.12 금속관공사

232.12.1 시설조건

1. 전선은 절연전선(옥외용 비닐절연전선을 제외한다)일 것

2. 전선은 연선일 것. 다만, 다음의 것은 적용하지 않는다.

가. 짧고 가는 금속관에 넣은 것

나. 단면적 10mm²(알루미늄선은 단면적 16mm²) 이하의 것

3. 전선은 금속관 안에서 접속점이 없도록 할 것

232.12.2 금속관 및 부속품의 선정

1. 금속관공사에 사용하는 금속관과 박스 기타의 부속품(관 상호 간을 접속하는 것 및 관의 끝에 접속하는 것에 한하며 리듀서를 제외한다)은 다음에 적합한 것이어야 한다.

가. (1)에 정하는 표준에 적합한 금속제의 전선관(가요전선관을 제외한다) 및 금속제 박스 기타의 부속품 또는 황동이나 동으로 견고하게 제작한 것일 것. 다만, 분진방폭형 가요성 부속 기타의 방폭형의 부속품으로서 (2)와 (3)에 적합한 것과 절연부싱은 그러하지 아니하다.

(1) 금속제의 전선관 및 금속제박스 기타의 부속품은 다음에 적합한 것일 것

(가) 강제 전선관 KS C 8401(강제 전선관)의 "4 굽힘성", "5 내식성", "7 치수, 무게 및 유효 나사부의 길이와 바깥지름 및 무게의 허용차"의 "표 1", "표 2" 및 "표 3"의 호칭방법, 바깥지름, 바깥지름의 허용차, 두께, 유효나사부의 길이(최소치), "8 겉모양", "9.1 재료"와 "9.2 제조방법"의 9.2.2, 9.2.3 및 9.2.4

(나) 알루미늄 전선관

KS C IEC 60614-2-1-A(전선관-제2-1부 : 금속제 전선관의 개별규정)의 "7 치수", "8 구조", "9 기계적 특성", "10 내열성", "11 내화성"

(다) 금속제 박스

KS C 8458(금속제 박스 및 커버)의 "4 성능", "5 구조", "6 모양 및 치수" 및 "7 재료"

(라) 부속품

KS C 8460(금속제 전선관용 부속품)의 "7 성능", "8 구조", "9 모양 및 치수", 및 "10 재료"

(2) 금속관의 방폭형 부속품 중 가요성 부속의 표준은 다음에 적합한 것일 것

(가) 분진방폭형의 가요성 부속의 구조는 이음매 없는 단동·인청동이나 스테인리스의 가요관에 단동·황동이나 스테인리스의 편조 피복을 입힌 것 또는 표 232.12-1에 적합한 2종 금속제의 가요전선관에 두께 0.8mm 이상의 비닐 피복을 입힌 것의 양쪽 끝에 커넥터 또는 유니온 커플링을 견고히 접속하고 안쪽 면은 전선을 넣거나 바꿀 때에 전선의 피복을 손상하지 아니하도록 매끈한 것일 것

(나) 분진방폭형의 가요성 부속의 완성품은 실온에서 그 바깥지름의 10배의 지름을 가지는 원통의 주위에 180° 구부린 후 직선상으로 환원시키고 다음에 반대방향으로 180° 구부린 후 직선상으로 환원시키는 조작을 10회 반복하였을 때에 금이 가거나 갈라지는 등의 이상이 생기지 아니하는 것일 것

(다) 내압(耐壓)방폭형의 가요성 부속의 구조는 이음매 없는 단동·인청동이나 스테인리스의 가요관에 단동·황동이나 스테인리스의 편조피복을 입힌 것의 양쪽 끝에 커넥터 또는 유니온 커플링을 견고히 접속하고 안쪽 면은 전선을 넣거나 바꿀 때에 전선의 피복을 손상하지 아니하도록 매끈한 것일 것

(라) 내압(耐壓)방폭형의 가요성 부속의 완성품은 실온에서 그 바깥지름의 10배의 지름을 가지는 원통의 주위에 180° 구부린 후 직선상으로 환원시키고 다음에 반대방향으로 180° 구부린 후 직선상으로 환원시키는 조작을 10회 반복한 후 196 N/cm²의 수압을 내부에 가하였을 때에 금이 가거나 갈라지는 등의 이상이 생기지 아니하는 것일 것

(마) 안전증 방폭형의 가요성 부속의 구조는 표 232.12−1에 적합한 1종 금속 제의 가요 전선관에 단동·황동이나 스테인레스의 편조 피복을 입힌 것 또는 표 232.12−1에 적합한 2종 금속제의 가요전선관에 두께 0.8mm 이상의 비닐을 피복한 것의 양쪽 끝에 커넥터 또는 유니온 커플링을 견고히 접속하고 안쪽 면은 전선을 넣거나 바꿀 때에 전선의 피복을 손상하지 아니하도록 매끈한 것일 것

(바) 안전증 방폭형의 가요성 부속의 완성품은 실온에서 그 바깥지름의 10배의 지름을 가지는 원통의 주위에 180° 구부린 후 직선상으로 환원시키고 다음에 반대방향으로 180° 구부린 후 직선상으로 환원시키는 조작을 10회 반복하였을 때 금이 가거나 갈라지는 등의 이상이 생기지 아니하는 것일 것

표 232.12−1 금속제 가요 전선관 및 박스 기타의 부속품

1종 금속제 가요전선관	KS C 8422(금속제 가요전선관)의 "7. 성능" 표 1의 "내식성, 인장, 굽힘", "8.1 가요관의 내면", "9. 치수" 표 2의 "1종 가요관의 호칭, 재료의 최소두께, 최소 안지름, 바깥지름, 바깥지름의 허용차" 및 "10. 재료 a"의 규정에 적합한 것이어야 하며 조편의 이음매는 심하게 두께가 늘어나지 아니하고 1종 금속제 가요전선관의 세기를 감소시키지 아니하는 것일 것
2종 금속제 가요전선관	KS C 8422(금속제 가요전선관)의 "7. 성능" 표 1의 "내식성, 인장, 압축, 전기저항, 굽힘, 내수", "8.1 가요관의 내면", "9. 치수" 표 3 "2종 가요관의 호칭, 최소 안지름, 바깥지름, 바깥지름의 허용차" 및 "10. 재료 b"의 규정에 적합한 것일 것
금속제 가요전선관용 부속품	KS C 8459(금속제 가요전선관용 부속품)의 "7. 성능", "8. 구조", "9. 모양 및 치수", "그림4 ~ 15" 및 "10. 재료"에 적합한 것일 것

(3) 금속관의 방폭형 부속품 중 (2)에 규정하는 것 이외의 것은 다음의 표준에 적합할 것

(가) 재료는 건식아연도금법에 의하여 아연도금을 한 위에 투명한 도료를 칠하거나 기타 적당한 방법으로 녹이 스는 것을 방지하도록 한 강(鋼) 또는 가단주철(可鍛鑄鐵)일 것

(나) 안쪽 면 및 끝부분은 전선을 넣거나 바꿀 때에 전선의 피복을 손상하지 아니하도록 매끈한 것일 것

(다) 전선관과의 접속부분의 나사는 5턱 이상 완전히 나사결합이 될 수 있는 길이일 것

(라) 접합면(나사의 결합부분을 제외한다)은 KS C IEC 60079 – 1(폭발성 분위기 – 제1 부 : 내압 방폭구조"d") "5. 방폭접합"의 "5.1 일반 요구사항"에 적합한 것일 것. 다만, 금속·합성고무 등의 난연성 및 내구성이 있는 패킹을 사용하고 이를 견고히 접합 면에 붙일 경우에 그 틈새가 있을 경우 이 틈새는 KS C IEC 60079 – 1(폭발성 분위기 – 제1부 : 내압 방폭구조"d") "5.2.2 틈새"의 "표 1" 및 "표 2"의 최대값을 넘지 않아야 한다.

(마) 접합면 중 나사의 접합은 KS C IEC 60079 – 1(폭발성 분위기 – 제1부 : 내압 방폭구조 "d")의 "5.3 나사 접합"의 "표 3" 및 "표 4"에 적합한 것일 것

(바) 완성품은 KS C IEC 60079 – 1(폭발성 분위기 – 제1부 : 내압 방폭구조"d")의 "15.1.2 폭발압력(기준압력) 측정" 및 "15.1.3 압력시험"에 적합한 것일 것

나. 관의 두께는 다음에 의할 것

(1) 콘크리트에 매입하는 것은 1.2mm 이상

(2) (1) 이외의 것은 1mm 이상. 다만, 이음매가 없는 길이 4m 이하인 것을 건조하고 전개된 곳에 시설하는 경우에는 0.5mm까지로 감할 수 있다.

다. 관의 끝부분 및 안쪽 면은 전선의 피복을 손상하지 아니하도록 매끈한 것일 것

232.12.3 금속관 및 부속품의 시설

1. 관 상호 간 및 관과 박스 기타의 부속품과는 나사접속 기타 이와 동등 이상의 효력이 있는 방법에 의하여 견고하고 또한 전기적으로 완전하게 접속할 것

2. 관의 끝 부분에는 전선의 피복을 손상하지 아니하도록 적당한 구조의 부싱을 사용할 것. 다만, 금속관공사로부터 애자사용공사로 옮기는 경우에는 그 부분의 관의 끝부분에는 절연부싱 또는 이와 유사한 것을 사용하여야 한다.

3. 습기가 많은 장소 또는 물기가 있는 장소에 시설하는 경우에는 방습 장치를 할 것

4. 관에는 211과 140에 준하여 접지공사를 할 것. 다만, 사용전압이 400V 이하로서 다음 중 하나에 해당하는 경우에는 그러하지 아니하다.

가. 관의 길이(2개 이상의 관을 접속하여 사용하는 경우에는 그 전체의 길이를 말한다. 이하 같 다)가 4m 이하인 것을 건조한 장소에 시설하는 경우

나. 옥내배선의 사용전압이 직류 300V 또는 교류 대지 전압 150V 이하로서 그 전선을 넣는 관의 길이가 8m 이하인 것을 사람이 쉽게 접촉할 우려가 없도록 시설하는 경우 또는 건조한 장소 에 시설하는 경우

5. 금속관을 금속제의 풀박스에 접속하여 사용하는 경우에는 제1의 규정에 준하여 시설하여야 한 다. 다만, 기술상 부득이한 경우에는 관 및 풀박스를 건조한 곳에서 불연성의 조영재에 견고하게 시설하고 또한 관과 풀박스 상호 간을 전기적으로 접속하는 때에는 그러하지 아니하다.

232.13 금속제 가요전선관공사

232.13.1 시설조건

1. 전선은 절연전선(옥외용 비닐절연전선을 제외한다)일 것

2. 전선은 연선일 것. 다만, 단면적 10mm²(알루미늄선은 단면적 16mm²) 이하인 것은 그러하지 아니하다.

3. 가요전선관 안에는 전선에 접속점이 없도록 할 것

4. 가요전선관은 2종 금속제 가요전선관일 것. 다만, 전개된 장소 또는 점검할 수 있는 은폐된 장소(옥내배선의 사용전압이 400V 초과인 경우에는 전동기에 접속하는 부분으로서 가요성을 필요로 하는 부분에 사용하는 것에 한한다)에는 1종 가요전선관(습기가 많은 장소 또는 물기가 있는 장소에는 비닐 피복 1종 가요전선관에 한한다)을 사용할 수 있다.

232.13.2 가요전선관 및 부속품의 선정

1. 표 232.12−1에 적합한 금속제 가요전선관 및 박스 기타의 부속품일 것

2. 안쪽 면은 전선의 피복을 손상하지 아니하도록 매끈한 것일 것

232.13.3 가요전선관 및 부속품의 시설

1. 관 상호 간 및 관과 박스 기타의 부속품과는 견고하고 또한 전기적으로 완전하게 접속할 것

2. 가요전선관의 끝부분은 피복을 손상하지 아니하는 구조로 되어 있을 것

3. 2종 금속제 가요전선관을 사용하는 경우에 습기 많은 장소 또는 물기가 있는 장소에 시설하는 때에는 비닐 피복 2종 가요전선관일 것

4. 1종 금속제 가요전선관에는 단면적 2.5mm² 이상의 나연동선을 전체 길이에 걸쳐 삽입 또는 첨가하여 그 나연동선과 1종 금속제가요전선관을 양쪽 끝에서 전기적으로 완전하게 접속할 것. 다만, 관의 길이가 4m 이하인 것을 시설하는 경우에는 그러하지 아니하다.

5. 가요전선관공사는 211과 140에 준하여 접지공사를 할 것

232.20 케이블트렁킹시스템

232.21 합성수지몰드공사

232.21.1 시설조건

1. 전선은 절연전선(옥외용 비닐절연전선을 제외한다)일 것

2. 합성수지몰드 안에는 전선에 접속점이 없도록 할 것. 다만, 합성수지몰드 안의 전선을 KS C 8436(합성수지제 박스 및 커버)의 "5 성능", "6 겉모양 및 모양", "7 치수" 및 "8 재료"에 적합한 합성 수지제의 조인트 박스를 사용하여 접속할 경우에는 그러하지 아니하다.

3. 합성수지몰드 상호 간 및 합성수지 몰드와 박스 기타의 부속품과는 전선이 노출되지 아니하도록 접속할 것

232.21.2 합성수지몰드 및 박스 기타의 부속품의 선정

1. 합성수지몰드공사에 사용하는 합성수지몰드 및 박스 기타의 부속품(몰드 상호 간을 접속하는 것 및 몰드 끝에 접속하는 것에 한한다)은 KS C 8436(합성수지제 박스 및 커버)에 적합한 것일 것. 다만, 부속품 중 콘크리트 안에 시설하는 금속제의 박스에 대하여는 그러하지 아니하다.
2. 합성수지몰드는 홈의 폭 및 깊이가 35mm 이하, 두께는 2mm 이상의 것일 것. 다만, 사람이 쉽게 접촉할 우려가 없도록 시설하는 경우에는 폭이 50mm 이하, 두께 1mm 이상의 것을 사용할 수 있다.

232.22 금속몰드공사

232.22.1 시설조건

1. 전선은 절연전선(옥외용 비닐절연 전선을 제외한다)일 것
2. 금속몰드 안에는 전선에 접속점이 없도록 할 것. 다만, 「전기용품 및 생활용품 안전관리법」에 의한 금속제 조인트 박스를 사용할 경우에는 접속할 수 있다.
3. 금속몰드의 사용전압이 400V 이하로 옥내의 건조한 장소로 전개된 장소 또는 점검할 수 있는 은폐장소에 한하여 시설할 수 있다.

232.22.2 금속몰드 및 박스 기타 부속품의 선정

금속몰드공사에 사용하는 금속몰드 및 박스 기타의 부속품(몰드 상호 간을 접속하는 것 및 몰드의 끝에 접속하는 것에 한한다)은 다음에 적합한 것이어야 한다.
1. 「전기용품 및 생활용품 안전관리법」에서 정하는 표준에 적합한 금속제의 몰드 및 박스 기타 부속품 또는 황동이나 동으로 견고하게 제작한 것으로서 안쪽면이 매끈한 것일 것
2. 황동제 또는 동제의 몰드는 폭이 50mm 이하, 두께 0.5mm 이상인 것일 것

232.22.3 금속몰드 및 박스 기타 부속품의 시설

1. 몰드 상호 간 및 몰드 박스 기타의 부속품과는 견고하고 또한 전기적으로 완전하게 접속할 것
2. 몰드에는 211 및 140의 규정에 준하여 접지공사를 할 것. 다만, 다음 중 하나에 해당하는 경우에는 그러하지 아니하다.
   가. 몰드의 길이(2개 이상의 몰드를 접속하여 사용하는 경우에는 그 전체의 길이를 말한다. 이하 같다)가 4m 이하인 것을 시설하는 경우
   나. 옥내배선의 사용전압이 직류 300V 또는 교류 대지 전압이 150V 이하로서 그 전선을 넣는 관의 길이가 8m 이하인 것을 사람이 쉽게 접촉할 우려가 없도록 시설하는 경우 또는 건조한 장소에 시설하는 경우

232.23 금속트렁킹공사

본체부와 덮개가 별도로 구성되어 덮개를 열고 전선을 교체하는 금속트렁킹공사방법은 232.31의 규정을 준용한다.

232.24 케이블트렌치공사

1. 케이블트렌치(옥내배선공사를 위하여 바닥을 파서 만든 도랑 및 부속설비를 말하며 수용가의 옥내 수전설비 및 발전설비 설치장소에만 적용한다)에 의한 옥내배선은 다음에 따라 시설하여야 한다.
   가. 케이블트렌치 내의 사용 전선 및 시설방법은 232.41을 준용한다. 단, 전선의 접속부는 방습 효과를 갖도록 절연 처리하고 점검이 용이하도록 할 것
   나. 케이블은 배선 회로별로 구분하고 2m 이내의 간격으로 받침대등을 시설할 것
   다. 케이블트렌치에서 케이블트레이, 덕트, 전선관 등 다른 공사방법으로 변경되는 곳에는 전선에 물리적 손상을 주지 않도록 시설할 것
   라. 케이블트렌치 내부에는 전기배선설비 이외의 수관·가스관 등 다른 시설물을 설치하지 말 것
2. 케이블트렌치는 다음에 적합한 구조이어야 한다.
   가. 케이블트렌치의 바닥 또는 측면에는 전선의 하중에 충분히 견디고 전선에 손상을 주지 않는 받침대를 설치할 것
   나. 케이블트렌치의 뚜껑, 받침대 등 금속재는 내식성의 재료이거나 방식처리를 할 것
   다. 케이블트렌치 굴곡부 안쪽의 반경은 통과하는 전선의 허용곡률반경 이상이어야 하고 배선의 절연피복을 손상시킬 수 있는 돌기가 없는 구조일 것
   라. 케이블트렌치의 뚜껑은 바닥 마감면과 평평하게 설치하고 장비의 하중 또는 통행 하중 등 충격에 의하여 변형되거나 파손되지 않도록 할 것
   마. 케이블트렌치의 바닥 및 측면에는 방수처리하고 물이 고이지 않도록 할 것
   바. 케이블트렌치는 외부에서 고형물이 들어가지 않도록 IP2X 이상으로 시설할 것
3. 케이블트렌치가 건축물의 방화구획을 관통하는 경우 관통부는 불연성의 물질로 충전(充塡)하여야 한다.
4. 케이블트렌치의 부속설비에 사용되는 금속재는 211과 140에 준하여 접지공사를 하여야 한다.

232.30 케이블덕팅시스템

232.31 금속덕트공사
232.31.1 시설조건

1. 전선은 절연전선(옥외용 비닐절연전선을 제외한다)일 것

2. 금속덕트에 넣은 전선의 단면적(절연피복의 단면적을 포함한다)의 합계는 덕트의 내부 단면적의 20%(전광표시장치 기타 이와 유사한 장치 또는 제어회로 등의 배선만을 넣는 경우에는 50%) 이하일 것

3. 금속덕트 안에는 전선에 접속점이 없도록 할 것. 다만, 전선을 분기하는 경우에는 그 접속점을 쉽게 점검할 수 있는 때에는 그러하지 아니하다.

4. 금속덕트 안의 전선을 외부로 인출하는 부분은 금속 덕트의 관통부분에서 전선이 손상될 우려가 없도록 시설할 것

5. 금속덕트 안에는 전선의 피복을 손상할 우려가 있는 것을 넣지 아니할 것

6. 금속덕트에 의하여 저압 옥내배선이 건축물의 방화 구획을 관통하거나 인접 조영물로 연장되는 경우에는 그 방화벽 또는 조영물 벽면의 덕트 내부는 불연성의 물질로 차폐하여야 함

232.31.2 금속덕트의 선정

1. 폭이 40mm 이상, 두께가 1.2mm 이상인 철판 또는 동등 이상의 기계적 강도를 가지는 금속제의 것으로 견고하게 제작한 것일 것

2. 안쪽 면은 전선의 피복을 손상시키는 돌기(突起)가 없는 것일 것

3. 안쪽 면 및 바깥 면에는 산화 방지를 위하여 아연도금 또는 이와 동등 이상의 효과를 가지는 도장을 한 것일 것

232.31.3 금속덕트의 시설

1. 덕트 상호 간은 견고하고 또한 전기적으로 완전하게 접속할 것

2. 덕트를 조영재에 붙이는 경우에는 덕트의 지지점 간의 거리를 3m(취급자 이외의 자가 출입할 수 없도록 설비한 곳에서 수직으로 붙이는 경우에는 6m) 이하로 하고 또한 견고하게 붙일 것

3. 덕트의 본체와 구분하여 뚜껑을 설치하는 경우에는 쉽게 열리지 아니하도록 시설할 것

4. 덕트의 끝부분은 막을 것

5. 덕트 안에 먼지가 침입하지 아니하도록 할 것

6. 덕트는 물이 고이는 낮은 부분을 만들지 않도록 시설할 것

7. 덕트는 211과 140에 준하여 접지공사를 할 것

8. 옥내에 연접하여 설치되는 등기구(서로 다른 끝을 연결하도록 설계된 등기구로서 내부에 전원 공급용 관통배선을 가지는 것. "연접설치 등기구"라 한다)는 다음에 따라 시설할 것

　가. 등기구는 레이스웨이(raceway, KS C 8465)로 사용할 수 없다. 다만, 「전기용품 및 생활용품 안전관리법」에 의한 안전인증을 받은 등기구로서 다음에 의하여 시설하는 경우는 예외로 한다.

　　(1) 연접설치 등기구는 KS C IEC 60598 – 1(등기구 – 제1부 : 일반 요구사항 및 시험)의 "12 내구성 시험과 열 시험"에 적합한 것일 것

    (2) 현수형 연접설치 등기구는 개별 등기구에 대해 KS C 8465(레이스웨이)에 규정된 "6.3 정
        하중"에 적합한 것일 것

    (3) 연접설치 등기구에는 "연접설치 적합"표시와 "최대연접설치 가능한 등기구의 수"를 표기
        할 것

    (4) 232.31.1 및 232.31.3에 따라 시설할 것

    (5) 연접설치 등기구는 KS C IEC 61084 − 1(전기설비용 케이블 트렁킹 및 덕트 시스템 − 제1
        부 : 일반 요구사항)의 "12 전기적 특성"에 적합하거나, 접지도체로 연결할 것

  나. 그 밖에 설치장소의 환경조건을 고려하여 감전화재 위험의 우려가 없도록 시설하여야 한다.

232.32 플로어덕트공사

232.32.1 시설조건

  1. 전선은 절연전선(옥외용 비닐절연전선을 제외한다)일 것

  2. 전선은 연선일 것. 다만, 단면적 10mm²(알루미늄선은 단면적 16mm²) 이하인 것은 그러하지 아니
     하다.

  3. 플로어덕트 안에는 전선에 접속점이 없도록 할 것. 다만, 전선을 분기하는 경우에 접속점을 쉽게
     점검할 수 있을 때에는 그러하지 아니하다.

232.32.2 플로어덕트 및 부속품의 선정

  플로어덕트 및 박스 기타의 부속품(플로어덕트 상호 간을 접속하는 것 및 플로어덕트의 끝에 접속
하는 것에 한한다)은 KS C 8457(플로어 덕트용의 부속품)에 적합한 것이어야 한다.

232.32.3 플로어덕트 및 부속품의 시설

  1. 덕트 상호 간 및 덕트와 박스 및 인출구와는 견고하고 또한 전기적으로 완전하게 접속할 것

  2. 덕트 및 박스 기타의 부속품은 물이 고이는 부분이 없도록 시설하여야 한다.

  3. 박스 및 인출구는 마루 위로 돌출하지 아니하도록 시설하고 또한 물이 스며들지 아니하도록 밀
     봉할 것

  4. 덕트의 끝부분은 막을 것

  5. 덕트는 211과 140에 준하여 접지공사를 할 것

232.33 셀룰러덕트공사

232.33.1 시설조건

  1. 전선은 절연전선(옥외용 비닐절연전선을 제외한다)일 것

  2. 전선은 연선일 것. 다만, 단면적 10mm²(알루미늄선은 단면적 16mm²) 이하의 것은 그러하지 아
     니하다.

3. 셀룰러덕트 안에는 전선에 접속점을 만들지 아니할 것. 다만, 전선을 분기하는 경우 그 접속점을 쉽게 점검할 수 있을 때에는 그러하지 아니하다.

4. 셀룰러덕트 안의 전선을 외부로 인출하는 경우에는 그 셀룰러덕트의 관통 부분에서 전선이 손상될 우려가 없도록 시설할 것

232.33.2 셀룰러덕트 및 부속품의 선정

1. 강판으로 제작한 것일 것

2. 덕트 끝과 안쪽 면은 전선의 피복이 손상하지 아니하도록 매끈한 것일 것

3. 덕트의 안쪽 면 및 외면은 방청을 위하여 도금 또는 도장을 한 것일 것. 다만, KS D 3602(강제갑판) 중 SDP 3에 적합한 것은 그러하지 아니하다.

4. 셀룰러덕트의 판 두께는 표 232.33 – 1에서 정한 값 이상일 것

표 232.33 – 1 셀룰러덕트의 선정

덕트의 최대 폭	덕트의 판 두께
150mm 이하	1.2mm
150mm 초과 200mm 이하	1.4mm [KS D 3602(강제 갑판) 중 SDP2, SDP3 또는 SDP2G에 적합한 것은 1.2mm]
200mm 초과하는 것	1.6mm

5. 부속품의 판 두께는 1.6mm 이상일 것

6. 저판을 덕트에 붙인 부분은 다음 계산식에 의하여 계산한 값의 하중을 저판에 가할 때 덕트의 각 부에 이상이 생기지 않을 것

$$P = 5.88D$$

P : 하중(N/m)

D : 덕트의 단면적(cm²)

232.33.3 셀룰러덕트 및 부속품의 시설

1. 덕트 상호 간, 덕트와 조영물의 금속 구조체, 부속품 및 덕트에 접속하는 금속체와는 견고하게 또한 전기적으로 완전하게 접속할 것

2. 덕트 및 부속품은 물이 고이는 부분이 없도록 시설할 것

3. 인출구는 바닥 위로 돌출하지 아니하도록 시설하고 또한 물이 스며들지 아니하도록 할 것

4. 덕트의 끝부분은 막을 것

5. 덕트는 211과 140에 준하여 접지공사를 할 것

232.40 케이블트레이시스템

232.41 케이블트레이공사

케이블트레이공사는 케이블을 지지하기 위하여 사용하는 금속재 또는 불연성 재료로 제작된 유닛 또는 유닛의 집합체 및 그에 부속하는 부속재 등으로 구성된 견고한 구조물을 말하며 사다리형, 펀칭형, 메시형, 바닥밀폐형 기타 이와 유사한 구조물을 포함하여 적용한다.

232.41.1 시설 조건

1. 전선은 연피케이블, 알루미늄피 케이블 등 난연성 케이블(334.7의 1의 "가"(1)(가)의 시험방법에 의한 시험에 합격한 케이블) 또는 기타 케이블(적당한 간격으로 연소(延燒)방지 조치를 하여야 한다) 또는 금속관 혹은 합성수지관 등에 넣은 절연전선을 사용하여야 한다.

2. 제1의 각 전선은 관련되는 각 규정에서 사용이 허용되는 것에 한하여 시설할 수 있다.

3. 케이블트레이 안에서 전선을 접속하는 경우에는 전선 접속부분에 사람이 접근할 수 있고 또한 그 부분이 측면 레일 위로 나오지 않도록 하고 그 부분을 절연처리하여야 한다.

4. 수평으로 포설하는 케이블 이외의 케이블은 케이블트레이의 가로대에 견고하게 고정시켜야 한다.

5. 저압 케이블과 고압 또는 특고압 케이블은 동일 케이블트레이 안에 포설하여서는 아니 된다. 다만, 견고한 불연성의 격벽을 시설하는 경우 또는 금속외장 케이블인 경우에는 그러하지 아니하다.

6. 수평 트레이에 다심케이블을 포설 시 다음에 적합하여야 한다.

   가. 사다리형, 바닥밀폐형, 펀칭형, 메시형 케이블트레이 내에 다심케이블을 포설하는 경우 이들 케이블의 지름(케이블의 완성품의 바깥지름을 말한다. 이하 같다)의 합계는 트레이의 내측 폭 이하로 하고 단층으로 시설할 것

   나. 벽면과의 간격은 20mm 이상 이격하여 설치하여야 한다.

   다. 트레이 설치 및 케이블 허용전류의 저감계수는 KS C IEC 60364−5−52(전기기기의 선정 및 설치−배선설비) 표 B.52.20을 적용한다.

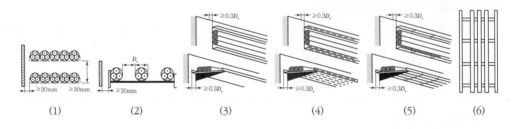

(1)   (2)   (3)   (4)   (5)   (6)

[수평트레이의 다심케이블 공사방법]

7. 수평 트레이에 단심케이블을 포설 시 다음에 적합하여야 한다.

　가. 사다리형, 바닥밀폐형, 펀칭형, 메시형 케이블트레이 내에 단심케이블을 포설하는 경우 이들 케이블의 지름의 합계는 트레이의 내측폭 이하로 하고 단층으로 포설하여야 한다. 단, 삼각포설 시에는 묶음단위 사이의 간격은 단심케이블 지름의 2배 이상 이격하여 포설하여야 한다(그림 232.41 – 2 참조).

　나. 벽면과의 간격은 20mm 이상 이격하여 설치하여야 한다.

　다. 트레이 설치 및 케이블 허용전류의 저감계수는 KS C IEC 60364 – 5 – 52(전기기기의 선정 및 설치 – 배선설비) 표 B.52.21을 적용한다.

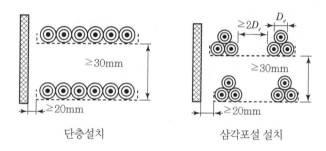

단층설치　　　　삼각포설 설치

[수평트레이의 단심케이블 공사방법]

8. 수직 트레이에 다심케이블을 포설 시 다음에 적합하여야 한다.

　가. 사다리형, 바닥밀폐형, 펀칭형, 메시형 케이블트레이 내에 다심케이블을 포설하는 경우 이들 케이블의 지름의 합계는 트레이의 내측폭 이하로 하고 단층으로 포설하여야 한다.

　나. 벽면과의 간격은 가장 굵은 케이블의 바깥지름의 0.3배 이상 이격하여 설치하여야 한다.

　다. 트레이 설치 및 케이블 허용전류의 저감계수는 KS C IEC 60364 – 5 – 52(전기기기의 선정 및 설치 – 배선설비) 표 B.52.20을 적용한다.

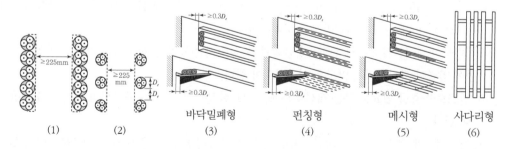

(1)　　　(2)　　　바닥밀폐형　　　펀칭형　　　메시형　　　사다리형
　　　　　　　　　　　(3)　　　　　(4)　　　　(5)　　　　(6)

[수직트레이의 다심케이블 공사방법]

9. 수직 트레이에 단심케이블을 포설 시 다음에 적합하여야 한다.

　가. 사다리형, 바닥밀폐형, 펀칭형, 메시형 케이블트레이 내에 단심케이블을 포설하는 경우 이들 케이블 지름의 합계는 트레이의 내측폭 이하로 하고 단층으로 포설하여야 한다. 단, 삼각포설

시에는 묶음단위 사이의 간격은 단심케이블 지름의 2배 이상 이격하여 설치하여야 한다.

나. 벽면과의 간격은 가장 굵은 단심케이블 바깥지름의 0.3배 이상 이격하여 설치하여야 한다.

다. 트레이 설치 및 케이블 허용전류의 저감계수는 KS C IEC 60364−5−52(전기기기의 선정 및 설치−배선설비) 표 B.52.21을 적용한다.

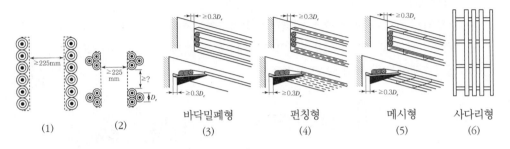

[수직트레이의 단심케이블 공사방법]

232.41.2 케이블트레이의 선정

1. 수용된 모든 전선을 지지할 수 있는 적합한 강도의 것이어야 한다. 이 경우 케이블트레이의 안전율은 1.5 이상으로 하여야 한다.
2. 지지대는 트레이 자체 하중과 포설된 케이블 하중을 충분히 견딜 수 있는 강도를 가져야 한다.
3. 전선의 피복 등을 손상시킬 돌기 등이 없이 매끈하여야 한다.
4. 금속재의 것은 적절한 방식처리를 한 것이거나 내식성 재료의 것이어야 한다.
5. 측면 레일 또는 이와 유사한 구조재를 부착하여야 한다.
6. 배선의 방향 및 높이를 변경하는데 필요한 부속재 기타 적당한 기구를 갖춘 것이어야 한다.
7. 비금속제 케이블트레이는 난연성 재료의 것이어야 한다.
8. 금속제 케이블트레이시스템은 기계적 및 전기적으로 완전하게 접속하여야 하며 금속제 트레이는 211과 140에 준하여 접지공사를 하여야 한다.
9. 케이블이 케이블트레이시스템에서 금속관, 합성수지관 등 또는 함으로 옮겨가는 개소에는 케이블에 압력이 가하여지지 않도록 지지하여야 한다.
10. 별도로 방호를 필요로 하는 배선부분에는 필요한 방호력이 있는 불연성의 커버 등을 사용하여야 한다.
11. 케이블트레이가 방화구획의 벽, 마루, 천장 등을 관통하는 경우에 관통부는 불연성의 물질로 충전(充塡)하여야 한다.
12. 케이블트레이 및 그 부속재의 표준은 KS C 8464(케이블트레이) 또는 「전력산업기술기준(KEPIC)」 ECD 3100을 준용하여야 한다.

232.51 케이블공사

232.51.1 시설조건

케이블공사에 의한 저압 옥내배선(232.51.2 및 232.51.3에서 규정하는 것을 제외한다)은 다음에 따라 시설하여야 한다.

1. 전선은 케이블 및 캡타이어케이블일 것
2. 중량물의 압력 또는 현저한 기계적 충격을 받을 우려가 있는 곳에 포설하는 케이블에는 적당한 방호 장치를 할 것
3. 전선을 조영재의 아랫면 또는 옆면에 따라 붙이는 경우에는 전선의 지지점 간의 거리를 케이블은 2m(사람이 접촉할 우려가 없는 곳에서 수직으로 붙이는 경우에는 6m) 이하 캡타이어케이블은 1m 이하로 하고 또한 그 피복을 손상하지 아니하도록 붙일 것
4. 관 기타의 전선을 넣는 방호 장치의 금속제 부분·금속제의 전선 접속함 및 전선의 피복에 사용하는 금속체에는 211과 140에 준하여 접지공사를 할 것. 다만, 사용전압이 400V 이하로서 다음 중 하나에 해당할 경우에는 관 기타의 전선을 넣는 방호 장치의 금속제 부분에 대하여는 그러하지 아니하다.

    가. 방호 장치의 금속제 부분의 길이가 4m 이하인 것을 건조한 곳에 시설하는 경우
    나. 옥내배선의 사용전압이 직류 300V 또는 교류 대지 전압이 150V 이하로서 방호 장치의 금속제 부분의 길이가 8m 이하인 것을 사람이 쉽게 접촉할 우려가 없도록 시설하는 경우 또는 건조한 것에 시설하는 경우

232.51.2 콘크리트 직매용 포설

저압 옥내배선은 232.51.1의 4의 규정에 준하여 시설하는 이외에 다음에 따라 시설하여야 한다.

1. 전선은 미네럴인슈레이션케이블·콘크리트 직매용(直埋用) 케이블 또는 334.1의 4의 "마"에서 "사"까지 정하는 구조의 개장을 한 케이블일 것
2. 공사에 사용하는 박스는 「전기용품 및 생활용품 안전관리법」의 적용을 받는 금속제이거나 합성 수지제의 것 또는 황동이나 동으로 견고하게 제작한 것일 것
3. 전선을 박스 또는 풀박스 안에 인입하는 경우는 물이 박스 또는 풀박스 안으로 침입하지 아니 하도록 적당한 구조의 부싱 또는 이와 유사한 것을 사용할 것
4. 콘크리트 안에는 전선에 접속점을 만들지 아니할 것

232.51.3 수직 케이블의 포설

1. 전선을 건조물의 전기 배선용의 파이프 샤프트 안에 수직으로 매어 달아 시설하는 저압 옥내배선은 232.51.1의 2 및 4의 규정에 준하여 시설하는 이외의 다음에 따라 시설하여야 한다.

    가. 전선은 다음 중 하나에 적합한 케이블일 것

(1) KS C IEC 60502(정격전압 1kV ~ 30kV 압출 성형 절연 전력케이블 및 그 부속품)에 적합한 비닐외장케이블 또는 클로로프렌외장케이블(도체에 연알루미늄 선, 반경 알루미늄선 또는 알루미늄 성형단선을 사용하는 것 및 (2)에 규정하는 강심알루미늄 도체 케이블을 제외한다)로서 도체에 동을 사용하는 경우는 공칭단 면적 25mm² 이상, 도체에 알루미늄을 사용한 경우는 공칭단면적 35mm² 이상의 것

(2) 강심알루미늄 도체 케이블은 「전기용품 및 생활용품 안전관리법」에 적합할 것

(3) 수직조가용선 부(付) 케이블로서 다음에 적합할 것

    (가) 케이블은 인장강도 5.93 kN 이상의 금속선 또는 단면적이 22mm² 아연도 강연선으로서 단면적 5.3mm² 이상의 조가용선을 비닐외장케이블 또는 클로로프렌외장케이블의 외장에 견고하게 붙인 것일 것

    (나) 조가용선은 케이블의 중량(조가용선의 중량을 제외한다)의 4배의 인장강도에 견디도록 붙인 것일 것

(4) KS C IEC 60502(정격전압 1kV ~ 30kV 압출 성형 절연 전력케이블 및 그 부속품)에 적합한 비닐외장케이블 또는 클로로프렌외장케이블의 외장 위에 그 외 장을 손상하지 아니하도록 좌상(座床)을 시설하고 또 그 위에 아연도금을 한 철선으로서 인장강도 294N 이상의 것 또는 지름 1mm 이상의 금속선을 조밀하게 연합한 철선 개장 케이블

나. 전선 및 그 지지부분의 안전율은 4 이상일 것

다. 전선 및 그 지지부분은 충전부분이 노출되지 아니하도록 시설할 것

라. 전선과의 분기부분에 시설하는 분기선은 케이블일 것

마. 분기선은 장력이 가하여지지 아니하도록 시설하고 또한 전선과의 분기부분에는 진동 방지장치를 시설할 것

바. "마"의 규정에 의하여 시설하여도 전선에 손상을 입힐 우려가 있을 경우에는 적당한 개소에 진동 방지장치를 더 시설할 것

2. 제1에서 규정하는 케이블은 242.2부터 242.5에서 규정하는 장소에 시설하여서는 아니 된다.

232.56 애자공사

232.56.1 시설조건

1. 전선은 다음의 경우 이외에는 절연전선(옥외용 비닐절연전선 및 인입용 비닐절연전선을 제외한다)일 것

가. 전기로용 전선

나. 전선의 피복 절연물이 부식하는 장소에 시설하는 전선

다. 취급자 이외의 자가 출입할 수 없도록 설비한 장소에 시설하는 전선

2. 전선 상호 간의 간격은 0.06m 이상일 것

3. 전선과 조영재 사이의 이격거리는 사용전압이 400V 이하인 경우에는 25mm 이상, 400V 초과인 경우에는 45mm(건조한 장소에 시설하는 경우에는 25mm) 이상일 것

4. 전선의 지지점 간의 거리는 전선을 조영재의 윗면 또는 옆면에 따라 붙일 경우에는 2m 이하일 것

5. 사용전압이 400V 초과인 것은 제4의 경우 이외에는 전선의 지지점 간의 거리는 6m 이하일 것

6. 저압 옥내배선은 사람이 접촉할 우려가 없도록 시설할 것. 다만, 사용전압이 400V 이하인 경우에 사람이 쉽게 접촉할 우려가 없도록 시설하는 때에는 그러하지 아니하다.

7. 전선이 조영재를 관통하는 경우에는 그 관통하는 부분의 전선을 전선마다 각각 별개의 난연성 및 내수성이 있는 절연관에 넣을 것. 다만, 사용전압이 150V 이하인 전선을 건조한 장소에 시설하는 경우로서 관통하는 부분의 전선에 내구성이 있는 절연 테이프를 감을 때에는 그러하지 아니하다.

232.56.2 애자의 선정

사용하는 애자는 절연성 · 난연성 및 내수성의 것이어야 한다.

232.60 버스바트렁킹시스템

232.61 버스덕트공사

232.61.1 시설조건

1. 덕트 상호 간 및 전선 상호 간은 견고하고 또한 전기적으로 완전하게 접속할 것

2. 덕트를 조영재에 붙이는 경우에는 덕트의 지지점 간의 거리를 3m(취급자 이외의 자가 출입할 수 없도록 설비한 곳에서 수직으로 붙이는 경우에는 6m) 이하로 하고 또한 견고하게 붙일 것

3. 덕트(환기형의 것을 제외한다)의 끝부분은 막을 것

4. 덕트(환기형의 것을 제외한다)의 내부에 먼지가 침입하지 아니하도록 할 것

5. 덕트는 211과 140에 준하여 접지공사를 할 것

6. 습기가 많은 장소 또는 물기가 있는 장소에 시설하는 경우에는 옥외용 버스덕트를 사용하고 버스덕트 내부에 물이 침입하여 고이지 아니하도록 할 것

232.61.2 버스덕트의 선정

1. 도체는 단면적 20mm² 이상의 띠 모양, 지름 5mm 이상의 관 모양이나 둥글고 긴 막대 모양의 동 또는 단면적 30mm² 이상의 띠 모양의 알루미늄을 사용한 것일 것

2. 도체 지지물은 절연성 · 난연성 및 내수성이 있는 견고한 것일 것

3. 덕트는 표 232.61-1의 두께 이상의 강판 또는 알루미늄판으로 견고히 제작한 것일 것

표 232.61 – 1 버스덕트의 선정

덕트의 최대 폭(mm)	덕트의 판 두께(mm)		
	강판	알루미늄판	합성수지판
150 이하	1.0	1.6	2.5
150 초과 300 이하	1.4	2.0	5.0
300 초과 500 이하	1.6	2.3	–
500 초과 700 이하	2.0	2.9	–
700 초과하는 것	2.3	3.2	–

4. 구조는 KS C IEC 60439 – 2(버스바 트렁킹 시스템의 개별 요구사항)의 구조에 적합할 것

5. 완성품은 KS C IEC 60439 – 2(버스바 트렁킹 시스템의 개별 요구사항)의 시험방법에 의하여 시험하였을 때에 "8 시험 표준서"에 적합한 것일 것

232.70 파워트랙시스템

232.71 라이팅덕트공사

232.71.1 시설조건

1. 덕트 상호 간 및 전선 상호 간은 견고하게 또한 전기적으로 완전히 접속할 것

2. 덕트는 조영재에 견고하게 붙일 것

3. 덕트의 지지점 간의 거리는 2m 이하로 할 것

4. 덕트의 끝부분은 막을 것

5. 덕트의 개구부(開口部)는 아래로 향하여 시설할 것. 다만, 사람이 쉽게 접촉할 우려가 없는 장소에서 덕트의 내부에 먼지가 들어가지 아니하도록 시설하는 경우에 한하여 옆으로 향하여 시설할 수 있다.

6. 덕트는 조영재를 관통하여 시설하지 아니할 것

7. 덕트에는 합성수지 기타의 절연물로 금속재 부분을 피복한 덕트를 사용한 경우 이외에는 211과 140에 준하여 접지공사를 할 것. 다만, 대지 전압이 150V 이하이고 또한 덕트의 길이(2본 이상의 덕트를 접속하여 사용할 경우에는 그 전체 길이를 말한다)가 4m 이하인 때는 그러하지 아니하다.

8. 덕트를 사람이 용이하게 접촉할 우려가 있는 장소에 시설하는 경우에는 전로에 지락이 생겼을 때에 자동적으로 전로를 차단하는 장치를 시설할 것

232.71.2 라이팅덕트 및 부속품의 선정

라이팅덕트공사에 사용하는 라이팅덕트 및 부속품은 KS C IEC 60570(등기구전원공급 용트랙시스템)에 적합할 것

232.81 옥내에 시설하는 저압 접촉전선 배선

1. 이동기중기·자동청소기 그 밖에 이동하며 사용하는 저압의 전기기계기구에 전기를 공급하기 위하여 사용하는 접촉전선(전차선 및 241.8.3의 "가"에 규정하는 접촉전선을 제외한다. 이하 이 조에서 "저압 접촉전선"이라 한다)을 옥내에 시설하는 경우에는 기계기구에 시설하는 경우 이외에는 전개된 장소 또는 점검할 수 있는 은폐된 장소에 애자공사 또는 버스덕트공사 또는 절연트롤리공사에 의하여야 한다.

2. 저압 접촉전선을 애자공사에 의하여 옥내의 전개된 장소에 시설하는 경우에는 기계기구에 시설하는 경우 이외에는 다음에 따라야 한다.

   가. 전선의 바닥에서의 높이는 3.5m 이상으로 하고 또한 사람이 접촉할 우려가 없도록 시설할 것. 다만, 전선의 최대 사용전압이 60V 이하이고 또한 건조한 장소에 시설하는 경우로서 사람이 쉽게 접촉할 우려가 없도록 시설하는 경우에는 그러하지 아니하다.

   나. 전선과 건조물 또는 주행 크레인에 설치한 보도·계단·사다리·점검대(전선 전용 점검대로서 취급자 이외의 자가 쉽게 들어갈 수 없도록 자물쇠 장치를 한 것은 제외한다)이거나 이와 유사한 것 사이의 이격거리는 위쪽 2.3m 이상, 옆쪽 1.2m 이상으로 할 것. 다만, 전선에 사람이 접촉할 우려가 없도록 적당한 방호장치를 시설한 경우는 그러하지 아니하다.

   다. 전선은 인장강도 11.2kN 이상의 것 또는 지름 6mm의 경동선으로 단면적이 28mm² 이상인 것일 것. 다만, 사용전압이 400V 이하인 경우에는 인장강도 3.44kN 이상의 것 또는 지름 3.2mm 이상의 경동선으로 단면적이 8mm² 이상인 것을 사용할 수 있다.

   라. 전선은 각 지지점에 견고하게 고정시켜 시설하는 것 이외에는 양쪽 끝을 장력에 견디는 애자 장치에 의하여 견고하게 인류(引留)할 것

   마. 전선의 지지점 간의 거리는 6m 이하일 것. 다만, 전선에 구부리기 어려운 도체를 사용하는 경우 이외에는 전선 상호 간의 거리를, 전선을 수평으로 배열하는 경우에는 0.28m 이상, 기타의 경우에는 0.4m 이상으로 하는 때에는 12m 이하로 할 수 있다.

   바. 전선 상호 간의 간격은 전선을 수평으로 배열하는 경우에는 0.14m 이상, 기타의 경우에는 0.2m 이상일 것. 다만, 다음에 해당하는 경우에는 그러하지 아니하다.

      (1) 전선 상호 간 및 집전장치(集電裝置)의 충전부분과 극성이 다른 전선 사이에 절연성이 있는 견고한 격벽을 시설하는 경우

      (2) 전선을 표 232.81−1에서 정한 값 이하의 간격으로 지지하고 또한 동요하지 아니하도록 시설하는 이외에 전선 상호 간의 간격을 60mm 이상으로 하는 경우

표 232.81 − 1 전선 상호 간의 간격 판정을 위한 전선의 지지점 간격

단면적의 구분	지지점 간격
1cm² 미만	1.5m(굴곡 반지름이 1m 이하인 곡선 부분에서는 1m)
1cm² 이상	2.5m(굴곡 반지름이 1m 이하인 곡선 부분에서는 1m)

(3) 사용전압이 150V 이하인 경우로서 건조한 곳에 전선을 0.5m 이하의 간격으로 지지하고 또한 집전장치의 이동에 의하여 동요하지 아니하도록 시설하는 이외에 전선 상호 간의 간격을 30mm 이상으로 하고 또한 그 전선에 전기를 공급하는 옥내배선에 정격전류가 60A 이하인 과전류 차단기를 시설하는 경우

사. 전선과 조영재 사이의 이격거리 및 그 전선에 접촉하는 집전장치의 충전부분과 조영재 사이의 이격거리는 습기가 많은 곳 또는 물기가 있는 곳에 시설하는 것은 45mm 이상, 기타의 곳에 시설하는 것은 25mm 이상일 것. 다만, 전선 및 그 전선에 접촉하는 집전장치의 충전부분과 조영재 사이에 절연성이 있는 견고한 격벽을 시설하는 경우에는 그러하지 아니하다.

아. 애자는 절연성, 난연성 및 내수성이 있는 것일 것

3. 저압 접촉전선을 애자공사에 의하여 옥내의 점검할 수 있는 은폐된 장소에 시설하는 경우에는 기계기구에 시설하는 경우 이외에는 제2의 "다", "라" 및 "아"의 규정에 준하여 시설하는 이외에 다음에 따라 시설하여야 한다.

가. 전선에는 구부리기 어려운 도체를 사용하고 또한 이를 표 232.81 – 1에서 정한 값 이하의 지지점 간격으로 동요하지 아니하도록 견고하게 고정시켜 시설할 것

나. 전선 상호 간의 간격은 0.12m 이상일 것

다. 전선과 조영재 사이의 이격거리 및 그 전선에 접촉하는 집전장치의 충전부분과 조영재 사이의 이격거리는 45mm 이상일 것. 다만, 전선 및 그 전선에 접촉하는 집전장치의 충전부분과 조영재 사이에 절연성이 있는 견고한 격벽을 시설하는 경우에 그러하지 아니하다.

4. 저압 접촉전선을 버스덕트공사에 의하여 옥내에 시설하는 경우에, 기계기구에 시설하는 경우 이외에는 232.61.1의 1 및 2의 규정에 준하여 시설하는 이외에 다음에 따라 시설하여야 한다.

가. 버스덕트는 다음에 적합한 것일 것

(1) 도체는 단면적 20mm² 이상의 띠 모양 또는 지름 5mm 이상의 관 모양이나 둥글고 긴 막대 모양의 동 또는 황동을 사용한 것일 것

(2) 도체지지물은 절연성 · 난연성 및 내수성이 있는 견고한 것일 것

(3) 덕트는 그 최대 폭에 따라 표 232.61 – 1의 두께 이상의 강판 · 알루미늄판 또는 합성수지판(최대 폭이 300mm 이하의 것에 한한다)으로 견고히 제작한 것일 것

(4) 구조는 KS C 8449(2007)(트롤리버스관로)의 "6 구조"에 적합한 것일 것

(5) 완성품은 KS C 8449(2007)(트롤리버스관로)의 "8 시험방법"에 의하여 시험하였을 때에 "5 성능"에 적합한 것일 것

나. 덕트의 개구부는 아래를 향하여 시설할 것

다. 덕트의 끝 부분은 충전부분이 노출하지 아니하는 구조로 되어 있을 것

라. 사용전압이 400V 이하인 경우에는 금속제 덕트에 접지공사를 할 것

마. 사용전압이 400V 초과인 경우에는 금속제 덕트에 특별 접지공사를 할 것. 다만, 사람이 접촉

할 우려가 없도록 시설하는 경우에는 접지공사에 의할 수 있다.

5. 제4의 경우에 전선의 사용전압이 직류 30V(사람이 전선에 접촉할 우려가 없도록 시설하는 경우에는 60V) 이하로서 덕트 내부에 먼지가 쌓이는 것을 방지하기 위한 조치를 강구하고 또한 다음에 따라 시설할 때에는 제4의 규정에 따르지 아니할 수 있다.

가. 버스덕트는 다음에 적합한 것일 것

   (1) 도체는 단면적 20mm² 이상의 띠 모양 또는 지름 5mm 이상의 관 모양이나 둥글고 긴 막대 모양의 동 또는 황동을 사용한 것일 것

   (2) 도체 지지물은 절연성·난연성 및 내수성이 있고 견고한 것일 것

   (3) 덕트는 그 최대폭에 따라 표 232.61−1의 두께 이상의 강판 또는 알루미늄판으로 견고하게 제작한 것일 것

   (4) 구조는 다음에 적합한 것일 것

      (가) KS C 8449(2002)(트롤리버스관로)의 "6 구조[나충전부와 비충전 금속부 및 이극 나충전부(異極裸充電部) 상호 간의 거리에 관한 부분은 제외한다]"에 적합한 것일 것

      (나) 나충전부 상호 간 및 나충전부와 비충전 금속부간의 연면거리 및 공간거리는 각각 4mm 및 2.5mm 이상일 것

      (다) 사람이 쉽게 접촉할 우려가 있는 장소에 덕트를 시설할 경우는 도체 상호 간에 절연성이 있는 견고한 격벽을 만들고 또한 덕트와 도체 간에 절연성이 있는 개재물이 있을 것

   (5) 완성품은 KS C 8449(2002)(트롤리버스관로)의 "8 시험방법(금속제 관로와 트롤리의 금속 프레임 간의 접촉저항 시험에 관한 부분은 제외한다)"에 의하여 시험하였을 때에 "5 성능"에 적합한 것일 것

나. 덕트는 건조한 장소에 시설할 것

다. 버스덕트에 전기를 공급하기 위해서 1차 측 전로의 사용전압이 400V 이하인 절연변 압기를 사용할 것

라. "다"의 절연 변압기의 2차 측 전로는 접지하지 아니할 것

마. "다"의 절연 변압기는 1차권선과 2차권선 사이에 금속제 혼촉방지판을 설치하고 또한 이것에 140의 규정을 준용하여 접지공사를 할 것

바. "다"의 절연 변압기 교류 2kV의 시험전압을 하나의 권선과 다른 권선, 철심 및 외함 간에 연속하여 1분간 가하여 절연내력을 시험하였을 때 이에 견디는 것일 것

6. 저압 접촉전선을 절연 트롤리 공사에 의하여 시설하는 경우에는 기계기구에 시설하는 경우 이외에는 다음에 따라 시설하여야 한다.

가. 절연 트롤리선은 사람이 쉽게 접할 우려가 없도록 시설할 것

나. 절연 트롤리 공사에 사용하는 절연 트롤리선 및 그 부속품(절연 트롤리선을 상호 접속하는 것

절연 트롤리선의 끝에 붙이는 것 및 행거에 한한다)과 콜렉터는 다음0에 적합한 것일 것

(1) 절연트롤리선의 도체는 지름 6mm의 경동선 또는 이와 동등 이상의 세기의 것으로서 단면적이 28mm² 이상의 것일 것

(2) 재료는 KS C 3134(2008)(절연트롤리장치)의 "7 재료"에 적합할 것

(3) 구조는 KS C 3134(2008)(절연트롤리장치)의 "6 구조"에 적합할 것

(4) 완성품은 KS C 3134(2008)(절연트롤리장치)의 "8 시험방법"에 의하여 시험하였을 때에 "5 성능"에 적합할 것

다. 절연 트롤리선의 개구부는 아래 또는 옆으로 향하여 시설할 것

라. 절연 트롤리선의 끝 부분은 충전부분이 노출되지 아니하는 구조의 것일 것

마. 절연 트롤리선은 각 지지점에서 견고하게 시설하는 것 이외에 그 양쪽 끝을 내장 인류장치에 의하여 견고하게 인류할 것

바. 절연 트롤리선 지지점 간의 거리는 표 232.81 − 2에서 정한 값 이상일 것 다만, 절연 트롤리선을 "마"의 규정에 의하여 시설하는 경우에는 6m를 넘지 아니하는 범위 내의 값으로 할 수 있다.

도체 단면적의 구분	지지점 간격
500mm² 미만	2m(굴곡 반지름이 3m 이하의 곡선 부분에서는 1m)
500mm² 이상	3m(굴곡 반지름이 3m 이하의 곡선 부분에서는 1m)

사. 절연 트롤리선 및 그 절연 트롤리선에 접촉하는 집전장치는 조영재와 접촉되지 아니하도록 시설할 것

아. 절연 트롤리선을 습기가 많은 장소 또는 물기가 있는 장소에 시설하는 경우에는 "나"에서 정하는 표준에 적합한 옥외용 행거 또는 옥외용 내장 인류장치를 사용할 것

7. 옥내에서 사용하는 기계기구에 시설하는 저압 접촉전선은 다음에 따라야 하며 또한 위험의 우려가 없도록 시설하여야 한다.

가. 전선은 사람이 쉽게 접촉할 우려가 없도록 시설할 것 다만, 취급자 이외의 자가 쉽게 접근할 수 없는 곳에 취급자가 쉽게 접촉할 우려가 없도록 시설하는 경우에는 그러하지 아니하다.

나. 전선은 절연성 · 난연성 및 내수성이 있는 애자로 기계기구에 접촉할 우려가 없도록 지지할 것 다만, 건조한 목재의 마루 또는 이와 유사한 절연성이 있는 것 위에서 취급하도록 시설된 기계기구에 시설되는 주행 레일을 저압 접촉전선으로 사용하는 경우에 다음에 의하여 시설하는 경우에는 그러하지 아니하다.

(1) 사용전압은 400V 이하일 것

(2) 전선에 전기를 공급하기 위하여 변압기를 사용하는 경우에는 절연 변압기를 사용할 것 이 경우에 절연 변압기의 1차 측의 사용전압은 대지전압 300V 이하이어야 한다.

(3) 전선에는 140의 규정에 의하여 접지공사를 할 것

8. 옥내에 시설하는 접촉전선(기계기구에 시설하는 것을 제외한다)이 다른 옥내전선(342.3에서 규정하는 고압 접촉전선을 제외한다. 이하 이 항에서 같다), 약전류전선 등 또는 수관·가스관이나 이와 유사한 것(여기에서 "다른 옥내전선 등"이라 한다)과 접근하거나 교차하는 경우에는 상호 간의 이격거리는 0.3m(가스계량기 및 가스관의 이음부와는 0.6m) 이상이어야 한다. 다만, 저압 접촉전선을 절연 트롤리 공사에 의하여 시설하는 경우에 상호 간의 이격거리는 0.1m(가스계량기 및 가스관의 이음부는 제외) 이상으로 할 때, 또는 저압 접촉전선을 버스덕트공사에 의하여 시설하는 경우 버스덕트공사에 사용하는 덕트가 다른 옥내전선 등(가스계량기 및 가스관의 이음부는 제외)과 접촉하지 아니하도록 시설하는 때에는 그러하지 아니하다.

9. 옥내에 시설하는 저압 접촉전선에 전기를 공급하기 위한 전로에는 접촉전선 전용의 개폐기 및 과전류 차단기를 시설하여야 한다. 이 경우에 개폐기는 저압 접촉전선에 가까운 곳에 쉽게 개폐할 수 있도록 시설하고, 과전류 차단기는 각 극(다선식 전로의 중성극을 제외한다)에 시설하여야 한다.

10. 저압 접촉전선은 242.2(242.2의 3은 제외한다)부터 242.5에서 규정하는 옥내에 시설하여서는 아니 된다.

11. 저압 접촉전선은 옥내의 전개된 곳에 저압 접촉전선 및 그 주위에 먼지가 쌓이는 것을 방지하기 위한 조치를 강구하고 또한 면·마·견 그 밖의 타기 쉬운 섬유의 먼지가 있는 곳에서는 저압 접촉전선과 그 접촉전선에 접촉하는 집전장치가 사용 상태에서 떨어지지 아니하도록 시설하는 경우 이외에는 242.2.3에 규정하는 곳에 시설하여서는 아니 된다.

12. 옥내에 시설하는 저압 접촉전선(제7의 "나" 단서의 규정에 의하여 시설하는 것을 제외한다)과 대지 사이의 절연저항은 기술기준 제52조 표에서 정한 값 이상이어야 한다.

232.82 작업선 등의 실내 배선

수상 또는 수중에 있는 작업선 등의 저압 옥내배선 및 저압 관등회로 배선의 케이블 배선에는 다음의 표준에 적합한 선박용 케이블을 사용할 수 있다.

가. 정격전압은 600V일 것

나. 재료 및 구조는 KS C IEC 60092 − 350(2006)(선박용 전기설비 − 제350부 : 선박용 케이블의 구조 및 시험에 관한 일반 요구사항)의 "제2부 구조"에 적합할 것

다. 완성품은 KS C IEC 60092 − 350(2006)(선박용 전기설비 − 제350부 : 선박용 케이블의 구조 및 시험에 관한 일반 요구사항)의 "제3부 시험요구사항"에 적합한 것일 것

232.84 옥내에 시설하는 저압용 배분전반 등의 시설

1. 옥내에 시설하는 저압용 배·분전반의 기구 및 전선은 쉽게 점검할 수 있도록 하고 다음에 따라 시설할 것

가. 노출된 충전부가 있는 배전반 및 분전반은 취급자 이외의 사람이 쉽게 출입할 수 없도록 설치
하여야 한다.

나. 한 개의 분전반에는 한 가지 전원(1회선의 간선)만 공급하여야 한다. 다만, 안전 확보가 충분
하도록 격벽을 설치하고 사용전압을 쉽게 식별할 수 있도록 그 회로의 과전류차단기 가까운
곳에 그 사용전압을 표시하는 경우에는 그러하지 아니하다.

다. 주택용 분전반은 노출된 장소(신발장, 옷장 등의 은폐된 장소에는 시설할 수 없다)에 시설하
며 구조는 KS C 8326 "7 구조, 치수 및 재료"에 의한 것일 것

라. 옥내에 설치하는 배전반 및 분전반은 불연성 또는 난연성(KS C 8326의 "8.10 캐비닛의 내연성
시험"에 합격한 것을 말한다)이 있도록 시설할 것

2. 옥내에 시설하는 저압용 전기계량기와 이를 수납하는 계기함을 사용할 경우는 쉽게 점검 및 보
수할 수 있는 위치에 시설하고, 계기함은 KS C 8326 "7.20 재료"와 동등 이상의 것으로서 KS C
8326 "6.8 내연성"에 적합한 재료일 것

232.85 옥내에서의 전열 장치의 시설

1. 옥내에는 다음의 경우 이외에는 발열체를 시설하여서는 아니 된다.

가. 기계기구의 구조상 그 내부에 안전하게 시설할 수 있는 경우

나. 241.12(241.12.3을 제외한다), 241.11 또는 241.5의 규정에 의하여 시설하는 경우

2. 옥내에 시설하는 저압의 전열장치에 접속하는 전선은 열로 인하여 전선의 피복이 손상되지 아
니하도록 시설하여야 한다.

241.17 전기자동차 전원설비

전기자동차의 전원공급설비에 사용하는 전로의 전압은 저압으로 한다.

241.17.1 적용 범위

전력계통으로부터 교류의 전원을 입력받아 전기자동차에 전원을 공급하기 위한 분전반, 배선(전
로), 충전장치 및 충전케이블 등의 전기자동차 충전설비에 적용한다.

241.17.2 전기자동차 전원공급 설비의 저압전로 시설

전기자동차를 충전하기 위한 저압전로는 다음에 따라 시설하여야 한다.

가. 전용의 개폐기 및 과전류 차단기를 각 극(과전류 차단기는 다선식 전로의 중성극을 제외한다)
에 시설하고 또한 전로에 지락이 생겼을 때 자동적으로 그 전로를 차단하는 장치를 시설하여야
한다.

나. 옥내에 시설하는 저압용 배선기구의 시설은 다음에 따라 시설하여야 한다.

(1) 옥내에 시설하는 저압용의 배선기구는 그 충전 부분이 노출되지 아니하도록 시설하여야 한
다. 다만, 취급자 이외의 자가 출입할 수 없도록 시설한 곳에서는 그러하지 아니하다.

(2) 옥내에 시설하는 저압용의 비포장 퓨즈는 불연성의 것으로 제작한 함 또는 안쪽 면 전체에 불연성의 것을 사용하여 제작한 함의 내부에 시설하여야 한다. 다만, 사용전압이 400V 이하인 저압 옥내전로에 다음에 적합한 기구 또는 「전기용품 및 생활용품 안전관리법」의 적용을 받는 기구에 넣어 시설하는 경우에는 그러하지 아니하다.

    (가) 극과 극 사이에는 개폐하였을 때 또는 퓨즈가 용단되었을 때 생기는 아크가 다른 극에 미치지 않도록 절연성의 격벽을 시설한 것일 것

    (나) 커버는 내(耐)아크성의 합성수지로 제작한 것이어야 하며 또한 진동에 의하여 떨어지지 않는 것일 것

    (다) 완성품은 KS C 8311(커버 나이프 스위치)의 "3.1 온도상승", "3.5 단락차 단", "3.6 내열" 및 "3.8 커버의 강도"에 적합한 것일 것

(3) 옥내의 습기가 많은 곳 또는 물기가 있는 곳에 시설하는 저압용의 배선기구에는 방습 장치를 하여야 한다.

(4) 옥내에 시설하는 저압용의 배선기구에 전선을 접속하는 경우에는 나사로 고정시키거나 기타 이와 동등 이상의 효력이 있는 방법에 의하여 견고하게 또한 전기적으로 완전히 접속하고 접속점에 장력이 가하여지지 아니하도록 하여야 한다.

(5) 저압 콘센트는 접지극이 있는 콘센트를 사용하여 접지하여야 한다.

다. 옥측 또는 옥외에 시설하는 저압용 배선기구의 시설은 235.1에 따라 시설하여야 한다.

241.17.3 전기자동차의 충전장치 시설

1. 전기자동차의 충전장치는 다음에 따라 시설하여야 한다.

가. 충전부분이 노출되지 않도록 시설하고, 외함의 접지는 140의 규정에 준하여 접지공사를 할 것

나. 외부 기계적 충격에 대한 충분한 기계적 강도(IK08 이상)를 갖는 구조일 것

다. 침수 등의 위험이 있는 곳에 시설하지 말아야 하며, 옥외에 설치 시 강우 · 강설에 대하여 충분한 방수 보호등급(IPX4 이상)을 갖는 것일 것

라. 분진이 많은 장소, 가연성 가스나 부식성 가스 또는 위험물 등이 있는 장소에 시설하는 경우에는 통상의 사용 상태에서 부식이나 감전 · 화재 · 폭발의 위험이 없도록 242.2부터 242.5까지의 규정에 따라 시설할 것

마. 충전장치에는 전기자동차 전용임을 나타내는 표지를 쉽게 보이는 곳에 설치할 것

바. 전기자동차의 충전장치는 쉽게 열 수 없는 구조일 것

사. 전기자동차의 충전장치 또는 충전장치를 시설한 장소에는 위험표시를 쉽게 보이는 곳에 표지할 것

아. 전기자동차의 충전장치는 부착된 충전 케이블을 거치할 수 있는 거치대 또는 충분한 수납공간(옥내 0.45m 이상, 옥외 0.6m 이상)을 갖는 구조이며, 충전 케이블은 반드시 거치할 것

자. 충전장치의 충전 케이블 인출부는 옥내용의 경우 지면으로부터 0.45m 이상 1.2m 이내에, 옥외용의 경우 지면으로부터 0.6m 이상에 위치할 것

2. 그 밖에 전기자동차 충전설비와 관련된 사항은 KS R IEC 61851 − 1, KS C IEC 61851 − 21 및 KS R IEC 61851 − 23 표준을 참조한다.

241.17.4 전기자동차의 충전 케이블 및 부속품 시설

충전 케이블 및 부속품(플러그와 커플러를 말한다)은 다음에 따라 시설하여야 한다.

가. 충전장치와 전기자동차의 접속에는 연장코드를 사용하지 말 것

나. 충전장치와 전기자동차의 접속에는 자동차 어댑터(자동차 커넥터와 자동차 인렛 사이에 연결되는 장치 또는 부속품을 말한다)를 사용할 수 있다.

다. 충전 케이블은 유연성이 있는 것으로서 통상의 충전전류를 흘릴 수 있는 충분한 굵기의 것일 것

라. 전기자동차 커플러[충전 케이블과 전기자동차를 접속 가능하게 하는 장치로서 충전 케이블에 부착된 커넥터(connector)와 전기자동차의 인렛(inlet) 두 부분으로 구성되어 있다]는 다음에 적합할 것

(1) 다른 배선기구와 대체 불가능한 구조로서 극성이 구분이 되고 접지극이 있는 것일 것

(2) 접지극은 투입 시 제일 먼저 접속되고, 차단 시 제일 나중에 분리되는 구조일 것

(3) 의도하지 않은 부하의 차단을 방지하기 위해 잠금 또는 탈부착을 위한 기계적 장치가 있는 것일 것

(4) 전기자동차 커넥터(충전 케이블에 부착되어 있으며, 전기자동차 접속구에 접속하기 위한 장치를 말한다)가 전기자동차 접속구로부터 분리될 때 충전 케이블의 전원공급을 중단시키는 인터록 기능이 있는 것일 것

마. 전기자동차 커넥터 및 플러그(충전 케이블에 부착되어 있으며, 전원 측에 접속하기 위한 장치를 말한다)는 낙하 충격 및 눌림에 대한 충분한 기계적 강도를 가질 것일 것

241.17.5 충전장치 등의 방호장치 시설

충전장치 등의 방호장치는 다음에 따라 시설하여야 한다.

가. 충전 중 전기자동차의 유동을 방지하기 위한 장치를 갖추어야 하며, 전기자동차 등에 의한 물리적 충격의 우려가 있는 경우에는 이를 방호하는 장치를 시설할 것

나. 충전 중 환기가 필요한 경우에는 충분한 환기설비를 갖추어야 하며, 환기설비를 나타내는 표지를 쉽게 보이는 곳에 설치할 것

다. 충전 중에는 충전상태를 확인할 수 있는 표시장치를 쉽게 보이는 곳에 설치할 것

라. 충전 중 안전과 편리를 위하여 적절한 밝기의 조명설비를 설치할 것

(500 통칙)

501 일반사항

501.1 목적

5장은 전기설비기술기준(이하 "기술기준"이라 한다)에서 정하는 분산형전원설비의 안전성능에 대한 구체적인 기술적 사항을 정하는 것을 목적으로 한다.

501.2 적용범위

1. 5장은 기술기준에서 정한 안전성능에 대하여 구체적인 실현 수단을 규정한 것으로 분산형전원설비의 설계, 제작, 시설 및 검사하는데 적용한다.
2. 5장에서 정하지 않은 사항은 관련 한국전기설비규정을 준용하여 시설하여야 한다.

501.3 안전원칙

1. 분산형전원설비 주위에는 위험하다는 표시를 하여야 하며 또한 취급자가 아닌 사람이 쉽게 접근할 수 없도록 351.1에 따라 시설하여야 한다.
2. 분산형전원 발전장치의 보호기준은 212.6.3의 보호장치를 적용한다,
3. 급경사지 붕괴위험구역 내에 시설하는 분산형전원설비는 해당구역 내의 급경사지의 붕괴를 조장하거나 또는 유발할 우려가 없도록 시설하여야 한다.
4. 분산형전원설비의 인체 감전보호 등 안전에 관한 사항은 113에 따른다.
5. 분산형전원의 피뢰설비는 150에 따른다.
6. 분산형전원설비 전로의 절연저항 및 절연내력은 132에 따른다.
7. 연료전지 및 태양전지 모듈의 절연내력은 134에 따른다.

502 용어의 정의

1. "풍력터빈"이란 바람의 운동에너지를 기계적 에너지로 변환하는 장치(가동부 베어링, 나셀, 블레이드 등의 부속물을 포함)를 말한다.
2. "풍력터빈을 지지하는 구조물"이란 타워와 기초로 구성된 풍력터빈의 일부분을 말한다.
3. "풍력발전소"란 단일 또는 복수의 풍력터빈(풍력터빈을 지지하는 구조물을 포함)을 원동기로 하는 발전기와 그 밖의 기계기구를 시설하여 전기를 발생시키는 곳을 말한다.
4. "자동정지"란 풍력터빈의 설비보호를 위한 보호장치의 작동으로 인하여 자동적으로 풍력터빈을 정지시키는 것을 말한다.
5. "MPPT"란 태양광발전이나 풍력발전 등이 현재 조건에서 가능한 최대의 전력을 생산할 수 있도록 인버터 제어를 이용하여 해당 발전원의 전압이나 회전속도를 조정하는 최대출력추종(MPPT, Maximum Power Point Tracking) 기능을 말한다.
6. 기타 용어는 112에 따른다.

503 분산형전원 계통 연계설비의 시설

503.1 계통 연계의 범위

분산형전원설비 등을 전력계통에 연계하는 경우에 적용하며, 여기서 전력계통이라 함은 전기판매사업자의 계통, 구내계통 및 독립전원계통 모두를 말한다.

503.2 시설기준

503.2.1 전기 공급방식 등

분산형전원설비의 전기 공급방식, 측정 장치 등은 다음에 따른다.

　가. 분산형전원설비의 전기 공급방식은 전력계통과 연계되는 전기 공급방식과 동일할 것

　나. 분산형전원설비 사업자의 한 사업장의 설비 용량 합계가 250kVA 이상일 경우에는 송·배전계통과 연계지점의 연결 상태를 감시 또는 유효전력, 무효전력 및 전압을 측정할 수 있는 장치를 시설할 것

503.2.2 저압계통 연계 시 직류유출방지 변압기의 시설

분산형전원설비를 인버터를 이용하여 전기판매사업자의 저압 전력계통에 연계하는 경우 인버터로부터 직류가 계통으로 유출되는 것을 방지하기 위하여 접속점(접속설비와 분산형 전원설비 설치자 측 전기설비의 접속점을 말한다)과 인버터 사이에 상용주파수 변압기(단권 변압기를 제외한다)를 시설하여야 한다. 다만, 다음을 모두 충족하는 경우에는 예외로 한다.

　가. 인버터의 직류 측 회로가 비접지인 경우 또는 고주파 변압기를 사용하는 경우

　나. 인버터의 교류출력 측에 직류 검출기를 구비하고, 직류 검출 시에 교류출력을 정지하는 기능을 갖춘 경우

503.2.3 단락전류 제한장치의 시설

분산형전원을 계통 연계하는 경우 전력계통의 단락용량이 다른 자의 차단기의 차단용량 또는 전선의 순시허용전류 등을 상회할 우려가 있을 때에는 그 분산형전원 설치자가 전류 제한리액터 등 단락전류를 제한하는 장치를 시설하여야 하며, 이러한 장치로도 대응할 수 없는 경우에는 그 밖에 단락전류를 제한하는 대책을 강구하여야 한다.

503.2.4 계통 연계용 보호장치의 시설

1. 계통 연계하는 분산형전원설비를 설치하는 경우 다음에 해당하는 이상 또는 고장 발생 시 자동적으로 분산형전원설비를 전력계통으로부터 분리하기 위한 장치 시설 및 해당 계통과의 보호 협조를 실시하여야 한다.

　가. 분산형전원설비의 이상 또는 고장

　나. 연계한 전력계통의 이상 또는 고장

　다. 단독운전 상태

2. 제1의 "나"에 따라 연계한 전력계통의 이상 또는 고장 발생 시 분산형전원의 분리시점은 해당 계통의 재폐로 시점 이전이어야 하며, 이상 발생 후 해당 계통의 전압 및 주파수가 정상 범위 내에 들어올 때까지 계통과의 분리상태를 유지하는 등 연계한 계통의 재폐로방식과 협조를 이루어야 한다.

3. 단순 병렬운전 분산형전원설비의 경우에는 역전력 계전기를 설치한다. 단, 「신에너지 및 재생에너지 개발·이용·보급촉진법」 제2조 제1호 및 제2호의 규정에 의한 신·재생에너지를 이용하여 동일 전기사용장소에서 전기를 생산하는 합계 용량이 50kW 이하의 소규모 분산형전원(단, 해당 구내계통 내의 전기사용 부하의 수전계약전력이 분산형전원 용량을 초과하는 경우에 한한다)으로서 제1의 "다"에 의한 단독운전 방지기능을 가진 것을 단순 병렬로 연계하는 경우에는 역전력계전기 설치를 생략할 수 있다.

503.2.5 특고압 송전계통 연계 시 분산형전원 운전제어장치의 시설

분산형전원설비를 송전사업자의 특고압 전력계통에 연계하는 경우 계통안정화 또는 조류 억제 등의 이유로 운전제어가 필요할 때에는 그 분산형전원설비에 필요한 운전제어장치를 시설하여야 한다.

503.2.6 연계용 변압기 중성점의 접지

분산형전원설비를 특고압 전력계통에 연계하는 경우 연계용 변압기 중성점의 접지는 전력계통에 연결되어 있는 다른 전기설비의 정격을 초과하는 과전압을 유발하거나 전력계통의 지락고장 보호 협조를 방해하지 않도록 시설하여야 한다.

(510 전기저장장치)

511 일반사항

이차전지를 이용한 전기저장장치(이하 "전기저장장치"라 한다)는 다음에 따라 시설하여야 한다.

511.1 시설장소의 요구사항

1. 전기저장장치의 이차전지, 제어반, 배전반의 시설은 기기 등을 조작 또는 보수·점검할 수 있는 충분한 공간을 확보하고 조명설비를 설치하여야 한다.

2. 전기저장장치를 시설하는 장소는 폭발성 가스의 축적을 방지하기 위한 환기시설을 갖추고 제조사가 권장하는 온도·습도·수분·분진 등 적정 운영환경을 상시 유지하여야 한다.

3. 침수의 우려가 없도록 시설하여야 한다.

4. 전기저장장치 시설장소에는 기술기준 제21조제1항과 같이 외벽 등 확인하기 쉬운 위치에 "전기저장장치 시설장소" 표지를 하고, 일반인의 출입을 통제하기 위한 잠금장치 등을 설치하여야 한다.

511.2 설비의 안전 요구사항

1. 충전부분은 노출되지 않도록 시설하여야 한다.
2. 고장이나 외부 환경요인으로 인하여 비상상황 발생 또는 출력에 문제가 있을 경우 전기저장장치의 비상정지 스위치 등 안전하게 작동하기 위한 안전시스템이 있어야 한다.
3. 모든 부품은 충분한 내열성을 확보하여야 한다.

511.3 옥내전로의 대지전압 제한

주택의 전기저장장치의 축전지에 접속하는 부하 측 옥내배선을 다음에 따라 시설하는 경우에 주택의 옥내전로의 대지전압은 직류 600V까지 적용할 수 있다.

　　가. 전로에 지락이 생겼을 때 자동적으로 전로를 차단하는 장치를 시설할 것

　　나. 사람이 접촉할 우려가 없는 은폐된 장소에 합성수지관배선, 금속관배선 및 케이블배선에 의하여 시설하거나, 사람이 접촉할 우려가 없도록 케이블배선에 의하여 시설하고 전선에 적당한 방호장치를 시설할 것

512 전기저장장치의 시설

512.1 시설기준

512.1.1 전기배선

전기배선은 다음에 의하여 시설하여야 한다.

　　가. 전선은 공칭단면적 2.5mm² 이상의 연동선 또는 이와 동등 이상의 세기 및 굵기의 것일 것

　　나. 배선설비 공사는 옥내에 시설할 경우에는 232.11, 232.12, 232.13, 232.51 또는 232.3.7의 규정에 준하여 시설할 것

　　다. 옥측 또는 옥외에 시설할 경우에는 232.11, 232.12, 232.13 또는 232.51(232.51.3은 제외할 것)의 규정에 준하여 시설할 것

512.1.2 단자와 접속

1. 단자의 접속은 기계적, 전기적 안전성을 확보하도록 하여야 한다.
2. 단자를 체결 또는 잠글 때 너트나 나사는 풀림방지 기능이 있는 것을 사용하여야 한다.
3. 외부터미널과 접속하기 위해 필요한 접점의 압력이 사용기간 동안 유지되어야 한다.
4. 단자는 도체에 손상을 주지 않고 금속표면과 안전하게 체결되어야 한다.

512.1.3 지지물의 시설

이차전지의 지지물은 부식성 가스 또는 용액에 의하여 부식되지 아니하도록 하고 적재하중 또는 지진 기타 진동과 충격에 대하여 안전한 구조이어야 한다.

512.2 제어 및 보호장치 등

512.2.1 충전 및 방전 기능

1. 충전기능

   가. 전기저장장치는 배터리의 SOC특성(충전상태 : State of Charge)에 따라 제조자가 제시한 정격으로 충전할 수 있어야 한다.

   나. 충전할 때에는 전기저장장치의 충전상태 또는 배터리 상태를 시각화하여 정보를 제공해야 한다.

2. 방전기능

   가. 전기저장장치는 배터리의 SOC특성에 따라 제조자가 제시한 정격으로 방전할 수 있어야 한다.

   나. 방전할 때에는 전기저장장치의 방전상태 또는 배터리 상태를 시각화하여 정보를 제공해야 한다.

512.2.2 제어 및 보호장치

1. 전기저장장치를 계통에 연계하는 경우 503.2.4의 1 및 2에 따라 시설하여야 한다.

2. 전기저장장치가 비상용 예비전원 용도를 겸하는 경우에는 다음에 따라 시설하여야 한다.

   가. 상용전원이 정전되었을 때 비상용 부하에 전기를 안정적으로 공급할 수 있는 시설을 갖출 것

   나. 관련 법령에서 정하는 전원유지시간 동안 비상용 부하에 전기를 공급할 수 있는 충전용량을 상시 보존하도록 시설할 것

3. 전기저장장치의 접속점에는 쉽게 개폐할 수 있는 곳에 개방상태를 육안으로 확인할 수 있는 전용의 개폐기를 시설하여야 한다.

4. 전기저장장치의 이차전지는 다음에 따라 자동으로 전로로부터 차단하는 장치를 시설하여야 한다.

   가. 과전압 또는 과전류가 발생한 경우

   나. 제어장치에 이상이 발생한 경우

   다. 이차전지 모듈의 내부 온도가 급격히 상승할 경우

5. 212.3.4에 의하여 직류 전로에 과전류차단기를 설치하는 경우 직류 단락전류를 차단하는 능력을 가지는 것이어야 하고 "직류용" 표시를 하여야 한다.

6. 기술기준 제14조에 의하여 전기저장장치의 직류 전로에는 지락이 생겼을 때에 자동적으로 전로를 차단하는 장치를 시설하여야 한다.

7. 발전소 또는 변전소 혹은 이에 준하는 장소에 전기저장장치를 시설하는 경우 전로가 차단되었을 때에 경보하는 장치를 시설하여야 한다.

512.2.3 계측장치

전기저장장치를 시설하는 곳에는 다음의 사항을 계측하는 장치를 시설하여야 한다.

가. 축전지 출력 단자의 전압, 전류, 전력 및 충방전 상태

나. 주요변압기의 전압, 전류 및 전력

512.2.4 접지 등의 시설

금속제 외함 및 지지대 등은 140의 규정에 따라 접지공사를 하여야 한다.

515 특정 기술을 이용한 전기저장장치의 시설

515.1 적용범위

20kWh를 초과하는 리튬·나트륨·레독스플로우 계열의 이차전지를 이용한 전기저장장치의 경우 기술기준 제53조의3제2항의 "적절한 보호 및 제어장치를 갖추고 폭발의 우려가 없도록 시설"하는 것은 511, 512 및 515에서 정한 사항을 말한다.

515.2 시설장소의 요구사항

515.2.1 전용건물에 시설하는 경우

1. 515.1의 전기저장장치를 일반인이 출입하는 건물과 분리된 별도의 장소에 시설하는 경우에는 515.2.1에 따라 시설하여야 한다.

2. 전기저장장치 시설장소의 바닥, 천장(지붕), 벽면 재료는 「건축물의 피난·방화구조 등의 기준에 관한 규칙」에 따른 불연재료이어야 한다. 단, 단열재는 준불연재료 또는 이와 동등 이상의 것을 사용할 수 있다.

3. 전기저장장치 시설장소는 지표면을 기준으로 높이 22m 이내로 하고 해당 장소의 출구가 있는 바닥면을 기준으로 깊이 9m 이내로 하여야 한다.

4. 이차전지는 전력변환장치(PCS) 등의 다른 전기설비와 분리된 격실(이하 515에서 '이차전지 실')에 설치하고 다음에 따라야 한다.

가. 이차전지실의 벽면 재료 및 단열재는 제2의 것과 같아야 한다.

나. 이차전지는 벽면으로부터 1m 이상 이격하여 설치하여야 한다. 단, 옥외의 전용 컨테이너에서 적정 거리를 이격한 경우에는 규정에 의하지 아니할 수 있다.

다. 이차전지와 물리적으로 인접 시설해야 하는 제어장치 및 보조설비(공조설비 및 조명 설비 등)는 이차전지실 내에 설치할 수 있다.

라. 이차전지실 내부에는 가연성 물질을 두지 않아야 한다.

5. 511.1의 2에도 불구하고 인화성 또는 유독성 가스가 축적되지 않는 근거를 제조사에서 제공하는 경우에는 이차전지실에 한하여 환기시설을 생략할 수 있다.

6. 전기저장장치가 차량에 의해 충격을 받을 우려가 있는 장소에 시설되는 경우에는 충돌방지장치 등을 설치하여야 한다.

7. 전기저장장치 시설장소는 주변 시설(도로, 건물, 가연물질 등)로부터 1.5m 이상 이격하고 다른 건물의 출입구나 피난계단 등 이와 유사한 장소로부터는 3m 이상 이격하여야 한다.

515.2.2 전용건물 이외의 장소에 시설하는 경우

1. 515.1의 전기저장장치를 일반인이 출입하는 건물의 부속공간에 시설(옥상에는 설치할 수 없다)하는 경우에는 515.2.1 및 515.2.2에 따라 시설하여야 한다.

2. 전기저장장치 시설장소는 「건축물의 피난·방화구조 등의 기준에 관한 규칙」에 따른 내화구조이어야 한다.

3. 이차전지모듈의 직렬 연결체(이하 515에서 '이차전지랙')의 용량은 50kWh 이하로 하고 건물 내 시설 가능한 이차전지의 총 용량은 600kWh 이하이어야 한다.

4. 이차전지랙과 랙 사이 및 랙과 벽면 사이는 각각 1m 이상 이격하여야 한다. 다만, 제2에 의한 벽이 삽입된 경우 이차전지랙과 랙 사이의 이격은 예외로 할 수 있다.

5. 이차전지실은 건물 내 다른 시설(수전설비, 가연물질 등)로부터 1.5m 이상 이격하고 각 실의 출입구나 피난계단 등 이와 유사한 장소로부터 3m 이상 이격하여야 한다.

6. 배선설비가 이차전지실 벽면을 관통하는 경우 관통부는 해당 구획부재의 내화성능을 저하시키지 않도록 충전(充塡)하여야 한다.

515.3 제어 및 보호장치 등

1. 낙뢰 및 서지 등 과도과전압으로부터 주요 설비를 보호하기 위해 직류 전로에 직류서지보호장치(SPD)를 설치하여야 한다.

2. 제조사가 정하는 정격 이상의 과충전, 과방전, 과전압, 과전류, 지락전류 및 온도 상승, 냉각장치 고장, 통신 불량 등 긴급상황이 발생한 경우에는 관리자에게 경보하고 즉시 전기저장장치를 자동 및 수동으로 정지시킬 수 있는 비상정지장치를 설치하여야 하며 수동 조작을 위한 비상정지장치는 신속한 접근 및 조작이 가능한 장소에 설치하여야 한다.

3. 전기저장장치의 상시 운영정보 및 제2호의 긴급상황 관련 계측정보 등은 이차전지실 외부의 안전한 장소에 안전하게 전송되어 최소 1개월 이상 보관될 수 있도록 하여야 한다.

4. 전기저장장치의 제어장치를 포함한 주요 설비 사이의 통신장애를 방지하기 위한 보호대책을 고려하여 시설하여야 한다.

5. 전기저장장치는 정격 이내의 최대 충전범위를 초과하여 충전하지 않도록 하여야 하고 만(滿)충전 후 추가 충전은 금지하여야 한다.

(520 태양광발전설비)

521 일반사항

521.1 설치장소의 요구사항

1. 인버터, 제어반, 배전반 등의 시설은 기기 등을 조작 또는 보수점검할 수 있는 충분한 공간을 확보하고 필요한 조명설비를 시설하여야 한다.
2. 인버터 등을 수납하는 공간에는 실내온도의 과열 상승을 방지하기 위한 환기시설을 갖추어야 하며 적정한 온도와 습도를 유지하도록 시설하여야 한다.
3. 배전반, 인버터, 접속장치 등을 옥외에 시설하는 경우 침수의 우려가 없도록 시설하여야 한다.
4. 태양전지 모듈을 지붕에 시설하는 경우 취급자에게 추락의 위험이 없도록 점검통로를 안전하게 시설하여야 한다.
5. 태양전지 모듈의 직렬군 최대개방전압이 직류 750V 초과 1500V이하인 시설장소는 다음에 따라 울타리 등의 안전조치를 하여야 한다.
   가. 태양전지 모듈을 지상에 설치하는 경우는 351.1의 1에 의하여 울타리·담 등을 시설하여야 한다.
   나. 태양전지 모듈을 일반인이 쉽게 출입할 수 있는 옥상 등에 시설하는 경우는 "가" 또는 341.8의 1의 "바"에 의하여 시설하여야 하고 식별이 가능하도록 위험 표시를 하여야 한다.
   다. 태양전지 모듈을 일반인이 쉽게 출입할 수 없는 옥상·지붕에 설치하는 경우는 모듈 프레임 등 쉽게 식별할 수 있는 위치에 위험 표시를 하여야 한다.
   라. 태양전지 모듈을 주차장 상부에 시설하는 경우는 "나"와 같이 시설하고 차량의 출입 등에 의한 구조물, 모듈 등의 손상이 없도록 하여야 한다.
   마. 태양전지 모듈을 수상에 설치하는 경우는 "다"와 같이 시설하여야 한다.

521.2 설비의 안전 요구사항

1. 태양전지 모듈, 전선, 개폐기 및 기타 기구는 충전부분이 노출되지 않도록 시설하여야 한다.
2. 모든 접속함에는 내부의 충전부가 인버터로부터 분리된 후에도 여전히 충전상태일 수 있음을 나타내는 경고가 붙어 있어야 한다.
3. 태양광설비의 고장이나 외부 환경요인으로 인하여 계통연계에 문제가 있을 경우 회로분리를 위한 안전시스템이 있어야 한다.
4. 태양전지 모듈, 인버터 및 접속함은 한국산업표준(KS)에 적합한 것을 사용하여야 한다. 다만, 한국산업표준(KS)에 기준·규격·요건 등이 없는 경우에는 시험성적서로 대체할 수 있다.

521.3 옥내전로의 대지전압 제한

주택의 태양전지모듈에 접속하는 부하측 옥내배선(복수의 태양전지모듈을 시설하는 경우에는 그 집합체에 접속하는 부하 측의 배선)의 대지전압 제한은 511.3에 따른다.

522 태양광설비의 시설

522.1 간선의 시설기준

522.1.1 전기배선

1. 전선은 다음에 의하여 시설하여야 한다.

　가. 모듈 및 기타 기구에 전선을 접속하는 경우는 나사로 조이고, 기타 이와 동등 이상의 효력이 있는 방법으로 기계적·전기적으로 안전하게 접속하고, 접속점에 장력이 가해지지 않도록 할 것

　나. 배선시스템은 바람, 결빙, 온도, 태양방사와 같이 예상되는 외부 영향을 견디도록 시설할 것

　다. 모듈의 출력배선은 극성별로 확인할 수 있도록 표시할 것

　라. 직렬 연결된 태양전지모듈의 배선은 과도과전압의 유도에 의한 영향을 줄이기 위하여 스트링 양극 간의 배선간격이 최소가 되도록 배치할 것

　마. 기타 사항은 512.1.1에 따를 것

2. 단자와 접속은 512.1.2에 따른다.

522.2 태양광설비의 시설기준

522.2.1 태양전지 모듈의 시설

태양광설비에 시설하는 태양전지 모듈(이하 "모듈"이라 한다)은 다음에 따라 시설하여야 한다.

　가. 모듈은 자중, 적설, 풍압, 지진 및 기타의 진동과 충격에 대하여 탈락하지 아니하도록 지지물에 의하여 견고하게 설치할 것

　나. 모듈의 각 직렬군은 동일한 단락전류를 가진 모듈로 구성하여야 하며 1대의 인버터(멀티스트링 인버터의 경우 1대의 mPPT 제어기)에 연결된 모듈 직렬군이 2병렬 이상일 경우에는 각 직렬군의 출력전압 및 출력전류가 동일하게 형성되도록 배열할 것

522.2.2 전력변환장치의 시설

인버터, 절연변압기 및 계통 연계 보호장치 등 전력변환장치의 시설은 다음에 따라 시설하여야 한다.

　가. 인버터는 실내·실외용을 구분할 것

　나. 각 직렬군의 태양전지 개방전압은 인버터 입력전압 범위 이내일 것

　다. 옥외에 시설하는 경우 방수등급은 IPX4 이상일 것

522.2.3 모듈을 지지하는 구조물

모듈의 지지물은 다음에 의하여 시설하여야 한다.

　가. 자중, 적재하중, 적설 또는 풍압, 지진 및 기타의 진동과 충격에 대하여 안전한 구조일 것

　나. 부식환경에 의하여 부식되지 아니하도록 다음의 재질로 제작할 것

(1) 용융아연 또는 용융아연−알루미늄−마그네슘합금 도금된 형강

(2) 스테인리스 스틸(STS)

(3) 알루미늄합금

(4) 상기와 동등이상의 성능(인장강도, 항복강도, 압축강도, 내구성 등)을 가지는 재질로서 KS제품 또는 동등이상의 성능의 제품일 것

다. 모듈 지지대와 그 연결부재의 경우 용융아연도금처리 또는 녹방지 처리를 하여야 하며, 절단 가공 및 용접부위는 방식처리를 할 것

라. 설치 시에는 건축물의 방수 등에 문제가 없도록 설치하여야 하며 볼트조립은 헐거움이 없이 단단히 조립하여야 하며, 모듈−지지대의 고정 볼트에는 스프링 와셔 또는 풀림방지너트 등 으로 체결할 것

522.3 제어 및 보호장치 등

522.3.1 어레이 출력 개폐기

1. 어레이 출력 개폐기는 다음과 같이 시설하여야 한다.

가. 태양전지 모듈에 접속하는 부하 측의 태양전지 어레이에서 전력변환장치에 이르는 전로(복 수의 태양전지 모듈을 시설한 경우에는 그 집합체에 접속하는 부하측의 전로)에는 그 접속점 에 근접하여 개폐기 기타 이와 유사한 기구(부하전류를 개폐할 수 있는 것에 한한다)를 시설 할 것

나. 어레이 출력개폐기는 점검이나 조작이 가능한 곳에 시설할 것

522.3.2 과전류 및 지락 보호장치

1. 모듈을 병렬로 접속하는 전로에는 그 전로에 단락전류가 발생할 경우에 전로를 보호하는 과전 류차단기 또는 기타 기구를 시설하여야 한다. 단, 그 전로가 단락전류에 견딜 수 있는 경우에는 그러하지 아니하다.

2. 태양전지 발전설비의 직류 전로에 지락이 발생했을 때 자동적으로 전로를 차단하는 장치를 시 설하고 그 방법 및 성능은 IEC 60364−7−712(2017) 712.42 또는 712.53에 따를 수 있다.

522.3.3 상주 감시를 하지 아니하는 태양광발전소의 시설

상주감시를 하지 아니하는 태양광발전소의 시설은 351.8에 따른다.

522.3.4 접지설비

1. 태양전지 모듈의 프레임은 지지물과 전기적으로 완전하게 접속하여야 한다.

2. 수상에 시설하는 태양전지 모듈 등의 금속제는 접지를 해야 하고, 접지 시 접지극을 수중에 띄우 거나, 수중 바닥에 노출된 상태로 시설하여서는 아니 된다.

3. 기타 접지시설은 140의 규정에 따른다.

522.3.5 피뢰설비

태양광설비의 외부피뢰시스템은 150의 규정에 따라 시설한다.

522.3.6 태양광설비의 계측장치

태양광설비에는 전압과 전류 또는 전압과 전력을 계측하는 장치를 시설하여야 한다.

(530 풍력발전설비)

531 일반사항

531.1 나셀 등의 접근 시설

나셀 등 풍력발전기 상부시설에 접근하기 위한 안전한 시설물을 강구하여야 한다.

531.2 항공장애 표시등 시설

발전용 풍력설비의 항공장애등 및 주간장애표지는「항공법」제83조(항공장애 표시등의 설치 등)의 규정에 따라 시설하여야 한다.

531.3 화재방호설비 시설

500kW 이상의 풍력터빈은 나셀 내부의 화재 발생 시, 이를 자동으로 소화할 수 있는 화재방호설비를 시설하여야 한다.

532 풍력설비의 시설

532.1 간선의 시설기준

1. 간선은 다음에 의해 시설하여야 한다.
    가. 풍력발전기에서 출력배선에 쓰이는 전선은 CV선 또는 TFR−CV선을 사용하거나 동등 이상의 성능을 가진 제품을 사용하여야 하며, 전선이 지면을 통과하는 경우에는 피복이 손상되지 않도록 별도의 조치를 취할 것
    나. 기타 사항은 512.1.1에 따를 것
2. 단자와 접속은 512.1.2에 따른다.

532.2 풍력설비의 시설기준

532.2.1 풍력터빈의 구조

기술기준 제169조에 의한 풍력터빈의 구조에 적합한 것은 다음의 요구사항을 충족하는 것을 말한다.

1. 풍력터빈의 선정에 있어서는 시설장소의 풍황(風況)과 환경, 적용규모 및 적용형태 등을 고려하여 선정하여야 한다.

2. 풍력터빈의 유지, 보수 및 점검 시 작업자의 안전을 위한 다음의 잠금장치를 시설하여야 한다.

　가. 풍력터빈의 로터, 요 시스템 및 피치 시스템에는 각각 1개 이상의 잠금장치를 시설하여야 한다.

　나. 잠금장치는 풍력터빈의 정지장치가 작동하지 않더라도 로터, 나셀, 블레이드의 회전을 막을 수 있어야 한다.

3. 풍력터빈의 강도계산은 다음 사항을 따라야 한다.

　가. 최대풍압하중 및 운전 중의 회전력 등에 의한 풍력터빈의 강도계산에는 다음의 조건을 고려하여야 한다.

　　(1) 사용조건

　　　(가) 최대풍속

　　　(나) 최대회전수

　　(2) 강도조건

　　　(가) 하중조건

　　　(나) 강도계산의 기준

　　　(다) 피로하중

　나. "가"의 강도계산은 다음 순서에 따라 계산하여야 한다.

　　(1) 풍력터빈의 제원(블레이드 직경, 회전수, 정격출력 등)을 결정

　　(2) 자중, 공기력, 원심력 및 이들에서 발생하는 모멘트를 산출

　　(3) 풍력터빈의 사용조건(최대풍속, 풍력터빈의 제어)에 의해 각부에 작용하는 하중을 계산

　　(4) 각부에 사용하는 재료에 의해 풍력터빈의 강도조건

　　(5) 하중, 강도조건에 의해 각부의 강도계산을 실시하여 안전함을 확인

　다. "나"의 강도 계산개소에 가해진 하중의 합계는 다음 순서에 의하여 계산하여야 한다.

　　(1) 바람 에너지를 흡수하는 블레이드의 강도계산

　　(2) 블레이드를 지지하는 날개 축, 날개 축을 유지하는 회전축의 강도계산

　　(3) 블레이드, 회전축을 지지하는 나셀과 타워를 연결하는 요 베어링의 강도계산

532.2.2 풍력터빈을 지지하는 구조물의 구조 등

기술기준 제172조에 의한 풍력터빈을 지지하는 구조물은 다음과 같이 시설한다.

1. 풍력터빈을 지지하는 구조물의 구조, 성능 및 시설조건은 다음을 따른다.

　가. 풍력터빈을 지지하는 구조물은 자중, 적재하중, 적설, 풍압, 지진, 진동 및 충격을 고려하여야 한다. 다만, 해상 및 해안가 설치시는 염해 및 파랑하중에 대해서도 고려하여야 한다.

　나. 동결, 착설 및 분진의 부착 등에 의한 비정상적인 부식 등이 발생하지 않도록 고려하여야 한다.

　다. 풍속변동, 회전수변동 등에 의해 비정상적인 진동이 발생하지 않도록 고려하여야 한다.

2. 풍력터빈을 지지하는 구조물의 강도계산은 다음을 따른다.

　가. 제1에 의한 풍력터빈 및 지지물에 가해지는 풍하중의 계산방식은 다음 식과 같다.

$$P = CqA$$

P : 풍압력(N)

C : 풍력계수

q : 속도압(N/m²)

A : 수풍면적(m²)

(1) 풍력계수 C는 풍동실험 등에 의해 규정되는 경우를 제외하고, [건축구조설계기준]을 준용한다.

(2) 풍속압 q는 다음의 계산식 혹은 풍동실험 등에 의해 구하여야 한다.

　(가) 풍력터빈 및 지지물의 높이가 16m 이하인 부분

$$q = 60\left(\frac{V}{60}\right)^2 \sqrt{h}$$

　(나) 풍력터빈 및 지지물의 높이가 16m 초과하는 부분

$$q = 120\left(\frac{V}{60}\right)^2 \sqrt[4]{h}$$

　　V는 지표면상의 높이 10m에서의 재현기간 50년에 상당하는 순간최대풍속(m/s)으로 하고 관측자료에서 산출한다. h는 풍력터빈 및 지지물의 지표에서의 높이(m)로 하고 풍력터빈을 기타 시설물 지표면에서 돌출한 것의 상부에 시설하는 경우에는 주변의 지표면에서의 높이로 한다.

(3) 수풍면적 A는 수풍면의 수직투영면적으로 한다.

　나. 풍력터빈 지지물의 강도계산에 이용하는 지진하중은 지역계수를 고려하여야 한다.

　다. 풍력터빈의 적재하중은 컷아웃 시, 공진풍속 시, 폭풍 시 하중을 고려하여야 한다.

3. 풍력터빈을 지지하는 구조물 기초는 당해 구조물에 제1의 "가"에 의해 견디어야 하는 하중에 대하여 충분한 안전율을 적용하여 시설하여야 한다.

532.3 제어 및 보호장치 등

532.3.1 제어 및 보호장치 시설의 일반 요구사항

기술기준 제174조에서 요구하는 제어 및 보호장치는 다음과 같이 시설하여야 한다.

　가. 제어장치는 다음과 같은 기능 등을 보유하여야 한다.

　　(1) 풍속에 따른 출력 조절

　　(2) 출력제한

　　(3) 회전속도제어

　　(4) 계통과의 연계

(5) 기동 및 정지

(6) 계통 정전 또는 부하의 손실에 의한 정지

(7) 요잉에 의한 케이블 꼬임 제한

나. 보호장치는 다음의 조건에서 풍력발전기를 보호하여야 한다.

(1) 과풍속

(2) 발전기의 과출력 또는 고장

(3) 이상진동

(4) 계통 정전 또는 사고

(5) 케이블의 꼬임 한계

532.3.2 주전원 개폐장치

풍력터빈은 작업자의 안전을 위하여 유지, 보수 및 점검 시 전원 차단을 위해 풍력터빈 타워의 기저부에 개폐장치를 시설하여야 한다.

532.3.3 상주감시를 하지 아니하는 풍력발전소의 시설

상주감시를 하지 아니하는 풍력발전소의 시설은 351.8에 따른다.

532.3.4 접지설비

1. 접지설비는 풍력발전설비 타워기초를 이용한 통합접지공사를 하여야 하며, 설비 사이의 전위차가 없도록 등전위본딩을 하여야 한다.

2. 기타 접지시설은 140의 규정에 따른다.

532.3.5 피뢰설비

기술기준 제175조의 규정에 준하여 다음에 따라 피뢰설비를 시설하여야 한다.

가. 피뢰설비는 KS C IEC 61400 – 24(풍력발전기 – 낙뢰보호)에서 정하고 있는 피뢰구역(Lightning Protection Zones)에 적합하여야 하며, 다만 별도의 언급이 없다면 피뢰레벨(Lightning Protection Level : LPL)은 I 등급을 적용하여야 한다.

나. 풍력터빈의 피뢰설비는 다음에 따라 시설하여야 한다.

(1) 수뢰부를 풍력터빈 선단부분 및 가장자리 부분에 배치하되 뇌격전류에 의한 발열에 용손(溶損)되지 않도록 재질, 크기, 두께 및 형상 등을 고려할 것

(2) 풍력터빈에 설치하는 인하도선은 쉽게 부식되지 않는 금속선으로서 뇌격전류를 안전하게 흘릴 수 있는 충분한 굵기여야 하며, 가능한 직선으로 시설할 것

(3) 풍력터빈 내부의 계측 센서용 케이블은 금속관 또는 차폐케이블 등을 사용하여 뇌유도과 전압으로부터 보호할 것

(4) 풍력터빈에 설치한 피뢰설비(리셉터, 인하도선 등)의 기능저하로 인해 다른 기능에 영향을 미치지 않을 것

다. 풍향·풍속계가 보호범위에 들도록 나셀 상부에 피뢰침을 시설하고 피뢰도선은 나셀 프레임에 접속하여야 한다.

라. 전력기기·제어기기 등의 피뢰설비는 다음에 따라 시설하여야 한다.

    (1) 전력기기는 금속시스케이블, 내뢰변압기 및 서지보호장치(SPD)를 적용할 것

    (2) 제어기기는 광케이블 및 포토커플러를 적용할 것

마. 기타 피뢰설비시설은 150의 규정에 따른다.

532.3.6 풍력터빈 정지장치의 시설

기술기준 제170조에 따른 풍력터빈 정지장치는 표 532.3−1과 같이 자동으로 정지하는 장치를 시설하는 것을 말한다.

표 532.3−1 풍력터빈 정지장치

이상상태	자동정지장치	비고
풍력터빈의 회전속도가 비정상적으로 상승	○	
풍력터빈의 컷 아웃 풍속	○	
풍력터빈의 베어링 온도가 과도하게 상승	○	정격 출력이 500kW 이상인 원동기(풍력터빈은 시가지 등 인가가 밀집해 있는 지역에 시설된 경우 100kW 이상)
풍력터빈 운전 중 나셀진동이 과도하게 증가	○	시가지 등 인가가 밀집해 있는 지역에 시설된 것으로 정격출력 10kW 이상의 풍력 터빈
제어용 압유장치의 유압이 과도하게 저하된 경우	○	용량 100kVA 이상의 풍력발전소를 대상으로 함
압축공기장치의 공기압이 과도하게 저하된 경우	○	
전동식 제어장치의 전원전압이 과도하게 저하된 경우	○	

532.3.7 계측장치의 시설

풍력터빈에는 설비의 손상을 방지하기 위하여 운전 상태를 계측하는 다음의 계측장치를 시설하여야 한다.

가. 회전속도계

나. 나셀(nacelle) 내의 진동을 감시하기 위한 진동계

다. 풍속계

라. 압력계

마. 온도계

강상윤 · 고현욱 · 양재학 · 오재형 · 이성배(2011), 전기응용기술사 문제해설집 상권, NT미디어

김병철(2003), 광원과 전기응용, 태영문화사

김세동(2014), 건축전기설비기술사 해설, 동일출판사

박삼홍 · 유해출(2019), NEW 전기철도기술사 해설, 동일출판사

서학범(2021), 건축전기설비기술사 상 · 하, 한솔아카데미

송영길(2022), 최신 송배전공학, 동일출판사

양병남(2007), 적중 전기철도기술사, 성안당

양재학 · 오진택 · 송영주(2020), 건축전기설비기술사, 성안당

유제형 · 김한식 · 최창규(2010), FINAL 건축전기설비기술사, 예문사

이순영(2011), 수 · 변전설비의 계획과 설계, 기다리

임근하 · 오승용 · 유문석 · 정재만(2022), 전기응용기술, 예문사

정용기(1998), 건축전기설비기술사 핵심문제총람, 의제

최기영 · 정태규 · 이규복 · 임근하 · 유상봉(2010), 최신 전기설비의 이해, 기다리

최홍규(2009), 전력사용시설물 설비 및 설계, 성안당

한국교원대학교 국정도서편찬위원회(2013), 전기응용, 한국산업인력관리공단

저자소개

■오승용

[학력사항]
• 호남대학교 전기공학과 석사
• 조선대학교 전기공학과 학사

[자격사항]
• 건축전기설비기술사
• 전기응용기술사

[경력사항]
• 서울특별시 건설기술심의위원(16기)
• 인천광역시 지방건설기술심의위원
• NCS 기술개발 전문위원
• 서울에너지공사 심의위원
• 한국전기공사협회 강사
• 한국전기기술인협회 강사
• 한국신재생에너지협회 강사
• 스마트그리드협회 강사

■임근하

[학력사항]
• 서울과학기술대학교 나노IT 박사
• 서울과학기술대학교 전기공학 석사
• 국민대학교 전기공학과 학사

[자격사항]
• 건축전기설비기술사
• 전기응용기술사
• 전기안전기술사

[경력사항]
• 서울특별시 건설기술심의위원(17기)
• 서울특별시 화재조사 전문위원
• 과학기술정보통신부 사고조사반 위원
• 법원행정처 법원 전문 심리위원
• 대한상사중재원 중재인
• 인천광역시 안전진단 전문위원
• 서울특별시 소방학교 전기분야 외래 교수
• 한국전기공사협회 강사
• 한국전기기술인협회 강사

■김정진

[학력사항]
• 한양대학교 전기공학과 석사과정
• 서일대학교 전력공학과 학사

[자격사항]
• 건축전기설비기술사
• 전기응용기술사
• 전기기능장

[경력사항]
• 서울시설공단 전문인력강사
• 행정안전부 전문인력강사
• 인천광역시 Help me 안전점검단 위원

■이현우

[학력사항]
• 수원대학교 전기공학과 석사과정
• 서울과학기술대학교 전기공학 학사

[자격사항]
• 전기기술사
• 전기기사
• 소방설비기사(전기분야)

[경력사항]
• 한국전기응용기술사회 총무이사
• 인천광역시 Help me 안전점검단 위원
• 고양시 지진피해 시설물 위험도 평가위원
• 한국전기기술사회 정회원
• 한국폴리텍대학 강사
• 한국신재생에너지협회 강사

전기기술사 시험 대비

건축전기설비기술

발행일 | 2024. 1. 10. 초판발행

저   자 | 오승용 · 임근하 · 김정진 · 이현
발행인 | 정용수
발행처 | 예문사

주 소 | 경기도 파주시 직지길 460(출판도시) 도서출판 예문사
T E L | 031) 955-0550
F A X | 031) 955-0660
등록번호 | 11-76호

정가 : 85,000원

ISBN 978-89-274-5329-1 14560